# SCHÜLER-DUDEN

# DUDEN

## Rechtschreibung und Wortkunde

# SCHÜLER-DUDEN

## Rechtschreibung und Wortkunde

3., überarbeitete Auflage

Bearbeitet von Dieter Berger,
Werner Scholze-Stubenrecht
und weiteren Mitarbeitern der
Dudenredaktion

unter Mitwirkung von
Gerhard Augst
und in Zusammenarbeit mit
namhaften Pädagogen

**DUDENVERLAG**
Mannheim/Wien/Zürich

CIP-Kurztitelaufnahme der Deutschen Bibliothek

**Schülerduden „Rechtschreibung und Wortkunde"/**
bearb. von Dieter Berger u. Werner Scholze-Stubenrecht u.
weiteren Mitarb. d. Dudenred. Unter Mitw. von Gerhard
Augst u. in Zusammenarbeit mit namhaften Pädagogen. –
3., überarb. Aufl. – Mannheim; Wien; Zürich:
Bibliographisches Institut, 1984.
(Duden für den Schüler; 1)
ISBN 3-411-02202-7 kart.
ISBN 3-411-02201-9 geb.
NE: Berger, Dieter [Bearb.]; Rechtschreibung und
Wortkunde; GT

Satz: Bibliographisches Institut und
Zechnersche Buchdruckerei, Speyer
(Mono-Photo-System 600)
Druck und Einband: Klambt-Druck GmbH, Speyer
Printed in Germany
ISBN 3-411-02201-9 (geb.)
ISBN 3-411-02202-7 (kart.)

# Vorwort

Dieser Schülerduden enthält in seinem ersten Teil den Wortschatz, den die Schüler etwa vom 4. Schuljahr an selbst gebrauchen oder in den verschiedenen Schulfächern kennenlernen. Dabei sollen vor allem die richtige Schreibung und die grammatischen Formen gezeigt werden; nur bei nicht allgemein bekannten Wörtern, besonders bei Fremdwörtern, werden auch kurze Hinweise zur Bedeutung gegeben.

Der zweite Teil bringt zunächst in einer übersichtlichen Darstellung Regeln und Hilfen für die deutsche Zeichensetzung und Rechtschreibung. Daran schließt sich eine Wortkunde an, die nach neuesten pädagogischen Einsichten erarbeitet worden ist. Sie zeigt an typischen Beispielen, wie in der deutschen Sprache Wörter gebildet werden und wie sie sich in Wortfamilien auffächern. Sie behandelt mehrdeutige und gleichlautende Wörter, Besonderheiten des landschaftlichen und fachsprachlichen Gebrauchs und anderes mehr, was für das richtige Verständnis und die Anwendung der Wörter wichtig ist. Die Darstellung einiger Wortfelder und eine Einführung in die geschichtliche Entwicklung des deutschen Wortschatzes bilden den Abschluß dieses zweiten Teils, der den Schüler auch durch eingeschaltete Fragen und unterhaltsame Sprachspiele zur Mitarbeit und zum Weiterdenken anregen will.

Die Dudenredaktion hat dieses Buch in Zusammenarbeit mit Lehrern und namhaften Professoren an pädagogischen Hochschulen und Universitäten gestaltet. Sie bietet dem Schüler damit ein Nachschlagewerk, das auch der eigenen Arbeit Raum läßt, und gibt der Schule ein brauchbares Unterrichtsmittel für das Fach Deutsch.

Die Dudenredaktion

# Inhaltsverzeichnis

# Hinweise zur Benutzung

**Eckige Klammern** bedeuten, daß die zwischen ihnen stehenden Buchstaben [e] oder Zeichen [,] weggelassen werden können.

**Der Pfeil** ↑ sagt aus: Schlage das Wort hinter dem Pfeil nach. Dort findest du weitere Angaben, z. B. der **Montag**: ↑ Dienstag.

**Der senkrechte Strich** | zeigt die Silbengrenze an, d. h., an welcher Stelle ein Wort im Bedarfsfalle getrennt werden muß, z. B. Ab|itur.

**Der Punkt unter einem Vokal** (Selbstlaut) gibt betonte Kürze an, z. B. das Dạmwild.

**Der Strich unter einem Vokal** (Selbstlaut) gibt betonte Länge an, z. B. die Anekdo̱te.

**Drei Punkte** deuten an, daß der Satz weitergeht, z. B. gesetzt den Fall, daß ...

**Die Lautschrift** steht bei schwer auszusprechenden Wörtern *kursiv* gedruckt hinter dem Stichwort in eckigen Klammern. Dabei ist zu beachten:

*å* ist als sehr offenes o zu sprechen, z. B. **Shorts** [*schå$^r$z*],

das hochgestellte *$^e$* ist schwach zu sprechen, z. B. **Blamage** [*blamasch$^e$*],

das hochgestellte *$^i$* ist nur angedeutet zu sprechen, z. B. **Lady** [*le̱$^i$di*],

*ng* bedeutet, daß der vorhergehende Vokal durch die Nase zu sprechen ist, z. B. die **Bouillon** [*buljo̱ng*],

das hochgestellte *$^r$* ist nur angedeutet zu sprechen, z. B. **Girl** [*gö̱$^r$l*],

*sch* ist das stimmhafte sch, z. B. **Journalist** [*schurnali̱ßt*],

*s* bedeutet in der Lautschrift stimmhaftes s, z. B. das **Souvenir** [*suw$^e$ni̱r*].

*ß* bedeutet in der Lautschrift stimmloses s, z. B. das **Chaos** [*ka̱oß*],

*th* ist der mit der Zungenspitze hinter den oberen Vorderzähnen erzeugte stimmlose Reibelaut, z. B. **Thriller** [*thri̱l$^e$r*],

das hochgestellte *$^u$* ist nur angedeutet zu sprechen, z. B. **Soul** [*ßo̱$^u$l*].

Wenn du ein zusammengesetztes Wort im Wörterverzeichnis nicht findest, dann zerlege es in seine Teile und schlage das Grundwort nach, wenn nötig auch die anderen Teilwörter:

Hanfseil ↑ Hanf und **Seil**
Fuchspelzmütze ↑ Fuchs und Pelz und **Mütze**
heruntergehen ↑ herunter und **gehen**

# A

AA = Auswärtiges Amt

der **Aal;** ↑auch: Älchen; sich **aalen;** du aalst dich, er aalt sich, er aalte sich, er hat sich geaalt; **aalglatt**

**a. a. O.** = am angeführten, angegebenen Ort (Hinweis auf eine Buchseite o. ä.)

das **Aas;** (als Schimpfwort auch *Plural:)* die **Äser; aasen** (verschwenderisch umgehen); du aast, er aast, er aaste, er hat mit dem Geld geaast, aase nicht mit dem Geld!

**ab;** ab und zu; ab Bremen

**Abb.** = Abbildung

**abbauen;** er baut das Gerüst ab, er hat es abgebaut; Vorurteile abbauen

**abbiegen;** er bog ab, das Auto ist abgebogen; er hat das Blech abgebogen

das **Abbild;** die **Abbildung**

die **Abbitte;** Abbitte leisten, tun

**abblenden;** er blendet ab, er blendete ab, er hat abgeblendet; das **Abblendlicht**

**abblitzen;** du blitzt ab, er blitzt ab, er blitzte bei ihm ab, er ist bei ihm abgeblitzt

**abbrechen;** er bricht ab, er hat den Ast abgebrochen

**abbrennen;** er brennt ein Feuerwerk ab, er hat ein Feuerwerk abgebrannt; ↑abgebrannt

der **Abbruch**

das **Abc;** auch: das **Abece;** der **Abc-Schütze;** auch: der **Abeceschütze**

**abdanken;** er dankt ab, er hat abgedankt

**abdecken;** sie hat den Tisch abgedeckt; decke ihn ab!

**abdrehen;** er dreht ab; das Flugzeug hat abgedreht

der **Abdruck;** die Abdrücke (in Gips, Lehm u. a.), a b e r : die Abdrucke (von Bildern, Zeitschriften u. a.)

**abds.** = abends

der **Abend.** *Groß:* eines Abends; gegen Abend; am Abend; zu Abend essen; guten Abend sagen; es wird Abend. *Klein:* gestern, heute, morgen abend. *Zusammen:* der Dienstagabend; an einem Dienstagabend; das **Abendbrot;** die Abendbrote; das **Abendes-**sen; das **Abendland;** das **Abendmahl;** die Abendmahle; **abends;** von morgens bis abends; spätabends, a b e r : abends spät; um 8 Uhr abends; dienstags abends

das **Abenteuer; abenteuerlich;** der **Abenteurer**

**aber;** aber und abermals; tausend und aber tausend; Tausende und aber Tausende; tausend- und aber tausendmal; das **Aber;** es ist ein Aber dabei; er brachte viele Wenn und Aber vor

der **Aberglaube; abergläubisch**

**abermals**

**Abessinien** [*abäßinⁱᵉn*] (älterer Name von Äthiopien); der **Abessinier** [*abäßinⁱᵉr*]; **abessinisch**

**Abf.** = Abfahrt

**abfahren;** der Zug fährt ab, der Zug ist abgefahren; die **Abfahrt**

der **Abfall; abfallen;** die Blätter fallen ab, sie sind abgefallen; **abfällig**

**abfertigen;** du fertigst ihn ab, er hat den Zug abgefertigt

**abflauen;** der Wind flaut ab, der Wind flaute ab, der Wind ist abgeflaut

**abfliegen;** er fliegt ab, er ist abgeflogen; der **Abflug**

**abfragen;** er fragt ab, er hat mich oder mir die Vokabeln abgefragt

die **Abfuhr;** die Abfuhren

**Abg.** = Abgeordneter, Abgeordnete

die **Abgabe**

das **Abgangszeugnis;** des Abgangszeugnisses, die Abgangszeugnisse

das **Abgas;** meist *Plural:* die Abgase

**abgearbeitet**

**abgeben;** du gibst ab; er hat den Aufsatz abgegeben

**abgebrannt** (ohne Geldmittel)

**abgeflacht**

**abgehetzt**

**abgekämpft**

**abgekartet;** ein abgekartetes Spiel

**abgeklärt**

**abgelegen**

**abgelenkt**

**abgemacht!**

**abgeneigt**

der **Abgeordnete;** ein Abgeordneter, die Abgeordneten, zwei Abgeordnete; die

**Abgeordnete;** eine Abgeordnete
**abgeplattet**
der **Abgesandte;** ein Abgesandter, die
Abgesandten, zwei Abgesandte; die
**Abgesandte;** eine Abgesandte
**abgeschmackt** (geschmacklos,
platt, albern)
**abgespannt**
**abgestanden;** abgestandenes Bier
**abgestumpft**
**abgetötet;** abgetötete Viren
**abgetragen;** ein abgetragenes Kleid
**abgewöhnen;** er gewöhnt ab, er hat
ihm das Zuspätkommen abgewöhnt
der **Abgott;** die Abgötter; **abgöttisch**
der **Abgrund;** die Abgründe; **abgrund-
tief; abgründig**
**abgucken;** er guckt ab, er hat abge-
guckt
**abhaken;** er hat den Posten in der
Liste abgehakt
**abhalten;** du hältst ab, die Regierung
hat Wahlen abgehalten
**abhanden;** abhanden kommen
die **Abhandlung** (wissenschaftliche Un-
tersuchung)
der **Abhang;** die Abhänge; **abhängig**
sich **abhärten;** er härtet sich ab, er hat
sich abgehärtet
die **Abhilfe**
**abholen;** er hat ihn am Bahnhof ab-
geholt
**abholzen;** du holzt das Waldstück
ab, er holzt das Waldstück ab, er holzte
das Waldstück ab, er hat das Wald-
stück abgeholzt
das **Abitur** (Reifeprüfung); *Trennung:*
Abjitur; der **Abiturient;** des/dem/
den Abiturienten, die Abiturienten;
*Trennung:* Abjitujrient
**Abk.** = Abkürzung
**abkanzeln** (scharf tadeln); er hat den
Schüler abgekanzelt; kanz[e]le ihn
ab!
sich **abkapseln** (verschließen); er hat sich
von der Umwelt abgekapselt;
kaps[e]le dich nicht ab!
der **Abklatsch** (minderwertige Nachah-
mung); die Abklatsche
**abkommen;** er ist vom Weg abge-
kommen; das **Abkommen** (Vertrag);
ein Abkommen treffen, schließen; der
**Abkömmling** (Nachkomme); die
**Abkunft** (Herkunft)
die **Abkürzung**
die **Ablage;** die **Ablagerung**
der **Ablaß** (Nachlaß von Sündenstrafen);
des Ablasses, die Ablässe; **ablassen;**

er ließ ab, er hat Dampf abgelassen
**abledern;** er ledert das Auto ab, er
hat es abgeledert
**ablegen;** er legt den Mantel ab; das
Schiff hat abgelegt; der **Ableger**
(Pflanzentrieb)
**ablehnen;** er lehnt den Vorschlag ab,
er hat den Vorschlag abgelehnt; die
**Ablehnung**
**ableiten;** er leitete das Wasser ab;
ein abgeleitetes Wort; die **Ableitung**
**ablenken;** er lenkt ihn ab, er hat ihn
abgelenkt; die **Ablenkung**
**abluchsen;** du luchst mir das Messer
ab, er hat mir das Messer abgeluchst
**abmachen;** er macht ab, er hat Kir-
schen abgemacht, wir haben nichts
abgemacht (vereinbart); die **Abma-
chung**
**abmagern;** du magerst ab, er magert
ab, er magerte ab, er ist abgemagert
**abmurksen;** man hat ihn abgemurkst
(umgebracht)
die **Abnahme; abnehmen;** er nimmt ab,
er hat mir den Weg abgenommen;
der **Abnehmer**
die **Abneigung**
**abnorm** (vom Normalen abwei-
chend, regelwidrig; krankhaft)
**abnutzen,** *landschaftlich auch:* ab-
nützen; sich abnutzen; der Stoff hat
sich schnell abgenutzt, (auch:) abge-
nützt
das **Abonnement** [*abon*e*mãg*]
(Dauerbezug von Zeitungen u. ä.,
Dauermiete für Theater u. ä.); die
Abonnements; der **Abonnent;** des/
dem/den Abonnenten, die Abonnen-
ten; **abonnieren;** du abonnierst, er
abonniert, er abonnierte, er hat die
Zeitung abonniert, abonniere die Zei-
tung!
die **Abordnung**
der **Abort;** die Aborte
**abprallen;** das prallt von ihm ab, das
ist von ihm abgeprallt
sich **abrackern** (sich abarbeiten); du rak-
kerst dich ab, er rackert sich ab, er
rackerte sich ab, er hat sich abgerak-
kert, rackere dich doch nicht so ab!
**abräumen;** er räumt ab, er hat abge-
räumt
die **Abrechnung**
die **Abreise; abreisen;** er reist ab, er
ist abgereist
**abreißen;** du reißt das Blatt ab, er
reißt das Blatt ab, er riß das Blatt
ab, er hat das Blatt abgerissen, reiße

das Blatt ab!; der **Abreißkalender**
**abrunden;** du rundest die Summe
ab, er rundet die Summe ab, er rundete
die Summe ab, er hat die Summe ab-
gerundet, runde die Summe ab!
**abrüsten;** die Großmächte haben
nicht abgerüstet; die **Abrüstung**
**abrutschen;** er rutscht ab, er ist ab-
gerutscht
**Abs.** = Absatz; Absender
**absacken;** das Flugzeug sackt ab;
er ist in seinen Leistungen abgesackt
die **Absage;** eine Absage erhalten
der **Absatz;** die Absätze
**abschaffen;** er schafft ab, er schaffte
ab; er hat das Auto abgeschafft
**abschalten;** er schaltet den Strom
ab; er hat abgeschaltet (hört nicht
mehr zu)
**abschätzen;** er schätzt ab, er hat den
Wert abgeschätzt
der **Abschaum;** des Abschaum[e]s
der **Abscheu; abscheulich**
der **Abschied;** des Abschied[e]s; Ab-
schied nehmen; die **Abschiedsfeier**
der **Abschlag** (Teilzahlung); **ab-**
**schlagen;** er schlug den Ast ab; er
hat mir die Bitte abgeschlagen; **ab-**
**schlägig;** der Beamte hat den Antrag
abschlägig beschieden
der **Abschleppdienst; abschleppen;**
er schleppt ab, er hat den Wagen abge-
schleppt
**abschließen;** er schließt ab, er hat
abgeschlossen; der **Abschluß;** des
Abschlusses, die Abschlüsse
**abschneiden;** er schneidet den Fa-
den ab; er hat gut abgeschnitten; der
**Abschnitt**
**abschreckend**
**abschreiben;** er schreibt ab, er hat
abgeschrieben; die **Abschrift**
**abschrubben;** er schrubbt ab, er hat
den Tisch abgeschrubbt
**abschüssig**
**abschwächen;** er schwächt seine
Behauptung ab, er hat seine Behaup-
tung abgeschwächt
**absehbar;** in absehbarer Zeit (bald);
**absehen;** der Schwerhörige sieht
vom Munde ab; wir haben von einer
Bestrafung abgesehen (darauf ver-
zichtet)
**absein;** der Knopf ist ab, der Knopf
war ab, der Knopf ist abgewesen;
a b e r : ... weil der Knopf ab ist, ab
war
**abseits;** abseits stehen; das **Ab-**

**seits;** der Schiedsrichter pfiff Abseits
**absenden;** er sendet ab, er sandte
ab, (seltener:) sendete ab, er hat einen
Brief abgesandt, (seltener:) abgesen-
det; der **Absender**
**absetzen;** er setzt den Koffer ab; man
hat den König abgesetzt; die **Abset-**
**zung**
die **Absicht;** die Absichten; **absichtlich**
**absolut;** ein absoluter (unbe-
schränkter) Herrscher; das ist absolut
(völlig) unmöglich; die **Absolution**
(Lossprechung, insbesondere von
den Sünden); die Absolutionen; der
**Absolutismus** (unbeschränkte
Herrschaft eines Monarchen)
**absondern;** der Baum sondert Harz
ab, der Baum sonderte Harz ab, der
Baum hat Harz abgesondert; sich ab-
sondern; sie sonderten sich von der
Gruppe ab
**absorbieren** (aufsaugen); die Brille
absorbiert, absorbierte, die Brille hat
das Sonnenlicht absorbiert; die **Ab-**
**sorption**
**abspenstig;** jemandem einen Freund
abspenstig machen
die **Absprache** (Vereinbarung); **ab-**
**sprechen;** sie haben den Überfall
miteinander abgesprochen
**abspringen;** er springt ab, er ist abge-
sprungen; der **Absprung**
**abstammen;** er stammt von einer al-
ten Familie ab, er stammte von einer
alten Familie ab; die **Abstammung**
der **Abstand;** die Abstände
**abstatten;** du stattest einen Besuch
ab, er stattet einen Besuch ab, er stat-
tete einen Besuch ab, er hat einen
Besuch abgestattet
**abstauben;** er staubt ab, er hat abge-
staubt
der **Abstecher**
**abstimmen;** er stimmt ab, er hat sich
mit ihm abgestimmt; die **Abstim-**
**mung**
der **Abstoß;** des Abstoßes, die Abstöße;
**abstoßen;** er stößt ab, er hat das
Boot vom Ufer abgestoßen; **absto-**
**ßend**
**abstrakt** (unwirklich, begrifflich, nur
gedacht); am abstraktesten; *Tren-*
*nung*: ab|strakt; die **Abstraktion;** die
Abstraktionen; *Trennung*: Ab|strak-
tion
**abstreiten;** er streitet ab, er hat alles
abgestritten
**abstumpfen;** du stumpfst ab, er

stumpft ab, er stumpfte ab, er ist abgestumpft

der **Absturz;** die Abstürze; **abstürzen;** du stürzt ab, er ist abgestürzt

**abs̲u̲rd** (unvernünftig, sinnwidrig, sinnlos); am absurdesten

der **Abt;** die Äbte

**Abt.** = Abteilung

die **Abt̲e̲i;** die Abteien

das **Abt̲eil;** die Abteile; die **Abteilung**

die **Äbt̲i̲ssin;** die Äbtissinnen

**abtragen;** er trug den Hügel ab, er hat seine Schulden abgetragen; **abträglich;** das ist deiner Gesundheit abträglich (schädlich)

**abtreiben;** das Boot treibt ab, es ist abgetrieben; sie hat abgetrieben (eine Schwangerschaft abgebrochen); die **Abtreibung**

**abtreten;** er trat vom Podium ab (verließ es); er hat mir seinen Platz abgetreten (überlassen)

**abtrünnig**

**abwägen;** er wägt ab, er hat alles gegeneinander abgewogen

**abwärts;** er ist diesen Weg abwärts gegangen, aber: **abwärtsgehen** (schlechter werden); mit ihm ist es ständig abwärtsgegangen

das **Abwasser;** die Abwässer

**abwechseln;** sie wechseln ab, sie haben abgewechselt; **abwechselnd;** die **Abwechslung,** auch: **Abwechselung; abwechslungsreich abwegig**

die **Abwehr; abwehren;** du wehrst ihn ab, er wehrt ihn ab, er wehrte ihn ab, er hat ihn abgewehrt, wehre ihn ab!

**abweisen;** er weist ihn ab, er hat ihn abgewiesen

**abwenden;** sich abwenden; er wendet sich ab, er wandte oder wendete sich ab, er hat sich abgewandt oder abgewendet

**abwerten;** er wertet ab, er hat das Geld abgewertet; die **Abwertung**

**abwesend;** der **Abwesende;** ein Abwesender, die Abwesenden, zwei Abwesende; die **Abwesende,** eine Abwesende; die **Abwesenheit**

**abwimmeln** ([mit Ausreden] abweisen); er hat uns abgewimmelt, wimmele ihn nicht ab!

**abzahlen;** er zahlt ab, er hat seine Schulden abgezahlt; die **Abzahlung**

**abzählen;** er zählt ab, er hat abgezählt; die **Abzählung**

das **Abzeichen**

das **Abziehbild; abziehen;** du ziehst ab, er zieht ab, er zog ab, er hat den Ring abgezogen, a b e r : der Feind ist abgezogen, ziehe ab!; der **Abzug; abzüglich**

**abzweigen;** der Weg zweigt ab, der Weg ist abgezweigt

**Accra** [a̲kra] (Hauptstadt von Ghana); *Trennung:* Ac|cra

**ach!;** ach so!; ach und weh schreien; das **Ach;** die Ach; mit Ach und Krach

der **Ach̲a̲t** (ein Halbedelstein); des Achat[e]s

die **Achse**

die **Achsel;** die Achseln

**acht;** wir sind acht; wir sind zu acht; die ersten, letzten acht; acht und eins ist neun; die Zahlen von acht bis zwölf; acht zu vier (8 : 4); ein Kind von acht Jahren; er ist über acht; es ist acht Uhr; es schlägt eben acht; ein Viertel auf, vor acht; halb acht; gegen acht; Punkt acht; die **Acht** (Ziffer, Zahl); die Achten; die Zahl Acht; eine Acht schreiben; eine Acht beim Eislauf fahren; wir fahren mit der Acht (mit der Linie 8)

die **Acht** (Aufmerksamkeit); etwas außer acht lassen; sich in acht nehmen, aber: außer aller Acht lassen; das Außerachtlassen; vgl. auch: achtgeben und achthaben

die **Acht** (Ächtung); in Acht und Bann tun

**achtbar**

**achte;** er war der achte (der Reihe nach, z. B. beim Wettlauf), a b e r : er ist der Achte (der Leistung nach, z. B. in der Klasse); der achte Mai, a b e r : am Achten (des Monats); Heinrich der Achte

**achtel;** ein achtel Zentner; ein achtel Liter, aber (wenn das Maß gemeint ist): ein Achtelliter; das **Achtel;** die Achtel; ein Achtel vom Zentner; ein Achtel des Weges; ein Achtel Rotwein; drei Achtel des Ganzen; im Dreiachteltakt (mit Ziffern: im $^3/_8$-Takt)

**achten;** du achtest, er achtet, er achtete, er hat geachtet, achte auf den Verkehr!

**ächten;** du ächtest, er ächtet, er ächtete, er hat ihn geächtet

**achtens;** der **Achter;** die Achter; die **Achterbahn**

**achtgeben;** du gibst acht, er gibt

acht, er gab acht, er hat achtgegeben, gib acht beim Überqueren der Straße!; aber: auf den Straßenverkehr die größte Acht geben; **achthaben;** wir müssen auf ihn achthaben
**achthundert**
**achtjährig** (mit Ziffer: 8jährig); der **Achtjährige;** ein Achtjähriger; die Achtjährigen, zwei Achtjährige; die **Achtjährige;** eine Achtjährige
**achtlos**
**achtmal;** achtmal so groß wie ...; acht- bis neunmal; aber: acht mal zwei (in Ziffern: 8 mal 2) ist sechzehn; **achttausend; achtundzwanzig**
die **Achtung;** Achtung!
die **Ächtung**
**achtunggebietend,** aber: eine große Achtung gebietende Persönlichkeit; **achtungsvoll**
**achtzehn; achtzig.** *Klein auch*: er ist achtzig Jahre alt; er fährt Tempo achtzig. *Groß*: der Mensch über Achtzig; Mitte Achtzig; in die Achtzig kommen; mit Achtzig kannst du das nicht mehr; die **Achtzig** (Zahl); **achtziger** (mit Ziffern: 80er). *Klein auch*: achtziger Jahrgang (aus dem Jahre achtzig); in den achtziger Jahren (des vorigen Jahrhunderts). *Groß*: Mitte der Achtziger; in den Achtzigern (über achtzig Jahre alt) sein; der **Achtziger** (Mann, der über 80 Jahre alt ist; Wein aus dem Jahre achtzig eines Jahrhunderts); die **Achtzigerin** (Frau von über 80 Jahren); die Achtzigerinnen
**ächzen;** du ächzt, er ächzt, er ächzte, er hat geächzt, ächze nicht so laut!
der **Acker;** der **Ackerbau;** des Ackerbau[e]s; **ackern;** du ackerst, er ackert, er ackerte, er hat geackert, ackere das Feld!
die **Action** [ä̱ksch°n] (spannende Handlung [im Film]); die Actions
**a. D.** = außer Dienst
**A. D.** = Anno Domini (im Jahre des Herrn)
**ADAC** = Allgemeiner Deutscher Automobil-Club
**adagio** [adạdseho] (sanft, langsam); *Trennung*: ada|gio; das **Adagio** (Musikstück in langsamem Tempo); des Adagios, die Adagios
**addieren** (zusammenzählen); du addierst, er addiert, er addierte, er hat addiert, addiere die Zahlenreihe!
**Addis Abeba** [auch: ... abẹba] (Hauptstadt Äthiopiens)

die **Addition;** die Additionen
**ade!;** ade sagen
der **Adel; adeln;** du adelst, er adelt, er adelte, er hat ihn geadelt
die **Ader**
das **Adjektiv** (Eigenschaftswort); die Adjektive
der **Adler**
**adlig;** der **Adlige;** ein Adliger, die Adligen, zwei Adlige; die **Adlige,** eine Adlige
der **Admiral;** die Admirale, auch: die Admiräle
**ADN** = Allgemeiner Deutscher Nachrichtendienst (DDR)
**adoptieren** (als Kind annehmen); *Trennung*: ad|op|tieren; du adoptierst, er adoptiert, er adoptierte, er hat adoptiert, adoptiere ein Kind!; die **Adoption;** die Adoptionen; *Trennung*: Adop|tion; das **Adoptivkind;** *Trennung*: Ad|op|tiv|kind
**Adr.** = Adresse
das **Adreßbuch;** die **Adresse; adressieren;** du adressierst, er adressiert, er adressierte, er hat adressiert, adressiere den Brief!
die **Adria** (das Adriatische Meer)
der **Advent;** der **Adventskranz**
das **Adverb** (Umstandswort); die Adverbien
der **Advokat** (Rechtsanwalt); des/dem/den Advokaten, die Advokaten
[das] **Aerobic** [ä̱robik] (tänzerische Gymnastik); des Aerobics
die **Affäre** (Angelegenheit, Vorfall, Streitsache)
der **Affe;** des Affen, die Affen
der **Affekt** (Gemütsbewegung); die Affekte; **affektiert** (geziert, gekünstelt) **affenartig;** die **Affenhitze** (eine sehr große Hitze); **affig** (eitel)
der **Afghane** (Einwohner von Afghanistan); des/dem/den Afghanen; **afghanisch; Afghanistan** (Staat in Vorderasien)
**Afrika;** der **Afrikaner; afrikanisch**
der **After**
**a. G.** = als Gast
**AG** = Aktiengesellschaft
der **Agent** (Vermittler; Spion); des/dem/den Agenten, die Agenten; die **Agentur** (Vertretung; Vermittlungsbüro)
das **Aggregat** (Maschinensatz); die Aggregate; *Trennung*: Ag|gre|gat; der **Aggregatzustand** (eine Erscheinungsform eines Stoffes); *Trennung*: Ag|gre|gat|zu|stand

die **Aggression** (Angriff, feindseliges Verhalten); die Aggressionen; *Trennung*: Ag|gres|sion; **aggressiv** (angriffslustig); *Trennung*: ag|gres|siv

die **Agitation** (politische Hetze; intensive politische Aufklärungstätigkeit); *Trennung*: Agi|ta|tion; der **Agitator;** die Agitatoren; **agitatorisch; agitieren;** du agitierst, er agitiert, er agitierte, er hat agitiert, agitiere!

der **Agrarier** (Großgrundbesitzer); die **Agrarreform** (Bodenreform) **Ägypten;** der **Ägypter; ägyptisch ah!;** ah so!

die **Ahle**

der **Ahn;** des Ahn[e]s und des Ahnen, die Ahnen **ähneln;** du ähnelst ihr, er ähnelt ihr, er ähnelte ihr, er hat ihr geähnelt **ahnen;** du ahnst etwas, er ahnt etwas, er ahnte etwas, er hat etwas geahnt

der **Ahnenkult ähnlich;** ähnliche Gedanken. *Klein auch*: ähnliches (solches); und ähnliches. *Groß*: das Ähnliche; Ähnliches und Verschiedenes; etwas, nichts Ähnliches

die **Ahnung;ahnungslos;** am ahnungslosesten **ahoi!**

der **Ahorn;** die Ahorne

die **Ähre**

der **Ajatollah** (Ehrentitel im iranischen Islam); die Ajatollahs

die **Akademie** (gelehrte Gesellschaft; Hochschule); die Akademien; der **Akademiker** (jemand, der die Universität besucht hat); **akademisch**

die **Akazie** [*akazie*]

der **Akkord;** die Akkorde; die **Akkordarbeit**

das **Akkordeon** (Handharmonika); die Akkordeons; *Trennung*: Ak|kor|deon

der **Akku** (Kurzwort für: Akkumulator); des Akkus, die Akkus; der **Akkumulator** (ein Stromspeicher); die Akkumulatoren **akkurat** (sorgfältig, ordentlich; genau); am akkuratesten

der **Akkusativ** (Wenfall, 4. Fall); die Akkusative

der **Akrobat** (ein Turnkünstler); des Akrobaten, die Akrobaten

der **Akt;** des Akt[e]s, die Akte

die **Akte** (Schriftstück; Urkunde); die Akten; die **Aktentasche**

die **Aktie** [*akzie*] (Anteilschein); die Aktien; die **Aktiengesellschaft**

die **Aktion** (Unternehmung; Handlung)

der **Aktionär** (Besitzer von Aktien); die Aktionäre **aktiv** (tätig, rührig); das **Aktiv** (in der Grammatik der Gegensatz von Passiv)

die **Aktualität** (Wichtigkeit für die Gegenwart); *Trennung*: Ak|tua|li|tät; **aktuell** (zeitgemäß, zeitnah); *Trennung*: ak|tuell

die **Akustik** (Lehre vom Schall, von den Tönen; Klangwirkung); **akustisch akut** (dringlich, brennend); am akutesten

der **Akzent** (Betonungszeichen; Tonfall); die Akzente **akzeptieren** (annehmen, billigen) du akzeptierst, er akzeptiert, er akzeptierte, er hat den Vorschlag akzeptiert

der **Alarm;** die Alarme, **alarmieren;** du alarmierst, er alarmiert, er alarmierte, er hat die Polizei alarmiert, alarmiere die Feuerwehr!

der **A-Laut**

die **Alb** (Gebirge); die Schwäbische Alb

der **Albaner; Albanien** [*albani<sup>e</sup>n*] (Balkanstaat); **albanisch albern** (dumm, kindisch); albernes Geschwätz; **albern;** du alberst, er albert, er alberte, er hat gealbert, albere nicht!; die **Albernheit**

das **Album;** die Alben

das **Älchen** (kleiner Aal)

der **Alemanne;** des/dem/den Alemannen, die Alemannen; **alemannisch**

die **Alge** (eine Wasserpflanze); die Algen

die **Algebra** (Buchstabenrechnung; Lehre von den mathematischen Gleichungen); **algebraisch Algerien** [*algeri<sup>e</sup>n*] (Staat in Nordafrika); der **Algerier** [*algeri<sup>e</sup>r*]; **algerisch; Algier** [*alschir*] (Hauptstadt Algeriens)

das **Alibi** (Nachweis der Abwesenheit vom Tatort des Verbrechens); des Alibis, die Alibis

der **Alkohol;** die Alkohole; **alkoholfrei;** der **Alkoholiker; alkoholisch all, alle, alles;** all das Schöne; vor allem; allen Ernstes; alle beide; alle ehrlichen Menschen; alle vier Jahre; alle neun (beim Kegeln); alles und jedes; wer alles; alles Gute, Schöne; alles Mögliche (alle Möglichkeiten); **aber:** alles mögliche (viel, allerlei); alles übrige, alles beliebige; mein alles

das **All** (das Weltall) **allabendlich**

**Allah** (der Name des einen Gottes im Islam)

die **Allee** (mit Bäumen eingefaßte Straße); die Alleen

**allegro** (lebhaft, schnell); *Trennung*: al|le|gro; das **Allegro** (Musikstück in lebhaftem Tempo); des Allegros, die Allegros und Allegri

**allein;** allein sein, stehen, bleiben; jemanden allein lassen; das **Alleinsein; alleinstehend;** ein alleinstehender Mann

**allemal;** ein für allemal, a b e r : ein für alle Male

**allenfalls; allenthalben**

**allerbeste;** es ist am allerbesten; es ist das allerbeste (=sehr gut), wenn er schweigt, a b e r : es ist das Allerbeste, was er tun kann

**allerdings**

die **Allergie** (krankhafte Überempfindlichkeit); die Allergien; *Trennung*: All er|gie; **allergisch;** *Trennung*: all|ergisch

**allerhand;** allerhand Neues; allerhand Streiche; er weiß allerhand; das ist ja allerhand

**Allerheiligen** (katholisches Fest zu Ehren aller Heiligen)

**allerlei;** allerlei Wichtiges; das **Allerlei;** die Allerlei; Leipziger Allerlei

**allerletzt**

**Allerseelen** (katholischer Gedächtnistag zu Ehren aller Verstorbenen)

**allerseits, allseits**

**allerwenigste;** das Allerwenigste, was ich tun kann; a b e r : dies werde ich am allerwenigsten tun

**alles;** ↑all; der **Allesfresser**

**allgemein;** im allgemeinen (gewöhnlich), a b e r : er bewegt sich stets nur im Allgemeinen (beachtet nicht das Besondere). *Groß*: Allgemeine Ortskrankenkasse; Allgemeiner Deutscher Automobil-Club; das **Allgemeinbefinden; allgemeingültig;** die **Allgemeinheit; allgemeinverständlich;** das **Allgemeinwohl**

das **Allgäu** (süddeutsche Landschaft); der **Allgäuer**

das **Allheilmittel**

die **Allianz** (Bündnis); die Allianzen; die Heilige Allianz (ein Bündnis zwischen Preußen, Rußland und Österreich 1815)

der **Alligator;** des Alligators; die Alligatoren

die **Alliierten** *Plural*: (die gegen Deutschland verbündeten Länder im 1. und 2. Weltkrieg)

**alljährlich**

die **Allmacht; allmächtig;** der **Allmächtige** (Gott)

**allmählich**

**Allotria** (Unfug) *Plural*, heute jedoch meist: das **Allotria,** des Allotria und des Allotrias

der **Alltag; alltäglich; alltags;** alltags wie sonntags

**allüberall; allumfassend; allwissend; allzeit** und **allezeit** (immer)

**allzu;** allzubald, allzufrüh, allzugern, allzulang und allzulange, allzuoft, allzusehr, allzuselten, allzuviel, allzuweit, a b e r (bei deutlich unterscheidbarer Betonung): die Last ist allzu schwer; er hatte allzu viele Bedenken

die **Alm;** die Almen

der **Almanach** (Kalender, Jahrbuch), die Almanache

das **Almosen**

das **Alpdrücken**

die **Alpen** (ein Gebirge) *Plural*; das **Alpenvorland;** der **Alpinist;** des/dem/ den Alpinisten, die Alpinisten

das **Alphabet;** die Alphabete; **alphabetisch**

**als;** als ob; sie ist größer als ihre Schwester; sie ist größer, als ihre Schwester im gleichen Alter war; **alsbald; alsdann; als daß**

**also**

**alt;** älter, am ältesten. *Klein auch*: er ist immer der alte (derselbe); alt und jung (jedermann); aus alt mach neu. *Groß*: der Alte; Altes und Neues; mein Ältester; das ist etwas Altes; der Alte Fritz (Friedrich der Große); das Alte Testament

der **Alt** (tiefe Frauen- oder Knabenstimme, Sängerin mit dieser Stimme)

der **Altar;** die Altäre

das **Alter; altern;** du alterst, er altert, er alterte, er ist gealtert

**alternativ** (wahlweise; eine andere Lebensform vertretend); die **Alternative** [...*iw<sup>e</sup>*] (andere Möglichkeit)

**alters;** seit alters; vor alters; von alters her; das **Altersheim;** das **Altertum;** das klassische Altertum; **altertümlich**

**altklug; altmodisch;** die **Altstadtsanierung;** der **Altweibersommer**

die **Alufolie** [...*li<sup>e</sup>*]; das **Aluminium**

**am** (an dem); am nächsten Sonntag, dem (oder: den) 27. März; am besten

der **Amateur** [*amatö̲r*] (jemand, der eine Tätigkeit aus Liebhaberei, aber nicht berufsmäßig ausübt); die Amateure

der **Amazo̲nas** (Fluß in Südamerika)

der **Amboß;** des Ambosses, die Ambosse **ambula̲nt** (wandernd; ohne festen Sitz); ambulante Behandlung (Behandlung, bei der der Kranke den Arzt aufsucht)

die **Ameise;** der **Ameisenhaufen amen;** er sagte zu allem ja und amen; das **Amen Ame̲rika;** der **Amerika̲ner;** ame-rika̲nisch Amma̲n** (Hauptstadt Jordaniens)

die **Amme**

die **Amnesti̲e** (Begnadigung, Straferlaß); die Amnesti̲en; **amnesti̲eren;** man amnestiert ihn, man amnestierte ihn, man hat ihn amnestiert **A̲mok** (auch: Amo̲k) **laufen** (blindwütig umherlaufen und töten); er läuft Amok, er ist Amok gelaufen; der **Amokläufer**

die **Amortisati̲on** (allmähliche Tilgung einer Schuld); **amortisi̲eren;** du amortisierst, er amortisiert, er amortisierte, er hat seine Schulden amortisiert, amortisiere sie!

die **Ampel;** die Ampeln

das **Ampere** [*ampä̲r*] (Einheit der elektrischen Stromstärke); des Ampere und des Amperes, die Ampere

die **Amphibie** [*amfi̲bie*] (Tier, das im Wasser und auf dem Land lebt); *Trennung*: Am|phi|bie; das **Amphi̲bienfahrzeug** (Land-Wasser-Fahrzeug)

die **Ampu̲lle** (Glasröhrchen, besonders zum Einspritzen von Lösungen)

die **Amputati̲on** (Gliedabtrennung); **amputi̲eren;** du amputierst, er amputiert, er amputierte, er hat das Bein amputiert, amputiere es! **Amrum** (eine Nordseeinsel)

die **Amsel;** die Amseln **Amsterda̲m,** auch: A̲msterdam (Hauptstadt der Niederlande)

das **Amt;** die Ämter; **amtlich;** der **Amtmann;** die Amtmänner oder Amtleute; das **Amtsgericht;** der **Amtsrichter;** der **Amtsschimmel** (umgangssprachlich für: übertrieben bürokratisches Verhalten einer Behörde)

das **Amule̲tt** (Glücksbringer, Zaubermittel); die Amulette

der **Amu̲r** (Fluß in Asien)

**amüsa̲nt;** am amüsantesten; **amü-si̲eren;** es amüsiert ihn, es amüsierte ihn, es hat ihn amüsiert; sich amüsieren; er hat sich köstlich amüsiert

**an;** er stand an d e m Zaun; er stellte sich an d e n Zaun

**analo̲g** (ähnlich, entsprechend); ein analoger Fall; die **Analogi̲e** (Entsprechung); die Analogi̲en

der **Analphabe̲t** (jmd., der nicht lesen und schreiben kann); des/dem/den Analphabeten, die Analphabeten; *Trennung*: An|al|pha|bet

die **Analyse** (Zergliederung); **analysi̲eren;** du analysierst, er analysiert, er analysierte, er hat analysiert, analysiere diese Lösung!

die **Ananas;** *Plural*: die Ananas und die Ananasse

die **Anarchi̲e** (Gesetzlosigkeit); die Anarchien; *Trennung*: An|ar|chie; der **Anarchi̲st** (Staatsfeind); des/dem/ den Anarchisten, die Anarchisten; *Trennung*: An|ar|chist

die **Anatomi̲e** (Lehre von Form und Körperbau der Lebewesen; Gebäude, in dem Anatomie gelehrt wird); die Anatomi̲en; **anato̲misch anbändeln** (eine Liebesbeziehung anknüpfen; auch: einen Streit anfangen); du bändelst mit ihr an, er bändelt mit ihr an, er bändelte mit ihr an, er hat mit ihr angebändelt, bändele nicht mit ihr an!

sich **anbiedern;** du biederst dich an, er biedert sich an, er biederte sich an, er hat sich angebiedert, biedere dich nicht so an!

**anbinden;** du bindest den Hund an; er bindet ihn an; er band ihn an; er hat ihn angebunden; binde ihn an!

der **Anblick anbrennen;** die Suppe brennt an, die Suppe brannte an, die Suppe ist angebrannt

die **Andacht;** die Andachten; **andächtig; andachtsvoll andante** (mäßig langsam); das **Andante** (Musikstück in gemessenem Tempo); des Andante[s], die Andantes **andauernd**

die **Anden** (Gebirge in Südamerika) *Plural*

das **Andenken andere,** auch: andre *(immer klein geschrieben)*; der, die, das, alles andere; kein anderer; etwas, nichts anderes;

der eine, der andere; anderes mehr; er sprach von etwas anderem; unter anderem; sich eines anderen, andern besinnen; ich bin anderer, andrer Meinung; andere ähnliche Fälle **andermal;** ein andermal, aber: ein anderes Mal
**ändern;** du änderst, er ändert, er änderte, er hat seinen Plan geändert, ändere deinen Plan!; sich ändern; er hat sich sehr geändert
**andernfalls,** anderenfalls
**anders;** jemand, niemand anders; er ist anders als ich; wo anders? (wo sonst?), aber: woanders (irgendwo sonst); anderswo; **andersartig; andersdenkend;** der **Andersdenkende;** ein Andersdenkender; die Andersdenkenden; mehrere Andersdenkende; die **Andersdenkende;** eine Andersdenkende; der **Andersgläubige;** ein Andersgläubiger; die Andersgläubigen; zwei Andersgläubige; die **Andersgläubige;** eine Andersgläubige
**anderseits, andererseits, andrerseits**
**anderthalb;** in anderthalb Stunden; anderthalb Pfund
die **Änderung**
**Andorra** (Staat in den Pyrenäen); der **Andorraner; andorranisch**
der **Andrang**
das **Andreaskreuz** (Verkehrszeichen an Bahnübergängen)
sich **aneignen;** er eignet sich an, er hat sich diesen Bleistift angeeignet
**aneinander;** *Trennung:* an|ein|ander; wir werden immer aneinander denken, aber: **aneinanderfügen** (zusammenfügen); sie fügen die Teile aneinander, sie haben die Teile aneinandergefügt; **aneinandergeraten** (sich streiten); sie gerieten aneinander, sie sind aneinandergeraten
die **Anekdote** (eine kurze Geschichte); *Trennung:* An|ek|do|te
die **Anemone** (Windröschen)
das **Anerbieten** (Angebot)
**anerkennen;** du erkennst an (seltener: anerkennst), er erkennt an (seltener: anerkennt), er erkannte an (seltener: anerkannte), er hat anerkannt, erkenne ihn an! (seltener: anerkenne ihn!); die **Anerkennung**
**anfahren;** du fährst an, er fährt an, er fuhr mit seinem Auto an, er ist mit seinem Auto angefahren, aber:

er hat eine alte Frau angefahren; er hat ihn kräftig angefahren (kräftig angeredet), fahre vorsichtig an!
**anfällig**
der **Anfang;** die Anfänge; **anfangen;** er fängt an, er hat endlich angefangen; der **Anfänger; anfänglich; anfangs;** der **Anfangsbuchstabe**
**anfassen;** du faßt an, er hat das Problem geschickt angefaßt; faß oder fasse mich nicht an!
**anfertigen;** du fertigst an, er fertigt an, er fertigte an, er hat angefertigt, fertige an!
die **Anfrage; anfragen;** er fragt an, er hat angefragt
**anführen;** er führt an, er hat diese Bande angeführt; der **Anführer;** das **Anführungszeichen**
die **Angabe**
**angängig;** das ist nicht angängig
**angeben;** er gibt mir die Adresse an; er hat gewaltig angegeben (geprahlt); der **Angeber**
**angeblich**
das **Angebot**
**angehen;** das geht mich nichts an; er ging ihn um Geld an, er ist (auch: hat) ihn um Geld angegangen
der **Angehörige;** ein Angehöriger; die Angehörigen; mehrere Angehörige; die **Angehörige;** eine Angehörige
der **Angeklagte;** ein Angeklagter; die Angeklagten; viele Angeklagte; die **Angeklagte;** eine Angeklagte
die **Angel;** die Angeln
die **Angelegenheit**
der **Angelhaken**
**angeln;** du angelst, er angelt, er angelte, er hat geangelt
**angemessen;** etwas für angemessen halten; etwas in angemessener Weise tun
**angenehm**
**angenommen**
**angepaßt;** er ist sehr angepaßt
das **Angesicht;** die Angesichter und Angesichte; **angesichts;** angesichts des Todes
**angespannt**
der **Angestellte;** ein Angestellter; die Angestellten; zwei Angestellte; die **Angestellte;** eine Angestellte
**angewandt;** angewandte Wissenschaft
sich **angewöhnen;** er gewöhnt sich an, er hat sich dies angewöhnt; die **Angewohnheit**

**angewurzelt;** er stand da wie angewurzelt

die **Angina** (Mandelentzündung); die Anginen

der **Angler**

**Angola** [*anggola*] (Staat in Afrika); der **Angolaner; angolanisch**

**angreifen;** er greift an, er hat angegriffen; der **Angriff**

die **Angst;** die Ängste; in Angst sein; Angst haben; a b e r : mir ist, mir wird angst und bange; der **Angsthase;** des/dem/den Angsthasen, die Angsthasen; **ängstigen;** er ängstigt sie, er hat sie geängstigt; sich ängstigen; er hat sich geängstigt; **ängstlich**

der **Anhalter;** per Anhalter fahren

**an Hand,** jetzt häufig auch: **anhand;** an Hand und anhand des Buches; an Hand und anhand von Unterlagen

der **Anhang;** die Anhänge; **anhänglich anheimfallen** (zufallen); das Gut fiel der Kirche anheim, das Gut ist der Kirche anheimgefallen; **anheimstellen;** er stellte es ihm anheim, er hat es ihm anheimgestellt

**Anhieb;** auf Anhieb (sofort)

die **Anhörung**

**animalisch** (tierisch)

**animieren** (anregen, ermuntern); du animierst, er animierte mich, er hat mich zum Malen animiert

der **Anis** (eine Gewürzpflanze)

**Ankara** [*angkara*] (Hauptstadt der Türkei)

der **Anker;** die Anker; vor Anker gehen, liegen

die **Anklage; anklagen;** er klagt an, er hat ihn angeklagt; der **Ankläger**

**ankommen;** er kam in Frankfurt an, er ist gut angekommen; darauf kommt es mir nicht an (das ist nicht wichtig)

**ankreuzen;** er kreuzt an, er hat den Fehler angekreuzt

**ankündigen;** du kündigst an; er kündigt an; er hat angekündigt; die **Ankündigung**

die **Ankunft**

die **Anlage**

der **Anlaß;** des Anlasses, die Anlässe; der **Anlasser; anläßlich;** anläßlich des Festes, *dafür besser:* zum, beim Feste oder: aus Anlaß des Festes

der **Anlauf;** die Anläufe

**anlegen;** das Schiff legt an; sich **anlegen;** er hat sich mit uns angelegt (Streit gesucht)

das **Anliegen** (Wunsch); ein Anliegen

haben; der **Anlieger** (Anwohner einer Straße u. ä.)

sich **anmaßen;** du maßt dir an, er maßt sich an, er maßte sich an, er hat sich ein Urteil angemaßt, maße dir kein Urteil an!; **anmaßend**

**Anm.** = Anmerkung

die **Anmeldung**

die **Anmerkung**

**anmotzen** (beschimpfen, tadeln); du motzt ihn an; er hat ihn angemotzt; motze mich nicht an!

die **Anmut; anmutig**

die **Annahme; annehmen;** er nimmt an, er hat dies angenommen

die **Annehmlichkeit**

**annektieren** (sich gewaltsam aneignen); du annektierst, er annektiert, er annektierte, er hat fremdes Land annektiert, annektiere kein fremdes Gut!; die **Annexion**

**anno,** (häufiger:) **Anno** (im Jahre); Anno elf; Anno dazumal; **Anno Domini** (im Jahre des Herrn)

die **Annonce** [*anongße*] (Zeitungsanzeige); **annoncieren;** du annoncierst, er annonciert, er annoncierte, er hat in der Zeitung annonciert, annonciere in dieser Zeitung!

**annullieren** (für ungültig erklären); du annullierst, er annullierte den Vertrag, er hat den Vertrag annulliert

die **Anode** (positive Elektrode; Pluspol); *Trennung:* An|ode

**anomal** (unregelmäßig, regelwidrig); *Trennung:* an|omal

**anonym** (ungenannt); *Trennung:* an|onym

der **Anorak;** des Anoraks, die Anoraks

**anpflaumen** (necken); er hat sie angepflaumt

die **Anrede**

**anregen;** du regst an, er regt an, er regte an, er hat angeregt, rege das doch einmal in der Schule an!; die **Anregung;** das **Anregungsmittel**

der **Anreiz**

**anrüchig**

**anrufen;** er rief mich an (er telefonierte mit mir); der Posten hat ihn angerufen; rufe mich morgen an!

die **Ansage;** der **Ansager;** die **Ansagerin;** die Ansagerinnen

**ansässig;** er ist in München ansässig

**anschaulich;** die **Anschauung;** aus eigener Anschauung

der **Anschein;** allem Anschein nach; **anscheinend**

der **Anschlag;** die Anschläge
**anschließen;** er schließt den Herd
an; sie hat sich uns angeschlossen;
**anschließend** (folgend); der **An-
schluß;** die Anschlüsse
die **Anschrift**
**anschwellen;** der Fluß schwillt an,
er ist angeschwollen
das **Ansehen;** ohne Ansehen der Person;
**ansehnlich**
**ansein** (wird nur im Infinitiv und Par-
tizip zusammengeschrieben); das
Licht soll ansein, ist angewesen; wenn
das Licht an ist
die **Ansicht;** meiner Ansicht nach; die
**Ansichtskarte**
**anspannen;** er spannt an, er hat die
Pferde angespannt
der **Ansporn**
die **Ansprache**
der **Anspruch;** die Ansprüche
die **Anstalt**
der **Anstand; anständig; anstands-
halber; anstandslos**
**anstatt;** anstatt daß
**anstecken;** er steckt die Blume an,
er hat die Blume angesteckt; sich an-
stecken; er hat sich bei mir angesteckt;
**ansteckend;** die **Ansteckung**
**an Stelle,** (jetzt häufig auch:) **an-
stelle;** an Stelle und anstelle des Va-
ters
**anstellen;** du stellst an, er stellt an,
er stellte an, er hat ihn angestellt; sich
anstellen; stell dich nicht so an!; **an-
stellig** (geschickt)
der **Anstoß;** die Anstöße; **anstoßen;** er
stößt überall an; wir haben miteinan-
der angestoßen (uns zugetrunken);
**anstößig**
der **Anstreicher**
sich **anstrengen;** du strengst dich an, er
strengt sich an, er strengte sich an,
er hat sich angestrengt, strenge dich
an!; **anstrengend;** die **Anstren-
gung**
die **Antarktis** (Südpolgebiet); *Tren-
nung*: Ant|ark|tis; **antarktisch;** *Tren-
nung*: ant|ark|tisch
der **Anteil;** an etwas Anteil nehmen; die
**Anteilnahme**
die **Antenne**
der **Anthrazit** (glänzende Steinkohle);
*Trennung*: An|thra|zit
die **Anthropologie** (Wissenschaft vom
Menschen); *Trennung*: An|thro|po|lo-
gie
**anti...** (gegen...)

der **Antialkoholiker** (Alkoholgegner);
*Trennung*: An|ti|al|ko|ho|li|ker
das **Antibiotikum** (Wirkstoff gegen
Krankheitserreger); des Antibioti-
kums; die Antibiotika; *Trennung*: An-
ti|bio|ti|kum
der **Antichrist** (Gegner des Christen-
tums); des/dem/den Antichristen, die
Antichristen
der **Antifaschismus**
**antik** (altertümlich); die **Antike** (das
klassische Altertum und seine Kultur)
die **Antilope**
die **Antipathie** (Abneigung, der Wider-
wille); die Antipathien; *Trennung*:
An|ti|pa|thie
der **Antipode** (jmd., der auf der gegen-
überliegenden Seite der Erdkugel
wohnt); des/dem/den Antipoden; die
Antipoden
der **Antiquar** (Händler mit Altertümern
oder mit alten Büchern); die Antiqua-
re; das **Antiquariat;** die Antiquariate;
**antiquarisch**
die **Antiquität** (altes Möbelstück, alter
Kunstgegenstand); die Antiquitäten;
der **Antiquitätenhändler**
das **Antlitz;** die Antlitze; *Trennung*: Ant-
litz
der **Antrag;** einen Antrag auf etwas stel-
len
die **Antwort; antworten;** du antwor-
test, er antwortet, er antwortete, er
hat geantwortet, antworte!
der **Anwalt;** die Anwälte
der **Anwärter;** die **Anwartschaft**
die **Anweisung**
**anwenden;** er wendet an, er hat alle
Mittel angewendet und angewandt;
die **Anwendung**
das **Anwesen** (Grundstück); **anwe-
send;** der **Anwesende;** ein Anwe-
sender; die Anwesenden; mehrere
Anwesende; die **Anwesenheit**
**anwidern;** es widert mich an, es wi-
derte mich an, es hat mich angewidert
**anwinkeln;** du winkelst die Arme an;
er hat die Arme angewinkelt
die **Anzahl;** die **Anzahlung**
das **Anzeichen**
die **Anzeige; anzeigen;** er zeigt ihn an,
er hat ihn angezeigt
**anziehen;** sie zog das Kleid an, sie
hat sich angezogen; **anziehend** (reiz-
voll); die **Anziehungskraft;** der **An-
zug;** die Anzüge; **anzüglich**
**anzünden;** er zündet an, er hat das
Streichholz angezündet

die **AOK** ( = Allgemeine Ortskrankenkasse)

der **Apache** [ap*a*tsch*e* und ap*a*ch*e*] (Angehöriger eines Indianerstammes) **apart** (geschmackvoll); sie trug ein apartes Kleid; am apartesten; die **Apartheid** (völlige Trennung zwischen Weißen und Farbigen in der Republik Südafrika); das **Apartment** [*e*p*a*'tm*e*nt] (Kleinstwohnung); die Apartments [...m*e*ntß]; ↑Appartement **apathisch** (teilnahmslos); am apathischsten

der **Apfel;** die Äpfel; der **Apfelbaum;** die **Apfelsine** **Apollo** (ein griechisch-römischer Gott; Name eines amerikanischen Raumfahrtprogramms)

der **Apostel;** die Apostel; die **Apostelgeschichte; apostolisch** (nach Art der Apostel). *Groß:* das Apostolische Glaubensbekenntnis; der Apostolische Nuntius, Stuhl

der **Apostroph** (Auslassungszeichen); des Apostrophs, die Apostrophe; *Trennung:* Apo|stroph

die **Apotheke;** der **Apotheker**

der **Apparat;** die Apparate

das **Appartement** [apart*e*m*a*ng] (Wohnung [im Hotel]); ↑Apartment; die Appartements [...m*a*ngß]

der **Appell** (Aufruf, Anruf; beim Militär; Befehlsempfang); die Appelle; **appellieren** (sich wenden an); du appellierst, er appelliert, er appellierte, er hat appelliert, appelliere an sein Gewissen!

der **Appetit;** die Appetite; **appetitanregend;** appetitanregende Mittel, a b e r : den Appetit anregend; **appetitlich** **applaudieren;** *Trennung:* ap|plaudie|ren; du applaudierst, er applaudiert, er applaudierte, er hat applaudiert, applaudiere doch!; der **Applaus;** *Trennung:* Ap|plaus

die **Apposition** (hauptwörtliche Beifügung; meist im gleichen Fall wie das Bezugswort)

die **Appretur** (Glanz, Festigkeit eines Gewebes); der Appretur; die Appreturen

die **Aprikose**

der **April;** des April und des Aprils; der **Aprilscherz**

das **Aquarell** (ein mit Wasserfarben gemaltes Bild); die Aquarelle; *Trennung:* Aqua|rell

das **Aquarium** (Fischbecken); die Aquarien; *Trennung:* Aqua|ri|um

der **Äquator** (größter Breitenkreis); *Trennung:* Äqua|tor

das, auch: der **Ar** (ein Flächenmaß); die Are

die **Ära** (Zeitalter); die Ära Adenauer

der **Araber,** auch: Araber (Bewohner Arabiens; Pferd einer edlen Rasse); **arabisch;** arabisches Vollblut

der **Aralsee** (See in Mittelasien)

die **Arbeit; arbeiten;** du arbeitest, er arbeitet, er arbeitete, er hat gearbeitet, arbeite!; der **Arbeiter; arbeitsfähig;** der **Arbeitslohn; arbeitslos;** die **Arbeitslosigkeit;** die **Arbeitszeit**

der **Archäologe** (Altertumsforscher); die **Archäologie** (Altertumskunde); *Trennung:* Ar|chäo|lo|gie

die **Arche;** die Arche Noah

der **Architekt;** des/dem/den Architekten, die Architekten

das **Archiv** (Urkundensammlung); die Archive; der **Archivar** [...w*a*r] (Archivbeamter); die Archivare

die **Arena** (Kampfplatz, Manege im Zirkus); die Arenen

**arg;** ärger, am ärgsten; im argen liegen. *Groß:* zum Ärgsten kommen; vor dem Ärgsten bewahren; das Ärgste verhüten; nichts Arges denken **Argentinien** [argent*i*ni*e*n] (Staat in Südamerika); der **Argentinier** [argent*i*ni*e*r]; **argentinisch**

der **Ärger; ärgerlich; ärgern;** du ärgerst ihn, er ärgert ihn, er ärgerte ihn, er hat ihn geärgert, ärgere ihn nicht!; sich ärgern; er hat sich geärgert; das **Ärgernis;** des Ärgernisses, die Ärgernisse **arglos;** am arglosesten

das **Argument** (Beweis, Begründung); die Argumente; **argumentieren** (Beweise anführen); du argumentierst gut, er hat gut argumentiert

der **Argwohn; argwöhnen;** du argwöhnst, er argwöhnt, er argwöhnte, er hat geargwöhnt; **argwöhnisch**

die **Arie** [*a*ri*e*] (ein Sologesangstück mit Instrumentalbegleitung); die Arien

der **Aristokrat** (Angehöriger des Adels; vornehmer Mensch); des/dem/den Aristokraten, die Aristokraten; *Trennung:* Ari|sto|krat; **aristokratisch;** *Trennung:* ari|sto|kra|tisch

die **Arithmetik** (Zahlenlehre); **arithmetisch**

die **Arktis** (Gebiet um den Nordpol); **arktisch**

**arm;** ärmer, am ärmsten. *Klein auch*: arm und reich (jedermann); arme Ritter (eine süße Speise). *Groß*: Arme und Reiche, bei Armen und Reichen, der Arme und der Reiche; wir Armen

der **Arm;** die Arme; das **Armband**

die **Armatur** (Bedienungs- und Meßgerät an technischen Anlagen); das **Armaturenbrett**

die **Armbrust;** die Armbrüste und die Armbruste

die **Armee;** die Armeen

der **Ärmel;** die Ärmel; **armlang;** ein armlanger Stiel, a b e r : der Stiel ist einen Arm lang

**ärmlich; armselig;** die **Armut**

der **Armvoll;** zwei Armvoll Reisig, a b e r : er hat einen Arm voll oder voller Reisig

das **Aroma** (Duft, Geruch); die Aromen und Aromata oder Aromas; **aromatisch**

**arrangieren** [*arangschir<sup>e</sup>n*] (einrichten, zustande bringen); er hat das geschickt arrangiert

der **Arrest;** die Arreste

**arrogant** (anmaßend); am arrogantesten; die **Arroganz**

der **Arsch** (derb für: Gesäß; derbes Schimpfwort); des Arsches; die Ärsche

das **Arsen** (ein Gift); des Arsens

die **Art;** die Arten; ein Mann der Art (solcher Art), a b e r : er hat mich derart (so) beleidigt, daß ich ihn böse bin

die **Arterie** [*arteri<sup>e</sup>*] (Schlagader); die Arterien

**artig**

der **Artikel** [auch: *artik<sup>e</sup>l*] (Geschlechtswort; Aufsatz; Ware); die Artikel

die **Artillerie** (eine Waffengattung); die Artillerien

der **Artist** (Zirkuskünstler); des/dem/den Artisten, die Artisten

die **Arznei;** die Arzneien; der **Arzt;** die **Ärztin;** die Ärztinnen; **ärztlich**

das **As** (eine Spielkarte); des Asses, die Asse

die **A-Saite** (z. B. auf der Geige)

der **Asbest** (ein hitzefestes Mineral); des Asbest[e]s

die **Asche;** die **Aschenbahn;** der **Aschenbecher;** das **Aschenbrödel** (eine Märchengestalt); der **Aschermittwoch;** die Aschermittwoche; **aschgrau,** a b e r : bis ins Aschgraue (bis zum Überdruß)

**äsen;** das Reh äst; das Reh äste, das Reh hat geäst

der **Asiat;** des/dem/den Asiaten; die Asiaten; **asiatisch; Asien**

die **Askese** (eine enthaltsame Lebensweise); der **Asket;** des/dem/den Asketen, die Asketen; **asketisch**

der **Aspekt** (Gesichtspunkt); die Aspekte

der **Asphalt; asphaltieren;** du asphaltierst, er asphaltiert, er asphaltierte, er hat die Straße asphaltiert

die **Assel** (ein Krebstier)

der **Assessor** (Anwärter der höheren Beamtenlaufbahn); des Assessors, die Assessoren; *Trennung*: As|ses|sor

die **Assimilation** (Angleichung)

der **Assistent** (Gehilfe, Mitarbeiter); des/dem/den Assistenten, die Assistenten; der **Assistenzarzt; assistieren** (zur Hand gehen); du assistierst ihm, sie hat ihm dabei assistiert

der **Ast;** die Äste

die **Aster** (eine Zierpflanze); die Astern

die **Ästhetik** (Wissenschaft vom Schönen); *Trennung*: Äs|the|tik; **ästhetisch** (die Ästhetik betreffend; ausgewogen, schön, geschmackvoll)

das **Asthma** (Kurzatmigkeit durch eine Erkrankung der Bronchien oder des Herzens); *Trennung*: Asth|ma; **asthmatisch;** *Trennung*: asth|ma|tisch

der **Astrologe** (Sterndeuter); des/dem/ den Astrologen, die Astrologen; die **Astrologie;** der **Astronaut** (Weltraumfahrer); des/dem/den Astronauten, die Astronauten; der **Astronom** (Stern-, Himmelsforscher); des/dem/den Astronomen, die Astronomen; die **Astronomie** (Stern-, Himmelskunde); **astronomisch** (die Astronomie betreffend, aber auch für: riesenhaft, sehr hoch)

**Asunción** [*aßunthion*] (Hauptstadt Paraguays)

das **Asyl** (Zufluchtsort, Heim); die Asyle; jemandem Asyl gewähren; der **Asylant** (jemand, der sich um politisches Asyl bewirbt); des/dem/den Asylanten, die Asylanten

**A. T.** = Altes Testament

das **Atelier** [*at<sup>e</sup>lie*] (Arbeitsraum eines Künstlers oder Photographen; Raum für Filmaufnahmen; Modegeschäft); die Ateliers; *Trennung*: Ate|lier

der **Atem;** Atem holen; außer Atem sein; das **Atemholen; atemlos;** die **Atemnot**

der **Atheist** (Gottesleugner); des/dem/ den Atheisten, die Atheisten; *Trennung*: Athe|ist; **atheistisch;** *Trennung*: athei|stisch
**Athen** [*atȩn*] (Hauptstadt Griechenlands)

der **Äther** (ein Betäubungsmittel)
**Äthiopien** [*ätiọpiᵉn*] (Staat in Ostafrika); der **Äthiopier** [*ätiọpiᵉr*]; **äthiopisch**

der **Athlet** (ein Kraftmensch, ein Wettkämpfer); des/dem/den Athleten, die Athleten; *Trennung*: Ath|let; **athletisch;** *Trennung*: ath|le|tisch

der **Atlantik** (der Atlantische Ozean); *Trennung*: At|lan|tik; **atlantisch;** *Trennung*: at|lan|tisch; ein atlantisches Kabel, a b e r : der Atlantische Ozean; der **Atlas** (ein Kartenwerk); des Atlas und des Atlasses, die Atlasse und die Atlanten; *Trennung*: At|las **atmen;** du atmest, er atmet, er atmete, er hat geatmet

die **Atmosphäre** (Lufthülle; Druckmaß; Stimmung); **atmosphärisch;** *Trennung*: at|mo|sphä|risch

die **Atmung**

der **Ätna,** auch: **Ätna** (Vulkan auf Sizilien)

das **Atoll** (ringförmige Koralleninsel); des Atolls, die Atolle

das **Atom** (kleinster Materieteil eines chemischen Grundstoffes); die **Atombombe;** die **Atomenergie;** der **Atomkern;** das **Atomkraftwerk**

das **Attentat** (Anschlag auf einen politischen Gegner); der **Attentäter**

das **Attest** (ärztliche Bescheinigung); die Atteste

die **Attraktion** (Anziehungskraft; Glanznummer); *Trennung*: At|traktion; **attraktiv** (anziehend, reizvoll, hübsch)

die **Attrappe** (täuschend ähnliche Nachbildung); *Trennung*: At|trap|pe

das **Attribut** (Beifügung); *Trennung*: Attri|but; **attributiv;** *Trennung*: at|tri-bu|tiv
**ätzen;** die Säure ätzt, sie hat geätzt; **ätzend;** ätzender Spott
**au!,** auweh!, au Backe!

die **Au** und **Aue** (eine feuchte Niederung); die Auen
**auch;** wenn auch, auch wenn

die **Audienz** (Empfang, Unterredung); die Audienzen; *Trennung*: Au|dienz

der **Auerhahn**

**auf;** das Buch liegt auf dem Tisch; ich lege das Buch auf den Tisch; auf Grund; aufs neue; auf das beste, aufs beste; auf einmal; auf und ab; auf und davon gehen. *Groß:* das Auf und Nieder; das Auf und Ab

**aufbauen;** er baut auf; er hat das Zelt aufgebaut

**aufbewahren;** er bewahrt auf, er hat meinen Koffer aufbewahrt

**aufbinden;** sie band ihre Zöpfe auf; man hat dir einen Bären aufgebunden

**aufbrechen;** er brach die Tür auf; wir sind früh aufgebrochen (fortgegangen); der **Aufbruch**

**aufdrängen;** er drängte mir das Geld auf, er hat es mir aufgedrängt; dränge dich nicht auf!; **aufdringlich**

**aufeinander;** *Trennung*: auf|ein|ander; aufeinander (auf sich gegenseitig) achten, warten; aufeinander auffahren, a b e r : aufeinanderfahren, aufeinanderfolgen, aufeinanderlegen, aufeinandertreffen

der **Aufenthalt;** die Aufenthalte; *Trennung*: Auf|ent|halt; der **Aufenthaltsraum**

die **Auferstehung**

der **Auffahrunfall**
**auffallen;** er fällt auf, er ist aufgefallen; **auffallend; auffällig**

die **Auffassung;** die **Auffassungsgabe**
**auffordern;** er fordert ihn auf, er hat ihn aufgefordert; die **Aufforderung**

die **Aufgabe;** die Aufgaben; **aufgeben;** er gibt das Spiel auf; er hat ein Telegramm aufgegeben
**aufgehen;** die Sonne geht auf, sie ist aufgegangen
**aufgekratzt** (in guter Stimmung)
**aufgepaßt!**
**aufgeregt;** am aufgeregtesten
**aufgetakelt** (übertrieben zurechtgemacht)
**aufgeweckt;** am aufgewecktesten
**auf Grund,** (häufig auch schon:) **aufgrund;** auf Grund oder aufgrund einer Anzeige; auf Grund oder aufgrund von Zeugenaussagen
**aufhaben;** er hat einen Hut auf; er wird sicher einen Hut aufhaben; er hat einen Hut aufgehabt; wir haben für die Schule viel aufgehabt
**aufhängen;** er hängt den Mantel auf, er hat ihn aufgehängt; der **Aufhänger**
**aufhetzen;** er hetzt ihn auf, er hat ihn aufgehetzt

**aufklären;** er klärt ihn auf, er hat ihn aufgeklärt; die **Aufklärung**

der **Aufkleber**

**auflegen;** er legt eine Platte auf; er hat sie aufgelegt

sich **auflehnen;** die Bauern haben sich gegen den Adel aufgelehnt

**aufmachen;** er macht auf, er hat die Tür aufgemacht

**aufmerksam;** er machte ihn auf den Unfall aufmerksam; die **Aufmerksamkeit**

**aufmuntern;** du munterst ihn auf; er muntert ihn auf, er munterte ihn auf, er hat ihn aufgemuntert, muntere ihn ein wenig auf!

die **Aufnahme;** die **Aufnahmeprüfung; aufnehmen;** er nahm uns auf; er hat das Konzert auf Tonband aufgenommen

**aufpassen;** er paßt auf, er hat aufgepaßt

**aufräumen;** er räumt auf, er hat aufgeräumt

**aufrecht;** aufrecht sitzen, stehen, stellen; er kann sich nicht aufrecht halten, aber: **aufrechterhalten** (weiterbestehen lassen); er erhält aufrecht, er erhielt aufrecht, er hat seine Behauptung aufrechterhalten

sich **aufregen;** du regst dich auf, er regt sich auf, er regte sich auf, er hat sich aufgeregt, rege dich doch nicht auf!; **aufregend;** die **Aufregung**

**aufreizen;** er hat uns zum Widerstand aufgereizt; **aufreizend;** die **Aufreizung**

**aufrichten;** du richtest den Mast auf; er hat uns aufgerichtet (getröstet); **aufrichtig** (ehrlich, offen)

der **Aufruhr;** die Aufruhre; **aufrührerisch**

**aufsagen;** er sagt das Gedicht auf, er hat es aufgesagt

**aufsässig**

der **Aufsatz;** die Aufsätze

**aufschieben;** er schiebt die Entscheidung noch auf, er hat sie aufgeschoben

der **Aufschluß;** des Aufschlusses, die Aufschlüsse; Aufschluß erhalten, geben

**aufschneiden;** er schneidet die Wurst auf; schneide nicht so auf! (prahle nicht so!); der **Aufschneider;** der **Aufschnitt;** kalter Aufschnitt

der **Aufschub;** die Aufschübe

der **Aufschwung**

das **Aufsehen; aufsehenerregend;** aber: großes Aufsehen erregend

**aufsein** (geöffnet sein; außer Bett sein); der Kranke ist auf, der Kranke ist aufgewesen, aber: ... weil der Kranke auf ist, auf war

die **Aufsicht**

der **Aufstand;** die Aufstände; **aufständisch**

**aufstehen;** er steht auf, er ist aufgestanden

**aufstöbern;** der Hund stöbert auf, er hat den Hasen aufgestöbert

der **Auftrag;** die Aufträge

**auftrumpfen;** du trumpfst auf, er trumpft auf, er trumpfte auf, er hat aufgetrumpft, trumpfe doch damit nicht so auf!

**auf und davon;** er machte sich auf und davon

**aufwachen;** du wachst auf, er wacht auf, er wachte auf, er ist aufgewacht, wache auf!

der **Aufwand**

**aufwärts;** auf- und abwärts; **aufwärtsgehen** (besser gehen); es wird mit ihm schon aufwärtsgehen, aber: **aufwärts gehen** (nach oben gehen); er ist aufwärts gegangen

**aufwerten;** die Währung wird aufgewertet; die **Aufwertung**

**aufwiegeln;** du wiegelst auf, er wiegelt auf, er wiegelte auf, er hat die Bevölkerung aufgewiegelt, wiegele sie nicht auf!

der **Aufzug;** die Aufzüge

das **Auge;** die Augen; der **Augenarzt;** der **Augenblick; augenblicklich;** die **Augenbraue;** das **Augenlid;** der **Augenzeuge;** die Augenzeugen

der **August;** des August oder des August[e]s, die Auguste

die **Auktion** (Versteigerung)

die **Aula** (der Fest-, Versammlungssaal); die Aulen und die Aulas

**aus;** aus dem Hause; aus und ein gehen (verkehren) aber: aus- und eingehende Waren; weder aus noch ein wissen; der Ball ist aus; das **Aus** (der Raum außerhalb des Spielfeldes); der Ball ist im Aus

**ausbaldowern** (herausbekommen); er hat es ausbaldowert

**ausbessern;** du besserst aus, er bessert aus, er besserte aus, er hat den Schaden ausgebessert, bessere den Schaden aus!

der **Ausbeuter;** die **Ausbeutung**
**ausbilden;** er hat ihn zum Facharbeiter ausgebildet; die **Ausbildung;** der **Ausbildungsplatz**

der **Ausblick**
**ausbrechen;** ein Krieg brach aus; der Gefangene ist ausgebrochen
**ausbreiten;** du breitest aus, er breitet aus, er breitete aus, er hat das Tuch ausgebreitet, breite das Tuch aus!; sich ausbreiten; die Krankheit hat sich rasch ausgebreitet

der **Ausbruch;** die Ausbrüche
die **Ausdauer; ausdauernd**
der **Ausdruck;** die Ausdrücke und (im Buchwesen:) die Ausdrucke; **ausdrücklich**
**auseinander** (voneinander getrennt); *Trennung:* aus|ein|an|der; auseinander setzen, liegen, a b e r: **auseinandergehen;** sie gingen auseinander, sie sind auseinandergegangen; **auseinandersetzen** (erklären); er setzte ihm auseinander, er hat ihm diesen Tatbestand auseinandergesetzt; die **Auseinandersetzung**
die **Ausfahrt;** die Ausfahrten
**ausflippen** (sich durch Rauschgift krank, süchtig machen); du flippst aus; er ist ausgeflippt
die **Ausflucht;** die Ausflüchte
der **Ausflug;** die Ausflüge
die **Ausfuhr;** die Ausfuhren
**ausführlich**
die **Ausgabe;** seine Ausgaben aufschreiben
der **Ausgang;** die Ausgänge
**ausgefallen;** ausgefallene Ideen
**ausgehen;** er geht aus, er ist ausgegangen
**ausgelassen;** ein ausgelassener Junge
**ausgenommen**
**ausgerechnet;** ausgerechnet mir muß das passieren
**ausgeschlossen;** das ist ganz ausgeschlossen
**ausgezeichnet**
**ausgiebig**
der **Ausgleich**
die **Ausgrabung**
der **Ausguß;** des Ausgusses, die Ausgüsse
die **Aushilfe**
**auskommen;** er kam mit dem Geld nicht aus; das **Auskommen;** sein Auskommen haben
die **Auskunft;** die Auskünfte

**auslachen;** er lacht ihn aus, er hat ihn ausgelacht
das **Ausland;** der **Ausländer**
**auslassen;** er läßt aus, er hat einen Buchstaben ausgelassen
die **Ausleihe; ausleihen;** ich habe mein Fahrrad ausgeliehen; wir leihen uns Bücher aus
**auslosen;** er lost aus, er hat den Gewinn ausgelost
**ausmachen;** er machte das Licht aus, er hat es ausgemacht
**ausmerzen;** du merzt aus, er merzt aus, er merzte aus, er hat den Fehler ausgemerzt, merze den Fehler aus!
die **Ausnahme; ausnahmsweise**
**ausposaunen;** du posaunst aus; er hat alles gleich ausposaunt
der **Auspuff;** die Auspuffe
die **Ausrede**
**ausreichend;** er hat die Note „ausreichend" erhalten; er hat die Prüfung mit „ausreichend" bestanden
**ausreißen;** du reißt das Unkraut aus, er reißt das Unkraut aus, er riß das Unkraut aus, er hat das Unkraut ausgerissen; a b e r: er ist zu Hause ausgerissen; reiße nicht aus!; der **Ausreißer**
**ausrenken;** er renkt den Arm aus, er renkte den Arm aus, er hat den Arm ausgerenkt; sich den Arm ausrenken; er hat sich den Arm ausgerenkt
**ausrotten;** du rottest aus, er rottet aus, er rottete aus, er hat das Übel mit Stumpf und Stiel ausgerottet, rotte es aus!
das **Ausrufezeichen**
sich **ausruhen;** er ruht sich aus, er hat sich ausgeruht
die **Aussaat**
der **Aussatz; aussätzig**
**ausscheiden;** 1. das Insekt scheidet einen Duftstoff aus; 2. der Verein schied aus dem Wettbewerb aus; der **Ausscheidungskampf;** das **Ausscheidungsorgan**
**ausschlaggebend;** seine Stimme war bei diesen Verhandlungen ausschlaggebend
**ausschließen;** man schloß ihn aus dem Verein aus; ein Versehen ist ausgeschlossen; **ausschließlich;** ausschließlich des Trinkgeldes; der **Ausschluß,** des Ausschlusses, die Ausschlüsse
der **Ausschuß;** des Ausschusses, die Ausschüsse

**ausschweifend;** ein ausschweifendes Leben führen

**außen;** nach innen und außen; die **Außenpolitik;** der **Außenseiter;** das **Außenskelett** (bei Insekten); der **Außenstehende;** ein Außenstehender; die Außenstehenden; mehrere Außenstehende; die **Außenstehende;** eine Außenstehende

**außer;** niemand kann diese Schrift lesen außer er selbst; außer Haus; außer allem Zweifel; er ist außer Rand und Band; ich bin außer mir; etwas außer acht lassen, a b e r : etwas außer aller Acht lassen; etwas außer Kurs setzen; ich gerate außer mich (auch: mir) vor Freude; er ist außer Landes gegangen

**außerdem**

**äußere;** äußerste; die äußere Tür; das **Äußere;** sein Äußeres

**außergewöhnlich**

**außerhalb;** außerhalb Münchens; außerhalb des Lagers

**äußerlich**

**äußern;** du äußerst, er äußert, er äußerte, er hat diesen Verdacht geäußert, äußere doch etwas!; sich äußern; er hat sich schlecht darüber geäußert

**außerordentlich**

**äußerst.** *Klein:* bis zum äußersten (sehr); auf das, aufs äußerste (sehr) erschrocken sein. *Groß:* das Äußerste befürchten; aufs Äußerste gefaßt sein; es auf das Äußerste ankommen lassen; bis zum Äußersten gehen

**außerstande;** außerstande sein

die **Äußerung**

die **Aussicht; aussichtslos;** am aussichtslosesten

der **Aussiedler**

sich **aussöhnen;** er söhnt sich aus, er söhnte sich aus, er hat sich mit seinem Freund ausgesöhnt, söhne dich mit ihm aus!

**aussondern;** du sonderst aus, er sonderte aus, er hat ausgesondert, sondere die schlechten Exemplare aus!

die **Aussprache;** der **Ausspruch;** die Aussprüche

**ausstaffieren** (herausputzen); er staffierte mich als Indianer aus

der **Ausstand** (Streik); die Ausstände

**aussteigen;** er steigt aus, er ist am Theater ausgestiegen

**ausstellen;** er stellte mir einen Paß aus; er hat seine Bilder ausgestellt; die **Ausstellung**

die **Aussteuer**

**Australien;** der **Australier;** australisch

der **Ausverkauf;** die Ausverkäufe

der **Auswanderer; auswandern;** er wandert aus, er ist ausgewandert

**auswärtig;** auswärtiger Dienst, a b e r : das Auswärtige Amt, der Minister des Auswärtigen

**auswärts;** auswärts essen; nach auswärts gehen, a b e r : **auswärtsgehen** (mit auswärts gerichteten Füßen gehen); er ging auswärts, er ist auswärtsgegangen

**ausweichen;** er weicht aus, er ist meiner Frage ausgewichen

der **Ausweis;** die Ausweise; **ausweisen;** er weist ihn aus, er wies ihn aus, er hat ihn ausgewiesen, weise ihn aus!; sich ausweisen; er hat sich ausgewiesen

**auswendig,** etwas auswendig lernen

**auswerten;** er wertet aus, er hat die Zahlen ausgewertet

**auswischen;** du wischst aus, er hat mir eins ausgewischt

**auszeichnen;** er zeichnete sich durch Schnelligkeit aus; man hat ihn mit einem Preis ausgezeichnet; die **Auszeichnung**

**autark** (wirtschaftlich unabhängig); *Trennung:* aut|ark; die **Autarkie;** *Trennung:* Aut|ar|kie

das **Auto;** die Autos; Auto fahren; ich bin Auto gefahren; Auto und radfahren, a b e r : rad- und Auto fahren; die **Autobahn;** die Autobahnen

die **Autobiographie** (Beschreibung des eigenen Lebens); die Autobiographien

der **Autobus;** des Autobusses, die Autobusse

der **Autodidakt** (jemand, der etwas im Selbstunterricht gelernt hat); des/dem/den Autodidakten, die Autodidakten

das **Autofahren,** a b e r : er kann Auto fahren

das **Autogramm** (eigenhändig geschriebener Name); die Autogramme

der **Automat;** des/dem/den Automaten, die Automaten; **automatisch**

das **Automobil;** die Automobile

**autonom** (selbständig, unabhängig); die **Autonomie;** die Autonomien

der **Autor** (Verfasser); des Autors, dem/den Autor, die Autoren

die **Autorität** (Ansehen; bedeutender

Kenner eines bestimmten Fachgebietes); die Autoritäten

der **Autoschlosser**

**autsch!**

**auweh!**

**AvD** = Automobilclub von Deutschland

die **Axt;** die Äxte


# B


**BAB** = Bundesautobahn

das **Baby** [*bebi*] (Säugling); des Babys, die Babys; der **Babysitter**

der **Bach;** die Bäche

die **Bachstelze**

das **Backbord** (die linke Schiffsseite [von hinten gesehen]); die Backborde

die **Backe,** auch: der **Backen**
**backen;** der Bäcker bäckt, der Bäcker backte, älter: buk, der Bäcker hat das Brot gebacken, backe den Kuchen!

**backen;** der Schnee backt (klebt), der Schnee backte, der Schnee hat an den Sohlen gebackt

der **Backenzahn**

der **Bäcker;** die **Bäckerei**

der **Backfisch;** die **Backhefe;** das **Backobst;** der **Backofen**

die **Backpfeife**

der **Backstein**

das **Bad;** die Bäder; die **Badeanstalt;** der **Bademeister;baden;**du badest, er badet, er badete, er hat gebadet, bade jetzt!; baden gehen
**Baden-Württemberg; baden-württembergisch**

die **Badewanne**

das **Badminton** [*bädmint<sup>e</sup>n*] (ein Federballspiel); des Badminton
**baff** (verblüfft); er ist baff

die **Bagage** [*bagasch<sup>e</sup>*] (Gesindel); *Trennung:* Ba|ga|ge

die **Bagatelle** (eine unbedeutende Kleinigkeit); die Bagatellen
**Bagdad** [*auch: bakdat*] (Hauptstadt des Iraks)

der **Bagger; baggern;** du baggerst, er baggert, er baggerte, er hat gebaggert, baggere hier!; der **Baggersee**

der **Bahamaner** (Bewohner der Bahamas); **bahamanisch; die Bahamas** (Inselgruppe und Staat im Karibischen Meer) *Plural*

die **Bahn;** die Bahnen; **bahnbrechend;** die bahnbrechende Erfindung, aber: sich eine Bahn brechend, ging er durch die Menge; **bahnen;** du bahnst dir einen Weg, er bahnt sich einen Weg, er bahnte sich einen Weg, er hat sich einen Weg gebahnt, bahne dir einen Weg!; der **Bahnhof;** der **Bahnsteig**
**Bahrain** (Inselgruppe und Staat im Persischen Golf); der **Bahrainer; bahrainisch**

die **Bahre**

die **Bai** (die Bucht); die Baien

die **Bake** (festes Orientierungszeichen im Verkehr)

die **Bakterie** [*bakteri<sup>e</sup>*] (der Spaltpilz); die Bakterien; die **Bakterienkultur**

die **Balance** [*balangß<sup>e</sup>*] (Gleichgewicht); Balance halten; **balancieren** [*balangßir<sup>e</sup>n*] (das Gleichgewicht halten); du balancierst, er balanciert, er balancierte, er hat auf dem Seil balanciert
**bald;** eher, am ehesten; möglichst bald; so bald als oder wie möglich

der **Baldachin** (Traghimmel); die Baldachine
**baldigst**

der **Baldrian** (eine Heilpflanze); die Baldriane; *Trennung:* Bal|dri|an

der **Balg** (die Tierhaut); die Bälge

der oder das **Balg** (ein unartiges Kind); die Bälger; sich **balgen** (raufen); du balgst dich, er balgt sich, er balgte sich, er hat sich mit ihm gebalgt, balge dich nicht mit ihm!; der **Balgen** (ausziehbarer Teil am Fotoapparat); die Balgen; die Balgerei (Rauferei)

der **Balkan** (Gebirge in Südosteuropa); die **Balkanhalbinsel**

der **Balken**

der **Balkon** [auch: *balkong*]; des Balkons, die Balkone und die Balkons

der **Ball;**Ball spielen, aber: das Ballspielen

die **Ballade** (ein episch-dramatisches Gedicht)

der **Ballast** [auch: *baláßt*] (tote Last; Bürde)
**ballen;**er ballte die Faust, die Wolken haben sich geballt; der **Ballen** (Muskelpolster an Hand und Fuß; Packen); zwei Ballen Baumwolle

das **Ballett** (der Bühnentanz; die Tanzgruppe); die Ballette

der **Ballon** [auch: *balong*]; des Ballons, die Ballone und die Ballons

der **Balsam;** die Balsame (Linderung, Labsal); deine Worte sind Balsam für meine Seele

die **Balz** (Paarungszeit bestimmter Vögel); die Balzen; **balzen;** der Auerhahn balzt

der **Bambus** (ein Riesengras); des Bambusses, die Bambusse

der **Bammel;** Bammel haben (Angst haben)

banal (nichtssagend, geistlos; alltäglich); die **Banalität** (Plattheit, Alltäglichkeit); Banalitäten sagen

die **Banane**

der **Banause** (Mensch ohne Kunstverständnis); die Banausen

das **Band** (Streifen); die Bänder; auf Band spielen, sprechen

das **Band** (Fessel); die Bande; er schlug seinen Gegner in Bande; er ist außer Rand und Band

der **Band;** die Bände; eine Goetheausgabe in zehn Bänden

die **Band** [*bänd*] (eine Gruppe von Musikern, besonders eine Jazzband); der Band, die Bands

die **Bandage** [*bandasche*]; die Bandagen

die **Bande;** der **Bandenchef**

die **Banderole;** die Banderolen

**bändigen;** du bändigst, er bändigt, er bändigte, er hat ihn gebändigt, bändige ihn!

der **Bandit** (Räuber); des/dem/den Banditen, die Banditen

der **Bandwurm**

**bang** und **bange; **banger und bänger, am bangsten und am bängsten. *Klein*: mir ist angst und bang[e]; bange machen. *Groß*: das Bangemachen

**Bangkok** (Hauptstadt von Thailand)

**Bangladesch** (Staat in Südasien)

das **Banjo** [auch: *bändscho*] (Musikinstrument); des Banjos; die Banjos

die **Bank** (Sitzgelegenheit); die Bänke

die **Bank** (Geldinstitut); die Banken; der **Bankier** [*bankie*] (Inhaber einer Bank); des Bankiers; der **Bankraub;** der **Bankrott** (Zahlungsunfähigkeit); die Bankrotte; *Trennung*: Bankrott; Bankrott machen, aber: **bankrott;** *Trennung*: bank|rott; er wird bankrott gehen, sein, werden

der **Bann;** die Banne; die **Bannbulle** (Bannurkunde des Papstes); **bannen;** du bannst, er bannt, er bannte, er hat die Gefahr gebannt

das **Banner** (Fahne)

die **Bannmeile** (Bezirk, in dem Versammlungsverbot herrscht)

**bar** (bloß); er ist aller Ehre[n] bar; er hat viel bares Geld, aber: er hat viel Bargeld; bar bezahlen; in bar geben; gegen bar verkaufen; das ist barer Unsinn; barfuß; barhäuptig

die **Bar** (die Schankstube); die Bars

der **Bär;** des/dem/den Bären, die Bären; der Große Bär, der Kleine Bär (Sternbilder)

die **Baracke**

der **Barbadier** [*barbadi*r] (Bewohner von Barbados); **barbadisch; Barbados** (Inselstaat im Karibischen Meer)

**bärbeißig** (brummig-unfreundlich)

der **Barbar** (ein roher, ungesitteter, wilder Mensch); des/dem/den Barbaren, die Barbaren; die **Barbarei; barbarisch**

das **Barett** (eine Mütze); die Barette

**barfuß;** barfuß gehen; **barfüßig**

das **Bargeld,** des Bargeld[e]s; **bargeldlos;** bargeldloser Zahlungsverkehr

**barhäuptig**

der **Bariton;** des Baritons, die Baritone

die **Barkasse** (ein Motorboot); die **Barke** (kleines Boot)

**barmherzig;** barmherzige Leute, aber: Barmherzige Brüder, Barmherzige Schwestern (religiöse Genossenschaften für Krankenpflege); die **Barmherzigkeit**

das **Barock** (ein Kunststil), auch: der **Barock;** des Barocks

das **Barometer** (Luftdruckmesser)

der **Baron** (Freiherr); die Barone

der **Barren** (ein Turngerät); der **Barren** (Handelsform der Metalle in Stangen); zwei Barren Gold

die **Barriere** (Schranke; Sperre); *Trennung*: Bar|rie|re; die **Barrikade** (Hindernis); *Trennung*: Bar|ri|ka|de

**barsch** (unfreundlich, rauh); am barschesten

die **Barschaft;** der **Barscheck**

der **Bart; bärtig; bartlos**

der **Basalt** (ein Gestein); die Basalte

der **Basar** (Händlerviertel im Orient; Wohltätigkeitsverkauf); die Basare

die **Base** (die Kusine); die Basen

die **Basilika** (altrömische Halle; Kirche mit überhöhtem Mittelschiff); die Basiliken

die **Basis** (Grundlage, Unterbau); die Basen; die **Basisgruppe**

der **Basketball** (Korbball[spiel]); *Trennung*: Bas|ket|ball der **Baß;** des Basses, die Bässe

das **Bassin** [*baßäng*]; des Bassins, die Bassins

der **Bast;** die Baste

**basta!** (genug!); damit basta!

der **Bastard** (ein Mischling); die Bastarde

**basteln;** du bastelst, er bastelt, er bastelte, er hat gebastelt; der **Bastler**

der **Batist** (ein feines Gewebe); die Batiste

die **Batterie** (eine Stromquelle; eine Artillerieeinheit); die Batterien

der **Batzen** (eine frühere Münze; der Klumpen); das kostet einen Batzen Geld

der **Bau;** für Gebäude *Plural*: die Bauten; für Tierwohnung *Plural*: die Baue; Fuchsbaue; der **Bauarbeiter**

der **Bauch;** die Bäuche; **bauchig;** der **Bauchladen;** die **Bauchlandung;** das **Bäuchlein;** der **Bauchnabel; bauchreden;** er kann bauchreden; der **Bauchredner**

**bauen;** du baust, er baut, er baute, er hat gebaut, baue hier ein Haus

der **Bauer;** des Bauern, (selten:) des Bauers, die Bauern

das **Bauer** (der Käfig); des Bauers, die Bauer

die **Bäuerin;** die Bäuerinnen; der **Bauernhof;** der **Bauernkrieg baufällig;** der **Baukasten**

der **Baum;** die Bäume

der **Baumeister**

**baumeln;** er baumelt, er baumelte, er hat mit den Beinen gebaumelt

der **Baumfrevel;** die **Baumschule;** der **Baumstamm;** die **Baumwolle**

der **Bauplatz**

der **Bausch;** die Bausche und die Bäusche; in Bausch und Bogen (alles in allem); **bauschig bausparen;** er will bausparen; der **Bausparer;** die **Bausparkasse;** die **Baustoffe** *Plural*; der **Baustoffhandel;** das **Bauwerk bauz!**

der **Bayer;** des/dem/den Bayern, die Bayern; **bayerisch** und **bayrisch;** die bayerischen Seen, a b e r : der Bayerische Wald; **Bayern** (deutsches Bundesland)

der **Bazillenträger;** der **Bazillus** (ein Krankheitserreger); des Bazillus, die Bazillen

**Bd.** = Band (bei Büchern); **Bde.** = Bände

**beachten;** du beachtest, er beachtete, er hat ihn nicht beachtet; **beachtenswert; beachtlich;** die **Beachtung**

der **Beamte;** ein Beamter, die Beamten, zwei Beamte; **die Beamtin;** die Beamtinnen

**beanspruchen** (in Anspruch nehmen); du beanspruchst, er beanspruchst, er hat meine Zeit sehr beansprucht; die **Beanspruchung**

**beantragen;** du beantragst, er beantragt, er beantragte, er hat beantragt, beantrage doch eine Ermäßigung!

**bearbeiten;** du bearbeitest, du hast das Holz bearbeitet; die **Bearbeitung**

der **Beat** [*bit*] (Musik mit Schlagrhythmus); des Beat[s]; **beaten** [*bit*ᵉn] (Beat tanzen); die **Beatmusik;** der **Beatschuppen**

**beaufsichtigen;** du beaufsichtigst, er beaufsichtigt, er beaufsichtigte, er hat ihn beaufsichtigt, beaufsichtige die Kinder!; die **Beaufsichtigung**

**beauftragen;** du beauftragst, er beauftragt, er beauftragte, er hat ihn beauftragt, beauftrage den Schüler mit dieser Aufgabe!

**beben;** du bebst, er bebt, er bebte vor Angst; die Erde hat gebebt; das **Beben** (Erdbeben); **bebend**

der **Becher**

das **Becken**

**bedacht;** auf eine Sache bedacht sein; der **Bedacht;** mit Bedacht; auf etwas Bedacht nehmen; **bedächtig**

sich **bedanken;** du bedankst dich, er bedankt sich, er bedankte sich, er hat sich bedankt, bedanke dich bei ihm!

der **Bedarf;** nach Bedarf; er hat Bedarf daran

**bedauerlich; bedauern;** du bedauerst, er bedauert, er bedauerte, er hat ihn bedauert, bedauere ihn!; das **Bedauern**

**bedecken;** du bedeckst ihn, er bedeckt ihn, er bedeckte ihn, er hat ihn bedeckt, bedecke ihn mit deinem Mantel!; sich bedecken; er hat sich mit einem Mantel bedeckt; **bedeckt;** bedeckter Himmel

**bedenken;** du bedenkst, er bedenkt, er bedachte, er hat bedacht, bedenke ihn mit einer kleinen Gabe!; bedenke die Folgen!; sich bedenken; er hat sich kurz bedacht; **bedenklich**

**bedeuten;** das bedeutet nichts; das hat ihm viel bedeutet; **bedeutend.**

*Klein*: am bedeutendsten; um ein bedeutendes (sehr) zunehmen. *Groß*: das Bedeutendste; etwas Bedeutendes; **bedeutsam;** die **Bedeutung**
**bedienen;** du bedienst ihn, er bedient ihn, er bediente ihn, er hat ihn bedient, bediene die Gäste!; sich einer Sache bedienen; die **Bedienung**
**bedingen;** das eine bedingt das andere, das eine bedingte das andere, das eine hat das andere bedingt; **bedingt;** dies gilt nur bedingt (eingeschränkt); die **Bedingung**
**bedrängen;** du bedrängst ihn, er hat ihn bedrängt; die **Bedrängnis;** die Bedrängnisse
**bedrohen;** du bedrohst ihn, er bedroht ihn, er bedrohte ihn, er hat ihn bedroht, bedrohe ihn nicht!; **bedrohlich;** die **Bedrohung**
der **Beduine** (arabischer Nomade); des/dem/den Beduinen, die Beduinen
**bedürfen;** du bedarfst seiner, er bedarf seiner, er bedurfte seiner, er hat seiner Hilfe bedurft; das **Bedürfnis;** des Bedürfnisses, die Bedürfnisse; **bedürftig;** einer Sache bedürftig sein
das **Beefsteak** [*bifßtęk*]; des Beefsteaks, die Beefsteaks; *Trennung*: Beef|steak
sich **beeilen;** du beeilst dich, er beeilt sich, er beeilte sich, er hat sich beeilt, beeile dich!
**beeinflussen;** du beeinflußt ihn, er beeinflußt ihn, er beeinflußte ihn, er hat ihn beeinflußt, beeinflusse ihn nicht!; die **Beeinflussung**
**beerdigen;** man beerdigt ihn, man beerdigte ihn, man hat ihn beerdigt; die **Beerdigung**
die **Beere;** das **Beerenobst**
das **Beet**
**befangen** (schüchtern); die **Befangenheit**
der **Befehl; befehlen;** du befiehlst, er befiehlt, er befahl, er hat befohlen, befiehl es ihm!; **befehligen** (das Kommando haben); du befehligst, er befehligte, er hat eine Division befehligt; der **Befehlshaber**
**befestigen;** du befestigst, er befestigte, er hat befestigt, befestige die Skier auf dem Wagendach!
sich **befinden;** du befindest dich, er befindet sich, er befand sich, er hat sich in Mannheim befunden; das **Befinden** (Gesundheitszustand); sein Befinden hat sich gebessert; **befindlich** (vorhanden)

**beflissen** (eifrig bemüht)
**befolgen;** du befolgst, er befolgt, er befolgte, er hat meinen Rat befolgt, befolge meinen Rat!
**befördern;** du beförderst ihn, er befördert ihn, er beförderte ihn, er hat ihn befördert, befördere ihn!; die **Beförderung**
**befragen;** du befragst, er befragt, er befragte ihn, er hat die Zeugen befragt
**befreien;** du befreist ihn, er befreit ihn, er befreite ihn, er hat ihn befreit, befreie ihn!; sich befreien; er hat sich aus dieser Lage befreit
**befremden;** sein Brief befremdet mich (verwundert mich, ist mir unverständlich); **befremdlich**
sich **befreunden;** du befreundest dich, er befreundet sich, er befreundete sich, er hat sich befreundet, befreunde dich doch mit ihm!
**befriedigen;** er befriedigt ihn, er befriedigte ihn, er hat ihn befriedigt, befriedige seine Wünsche!; **befriedigend;** er hat die Note „befriedigend" erhalten; er hat mit der Note „befriedigend" bestanden
**befruchten;** die Bienen befruchten, befruchteten, sie haben die Blüten befruchtet; die **Befruchtung**
die **Befugnis;** die Befugnisse; **befugt;** befugt sein; er ist zum Betreten des Raumes befugt
**befürworten** (empfehlen); du befürwortest, er hat das Gesuch befürwortet; der **Befürworter**
**begabt;** am begabtesten; ein begabter Junge; die **Begabung**
sich **begeben;** du begibst dich, er begibt sich, er begab sich nach Hause; es begab sich (es geschah), daß ..., es hat sich begeben; die **Begebenheit** (Ereignis)
**begegnen;** du begegnest ihm, er begegnet ihm, er begegnete ihm, er ist ihm begegnet; die **Begegnung**
**begehren;** du begehrst, er begehrt, er begehrte, er hat Einlaß begehrt, begehre dies nicht!
**begeistern;** du begeisterst, er begeistert, er begeisterte, er hat die Zuschauer begeistert; ich war begeistert; begeisterte Zustimmung; die **Begeisterung**
die **Begier;** die **Begierde;** die Begierden; **begierig**
der **Beginn;** von Beginn an; zu Beginn; **beginnen;** du beginnst, er beginnt,

er begann, er hat begonnen, beginne mit deinem Vortrag!

**beglaubigen;** du beglaubigst, er beglaubigt, er beglaubigte, er hat die Abschrift beglaubigt, beglaubige die Unterschrift!; die **Beglaubigung**

**begleiten;** du begleitest, er begleitet, er begleitete, er hat ihn begleitet, begleite ihn!; der **Begleiter;** die **Begleiterscheinung;** die **Begleitung**

**beglücken;** du beglückst mich, er beglückte uns, (ironisch:) er hat uns mit seinem Besuch beglückt; **beglückend**

**beglückwünschen;** du beglückwünschst ihn, er beglückwünscht ihn, er beglückwünschte ihn, er hat ihn beglückwünscht, beglückwünsche ihn!

**begnadet;** ein begnadeter (hochbegabter) Künstler; **begnadigen;** du begnadigst, er begnadigt, er begnadigte, er hat ihn begnadigt, begnadige ihn!; die **Begnadigung**

sich **begnügen;** du begnügst dich, er begnügte sich, er hat sich mit einem Butterbrot begnügt

**begraben;** du begräbst, er begräbt, er begrub, er hat begraben, begrabe den toten Hund!; das **Begräbnis;** des Begräbnisses, die Begräbnisse

**begreifen;** du begreifst, er begreift, er begriff, er hat begriffen, begreife doch endlich!; **begreiflich; begreiflicherweise;** der **Begriff;** im Begriff[e] sein, mit dem Auto wegzufahren; **begrifflich; begriffsstutzig**

**begründen;** du begründest, er begründet seinen Vorschlag; er hat die Firma begründet (gegründet); die **Begründung**

**begrüßen;** du begrüßt, er begrüßt, er begrüßte, er hat die Anwesenden begrüßt, begrüße die Gäste!; die **Begrüßung**

**begünstigen;** du begünstigst, er begünstigt, er begünstigte; der Schiedsrichter hat die Gastmannschaft begünstigt; die **Begünstigung**

**behäbig**

**behagen;** es behagt ihm, es behagte ihm, es hat ihm behagt; das **Behagen; behaglich**

**behalten;** du behältst, er behält, er behielt, er hat etwas behalten, behalte das Buch!; der **Behälter;** das **Behältnis;** des Behältnisses, die Behältnisse

**behandeln;** du behandelst, er behandelt, er behandelte, er hat ihn schlecht behandelt, behandele ihn gut!; die **Behandlung**

**beharren;** du beharrst auf deiner Meinung, er beharrt auf seiner Meinung, er beharrte auf seiner Meinung, er hat auf seiner Meinung beharrt, beharre nicht auf deiner Meinung!; **beharrlich;** die **Beharrlichkeit**

**behaupten;** du behauptest, er behauptet, er behauptete, er hat dies behauptet, behauptet nichts Falsches!; sich behaupten; er hat sich schließlich als letzter behauptet; die **Behauptung**

der **Behelf;** die Behelfe; sich **behelfen;** er hat sich mit einer Decke beholfen; **behelfsmäßig**

**behelligen** (belästigen); er behelligt ihn, er behelligte ihn, er hat ihn behelligt, behellige ihn nicht!

**behend, behende;** die **Behendigkeit**

**beherbergen;** du beherbergst, er beherbergt, er beherbergte, er hat den Fremden beherbergt

**beherrschen;** du beherrschst, er beherrschte drei Sprachen, er hat sich beherrscht (sich zusammengenommen); die **Beherrschung**

**beherzigen;** du beherzigst, er beherzigt, er beherzigte, er hat seine Worte beherzigt, beherzige sie!

**behilflich**

**behindern;** du behinderst, er behindert, er behinderte ihn; er hat ihn behindert; das Kind ist behindert; der **Behinderte,** ein Behinderter, zwei Behinderte; die **Behinderte,** eine Behinderte

die **Behörde**

**behüten;** du behütest, er behütet, er behütete, er hat ihn behütet, behüte ihn gut!; behüt' dich Gott!; **behutsam**

**bei;** bei weitem; bei all[e]dem; bei dem allen; bei diesem allem (neben: bei diesem allen); bei der Hand sein; bei[m] Eintritt in den Saal; bei all dem Treiben

die **Beichte; beichten;** du beichtest, er beichtet, er beichtete, er hat gebeichtet, beichte deine Sünden!; das **Beichtgeheimnis;** der **Beichtstuhl**

**beide, beides;** alles beides; beide jungen Leute; alle beide; wir beide, (selten:) wir beiden; ihr beide und ihr beiden; wir beiden jungen Leute; sie beide; diese beiden; dieses beides; einer von beiden; die beiden; für uns beide; **beidemal; aber:** beide Male; **beiderlei;** beiderlei Geschlecht[e]s; **beiderseits;** beiderseits des Flusses **beieinander;** *Trennung:* bei|ein|ander; beieinander (einer bei dem anderen) sein, **aber:** beieinandersein (bei Verstand sein; gesund sein); er ist gut beieinander; **beieinanderhaben;** *Trennung:* bei|ein|an|der|ha|ben; wir werden in einigen Jahren viel Geld beieinanderhaben; **beieinandersitzen;** *Trennung:* bei|ein|an|der|sit|zen; wir saßen beieinander, wir haben beieinandergesessen; **beieinanderstehen;** *Trennung:* bei|ein|an|der|stehen; wir standen beieinander; wir haben beieinandergestanden

der **Beifahrer;** der **Beifahrersitz**
der **Beifall; beifällig**
das **Beil**
**beiläufig** (nebensächlich; nebenher)
**beileibe;** beileibe nicht
das **Beileid**
das **Bein**
**beinah, beinahe**
der **Beinbruch**
**Beirut** [*bairut,* auch: *bairut*] (Hauptstadt des Libanon)
**beisammen;** beisammen (vereinigt) sein, **aber:** beisammensein (rüstig, bei Verstand sein); etwas beisammenhaben (z. B. Geld); noch alle beisammenhaben (noch bei Verstand sein); **beisammensitzen;** wir saßen beisammen, wir haben beisammengesessen; **beisammenstehen;** wir standen beisammen, wir haben beisammengestanden
der **Beischlaf** (Koitus)
**beiseite;** etwas beiseite legen, schaffen
das **Beispiel;** zum Beispiel; **beispielhaft; beispiellos;** beispiellose Frechheit; **beispielsweise**
**beißen;** du beißt, er beißt, er biß, er hat gebissen, beiße!; der Hund beißt ihn (auch: ihm) ins Bein; die **Beißzange**
der **Beistand;** jemandem Beistand leisten; **beistehen;** du stehst ihm bei, er steht ihm bei, er stand ihm bei, er hat ihm beigestanden, stehe ihm bei!
der **Beistrich** (Komma)

der **Beitrag; beitragen;** du trägst zur Unterhaltung bei; er hat auch sein Teil dazu beigetragen
**beizeiten**
**beizen;** du beizt, er beizt, er beizte, er hat gebeizt, beize die Tür!
**bejahen;** du bejahst, er bejaht, er bejahte, er hat dies bejaht, bejahe diese Worte!
**bekannt;** am bekanntesten; bekannt machen; er soll mich mit ihm bekannt machen; vergleiche **aber:** bekanntgeben, bekanntmachen, bekanntwerden; der **Bekannte;** ein Bekannter, die Bekannten, zwei Bekannte; die **Bekannte;** eine Bekannte; **bekanntgeben** (verkünden); er gibt bekannt, er hat die Verfügung bekanntgegeben; **bekanntlich; bekanntmachen** (veröffentlichen); das Gesetz wurde bekanntgemacht, **aber:** ich habe meine Schwester mit ihm bekannt gemacht (ihm vorgestellt); die **Bekanntschaft; bekanntwerden** (veröffentlicht werden, in die Öffentlichkeit dringen); der Wortlaut ist bekanntgeworden; wenn der Wortlaut bekannt wird; **aber:** ich bin mit ihm bekannt geworden (ich habe ihn kennengelernt)
**bekehren;** du bekehrst ihn, er bekehrt ihn, er bekehrte ihn, er hat ihn bekehrt, bekehre ihn!
**bekennen;** du bekennst, er bekennt, er bekannte, er hat es bekannt, **aber:** die Bekennende Kirche; das **Bekenntnis;** des Bekenntnisses, die Bekenntnisse
**beklagen;** du beklagst, er beklagt, er beklagte, er hat ihn beklagt, beklage ihn nicht!; sich beklagen; er hat sich über dein Verhalten beklagt
die **Bekleidung**
**beklommen** (ängstlich, bedrückt); die **Beklommenheit**
**bekommen;** du bekommst, er bekommt, er bekam, er hat einen neuen Anzug bekommen; das Essen ist mir gut bekommen; **bekömmlich;** der Wein ist leicht bekömmlich, **aber:** ein leichtbekömmlicher Wein
**bekränzen;** du bekränzt, er bekränzt, er bekränzte, er hat seinen Hut mit Eichenlaub bekränzt
sich **bekümmern;** du bekümmerst dich, er bekümmert sich, er bekümmerte sich, er hat sich um ihn bekümmert, bekümmere dich um ihn!

**beladen;** du belädst, er belädt, er belud, er hat den Wagen beladen, belade den Wagen!

der **Belag;** die Beläge
**belagern;** du belagerst, er belagert; er belagerte, der Feind hat die Stadt belagert; die **Belagerer** (meist *Plural*); die **Belagerung**

der **Belang;** von Belang sein; **belangen;** du belangst ihn, man hat ihn wegen Diebstahls belangt (verklagt); **belanglos**
**belästigen;** du belästigst, er belästigt, er belästigte, er hat ihn belästigt, belästige ihn nicht!
**belegen;** du belegst, er belegt, er belegte, er hat den Platz belegt, belege einen Platz!
**belehren;** du belehrst ihn, er belehrt ihn, er belehrte ihn, er hat ihn belehrt, belehre ihn nicht!; er belehrte ihn and[e]ren oder andern, a b e r *groß*: er belehrte ihn eines Besser[e]n oder Beßren
**beleidigen;** du beleidigst ihn, er beleidigt ihn, er beleidigte ihn, er hat ihn beleidigt, beleidige ihn nicht!; **beleidigt;** er ist beleidigt; die **Beleidigung**
**beleuchten;** du beleuchtest, er beleuchtet, er beleuchtete, er hat den Saal festlich beleuchtet; die **Beleuchtung**
**Belgien;** der **Belgier; belgisch**
**Belgrad** (Hauptstadt Jugoslawiens)
**belieben;** es beliebt ihm, es beliebte ihm, es hat ihm beliebt; das **Belieben;** nach Belieben; es steht in seinem Belieben; **beliebig;** x-beliebig; alles, jeder beliebige; **beliebt;** am beliebtesten
**bellen;** der Hund bellt, der Hund bellte, der Hund hat gebellt
**belohnen;** du belohnst ihn, er belohnt ihn, er belohnte ihn, er hat ihn belohnt, belohne ihn!; die **Belohnung**
**belügen;** du belügst ihn, er belügt ihn, er belog ihn, er hat ihn belogen, belüge ihn nicht!

**Bem.** = Bemerkung

sich **bemächtigen;** er bemächtigt sich des Geldes, er bemächtigte sich des Geldes, er hat sich des Geldes bemächtigt
**bemängeln** (tadeln); du bemängelst, er bemängelte, er hat die Ausführung bemängelt
**bemänteln** (beschönigen); du bemäntelst, er bemäntelt, er bemäntelte, er hat seine Fehler bemäntelt
**bemerken;** du bemerkst, er bemerkt, er bemerkte, er hat ihn bemerkt; die **Bemerkung**

sich **bemühen;** du bemühst dich, er bemüht sich, er bemühte sich, er hat sich bemüht, bemühe dich!
**benachrichtigen;** du benachrichtigst ihn, er benachrichtigt ihn, er benachrichtigte ihn, er hat ihn benachrichtigt, benachrichtige ihn!

der **Benediktiner** (Angehöriger eines katholischen Ordens)

sich **benehmen;** du benimmst dich, er benimmt sich, er benahm sich, er hat sich gut benommen, benimm dich!; das **Benehmen**
**beneiden;** du beneidest ihn, er beneidet ihn, er beneidete ihn, er hat ihn beneidet, beneide ihn nicht!; **beneidenswert**

die **Beneluxstaaten** [auch: *benelux...*] (die in einer Zollunion vereinigten Länder Belgien, Niederlande und Luxemburg)

der **Bengale;** des/dem/den Bengalen (Angehöriger eines indischen Volksstammes; Einwohner von Bangladesch); **bengalisch**
**Bengasi** (im Wechsel mit Tripolis Hauptstadt Libyens)

der **Bengel;** die Bengel
**Benin** (Staat in Afrika); der **Beniner; beninisch**
**benutzbar; benutzen,** *landschaftlich auch:* **benützen;** du benutzt oder benützt, er benutzt oder benützt, er benutzte oder benützte, er hat die günstige Gelegenheit benutzt oder benützt, sich einen Vorteil zu verschaffen; benutze oder benütze diese Gelegenheit!; der **Benutzer**

das **Benzin;** die Benzine; das **Benzol;** die Benzole
**beobachten;** *Trennung:* be|ob|achten; du beobachtest, er beobachtet, er beobachtete, er hat gut beobachtet, beobachte ihn genau! der **Beobachter;** *Trennung:* Be|ob|ach|ter; die **Beobachtung;** *Trennung:* Be|obach|tung
**bequem;** sich **bequemen;** du bequemst dich, er bequemt sich, er bequemte sich, er hat sich bequemt, bequeme dich doch dazu!; die **Bequemlichkeit**
**beraten;** du berätst, er berät, er beriet,

er hat ihn beraten, berate ihn!; sich beraten; er hat sich mit ihr beraten; ein beratender Ingenieur;. der **Berater;** die **Beratung**

**berauben;** du beraubst ihn, er beraubt ihn, er beraubte ihn, er hat ihn beraubt, beraube ihn nicht!

**berechnen;** du berechnest, er hat die Kosten berechnet; die **Berechnung**

**berechtigen;** der Ausweis berechtigt dich zu verbilligtem Eintritt; die **Berechtigung**

**beredsam;** die **Beredsamkeit; beredt;** auf das, aufs beredteste

der **Bereich,** auch: das **Bereich**

**bereichern;** du bereicherst, er bereichert, er bereicherte, er hat seine Sammlung bereichert, bereichere dich nicht!; die **Bereicherung**

**bereifen;** du bereifst das Auto, er hat sein Auto neu bereift; die **Bereifung**

**bereift;** die Bäume sind bereift (voll Rauhreif)

**bereit;** zu etwas ber_eit_ s_ei_n; sich zu etwas ber_ei_t erklären; sich ber_ei_t f_in_den; sich ber_ei_t halten; ↑ aber: bereithalten usw.; **bereiten;** du bereitest ein Bad, er hat mir große Freude bereitet; **bereithalten;** er hielt das Geld bereit, er hat es ber_ei_tgehalten; **ber_ei_tlegen;** er legte die Bücher bereit; er hat die Bücher bereitgelegt; **ber_ei_tliegen;** die Bücher liegen bereit, lagen bereit, die Bücher haben ber_ei_tgelegen; ebenso: **ber_ei_tmachen, ber_ei_tstehen, ber_ei_tstellen; ber_ei_ts**

**bereuen;** du bereust, er bereut, er bereute, er hat es bereut, bereue!

der **Berg; bergab;** _Trennung:_ berg|ab; **bergan;** _Trennung:_ berg|an; **bergauf;** _Trennung:_ berg|auf; der **Bergbau;** des Bergbau[e]s

**bergen;** du birgst, er birgt, er barg, er hat den Verschütteten geborgen, birg den Verschütteten!

**bergig;** der **Bergmann;** die Bergleute; das **Bergwerk;** die Bergwerke

die **Bergung;** die **Bergungsmannschaft**

der **Bericht;** Bericht erstatten; **berichten;** du berichtest, er berichtet, er berichtete, er hat berichtet, berichte!; die **Berichterstattung;** _Trennung:_ Be|richt|er|stat|tung

**berichtigen;** du berichtigst, er berichtigt, er berichtigte, er hat ihn berichtigt, berichtige ihn!; sich berichti-

gen; er hat sich berichtigt; die **Berichtigung**

**beriechen;** der Hund beriecht ihn, der Hund beroch ihn, der Hund hat ihn berochen

das **Beringmeer** (nördlichstes Randmeer des Pazifischen Ozeans)

**Berl_in_** (West-Berlin, Ost-Berlin); der **Berliner;** die **Berlinerin;** die Berlinerinnen; **berlinerisch** und **berlinisch**

der **Bernstein**

**bersten;** die Granate birst, die Granate barst, die Granate ist geborsten

**berüchtigt**

**berücksichtigen;** du berücksichtigst, er berücksichtigt, er berücksichtigte, er hat ihn berücksichtigt, berücksichtige ihn!

der **Beruf; beruflich;** die **Berufsberatung;** die **Berufsschule; berufstätig;** der **Berufstätige;** ein Berufstätiger; die **Berufstätigen;** zwei Berufstätige; die **Berufstätige;** eine Berufstätige; die **Berufung**

**beruhigen;** du beruhigst ihn, er beruhigt ihn, er beruhigte ihn, er hat ihn beruhigt, beruhige ihn!; sich beruhigen; er hat sich beruhigt

**berühmt;** am berühmtesten; die **Berühmtheit**

**berühren;** du berührst, er berührt, er berührte, er hat ihn berührt, berühre ihn nicht!

**bes.** = besonders

der **Besatz;** die Besätze; die **Besatzung**

**beschädigen;** du beschädigst, er beschädigt, er beschädigte, er hat das Auto beschädigt, beschädige es nicht!

**beschäftigen;** du beschäftigst, er beschäftigt, er beschäftigte, er hat ihn beschäftigt, beschäftige ihn!; die **Beschäftigung**

**beschämen;** du beschämst ihn, er beschämt ihn, er beschämte ihn, er hat ihn beschämt, beschäme ihn!; sie ist von seiner Güte beschämt

der **Bescheid;** die Bescheide; Bescheid geben, sagen, wissen; **bescheiden;** er ist bescheiden; die **Bescheidenheit**

die **Bescheinigung**

**bescheren;** du bescherst, er beschert, er bescherte, er hat beschert, beschere den Kindern Spielzeug!; die **Bescherung**

**bescheuert** (verrückt)

**beschimpfen;** du beschimpfst ihn,

er beschimpfte ihn, er hat ihn beschimpft, beschimpfe ihn nicht!

der **Beschlag;** die Beschläge; etwas in Beschlag nehmen; **beschlagen;** du beschlägst, er beschlägt, er beschlug, er hat das Pferd beschlagen, beschlage es!; **beschlagen** (kenntnisreich); er ist in Geschichte gut beschlagen; die **Beschlagnahme**

**beschleunigen;** du beschleunigst, er beschleunigte, er hat den Wagen beschleunigt; die **Beschleunigung**

**beschließen;** du beschließt; er beschließt; er beschloß; er hat beschlossen; der **Beschluß;** die Beschlüsse

**beschmieren;** du beschmierst, er beschmiert, er beschmierte, er hat die Wand beschmiert, beschmiere sie nicht!; sich beschmieren; er hat sich die Hände beschmiert

**beschmutzen;** du beschmutzt, er beschmutzt, er beschmutzte, er hat seine Jacke beschmutzt, beschmutze deine Finger nicht!; sich beschmutzen; er hat sich die Finger beschmutzt

**beschränkt** (dumm, engstirnig)

**beschreiben;** du beschreibst, er beschreibt, er beschrieb, er hat den Vorgang gut beschrieben, beschreibe diesen Vorgang!

**beschuldigen;** du beschuldigst, er beschuldigte, er hat mich beschuldigt; die **Beschuldigung**

**beschützen;** du beschützt ihn, er beschützt ihn, er beschützte ihn, er hat ihn beschützt, beschütze ihn!

die **Beschwerde;** sich **beschweren;** du beschwerst dich, er beschwert sich, er beschwerte sich, er hat sich beschwert, beschwere dich doch!; **beschwerlich**

**beschwichtigen;** du beschwichtigst; er beschwichtigt; er hat beschwichtigt, beschwichtige ihn!

**beschwingt** (heiter, schwungvoll)

**beschwören;** du beschwörst ihn, er beschwor ihn, vorsichtig zu sein; er hat Geister beschworen; die **Beschwörung**

**beseitigen;** du beseitigst, er beseitigt, er beseitigte, er hat das Unkraut beseitigt, beseitige es!

der **Besen;** die Besen; der **Besenstiel**

**besessen;** er ist von seiner Idee besessen

**besetzen;** du besetzt; er besetzt; er hat besetzt; besetze die Burg; das **Besetztzeichen;** die **Besetzung**

**besichtigen;** du besichtigst, er besichtigt, er besichtigte, er hat den Dom besichtigt, besichtige den Dom!

**besiedeln;** sie besiedelten das Land; die **Besiedlung**

**besiegen;** du besiegst den Feind, er besiegt den Feind, er besiegte den Feind, er hat den Feind besiegt, besiege ihn!

sich **besinnen;** du besinnst dich, er besinnt sich, er besann sich, er hat sich besonnen; **besinnlich;** die **Besinnung; besinnungslos**

der **Besitz;** die Besitze; **besitzen;** du besitzt, er besitzt, er besaß, er hat ein Auto besessen

**besonder;** zur besonderen Verwendung. *Klein*: im besonder[e]n; insbesond[e]re. *Groß*: das Besond[e]re (das Außergewöhnliche); etwas, nichts Besond[e]res; **besonders**

**besorgen;** du besorgst, er besorgt, er besorgte, er hat ein Geschenk besorgt, besorge eine Kleinigkeit!

**besser.** *Klein auch*: es ist das bessere (es ist besser), daß ... *Groß*: jemanden eines Besser[e]n oder Beßren belehren; sich eines Besser[e]n oder Beßren besinnen; eine Wendung zum Besser[e]n oder Beßren nehmen; das Bessere oder Beßre ist des Guten Feind; nichts Besseres oder Beßres war zu tun; **bessergehen;** dem Kranken wird es bald bessergehen, aber: **besser gehen;** mit den neuen Schuhen wird er besser gehen; die **Besserung** und die **Beßrung;** der **Besserwisser**

der **Bestand;** die Bestände; **beständig;** der **Bestandteil**

**bestätigen;** du bestätigst, er bestätigt, er bestätigte, er hat diese Nachricht bestätigt, bestätige diese Aussage!; die **Bestätigung**

**bestatten** (beerdigen); du bestattest, er bestattete ihn, man hat ihn gestern bestattet; die **Bestattung**

**bestäuben;** Bienen bestäuben die Blüten; die **Bestäubung**

**beste;** bestens; bestenfalls. *Klein auch*: das beste seiner Bücher; auf das, aufs beste, am besten; dies ist nicht zum besten gelungen; er hatte ihn zum besten; es steht nicht zum besten; er hält es für das beste, daß ... *Groß*: das Beste auslesen; das Beste in seiner Art; das Beste ist für ihn gut genug; er hält dies für das Beste;

er ist der Beste in der Klasse; er ist
einer unserer Besten; er hat sein Be-
stes getan; das Beste von allem ist,
daß ...

**bestechen;** er besticht ihn, er bestach
ihn, er hat ihn bestochen; **bestech-
lich;** die **Bestechung**

das **Besteck;** die Bestecke

**bestehen;** du bestehst, er besteht,
er bestand, er hat sein Examen bestan-
den, bestehe auf deiner Forderung!

**bestellen;** du bestellst, er bestellt,
er bestellte, er hat ein Buch bestellt,
bestelle das Buch!; die **Bestellung**

**bestenfalls**

**bestgehaßt;** der bestgehaßte Mann

**bestialisch** (unmenschlich, vie-
hisch); die **Bestie** [*bä̱ßtiᵉ*] (ein wil-
des Tier, Unmensch); die Bestien

**bestimmen;** du bestimmst, er be-
stimmt, er bestimmte, er hat dies be-
stimmt, bestimme!; **bestimmt;** der
bestimmte Artikel; die **Bestimmung**

**bestrafen;** du bestrafst, er bestraft,
er bestrafte, er hat ihn bestraft, bestrafe
ihn nicht!; die **Bestrafung**

der **Bestseller** (Buch o. ä., das sehr gut
verkauft wird); die **Bestsellerliste**

**bestürzt** (fassungslos, ratlos) sein

der **Besuch;** die Besuche; **besuchen;** du
besuchst, er besuchte, er hat ihn be-
sucht, besuche ihn!; der **Besucher**

**betäuben;** du betäubst, er betäubt,
er betäubte, er hat ihn betäubt; die
**Betäubung**

**beteiligen;** du beteiligst ihn, er betei-
ligt ihn, er beteiligte ihn, er hat ihn
beteiligt, beteilige ihn!; sich beteili-
gen; er hat sich an diesem Wettbewerb
beteiligt; die **Beteiligung**

**beten;** du betest, er betet, er betete,
er hat gebetet, bete!; der **Beter**

**beteuern;** du beteuerst, er beteuert,
er beteuerte, er hat seine Unschuld
beteuert

der **Beton** [*betọng*, auch: *betọng* und
*betọn*]; des Betons, die Betons, auch:
die Betone

**betonen;** du betonst, er betont, er
betonte, er hat dies besonders betont,
betone das Wort!

**betonieren;** du betonierst, er beto-
nierst, er betonierte, er hat den Hof
betoniert; betoniere die Einfahrt!; die
**Betonmischmaschine**

die **Betonung**

**betr.** = betreffend; **Betr.** = Betreff

der **Betracht;** in Betracht kommen, zie-

hen; außer Betracht bleiben; **be-
trachten;** du betrachtest, er betrach-
tet, er betrachtete, er hat das Bild be-
trachtet, betrachte ihn!; **beträcht-
lich;** die **Betrachtung**

der **Betrag;** die Beträge; sich **betragen;**
du beträgst dich, er beträgt sich, er
betrug sich, er hat sich schlecht betra-
gen; das **Betragen**

der **Betreff;** die Betreffs; in betreff; be-
treffs des Bahnbaues; **betreffen;** dies
betrifft mich, dies betraf mich, dies
hat mich betroffen

**betreten;** du betrittst, er betritt, er
betrat, er hat das Zimmer betreten,
betritt bitte nicht diesen Raum!

der **Betrieb;** die Betriebe; eine Maschi-
nenanlage in Betrieb setzen; die Anla-
ge ist in oder im Betrieb; **betriebsam;**
der **Betriebsausflug; betriebsfer-
tig;** der **Betriebsrat;** der **Betriebs-
unfall**

**betrübt;** er ist darüber sehr betrübt

der **Betrug; betrügen;** du betrügst, er
betrügt, er betrog, er hat ihn betrogen,
betrüge ihn nicht!; sich betrügen; er
hat sich damit selbst betrogen; der
**Betrüger; betrügerisch**

das **Bett;** zu Bett[e] gehen; die **Bett-
decke**

**betteln;** du bettelst, er bettelt, er bet-
telte, er hat gebettelt, bettele nicht!

**bettlägerig;** bettlägerig sein

der **Bettler**

das **Bettuch;** *Trennung:* Bett|tuch; der
**Bettvorleger**

**beugen;** du beugst, er beugt, er beug-
te, er hat den rechten Arm gebeugt,
beuge den Arm!; die **Beugung**

die **Beule**

**beurlauben;** du beurlaubst ihn, er
beurlaubt ihn, er beurlaubte ihn, er
hat ihn beurlaubt, beurlaube ihn!

**beurteilen;** du beurteilst, er beurteilt,
er beurteilte, er hat diese Arbeit beur-
teilt, beurteile sie!

die **Beute;** das **Beutetier**

der **Beutel;** die Beutel

die **Bevölkerung;** die **Bevölkerungs-
dichte**

**bevor; bevorzugen;** du bevorzugst,
er bevorzugt, er bevorzugte, er hat
ihn bevorzugt, bevorzuge niemanden!

**bewachen;** du bewachst, er be-
wacht, er bewachte, er hat ihn be-
wacht, bewache ihn!

**bewahren;** du bewahrst, er bewahrt,
er bewahrte, er hat ihn vor Schaden

bewahrt, bewahre uns davor!; Gott bewahre dich!; sich **bewähren;** du bewährst dich, er bewährt sich, er bewährte sich, er hat sich bewährt, bewähre dich!; die **Bewährung;** die **Bewährungsfrist**
**bewältigen;** du bewältigst, er bewältigt, er bewältigte, er hat die Schwierigkeiten bewältigt

die **Bewandtnis;** die Bewandtnisse
die **Bewässerung**
**bewegen** (die Lage ändern); du bewegst den Stuhl, er bewegt den Stuhl, er bewegte den Stuhl, er hat den Stuhl bewegt, bewege den Stuhl!; **bewegen** (veranlassen); du bewegst ihn, er bewegt ihn, er bewog ihn, er hat ihn bewogen, dies zu tun; **beweglich; bewegt** (ergriffen); bewegt sein; die **Bewegung; bewegungslos**

der **Beweis; beweisbar; beweisen;** du beweist, er beweist, er bewies, er hat es bewiesen, beweise es!; die **Beweisführung; beweiskräftig**
sich **bewerben;** du bewirbst dich, er bewirbt sich, er bewarb sich, er hat sich um eine Stelle beworben, bewirb dich um diese Stelle!; die **Bewerbung**
**bewilligen;** du bewilligst; er hat mir keinen Urlaub bewilligt; die **Bewilligung**
**bewölkt;** der Himmel ist bewölkt; die **Bewölkung**
**bewundern; bewundernswert;** die **Bewunderung**
**bewußt;** ich bin mir keines Vergehens bewußt; **bewußtlos;** die **Bewußtlosigkeit;** die **bewußtmachen** (klarmachen); du machst dir etwas bewußt, er macht sich etwas bewußt, er machte sich etwas bewußt, er hat sich etwas bewußtgemacht; a b e r : etwas **bewußt** (mit Absicht) **machen;** er hat den Fehler bewußt gemacht; das **Bewußtsein**
**Bez.** = Bezeichnung; Bezirk
**bezahlen;** du bezahlst, er bezahlte, er hat die Rechnung bezahlt, bezahle die Rechnung!; die **Bezahlung**
**bezaubern;** du bezauberst, er bezaubert, er bezauberte, er hat sie bezaubert; **bezaubernd;** sie ist bezaubernd schön
**bezeichnen;** du bezeichnest, er bezeichnet, er bezeichnete, er hat dies als merkwürdig bezeichnet; **bezeichnend;** es ist bezeichnend für ihn; die **Bezeichnung**

**bezeugen;** du bezeugst, er bezeugt, er bezeugte, er hat es bezeugt, bezeuge die Wahrheit!
**bezichtigen;** du bezichtigst ihn, er bezichtigt ihn, er bezichtigte ihn, er hat ihn eines Verbrechens bezichtigt, bezichtige ihn dieser Tat!
**beziehen;** du beziehst, er bezieht, er bezog, er hat die neue Wohnung bezogen; sich auf eine Sache beziehen; die **Beziehung;** in Beziehung setzen; **beziehungsweise**
der **Bezirk**
**bezweifeln;** ich bezweif[e]le das
der **Bezug;** die Bezüge. *Klein:* in bezug auf. *Groß:* mit Bezug auf; auf etwas Bezug nehmen (dafür besser: sich auf etwas beziehen); Bezug nehmend auf (dafür besser: mit Bezug auf); **bezüglich**
**Bf., Bhf.** = Bahnhof
**BGB** = Bürgerliches Gesetzbuch
**bibbern** (frieren; vor Kälte zittern); ich bibbere; er hat gebibbert
die **Bibel;** die Bibeln
der **Biber;** die Biber
**bibl.** = biblisch
die **Bibliothek** (die Bücherei); die Bibliotheken; *Trennung:* Bi|blio|thek; die Deutsche Bibliothek (in Frankfurt); der **Bibliothekar** (der Beamte oder Angestellte einer Bücherei); des Bibliothekars, die Bibliothekare; *Trennung:* Bi|blio|the|kar; die **Bibliothekarin;** die Bibliothekarinnen; *Trennung:* Bi|blio|the|ka|rin
**biblisch;** *Trennung:* bi|blisch; eine biblische Geschichte (eine Erzählung aus der Bibel), a b e r : die Biblische Geschichte (das Lehrfach)
die **Bickbeere** (norddeutsch für: Heidelbeere)
**bieder;** der **Biedermann;** die Biedermänner; das **Biedermeier** (Kunststil vor 1848); **biedermeierlich**
**biegen;** du biegst, er biegt, er bog, er hat den Stab gebogen, biege den Stab!; sich biegen; der Stab hat sich gebogen; a b e r *groß:* es geht auf Biegen oder Brechen; **biegsam;** die **Biegung**
die **Biene;** die **Bienenkönigin;** der **Bienenkorb**
das **Bier;** der **Bierdeckel**
das **Biest** (Schimpfwort); die Biester
**bieten;** du bietest, er bietet, er bot, er hat geboten, biete mehr!

der **Bikini** (zweiteiliger Damenbadeanzug); des Bikinis; die Bikinis

die **Bilanz** (die Gegenüberstellung von Vermögen und Kapital für ein Geschäftsjahr; Ergebnis); die Bilanzen

das **Bild;** im Bilde sein; **bilden;** du bildest, er bildet, er bildete, er hat ein Gefäß aus Ton gebildet, bilde ein Wort aus 3 Buchstaben!; die bildenden Künste; das **Bilderbuch;** die **Bildersprache;** der **Bildhauer**
**bildl.** = bildlich
**bildlich;** die **Bildung**

das **Billard** [*biljart*] (ein Kugelspiel; dazugehöriger Tisch); die Billarde; *Trennung:* Bil|lard

die **Billiarde** (tausend Billionen); die Billiarden; *Trennung:* Bil|liar|de
**billig;** das ist recht und billig; **billigen;** du billigst, er billigte meinen Entschluß, er hat ihn gebilligt; die **Billigung**

die **Billion** (eine Million Millionen); die Billionen; *Trennung:* Bil|lion
**bimmeln;** du bimmelst, er bimmelt, er bimmelte, er hat mit der Glocke gebimmelt, bimmle nicht unentwegt mit dieser Glocke!

der **Bimsstein**

die **Binde; binden;** du bindest, er bindet, er band, er hat die Blumen zu einem Strauß gebunden, binde dir einen Knoten ins Taschentuch!; der **Bindestrich;** der **Bindfaden**
**binnen;** *mit Dativ:* binnen kurzem; binnen einem Jahre (gehoben auch *mit Genitiv:* binnen eines Jahres); binnen Jahr und Tag; der **Binnenhafen;** das **Binnenland;** der **Binnenschiffer**

die **Binse;** in die Binsen gehen (verlorengehen); die **Binsenwahrheit** (allbekannte Wahrheit); die **Binsenweisheit**

die **Biochemie;** der **Biochemiker; biochemisch**

der **Biograph;** des/dem/den Biographen, die Biographen; *Trennung:* Biograph; die **Biographie** (Lebensbeschreibung); die Biographien; *Trennung:* Bio|gra|phie; **biographisch**

der **Biologe;** die **Biologie** (Lehre von der belebten Natur); *Trennung:* Bio|lo|gie; **biologisch**

die **Birke**
**Birma** (Staat in Hinterindien); der **Birmaner; birmanisch**

der **Birnbaum;** die **Birne**

**bis;** bis hierher

der **Bischof;** die Bischöfe; **bischöflich**
**bisher;** im bisherigen (weiter oben), a b e r : das Bisherige (das bisher Gesagte)

das **Biskuit** [*bißkwit*]; die Biskuits und die Biskuite; der **Biskuitteig**

der **Biß;** des Bisses, die Bisse; **bißchen;** das bißchen; ein bißchen (ein wenig); ein klein bißchen; mit ein bißchen Geduld; der **Bissen; bissig**

das **Bistum;** die Bistümer; *Trennung:* Bis|tum
**bisweilen**
**bitte!;** die **Bitte; bitten;** du bittest, er bittet, er bat, er hat ihn um einen Rat gebeten, bitte ihn um Nachsicht!
**bitter;** bitt[e]rer, am bittersten; es ist bitter kalt; **bitterböse;** die **Bitterkeit; bitterlich**

das **Biwak** (Feldlager); des Biwaks, die Biwaks und die Biwake
**bizarr** (seltsam, wunderlich); bizarre Formen

der **Bizeps** (Oberarmmuskel); des Bizeps oder Bizepses; die Bizepse
**blähen;** der Wind bläht, der Wind blähte, der Wind hat die Segel gebläht; sich blähen; der Vorhang hat sich im Wind gebläht; die **Blähung**
**blamabel;** eine blamable Niederlage; am blamabelsten; die **Blamage** [*blamaschᵉ*] (Schande, Bloßstellung); die Blamagen; *Trennung:* Bla|ma|ge; sich **blamieren;** du blamierst dich, er blamiert sich, er blamierte sich, er hat sich blamiert, blamiere dich nicht!
**blank;** der blanke Hans (die stürmische Nordsee); etwas blank machen, reiben, polieren; **blankpoliert;** die blankpolierte Dose, a b e r : die Dose ist blank poliert

die **Blase;** der **Blasebalg;** die Blasebälge; **blasen;** du bläst, er bläst, er blies, er hat die Trompete geblasen
**blasiert** (hochnäsig)
**blaß;** blasser (auch: blässer), am blassesten (auch: blässesten); blaß sein, werden; die **Blässe**

das **Blatt;** die Blätter; 5 Blatt Papier; **blättrig** und **blätterig; blättern;** du blätterst er blätterte, er hat im Buch geblättert, blättere nicht dauernd in diesem Buch; das **Blattgrün**

die **Blattern** (Pocken) *Plural;* **blatternarbig**
**blau;** blauer, am blau[e]sten. *Klein auch:* das blaue Kleid; der blaue Mon-

tag; sein blaues Wunder erleben (ugs. für: staunen); einen blauen Brief (ein Mahnschreiben) erhalten. *Groß*: die Farbe Blau; etwas ins Blaue reden; eine Fahrt ins Blaue. *Namen* und *Titel*: das Blaue Band des Ozeans; die Blaue Grotte (von Capri). *Schreibung in Verbindung mit Verben*: **a)** *Getrenntschreibung* in ursprünglicher Bedeutung (beide Wörter sind betont): etwas blau färben, machen; **b)** *Zusammenschreibung*, wenn durch die Verbindung eine neue Bedeutung entsteht (nur der erste Wortteil ist betont), z. B. **blaumachen** (nicht arbeiten); er hat heute blaugemacht. *Schreibung in Verbindung mit dem 2. Partizip (dem 2. Mittelwort)*; **blaugestreift;** ein blaugestreifter Stoff (jedoch getrennt, wenn beide Wörter betont sind; ein weiß und blau gestreifter Stoff), a b e r immer getrennt in der Aussage: der Stoff ist blau gestreift. *Schreibung der Farbbezeichnungen*: *Zusammen schreibt man* – auch in der Aussage –, wenn beide Farben ineinander übergehen: **blaurot, blauweiß** usw.; ein blaurotes Kleid; das Kleid ist blaurot. *Mit Bindestrich schreibt man*, wenn beide Farben unvermischt nebeneinander vorkommen, z. B. als Streifen in einem Kleid oder in einem Sporthemd; **blau-rot; blau-weiß;** ein blau-rotes Kleid; das Kleid ist blau-rot; eine blau-weiße Fahne; die Fahne ist blau-weiß; das **Blau** (die Farbe); des Blaus, die Blau; das Blau des Himmels; er ist in Blau gekleidet; das ist mit Blau bemalt; **bläuen** (blau machen); sie bläute das Kleid, sie hat es gebläut; **bläulich;** bläulichgrün, bläulichrot; das **Blaulicht;** die Blaulichter

das **Blech;** die Bleche; **blechen** (bezahlen); du blechst; er blecht; er blechte; er hat geblecht; **blechern** (aus Blech); der **Blechschaden**

das **Blei** (ein Metall)

die **Bleibe; bleiben;** du bleibst, er bleibt, er blieb, er ist noch dort geblieben, bleibe hier!; **bleibenlassen;** das sollst du bleibenlassen (unterlassen), er hat es bleibenlassen, auch: bleibengelassen

**bleich; bleichen;** die Wäsche bleicht, die Wäsche bleichte, die Wäsche hat gebleicht, bleiche die Wäsche!; das **Bleichgesicht**

der **Bleistift**
**blenden;** du blendest, er blendet, er blendete, er hat ihn geblendet, blende ihn nicht!; **blendend** (ausgezeichnet)

die **Blesse** (weißer Stirnfleck; auch: Tier mit weißem Fleck), ↑ a b e r : die Blässe

der **Blick; blicken;** du blickst, er blickt, er blickte, er hat geradeaus geblickt, blicke nicht so böse!

**blind;** blind sein, werden, a b e r : **blindfliegen** (im Flugzeug); er fliegt blind, er ist blindgeflogen; der **Blinddarm;** der **Blinde;** ein Blinder; die Blinden; mehrere Blinde; die **Blinde;** eine Blinde; **Blindekuh;** Blindekuh spielen; der **Blindflug; blindlings;** die **Blindschleiche**

**blinken;** du blinkst, er blinkt, er blinkte, er hat mit der Taschenlampe geblinkt; der **Blinker;** das **Blinkfeuer** (ein Seezeichen); das **Blinklicht;** die Blinklichter

**blinzeln;** du blinzelst, er blinzelt, er blinzelte, er hat geblinzelt, blinzele nicht!

der **Blitz;** der **Blitzableiter; blitzblank; blitzen;** es blitzt, es blitzte, es hat geblitzt; **blitzgescheit;** das **Blitzlicht;** die Blitzlichter; **blitzschnell**

der **Block;** die Blöcke und (für: Abreißblocks, Häuserblocks u. a.:) die Blocks; die **Blockade** (Sperre, Seesperre); die **Blockflöte;** das **Blockhaus;** die Blockhäuser; **blockieren;** du blockierst, er blockiert, er blockierte, er hat die Straße blockiert, blockiere nicht den Verkehr!; die **Blockschrift**

**blöd** und **blöde;** am blödesten; **blödeln** (Unsinn reden); du blödelst, er blödelte, er hat geblödelt; blödele nicht so!; der **Blödsinn; blödsinnig**

**blöken;** das Schaf blökt, das Schaf blökte, das Schaf hat geblökt

**blond; blondgefärbt;** blondgefärbtes Haar, a b e r : das Haar ist blond gefärbt; **blondgelockt;** die **Blondine**

**bloß;** die **Blöße; bloßstellen;** du stellst ihn bloß, er hat ihn bloßgestellt

die **Blue jeans** [*blúdschins*] (blaue Hose aus festem Baumwollgewebe) *Plural*

der **Blues** [*blus*] (schwermütiges Lied der Neger; ein Tanz); des Blues, die Blues

der **Bluff;** des Bluffs, die Bluffs; **bluffen;** du bluffst, er blufft, er bluffte, er hat geblufft, bluffe nicht!

     **blühen;** die Blume blüht, die Blume blühte, die Blume hat geblüht; die **Blume;** der **Blumenkohl;** der **Blumenstrauß;** der **Blumentopf**
die **Bluse**
das **Blut;** Gut und Blut; **blutarm;** die **Blutbank;** die Blutbanken
die **Blüte;** der **Blütenstaub**
     **bluten;** du blutest, er blutet, er blutete, er hat geblutet; der **Bluterguß,** die Blutergüsse; die **Blutgruppe; blutig; blutjung;** der **Blutkreislauf; blutrot;** der **Blutspender; blutstillend; blutsverwandt;** die **Blutung;** die **Blutzufuhr**
die **Bö,** auch: Böe (ein heftiger Windstoß); die Böen
der **Bob;** die Bobs; die **Bobbahn**
das **Boccia** [*botscha*]; des Boccias und die **Boccia;** der Boccia (ein italienisches Kugelspiel)
der **Bock;** Bock springen aber: das Bockspringen; keinen Bock auf etwas haben (keine Lust zu etwas haben); **bockbeinig;** das **Bockbier; bokkig;** die **Bockwurst**
der **Boden;** die Böden
der **Bodensee**
die **Böe** ↑ Bö
der **Bogen;** die Bogen, *landschaftlich auch*: die Bögen; in Bausch und Bogen (alles in allem)
     **Bogotá** (Hauptstadt von Kolumbien)
die **Bohle**
die **Bohne;** der **Bohnenkaffee;** die **Bohnenstange**
     **bohnern;** du bohnerst, er bohnert, er bohnerte, er hat den Boden gebohnert, bohnere noch den Flur!; das **Bohnerwachs**
     **bohren;** du bohrst, er bohrt, er bohrte, er hat ein Loch gebohrt, bohre nicht in der Nase!; der **Bohrer**
     **böig;** böiger Wind
der **Boiler** [*beuler*] (Warmwasserbereiter)
die **Boje** (schwimmendes Seezeichen)
der **Bolero** (spanischer Tanz; kurze Jacke); die Boleros
der **Bolivianer** [*boliwianer*]; **bolivianisch; Bolivien** [*boliwien*] (Staat in Südamerika)
das **Bollwerk**
der **Bolschewismus;** des Bolschewismus; der **Bolschewist;** des/dem/den Bolschewisten, die Bolschewisten; **bolschewistisch**
     **bolzen** (derb Fußball spielen); du

     bolzt, er bolzte, er hat gebolzt, bolze nicht so!; der **Bolzen**
     **bombardieren;** du bombardierst, er bombardiert, er bombardierte, er hat ihn ständig mit seinen Fragen bombardiert; die **Bombe;** der **Bombenanschlag;** das **Bombengeschäft** (sehr gutes Geschäft); **bombensicher;** ein bombensicherer Keller; a b e r *mit Doppelbetonung*: **bombensicher** (sehr sicher); der **Bomber**
der **Bon** [*bong*] (Gutschein); des Bons, die Bons
der oder das **Bonbon** [*bongbong*]; des Bonbons, die Bonbons
     **Bonn** (Hauptstadt der Bundesrepublik Deutschland)
der **Bonsai** (japanischer Zwergbaum); des Bonsais, die Bonsais
der **Bonze** (sturer [Partei]funktionär)
der **Boom** [*bum*] (Hochkonjunktur); des Booms, die Booms
das **Boot**
der **Boot** [*but*] (hoher Wildlederschuh); des Boots, meist *Plural*: die Boots [*butß*]
der **Bord** (Schiffsrand, Schiffsdeck); an Bord gehen; Mann über Bord
das **Bord** (Bücherbord); die Borde
der **Bordstein** (am Bürgersteig)
     **borgen;** du borgst, er borgte, er hat ihm Geld geborgt, borge kein Geld!
die **Borke** (Rinde); die Borken
der **Born** (Brunnen); die Borne
     **Borneo** (Insel in Südostasien)
     **borniert** (geistig beschränkt)
die **Börse**
die **Borste; borstig**
die **Borte;** die Borten
     **bös** und **böse;** am bösesten; ein böser Blick. *Groß*: das Gute und das Böse; jenseits von Gut und Böse; **bösartig**
die **Böschung**
     **böse** ↑ bös; der **Bösewicht;** die Bösewichte; **boshaft;** die **Bosheit**
der **Boß** (Chef, bestimmender Mann); des Bosses, die Bosse
     **böswillig**
die **Botanik** (Pflanzenkunde); **botanisch,** aber *groß*: der Botanische Garten in München
der **Bote;** des/dem/den Boten, die Boten; die **Botschaft;** der **Botschafter**
der **Böttcher;** der **Bottich;** die Bottiche
die **Bouillon** [*buljong*]; die Bouillons
die **Boutique** [*butik*] (Modeladen); die Boutiquen und die Boutiquen

die **Bowle** [_bole_]; die Bowlen
die **Box** (abgeteilter Raum; einfache Ka-
mera); die Boxen
**boxen;** du boxt, er boxt, er boxte,
er hat geboxt, boxe mit ihm!; der
**Boxer;** der **Boxkampf**
der **Boy** [_beu_] (Junge; Diener); die Boys
der **Boykott** [_beukot_] (Ächtung, Ab-
bruch der Geschäftsbeziehungen);
des Boykotts, die Boykotte
**brach** (unbestellt, unbebaut); die
**Brache** (Brachfeld); die Brachen; das
**Brachfeld; brachliegen;** der Acker
liegt brach, er hat brachgelegen
das **Brackwasser** (Gemisch von Süß-
und Salzwasser in den Flußmündun-
gen); die Brackwasser
die **Branche** [_brangsche_] (Wirtschafts-
zweig); die Branchen
der **Brand;** die **Brandblase; brand-
marken** (öffentlich bloßstellen); man
brandmarkt ihn, man hat ihn gebrand-
markt; die **Brandstätte;** der **Brand-
stifter;** die **Brandung;** die **Brand-
wunde**
der **Branntwein**
**Brasilia** (Hauptstadt von Brasilien);
der **Brasilianer; brasilianisch;
Brasilien** [_brasilien_] (Staat in Süd-
amerika)
**braten;** du brätst, sie brät, sie briet,
sie hat den Fisch gebraten, brate das
Fleisch!; der **Braten**
die **Bratsche** (ein Streichinstrument);
der **Bratscher** und der **Bratschist;**
des/dem/den Bratschisten
der **Brauch;** die Bräuche; **brauchbar;
brauchen;** du brauchst, er braucht,
er brauchte, er hat einen neuen Hut
gebraucht; a b e r: er hat es nicht zu
tun brauchen (nicht tun müssen); das
**Brauchtum;** die Brauchtümer; das
**Brauchwasser** (für Gewerbe und
Industrie)
die **Brauerei**
**braun;** ↑blau; **bräunen;** die Sonne
bräunte ihn, hat ihn gebräunt;
**braungebrannt;** ein braungebrann-
ter Mann, a b e r: die Sonne hat ihn
braun gebrannt; **bräunlich**
die **Brause; brausen;** das Wasser
braust, das Wasser brauste, das Was-
ser hat gebraust; sich brausen; er hat
sich gebraust
die **Braut;** die **Bräute;** der **Bräutigam;**
die Bräutigame; **bräutlich**
**brav;** braver, am bravsten; ein braver
Junge; **bravo!** [_brawo_]

**Brazzaville** [_brasawil_] (Hauptstadt
des Kongos)
**BRD** = Bundesrepublik Deutschland
(nichtamtliche Abkürzung)
**brechen;** der Ast bricht, der Ast brach,
der Ast ist gebrochen, brich nicht den
Stab über ihn!; der **Brecher** (Sturz-
welle); die **Brechstange**
der **Brei; breiig**
**breit;** am breitesten; weit und breit
ist niemand zu sehen. Klein auch: er
hat die Geschichte des langen und
breiten (umständlich) erzählt. Groß:
ins Breite gehen, fließen; die **Breite;**
die Breiten; nördliche, südliche Breite;
der **Breitengrad;** sich **breitmachen**
(sich anmaßend benehmen); er hat
sich sehr breitgemacht, a b e r: **breit
machen;** sie haben den Weg schön
breit gemacht; **breittreten** (etwas,
z. B. eine Nachricht, bis zum Überdruß
verbreiten); er hat diese Geschichte
recht breitgetreten, a b e r: **breit tre-
ten:** ich will die Schuhe nicht breit
treten
**Bremen** (Hafenstadt an der Weser);
der **Bremer; bremisch**
die **Bremse; bremsen;** du bremst, er
bremst, er bremste, er hat zu spät ge-
bremst, bremse früher!
**brennen;** der Ofen brennt, der Ofen
brannte, der Ofen hat gebrannt; die
**Brennessel;** die Brennesseln; Tren-
nung: Brenn|nes|sel; der **Brennstoff;**
meist Plural: die Brennstoffe; die
**Brennweite; brenzlig**
die **Bresche;** eine Bresche schlagen
das **Brett**
das **Brevier** [_brewir_] (ein Gebetbuch)
die **Brezel;** die Brezeln
das **Bridge** [_bridseh_]; das Bridge; Bridge
spielen
der **Brief;** der **Briefkasten; brieflich;**
die **Briefmarke;** der **Briefträger**
die **Brigade** (Truppenabteilung; DDR:
Arbeitsgruppe)
das **Brikett;** die Briketts und die Brikette
**brillant** [_briljant_] (glänzend, fein);
am brillantesten; der **Brillant** (ge-
schliffener Diamant); des Brillanten,
die Brillanten
die **Brille**
**bringen;** du bringst, er bringt, er
brachte, er hat den Korb gebracht;
bringe ihm das Essen!
die **Brise** (ein gleichmäßiger Segelwind)
der **Brite** (Einwohner von Großbritan-
nien); **britisch**

bröckeln; der Putz bröckelt, der Putz bröckelte von den Wänden, er hat das Brot in die Suppe gebröckelt; der **Brocken**

der **Brocken** (Berg im Harz)
**bröckelig** und **bröcklig**
**brodeln;** das Wasser brodelt, das Wasser brodelte, es hat gebrodelt

die **Brombeere**

die **Bronchie** [*bronchiᵉ*] (Luftröhren-ast); die Bronchien; die **Bronchitis** (Entzündung der Bronchien)

die **Bronze** [*brongßᵉ*] (eine Metallmischung); die Bronzen

die **Brosamen** *Plural*

die **Brosche**

die **Broschüre** (leicht geheftete Druckschrift); die Broschüren

das **Brot;** die Brote; das **Brötchen;** die **Brotkruste;** die **Brotscheibe**

der und das **Bruch** (Sumpfland); die Brüche, auch: Brücher

der **Bruch;** die Bruche; in die Brüche gehen; **brüchig;** die **Bruchlandung; bruchrechnen;** ich kann gut bruchrechnen, a b e r : das **Bruchrechnen;** der **Bruchteil**

die **Brücke**

der **Bruder;** die Brüder; die Brüder Grimm; **brüderlich;** die **Brüderlichkeit;** die **Bruderschaft** (religiöse Vereinigung); die **Brüderschaft;** Brüderschaft trinken

die **Brühe; brühen;** du brühst, er brühte das Schwein, er hat das Schwein gebrüht; **brühwarm**
**brüllen;** du brüllst, er brüllt, er brüllte, er hat gebrüllt, brülle nicht!
**brummen;** du brummst, er brummt, er brummte, er hat gebrummt, brumme nicht!; **brummig**
**brünett** (braunhaarig, -häutig)

der **Brunnen**

die **Brunst** (Paarungszeit bei einigen Tieren); die Brünste; **brünstig**
**Brüssel** (Hauptstadt Belgiens)

die **Brust;** die Brüste; das **Brustbein;** sich **brüsten;** du brüstest dich, er brüstet sich, er hat sich mit seinen Heldentaten gebrüstet, brüste dich nicht so!; **brustschwimmen;** er kann gut brustschwimmen, a b e r : das **Brustschwimmen;** die **Brüstung** (Geländer)

die **Brut;** die Bruten
**brutal** (roh; gewalttätig)
**brüten;** das Huhn brütet, das Huhn brütete, das Huhn hat gebrütet

**brutto** (mit Verpackung)
**brutzeln;** das Schnitzel brutzelt, es hat gebrutzelt; sich etwas brutzeln

der **Bub** (oberdeutsch für: Junge); des Buben, die Buben; der **Bube** (ein gemeiner Mensch; eine Spielkarte); des Buben, die Buben

das **Buch;** Buch führen, a b e r : die buchführende Geschäftsstelle; der **Buchdrucker;** die **Bücherei;** die Büchereien; der **Buchhandel;** der **Buchhändler;** die **Buchhandlung**

die **Buche;** die **Buchecker;** die Buchekkern; der **Buchfink;** des/dem/den Buchfinken, die Buchfinken

die **Buchse;** die Buchsen; die **Büchse**

der **Buchstabe;** des Buchstabens, die Buchstaben; **buchstabieren;** du buchstabierst, er buchstabierte, er hat buchstabiert, er buchstabiere dieses Wort!; **buchstäblich**

die **Bucht;** die Buchten

der **Buckel;** die Buckel; **bucklig** und **buckelig**

sich **bücken;** du bückst dich, er bückt sich, er bückte sich, er hat sich gebückt, bücke dich!; der **Bückling** (die Verbeugung)

der **Bückling** (der geräucherte Hering)
**Budapest** (Hauptstadt Ungarns)
**buddeln** (graben); du buddelst, er buddelt, er buddelte, er hat im Sand gebuddelt; buddele im Sand!

der **Buddha** (Bild des indischen Religionsstifters Buddha); die Buddhas; *Trennung*: Bud|dha; der **Buddhismus;** der **Buddhist;** des/dem/den Buddhisten, die Buddhisten

die **Bude**
**Buenos Aires** (Hauptstadt Argentiniens)

der **Büffel;** das **Büffelleder; büffeln** (angestrengt lernen); du büffelst, er büffelt, er büffelte, er hat Mathematik gebüffelt; büffele nicht soviel!

das **Buffet** [*bü̱fe̱*], die Buffets und das **Büfett;** die Büfette und die Büfetts

der **Bug** (Schulterstück, z. B. des Pferdes oder Rindes; Schiffsvorderteil); die Buge und die Büge

der **Bügel;** die Bügel; das **Bügeleisen; bügeln;** du bügelst, sie bügelte, sie hat gebügelt, bügele die Hose!
**bugsieren** (ins Schlepptau nehmen; mühsam an einen Ort befördern); du bugsierst, er bugsierte den Dampfer; er hat mich ins Vorzimmer bugsiert, bugsiere ihn ins Zimmer!

der **Buhmann** (böser Mann); die Buh-
männer
die **Buhne** (Damm zum Uferschutz)
die **Bühne**
**Bukarest** (Hauptstadt Rumäniens)
das **Bukett** (Blumenstrauß; Duft des
Weines); die Bukette
die **Bulette** (gebratenes Fleischklöß-
chen); die Buletten
der **Bulgare;** des/dem/den Bulgaren;
**Bulgarien** [*bulgariᵉn*]; **bulgarisch**
das **Bullauge** (rundes Schiffsfenster);
*Trennung*: Bull|au|ge
die **Bulldogge** (eine Hunderasse)
der **Bulldozer** [...*dosᵉr*] (Planierraupe)
der **Bulle;** des/dem/den Bullen, die Bul-
len; **bullig**
die **Bulle** (päpstlicher Erlaß)
der **Bumerang** (ein gekrümmtes Wurf-
holz); des Bumerangs, die Bumerange
**bummeln;** du bummelst, er bummelt,
er bummelte, er hat gebummelt (nichts
getan), a b e r : er ist durch die Straßen
gebummelt (geschlendert); bummele
nicht so!
der **Bund** (die Vereinigung); die Bünde
das **Bund** (Gebinde); die Bunde; 5 Bund
Stroh
das **Bündel;** die Bündel; **bündeln;** du
bündelst, er bündelt, er bündelte, er
hat das Reisig gebündelt, bündele es!
die **Bundesbahn;** die **Bundeslade** (im
Alten Testament); die **Bundesliga;**
die **Bundesregierung;** die **Bun-
desrepublik Deutschland;** der
**Bundesrat;** der **Bundestag;** das
**Bündnis;** des Bündnisses, die Bünd-
nisse
**bündig;** kurz und bündig
der **Bungalow** [*bunggalo*] (eingeschos-
siges Haus); des Bungalows, die Bun-
galows
der **Bunker**
**bunt;** am buntesten; etwas bunt be-
malen; der bunte Abend; **buntge-
streift;** ein buntgestreiftes Tuch,
a b e r : das Tuch ist bunt gestreift;
**buntscheckig;** am buntscheckig-
sten; **buntschillernd;** der **Bunt-
specht;** der **Buntstift**
die **Bürde**
die **Burg**
der **Bürge;** des/dem/den Bürgen, die
Bürgen; **bürgen;** du bürgst, er bürgt,
er bürgte, er hat für dich gebürgt, bürge
für ihn!
der **Bürger;** die **Bürgerinitiative;** die
Bürgerinitiativen; *Trennung*: Bür|ger-

in|itia|ti|ve; der **Bürgerkrieg; bür-
gerlich;** der **Bürgermeister;** der
**Bürgersteig**
die **Bürgschaft**
das **Büro;** die Büros; **bürokratisch;**
*Trennung*: bü|ro|kra|tisch
der **Bursche;** des/dem/den Burschen,
die Burschen
die **Bürste; bürsten;** du bürstest, er bür-
stet, er bürstete, er hat die Schuhe
gebürstet, bürste die Schuhe!
der **Bus;** des Busses, die Busse
der **Busch;** das **Büschel;** die Büschel;
**buschig**
der **Busen**
der **Busfahrer;** die **Bushaltestelle**
der **Bussard;** die Bussarde
die **Buße; büßen;** du büßt, er büßt, er
büßte, er hat seinen Leichtsinn mit
dem Tode gebüßt, büße!; der **Buß-
tag;** der **Buß- und Bettag**
die **Büste;** der **Büstenhalter**
die **Bütte** (ein Gefäß); die **Büttenrede**
die **Butter;** das **Butterbrot;** die Butter-
brote; die **Buttermilch; buttern;** du
butterst, er buttert, er butterte, er hat
gebuttert, buttere!; **butterweich**
**b.w.** = bitte wenden!
**bzw.** = beziehungsweise

# C

**C** = Celsius
**ca.** = zirka
das **Café** (Kaffeehaus, Kaffeestube); des
Cafés, die Cafés, ↑ a b e r : Kaffee; die
**Cafeteria** (Café oder Restaurant mit
Selbstbedienung); die Cafeterias
**campen** [*kämpᵉn*] (im Zelt oder
Wohnwagen leben); der **Camper**
[*kämpᵉr*]; das **Camping** [*kämping*]
(Leben im Zelt oder Wohnwagen,
meist auf Zeltplätzen); des Campings;
der **Campingplatz**
das **Canasta** (ein Kartenspiel); des Cana-
stas
**Canberra** [*känbᵉrᵉ*] (Hauptstadt von
Australien)
die **Candela** [*kan...*] (Einheit der Licht-
stärke); 5 Candela
der **Cañon** [*kanjon* oder *kanjon*]
(steilwandiges, enges Tal); des
Cañons, die Cañons
**Caracas** [*karakaß*] (Hauptstadt von
Venezuela)
der **Caravan** [*karawan*, auch: *karawan*]

(Wohnwagen); des Caravans, die Caravans

die **Caritas** (der Deutsche Caritasverband); vgl. Karitas

die **CDU** (Christlich-Demokratische Union)

**Celebes** [zelebäß, auch: zelebäß] (Insel in Südostasien)

der **Cellist** [(t)schäli̱ßt]; des/dem/den Cellisten, die Cellisten; das **Cello** [(t)schalo] (ein Streichinstrument); des Cellos, die Cellos und die Celli

das **Cellophan**
**Celsius;** 5° C, auch: 5 °C

das **Cembalo** [tschämbalo] (eine Sonderform des Klaviers); des Cembalos, die Cembalos und die Cembali
**Ceylon** [zai̱lon] ↑Sri Lanka

das **Chamäleon** [ka...] (Echse, die ihre Farbe ändert); die Chamäleons

der **Champagner** [schampanje̱r] (ein Schaumwein); Trennung: Cham|pagner

der **Champignon** [schampinjong] (ein Edelpilz); des Champignons, die Champignons; Trennung: Cham|pignon

die **Chance** [schangße̱] (günstige Möglichkeit, Gelegenheit); die Chancen; die **Chancengleichheit**

das **Chaos** [kaoß] (Durcheinander); des Chaos; der **Chaot** (jemand, der mit Gewalt und Zerstörungen demonstriert); des/dem/den Chaoten, die Chaoten (meist Plural); **chaotisch**

der **Charakter** [ka...]; die Charaktere; die **Charakteristik** (treffende Schilderung); die Charakteristiken; **charakteristisch; charakterlich; charakterlos**
**charmant** [scharmant], auch: scharmant (anmutig); am charmantesten; der **Charme** [scharm], auch: Scharm (liebenswürdige Art); des Charmes

die **Charta** [karta] (Verfassung[surkunde])
**chartern** [(t)schartern] (mieten); du charterst, er chartert ein Flugzeug, er hat ein Schiff gechartert

das **Chassis** [schaßi̱] (Fahrgestell eines Autos); des Chassis [schaßi̱ß]

der **Chauffeur** [schofö̱r]; die Chauffeure

die **Chaussee** [schoße̱] (Landstraße); die Chausseen
**checken** [tschäken] (nachprüfen); du checkst, er checkte, er hat das Gerät gecheckt, checke das Gerät!

der **Chef** [schäf]; die Chefs

die **Chemie** [chemi̱]; der **Chemiker; chemisch;** die chemische Reinigung
**Chicago** [schikago], (deutsch auch:) Chikago (Stadt in den USA)

der **Chiemsee** [ki̱mße]

die **Chiffre** [schifr, auch: schifer] (Geheimzeichen); die Chiffren; Trennung: Chif|fre; **chiffrieren** (verschlüsseln, in Geheimschrift umsetzen); du chiffrierst, er hat den Text chiffriert; Trennung: chif|frieren
**Chikago** ↑Chicago
**Chile** [tschi̱le, oft: chi̱le] (Staat in Südamerika); der **Chilene;** des/dem/den Chilenen; **chilenisch**

der **Chimborasso** [tschimboraßo] (Berg in Ecuador)
**China** [chi̱na]; der **Chinese; chinesisch**

das **Chinin** (ein Fiebermittel); des Chinins

der **Chip** [tschip] (Spielmarke; meist Plural: gebackenes Kartoffelscheibchen); des Chips, die Chips

der **Chirurg** [chiru̱rk] (Facharzt, der operiert); des/dem/den Chirurgen, die Chirurgen; Trennung: Chir|urg; die **Chirurgie** (Heilung durch Operation); Trennung: Chir|ur|gie; **chirurgisch;** Trennung: chir|ur|gisch

der **Chitinpanzer** [chiti̱n...] (Körperhülle von Insekten, Krebsen u. a.)

das **Chlor** [klo̱r] (ein chemischer Grundstoff); des Chlors; das **Chloroform** (ein Betäubungsmittel); des Chloroforms; **chloroformieren** (betäuben); er chloroformierte ihn, er hat ihn chloroformiert; das **Chlorophyll** (Blattgrün); des Chlorophylls

die **Cholera** [ko...] (eine Infektionskrankheit)

der **Choleriker** [ko...] (leicht aufbrausender Mensch); **cholerisch;** der cholerischste

der **Chor** (Singgruppe); die Chöre

der **Chor;** auch das **Chor** (Kirchenraum mit Altar); die Chore und die Chöre

der **Choral;** des Chorals, die Choräle

der **Christ;** des/dem/den Christen, die Christen; der **Christbaum;** die **Christenheit;** das **Christentum;** das Christkind; des Christkind[e]s; **christlich;** die christliche Seefahrt, aber: die Christlich-Demokratische Union; die Christlich-Soziale Union; **Christus;** vor [nach] Christo oder Christus; vor [nach] Christi Geburt

das **Chrom** [kro̱m] (ein Metall)

das **Chromosom** [kro...] (Kernschleife im Zellkern); des Chromosoms, die Chromosomen *(meist Plural)* ˅

die **Chronik** [krọnik] (Aufzeichnung geschichtlicher Ereignisse nach ihrer Zeitfolge); die Chroniken; **chronisch** (langsam verlaufend, langwierig); eine chronische Krankheit; die Krankheit ist chronisch; der **Chronịst** (Verfasser einer Chronik); des/dem/den Chronisten, die Chronisten

die **Chrysantheme** [krü...] (eine Zierpflanze); *Trennung*: Chrys|an|the|me

die **City** [ßịti] (Innenstadt, Geschäftsviertel); die Citys

**clever** [klȃwᵉr] (klug, listig, geschickt); ein cleverer Mann

der **Clinch** [klịn(t)sch] (Umklammerung beim Boxen)

die **Clique** [klịkᵉ, auch: klịkᵉ] (Sippschaft; Bande; Klüngel); die Cliquen

der **Clou** [klụ] (Höhepunkt, Kernpunkt); des Clous [klụß], die Clous [klụß]

der **Clown** [klaụn]; des Clowns, die Clowns

**cm** = Zentimeter

**Co.** = Kompanie (in Firmennamen)

der **Comic** [kọmik] (Bildgeschichte mit kurzen Texten); des Comics, die Comics (meist *Plural*)

der **Computer** [kompjụtᵉr] (elektronische Rechenanlage); des Computers, die Computer

der **Container** [kontẹ'nᵉr] (Großbehälter); des Containers, die Container

das **Contergankind** [kon...] (Kind mit körperlichen Mißbildungen)

**cool** [kụl] (überlegen, gelassen); ein cooler Typ; cool bleiben

**Costa Rica** [koßta rịka] (Staat in Mittelamerika); der **Costaricạner; costaricạnisch**

die **Couch** [kautsch] (Liegesofa); die Couches, auch: die Couchen

das **Coupé** [kupẹ] (geschlossenes [zweisitziges] Auto); die Coupés

die **Courage** [kurạscheᵉ] (Mut); **courạgiert** (beherzt); am couragiertesten

der **Cousin** [kusǟng] (Vetter); des Cousins, die Cousins; die **Cousine** [kusịnᵉ], auch: Kusine (Base)

der **Cowboy** [kaubeu] (nordamerikanischer Rinderhirt); des Cowboys, die Cowboys

die **Creme** [krȃm, auch: krȇm], auch: Krem; die Cremes; **cremefarben; cremen;** du cremst, er cremt, er cremte, er hat die Hände gecremt

die **ČSSR** [tsche-äß-äß-ǟr] (Tschechoslowakei)

**CSU** = Christlich-Soziale Union

der **Cup** [kạp] (Ehrenpokal), die Cups

der **Cutter** [kạtᵉr] (Schnittmeister bei Film und Funk); die **Cutterin;** die Cutterinnen

# D

**da;** hier und da; da und dort; ↑dableiben, dalassen und dasein

**dabẹi;** er ist reich und dabei (doch) nicht stolz; **dabẹibleiben** (bei einer Gesellschaft); er ist an diesem Abend dabeigeblieben, aber: **dạbei blẹiben** (bei seiner Meinung usw. verharren); trotz aller Einwände will er dabei blẹiben; **dabẹisein;** er wollte dabeisein; er ist dabeigewesen; **dabẹisitzen;** er hat während der Unterhaltung dabeigesessen, aber: **dạbei sịtzen** (nicht stehen); er muß dạbei (bei dieser Arbeit) sịtzen; **dabẹistehen;** er hat bei dem Unfall dabeigestanden, aber: **dạbei stẹhen;** er mußte dạbei (bei dieser Arbeit) stẹhen

**dạbleiben** (nicht fortgehen); er ist dạgeblieben, aber: **dạ blẹiben;** du sollst dạ (dort) blẹiben

**Dacca** (Hauptstadt von Bangladesch)

das **Dach;** die Dächer; der **Dachdecker**

der **Dachs;** die Dachse

die **Dachtel** (Ohrfeige); die Dachteln; **dachteln** (ohrfeigen); du dachtelst, er dachtelt, er dachtelte, er hat ihm eine gedachtelt; dachtele ihm eine!

der **Dackel;** die Dackel

**dadurch**

**dafür;** er ist arm, dafür aber klug

**dagegen;** dagegen sein; wenn Sie nichts dagegen haben

**daheim;** daheim bleiben, sein, sitzen; das **Daheim;** unser Daheim

**daher;** daher (von da) ist er; daher, daß u. daher, weil; **daherkommen;** sie nur, wie er daherkommt!, aber: **dạher kọmmen;** es wird dạher kọmmen, daß ...; **daherreden;** er hat dumm dahergeredet

**dahin;** wie weit ist es bis dahin; er hat es bis dahin gebracht; **dahinab; dahinauf; dahinaus; dahinein; daund dorthin; dahịngehen;** wie schnell sind die Tage dahịngegangen, aber: **dahin gehen;** du sollst dahin (und nicht dorthin) gehen; ein dahin gehender Antrag; **dahingestellt;** dahingestellt bleiben; **dahinleben; dahinraffen; dahinsiechen**

**dahinten;** dahinten auf der Heide; **dahinter;** der Bleistift liegt dahinter; **dahinterkommen;** er ist endlich dahintergekommen (er hat es endlich verstanden), aber: **dahinter kommen;** dahinter kommen Wiesen; ebenso schreibt man: **dahinterstecken** und **dahinterstehen**

die **Dahlie** [*dali*ᵉ] (eine Zierpflanze); die Dahlien

**dalassen;** er hat seinen Mantel dagelassen, aber: **da lassen;** er soll seinen Mantel da (an der bestimmten Stelle) lassen

**damalig;** der damalige Rektor; **damals**

**Damaskus** (Hauptstadt von Syrien)

der **Damast** (ein Gewebe); die Damaste

die **Dame; damenhaft;** am damenhaftesten

der **Damhirsch**

**damit;** was soll ich damit tun

**dämlich** (dumm, albern)

der **Damm;** die Dämme

**dämmern;** es dämmert, es dämmerte, es hat gedämmert; die **Dämmerung**

der **Dämon** (Teufel, böser Geist); des Dämons, die Dämonen; **dämonisch** (teuflisch, unheimlich, besessen)

der **Dampf;** die Dämpfe **dampfen;** die Lokomotive dampft, die Lokomotive dampfte, die Lokomotive hat gedampft; **dämpfen;** du dämpfst, sie dämpft, sie dämpfte, sie hat das Gemüse gedämpft; der **Dampfer;** der **Dämpfer;** er hat ihm einen Dämpfer aufgesetzt (seinen Überschwang gezügelt); der **Dampfkessel;** die **Dampfmaschine;** die **Dampfwalze**

das **Damwild**

**danach;** sich danach richten

der **Däne** (Bewohner von Dänemark)

**daneben; danebenfallen;** die Äpfel sind danebengefallen (neben den Korb gefallen); **danebengehen** (mißlingen); es ist danebengegangen, aber: **daneben gehen** (neben jemandem gehen); er ist daneben (neben ihr) gegangen; **danebenhauen** (z. B. am Nagel vorbei); er hat danebengehauen

**Dänemark; dänisch**

**dank;** *mit Dativ;* dank meinem Fleiße habe ich eine gute Arbeit geschrieben, auch *mit Genitiv:* dank deines guten Willens; der **Dank;** Gott sei Dank!; vielen Dank!; tausend Dank!; habt Dank!; er schuldet, sagt ihm Dank; **dankbar;** die **Dankbarkeit; danken;** du dankst, er dankt, er dankte, er hat ihm gedankt, danke ihm!; danke schön!; er sagte: „Danke schön!", aber: das **Dankeschön;** er sagte ein herzliches Dankeschön; **danksagen** und **Dank sagen;** er danksagte und er sagte Dank; er hat dankgesagt und er hat Dank gesagt, aber nur: ich sage vielen Dank

**dann;** dann und wann; von dannen

**daran;** auch: dran; *Trennung:* dar|an; daran sein; es wird schon etwas daran sein; gut daran tun; **darangehen** (mit etwas beginnen); *Trennung:* dar|angehen; er ist endlich darangegangen, aber: **daran gehen;** er soll daran gehen und nicht hieran; **daransetzen** (für etwas einsetzen); er hat alles darangesetzt, um dieses Ziel zu erreichen, aber: **daran setzen;** er soll sich daran (an diesen Tisch) setzen

**darauf;** auch: drauf; *Trennung:* darauf; darauf ausgehen, losgehen, eingehen, kommen, aber: **draufgehen,** drauflosgehen; darauf folgen, aber: am darauffolgenden Tag; **daraufhin** (demzufolge, danach, darauf); *Trennung:* dar|auf|hin, aber: darauf hindeuten; alles deutet darauf hin

**daraus;** auch: draus; *Trennung:* daraus

**darben;** du darbst, er darbt, er darbte, er hat gedarbt

die **Darbietung** (Auf-, Vorführung); musikalische Darbietungen

**Daressalam** (Hauptstadt von Tansania); *Trennung:* Dar|es|sa|lam

**darin;** auch: drin; *Trennung:* dar|in;

**darinnen;** auch: drinnen; *Trennung:* dar|in|nen

das **Darlehen;** die Darlehen

der **Darm;** die Därme

**darstellen;** er hat es sehr anschaulich dargestellt; die **Darstellung**

**darüber;** auch: drüber; *Trennung:* dar|über; er ist darüber hinaus; **darüberstehen** (überlegen sein); *Trennung:* dar|über|ste|hen; er hat mit seiner Meinung weit darübergestanden, aber: **darüber stehen;** darüber stehen erst die Bücher

**darum;** auch: drum; *Trennung*: dar-
um; darum, daß ...; darum, weil; **dar-
umkommen** (nicht erhalten); *Tren-
nung*: dar|um|kom|men; er ist dar**um**-
gekommen; a b e r : **darum kommen;**
dar**um** (aus diesem Grunde) kommen
sie alle

**darunter;** auch: drunter; *Trennung*:
dar|un|ter; **darunterliegen** (unter et-
was liegen); *Trennung*: dar|un|ter|lie-
gen; die Zeitung hat dar**u**ntergelegen;
a b e r : **darunter liegen;** die Zeitung
wird dar**u**nter liegen und nicht hier**u**n-
ter

**das;** alles das, was ich gesagt habe
**dasein** (zugegen sein); man muß
pünktlich dasein; j e d o c h : ob er auch
pünktlich da ist?, a b e r : da sein (dort
sein); sage ihm, er soll um 5 Uhr
da (an jener Ecke) sein; ich bin schon
oft da (dort) gewesen; das **Dasein**
(Existieren); des Daseins; der **Da-
seinskampf**

**daß;** so daß (immer getrennt); auf
daß; ohne daß; ich glaube, daß ...
**dasselbe;** *Genitiv*: desselben; *Plural*:
dieselben; es ist ein und dasselbe

die **Datenverarbeitung**

der **Dativ** (Wemfall, 3. Fall); die Dative

die **Dattel;** die Datteln
**datieren** (mit einem Datum verse-
hen); er hat den Brief falsch datiert;
das **Datum;** die Daten

die **Dauer; dauerhaft;** der **Dauerlauf;
dauern;** es dauert nicht lange, es
dauerte nur zehn Minuten, die Ver-
sammlung hat zwei Stunden ge-
dauert; **dauernd;** die **Dauerwelle**

der **Daumen;** der **Däumling;** die Däum-
linge

die **Daune;** die **Daunendecke
davon;** auf und davon laufen; davon,
daß ...; **davongehen** (weggehen); er
ist davongegangen, a b e r : auf und
davon gehen; **davonkommen**
(Glück haben); er ist noch einmal da-
vongekommen, a b e r : **davon kom-
men;** davon kommen alle Laster
**davor; davorstehen;** er hat schwei-
gend davorgestanden, a b e r : **davor
stehen;** davor stehen viele Blumen
**dawider;** er wird dawider (dagegen)
stoßen; **dawiderreden** (entgegen);
er hat ständig dawidergeredet
**dazu;** er wird dazu gehören;
**dazugehörig; dazukommen;** er ist
gerade dazugekommen, a b e r : **dazu
kommen;** dazu komme ich nicht hier-

her; **dazuschreiben;** er hat einige
Zeilen dazugeschrieben, a b e r : **dazu
schreiben;** dazu schreibe ich nicht
diesen ausführlichen Brief; **dazutun**
(hinzutun); er hat viele Äpfel dazuge-
tan, a b e r : **dazu tun;** was kann ich
dazu tun?

**dazwischen; dazwischenkom-
men;** etwas ist dazwischengekom-
men, a b e r : **dazwischen kommen;**
dazwischen kommen wieder Wiesen;
**dazwischenrufen;** er hat ständig
dazwischengerufen, a b e r : **dazwi-
schen rufen;** dazwischen rufen im-
mer wieder Kinder; **dazwischentre-
ten;** er ist dazwischengetreten

**DB** = Deutsche Bundesbahn

**DBP** = Deutsche Bundespost

die **DDR** = Deutsche Demokratische Re-
publik; der **DDR-Bürger**

der **Dealer** [*di/⁰r*] (Rauschgifthändler);
des Dealers; die Dealer

die **Debatte;** die Debatten; **debattie-
ren;** du debattierst, er debattiert, er
debattierte, er hat mit ihm debattiert

das **Deck;** die Decks; die **Decke;** der
**Deckel;** die Deckel; **decken;** du
deckst, er deckt, er deckte, er hat das
Dach gedeckt, decke den Tisch!; die
**Deckung**
**defekt** (schadhaft); der **Defekt** (der
Schaden); die Defekte
**defensiv** (verteidigend); defensives
(rücksichtsvolles) Fahren; die **De-
fensive** [*...iwᵉ*] (die Verteidigung);
die Defensiven
**definieren** (einen Begriff genau be-
stimmen); wie kann man das Atom
definieren?; die **Definition** (die ge-
naue Bestimmung eines Begriffes)

das **Defizit;** die Defizite

die **Deflation** (Geldverknappung, Ge-
gensatz von Inflation)
**deftig** (kräftig); ein deftiges Essen

der **Degen**
**dehnbar; dehnen;** du dehnst, er
dehnt, er dehnte, er hat das Seil ge-
dehnt, dehne den Stoff!; sich dehnen;
das Seil hat sich gedehnt; die **Deh-
nung;** das **Dehnungs-h**

der **Deich;** die Deiche

die **Deichsel;** die Deichseln; **deichseln**
(geschickt bewerkstelligen); das hast
du prima gedeichselt
**dein;** *in Briefen*: Dein; mein und dein
verwechseln, a b e r : das Mein und das
Dein; tue dein möglichstes; wir ge-
denken dein oder deiner; der, die, das

deine oder deinige (deine Gegenstände), aber: die Deinigen oder die Deinen (deine Angehörigen); das Deinige oder das Deine (deine Habe); du mußt das Deinige oder das Deine tun; **deinesgleichen; deinetwegen**

**dekadent** (entartet); die **Dekadenz**

der **Dekan** (eine Amtsbezeichnung für Geistliche; der Vorsteher der Fakultät einer Universität); die Dekane; das **Dekanat** (Amt des Dekans)

die **Deklamation** (der kunstgerechte Vortrag); *Trennung*: De|kla|ma|tion; **deklamieren;** *Trennung*: de|kla|mieren; du deklamierst, er deklamiert, er deklamierte, er hat deklamiert, deklamiere nicht so feierlich!

die **Deklination** (die Beugung der Substantive, Adjektive, Pronomen und Zahlwörter); *Trennung*: De|kli|nation; **deklinieren;** *Trennung*: de|klinie|ren; du deklinierst, er dekliniert, er deklinierte, er hat das Adjektiv dekliniert, dekliniere auch das Pronomen!

der **Dekorateur** [*dekoratör*]; die Dekorateure; **dekorieren** (ausschmükken); er dekoriert, er dekorierte, er hat das Schaufenster dekoriert, dekoriere es!

die **Delegation** (Abordnung von Bevollmächtigten); der **Delegierte;** ein Delegierter, die Delegierten, mehrere Delegierte; die **Delegierte;** eine Delegierte

**Delhi** (Hauptstadt der Indischen Union)

**delikat** (lecker; auch: heikel); am delikatesten; das Gebäck war delikat; das ist eine delikate (heikle) Angelegenheit; die **Delikatesse** (Leckerbissen); die Delikatessen

das **Delikt** (Vergehen, Verbrechen); die Delikte

die **Delle** (eine Vertiefung, Beule)

**Delphi** [*delfi*] (altgriechische Orakelstätte)

der **Delphin** [*delfin*] (ein Zahnwal); des Delphins, die Delphine

das **Delta** (Schwemmland an mehrarmigen Flußmündungen); des Deltas; die Deltas und die Delten

**dem; dementsprechend; demgegenüber; demgemäß; demnach; demnächst**

die **Demo** (kurz für: Demonstration); die Demos

der **Demokrat;** des/dem/den Demokraten, die Demokraten; *Trennung*: Demo|krat; die **Demokratie;** die Demokratien; *Trennung*: De|mo|kra|tie; **demokratisch;** *Trennung*: de|mo|kratisch; die **Demokratisierung**

**demolieren** (zerstören); du demolierst, er demoliert, er demolierte, er hat die Möbel demoliert, demoliere die Einrichtung nicht!

die **Demonstration** (die Massenkundgebung); *Trennung*: De|mon|stra|tion; **demonstrativ** (betont auffällig); **demonstrieren;** *Trennung*: de|monstrie|ren; die Jugend demonstriert, sie demonstrierte, sie hat demonstriert, demonstriere!

die **Demut; demütig; demütigen;** du demütigst, er demütigte ihn, er hat ihn gedemütigt, demütige ihn nicht!

**demzufolge** (demnach); demzufolge ist die Angelegenheit geklärt, aber: das Vertragswerk, dem zufolge die Staaten sich verpflichtet haben

**dengeln;** du dengelst, er dengelte die Sense, er hat die Sense gedengelt, dengle die Sense!

**denken;** du denkst, er denkt, er dachte, er hat gedacht, denke!; das **Denken;** das **Denkmal;** die Denkmäler und die Denkmale

**denn;** es sei denn, daß ...; **dennoch**

der **Denunziant** (jemand, der andere aus persönlichen Gründen anzeigt oder verrät); des/dem/den Denunzianten, die Denunzianten; *Trennung*: De|nunziant; **denunzieren;** du denunzierst ihn, er denunzierte ihn, er hat ihn denunziert, denunziere ihn nicht!

das **Departement** [*departᵉmang*] (Verwaltungsbezirk in Frankreich); des Departements; die Departements

die **Depesche** (Draht-, Funknachricht)

das **Depot** [*depo*] (Aufbewahrungsort, Sammelstelle); die Depots [*depoß*]

der **Depp** (ungeschickter, einfältiger Mensch); des Deppen, auch: des Depps, die Deppen, auch: die Deppe

die **Depression** (Niedergeschlagenheit; wirtschaftlicher Rückgang); *Trennung*: De|pres|sion; **deprimiert** (niedergeschlagen, bedrückt); *Trennung*: de|pri|miert

**der; derart;** *Trennung*: der|art; **derartig;** derartiges (solches), aber: etwas Derartiges (so Beschaffenes)

**derb**

das **Derby** [*därbi*] (Pferderennen); die Derbys

**dereinst;** *Trennung:* der|einst; **derentwillen;** *Trennung:* de|rent|willen; **dergestalt** (so); **dergleichen derjenige;** *Genitiv:* desjenigen; *Plural:* diejenigen
**dermaßen** (so)
**derselbe;** *Genitiv:* desselben; *Plural:* dieselben; ein und derselbe; mit ein[em] und demselben; ein[en] und denselben
**des; desgl.** = desgleichen; **desgleichen; deshalb**

die **Desinfektion** (Entkeimung, Entseuchung); *Trennung:* Des|in|fek|tion; **desinfizieren;** *Trennung:* des|in|fizie|ren; du desinfizierst, er desinfiziert, er desinfizierte, er hat den Raum desinfiziert, desinfiziere diesen Raum!

der **Despot** (Gewaltherrscher; herrische Person); des/dem/den Despoten, die Despoten; *Trennung:* Des|pot; **despotisch;** *Trennung:* des|po|tisch
**dessen;** der Schüler, dessen Vater tot ist, ...; **dessentwegen;** *Trennung:* des|ent|we|gen; deswegen; **dessentwillen;** *Trennung:* des|sent|wil|len; deswillen; **dessenungeachtet;** *Trennung:* des|sen|un|ge|ach|tet; desungeachtet; *Trennung:* des|un|ge|ach|tet

das **Dessert** [*däßär*] (Nachtisch); des Desserts, die Desserts
**destillieren;** *Trennung:* de|stil|lieren; du destillierst, er destilliert, er destillierte, er hat destilliert, destilliere diese Flüssigkeit!; destilliertes (chemisch reines) Wasser
**desto;** desto besser; desto größer; desto mehr; desto weniger, a b e r (in e i n e m Wort): nichtsdestoweniger
**deswegen,** dessentwegen; **deswillen,** dessentwillen

das **Detail** [*detaj*] (Einzelheit; Einzelteil); des Details, die Details, a b e r: en détail [*angdetaj*] (im kleinen; im Einzelverkauf); **detailliert** [*detajirt*] (in allen Einzelheiten)

der **Detektiv;** die Detektive

die **Detonation** (Knall, Explosion); **detonieren;** die Bombe ist detoniert
**Detroit** [*ditreut*] (Stadt in den USA)
**deuten;** du deutest, er deutet, er deutete, er hat auf ihn gedeutet, deute nicht auf ihn!; **deutlich**
**deutsch; A.** A d j e k t i v : das deutsche Volk; die deutsche Sprache; die deutsche Volksvertretung; der deutsche Schäferhund, a b e r: die

Deutsche Bundesbahn; die Deutsche Mark; Deutscher Gewerkschaftsbund; Deutsche Bundesbank. B e a c h t e j e d o c h : Steht das Adjektiv „deutsch" nicht am Anfang eines Namens oder Titels, dann wird es oft auch klein geschrieben: Gesellschaft für deutsche Sprache; Institut für deutsche Sprache. **B.** A d v e r b (in den Bedeutungen „auf deutsche Art; in deutscher Weise; in deutschem Wortlaut"): zu deutsch, auf deutsch, auf gut deutsch; deutsch fühlen, denken; ein Fremdwort deutsch aussprechen; sich deutsch (auf deutsch) unterhalten; der Brief ist deutsch (in deutscher Sprache) geschrieben; deutsch mit einem reden (ihm die Wahrheit sagen); das **Deutsch** (die deutsche Sprache, besonders als Sprache eines einzelnen oder einer Gruppe); des Deutsch und Deutschs, dem Deutsch; mein, dein, sein Deutsch ist gut; er kann, lernt, schreibt, spricht, versteht (kein, nicht, gut, schlecht) Deutsch; das ist gutes Deutsch; er spricht gutes Deutsch; er kann kein Wort Deutsch; er hat eine Eins in Deutsch; das **Deutsche** (die deutsche Sprache allgemein); er hat aus dem Deutschen ins Englische übersetzt; der **Deutsche;** des Deutschen, die Deutschen; mehrere Deutsche; wir Deutschen, auch: Deutsche; alle Deutschen; alle guten Deutschen, die **Deutsche Demokratische Republik; Deutschland; deutschsprachig;** die deutschsprachigen Länder

die **Devise** [*dewis<sup>e</sup>*] (Wahlspruch; in der Mehrzahl meist: Zahlungsmittel in ausländischer Währung); die Devisen

der **Dezember**
**dezimal** (auf die Grundzahl 10 bezogen); der **Dezimalbruch** (ein Bruch, dessen Nenner mit 10, 100, 1 000 usw. gebildet wird); die **Dezimalzahl;** das **Dezimeter** ($\frac{1}{10}$ Meter)
**DFB** = Deutscher Fußball-Bund
**DGB** = Deutscher Gewerkschaftsbund
**dgl.** = dergleichen
**d. Gr.** = der Große (z. B. Karl d. Gr.)
**d. h.** = das heißt; **d. i.** = das ist

das **Dia** (Diapositiv); des Dias, die Dias
**diabolisch** (teuflisch)

die **Diagnose** (Krankheitserkennung); die Diagnosen; *Trennung:* Dia|gno|se die **Diagonale** (eine Gerade, die zwei nicht benachbarte Ecken eines Vielecks miteinander verbindet); die Diagonalen; *Trennung*: Dia|go|na|le

das **Diagramm** (zeichnerische Darstellung von Zahlenwerten); des Diagramms, die Diagramme; *Trennung*: Dia|gramm

der **Diakon** (katholischer Geistlicher, der um einen Weihegrad unter dem Priester steht; in der evangelischen Kirche: ein Pfarrhelfer); des Diakons und des Diakonen, die Diakone, die Diakonen; *Trennung*: Dia|kon; die **Diakonie** (in der evangelischen Kirche: Pflegedienst, Gemeindedienst); *Trennung*: Dia|ko|nie; die **Diakonisse** (eine evangelische Krankenschwester); der Diakonisse, die Diakonissen; *Trennung*: Dia|ko|nis|se; auch: die **Diakonissin**; die Diakonissinnen; *Trennung*: Dia|ko|nis|sin

der **Dialekt** (die Mundart); die Dialekte

der **Dialog** (Zwiegespräch); die Dialoge

der **Diamant** (ein Edelstein); des/dem/den Diamanten, die Diamanten

das **Diapositiv** (durchsichtiges fotografisches Bild); die Diapositive [...w⁰]; ↑Dia

die **Diaspora** (konfessionelle Minderheit); *Trennung*: Dia|spo|ra

die **Diät** (die Schonkost)

die **Diäten** *Plural* (Bezüge der Abgeordneten eines Parlaments)

**dich;** *in Briefen*: Dich

**dicht;** am dichtesten; dicht auf; **dichtbehaart;** dichter, am dichtesten behaart; das dichtbehaarte Fell, a b e r : das Fell ist dicht behaart; **dichtbevölkert;** zur Getrennt- und Zusammenschreibung ↑dichtbehaart; **dichtgedrängt** ↑dichtbehaart

**dichten** (Verse machen); du dichtest, er dichtet, er dichtete, er hat gedichtet; der **Dichter;** die **Dichtung**

**dichten** (dicht machen); du dichtest, er dichtet, er dichtete, er hat die Leitung gedichtet, dichte den Kessel!

**dick;** durch dick und dünn, a b e r : er ist der Dickste in der Klasse; **dicktun** und **dicketun** (sich wichtig machen); er tut sich dick[e], er hat sich dick[e]getan; das **Dickicht;** der **Dickkopf; dickköpfig**

**die; diejenige**

der **Dieb; diebisch;** die diebische Elster; er hat sich diebisch gefreut; der **Diebstahl;** die Diebstähle

die **Diele**

**dienen;** du dienst, er dient, er diente, er hat gedient, diene!; der **Diener;** der **Dienst**

der **Dienstag;** *Trennung*: Diens|tag; des Dienstags, a b e r : **dienstags;** *Trennung*: diens|tags. *Tageszeiten*: [am nächsten] Dienstag morgen, abend (an dem bestimmten Dienstag) treffen wir uns, a b e r : Dienstag oder dienstags morgens, abends (an jedem wiederkehrenden Dienstag) spielen wir Schach; der **Dienstagabend;** *Trennung*: Diens|tag|abend; am Dienstagabend hat sie frei; meine Dienstagabende sind für die nächste Zeit alle belegt

der **Dienstgrad; dienstlich;** die **Dienstreise**

**dies; dieses**

der **Diesel** (kurz für: Dieselmotor oder Auto mit Dieselmotor)

**dieselbe;** ein und dieselbe

der **Dieselmotor**

**dieser;** dieser selbe [Augenblick]

**diesig** (neb[e]lig)

**diesjährig; diesmal,** a b e r : dieses Mal, dieses oder dies eine, letzte Mal; **diesseits;** diesseits des Flusses; das **Diesseits** (Gegensatz: Jenseits); im Diesseits

der **Dietrich** (Nachschlüssel); die Dietriche

das **Differential** (Ausgleichsgetriebe beim Kraftwagen); die Differentiale; die **Differenz** (der Unterschied); die Differenzen; **differenzieren** (genauer unterscheiden)

die **Digitaluhr** (Uhr, die die Zeit nur mit Ziffern angibt)

das **Diktat;** die Diktate; der **Diktator;** die Diktatoren; die **Diktatur** (Alleinherrschaft); die Diktaturen; **diktieren;** du diktierst, er diktierte, er hat diktiert, diktiere diesen Brief!

der **Dilettant** (Nichtfachmann; Stümper); des/dem/den Dilettanten, die Dilettanten; *Trennung*: Di|let|tant; **dilettantisch;** *Trennung*: di|let|tantisch

die **Dimension** (Ausdehnung; Bereich); die Dimensionen; *Trennung*: Di|mension

**DIN** = Deutsches Institut für Normung

das **Ding;** guter Dinge sein

die **Diode** (Gleichrichterröhre); *Trennung*: Dio|de

die **Diözese** (Amtsgebiet des Bischofs):
die Diözesen; *Trennung:* Di|öze|se

die **Diphtherie** (eine Infektionskrank-
heit); die Diphtherien; *Trennung:*
Diph|the|rie

der **Diphthong** (Doppellaut, z. B. ei), die
Diphthonge; *Trennung:* Di|phthong

das **Diplom** (Urkunde); die Diplome;
*Trennung:* Di|plom; der **Diplomat**
(der beglaubigte Vertreter eines
Landes bei einem anderen Land); des/
dem/den Diplomaten, die Diploma-
ten; *Trennung:* Di|plo|mat; **diploma-
tisch** (staatsmännisch; klug berech-
nend); *Trennung:* di|plo|ma|tisch

der **Diplomingenieur;** *Trennung:* Di-
plom|in|ge|nieur

**dir;** *in Briefen:* Dir

**direkt** (unmittelbar); direkte Rede
(wörtliche Rede)

die **Direktion;** der **Direktor;** des Direk-
tors, die Direktoren

der **Dirigent;** des/dem/den Dirigenten,
die Dirigenten; **dirigieren;** du diri-
gierst, er dirigiert, er dirigierte, er hat
dirigiert, dirigiere diesen Chor!

das **Dirndl;** des Dirndls, die Dirndl

das **Discountgeschäft** [*dißkaunt...*]
(Geschäft, das Waren zu sehr niedri-
gen Preisen verkauft)

der **Diskjockey** [*dißkdsehoke*] (jemand,
der Schallplatten präsentiert); des
Diskjockeys, die Diskjockeys; *Tren-
nung:* Disk|jok|key; die **Disko** (kurz
für: Diskothek); die **Diskothek**
(Tanzlokal, in dem Schallplatten ge-
spielt werden); die Diskotheken;
*Trennung:* Dis|ko|thek

**diskret** (taktvoll; vertraulich); eine
diskrete Andeutung; *Trennung:* dis-
kret; die **Diskretion;** *Trennung:* Dis-
kre|tion

die **Diskriminierung** (Herabwürdi-
gung); *Trennung:* Dis|kri|mi|nie|rung

der **Diskus;** des Diskus, die Disken und
die Diskusse; *Trennung:* Dis|kus

die **Diskussion** (Meinungsaustausch);
*Trennung:* Dis|kus|sion; der **Diskus-
sionsbeitrag; diskutabel;** ein dis-
kutabler Vorschlag; **diskutieren;** du
diskutierst, er diskutierte, er hat gern
diskutiert, diskutiere mit ihm!

die **Disposition** (Gliederung); *Tren-
nung:* Dis|po|si|tion

**disqualifizieren** (aus einem Wett-
bewerb ausschließen); du disqualifi-
zierst ihn, er disqualifizierte ihn, er
hat ihn disqualifiziert

die **Dissonanz** (Mißklang); die Dis-
sonanzen; *Trennung:* Dis|so|nanz

die **Distanz** (Abstand); die Distanzen;
*Trennung:* Di|stanz

die **Distel;** die Disteln; *Trennung:* Di|stel;
der **Distelfink;** des Distelfinken, die
Distelfinken; *Trennung:* Di|stel|fink

die **Disziplin** (Zucht, Ordnung; Fach
einer Wissenschaft); die Disziplinen;
*Trennung:* Dis|zi|plin; Disziplin halten

der **Dividend** [*diwidänt*] (Zähler eines
Bruchs); des/dem/den Dividenden,
die Dividenden; die **Dividende** (der
auf eine Aktie entfallende Gewinn);
die Dividenden; **dividieren** (teilen);
du dividierst, er dividierte, er hat durch
3 dividiert, dividiere!; zehn dividiert
durch fünf ist, macht, gibt zwei; die
**Division** (die Teilung; die Heeresab-
teilung); die Divisionen; der **Divisor**
(Nenner eines Bruchs); die Divisoren

**Djakarta** [*dsehakarta*] (ältere
Schreibung für: Jakarta)

**DJH** = Deutsche Jugendherberge

**DKP** = Deutsche Kommunistische
Partei

**DLRG** = Deutsche Lebens-Ret-
tungs-Gesellschaft

**DM** = Deutsche Mark

der **Dnjepr** (russischer Fluß)

**doch;** ja doch; nicht doch!

der **Docht,** die Dochte

das **Dock** (Anlage zum Ausbessern von
Schiffen); die Docks

die **Dogge** (eine Hunderasse)

das **Dogma** (Glaubenssatz); des Dog-
mas, die Dogmen; *Trennung:* Dog|ma;
**dogmatisch** (unduldsam)

die **Dohle**

der **Doktor;** die Doktoren; Abk.: Dr.; z. B.
Dr. phil. = Doktor der Philosophie,
Dr. med. = Doktor der Medizin, Dr.-
Ing. = Doktoringenieur; Dr. E. h., Dr.
h. c. = Doktor ehrenhalber (honoris
causa)

das **Dokument;** die Dokumente; der
**Dokumentarfilm; dokumenta-
risch**

das **Dolby** (Verfahren zur Unterdrückung
des Rauschens bei Tonbandaufnah-
men); des Dolbys

der **Dolch;** die Dolche

die **Dolde**

der **Dollar;** die Dollars; 30 Dollar
**dolmetschen** (Gesprochenes über-
setzen); du dolmetschst, er dol-
metschte; er hat bei dem Gespräch ge-
dolmetscht; der **Dolmetscher**

der **Dom;** die Dome

die **Domäne** (Staatsgut; besonderes Arbeitsgebiet); die Domänen

der **Dominikaner** (Angehöriger eines Mönchsordens); **dominikanisch**

der **Dominikaner** (Bewohner der Dominikanischen Republik); **dominikanisch;** die **Dominikanische Republik** (Staat in Mittelamerika)

der **Dompteur** [...*tör*] (Tierbändiger); *Trennung;* Domp|teur; die **Dompteuse** [...*tös*<sup>e</sup>]; *Trennung:* Domp|teu|se

der **Don** (russischer Fluß)

die **Donau** (europäischer Fluß)

der **Donner;** die Donner; **donnern;** es donnert, es donnerte, es hat gedonnert; der **Donnerstag;** *Trennung:* Don|ners|tag; ↑auch: Dienstag; **donnerstags;** *Trennung:* don|ners|tags

**doof** (dumm; einfältig)

**dopen,** auch: dopen (durch verbotene Anregungsmittel zu sportlicher Höchstleistung bringen); du dopst, er dopte, er hat das Pferd gedopt, er ist gedopt; das **Doping,** auch: Doping; des Dopings, die Dopings

das **Doppel; doppeldeutig;** der **Doppelpunkt; doppelt;** die doppelte Buchführung; doppelt so groß, aber: doppelt soviel; er ist doppelt so reich wie (seltener: als) ich; das **Doppelte;** des Doppelten; um das Doppelte, ums Doppelte größer sein; der **Doppelzentner**

das **Dorf; dörflich**

der **Dorn;** die Dornen, (in der Technik:) die Dorne; die **Dornenkrone; dornig;** das **Dornröschen;** *Trennung:* Dorn|rös|chen

**dörren;** er dörrt, er dörrte, er hat das Obst gedörrt; das **Dörrobst**

der **Dorsch** (ein Fisch); die Dorsche

**dort;** dort drüben; von dort aus; **dorthin;** da- und dorthin

**Dortmund** (Stadt im Ruhrgebiet)

die **Dose;** der **Dosenöffner**

**dösen** (wachend träumen); du döst, er döst, er döste, er hat gedöst, döse nicht!

die **Dosis** (zugemessene Menge); die Dosen

der **Dotter;** auch: das **Dotter**

das **Double** [*dubel*] (Ersatzspieler im Film); des Doubles, die Doubles; *Trennung:* Dou|ble

der **Dozent** (Hochschullehrer); des/dem/den Dozenten, die Dozenten

**dpa** = Deutsche Presse-Agentur

**Dr.** = Doktor; ↑Doktor

der **Drache** (ein Fabeltier); des Drachen, die Drachen; der **Drachen** (ein Fluggerät); des Drachens, die Drachen

der **Draht; drahten** (telegraphieren); du drahtest, er drahtet, er drahtete, er hat nach Berlin gedrahtet, drahte sofort!; **drahtig** (sehnig, schlank); **drahtlos;** drahtlose Telegraphie

**drall** (derb, stramm)

das **Drama;** die Dramen; der **Dramatiker** (Dramendichter); **dramatisch** (erregend, spannend)

**dran** (verkürzte Form von: daran); das Drum und Dran; des Drum und Dran

der **Drang; drängeln;** du drängelst, er drängelt, er drängelte, er hat gedrängelt, drängele nicht!; **drängen;** du drängst, er drängt, er drängte, er hat auf eine Änderung gedrängt, dränge nicht!; sich drängen; sie haben sich um das Feuer gedrängt

**drastisch** (sehr deutlich; wirksam); am drastischsten

**drauf** (verkürzte Form von: darauf); drauf und dran (nahe daran) sein

**draus** (verkürzte Form von: daraus); **draußen**

**drechseln;** du drechselst, er drechselt, er drechselte, er hat die Figur gedrechselt, drechsele sie!; der **Drechsler;** *Trennung:* Drechs|ler

der **Dreck; dreckig**

die **Drehbank; drehen;** du drehst, er dreht, er drehte, er hat gedreht, drehe!; sich drehen; der Schlüssel hat sich gedreht; der **Dreher;** die **Drehung**

**drei;** wir sind zu dreien oder zu dritt; herzliche Glückwünsche von uns dreien; er kann nicht bis drei zählen (er ist sehr dumm); ↑auch: dritte; die **Drei** (Ziffer, Zahl); die Dreien; eine Drei würfeln; er schrieb in Deutsch eine Drei; ↑auch: acht, Acht; das **Dreieck; dreieckig;** die **Dreieinigkeit; dreifach;** die **Dreifaltigkeit; dreijährig;** ↑achtjährig; **dreiköpfig;** ein dreiköpfiger Vorstand; **dreimal;** ↑auch: achtmal; **dreißig;** ↑auch: achtzig; **dreißigjährig;** eine dreißigjährige Frau, aber: der Dreißigjährige Krieg; **dreistellig**

**dreist;** dreister, am dreistesten; die **Dreistigkeit**

**dreiviertel;** in einer dreiviertel Stunde; ↑auch: acht, Viertel und Viertelstunde

**dreizehn;** die verhängnisvolle Drei-
zehn; ↑auch: acht

die **Dresche** (Prügel); Dresche bekom-
men; **dreschen;** du drischst, er
drischt, er drosch, er hat das Korn
gedroschen; der **Dreschflegel;** die
**Dreschmaschine**

**Dresden** (Stadt in der DDR)

der, auch: das **Dreß** (Sportkleidung); des
Dresses, die Dresse

**dressieren;** du dressierst, er dressiert
den Affen, er dressierte den Affen,
er hat den Affen dressiert, dressiere
ihn!; die **Dressur;** die Dressuren

der **Drill;** des Drills; **drillen** (einüben,
schinden); du drillst ihn, er drillte ihn,
er hat ihn gedrillt, drille ihn!

der **Drillich** (ein festes Gewebe); die
Drilliche

**drin** (verkürzte Form von: darin)

**Dr.-Ing.** = Doktoringenieur; ↑Dok-
tor

**dringen;** du dringst auf eine Lösung,
er drang auf eine Lösung, er hat auf
eine Lösung gedrungen, dringe auf
eine Lösung!; **dringend;** auf das, aufs
dringendste

**drinnen** (verkürzte Form von: darin-
nen)

**dritt;** ↑auch: drei; **dritte.** *Klein* auch:
von dreien der dritte; jeder dritte; zum
dritten (drittens). *Groß:* er ist der Dritte
im Bunde; etwas einem Dritten ge-
genüber sagen; es bleibt noch ein Drit-
tes zu erwähnen; Friedrich der Dritte;
↑auch: achte; das **Drittel;** die Drittel;
**drittens**

**DRK** = Deutsches Rotes Kreuz

**droben** (da oben)

die **Droge** (Rohstoff für Heilmittel; auch:
Rauschgift); die Drogen; **drogen-
süchtig;** die **Drogerie;** die Droge-
rien; der **Drogist;** des/dem/den Dro-
gisten, die Drogisten

**drohen;** du drohst, er droht, er drohte,
er hat ihm gedroht, drohe nicht!; die
**Drohung**

die **Drohne** (männliche Biene; Nichts-
tuer)

**dröhnen;** es dröhnt, es dröhnte, es
hat gedröhnt

**drollig**

das **Dromedar,** oft auch: Dromedar (das
einhöckerige Kamel); des Dromedars,
die Dromedare

der **Drops** (Fruchtbonbon)

die **Drossel** (ein Singvogel); die Dros-
seln

**drosseln;** du drosselst, er drosselt,
er drosselte, er hat den Motor gedros-
selt, drossele und droßle den Motor!

**drüben** (auf der anderen Seite); **drü-
ber** (verkürzte Form von: darüber)

der **Druck;** die Drücke und (für Bücher,
Bilder u. ä.:) die Drucke; der **Drücke-
berger; drucken;** du druckst, er
druckt, er druckte, er hat das Buch
gedruckt, drucke dieses Buch!; **drük-
ken;** du drückst, er drückt, er drückte,
er hat gegen die Tür gedrückt, drücke!;
der **Drucker;** die **Druckerei**

**drum** (verkürzte Form von: darum);
das Drum und Dran; des Drum und
Dran

**drunten** (da unten); **drunter** (ver-
kürzte Form von: darunter); es geht
drunter und drüber; das Drunter und
Drüber; des Drunter und Drüber

die **Drüse**

der **Dschungel;** auch: das **Dschungel;**
des Dschungels, die Dschungel

**Dtzd.** = Dutzend

**du:** *in Briefen*: Du; du zueinander sa-
gen; mit einem auf du und du stehen;
das **Du;** des Du und des Dus, die
Du und die Dus; das traute Du; jeman-
dem das Du anbieten

**Dublin** [*dablin*] (Hauptstadt der Re-
publik Irland)

sich **ducken:** du duckst dich, er duckt sich,
er duckte sich, er hat sich geduckt,
ducke dich!; der **Duckmäuser**

das **Duell** (Zweikampf); die Duelle

das **Duett** (Zwiegesang); die Duette

der **Duft; duften;** die Blume duftet, die
Blume duftete, die Blume hat geduf-
tet; **duftig**

**Duisburg** [*düßburk*] (Stadt im Ruhr-
gebiet)

**dulden;** du duldest, er duldet, er dul-
dete, er hat still geduldet; dulde, ohne
zu klagen!; der **Dulder; duldsam**

**dumm;** dümmer, am dümmsten;
a b e r *groß*: er ist sicher der Dümmste
in der Klasse; die **Dummheit;** der
**Dummkopf**

**dumpf; dumpfig**

die **Düne**

der **Dung; düngen;** du düngst, er düngt,
er düngte, er hat den Boden gedüngt,
dünge den Boden!; der **Dünger**

**dunkel;** dunkler, am dunkelsten;
jemanden im dunkeln (im ungewis-
sen) lassen, a b e r: im Dunkeln ist gut
munkeln; im dunkeln tappen (nicht
Bescheid wissen), a b e r: im Dunkeln

(in der Finsternis) tappte er nach Hause; ein Sprung ins Dunkle; etwas dunkel färben; **dunkelblau** usw.

der **Dünkel; dünkelhaft;** am dünkelhaftesten

die **Dunkelheit;** die **Dunkelziffer**
**dünken;** mich oder mir dünkte, mich oder mir hat gedünkt
**dünn;** durch dick und dünn; **dünnbevölkert;** dünner, am dünnsten bevölkert; das dünnbevölkerte Land, a b e r : das Land ist dünn bevölkert; sich **dünnmachen** (weglaufen); er machte sich dünn, er hat sich dünngemacht; a b e r : **dünn machen;** ihr sollt euch dünn machen (weniger Platz einnehmen); sie soll den Kuchenteig recht dünn machen

der **Dunst;** die **Dünste; dünsten;** du dünstest, sie dünstet, sie dünstete, sie hat das Fleisch gedünstet, dünste das Fleisch!; **dunstig**

die **Dünung;** die Dünungen

das **Duplikat** (Zweitschrift, Abschrift); die Duplikate; *Trennung*: Du|pli|kat

das **Dur** (eine Tonart); des Dur, die Dur; A-Dur, die A-Dur-Tonleiter
**durch;** durch ihn; durch und durch; **durcharbeiten** (pausenlos arbeiten); er hat die ganze Nacht durchgearbeitet; a b e r : ' **durcharbeiten;** eine durcharbeitete Nacht; **durchaus; durchblättern, durchblättern;** er hat das Buch durchgeblättert oder durchblättert; **durchblicken** (hindurchblicken); er hat durchgeblickt, a b e r : **durchblicken** (durchschauen); er hat das Vorhaben durchblickt; **durcheinander;** *Trennung*: durch|ein|an|der; durcheinander (verwirrt) sein; alles durcheinander essen und trinken; a b e r : **durcheinanderbringen** (in Unordnung bringen); *Trennung*: durch|ein|an|der|brin|gen; er hat alles durcheinandergebracht; **durcheinanderreden** (zugleich reden); *Trennung*: durch|ein|an|der|reden; sie haben alle durcheinandergeredet; **durcheinanderwerfen;** *Trennung*: durch|ein|an|der|wer|fen; er hat alles durcheinandergeworfen; ↑auch: aneinander; die **Durchfahrt;** der **Durchgang; durchgehend;** das Geschäft ist durchgehend geöffnet; **durchlässig;** der **Durchmesser;** die **Durchsage;** der **Durchschnitt;** im Durchschnitt; **durchsetzen** (erreichen); er setzt die Änderung durch;

er hat sich durchgesetzt (Erfolg gehabt), a b e r : **durchsetzen** (in etwas verteilen); der Lehm ist mit Steinen durchsetzt; **durchsichtig; durchsuchen;** er durchsuchte die Wohnung; die **Durchsuchung; durchweg**
**dürfen;** du darfst, er darf, er durfte, er hat gedurft; er hat [es] nicht gedurft, a b e r : das hätte er nicht tun dürfen
**dürftig**
**dürr;** die **Dürre**

der **Durst; dürsten;** du dürstest, er dürstet, er dürstete, er hat gedürstet; mich dürstet; **durstig**

die **Dusche; duschen;** du duschst, er duscht, er duschte, er hat geduscht; sich duschen; er hat sich geduscht

die **Düse;** das **Düsenflugzeug**

der **Dusel** (unverdientes Glück); Dusel haben; **duseln** (träumen); du duselst, er duselt, er duselte er hat geduselt
**Düsseldorf** (Hauptstadt von Nordrhein-Westfalen)
**düster;** düst[e]rer, am düstersten

das **Dutzend;** die Dutzende; zwei Dutzend Eier; das Heulen Dutzender von Sirenen; **dutzendmal;** ein, viele dutzendmal, a b e r : viele Dutzend Male; dutzendweise
**duzen;** du duzt ihn, er duzt ihn, er duzte ihn, er hat ihn geduzt, duze ihn!; der **Duzfreund**

die **Dynamik** (Kräftelehre; Schwung); **dynamisch;** das **Dynamit** (ein Sprengstoff); der **Dynamo,** oft auch: Dynamo (Kurzwort für: Dynamomaschine; ein Stromerzeuger); des Dynamos, die Dynamos

die **Dynastie** (Herrschergeschlecht)
**dz** = Doppelzentner

der **D-Zug** (Durchgangszug, Schnellzug)

# E

die **Ebbe**
**ebd.** = ebenda
**eben;** ebenes (flaches) Land; eine ebene Fläche; eben sein; eben (soeben) ist er gekommen; das ist nun eben (einmal) so; das **Ebenbild; ebenbürtig; ebenda;** die **Ebene; ebenfalls**

das **Ebenholz**
das **Ebenmaß; ebenmäßig; ebenso;**
ebenso wie; **ebensogut;** er hätte
ebensogut zu Hause bleiben können,
a b e r : er spielt ebenso gut Klavier wie
ich; ebenso gute Leute, ebenso viele
Freunde; **ebensolang**[e]; das dauert
ebensolang[e] wie gestern, a b e r : er
hat ebenso lange Beine wie ich; eben-
sooft, ebensosehr; **ebensoviel;**
ebensoviel sonnige Tage, a b e r :
ebenso viele sonnige Tage; **ebenso-
weit,** a b e r : eine ebenso weite Ent-
fernung; **ebensowenig;** ebensowe-
nige reife Birnen, a b e r : ebenso weni-
ge reife Birnen; **ebensowohl**
der **Eber** (männliches Schwein)
die **Eberesche** (ein Laubbaum)
**ebnen;** er ebnet den Weg, er ebnete
ihn, er hat ihn geebnet, ebne ihn!
der **Ebro** (Fluß in Spanien)
das **Echo;** des Echos, die Echos
die **Echse** (ein Kriechtier)
**echt; echtgolden, echtsilbern;** ein
echtgoldener Becher, ein echtsilber-
ner Ring; a b e r : der Becher ist echt
golden, der Ring ist echt silbern; die
**Echtheit**
der **Eckball;** die **Ecke; eckig;** der **Eck-
zahn**
**Ecuador** [ek$^u$ador] (Staat in Süd-
amerika); *Trennung*: Ecua|dor; der
**Ecuadorianer; ecuadorianisch**
**edel;** edler, am edelsten; der **Edel-
mut;** der **Edelstein;** das **Edelweiß**
(eine Gebirgspflanze); die Edelweiße
der **Efeu**
**Effeff;** *Trennung*: Eff|eff; etwas aus
dem Effeff (gründlich) verstehen
der **Effekt** (Wirkung, Erfolg, Ergebnis);
die Effekte; *Trennung*: Ef|fekt; die **Ef-
fekten** (Wertpapiere) *Plural*; **effek-
tiv** (tatsächlich, wirksam)
**EG** = Europäische Gemeinschaft
**egal** (gleichgültig); das ist mir egal
die **Egge; eggen;** du eggst, er eggt, er
eggte, er hat den Acker geeggt, egge
das Feld!
der **Egoismus** (Selbstsucht); des Egois-
mus, die Egoismen; *Trennung*: Ego|is-
mus; der **Egoist** (selbstsüchtiger
Mensch); des/dem/den Egoisten, die
Egoisten; *Trennung*: Ego|ist; **egoi-
stisch;** *Trennung*: egoi|stisch
**e. h., E. h.** = ehrenhalber; ↑Doktor
**ehe;** ehedem; ehe denn; seit eh und
je
die **Ehe;** der **Ehebruch**

**ehedem** (vormals)
die **Ehefrau; ehelich;** eheliches Güter-
recht
**ehemalig; ehemals**
der **Ehemann;** das **Ehepaar**
**eher;** je eher, je lieber; je eher, desto
besser; er wird es um so eher (lieber)
tun, als ...
**ehern**
**ehestens**
**ehrbar;** die **Ehre; ehren;** du ehrst
ihn, er ehrt ihn, er ehrte ihn, er hat
ihn geehrt, ehre ihn!; das **Ehrenmal;**
die Ehrenmale und die Ehrenmäler;
**ehrenvoll;** das **Ehrenwort;** die Eh-
renworte; **ehrerbietig;** die **Ehr-
furcht;** der **Ehrgeiz; ehrgeizig;
ehrlich;** ein ehrlicher Makler (red-
licher Vermittler) sein; **ehrwürdig**
das **Ei**
die **Eiche;** die **Eichel;** die Eicheln
**eichen** (das gesetzliche Maß geben;
prüfen); du eichst die Waage, er eicht
die Waage, er eichte die Waage, er
hat die Waage geeicht
das **Eichhörnchen**
der **Eid;** an Eides Statt
die **Eidechse**
**eidesstattlich** (an Eides Statt); eine
eidesstattliche Versicherung
der **Eidotter,** auch: das **Eidotter**
der **Eifer; eifersüchtig; eifrig**
das **Eigelb;** die Eigelbe; 3 Eigelb
**eigen;** er gab, machte ihm das Haus
zu eigen; es ist mein eigen; das ist
ihm eigen; aus eig[e]nem bezahlen;
die **Eigenart;** die Eigenarten; **eigen-
artig;** der **Eigenbrötler;** der **Ei-
genname;** der **Eigennutz; eigen-
nützig; eigens;** die **Eigenschaft;
eigentlich;** das **Eigentum; eigen-
tümlich; eigenwillig**
der **Eiger** (Berg in den Berner Alpen)
sich **eignen;** etwas eignet sich, etwas eig-
nete sich, etwas hat sich geeignet;
die **Eignung**
das **Eiland** (Insel); die Eilande
die **Eile; eilen;** du eilst, er eilt, er eilte,
er ist geeilt, eile mit Weile!; **eilends;
eilig;** etwas Eiliges (Wichtiges) be-
sorgen; nichts Eiliges zu tun haben,
als ...; der **Eilzug;** die Eilzüge
der **Eimer; eimerweise**
**ein, einer;** *Zahlwort*: wenn einer das
erfährt; einer für alle und alle für einen;
der eine, a b e r : der Eine (Gott); einer
von uns; in einem fort; in ein[em]
und einem halben Jahr; ein und die-

selbe Sache; es läuft alles auf eins (ein und dasselbe) hinaus; sie ist sein ein und [sein] alles. *Adverb*: nicht ein noch aus wissen (ratlos sein); wer bei dir ein und aus geht (verkehrt), a b e r : ein- und aussteigen (einsteigen und aussteigen). *Unbestimmtes Pronomen*: wenn einer das hört!; sie sollen einen in Ruhe lassen; eins kommt nach dem and[e]ren; von einem zum and[e]ren; die einen klatschten, die and[e]ren, andern pfiffen; **einander;** ↑aneinander

**einäschern;** er äschert ein, er äscherte ein, er hat das Dorf eingeäschert

die **Einbahnstraße**

der **Einband** (der Bucheinband); die Einbände

**einbändig** (mit nur einem Band)

sich **einbilden;** er bildet sich ein, er hat sich viel eingebildet; die **Einbildung**

**einbrechen;** der Dieb ist in das/in dem Haus eingebrochen; er ist auf dem Eis eingebrochen; der **Einbrecher;** der **Einbruch;** die Einbrüche

**einbüßen;** er büßt ein, er hat seinen guten Ruf eingebüßt

**eindeutig**

**eindringen;** du dringst ein, er dringt ein, er drang ein, er ist eingedrungen; **eindringlich;** auf das, aufs eindringlichste

der **Eindruck;** die Eindrücke

**eineinhalb;** *Trennung*: ein|ein|halb; einundeinhalb; *Trennung*: ein|undein|halb; eineinhalb Tage, a b e r : ein und ein halber Tag, ein[und]einhalbmal soviel

**einer;** ↑auch: ein; **einerlei; einerseits; einesteils**

**einfach;** in einfacher Bruch; einfach wirkend; sich etwas Einfaches wünschen; die **Einfachheit;** der Einfachheit halber

**einfädeln;** er fädelt ein, er hat alles eingefädelt

die **Einfahrt;** die Einfahrten

der **Einfall;** die Einfälle

die **Einfalt; einfältig;** der **Einfaltspinsel** (Dummkopf)

**einflößen;** er flößt ein, er hat mir Vertrauen eingeflößt

der **Einfluß;** des Einflusses, die Einflüsse

**einfrieren;** du frierst ein; das Wasserleitung ist eingefroren; er hat das Gemüse eingefroren

die **Einfuhr; einführen;** wir führen Erdöl (aus dem Ausland) ein; er hat neue

Lehrbücher eingeführt; die **Einführung**

die **Eingabe** (Gesuch); die **Eingebung** (plötzlicher Einfall)

der **Eingang;** die Eingänge; Ein- und Ausgang; **eingangs;** eingangs des Briefes; **eingehend;** auf das, aufs eingehendste

das **Eingeständnis;** des Eingeständnisses, die Eingeständnisse; **eingestehen;** er gesteht ein, er hat alles eingestanden

das **Eingeweide;** die Eingeweide

**einhalten;** du hältst ein; er hat die Vorschriften eingehalten; die **Einhaltung**

**einheimisch;** der **Einheimische;** ein Einheimischer, die Einheimischen; mehrere Einheimische; die **Einheimische;** eine Einheimische

die **Einheit;** die Einheiten; **einheitlich;** einheitliche Bestrebungen

**einhellig** (einstimmig)

**einig;** einig sein, werden, a b e r : sich **einigeln;** ich igele mich ein; er hat sich eingeigelt

**einige;** einige Stunden später; dieser Schüler wußte einiges; einige Abgeordnete; mit einigen Abgeordneten; bei einigem guten Willen; die Taten einiger guter (seltener: guten) Menschen; **einigemal,** a b e r : **einige Male;** sich **einigen;** sie einigen sich, sie einigten sich, sie haben sich geeinigt, einigt euch!; **einigermaßen; einiges** ↑einige; die **Einigkeit**

**einjährig**

der **Einkauf;** die Einkäufe; die **Einkaufstasche**

**einkehren;** er kehrte ein, er ist eingekehrt

das **Einkommen**

die **Einkünfte** *Plural*

**einladen;** er lädt mich ein, er hat mich eingeladen; die **Einladung**

der **Einlaß;** Einlaß um 15 Uhr; **einlassen;** er läßt die Kinder ein; sich auf etwas, mit jemandem einlassen

die **Einleitung**

**einlenken;** er lenkt ein, er hat eingelenkt, a b e r : er ist in die Hauptstraße eingelenkt

**einleuchten;** das leuchtet mir ein, das hat mir eingeleuchtet

**einmachen;** sie macht Obst ein, sie hat es eingemacht

**einmal;** auf einmal; noch einmal; einbis zweimal (mit Ziffern 1- bis 2mal);

↑ mal; das **Einmaleins**; **einmalig**
**einmütig**

die **Einnahme**; **einnehmen**; er nimmt
ein, er hat viel Geld eingenommen

die **Einöde**; die Einöden; *Trennung:* Ein-
öde

**einprägen**; er prägt mir ein, er hat
mir eingeprägt, daß ...; **einprägsam**;
eine einprägsame Formulierung

**einrahmen**; er rahmt ein, er hat das
Bild eingerahmt

**einrichten**; er hat das Zimmer neu
eingerichtet; die **Einrichtung**

**eins**; es ist, schlägt eins (ein Uhr);
ein Viertel auf, vor eins; halb eins;
gegen eins; eins und zwei macht, ist
drei; eins (einig) sein; es ist mir alles
eins (gleichgültig); die **Eins**; die Ein-
sen; er hat die Prüfung mit der Note
„Eins" bestanden; er würfelt drei Ein-
sen; er hat in Deutsch eine Eins ge-
schrieben; ↑ auch: Acht (Zahl)

**einsalzen**; du salzt ein; wir haben
die Heringe eingesalzen

**einsam**; die **Einsamkeit**

**einschenken**; er schenkt ein, er hat
mir eingeschenkt

**einschlafen**; er schläft ein, er ist ein-
geschlafen

**einschlagen**; der Blitz hat einge-
schlagen

**einschließlich**; einschließlich des
Kaufpreises

sich **einschränken**; du schränkst dich
ein, er schränkte sich ein, er hat sich
eingeschränkt, schränke dich ein!; die
**Einschränkung**

der **Einschreib[e]brief**;     das     **Ein-
schreiben**

**einschüchtern**; er hat ihn einge-
schüchtert; die **Einschüchterung**

**einsehen**; er sieht seinen Fehler ein

**einsetzen**; er setzt den Flicken ein;
er hat sich für die Kinder eingesetzt

die **Einsicht**; die Einsichten; in etwas
Einsicht nehmen; **einsichtig**

der **Einsiedler**

**einsperren**; er sperrt ihn ein, er hat
ihn eingesperrt

**einspurig**; eine einspurige Straße

**einst**

**einstellen**; die Firma stellt Arbeiter
ein

**einstellig**; einstellige Zahlen

**einstimmig**

**einstmals**

**einstürzen**; das Haus stürzt ein, das
Haus ist eingestürzt

**einstweilen**

der **Eintopf**; die Eintöpfe; das **Eintopf-
gericht**

die **Eintracht**; **einträchtig**

**eintreten**; er tritt ein, er ist in das
Zimmer eingetreten, a b e r : er hat die
Tür eingetreten; der **Eintritt**; das
**Eintrittsgeld**

**einverstanden**

der **Einwand**; die Einwände

der **Einwanderer**;     **einwandern**;     du
wanderst ein; er wanderte ein; er ist
eingewandert

**einwandfrei**; **einwenden**; du wen-
dest ein, er wendet ein, er wandte
oder wendete ein, er hat eingewandt
oder eingewendet

**einwärts**; **einwärtsgehen**; er geht
einwärts, er ist einwärtsgegangen

die **Einwegflasche** (Flasche, die nicht
an die Getränkefirma zurückgegeben
wird)

der **Einwohner**; die **Einwohnerzahl**

die **Einzahl** (Singular)

**einzahlen**; er zahlt den Betrag ein;
die **Einzahlung**

das **Einzel** (Einzelspiel im Tennis); der
**Einzelhandel**; die **Einzelheit**

der **Einzeller** (einzelliges Lebewesen);
**einzellig**

**einzeln.** *Klein:* der, die, das einzelne;
einzelnes; er als einzelner; einzelnes
hat mir gefallen; jeder einzelne; ein
einzelner; im einzelnen; zu sehr ins
einzelne gehen. *Groß:* vom Einzelnen
(von der Einzelheit) ins Ganze gehen;
vom Einzelnen zum Allgemeinen

**einziehen**; er zieht die Leine ein, er
hat die Leine eingezogen, a b e r : er
ist in das neue Haus eingezogen

**einzig.** *Klein auch:* der, die, das einzi-
ge; das einzige wäre ...; ein einziger;
kein einziger; etwas einziges; er als
einziger; einzig und allein. *Groß:* Karl
ist unser Einziger. *Getrennt:* ein einzig
dastehendes Erlebnis; **einzigartig;**
das einzigartige ist, daß ...

das **Eis**; Eis essen; die **Eisbahn**; die Eis-
bahnen; das **Eisbein** (eine Speise);
der **Eisbär**; des/dem/den Eisbären,
die Eisbären; der **Eisberg**

das **Eisen**; die **Eisenbahn**; die Eisenbah-
nen; der **Eisenbahnwagen**

**eisern**; eiserner Wille; die eiserne
Hochzeit; mit eisernem Besen auskeh-
ren; der eiserne Vorhang (der feuer-
sichere Abschluß der Theaterbühne
gegen den Zuschauerraum), a b e r :

der Eiserne Vorhang (die weltanschauliche Grenze zwischen Ost und West); das Eiserne Kreuz (ein Orden); das Eiserne Tor (Durchbruchstal der Donau)

das **Eishockey;** des Eishockeys; *Trennung*: Eis|hok|key; **eisig; eisigkalt;** die eisigkalten Tage, a b e r : die Tage waren eisig kalt; **eiskalt;** der **Eiszapfen;** die **Eiszeit**

**eitel;** eitler, am eitelsten; ein eitler Mensch; die **Eitelkeit**

der **Eiter; eitrig** und **eiterig; eitern;** der Finger eitert, der Finger eiterte, der Finger hat geeitert

das **Eiweiß;** die Eiweiße; **eiweißarm;** eiweißarme Nahrung

**EKD** = Evangelische Kirche in Deutschland

der **Ekel**

das **Ekel** (unverträglicher, unsympathischer Mensch); **ekelhaft;** am ekelhaftesten; **eklig** und **ekelig;** sich **ekeln;** du ekelst dich, er ekelt sich, er ekelte sich, er hat sich geekelt; es ekelt mich oder mir sehr

die **Ekstase** (rauschhafte Begeisterung); *Trennung*: Ek|sta|se; **ekstatisch**

**Ekuador** usw. ↑Ecuador usw.

das **Ekzem** (eine Entzündung der Haut); die Ekzeme

der **Elan** (Schwung, Begeisterung); des Elans

**elastisch** (dehnbar); *Trennung*: elastisch; die **Elastizität** (Spannkraft); *Trennung*: Ela|sti|zi|tät

die **Elbe** (europäischer Fluß)

der **Elch;** die Elche (eine Hirschart)

der **Elefant;** des/dem/den Elefanten, die Elefanten

**elegant** (geschmackvoll; vornehm); am elegantesten; die **Eleganz**

**elektrifizieren** (auf elektrischen Betrieb umstellen); *Trennung*: elek|tri|fizie|ren; die Bundesbahn elektrifiziert, die Bundesbahn elektrifizierte, die Bundesbahn hat die Strecke elektrifiziert; der **Elektriker;** *Trennung*: Elektri|ker; **elektrisch;** *Trennung*: elektrisch; eine elektrische Eisenbahn; ein elektrischer Zaun; sich **elektrisieren;** *Trennung*: elek|tri|sie|ren; er elektrisierte sich, er hat sich elektrisiert; die **Elektrizität;** *Trennung*: Elek|trizi|tät; das **Elektrizitätswerk;** *Trennung*: Elek|tri|zi|täts|werk; die **Elektrode;** *Trennung*: Elek|tro|de; der

**Elektroherd;** die **Elektronenröhre;** die **Elektronik; elektronisch**

das **Element** (Urstoff; Grundbestandteil; chemischer Grundstoff; Naturgewalt; ein elektrisches Gerät); er fühlt sich in seinem Element; **elementar** (naturhaft; einfach); eine elementare Gewalt, elementare Kenntnisse

**elend;** das **Elend; elendig,** auch **elendig;** das **Elendsviertel**

**elf;** wir sind zu elfen oder zu elft; ↑auch: acht; die **Elf** (Mannschaft beim Sport)

die **Elfe** (ein Naturgeist); die Elfen

das **Elfenbein**

**elfjährig; elfmal;** ↑ achtmal; das **Elftel;** die Elftel; **elftens**

der **Elfmeter** (Strafstoß vom Elfmeterpunkt beim Fußball)

die **Elite** (Auslese der Besten); die Eliten; *Trennung*: Eli|te

der **Ellbogen** und der **Ellenbogen;** die **Elle;** 3 Ellen Tuch; **ellenlang**

die **Ellipse** (ein Kegelschnitt); die Ellipsen; *Trennung*: El|lip|se; **elliptisch** (in Form einer Ellipse; unvollständig); *Trennung*: el|lip|tisch

**El Salvador** [*äl salwadọr*] (Staat in Mittelamerika); der **Salvadorianer; salvadorianisch**

die **Elster;** die Elstern; *Trennung*: El|ster; **elterlich;** elterliche Gewalt; die **Eltern** *Plural*; der **Elternvertreter**

das **Email** [auch: *emaj*] (Schmelzüberzug); des Emails, die Emails und die **Emaille** [*emạlje*], der Emaille, die Emaillen; *Trennung*: Email|le

**emanzipiert** (gleichberechtigt; mündig); die **Emanzipation**

der **Embryo** (noch nicht geborenes Lebewesen); des Embryos, die Embryos und die Embryonen; *Trennung*: Embryo

der **Emigrant** (Auswanderer [aus politischen oder religiösen Gründen]); des/dem/den Emigranten, die Emigranten; *Trennung*: Emi|grant; **emigrieren;** *Trennung*: emi|grie|ren; er emigriert, er emigrierte, er ist emigriert, emigriere nicht!

die **Emotion** (Gemütsbewegung); die Emotionen; **emotional** (gefühlsmäßig)

der **Empfang;** die Empfänge; **empfangen;** du empfängst, er empfängt, er empfing, er hat ihn empfangen, empfange ihn doch!; der **Empfänger; empfänglich**

empfehlen; du empfiehlst, er emp-
fiehlt, er empfahl, er hat empfohlen,
empfiehl ihm dies doch!; **empfeh-
lenswert;** die **Empfehlung**
**empfinden;** du empfindest, er emp-
fand, er hat Reue empfunden; **emp-
findlich;** die **Empfindung**
**empor;** die **Empore** (der erhöhte
Sitzraum in der Kirche); die Emporen
**empören;** es empört ihn, es empörte
ihn, es hat ihn empört; die **Empörung**
die **Ems** (Fluß in Nordwestdeutschland)
**emsig**
das **Ende;** die Enden; am Ende sein; zu
Ende sein, gehen, kommen; Ende
Januar; letzten Endes (besser: im
Grunde; schließlich); **enden;** du en-
dest, er endet, er endete, er hat im
Gefängnis geendet; ein nicht enden
wollender Beifall
**en détail** [*angdetaj*] (im kleinen;
einzeln, im Einzelverkauf)
**endgültig**
die **Endivie** [*endiwiᵉ*] (eine Salatpflan-
ze); der **Endiviensalat**
**endlich; endlos;** ein endloses Band;
bis ins Endlose; der **Endspurt;** die
Endspurts und die Endspurte
die **Energie** (die Tatkraft; die Fähigkeit,
Arbeit zu leisten); die Energien; *Tren-
nung:* Ener|gie; der **Energiebedarf;**
die **Energiepolitik;** die **Energie-
quellen; energisch;** *Trennung:*
ener|gisch
**eng;** wir sind auf das engste, aufs
engste befreundet; **engbefreundet;**
enger, am engsten befreundet; die
engbefreundeten Männer, a b e r : die
Männer sind eng befreundet; die **En-
ge;** die Engen
der **Engel;** die Engel
der **Engerling** (die Maikäferlarve); die
Engerlinge
**England;** der **Engländer; englisch**
**en gros** [*anggro*] (im großen)
**engstirnig**
der **Enkel;** die Enkel; die **Enkelin;** die
Enkelinnen; das **Enkelkind**
**enorm** (außerordentlich; ungeheuer)
**entbehren;** du entbehrst, er entbehrt,
er entbehrte, er hat das Buch entbehrt;
**entbehrlich;** die **Entbehrung**
**entbinden;** sie ist von einem Kind
entbunden worden (sie hat ein Kind
geboren); die **Entbindung**
**entblößen;** du entblößt, er entblößt,
er entblößte den Arm, er hat den Arm
entblößt, entblöße deinen Arm!

**entdecken;** du entdeckst, er ent-
deckt, er entdeckte, er hat den Dieb-
stahl entdeckt; der **Entdecker;** die
**Entdeckung**
die **Ente**
**enteignen;** du enteignest; er wurde
enteignet; die **Enteignung**
der **Enterich;** die Enteriche
**entern** (auf etwas klettern); du en-
terst ein Schiff, er entert ein Schiff,
er enterte ein Schiff, er hat ein Schiff
geentert; entere das Schiff!
**entfernen;** du entfernst, er entfernt,
er entfernte, er hat den Staub von
den Schuhen entfernt; sich entfernen;
er hat sich heimlich entfernt; die **Ent-
fernung**
**entführen;** du entführst, er entführt,
er entführte, er hat das Kind entführt;
der **Entführer;** die **Entführung**
**entgegen; entgegenkommen;** er
kommt mir entgegen, er ist mir entge-
gengekommen; **entgegnen;** du ent-
gegnest, er entgegnet, er entgegnete,
er hat ihm entgegnet; die **Entgeg-
nung**
**entgehen;** er entging seinen Verfol-
gern; dieser Fehler ist mir entgangen
(er blieb unbemerkt)
das **Entgelt;** die Entgelte; gegen, ohne
Entgelt; **entgelten;** du entgiltst, er
entgilt, er entgalt, er hat mir meine
Mühe entgolten (er hat sie belohnt);
er läßt mich meine Nachlässigkeit
nicht entgelten (nicht büßen)
**entgleisen;** der Zug entgleist, der
Zug entgleiste, der Zug ist entgleist;
die **Entgleisung**
**enthalten;** das Wasser enthält, es
enthielt, es hat Sauerstoff enthalten;
sich enthalten; er enthält sich der Stim-
me, er hat sich der Stimme enthalten;
**enthaltsam;** die **Enthaltsamkeit**
**enthüllen;** er enthüllte das Denkmal;
er hat mir seine Pläne enthüllt; die
**Enthüllung**
**entkommen;** du entkommst, er ent-
kommt, er entkam, er ist ihm entkom-
men
**entlang;** entlang dem Fluß (selten:
des Flusses); am Ufer entlang; am,
das Ufer entlang laufen (nicht fahren),
a b e r : am, das Ufer entlanglaufen
(nicht am Berg oder den Berg entlang-
laufen)
**entlarven;** du entlarvst den Betrüger;
er entlarvte ihn; wir haben ihn entlarvt
**entlassen;** du entläßt die Arbeiter,

er entläßt die Arbeiter, er entließ die Arbeiter, er hat die Arbeiter entlassen, entlasse die Arbeiter nicht ohne Grund!; die **Entlassung**
**entlaufen;** der Hund ist entlaufen
**entleeren;** du entleerst, er entleert, er entleerte, er hat das Gefäß entleert, entleere den Eimer!
**entlegen** (weit weg, abseits gelegen); die entlegenen Gebirgsdörfer
**entleihen;** du entleihst, er entleiht, er entlieh, er hat das Buch entliehen, entleihe das Buch!
sich **entpuppen;** sie entpuppte sich als eine Betrügerin
sich **entrüsten;** du entrüstest dich, er entrüstete sich, er hat sich entrüstet, entrüste dich nicht!; die **Entrüstung**
**entschädigen;** du entschädigst ihn, er entschädigt ihn, er entschädigte ihn, er hat ihn entschädigt, entschädige ihn endlich!; die **Entschädigung**
**entscheiden;** du entscheidest, er entscheidet, er entschied, er hat den Streit entschieden, entscheide gerecht!; sich entscheiden; er hat sich für ihn entschieden; die **Entscheidung; entschieden;** auf das, aufs entschiedenste
sich **entschließen;** du entschließt dich, er entschließt sich, er entschloß sich, er hat sich schnell entschlossen; die **Entschließung; entschlossen;** er ist zu dieser Tat entschlossen; die **Entschlossenheit;** der **Entschluß;** des Entschlusses, die Entschlüsse
**entschuldigen;** du entschuldigst, er entschuldigt, er entschuldigte, er hat seinen Sohn entschuldigt; sich entschuldigen; er hat sich wegen seines Fehlens entschuldigt; die **Entschuldigung**
**entseelt** (tot)
**entsetzen;** du entsetzt dich, er entsetzt sich, er entsetzte sich, er hat sich entsetzt; das **Entsetzen; entsetzlich; entsetzt**
sich **entsinnen;** du entsinnst dich, er entsinnt sich, er entsann sich, er hat sich entsonnen, entsinne dich doch!; er hat sich deiner entsonnen
**entspannen;** du entspannst, er entspannt, er entspannte, er hat den Körper entspannt; sich entspannen; er hat sich ein wenig entspannt; die **Entspannung;** die **Entspannungspolitik**
**entspr.** = entsprechend

**entsprechend;** entsprechend seinem Vorschlag oder seinem Vorschlag entsprechend; a b e r : Entsprechendes gilt für ihn
**entstehen;** etwas entsteht, etwas entstand, etwas ist entstanden
**entstellen;** Narben entstellten sein Gesicht
**entstören;** er hat den Staubsauger entstört; die **Entstörung**
**enttäuschen;** du enttäuschst ihn, er enttäuschte ihn, er hat ihn enttäuscht, enttäusche ihn nicht!; **enttäuscht;** die **Enttäuschung**
**entw.** = entweder
**entwässern;** sie entwässerten das Sumpfgebiet; die **Entwässerung**
**entweder; entweder – oder;** das **Entweder-Oder;** des Entweder-Oder, die Entweder-Oder
**entwerfen;** du entwirfst, er entwirft, er entwarf, er hat Pläne entworfen
**entwerten;** der Postbeamte entwertete die Briefmarke
der **Entwurf;** die Entwürfe
**entwickeln;** du entwickelst, er entwickelt, er entwickelte, er hat einen Film entwickelt, entwickle den Film!; die **Entwicklung** und **Entwickelung;** der **Entwicklungshelfer;** die **Entwicklungshilfe;** das **Entwicklungsland** (Land mit noch unterentwickelter Wirtschaft); die Entwicklungsländer
**entziehen;** er entzog ihm sein Vertrauen; die **Entziehung;** die **Entziehungskur;** der **Entzug**
**entziffern;** du entzifferst, er entziffert, er entzifferte, er hat das Schreiben entziffert, entziffere diesen Text!
**entzückend**
**entzünden;** du entzündest, er entzündet, er entzündete, er hat das Feuer entzündet, entzünde das Feuer!; die **Entzündung**
**entzwei; entzweibrechen;** der Spiegel bricht entzwei, der Spiegel brach entzwei, der Spiegel ist entzweigebrochen; **entzweien;** du entzweist sie, er entzweit sie, er entzweite sie, er hat sie entzweit
der **Enzian** (eine Alpenpflanze; ein Schnaps); des Enzians, die Enziane; *Trennung*: En|zian; **enzianblau**
die **Epidemie** (Seuche, Massenerkrankung); die Epidemien; *Trennung*: Epi|de|mie; **epidemisch;** *Trennung*: epi|de|misch

die **Epik** (erzählende Dichtkunst); der **Epiker** (Verfasser von erzählenden Dichtungen); **episch**

die **Epilepsie** (Fallsucht); *Trennung*: Epi|lep|sie; der **Epileptiker**; *Trennung*: Epi|lep|ti|ker; **epileptisch**

die **Epistel** (Apostelbrief im NT: Strafpredigt); die Episteln

die **Epoche** (Zeitabschnitt); *Trennung*: Epo|che

das **Epos** (erzählende Versdichtung; Heldengedicht); des Epos; die Epen

das **Erbarmen;** zum Erbarmen; sich **erbarmen;** du erbarmst dich, er erbarmt sich, er erbarmte sich, er hat sich erbarmt, erbarme dich meiner!; **erbärmlich; erbarmungslos**

**erbauen;** er hat den Turm erbaut, er war wenig erbaut (erfreut) von meinem Besuch

das **Erbe;** das kulturelle Erbe; der **Erbe;** des Erben, die Erben; der gesetzliche Erbe; **erben;** du erbst, er erbt, er erbte, er hat ein Vermögen geerbt

**erbeuten;** du erbeutest einen Schatz, er erbeutet ihn, er erbeutete ihn, er hat ihn erbeutet

die **Erbfolge;** die **Erbin;** die Erbinnen

**erbitten;** du erbittest ein Stück Brot, er erbittet es, er erbat es, er hat es erbeten, erbitte seinen Rat!

**erbittert;** ein erbitterter Streit; die **Erbitterung**

**erblassen;** *Trennung*: er|blas|sen; du erblaßt, er erblaßt, er erblaßte, er ist erblaßt, erblasse nicht!

**erbleichen;** *Trennung*: er|blei|chen; du erbleichst, er erbleicht, er erbleichte, er ist erbleicht, erbleiche nicht!

**erblich;** *Trennung*: erb|lich

**erblicken;** du erblickst ihn, er erblickt ihn, er erblickte ihn, er hat ihn erblickt

die **Erbschaft**

die **Erbse;** die **Erbswurst**

das **Erdbeben;** die **Erdbeere;** der **Erdboden;** die Erdböden; die **Erddrehung;** die **Erde; erden;** du erdest, er erdet, er erdete, er hat den Radioapparat geerdet, erde den Radioapparat!; das **Erdgas;** das **Erdgeschoß;** des Erdgeschosses, die Erdgeschosse; **erdig;** die **Erdkruste;** die **Erdkunde;** die **Erdnuß;** die Erdnüsse; die **Erdoberfläche;** das **Erdöl**

**erdrosseln;** er erdrosselt ihn, er erdrosselte ihn, er hat ihn erdrosselt

der **Erdrutsch;** der **Erdteil**

**erdrücken;** der Bär hat ihn erdrückt;

**erdrückend;** eine erdrückende (sehr große) Übermacht

**erdulden;** du erduldest großes Leid, er erduldete es, er hat es erduldet, erdulde es noch eine Weile!

sich **ereignen;** etwas ereignet sich, etwas ereignete sich, etwas hat sich ereignet; das **Ereignis;** des Ereignisses, die Ereignisse

der **Eremit** (Einsiedler); des/dem/den Eremiten, die Eremiten

**erfahren;** du erfährst, er erfährt, er erfuhr etwas Wichtiges, er hat etwas Wichtiges erfahren; ein erfahrener Mann; die **Erfahrung**

**erfassen;** er erfaßt den Eimer, er erfaßte ihn, er hat ihn erfaßt, erfasse ihn!

**erfinden;** du erfindest, er erfindet, er erfand, er hat eine neue Maschine erfunden; der **Erfinder;** die **Erfindung**

der **Erfolg; erfolglos;** das war der erfolgloseste Versuch; **erfolgreich; erfolgversprechend**

**erforderlich**

**erfreuen;** du erfreust sie, er erfreut sie, er erfreute sie, er hat sie mit einem Geschenk erfreut; sich erfreuen; er hat sich bester Gesundheit erfreut; **erfreulich;** manches Erfreuliche

**erfrieren;** du erfrierst, er erfriert, er erfror, er ist erfroren, aber: er hat sich die Füße erfroren

**erfüllen;** du erfüllst dein Versprechen, er erfüllte es, er hat es erfüllt, erfülle es!; die **Erfüllung**

**ergänzen;** du ergänzt, er ergänzt, er ergänzte, er hat den Satz ergänzt, ergänze den Satz!; die **Ergänzung**

**ergattern** (sich durch List verschaffen); er ergatterte, er hat noch eine Eintrittskarte ergattert

**ergeben;** die Zählung ergibt eine große Mehrheit, sie ergab eine große Mehrheit, sie hat eine große Mehrheit ergeben; sich ergeben; er hat sich ins Unvermeidliche ergeben; das **Ergebnis;** des Ergebnisses, die Ergebnisse; **ergebnislos**

**ergehen;** es erging ihm schlecht; wie ist es dir ergangen?; er erging sich (spazierte) im Park

**ergiebig**

**ergötzen;** du ergötzt uns, er ergötzt uns, er ergötzte uns, er hat uns mit seinen lustigen Reden ergötzt, ergötze uns mit einem Lied!

**ergreifen;** du ergreifst, er ergreift, er ergriff, er hat den Stock ergriffen; **ergreifend;** er hielt eine ergreifende Rede; **ergriffen;** er war tief ergriffen (bewegt); die **Ergriffenheit**

**erhaben** (erhöht); erhabene Stellen einer Druckplatte; erhabene (große) Gedanken; er ist über jeden Verdacht erhaben (steht darüber)

**erhalten;** du erhältst, er erhält, er erhielt, er hat einen Brief erhalten; erhalten bleiben; das soll uns erhalten bleiben; etwas frisch erhalten; sich gesund erhalten; **erhältlich;** solche Bleistifte sind überall erhältlich

sich **erhängen;** er erhängt sich, er erhängte sich, er hat sich erhängt

**erheblich;** die **Erhebung**

**erhitzen;** er erhitzt das Wasser, er erhitzte das Wasser, er hat das Wasser erhitzt, erhitze das Wasser!

sich **erholen;** du erholst dich, er erholt sich, er erholte sich, er hat sich erholt; die **Erholung**

**erhören;** du erhörst ihn, er erhört ihn, er erhörte ihn, er hat ihn erhört, erhöre ihn!

der **Eriesee** [/*ri...] (See in Nordamerika)

**erinnern;** du erinnerst ihn, er erinnert ihn, er erinnerte ihn, er hat ihn an sein Versprechen erinnert, erinnere ihn daran!; sich erinnern; er hat sich an sie erinnert; die **Erinnerung**

sich **erkälten;** du erkältest dich; er erkältete sich; er hat sich erkältet; erkälte dich nicht!; die **Erkältung**

**erkennen;** du erkennst ihn, er erkennt ihn, er erkannte ihn, er hat ihn erkannt; sich zu erkennen geben; **erkenntlich;** sich erkenntlich zeigen; die **Erkenntnis;** der Erkenntnis; die Erkenntnisse

der **Erker;** die Erker

**erklären;** du erklärst, er erklärt, er erklärte, er hat diesen Vorgang erklärt, erkläre es ihm!; die **Erklärung**

**erklecklich** (beträchtlich); *Trennung:* er|kleck|lich

**erkunden;** du erkundest, er erkundet, er erkundete, er hat den Weg erkundet, erkunde alle Möglichkeiten!; sich **erkundigen;** du erkundigst dich, er erkundigt sich, er erkundigte sich, er hat sich nach dem Weg erkundigt, erkundige dich doch!

**erlahmen;** du erlahmst, er erlahmt, er erlahmte, er ist in seinen Bemühungen erlahmt, erlahme nicht!

der **Erlaß;** des Erlasses, die Erlasse; **erlassen;** du erläßt, er erläßt, er erließ, er hat ihm die Strafe erlassen, erlasse es mir!

**erlauben;** du erlaubst es, er erlaubt es, er erlaubte es, er hat es erlaubt, erlaube es ihm!; die **Erlaubnis;** der Erlaubnis

**erläutern;** du erläuterst, er erläutert, er erläuterte, er hat diesen Vorgang erläutert, erläutere den Hergang!; die **Erläuterung**

die **Erle;** die Erlen

**erleben;** du erlebst, er erlebt, er erlebte, er hat etwas erlebt; das **Erlebnis;** des Erlebnisses, die Erlebnisse

**erledigen;** du erledigst, er erledigt, er erledigte, er hat etwas erledigt, erledige diese Arbeit!

**erleichtern;** du erleichterst, er erleichtert, er erleichterte, er hat sein Gewissen erleichtert, erleichtere es!

**erliegen;** er erlag der Krankheit, er ist ihr erlegen

der **Erlös;** die Erlöse

**erlöschen;** die Flamme erlischt, die Flamme erlosch, sie ist erloschen

**erlösen;** du erlöst, er erlöst, er erlöste, er hat ihn erlöst, erlöse sie!; der **Erlöser;** die **Erlösung**

**ermahnen;** du ermahnst, er ermahnt, er ermahnte, er hat ihn ermahnt, ermahne ihn!; die **Ermahnung**

**ermitteln;** du ermittelst; er ermittelte; er hat den Täter ermittelt; die **Ermittlung**

**ermöglichen;** du ermöglichst, er ermöglicht, er ermöglichte, er hat es ihm ermöglicht, ermögliche es ihm!

**ermorden;** er ermordet ihn, er ermordete ihn, er hat ihn ermordet, ermorde niemanden!

**ermüden;** du ermüdest, er ermüdet, er ermüdete, er ist ermüdet (müde geworden); a b e r: die Arbeit hat ihn ermüdet (müde gemacht)

**ermutigen;** du ermutigst ihn, er ermutigt ihn, er ermutigte ihn, er hat ihn ermutigt, ermutige ihn!; die **Ermutigung**

**ernähren;** du ernährst ihn, er ernährt ihn, er ernährte ihn, er hat ihn ernährt; die **Ernährung**

**erneuern;** du erneuerst, er erneuert, er erneuerte, er hat die Tapete erneuert; **erneut** (wiederholt, abermals)

**ernst;** ernster, am ernstesten; ernst

sein, ernst werden, ernst nehmen; der **Ernst; ernstgemeint;** ernster, am ernstesten gemeint; die ernstgemeinten Vorschläge, a b e r : die Vorschläge sind ernst gemeint; **ernstgenommen;** ↑ernstgemeint; **ernsthaft; ernstlich**

die **Ernte;** das **Erntedankfest; ernten;** du erntest, er erntet, er erntete, er hat geerntet, ernte das Obst!

**erobern;** *Trennung*: er|obern; du eroberst, er erobert, er eroberte, er hat die Stadt erobert; die **Eroberung;** *Trennung*: Er|obe|rung

**erörtern;** er erörtert etwas, er erörterte etwas, er hat etwas erörtert

die **Erosion** (Erdabtragung durch Wasser oder Wind)

die **Erotik** (den geistig-seelischen Bereich einbeziehende sinnliche Liebe); **erotisch**

**erpicht;** auf etwas erpicht (begierig, versessen) sein

**erpressen;** du erpreßt ihn, er erpreßt ihn, er erpreßte ihn, er hat ihn erpreßt, erpresse ihn nicht!

**erquicken;** du erquickst den Durstigen, er erquickt ihn, er erquickte ihn, er hat ihn erquickt; die **Erquickung erraten;** du errätst es, er errät es, er erriet es, er hat es erraten, errate es!

**erregen;** du erregst Aufsehen; er hat Aufsehen erregt; er erregt sich wegen jeder Kleinigkeit; der **Erreger** (Krankheitserreger); die **Erregung**

**erreichen;** du erreichst etwas, er erreicht etwas, er erreichte etwas, er hat etwas erreicht

**erretten;** du errettest ihn, er errettet ihn, er errettete ihn, er hat ihn errettet; jemanden von oder vor etwas erretten

**errichten;** du errichtest, er errichtet, er errichtete, er hat ein Gebäude errichtet, errichte es!

**erröten;** du errötest, sie errötet, sie errötete, sie ist errötet, erröte nicht!

der **Ersatz;** der **Ersatzmann;** die Ersatzmänner und die Ersatzleute; das, auch: der **Ersatzteil**

**erscheinen;** du erscheinst, er erscheint, er erschien, er ist erschienen, erscheine doch endlich!; die **Erscheinung**

**erschießen;** du erschießt ihn, er erschießt ihn, er erschoß ihn, er hat ihn erschossen

**erschlagen;** du erschlägst ihn, er erschlägt ihn, er erschlug ihn, er hat ihn erschlagen

**erschöpft;** alle Mittel sind erschöpft (verbraucht); er war ganz erschöpft (kraftlos geworden); die **Erschöpfung**

**erschrecken** (einen Schreck bekommen); du erschrickst, er erschrickt, er erschrak, er ist erschrokken; erschrick nicht!; **erschrecken** (in Schrecken versetzen); du erschreckst sie, er erschreckt sie, er erschreckte sie, er hat sie erschreckt, erschrecke sie nicht!

**erschüttern;** das Erdbeben erschüttert die Häuser, das Erdbeben erschütterte die Häuser, das Erdbeben hat die Häuser erschüttert; die **Erschütterung**

**ersetzen;** du ersetzt mir das; er hat es uns ersetzt

**erspähen;** du erspähst ihn, er erspäht ihn, er erspähte ihn, er hat ihn erspäht

die **Ersparnis;** der Ersparnis, die Ersparnisse

**ersprießlich**

**erst;** erst recht

**erstaunen;** du erstaunst, er erstaunt, er erstaunte, er ist erstaunt (in Staunen geraten), a b e r : er hat mich durch seinen Mut erstaunt (in Staunen versetzt); **erstaunlich**

**erste.** *Klein auch*: der, die, das erste (der Reihe nach); als erster; der erste – der letzte; er war der erste, der das erwähnte; das erste, was ich höre; der erstbeste; der erste beste; die ersten beiden (beide gehören zum Beispiel der gleichen Riege an), a b e r : die beiden ersten (beide sind zum Beispiel die vordersten von zwei Riegen). *Groß*: der, die Erste (dem Range, der Tüchtigkeit nach); das Erste und das Letzte; die Ersten werden die Letzten sein; der Erste des Monats; vom nächsten Ersten an; Otto der Erste; der Erste Schlesische Krieg; der Erste Weltkrieg; der Erste Mai (Feiertag); die Erste Hilfe (bei Unglücksfällen); **erstemal;** das erstemal ↑Mal; **erstens**

der **Erstgeborene;** ein Erstgeborener; die Erstgeborenen; mehrere Erstgeborene; die **Erstgeborene;** eine Erstgeborene

**ersticken;** du erstickst, er erstickt, er erstickte, er ist erstickt (er ist an Luftmangel gestorben), a b e r : er hat

ihn erstickt (durch Entziehen der Luft getötet)
**erstmalig**
**erstreben;** du erstrebst, er erstrebt, er erstrebte, er hat etwas erstrebt, erstrebe es!
**ertappen;** du ertappst ihn, er ertappt ihn, er ertappte ihn, er hat ihn ertappt
**erträglich**
**ertränken;** er ertränkt ihn, er ertränkte ihn, er hat ihn ertränkt; **ertrinken;** du ertrinkst, er ertrinkt, er ertrank, er ist ertrunken

die **Eruption** (vulkanischer Ausbruch)
**erwachen;** du erwachst, er erwacht, er erwachte, er ist erwacht, erwache!
**erwachsen;** er ist erwachsen; ein erwachsener Mensch; der **Erwachsene;** ein Erwachsener; die Erwachsenen; mehrere Erwachsene; die **Erwachsene;** eine Erwachsene
**erwägen;** du erwägst, er erwägt, er erwog, er hat den Plan erwogen, erwäge ihn!; **erwägenswert;** die **Erwägung**
**erwähnen;** du erwähnst es, er erwähnt es, er erwähnte es, er hat es erwähnt, erwähne es nicht!; **erwähnenswert;** die **Erwähnung**
**erwarten;** du erwartest ihn, er erwartet ihn, er erwartete ihn, er hat ihn erwartet, erwarte ihn nicht mehr!; die **Erwartung; erwartungsvoll**
**erweisen;** du erweist ihm eine Gefälligkeit, er erweist ihm eine Gefälligkeit, er erwies ihm eine Gefälligkeit, er hat ihm eine Gefälligkeit erwiesen, erweise mir eine Gefälligkeit!
**erwerben;** du erwirbst etwas, er erwirbt etwas, er erwarb etwas, er hat etwas erworben, erwirb dir Wissen!; der **Erwerbstätige;** ein Erwerbstätiger; die Erwerbstätigen; mehrere Erwerbstätige; die **Erwerbstätige;** eine Erwerbstätige
**erwidern;** du erwiderst, er erwidert, er erwiderte, er hat erwidert, erwidere nichts!; die **Erwiderung**
**erwischen;** du erwischst ihn, er erwischt ihn, er erwischte ihn, er hat ihn erwischt, erwische ihn doch!

das **Erz;** die Erze
**erzählen;** du erzählst, er erzählt, er erzählte, er hat eine Geschichte erzählt, erzähle mir etwas!; die **Erzählung**

der **Erzbischof;** die Erzbischöfe
**erzdumm**

**erzeugen;** du erzeugst, er erzeugt, er erzeugte, er hat etwas erzeugt, erzeuge es!
**erzfaul**

das **Erzgebirge** (Gebirge zwischen der DDR und der Tschechoslowakei)
**erziehen;** du erziehst ihn, er erzieht ihn, er erzog ihn, er hat ihn erzogen, erziehe ihn!; der **Erzieher; erzieherisch;** die **Erziehung;** der **Erziehungsberechtigte;** ein Erziehungsberechtigter; die Erziehungsberechtigten; mehrere Erziehungsberechtigte; die **Erziehungsberechtigte;** eine Erziehungsberechtigte
**erzielen;** du erzielst ein Tor, er erzielt ein Tor, er erzielte ein Tor, er hat ein Tor erzielt
**erzürnen;** du erzürnst, er erzürnt, er erzürnte, er ist erzürnt (zornig geworden), a b e r : er hat ihn erzürnt (zornig gemacht), erzürne ihn nicht!
**erzwingen;** du erzwingst, er erzwingt, er erzwang etwas, er hat etwas erzwungen, erzwinge nichts!
**es;** es sei denn, daß ...; er ist's, er war's; das unbekannte Es

die **Esche;** die Eschen
der **Esel;** die Esel; die **Eselei;** das **Eselsohr**
der **Eskimo** (Angehöriger eines arktischen Volkes), des Eskimo und des Eskimos, die Eskimo und die Eskimos
die **Espe;** die Espen; das **Espenlaub**
das **Esperanto** (eine künstliche Weltsprache)
**eßbar;** das **Eßbesteck; essen;** du ißt, er ißt, er aß, er hat gegessen, iß!; zu Mittag essen; das **Essen**
**Essen** (Stadt im Ruhrgebiet)
die **Esse** (der Schornstein); die Essen
die **Essenz** (Auszug aus pflanzlichen oder tierischen Stoffen); der Essenz, die Essenzen
der **Esser;** der **Eßlöffel**
der **Essig;** die Essige
der **Estrich** (fugenloser Fußboden); die Estriche; *Trennung:* Est|rich
die **Etage** [*etasch<sup>e</sup>*] (Stockwerk, Obergeschoß); die Etagen; *Trennung:* Etage; die **Etagenwohnung**
die **Etappe** (Teilstrecke; Abschnitt, Versorgungsgebiet hinter der Front); die Etappen; *Trennung:* Etap|pe
der **Etat** [*eta*] (Haushaltsplan; Geldmittel); des Etats, die Etats
**etc.** = et cetera
**et cetera** [*ät zetera*] (und so weiter)

etepetete (geziert; zimperlich)

die **Ethik** (Philosophie und Wissenschaft von der Sittlichkeit; Sittenlehre); **ethisch**

die **Ethologie** (Verhaltensforschung)

das **Etikett** (Zettel mit Preisaufschrift, Schildchen); die Etikette und die Etiketts; *Trennung*: Eti|kett; die **Etikette** (Gesamtheit der gesellschaftlichen Umgangsformen); die Etiketten; *Trennung*: Eti|ket|te
**etliche;** etliche Tage; ich weiß etliches (manches); die Taten etlicher guter (selten: guten) Menschen; **etlichemal**

das **Etui** [ätwi] (die Schutzhülle); die Etuis
**etwa;** in etwa (annähernd); **etwas;** etwas Auffälliges, Derartiges, Passendes, aber: etwas anderes, weniges, einziges; das **Etwas;** sie hat ein gewisses Etwas
**euch;** *in Briefen*: Euch

die **Eucharistie** (Abendmahl in der katholischen Kirche); die Eucharistien; *Trennung*: Eu|cha|ri|stie
**euer,** eu[e]re; euer sind drei; ich gedenke euer. *Groß*: die Euern, Euren oder Eurigen (eure Angehörigen); das Eu[e]re oder Eurige (eure Habe); ihr müßt das Eu[e]re oder Eurige tun; *in Briefen*: Euer, Eu[e]re; *in Titeln*: Euer, Eure Hochwürden; **euertwegen,** euretwegen

die **Eule;** der **Eulenspiegel** (die Titelgestalt eines deutschen Volksbuches)

der **Eumel** (unsympathischer Mensch; Ding); des Eumels, die Eumel

der **Euphrat** (Fluß in Vorderasien)
**Europa;** der **Europäer; europäisch;** das europäische Gleichgewicht, aber: die Europäische Wirtschaftsgemeinschaft

das **Euter;** die Euter
**e. V.** = eingetragener Verein; *in Vereinsnamen auch groß*: **E. V.** = Eingetragener Verein
**ev.** = evangelisch
**evakuieren** (ein Gebiet von Einwohnern räumen); sie haben die Bevölkerung evakuiert; die **Evakuierung**
**evangelisch;** *Trennung*: evan|gelisch; die evangelische Kirche, aber: die Evangelische Kirche in Deutschland; der **Evangelist;** des/dem/den Evangelisten, die vier Evangelisten; das **Evangelium;** die Evangelien
**eventuell** (möglicherweise eintre-

tend; gegebenenfalls, unter Umständen); *Trennung*: even|tuell
**evtl.** = eventuell

die **Evolution** (fortschreitende Entwicklung)
**EWG** = Europäische Wirtschaftsgemeinschaft
**ewig;** ein ewiges Einerlei; das ewige Leben; der ewige Schnee, aber: das Ewige Licht (in der katholischen Kirche); die Ewige Stadt (Rom); die **Ewigkeit**
**exakt** (genau; sorgfältig; pünktlich); am exaktesten; exakte Wissenschaften (Naturwissenschaften und Mathematik); *Trennung*: ex|akt

das **Examen** (Abschlußprüfung); die Examen und die Examina; *Trennung*: Ex|amen

das **Exempel** (Beispiel); die Exempel; *Trennung*: Ex|em|pel; das **Exemplar** (einzelnes Stück); *Trennung*: Ex|emplar; **exemplarisch** (musterhaft; warnend, abschreckend); *Trennung*: ex|em|pla|risch
**exerzieren;** *Trennung*: ex|er|zie|ren; du exerzierst, er exerziert, er exerzierte, er hat exerziert, exerziere!

das **Exil** (Verbannung); die Exile

die **Existenz** (Dasein; Auskommen); die Existenzen; *Trennung*: Exi|stenz; **existieren** (vorhanden sein, bestehen, leben); *Trennung*: exi|stie|ren; du existierst, er existiert, er existierte, er hat für mich nicht mehr existiert

der **Exodus** (Auszug); des Exodus, die Exodusse; *Trennung*: Ex|odus
**exotisch** (fremdländisch, fremdartig); *Trennung*: exo|tisch

die **Expansion** (Ausdehnung)

die **Expedition** (Forschungsreise; Versand-, Abfertigungsabteilung)

das **Experiment** (Versuch); die Experimente; **experimentieren** (Versuche anstellen); du experimentierst, er experimentiert, er experimentierte, er hat experimentiert, experimentiere!

der **Experte** (Fachmann); die Experten
**Expl.** = Exemplar
**explodieren;** *Trennung*: ex|plo|die|ren; etwas explodiert, etwas explodierte, etwas ist explodiert; die **Explosion;** *Trennung*: Ex|plo|sion

der **Export** (Ausfuhr); die Exporte; Ex- und Import; **exportieren;** du exportierst, er exportiert, er exportierte, er hat Maschinen exportiert

das **Expreßgut;** *Trennung*: Ex|preß|gut

**extra** (nebenbei, außerdem, besonders, eigens); *Trennung*: ex|tra

der **Extrakt** (Auszug aus Büchern; Auszug aus tierischen oder pflanzlichen Stoffen); die Extrakte; *Trennung*: Extrakt

**extrem** (übertrieben); *Trennung*: extrem; der **Extremismus**

**exzentrisch** (außerhalb des Mittelpunktes liegend; überspannt, verschroben); *Trennung*: ex|zen|trisch

der **Exzeß** (Ausschreitung); des Exzesses, die Exzesse; *Trennung*: Ex|zeß

# F

**f** = forte

die **Fabel** (Tiererzählung); die Fabeln; **fabelhaft**

die **Fabrik;** *Trennung*: Fa|brik; der **Fabrikant;** (Hersteller); des/dem/den Fabrikanten, die Fabrikanten; *Trennung*: Fa|bri|kant; das **Fabrikat;** *Trennung*: Fa|bri|kat; **fabrizieren** (herstellen); *Trennung*: fa|bri|zie|ren; du fabrizierst, er fabriziert, er fabrizierte, er hat etwas fabriziert **fabulieren** (Geschichten erfinden); er hat gern fabuliert

das **Facettenauge** [*faßät^en...*] (Netzauge bei Insekten)

das **Fach;** die Fächer; der **Facharzt; fächeln;** du fächelst, er fächelt, er fächelte, er hat sein Gesicht gefächelt; der **Fächer;** der **Fachmann;** die Fachmänner und die Fachleute; **fachsimpeln** (sich über fachliche Dinge unterhalten); du fachsimpelst, er fachsimpelte, sie haben gefachsimpelt; das **Fachwerkhaus**

die **Fackel;** die Fackeln; **fackeln;** du fackelst, er fackelt, er fackelte, er hat nicht lange gefackelt, fackele nicht lange!; der **Fackelzug**

**fad** und **fade** (geschmacklos; langweilig); am fadesten

der **Faden;** die Fäden und (Längenmaß:) die Faden; 4 Faden tief; das **Fadenkreuz; fadenscheinig**

das **Fagott** (ein Holzblasinstrument); des Fagott[e]s, die Fagotte

**fähig;** er ist eines Betruges fähig; er ist zu allem fähig; die **Fähigkeit**

**fahl**

**fahnden;** du fahndest, er fahndet, er fahndete, er hat nach dem Mörder gefahndet, fahnde nach ihm!

die **Fahne;** der **Fähnrich**

die **Fahrbahn;** die Fahrbahnen; die **Fähre; fahren;** du fährst, er fährt, er fuhr, er hat diesen Wagen gefahren, a b e r: er ist über den Bürgersteig gefahren; fahre vorsichtig!; ich fahre Auto; ich fahre Rad; Auto und radfahren, a b e r: rad- und Auto fahren; **fahrenlassen** (aufgeben); er hat seinen Plan fahrenlassen, a b e r: **fahren lassen** (die Erlaubnis zum Fahren geben); ich habe ihn mit meinem Auto fahren lassen; ↑auch: spazierenfahren; der **Fahrer fahrig;** eine fahrige Bewegung

die **Fahrkarte**

**fahrlässig**

das **Fahrrad;** die Fahrräder; die **Fahrt;** die Fahrten; eine Fahrt ins Blaue

die **Fährte** (Spur)

das **Fahrtenmesser; das Fahrzeug**

**fair** [*fär*] (einwandfrei; anständig; ehrlich); das war ein faires Spiel; die **Fairneß** [*färnäß*]; das **Fair play** [*fär ple^i*] (anständiges Spiel); des Fair play

der **Fakir** (frommer Asket; Gaukler, Zauberer [in Indien]); die Fakire

der **Faktor** (Vervielfältigungszahl; Grund); die Faktoren

das **Faktum** (Tatsache); die Fakten

der **Falke;** des Falken, die Falken

die **Falklandinseln** *Plural* (Inseln östlich der Südspitze von Südamerika)

der **Fall;** die Fälle; für den Fall, daß ...; gesetzt den Fall, daß ...; im Fall[e], daß ... oder im Fall[e] daß ...; von Fall zu Fall. *Klein und zusammen*: bestenfalls; schlimmstenfalls; allenfalls; andernfalls und anderenfalls; äußerstenfalls; gegebenenfalls; jedenfalls; keinesfalls; die **Falläpfel** *Plural;* die **Falle; fallen;** du fällst, er fällt, er fiel, er ist gefallen; falle nicht!; **fällen;** du fällst, er fällt, er fällte, er hat den Baum gefällt, fälle die Tanne!; **fallenlassen;** er hat die Bemerkung fallenlassen (seltener: fallengelassen), a b e r: **fallen lassen;** du darfst die Teller nicht fallen lassen; **fällig;** das **Fallobst; falls;** der **Fallschirm**

**falsch;** falscher, am falschesten; falsch und richtig nicht unterscheiden können; falscher Hase; **falschspielen** (betrügerisch spielen); du spielst falsch, er spielt falsch, er spielte falsch, er hat falschgespielt, a b e r: **falsch spielen** (unrichtig spielen); er hat immer falsch gespielt; der **Falsch;** nur noch in: es ist kein Falsch an ihm; er ist ohne Falsch; **fälschen;** du fälschst, er fälscht, er fälschte, er hat den Scheck gefälscht, fälsche nie!; der **Fälscher; fälschlich;** der **Falschmünzer;** die **Fälschung**

die **Falte; falten;** du faltest, er faltet, er faltete, er hat das Blatt gefaltet, falte den Brief!; der **Falter; faltig**

der **Falz;** die Falze; **falzen;** du falzt, er falzt, er falzte, er hat den Bogen gefalzt, falze das Blatt!

**familiär** (vertraut, eng verbunden); *Trennung:* fa|mi|liär; die **Familie;** der **Familienname**

**famos** (ausgezeichnet, prächtig, großartig)

der **Fan** [*fän*] (begeisterter Anhänger); des Fans, die Fans

der **Fanatiker** (Eiferer); **fanatisch** (sich unbedingt, rücksichtslos einsetzend)

die **Fanfare** (Trompetengeschmetter; ein Blasinstrument)

der **Fang;** die Fänge; **fangen;** du fängst, er fängt, er fing, er hat den Ball gefangen, fange den Ball!

die **Farbe;** eine blaue Farbe; die Farbe Blau; **färben;** du färbst, er färbt, er färbte, er hat den Stoff gefärbt, färbe den Stoff!; **farbenblind;** das **Farbfernsehen;** der **Farbfernseher;** der **Farbfilm;** der **Farbkasten** und der **Farbenkasten; farbig;** der **Farbige;** ein Farbiger, die Farbigen, zwei Farbige; die **Farbige;** eine Farbige; **farblos;** am farblosesten

die **Farm;** die Farmen; der **Farmer**

der **Farn;** die Farne; das **Farnkraut**

der **Fasan;** des Fasans, die Fasane und die Fasanen

der **Fasching;** die Faschinge und die Faschings; das **Faschingskostüm**

der **Faschismus** (eine antidemokratische Staatsauffassung); der **Faschist;** des/dem/den Faschisten, die Faschisten; **faschistisch**

**faseln;** du faselst, er faselte, er hat dummes Zeug gefaselt, fasele nicht!

die **Faser; faserig;** die **Faserpflanze**

das **Faß;** des Fasses, die Fässer; zwei Faß Bier

die **Fassade** (Vorderseite, Schauseite) **fassen;** du faßt, er faßt, er faßte, er hat den Dieb gefaßt, fasse ihn!; sich fassen; er hat sich inzwischen wieder gefaßt; **faßlich** (verständlich)

die **Fasson** [*faßong*] (Form, Muster, Art); die Fassons; aus der Fasson geraten

die **Fassung; fassungslos**

**fast** (beinahe)

**fasten;** du fastest, er fastet, er fastete, er hat gefastet, faste!; die **Fastenzeit;** die **Fastnacht;** der **Fastnachtsdienstag**

die **Faszination** (bezaubernde Wirkung, Anziehungskraft); *Trennung:* Fas|zi|na|tion; **faszinieren** (fesselnd, bezaubernd wirken); du faszinierst ihn; er hat mich fasziniert; ein faszinierendes Lächeln; *Trennung:* fas|zi|nie|ren

**fatal** (verhängnisvoll; unangenehm; peinlich)

die **Fata Morgana** (Luftspiegelung, Trugbild); die Fata Morganen und die Fata Morganas

der **Fatzke** (Geck, Hohlkopf); des Fatzken und des Fatzkes, die Fatzken und die Fatzkes

**fauchen;** die Katze faucht, sie fauchte, sie hat gefaucht

**faul;** faule Ausreden; ein fauler Zauber; auf der faulen Haut liegen; **faulen;** etwas fault, etwas faulte, etwas ist gefault und etwas hat gefault; **faulenzen;** du faulenzt, er faulenzt, er faulenzte, er hat gefaulenzt, faulenze nicht!; der **Faulenzer;** die **Faulheit;** die **Fäulnis;** der **Faulpelz;** der **Faulschlamm**

die **Fauna** (Tierwelt)

die **Faust;** der **Faustball; faustdick;** er hat es faustdick hinter den Ohren; **fausten;** du faustest, er faustete den Ball, er hat ihn über die Latte gefaustet; der **Fäustling** (Fausthandschuh); die **Faustregel**

der **Favorit** [*faworit*] (Günstling, erwarteter Sieger im Sportwettkampf); des/dem/den Favoriten, die Favoriten

die **Faxe** (Vorgetäuschtes, ein dummer Spaß); die Faxen

das **Fazit** (Ergebnis; Schlußfolgerung); die Fazite und die Fazits

**FDP,** (parteiamtlich:) **F. D. P.** = Freie Demokratische Partei

**f. d. R.** = für die Richtigkeit

der **Februar;** des Februar und des Februars; *Trennung:* Fe|bruar

**fechten;** du fichtst, er ficht, er focht, er hat gefochten, ficht!

die **Feder;** das **Federbett;** der **Federhalter; federn;** etwas federt, etwas federte, etwas hat gefedert; die **Federung** die **Fee** (Weissagerin; eine weibliche Märchengestalt); die **Feen; feenhaft**

das **Fegfeuer** und das **Fegefeuer; fegen;** du fegst, er fegt, er fegte, er hat die Straße gefegt, a b e r : der Sturm ist übers Land gefegt, fege den Hof!

die **Fehde;** der **Fehdehandschuh**
**fehl;** fehl am Platz; der **Fehlbetrag; fehlen;** du fehlst, er fehlt, er fehlte, er hat in der Schule gefehlt, fehle nicht so oft!; der **Fehler; fehlerfrei; fehlerlos;** die **Fehlerquelle; fehlgreifen;** er greift fehl, er hat fehlgegriffen; der **Fehlgriff; fehlschlagen;** der Versuch ist fehlgeschlagen
**Fehmarn** (Insel in der Ostsee)

die **Feier;** der **Feierabend; feierlich; feiern;** du feierst, er feiert, er feierte, er hat seinen Geburtstag gefeiert, feiere nicht so oft!; der **Feiertag;** die Feiertage, a b e r : **feiertags;** sonn- und feiertags
**feig** und **feige;** die **Feigheit;** der **Feigling**

die **Feige** (Frucht des Feigenbaumes)
**feilbieten;** er bietet feil, er hat seine Ware feilgeboten

die **Feile; feilen;** du feilst, er feilt, er feilte, er hat gefeilt, feile noch etwas an deinem Aufsatz!
**feilschen;** du feilschst, er feilscht, er feilschte, er hat gefeilscht, feilsche nicht!
**fein; feingemahlen;** feingemahlenes Mehl, a b e r : das Mehl ist fein gemahlen
**feind;** jemandem feind bleiben, sein, werden; der **Feind;** jemandes Feind bleiben, sein, werden; **feindlich;** die **Feindschaft; feindselig**

die **Feinheit;** die Feinheiten; der **Feinmechaniker**
**feist** (wohlgenährt, fett); feister, am feistesten
**feixen** (grinsend lachen); du feixt, er feixt, er feixte, er hat gefeixt, feixe nicht!

das **Feld;** ein elektrisches Feld; ins Feld (in den Krieg) ziehen; Feld- und Gartenfrüchte; die **Feldarbeit**

der **Feldberg** (Berg im Schwarzwald)

die **Feldflasche;** die **Feldfrucht;** die Feldfrüchte (meist *Plural*); der **Feldherr;** der **Feldspat** (ein Mineral); des Feldspat[e]s, die Feldspate; der **Feldweg**

die **Felge** (der Radkranz); die Felgen; die **Felgenbremse**

das **Fell;** die Felle; ein dickes Fell haben

der **Fels;** des Felsen[s], die Felsen; der **Felsen;** des Felsens, die Felsen; **felsenfest; felsig**

die **Feme** (heimliches Gericht); die Femen; das **Femgericht**
**feminin** (weiblich; weibisch); das **Femininum,** auch: Femininum (weibliches Substantiv); die **Feministin** (Vertreterin einer vollen Gleichstellung von Mann und Frau); die Feministinnen

der **Fenchel** (eine Heilpflanze)

das **Fenster;** die **Fensterscheibe**

die **Ferien** *Plural*; die großen Ferien; das **Ferienlager**

das **Ferkel;** die Ferkel

das **Ferment** (eine organische Verbindung); die Fermente; **fermentieren** (durch Fermente veredeln); du fermentierst, er fermentiert, er fermentierte, er hat den Tabak fermentiert
**fern;** fern dem Heimathaus. *Klein auch*: von nah und fern; von fern; von fern her, a b e r : fernher (aus der Ferne). *Groß*: das Ferne suchen; der Ferne Orient, der Ferne Osten (Ostasien); die **Ferne;** die Fernen; der **Fernfahrer;** die **Fernheizung;** der **Fernlastzug; fernmündlich;** das **Fernschreiben;** der **Fernschreiber; fernschriftlich;** der **Fernsehapparat; fernsehen;** er sieht fern, er hat ferngesehen; das **Fernsehen;** der **Fernseher;** das **Fernsehgerät;** der **Fernsprecher**

die **Ferse** (der Hacken); das **Fersengeld;** Fersengeld geben (fliehen)
**fertig;** fertig sein, werden; **fertigbringen** (vollbringen); ich bringe es fertig, ich habe es fertiggebracht, a b e r : **fertig** (in endgültigem Zustand) **bringen;** sie wird den Kuchen fertig [nach Hause] bringen; das **Fertighaus;** die **Fertigkeit; fertigmachen;** er machte es fertig, er hat es fertiggemacht
**fesch** (schick, flott); der fescheste

die **Fessel;** die Fesseln; **fesseln;** du fesselst, er fesselt, er fesselte, er hat ihn gefesselt, fessele und feßle ihn!
**fest;** am festesten; fester Wohnsitz

das **Fest;** der **Festakt**
**festbinden;** er bindet fest, er hat die Kuh festgebunden, a b e r : **fest binden;** du sollst das Band ganz fest binden; **festhalten;** er hält ihn fest, er hat ihn festgehalten

das **Festival** [*fäßtiwᵉl* und *fäßtiwal*]
(künstlerische Großveranstaltung)
das **Festland**
**festlich**
**feststellen;** er stellte fest, er hat festgestellt, daß ...; die **Feststellung**
der **Festtag;** des Festtags, a b e r : **festtags;** sonn- und festtags
die **Festung**
die **Fete** [auch: *fät*ᵉ] (Fest, Party); die Feten
**fett;** am fettesten; das **Fett;** die Fette; **fettig**
der **Fetzen; fetzig** (toll, prima); fetzige Rockmusik
**feucht;** am feuchtesten; feucht werden; die **Feuchtigkeit**
**feudal** (vornehm; reaktionär); der **Feudalismus** (Gesellschaftsform des Mittelalters)
das **Feuer;** offenes Feuer
die **Feuerlandinseln** (Inseln vor Südamerika)
die **Feuerwehr;** die Feuerwehren; **feurig**
der **Fez** (Spaß, Unsinn); des Fezes; Fez machen
**ff** = sehr fein; fortissimo
**ff.** = folgende (Seiten)
das **Fiasko** (Mißerfolg); des Fiaskos, die Fiaskos; *Trennung*: Fias|ko
die **Fibel** (das erste Lesebuch, Abc-Buch); die Fibeln
die **Fiber** (Faser, Kunstfaser); die Fibern
die **Fichte**
das **Fichtelgebirge** (Gebirge in Bayern)
**fidel** (lustig, heiter)
das **Fieber; fieberhaft; fiebern;** du fieberst, er fiebert, er fieberte, er hat gefiebert; das **Fieberthermometer; fiebrig** und **fieberig**
die **Fiedel** (Geige); die Fiedeln; **fiedeln** ([schlecht] geigen); du fiedelst, er fiedelte, er hat den ganzen Tag gefiedelt; fiedle nicht soviel!
**fies** (widerwärtig); ein fieser Kerl
**fifty-fifty** [*fiftififti*] (zu gleichen Teilen); fifty-fifty machen (halbpart machen)
die **Figur; figürlich**
das **Filet** [*file*] (Netzstoff; Lenden-, Rückenstück); des Filets, die Filets; *Trennung*: Fi|let
die **Filiale** (Zweigstelle, -geschäft); die Filialen; *Trennung:* Fi|lia|le
der **Film; filmen;** du filmst, er filmt, er filmte, er hat das Ereignis gefilmt, filme diesen Vorgang!; die **Filmkamera**

der **Filter,** auch: das **Filter; filtern;** du filterst, er filtert, er filterte, er hat den Kaffee gefiltert, filtere den Kaffee!
der **Filz;** die Filze; **filzen** (nach Verbotenem durchsuchen); du filzt, er filzt, er filzte, man hat ihn an der Grenze gefilzt; **filzig;** der **Filzstift**
der **Fimmel** (übertriebene Vorliebe für etwas; Tick)
das **Finanzamt;** die **Finanzen** *Plural* (die Geldmittel); **finanziell; finanzieren;** du finanzierst, er finanzierte, er hat dieses Unternehmen finanziert
**finden;** du findest, er findet, er fand, er hat etwas gefunden; der **Finderlohn; findig;** ein findiger Kopf; der **Findling**
der **Finger;** der kleine Finger; jemanden um den kleinen Finger wickeln; etwas mit spitzen Fingern vorsichtig anfassen; lange, krumme Finger machen (stehlen); **fingerbreit;** a b e r : drei Finger breit, keinen Finger breit; der **Fingerhut;** die **Fingerkuppe;** die **Fingerspitze**
**fingieren** (vortäuschen, erdichten); du fingierst, er fingierte, er hat den Überfall fingiert
das **Finish** [*finisch*] (Endkampf, Endspurt); des Finishs, die Finishs
der **Fink;** des/dem/den Finken, die Finken
die **Finne** (Bandwurmlarve; Mitesser); die Finnen
der **Finne** (Einwohner Finnlands); **finnisch; Finnland**
**finster;** finst[e]rer, am finstersten; das finstere Mittelalter; im finstern tappen (ungewiß sein), a b e r : wir tappten lange im Finstern (in der Dunkelheit); die **Finsternis;** die Finsternisse
die **Finte** (Täuschungsmanöver)
der **Firlefanz** (Flitterkram; Torheit, Possen); die Firlefanze
die **Firma;** die Firmen
das **Firmament** (Himmelsgewölbe); des Firmament[e]s
**firmen** (die Firmung erteilen); du firmst ihn, er firmt ihn, er firmte ihn, er hat ihn gefirmt; der **Firmling;** die **Firmung** (ein katholisches Sakrament)
der **Firn** (Altschnee; Gletscher); die Firne
der **Firnis** (ein Schutzanstrich); des Firnisses, die Firnisse; **firnissen;** du firnißt, er firnißt, er firnißte, er hat die Tür gefirnißt, firnisse sie!

der **First;** die Firste

der **Fisch;** faule Fische (Ausreden); kleine Fische (Kleinigkeiten); frische Fische; **fischen;** du fischst, er fischt, er fischte, er hat gefischt. fische hier!; der **Fischer**

die **Fisimatenten** (Ausflüchte) *Plural*

die **Fistelstimme** (Kopfstimme)

**fit** (leistungsfähig); sich fit halten, machen; die **Fitneß** (gute körperliche Verfassung)

der **Fittich** (Flügel); die Fittiche

**fix** (fest, sicher; schnell; gewandt); er ist am fixesten; eine fixe Idee haben (eine Zwangsvorstellung, eine törichte Einbildung haben); fixer (fester) Preis; fixes Gehalt; fixe Kosten; er ist fix und fertig; das **Fixativ** (Fixiermittel); die Fixative [*fixati̯w^e*]; **fixen** (sich Drogen einspritzen); du fixt, er fixt, er fixte, er hat gefixt; der **Fixer; fixieren** (festlegen, haltbar machen; scharf ansehen); du fixierst, er fixierte, er hat ihn fixiert; der **Fixstern** (scheinbar unbeweglicher Stern)

der **Fjord** (schmale Meeresbucht mit Steilküsten); die Fjorde

**flach;** ein flaches Dach; flaches Wasser; auf dem flachen Land[e] (außerhalb der Stadt) wohnen; die **Fläche;** das **Flachland** (ebenes Land)

der **Flachs; flachsen** (spotten, scherzen); du flachst, er flachst, er flachste, er hat geflachst; flachse nicht!

die **Flachzange**

**flackern;** das Licht flackert, das Licht flackerte, das Licht hat geflackert

der **Fladen** (flacher Kuchen; Kot)

die **Flagge; flaggen;** du flaggst, er flaggt, er flaggte, er hat geflaggt, flagge!

der **Flamingo** [*flami̯nggo*] (ein Watvogel); die Flamingos

die **Flamme**

der **Flanell** (ein Gewebe); die Flanelle

die **Flanke; flankieren** (an der Seite stehen); Bäume flankieren die Straße, sie haben die Straße flankiert; flankierende (unterstützende) Maßnahmen

die **Flasche;** der **Flaschenöffner**

**flatterhaft;** am flatterhaftesten; **flattern;** etwas flattert, der Vogel flatterte, der Vogel ist durch die Luft geflattert, a b e r : der Vogel hat noch lange geflattert

**flau** (schlecht, übel); flauer, am flau[e]sten

der **Flaum;** die **Flaumfeder**

der **Flausch** (ein weiches Wollgewebe); die Flausche

die **Flause** (törichter Einfall); die Flausen (meist *Plural*)

die **Flechte** (eine Pflanze; ein Hautausschlag; ein Zopf); **flechten;** du flichtst, er flicht, er flocht, er hat einen Kranz geflochten, flicht mir die Zöpfe!

der **Fleck;** er hat einen Fleck ins Heft gemacht; er hat blaue Flecke bekommen; der **Flecken** (der Fleck; das Dorf); **fleckig**

die **Fledermaus**

der **Flegel;** die Flegel; **flegelhaft;** am flegelhaftesten; die **Flegeljahre** *Plural*

**flehen;** du flehst, er fleht, er flehte, er hat um Gnade gefleht, flehe nicht um Gnade!; **flehentlich**

das **Fleisch;** der **Fleischer; fleischfressend;** fleischfressende Pflanzen; **fleischig**

der **Fleiß;** die **Fleißarbeit; fleißig;** sie ist fleißig, a b e r : das Fleißige Lieschen (eine Blume)

**flennen** (heftig weinen); du flennst, er flennte, er hat geflennt, flenne nicht!

**flexibel** (biegsam); ein flexibler Einband; die **Flexion** (Deklination und Konjugation)

**fletschen:** *Trennung:* flet|schen; du fletschst die Zähne, er fletscht die Zähne, er fletschte die Zähne, er hat die Zähne gefletscht, fletsche nicht die Zähne!

**flicken;** du flickst, er flickt, er flickte, er hat den Reifen geflickt, flicke den Reifen!; der **Flicken**

der **Flieder;** der **Fliederstrauch**

die **Fliege; fliegen;** du fliegst, er fliegt, er flog, er ist geflogen, fliege!; die fliegende Untertasse, a b e r : der Fliegende Holländer (eine Sagengestalt, eine Oper); der **Flieger**

**fliehen;** du fliehst, er flieht, er floh, er ist geflohen (er hat die Flucht ergriffen), a b e r : er hat ihn geflohen (er hat ihn gemieden), fliehe!; die **Fliehkraft**

die **Fliese** (eine Wand- oder Bodenplatte); der **Fliesenleger**

das **Fließband; fließen;** etwas fließt, etwas floß, etwas ist geflossen; das **Fließpapier** (Löschpapier)

**flimmern;** etwas flimmert, etwas flimmerte, etwas hat geflimmert

**flink**

die **Flinte**

der **Flipper** (Spielautomat); **flippern;** du flipperst, er flippert, er flipperte, er hat geflippert, flippere nicht soviel!

der **Flirt** [*flö′t*, auch: *flirt*] (Liebelei); die Flirts; **flirten** [*flö′t*e*n*, auch: *flirt*e*n*]; du flirtest, er flirtet, er flirtete, er hat mit ihr geflirtet

der **Flitter;** das **Flittergold;** die **Flitterwochen** *Plural* **flitzen** (sausen, eilen); du flitzt, er flitzt, er flitzte, er ist geflitzt

die **Flocke; flockig**

der **Floh;** die Flöhe

der **Flop** (Hochsprung in Rückenlage; [geschäftlicher] Mißerfolg); des Flops, die Flops

der **Flor** (Blumenfülle; Wohlstand; dünnes Gewebe); die Flore; im Flor sein (florieren); die **Flora** (die Pflanzenwelt); die Floren **Florenz** (Stadt in Italien)

das **Florett** (leichte Stoßwaffe); die Florette; das **Florettfechten Florida** (Halbinsel und Staat in den USA) **florieren** (blühen, gedeihen); der Handel floriert, er hat floriert

die **Floskel** (nichtssagende Redensart); die Floskeln; **floskelhaft**

das **Floß;** die Flöße

die **Flosse;** die Flossen **flößen;** du flößt, er flößt, er flößte, er hat die Baumstämme geflößt

die **Flöte;** Flöte spielen, a b e r : er ist beim Flötespielen; **flöten;** du flötest, er flötet, er flötete, er hat geflötet, flöte! **flötengehen** (verlorengehen); mein ganzes Geld geht flöten, ist flötengegangen

der **Flötist** (Flötenspieler); des/dem/den Flötisten, die Flötisten **flott;** am flottesten; ein flottgehendes Geschäft, a b e r : das Buch ist flott geschrieben; die **Flotte; flottmachen;** er hat das Schiff flottgemacht, a b e r : **flott** (flink) **machen;** das hat er flott gemacht

das **Flöz** (abbaubare Nutzschicht im Gestein, vor allem Kohle); des Flözes, die Flöze

der **Fluch;** die Flüche; **fluchen;** du fluchst, er flucht, er fluchte, er hat geflucht, fluche nicht!

die **Flucht;** die Fluchten; **flüchten;** du flüchtest, er flüchtete, er ist geflüchtet; **flüchtig;** der **Flüchtigkeitsfehler;** der **Flüchtling**

der **Flug;** die Flüge; das **Flugblatt;** der **Flügel;** die Flügel; **flügge;** der **Flughafen; flugs** (schnell, sogleich); das **Flugzeug;** der **Flugzeugträger**

die **Flunder** (ein Fisch); die Flundern **flunkern;** du flunkerst, er flunkerte, er hat geflunkert, flunkere nicht!

die **Flur** (nutzbare Landfläche; Feldflur); die Fluren

der **Flur** (Hausflur); die Flure

der **Fluß;** des Flusses, die Flüsse; das **Flußbett; flüssig;** die **Flüssigkeit; flüssigmachen;** er hat das Kapital flüssiggemacht, a b e r : **flüssig machen** (schmelzen); er wird das Eisen flüssig machen **flüstern;** du flüsterst, er flüstert, er flüsterte, er hat geflüstert, flüstere nicht!; die **Flüsterpropaganda**

die **Flut; fluten;** das Wasser flutet das Wasser flutete, das Wasser ist in die Keller geflutet; das U-Boot hat die Tanks geflutet; das **Flutlicht flutschen;** die Seife flutscht, sie ist aus der Hand geflutscht; die Arbeit hat nur so geflutscht (ist schnell vorangegangen)

der **Föderalismus** (Streben nach Selbständigkeit der Länder innerhalb eines Staatsganzen); des Föderalismus; **föderalistisch**

das **Fohlen** (ein junges Pferd)

der **Föhn** (warmer, trockener Fallwind); die Föhne; ↑auch: Fön

die **Föhre** (Kiefer) **Fol.** = Folio

die **Folge;** Folge leisten; etwas zur Folge haben; für die Folge, in der Folge; demzufolge; infolge; zufolge; infolgedessen; **folgen;** du folgst mir, er folgt mir, er folgte mir, er ist mir gefolgt (nachgekommen), a b e r : er hat mir gefolgt (Gehorsam geleistet), folge ihm!; **folgend;** folgendes schauderhafte Geschehnis; folgende lange (seltener: langen) Ausführungen. *Klein auch*: der folgende (der Reihe nach); folgendes (dieses); das folgende (dieses); aus folgendem (diesem); von folgendem (diesem); alle folgenden (anderen); im folgenden, in folgendem (weiter unten). *Groß*: der Folgende (der einem anderen Nachfolgende); das Folgende (das später Erwähnte, Geschehende); durch das Folgende; aus, in, mit, nach, von dem Folgenden (den folgenden Ausführungen); **folgendermaßen; folgenschwer; folgern;** du folgerst, er folgerte, er hat daraus gefolgert, daß ..., folgere richtig!; die **Folgerung; folglich; folgsam**

der **Foliant** (ein großes Buch); des/dem/den Folianten, die Folianten; die **Folie** (dünnes [Metall]blatt); die Folien; **Folio** (hohes Buchformat); in Folio

der **Folk** [*fo⁹k*] (aus der traditionellen Volksmusik enstandene populäre Musik); des Folks; die **Folklore,** auch: Folklore (Volksüberlieferungen, Volksmusik); *Trennung:* Folk|lo|re; **folkloristisch**

die **Folter; foltern;** du folterst, er foltert, er folterte, er hat ihn gefoltert, foltere ihn nicht!; die **Folterung**

der **Fön** (elektrischer Haartrockner); ↑auch: Föhn; **fönen;** du fönst, er fönt, er fönte, er hat sich gefönt

der **Fond** [*fong*] (Hintergrund, Rücksitz); die Fonds [*fongß*]

der **Fonds** [*fong*] (Geldvorrat); die Fonds [*fongß*]

die **Fontäne** (Springbrunnen)

**foppen;** du foppst ihn, er foppt ihn, er foppte ihn, er hat ihn gefoppt, foppe ihn nicht!; die **Fopperei**

die **Förde** (schmale, lange Meeresbucht); die Förden

**förderlich; fördern;** du förderst, er fördert, er förderte, er hat ihn gefördert, fördere ihn!; Kohle fördern; die **Förderung**

**fordern;** du forderst, er fordert, er forderte, er hat Gehorsam gefordert, fordere nichts!; die **Forderung**

die **Forelle;** *Trennung:* Fo|rel|le

die **Forke** (norddeutsch für: Heu-, Mistgabel)

die **Form;** er ist in Form; **formal** (förmlich); das **Format** (Papiergröße; besondere Tüchtigkeit); die Formate; das Format des Buches; er hat Format; das **Formblatt;** die Formblätter; die **Formel; formen;** du formst die Schale, er formt sie, er formte sie, er hat sie geformt, forme die Schale!; **förmlich;** das **Formular** (Formblatt, Vordruck); **formulieren** (in Worte fassen); du formulierst, er formuliert, er formulierte, er hat den Text formuliert, formuliere gut!; die **Formulierung**

**forsch** (schneidig, kühn; kräftig); am forschesten; forsch sein

**forschen;** du forschst, er forscht, er forschte, er hat geforscht, forsche genau!; der **Forscher;** die **Forschung**

der **Forst;** die Forste und die Forsten; der **Förster;** die **Försterei**

die **Forsythie** [*forsüzi⁹*; auch: *...ti⁹*] (ein Zierstrauch); der Forsythie, die Forsythien; *Trennung:* For|sy|thie

**fort;** fort sein; fort mit dir!; und so fort; in einem fort; weiter fort; immerfort

das **Fort** [*for*] (Festungswerk); die Forts [*forß*]

**fortan;** *Trennung:* fort|an

**fortbewegen;** er bewegt den Stein fort, er hat sich fortbewegt; die **Fortbewegung**

die **Fortbildung**

**forte** (stark, laut); **fortissimo** (sehr laut)

**fortfahren;** er fährt morgen fort; er hat/ist in seiner Rede fortgefahren

**fortgehen;** er ist fortgegangen

**fortjagen;** er jagt den Hund fort, er hat ihn fortgejagt

sich **fortpflanzen;** der Schall pflanzt sich fort; die Kaninchen haben sich fortgepflanzt (Junge bekommen); die **Fortpflanzung**

**Forts.** = Fortsetzung; Forts. folgt

der **Fortschritt; fortschrittlich**

**fortsetzen;** er setzt fort, er hat die Arbeit fortgesetzt; die **Fortsetzung fortwährend**

das **Forum** (öffentlicher Kreis von Sachverständigen); die Foren und die Forums; das **Forumsgespräch**

das **Fossil** (versteinerter Pflanzen- oder Tierrest); die Fossilien [*foßili⁹n*]

das **Foto** und das **Photo** (kurz für: Fotografie); der **Fotograf** und der **Photograph;** des Fotografen und des Photographen, die Fotografen und die Photographen; die **Fotografie** und die **Photographie;** die Fotografien und die Photographien; **fotografieren** und **photographieren;** du fotografierst und photographierst, er fotografierte und photographierte, er hat fotografiert und photographiert, fotografiere und photographiere!

**foul** [*faul*] (regelwidrig [im Sport]); das **Foul** (Regelverstoß); die Fouls; **foulen** [*faul⁹n*] (regelwidrig spielen); du foulst, er foult, er foulte, er hat den Gegner gefoult

das **Foyer** [*foaje*] (Wandelgang im Theater); des Foyers, die Foyers; *Trennung:* Foy|er

die **Fracht;** der **Frachtbrief;** der **Frachter** (Frachtdampfer)

der **Frack;** die Fräcke und die Fracks
die **Frage;** in Frage stehen; das kommt nicht in Frage!; der **Fragebogen; fragen;** du fragst, er fragt, er fragte, er hat ihn gefragt, frage ihn!; das **Fragezeichen; fraglich; fragwürdig**
die **Fraktion** (Vereinigung von Parteivertretern im Parlament)
die **Fraktur** (Knochenbruch; deutsche Druckschrift); die Frakturen
**frank** (frei, offen); frank und frei
**Frankfurt am Main** (Stadt in Hessen)
**frankieren** (eine Postsendung durch Aufkleben einer Briefmarke freimachen); du frankierst, er frankierte, er hat den Brief frankiert, frankiere den Brief!; **franko** (frei, weil die Portokosten vom Absender bezahlt wurden); franko Grenze; franko nach allen Stationen
**Frankreich**
die **Franse**
der **Franziskaner** (Angehöriger eines Mönchsordens)
der **Franzose;** des Franzosen, die Franzosen; **französisch;** die französische Schweiz, a b e r: die Französische Republik, die Französische Revolution (1789); ↑auch: deutsch
**fräsen;** du fräst, er fräst, er fräste, er hat das Gewinde gefräst, fräse das Gewinde!
der **Fraß;** die Fraße
die **Fratze;** jemandem eine Fratze schneiden
die **Frau;** das **Fräulein;** die Fräulein
**frech;** er ist frech; ein frecher Junge; der **Frechdachs;** die Frechdachse; die **Frechheit**
**frei;** freier, am frei[e]sten. *Klein auch:* frei deutsche Grenze liefern; der freie Mann; freie Fahrt; freier Mitarbeiter; jemandem freie Hand geben; auf freien Fuß setzen. *Groß:* das Freie, im Freien, ins Freie; Sender Freies Berlin; Freie Demokratische Partei (Abkürzung: FDP); Freie und Hansestadt Hamburg; Freie Hansestadt Bremen; a b e r: Frankfurt war lange eine freie Reichsstadt. *Schreibung in Verbindung mit Verben:* frei sein, werden, bleiben, halten, a b e r: freihalten, freilassen, freimachen, freisprechen; **freigebig;** die **Freigebigkeit; freihalten;** ich werde dich freihalten (für dich bezahlen); er hat den Stuhl freigehalten (belegt); die Ausfahrt bitte

freihalten (nicht verstellen), aber: **frei halten;** er kann das Gewicht frei (ohne Stütze) halten; **freihändig;** die **Freiheit; freilassen;** er hat den Gefangenen freigelassen, a b e r: **frei lassen;** er soll den zweiten Stuhl frei lassen; der **Freilauf;** die Freiläufe
**freilich**
die **Freilichtbühne**
**freimachen;** er hat den Brief freigemacht (frankiert); er hat einen Tag freigemacht (Urlaub genommen); sich freimachen (sich dienstfrei nehmen), aber: einen Stuhl oder Platz frei machen (räumen); sich **freischwimmen;** er hat sich freigeschwommen (die Freischwimmerprüfung bestanden); **freisprechen;** er wurde von aller Schuld freigesprochen, a b e r: **frei sprechen;** er hat während des ganzen Vortrages frei gesprochen; der **Freispruch;** der **Freistoß**
der **Freitag;** ↑auch: Dienstag; **freitags;** ↑auch: Dienstag
**freiwillig;** freiwillig teilen, die freiwillige Feuerwehr
die **Freizeit;** das **Freizeitangebot;** das **Freizeithemd**
**freizügig;** die **Freizügigkeit**
**fremd;** der **Fremde;** die **Fremde** (das Ausland); in der Fremde leben; der **Fremdenverkehr;** die **Fremdherrschaft;** der **Fremdling;** die **Fremdsprache;** das **Fremdwort;** die Fremdwörter
die **Frequenz** (Verkehrsdichte; Schwingungszahl)
die **Freske** und das **Fresko** (Wandmalerei); die Fresken; *Trennung:* Fres|ko
die **Fressalien** [...*li°n*] (Proviant) *Plural;* **fressen;** die Kuh frißt, sie fraß, sie hat gefressen, friß endlich!; das **Fressen;** der **Fresser;** die **Fresserei**
die **Freude;** in Freud und Leid zusammenhalten; **freudenreich; freudestrahlend;** a b e r: vor Freude strahlend; **freudig;** ein freudiges Ereignis; **freudlos;** sich **freuen;** du freust dich, er freut sich, er freute sich, er hat sich gefreut, freue dich!
**freund;** er ist mir freund (freundlich gesinnt); der **Freund;** jemandes Freund bleiben, sein, werden; mit jemandem gut Freund sein; der **Freundeskreis;** die **Freundin;** die Freundinnen; **freundlich;** die **Freundschaft; freundschaftlich**

der **Frevel;** die Frevel; **frevelhaft;** am
frevelhaftesten; der **Frevler**

der **Friede;** des Friedens, die Frieden; in
Fried und Freud zusammen sein; der
**Frieden;** des Friedens, die Frieden;
die **Friedenspfeife; friedfertig;
friedlich**

der **Friedhof
frieren;** du frierst, er friert, er fror,
er hat sehr gefroren (Kälte empfun-
den), a b e r : das Wasser ist gefroren
(vor Kälte erstarrt); ich friere an den
Füßen; mich friert an den Füßen; mir
oder mich frieren die Füße

der **Fries** (der Gesimsstreifen); die Friese

die **Frikadelle;** die Frikadellen; das **Fri-
kassee;** des Frikassees
**frisch;** frischer, am frischesten; etwas
frisch halten; sich frisch machen;
jemanden auf frischer Tat ertappen;
die frisch getünchte Wand, der frisch
gebackene Kuchen, a b e r : das frisch-
backene Brot *Groß:* die Frische
Nehrung, das Frische Haff; **frisch-
auf;** *Trennung:* frisch|auf; der **Frisch-
ling** (das Junge vom Wildschwein);
**frischweg**

der **Friseur** [*frisör*] und der **Frisör;** des
Friseurs und des Frisörs, die Friseure
und die Frisöre; die **Friseuse**
[*frisöse*] und die **Frisöse;** der Friseu-
se und der Frisöse, die Friseusen und
die Frisösen; **frisieren;** du frisierst,
er frisiert, er frisierte, er hat ihn frisiert,
frisiere ihn!; sich frisieren; er hat sich
frisiert; die **Frisur;** die Frisuren

die **Frist;** die Fristen
**frivol** [*friwol*] (leichtfertig; schlüpf-
rig); die **Frivolität** (Leichtfertigkeit,
Schamlosigkeit); die Frivolitäten
**Frl.** = Fräulein
**froh;** er ist frohen Sinnes; ein frohes
Ereignis, a b e r : die Frohe Botschaft
(das Evangelium); **fröhlich; froh-
locken;** du frohlockst, er frohlockt,
er frohlockte, er hat frohlockt, frohlok-
ke!; der **Frohsinn
fromm;** frommer und frömmer; am
frommsten und am frömmsten; die
**Frömmigkeit**

die **Fron** (früher: die dem Grundherrn zu
leistende Arbeit; der Herrendienst);
die Fronen; der **Frondienst** (der
Dienst für den Grundherrn); **frönen**
(sich einer Leidenschaft hingeben);
du frönst, er frönt, er frönte, er hat
einer Leidenschaft gefrönt; der **Fron-
leichnam** (ein katholisches Fest)

die **Front;** Front machen gegen etwas
(sich einer Sache widersetzen); **fron-
tal** ([von] vorn)

der **Frosch**

der **Frost;** die Fröste; **frösteln;** du
fröstelst, er fröstelt, er fröstelte, er hat
gefröstelt, mich fröstelt; **frostig**

das **Frottee,** auch: der Frottee (ein Ge-
webe mit gekräuselter Oberfläche);
des Frottee und des Frottees, die Frot-
tees; *Trennung:* Frot|tee; **frottieren**
(abreiben); du frottierst, er frottiert,
er frottierte, er hat seine schmerzenden
Glieder frottiert, frottiere sie!; das
**Frottiertuch**

die **Frotzelei** (spöttische Bemerkung);
**frotzeln;** du frotzelst, er frotzelt, er
frotzelte, er hat mich immer gefrotzelt;
frotzele nicht!

die **Frucht; fruchtbar;** die **Fruchtbar-
keit;** das **Fruchtfleisch;** der
**Fruchtknoten; fruchtlos;** der
**Fruchtsaft; fruchttragend,**
fruchttragende Bäume
**früh;** früh[e]stens; zum, mit dem, am
früh[e]sten; der **Frühaufsteher;
frühmorgens,** a b e r : morgens früh;
von [morgens] früh bis [abends] spät;
morgen früh; allzufrüh; die **Frühe;**
in der Frühe; in aller Frühe; bis in
die Frühe; das **Frühjahr;** die Frühjah-
re; der **Frühling;** die Frühlinge; das
**Frühstück;** die Frühstücke; **früh-
stücken;** du frühstückst, er früh-
stückt, er frühstückte, er hat gefrüh-
stückt, frühstücke!; **frühzeitig**

der **Fuchs;** die Füchse; sich **fuchsen**
(sich ärgern); du fuchst dich, er fuchst
sich, er fuchste sich, er hat sich ge-
fuchst, fuchse dich nicht!

die **Fuchsie** [*fukßi^e*] (eine Zierpflanze);
die Fuchsien
**fuchsig** (fuchsrot, fuchswild);
**fuchs[teufels]wild
fuchteln** (in der Luft hin und her
fahren); du fuchtelst, er fuchtelt, er
fuchtelte, er hat mit den Armen ge-
fuchtelt, fuchtele nicht mit den Armen!

das **Fuder** (ein Hohlmaß für Wein); die
Fuder; **fuderweise**

der **Fudschijama** [*fudschijama*] (japa-
nischer Berg); *Trennung:* Fu|dschi|ja-
ma

der **Fug;** *nur noch in:* mit Fug und Recht
(mit vollem Recht)

die **Fuge;** die Fugen; **fügen;** du fügst,
er fügt, er fügte, er hat Stein auf Stein
gefügt, füge Stein auf Stein; sich fü-

gen; er hat sich dem Befehl gefügt;
**fügsam;** die **Fügung**

die **Fuge** (ein mehrstimmiges Tonstück);
die Fugen

**fühlen;** du fühlst, er fühlt, er fühlte,
er hat den Schmerz gefühlt, a b e r :
er hat das Fieber kommen fühlen oder
gefühlt; fühle!; der **Fühler;** die **Fühlungnahme**

die **Fuhre; führen;** du führst ihn, er führt
ihn, er führte ihn, er hat ihn geführt,
führe ihn!; Buch führen; der **Führerschein;** der **Fuhrmann;** die Fuhrmänner und die Fuhrleute; der **Fuhrpark;** die **Führung;** das **Fuhrwerk;**
die Fuhrwerke

die **Fulda** (Quellfluß der Weser)

die **Fülle**

das **Füllen** (das Fohlen)
**füllen;** du füllst, er füllt, er füllte, er
hat den Eimer gefüllt, fülle den Eimer!;
der **Füller** (Füllfederhalter); der **Füllfederhalter; füllig;** das **Füllsel;** die
Füllsel; die **Füllung**

die **Fummelei; fummeln** (sich an etwas
zu schaffen machen); du fummelst,
er hat daran gefummelt; fumm[e]le
nicht!

der **Fund;** die Funde; das **Fundbüro**

das **Fundament** (Grundlage; Unterbau);
die Fundamente; **fundamental**

die **Fundgrube; fündig;** fündig werden;
der **Fundort;** die **Fundunterschlagung**
**fünf;** die fünf Sinne beisammen
haben; wir sind heute zu fünfen oder
zu fünft; fünf gerade sein lassen (etwas nicht so genau nehmen); ↑auch:
acht; die **Fünf** (Zahl); die Fünfen;
eine Fünf würfeln, schreiben; ↑auch:
Acht; **fünffach;** der **Fünfkampf;
fünfmal;** achtmal; das **Fünftel;** die
Fünftel; **fünftens; fünfzehn;** ↑acht;
**fünfzig;** ↑achtzig

der **Funk** (Rundfunk, drahtlose Telegraphie); der **Funkamateur;** der **Funke;** des Funkens, die Funken; der
**Funken;** des Funkens, die Funken;
**funkeln;** etwas funkelt, etwas funkelte, etwas hat gefunkelt; **funkelnagelneu; funken;** du funkst, er funkt,
er funkte, er hat SOS gefunkt, funke!;
der **Funker;** der **Funkspruch**

die **Funktion** (Tätigkeit, Aufgabe); in,
außer Funktion (in, außer Betrieb)
sein; der **Funktionär** (Beauftragter
einer Partei u. ä.); die Funktionäre;
**funktionieren;** etwas funktioniert,

etwas funktionierte, etwas hat funktioniert; **funktionsfähig**

der **Funkturm**

die **Funzel** (trübe Lampe)
**für;** ein für allemal; fürs erste; für
und wider, a b e r : das Für und [das]
Wider

die **Fürbitte**

die **Furche**

die **Furcht; furchtbar; fürchten;** du
fürchtest ihn, er fürchtet ihn, er fürchtete ihn, er hat ihn gefürchtet, fürchte
niemanden!; sich fürchten; er hat sich
gefürchtet; **fürchterlich; furchtlos;** am furchtlosesten; **furchtsam
füreinander;** *Trennung:* für|ein|ander; füreinander einstehen, leben

die **Furie** [*furi^e*] (Rachegöttin; wütendes
Weib)

das **Furnier** (dünne Auflage [aus gutem
Holz]); die Furniere

die **Fürsorge**

die **Fürsprache;** der **Fürsprecher**

der **Fürst;** des/dem/den Fürsten, die Fürsten; **fürstlich**

die **Furt** (ein seichter Flußübergang); die
Furten

der **Furunkel** (Geschwür); die Furunkel;
*Trennung:* Fu|run|kel

das **Fürwort** (für: Pronomen); die
Fürwörter

der **Fusel** (schlechter Branntwein); die
Fusel

die **Fusion** (Zusammenschluß; Verschmelzung)

der **Fuß;** des Fußes; die Füße und (als
Längenmaß:) die Fuß; drei Fuß lang;
zu Fuß gehen; jemandem zu Füßen
fallen; Fuß fassen; einen Fuß breit,
a b e r : keinen Fußbreit weichen; der
Weg ist kaum fußbreit; der Schnee
ist fußhoch, fußtief; der **Fußball;** die
**Fußballweltmeisterschaft;** der
**Fußboden;** die Fußböden; der **Fußgänger; fußhoch;** das Wasser steht
fußhoch; die **Fuß[s]tapfe;** die Fuß[s]tapfen

das **Futter** (Nahrung); **futtern** (essen);
du futterst, er futtert, er futterte, er
hat Obst gefuttert, futtere tüchtig!;
**füttern;** du fütterst, er füttert, er fütterte, er hat die Hühner gefüttert, füttere die Hühner!

das **Futter** (innere Stoffschicht der Oberbekleidung); die Futter; das **Futteral**
(Schutzhülle, Überzug; Behälter); die
Futterale; *Trennung:* Fut|te|ral

das **Futur** (Zeitform: Zukunft)

# G

die **Gabe**

die **Gabel;** die Gabeln; sich **gabeln;** der Weg gabelt sich, der Weg gabelte sich, der Weg hat sich gegabelt; der **Gabelstapler**

**Gabun** (Staat in Afrika); der **Gabuner; gabunisch**

**gackern;** das Huhn gackert, das Huhn gackerte, das Huhn hat gegakkert

**gaffen** (neugierig starren); du gaffst, er gafft, er gaffte, er hat gegafft, gaffe nicht so!

der **Gag** [*gäg*] (Witz; witziger Einfall); des Gags; die Gags

die **Gage** [*gasche*] (Bezahlung, Gehalt von Künstlern); der Gage; die Gagen

**gähnen;** du gähnst, er gähnt, er gähnte, er hat gegähnt, gähne nicht!

**galant** (höflich; rücksichtsvoll); am galantesten; *Trennung:* ga|lant

die **Galaxis** (Milchstraße; Sternsystem); der Galaxis; die Galaxien

die **Galeere** (ein mittelalterliches Ruderkriegsschiff); die Galeeren

die **Galerie** (Rundgang am oder im Haus; höchster Rang im Theater); die Galerien

der **Galgen;** des Galgens; die Galgen

die **Galle; gallig**

der **Galopp;** die Galopps und die Galoppe; **galoppieren;** das Pferd galoppiert, das Pferd galoppierte, das Pferd ist und hat galoppiert

**galvanisch** [...*wa*...]; ein galvanisches Element; **galvanisieren** (durch ein chemisches Verfahren mit einer Metallschicht überziehen); du galvanisierst, er galvanisiert, er galvanisierte, er hat das Eisen galvanisiert, galvanisiere es!

die **Gamasche** (Überschuh)

**Gambia** (Staat in Afrika); der **Gambier** [*gambier*]; **gambisch**

der **Gammler** (Jugendlicher, der keiner geregelten Arbeit nachgeht und sich vorwiegend in Parks und auf öffentlichen Plätzen aufhält); des Gammlers; die Gammler

der **Gang;** die Gänge; im Gang[e] sein; etwas in Gang bringen, halten, setzen, a b e r : das Inganghalten, Ingangsetzen; die **Gangart; gangbar**

das **Gängelband; gängeln;** du gängelst, er gängelt, er gängelte, er hat ihn gegängelt, gängele ihn nicht!

der **Ganges** [*ganggäß*] (Fluß in Vorderindien)

**gängig;** eine gängige (gut absetzbare) Ware

der **Gangster** [*gängßter*] (Schwerverbrecher); des Gangsters; die Gangster; *Trennung:* Gang|ster

**gang und gäbe**

die **Gangway** [*gäng^u e'*] (Laufsteg oder Treppe zum Schiff oder Flugzeug); die Gangways

der **Ganove** [*ganowe*] (Gauner; Verbrecher); des Ganoven; die Ganoven

die **Gans;** die Gänse; das **Gänseblümchen;** die **Gänsehaut;** der **Gänsemarsch;** der **Gänserich;** die Gänseriche

**ganz;** in ganz Europa; ganze Zahlen; ganz und gar; jemandem ganz ergeben sein; etwas wieder ganz machen; im ganzen; im großen und ganzen; a b e r : das Ganze; aufs Ganze gehen; ums Ganze; das große Ganze; ein großes Ganze oder Ganzes; als Ganzes; **ganzjährig; ganzledern; ganzleinen; gänzlich; ganzwollen**

**gar;** das Fleisch ist noch nicht ganz gar, es ist erst halb gar; etwas gar kochen; er hat das Fleisch gar gekocht, a b e r : das gargekochte Fleisch

**gar** (ganz, sehr, sogar); ganz und gar; gar kein; gar nicht; gar nichts; gar sehr; gar wohl

die **Garage** [*garasche*]; die Garagen; *Trennung:* Ga|ra|ge

die **Garantie** (Bürgschaft, Gewähr); die Garantien; *Trennung:* Ga|ran|tie; **garantieren** (bürgen); du garantierst, er garantiert, er garantierte, er hat für Qualität garantiert, garantiere dafür!

die **Garbe**

die **Garderobe** (Kleidung; Ablage für Mäntel und Hüte; Umkleideraum für Künstler); *Trennung:* Gar|de|ro|be

die **Gardine;** etwas gärt, etwas gor, (in übertragener Bedeutung:) etwas gärte, etwas hat gegoren, (in übertragener Bedeutung:) gegärt

**gargekocht** ↑gar

das **Garn;** die Garne

**garnieren;** du garnierst, er garniert, er garnierte, er hat die Torte garniert, garniere die Torte!; die **Garnison**

(Standort für Truppen); die Garnisonen; die **Garnitur;** die Garnituren
**garstig**

der **Garten;** die Gärten; das **Gartenfest;** der **Gärtner;** die **Gärtnerei**

die **Gärung**

das **Gas;** die Gase; Gas geben; der **Gasometer** (Gasbehälter); die Gasometer

das **Gäßchen;** die **Gasse**

der **Gast;** die Gäste; jemanden zu Gast bitten; als Gast an einer Veranstaltung teilnehmen; der **Gastarbeiter; das Gasthaus; gastlich;** das **Gastmahl;** die Gastmähler und die Gastmahle; das **Gastspiel;** die **Gaststätte;** der **Gastwirt**

der **Gatte;** des Gatten, die Gatten; die **Gattin;** die Gattinnen

das **Gatter** (Gitter, Holzzaun)

die **Gattung;** die Gattungen

das oder die **Gaudi** (Freude, Spaß)
**gaukeln;** der Schmetterling gaukelt, der Schmetterling gaukelte, der Schmetterling ist durch die Luft gegaukelt; der **Gaukler**

der **Gaul;** die Gäule

der **Gaumen**

der **Gauner;** die **Gaunerei**

die **Gaze** [$gas^e$] (durchsichtiges Gewebe); die Gazen

die **Gazelle** (eine Antilopenart)
**geb.** = geboren

das **Gebäck;** die Gebäcke

das **Gebälk**

die **Gebärde;** sich **gebärden;** du gebärdest dich, er gebärdet sich, er gebärdete sich, er hat sich wie ein Verrückter gebärdet, gebärde dich nicht so töricht!; das **Gebaren**
**gebären;** sie gebiert, sie gebar, sie hat ein Kind geboren

das **Gebäude**
**geben;** du gibst, er gibt, er gab, er hat ihr einen Brief gegeben, gib es ihm!; Geben (auch: geben) ist seliger denn Nehmen (auch: nehmen)

das **Gebet**

das **Gebiet; gebieten;** du gebietest, er gebietet, er gebot, er hat Ruhe geboten, gebiete Ruhe!; der **Gebieter; gebieterisch;** gebieterisch Ruhe fordern

das **Gebirge; gebirgig**

das **Gebiß;** des Gebisses, die Gebisse

das **Gebläse**
**geboren;** sie ist eine geborene Maier; Frau Müller geborene Schulz oder Frau Müller, geborene Schulz

das **Gebot;** zu Gebot[e] stehen; die Zehn Gebote
**Gebr.** = Gebrüder

der **Gebrauch;** die Gebräuche; **gebrauchen;** du gebrauchst, er gebraucht, er gebrauchte, er hat das Werkzeug gebraucht, gebrauche den Hammer richtig!; **gebräuchlich;** die **Gebrauchsanweisung**

das **Gebrechen; gebrechlich**

die **Gebrüder** *Plural*

die **Gebühr;** nach, über Gebühr; **gebührenpflichtig**

die **Geburt;** der **Geburtstag;** die **Geburtstagsparty**

das **Gebüsch;** die Gebüsche

der **Geck** (ein eitler Mensch); des Gecken, die Gecken

das **Gedächtnis;** des Gedächtnisses, die Gedächtnisse

der **Gedanke; gedankenlos; gedankenvoll**
**gedeihen;** etwas gedeiht, etwas gedieh, etwas ist gut gediehen
**gedenken;** du gedenkst, er gedenkt, er gedachte, er hat unser gedacht, gedenke mein!; der **Gedenktag**

das **Gedicht**
**gediegen;** gediegenes (reines) Gold; ein gediegener (zuverlässiger) Charakter; gediegene Kenntnisse haben

das **Gedränge**
**gedrungen;** er hat eine gedrungene Gestalt

die **Geduld;** sich **gedulden;** du geduldest dich, er geduldet sich, er geduldete sich, er hat sich geduldet, gedulde dich ein wenig!; **geduldig**
**geeignet**

die **Geest** (hochgelegenes, sandiges Land im Küstengebiet); die Geesten

die **Gefahr;** Gefahr laufen; **gefährden;** du gefährdest ihn, er gefährdet ihn, er gefährdete ihn, er hat ihn gefährdet, gefährde ihn nicht!; **gefährlich**

das **Gefährt** (der Wagen); die Gefährte

der **Gefährte** (der Begleiter); des Gefährten, die Gefährten

das **Gefälle**
**gefallen;** etwas gefällt, etwas gefiel, etwas hat gefallen; es hat mir gut gefallen; sich etwas gefallen lassen
**gefallen;** er ist im Kriege gefallen
**gefällig;** die **Gefälligkeit**

der **Gefangene;** ein Gefangener; die Gefangenen; mehrere Gefangene; die **Gefangene;** eine Gefangene; **gefangennehmen;** er nimmt ihn gefan-

gen, er hat ihn gefangengenommen;
das **Gefängnis;** des Gefängnisses,
die Gefängnisse
das **Gefäß;** des Gefäßes, die Gefäße
das **Gefecht**
    **gefeit** (sicher, geschützt)
das **Gefilde** (Landschaft, Gegend); die
Gefilde
das **Geflecht**
    **geflissentlich**
das **Geflügel; geflügelt;** ein geflügeltes
Wort
das **Gefolge;** die **Gefolgschaft**
    **gefräßig;** der Kerl ist dumm und ge-
fräßig
    **gefrieren;** das Wasser gefriert, es ge-
fror, es ist gefroren; das **Gefrier-
fleisch;** die **Gefriertruhe**
das **Gefühl; gefühllos;** am gefühllose-
sten
    **gegen;** gegen zwanzig Leute standen
auf der Straße
die **Gegend;** die Gegenden
    **gegeneinander;** *Trennung*: ge|gen-
cin|an|der; damit sie gegeneinander
(einer gegen den anderen) kämpfen,
a b e r : **gegeneinanderstehen:**
*Trennung*: ge|gen|ein|an|der|ste|hen;
die Gegner haben gegeneinander-
gestanden; **gegeneinanderstellen;**
*Trennung*: ge|gen|ein|an|der|stel|len;
er hat die Bretter gegeneinanderge-
stellt; ↑auch: aneinander
der **Gegensatz;** die Gegensätze; **gegen-
seitig**
der **Gegenstand;** die Gegenstände
das **Gegenteil;** im Gegenteil; ins Gegen-
teil umschlagen
    **gegenüber;** *Trennung*: ge|gen|über;
die Schule steht gegenüber der Kirche,
auch: der Kirche gegenüber; **gegen-
überliegen;** *Trennung*: ge|gen|über-
lie|gen; die feindlichen Truppen haben
sich gegenübergelegen, a b e r : **ge-
genüber liegen;** gegenüber (dort)
liegen zwei Äpfel; **gegenüberste-
hen;** *Trennung*: ge|gen|über|ste|hen;
sie haben sich feindlich gegenüber-
gestanden, a b e r : **gegenüber ste-
hen;** gegenüber stehen zwei Häuser;
**gegenüberstellen;** *Trennung*: ge-
gen|über|stel|len; sie wurden einander
gegenübergestellt; **gegenübertre-
ten;** er wußte nicht, wie er ihm nach
diesem Vorfall gegenübertreten sollte
die **Gegenwart; gegenwärtig;** er ist
gegenwärtig verreist
der **Gegner; gegnerisch**

**gegr.** = gegründet
das **Gehalt** (Lohn); die Gehälter
der **Gehalt** (Inhalt; Wert); die Gehalte;
    **gehaltvoll;** am gehaltvollsten
    **gehässig**
das **Gehäuse**
das **Gehege**
    **geheim;** insgeheim; im geheimen.
*Groß*: Geheimer Rat; Geheimer Regie-
rungsrat; Geheimes Staatsarchiv; **ge-
heimhalten;** er hielt die Nachricht
geheim, er hat sie geheimgehalten,
a b e r : etwas geheim erledigen; etwas
muß geheim bleiben; das **Geheim-
nis;** des Geheimnisses, die Geheim-
nisse; **geheimnisvoll**
das **Geheiß;** des Geheißes; auf Geheiß
des Lehrers, auf sein Geheiß etwas
tun
    **gehemmt** (unsicher; schüchtern);
der Junge war noch etwas gehemmt
    **gehen;** du gehst, er geht, er ging,
er ist nach Hause gegangen, gehe
jetzt!; etwas ist vor sich gegangen;
baden gehen; schlafen gehen; **gehen
lassen;** du sollst ihn nach Hause ge-
hen lassen, a b e r : **gehenlassen** (in
Ruhe lassen); er läßt ihn gehen, er
ließ ihn gehen, er hat ihn gehenlassen;
sich gehenlassen (sich vernachlässi-
gen, sich zwanglos verhalten); er hat
sich gestern auf dem Fest gehenlassen
(seltener: gehengelassen)
    **geheuer;** das kommt mir nicht ganz
geheuer vor
der **Gehilfe;** des Gehilfen, die Gehilfen;
die **Gehilfin;** die Gehilfinnen
das **Gehirn;** die **Gehirnerschütterung**
das **Gehöft**
das **Gehölz**
das **Gehör;** Gehör finden; er schenkte ihm
Gehör; **gehorchen;** du gehorchst, er
gehorcht, er gehorchte, er hat ihm
gehorcht, gehorche ihm!; der Not ge-
horchend
    **gehören;** etwas gehört ihm, etwas
gehörte ihm, etwas hat ihm gehört;
die mir gehörenden Häuser; er gehört
zu dieser Familie
    **gehörig;** er hat gehörigen Respekt
vor mir
    **gehörlos**
der **Gehorsam; gehorsam**
der **Geier**
der **Geifer** (ausfließender Speichel);
    **geifern** (gehässige Worte aussto-
ßen); du geiferst, er geiferte; er hat
gegeifert, geifere nicht!

die **Geige**
**geil** (sexuell erregt, gierig; umgangssprachlich für: großartig)
die **Geisel;** der Geisel, die Geiseln; auch: der **Geisel;** des Geisels, die Geisel (Gefangener als Bürge; Unterpfand); jemanden als, zur Geisel nehmen
die **Geiß** (Ziege); die Geißen
die **Geißel** (Peitsche); die Geißeln; **geißeln;** du geißelst ihn, er geißelt ihn, er geißelte ihn, er hat ihn gegeißelt, geißele ihn nicht!
der **Geist;** die Geister; **geistig;** geistiges Eigentum; geistige (alkoholische) Getränke; **geistlich;** geistlicher Beistand; der **Geistliche;** ein Geistlicher; die Geistlichen; mehrere Geistliche
der **Geiz; geizen;** du geizt, er geizt, er geizte, er hat mit jedem Pfennig gegeizt, geize nicht mit dem Geld!; der **Geizhals;** die Geizhälse; **geizig**
das **Gelage**
das **Gelände;** das **Geländespiel**
das **Geländer**
das **Gelaß** (kleiner, dunkler Raum); des Gelasses, die Gelasse
**gelassen;** gelassen sein (ruhig, gleichmütig sein); er steht der Gefahr gelassen gegenüber
die **Gelatine** [*schelatine*] (Knochenleim); *Trennung:* Ge|la|ti|ne
**geläufig** (üblich; perfekt)
das **Geläut;** die Geläute und das **Geläute;** die Geläute
**gelb;** gelbe Rüben (süddeutsch für: Mohrrüben); das gelbe Fieber; die gelbe Gefahr; ↑auch: blau; das **Gelb;** bei Gelb ist die Kreuzung zu räumen; die Ampel zeigt, steht auf Gelb; ↑auch: Blau; **gelbbraun;** ↑blau; **gelblich**
das **Geld;** die Gelder; er hat Geld- und andere Sorgen; der **Geldbeutel;** die **Geldmittel**
das **Gelee,** auch: der **Gelee** [*schele*]; des Gelees, die Gelees
die **Gelegenheit; gelegentlich;** *mit Genitiv:* gelegentlich seines Besuches; dafür besser: bei seinem Besuch
**gelehrig; gelehrt;** am gelehrtesten; ein gelehrter Mann; das Buch ist mir zu gelehrt; der **Gelehrte;** ein Gelehrter; die Gelehrten; es waren lauter Gelehrte; in Anwesenheit bedeutender Gelehrter (auch noch: Gelehrten); ihm als bedeutendem Gelehrten ist dies möglich
das **Geleise** ↑Gleis

das **Geleit; geleiten;** du geleitest, er geleitete, er hat ihn nach Hause geleitet
das **Gelenk; gelenkig;** er ist sehr gelenkig
**gelingen;** etwas gelingt, etwas gelang, etwas ist gelungen
**gellen;** etwas gellt, etwas gellte, etwas hat laut gegellt
**geloben;** du gelobst, er gelobt, er gelobte, er hat mir Treue gelobt; sich geloben; er hat sich gelobt (ernsthaft vorgenommen), etwas zu tun; a b e r: das Gelobte Land (biblisch); das **Gelöbnis;** des Gelöbnisses, die Gelöbnisse
**gelten;** du giltst, er gilt, er galt, er hat für ungeschickt gegolten; die Fahrkarte gilt noch; er hat deine Antwort gelten lassen; er hat Ansprüche geltend gemacht; die **Geltung;** sich Geltung verschaffen
das **Gelübde;** die Gelübde
**gelungen;** gutgelungen; eine gutgelungene Aufführung, a b e r: die Aufführung ist gut gelungen
das **Gemach;** die Gemächer und die Gemache
**gemächlich**
der **Gemahl;** die Gemahle; die **Gemahlin;** die Gemahlinnen
das **Gemälde**
**gemäß;** dem Befehl gemäß (seltener: gemäß dem Befehl)
**gemein;** insgemein; ein gemeiner Mensch; a b e r: das Gemeine
die **Gemeinde**
die **Gemeinheit**
**gemeinnützig;** ein gemeinnütziger Verein; **gemeinsam;** gemeinsamer Unterricht, a b e r: der Gemeinsame Markt (das Ziel der Europäischen Wirtschaftsgemeinschaft); die **Gemeinschaft; gemeinschaftlich**
das **Gemetzel**
die **Gemse**
das **Gemüse;** Mohrrüben sind ein nahrhaftes Gemüse; Mohrrüben und Bohnen sind Gemüse; frühes Gemüse
das **Gemüt;** die Gemüter; sich etwas zu Gemüte führen; **gemütlich;** die **Gemütlichkeit**
**gen.** = genannt
**genau;** genauer, am genau[e]sten; auf das, aufs genau[e]ste; genauestens; nichts Genaues; etwas genau nehmen; **genaugenommen,** a b e r: er hat es genau genommen; **genauso**
der **Gendarm** [*schandarm,* auch:

*schangdarm*] (Polizist); des/dem/den Gendarmen, die Gendarmen; *Trennung*: Gen|darm; die **Gendarmerie genehmigen;** du genehmigst, er genehmigt, er genehmigte, er hat es genehmigt, genehmige den Urlaub!; die **Genehmigung**

der **General;** die Generale und die Generäle; der **Generaldirektor**

die **Generation** (das Glied in der Geschlechterfolge; alle Altersgenossen); der **Generationswechsel**

der **Generator** (Stromerzeuger); die Generatoren

**generell** (im allgemeinen)

**genesen;** du genest, er genest, er genas, er ist genesen; die **Genesung**

**genial** (schöpferisch, sehr begabt); *Trennung*: ge|nial; die **Genialität;** das **Genie** [*scheni*]; des Genies, die Genies; *Trennung*: Ge|nie

das **Genick;** die Genicke

sich **genieren** [*schenir*ᵉn] (sich schämen); *Trennung*: ge|nie|ren; du genierst dich, er genierte sich, er hat sich geniert, geniere dich nicht!

**genießbar; genießen;** du genießt, er genießt, er genoß, er hat dies genossen, genieße den schönen Tag!; der **Genießer; genießerisch**

der **Genitiv** (Wesfall; 2. Fall); die Genitive

der **Genosse;** des/dem/den Genossen, die Genossen; die **Genossenschaft**

der **Gentleman** [*dschäntlm*ᵉn] (Mann von vornehmer Gesinnung); des Gentlemans, die Gentlemen

**genug;** genug und übergenug; genug Gutes; Gutes genug; genug des Guten; **genügen;** du genügst, er genügt, er genügte, er hat genügt; dies genügt für unsere Zwecke; **genügend;** †ausreichend; **genügsam;** die **Genugtuung**

der **Genuß;** des Genusses, die Genüsse; das **Genußmittel;** die **Genußsucht**

die **Geographie** (Erdkunde); *Trennung*: Geo|gra|phie; **geographisch;** die **Geologie** (Lehre von der Entstehung und vom Bau der Erde); *Trennung*: Geo|lo|gie; **geologisch;** die **Geometrie** (Flächen- und Raumlehre) die Geometrien; *Trennung*: Geo|me|trie; **geometrisch**

das **Gepäck;** die Gepäckstücke; der **Gepäckträger**

die **Gepflogenheit** (die Gewohnheit)

**gerade;** eine gerade Zahl; fünf gerade sein lassen; gerade darum; **geradeaus;** geradeaus gehen; er geht geradeaus (in unveränderter Richtung), a b e r : er geht gerade (soeben) aus (ins Gasthaus); **geradeheraus;** etwas geradeheraus sagen, a b e r : er kam gerade (soeben) heraus (aus dem Hause); **geradesitzen;** er soll geradesitzen (aufrecht sitzen), a b e r : **gerade sitzen** (sich soeben hingesetzt haben); **geradeso; geradestehen;** du sollst [dafür] geradestehen, a b e r : **gerade** (soeben) **stehen; geradezu;** geradezu gehen, sein; **geradlinig**

das **Gerangel** (Kampf um den besten Platz)

das **Gerät; geraten;** du gerätst, er gerät, er geriet, er ist in Not geraten; es gerät mir; ich gerate außer mich (auch: mir) vor Freude; es ist wohl das geratenste (am besten), ...; das **Geräteturnen** und das **Gerätturnen;** aufs **Geratewohl** (auf gut Glück)

**geräumig**

das **Geräusch; geräuscharm;** die **Geräuschkulisse; geräuschvoll**

**gerben;** du gerbst, er gerbt, er gerbte, er hat die Haut gegerbt; gerbe ihm das Fell! (verprügele ihn!); der **Gerber;** der **Gerbstoff**

**gerecht;** am gerechtesten; er wurde ihm gerecht; die **Gerechtigkeit**

das **Gericht; gerichtlich**

**gering.** *Klein auch*: ein geringes (wenig) tun; um ein geringes (wenig) erhöhen; am geringsten; nicht im geringsten (gar nicht); nicht das geringste (gar nichts). *Groß*: auch der Geringste hat Anspruch darauf; kein Geringerer als ...; Vornehme und Geringe; er beachtet auch das Geringste (Unbedeutendste); er ist auch im Geringsten treu; es entgeht ihm nicht das Geringste; der Streit ging um ein Geringes (etwas Unbedeutendes); das Geringste, was er tun kann ...; es ist nichts Geringes; nichts Geringeres als ...; **geringfügig; geringschätzen** (verachten); er schätzte es gering, er hat es geringgeschätzt, a b e r : **gering schätzen** (niedrig veranschlagen); es kostet, gering geschätzt, drei Mark **gerinnen;** die Milch gerinnt, die Milch gerann, die Milch ist geronnen; geronnenes Blut

das **Gerippe**

**gerissen;** er ist ein gerissener Bursche

der **Germane;** des/dem/den Germanen, die Germanen; **germanisch;** germanische Kunst, a b e r : das Germanische National-Museum in Nürnberg **gern** und **gerne;** lieber; am liebsten; jemanden gern haben, mögen; etwas gern tun; gar zu gern; allzugern; **gerngesehen;** ein gerngesehener Gast, a b e r : der Gast ist gern gesehen; der **Gernegroß;** des Gernegroß, die Gernegroße

das **Geröll;** die Gerölle; die **Geröllhalde**
die **Gerste;** das **Gerstenkorn**
die **Gerte**
der **Geruch;** die Gerüche; **geruchlos;** der **Geruchssinn;** des Geruchssinn[e]s
das **Gerücht**
das **Gerümpel**
das **Gerüst**
**gesamt;** im gesamten (zusammengenommen); die **Gesamtheit**
der **Gesandte;** ein Gesandter, die Gesandten, zwei Gesandte; *Trennung:* Ge|sand|te
der **Gesang;** die Gesänge
das **Gesäß;** die Gesäße
das **Geschäft;** Geschäfte halber, auch: geschäftehalber; **geschäftig; geschäftlich; geschäftstüchtig**
**geschehen;** etwas geschieht, etwas geschah, etwas ist geschehen; das **Geschehen;** das **Geschehnis;** des Geschehnisses, die Geschehnisse
**gescheit;** am gescheitesten
das **Geschenk**
die **Geschichte;** das **Geschichtenbuch** (Buch mit Erzählungen); **geschichtlich;** das **Geschichtsbuch** (Buch für den Geschichtsunterricht)
das **Geschick;** die Geschicke (die Schicksale); die **Geschicklichkeit; geschickt;** am geschicktesten; ein geschickter Arzt
das **Geschirr**
das **Geschlecht;** die Geschlechter; **geschlechtlich;** der **Geschlechtsakt; geschlechtskrank;** die **Geschlechtskrankheit;** das, (auch:) der **Geschlechtsteil** *(meist Plural);* der **Geschlechtsverkehr**
der **Geschmack;** die Geschmäcke; **geschmacklos;** am geschmacklosesten; **geschmackvoll**
das **Geschmeide; geschmeidig**
**geschniegelt;** geschniegelt und gebügelt (fein hergerichtet)
das **Geschöpf**

das **Geschoß;** des Geschosses, die Geschosse
das **Geschütz**
**Geschw.** = Geschwister
das **Geschwader**
das **Geschwätz; geschwätzig**
**geschwind;** die **Geschwindigkeit**
die **Geschwister** *Plural; Trennung:* Geschwi|ster
der **Geschworene;** ein Geschworener, die Geschworenen; zwei Geschworene; die **Geschworene;** eine Geschworene
die **Geschwulst;** die Geschwülste
das **Geschwür**
der **Geselle;** des/dem/den Gesellen, die Gesellen; **gesellig;** die **Gesellschaft;** Gesellschaft mit beschränkter Haftung; **gesellschaftlich**
das **Gesetz; gesetzgebend;** die gesetzgebende Versammlung; der **Gesetzgeber; gesetzlich;** gesetzliche Erbfolge; **gesetzmäßig; gesetzwidrig gesetzt;** gesetzt, daß ...; gesetzt den Fall, daß ...
**ges. gesch.** = gesetzlich geschützt
das **Gesicht;** die Gesichter und (für Erscheinungen:) die Gesichte; sein Gesicht wahren; der **Gesichtspunkt**
das **Gesims;** des Gesimses, die Gesimse
das **Gesinde;** das **Gesindel**
**gesinnt;** ein gutgesinnter, gleichgesinnter, übelgesinnter, andersgesinnter Mensch, a b e r : der Mensch ist gut, gleich, übel, anders gesinnt; die **Gesinnung; gesinnungslos**
das **Gespenst;** die Gespenster; **gespenstig** und **gespenstisch**
das **Gespinst**
das **Gespräch;** ein Gespräch am runden Tisch; **gesprächig**
**gesprenkelt;** das Fell des Tieres ist gesprenkelt
**gest.** = gestorben
das **Gestade** (Ufer)
die **Gestalt; gestalten;** du gestaltest, er gestaltet, er gestaltete, er hat diesen Raum gestaltet, gestalte ihn!
**geständig;** das **Geständnis;** des Geständnisses, die Geständnisse
**gestatten;** du gestattest, er gestattet, er gestattete, er hat es ihm gestattet, gestatte es ihm!; gestatten Sie!
die **Geste** (die Gebärde); die Gesten
**gestehen;** du gestehst, er gesteht, er gestand, er hat es gestanden, gestehe es endlich!
das **Gestein;** die Gesteine

das **Gestell;** die Gestelle
**gestern;** gestern abend, morgen,
nachmittag, nacht; die Mode von gestern; zwischen gestern und morgen
(auch hauptwörtlich: zwischen dem
Gestern und dem Morgen liegt das
Heute); vorgestern

das **Gestirn;** die Gestirne
**gestrig;** der gestrige Tag

das **Gestrüpp;** die Gestrüppe

das **Gestüt;** die Gestüte

das **Gesuch;** die Gesuche
**gesund;** gesünder und gesunder, am
gesündesten und gesundesten; gesund sein, werden; er hat ihn gesund
geschrieben, **↑aber:** sich gesundmachen; die **Gesundheit;** das **Gesundheitsamt;** sich **gesundmachen**
(sich bereichern); er hat sich bei diesem Geschäft gesundgemacht, **aber:**
**gesund machen** (einen Kranken)

das **Getränk**

sich **getrauen;** du getraust dich, er getraut
sich, er getraute sich, er hat sich getraut, getraue dich doch!; ich getraue
mich (seltener: mir), das zu tun, **aber**
**nur:** ich getraue mir den Schritt nicht;
ich getraue mich nicht hinein

das **Getreide**

das **Getriebe;** der **Getriebeschaden**

das **Getto** (früher: abgesperrtes Stadtviertel für die Juden); die Gettos

der **Gevatter** (Taufpate); des Gevatters
und (älter:) Gevattern, die Gevattern

das **Geviert;** des Geviert[e]s, die Gevierte; im, ins Geviert

das **Gewächs; gewachsen;** einer Anstrengung gewachsen sein; das **Gewächshaus**

die **Gewähr** (Bürgschaft, Sicherheit);
**gewähren** (bewilligen); du gewährst, er gewährt, er gewährte, er
hat es ihm gewährt, gewähre ihm die
Bitte!; **gewährleisten;** du gewährleistest; er gewährleistet, er gewährleistete sorgfältige Arbeit; er hat unsere Sicherheit gewährleistet; **aber:** er
hat für unsere Sicherheit Gewähr geleistet; die **Gewährleistung;** der
**Gewährsmann;** die Gewährsmänner und die Gewährsleute

der **Gewahrsam** (Haft, Obhut); etwas
in Gewahrsam nehmen

die **Gewalt; gewaltig; gewaltlos;** die
**Gewaltlosigkeit; gewaltsam**

das **Gewand;** die Gewänder
**gewandt;** am gewandtesten; ein gewandter Mann; die **Gewandtheit**

das **Gewässer**

das **Gewebe**

das **Gewehr**

das **Geweih**

das **Gewerbe; gewerbsmäßig**

die **Gewerkschaft;** der **Gewerkschafter; gewerkschaftlich**

das **Gewicht;** die Gewichte; **gewichtig**
**gewieft** (schlau, gerissen); ein gewiefter Bursche
**gewiegt** (schlau, durchtrieben); am
gewiegtesten; ein gewiegter Bursche

der **Gewinn; gewinnen;** du gewinnst,
er gewinnt, er gewann, er hat gewonnen, gewinne endlich einmal!; **gewinnend** (liebenswürdig); ein gewinnendes Lächeln, auf die gewinnendste Weise
**gewiß;** gewisser, am gewissesten;
etwas, nichts Gewisses; ein gewisses
Etwas; ein gewisser Jemand, **aber:**
ein gewisser anderer; das **Gewissen;**
**gewissenhaft;** am gewissenhaftesten; **gewissenlos;** am gewissenlosesten; **gewissermaßen;** die **Gewißheit;** sich Gewißheit verschaffen

das **Gewitter; gewittern;** es gewittert,
es gewitterte, es hat gewittert
**gewitzigt** (durch Schaden klug geworden)

sich **gewöhnen;** du gewöhnst dich daran,
er gewöhnt sich daran, er gewöhnte
sich daran, er hat sich daran gewöhnt,
gewöhne dich nicht daran!; die **Gewohnheit; gewöhnlich; gewohnt;** die **Gewöhnung**

das **Gewölbe**

das **Gewölk**

das **Gewürz**
**gez.** = gezeichnet (unterschrieben)

die **Gezeiten** (Wechsel von Ebbe und
Flut) *Plural*

sich **geziemen;** es geziemt sich, es geziemte sich, es hat sich geziemt; **geziemend**
**GG** = Grundgesetz
**Ghana** (Staat in Afrika); der **Ghanaer; ghanaisch**

die **Gicht; gichtbrüchig**

der **Gickel** (mitteldeutsch für: Hahn); die
Gickel

der **Giebel;** die Giebel

die **Gier; gierig**
**gießen;** du gießt, er gießt, er goß,
er hat die Blumen gegossen, gieße
die Blumen!; die **Gießerei;** die
**Gießkanne**

das **Gift;** die Gifte; **giftig**

der **Gigant** (der Riese); des/dem/den Giganten, die Giganten; **gigantisch**

die **Gilde**

der **Gin** [*dsehịn*] (englischer Wacholderbranntwein)

der **Gipfel**; die Gipfel

der **Gips; gipsen;** du gipst, er gipst, er gipste die Wand, der Arzt hat das Bein gegipst; der **Gipser;** der **Gipsverband**

die **Giraffe** (afrikanisches Steppenhuftier); *Trennung*: Gi|raf|fe

das **Girl** [*gö'l*] (Mädchen; Tänzerin einer Tanzgruppe); des Girls, die Girls

die **Girlande**

das **Giro** [*sehịro*] (bargeldlose Überweisung); das **Girokonto**

der **Gischt** (Schaum; aufschäumende See); die Gischte; auch: die **Gischt;** die Gischten

die **Gitarre;** der **Gitarrist;** des/dem/den Gitarristen, die Gitarristen

das **Gitter**

der **Gladiator** (altrömischer Schaukämpfer); die Gladiatoren; *Trennung*: Gla|dia|tor

der **Glanz; glänzen;** etwas glänzt, etwas glänzte, etwas hat geglänzt; **glänzend; glänzendschwarz;** glänzendschwarze Haare, a b e r : die Haare sind glänzend schwarz

das **Glas;** zwei Glas Bier; ein Glas voll; Glas blasen; der **Glaser; gläsern** (aus Glas); der **Glasfiberstab**-(beim Stabhochsprung); **glasieren;** du glasierst, er glasierte, er hat den Krug glasiert, glasiere den Krug!; **glasig;** die **Glasur** (glasiger Überzug)

**glatt;** glatter und glätter; am glattesten und glättesten; die **Glätte;** das **Glatteis; glätten;** du glättest, er glättet, er glättete, er hat das Papier geglättet, glätte das Papier!

die **Glatze; glatzköpfig**

der **Glaube;** des Glaubens; **glauben;** du glaubst, er glaubt, er glaubte, er hat es geglaubt, glaube daran!; er wollte mich glauben machen, daß ...; das **Glaubensbekenntnis; glaubhaft;** am glaubhaftesten; **gläubig;** der **Gläubige;** ein Gläubiger, die Gläubigen, zwei Gläubige; die **Gläubige,** eine Gläubige; der **Gläubiger** (jemand, der berechtigt ist, von einem Schuldner eine Leistung zu fordern)

**gleich.** *Klein auch*: der, die, das gleiche; das gleiche (dasselbe) tun; es kommt auf das gleiche (dasselbe) hinaus; etwas ins gleiche bringen; gleich und gleich gesellt sich gern. *Groß*: Gleiches mit Gleichem vergelten; es kann uns Gleiches begegnen. *In Verbindung mit Verben*: er soll gleich (sofort) kommen, ↑a b e r : sich gleichbleiben; **gleichalt[e]rig; gleichartig; gleichberechtigt;** die **Gleichberechtigung;** sich **gleichbleiben** (unverändert bleiben); er blieb sich gleich, er ist sich gleichgeblieben, a b e r : gleich bleiben (sofort, ohne Umstände bleiben); er ist gleich geblieben, als wir ihn darum baten; **gleichen;** du gleichst, er gleicht, er glich, er hat ihm geglichen; **gleichfalls;** das **Gleichgewicht; gleichgültig, gleichkommen** (entsprechen); das war einer Kampfansage gleichgekommen, a b e r : **gleich** (sofort) **kommen; gleichmachen** (angleichen); die Stadt wurde dem Erdboden gleichgemacht, a b e r : **gleich** (sofort) **machen; gleichmäßig;** das **Gleichnis;** des Gleichnisses, die Gleichnisse; **gleichschalten** (einheitlich durchführen); alle Maßnahmen wurden gleichgeschaltet, a b e r : **gleich** (sofort) **schalten; gleichschenk[e]lig;** gleichschenk[e]liges Dreieck; **gleichsehen** (ähnlich sehen); wie sie sich gleichsehen!, a b e r : **gleich** (sofort) **sehen;** wir wir gleich sehen werden; **gleichseitig;** gleichseitiges Dreieck; **gleichsetzen;** etwas mit einer Sache gleichsetzen, a b e r : **gleich** (sofort) **setzen; gleichstehen** (gleich sein), a b e r : **gleich** (sofort) **stehen; gleichstellen** (gleichmachen), a b e r : **gleich** (sofort) **stellen; gleichtun** (erreichen); es jemandem gleichtun, a b e r : **gleich** (sofort) **tun; gleichviel;** gleichviel, ob du kommst, a b e r : wir haben gleich viel; **gleichwohl;** a b e r : wir befinden uns alle gleich (in gleicher Weise) wohl; **gleichzeitig; gleichziehen** (in gleicher Weise handeln); mit jemandem gleichziehen, a b e r : **gleich** (sofort) **ziehen;**

das **Gleis** (auch: das Geleise); die Gleise

der **Gleisner** (der Heuchler); **gleisnerisch**

**gleißen** (glänzen, glitzern); der Schnee gleißt, der Schnee gleißte, der Schnee hat im Sonnenlicht gegleißt; gleißendes Licht

**gleiten;** das Flugzeug gleitet, das Flugzeug glitt, das Flugzeug ist aus der Halle geglitten; der **Gleitflug;** die Gleitflüge

der **Gletscher**

das **Glied; gliedern;** du gliederst, er gliedert, er gliederte, er hat das Kapitel gut gegliedert, gliedere das Kapitel ein wenig mehr!; die **Gliederung;** die **Gliedmaßen** *Plural*

**glimmen;** etwas glimmt, etwas glomm und etwas glimmte, etwas hat geglommen und geglimmt; der **Glimmer** (ein Mineral)

**glimpflich** (ohne Schaden); er behandelte ihn glimpflich

**glitzern;** etwas glitzert, etwas glitzerte, etwas hat geglitzert

**global** (weltumspannend; umfassend, gesamt); der **Globus;** des Globus und des Globusses, die Globen und die Globusse

die **Glocke; glocklg;** der **Glöckner**

die **Glorie** [*glori[e]*] (Ruhm, Glanz); **glorreich**

**glotzen** (anstarren); du glotzt, er glotzt, er glotzte, er hat geglotzt, glotze nicht so!

das **Glück;** er wünschte mir Glück; **glükken;** etwas glückt, etwas glückte, etwas ist geglückt; **glücklich; glückselig;** der **Glückwunsch**

die **Glucke; glucken;** das Huhn gluckt, das Huhn gluckte, das Huhn hat gegluckt; **glucksen;** das Wasser gluckst, das Wasser gluckste, das Wasser hat gegluckst

**glühen;** etwas glüht, etwas glühte, etwas hat geglüht; **glühendheiß;** ein glühendheißes Eisen, a b e r : das Eisen ist glühend h̲e̲iß; die **Glühlampe**

die **Glut**

das **Glyzerin** (eine ölige, alkoholische Flüssigkeit)

**GmbH** = Gesellschaft mit beschränkter Haftung

die **Gnade;** von Gottes Gnaden; Euer Gnaden; **gnadenlos; gnädig**

der **Gneis** (ein Gestein); die Gneise

der **Gnom** (Zwerg), des/dem/den Gnomen, die Gnomen

das **Gnu** (afrikanisches Steppenhuftier); des Gnus, die Gnus

der **Gockel** (besonders süddeutsch für: Hahn); die Gockel

der **Go-Kart** [*gó͞ukạ͞rt*] (kleiner Sportrennwagen)

das **Gold; golden.** *Klein auch*: die golde-

ne Hochzeit, die goldene Medaille, goldene Worte, den goldenen Mittelweg einschlagen. *Groß*: die Goldene Aue (fruchtbare Senke am Südrand des Harzes); der Goldene Schnitt (Mathematik); der Goldene Sonntag; das Goldene Kalb (biblisch); das Goldene Vlies (ein österreichischer und spanischer Orden); der **Goldgräber; goldig;** der **Goldschmied**

der **Golf** (größere Meeresbucht); die Golfe

der **Golf** (ein Spiel); des Golfs; der **Golfplatz;** der **Golfschläger**

der **Golfstrom** (eine Strömung im Atlantik)

die **Gondel;** die Gondeln; **gondeln** (gemächlich fahren, auch: gemächlich laufen); du gondelst, er gondelt, er gondelte, er ist durch die Stadt gegondelt, gondle ein wenig durch die Stadt!

der **Gong;** auch: das **Gong** (eine metallene Schlagscheibe); des Gongs, die Gongs

**gönnen;** du gönnst, er gönnt, er gönnte, er hat es ihm gegönnt, gönne es ihm doch!; der **Gönner; gönnerhaft;** am gönnerhaftesten

das **Gör,** des Görs, die Gören und die **Göre,** der Göre, die Gören (kleines Kind, Mädchen)

der **Gorilla** (ein Menschenaffe); des Gorillas, die Gorillas

die **Gosse** (die Abflußrinne)

die **Gotik** (ein Kunststil); **gotisch**

der **Gott;** die Götter; um Gottes willen; in Gottes Namen; Gott sei Dank!; Gott befohlen!; weiß Gott!; grüß [dich] Gott!; Gott grüß' das Handwerk!; das **Götterbild;** der **Gottesdienst;** die **Gotteslästerung;** die **Gottheit;** die Gottheiten (Götter); **göttlich; gottlos;** am gottlosesten; der **Götze;** des Götzen, die Götzen; das **Götzenbild;** der **Götzendienst**

der **Gouverneur** [*guwärnö͞r*] (Statthalter); die Gouverneure; *Trennung*: Gou|ver|neur

das **Grab;** wir haben ihn zu Grabe getragen; **graben;** du gräbst, er gräbt, er grub, er hat gegraben, grabe hier!; der **Graben;** das **Grabmal;** die Grabmäler und die Grabmale

die **Gracht** (Graben, Kanal[straße] in Holland); die Grachten

der **Grad;** die Grade; 3 Grad Celsius oder 3° C; der 30. Grad; ein Winkel von 30 Grad; es sind heute 30 Grad im

Schatten; es ist heute um einige Grad wärmer als gestern

der **Graf;** des Grafen; die Grafen

die **Grafik,** der **Grafiker, grafisch** ↑ Graphik, Graphiker, graphisch

**gram;** er ist ihm gram; der **Gram;** sich **grämen;** du grämst dich, er grämt sich, er grämte sich, er hat sich sehr gegrämt, gräme dich nicht!; **grämlich**

das **Gramm;** die Gramme; 2 Gramm

die **Grammatik** (die Sprachlehre); die Grammatiken; **grammatisch**

das **Grammophon;** die Grammophone

der **Granat** (ein Halbedelstein; ein kleines Krebstier); die Granate; die **Granate** (ein Geschoß); die Granaten

der **Granit** (ein Gestein); die Granite

die **Granne** (die Ährenborste); die Grannen

**grantig** (mürrisch)

die **Grapefruit** [*grépfrut*] (Pampelmuse); die Grapefruits; *Trennung:* Grapefruit

die **Graphik** und die **Grafik** (Schreib- und Zeichenkunst; einzelnes Blatt dieser Kunst); die Graphiken und die Grafiken (die einzelnen Blätter); der **Graphiker** und der **Grafiker; graphisch** und **grafisch**

der **Graphit** (ein Mineral); die Graphite

das **Gras; grasen;** das Vieh grast, das Vieh graste, das Vieh hat gegrast

die **Grasmücke** (ein Singvogel)

**grassieren** (um sich greifen); die Seuche grassiert, sie grassierte, sie hat grassiert

**gräßlich**

der **Grat** (Kante; Bergkamm); die Grate; die **Gräte;** die Gräten

**gratis** (unentgeltlich); gratis und franko

**grätschen** (die Beine seitwärts spreizen); du grätschst, er grätscht, er grätschte, er hat die Beine gegrätscht, grätsche die Beine!

der **Gratulant;** des/dem/den Gratulanten, die Gratulanten; die **Gratulation; gratulieren;** du gratulierst, er gratuliert, er gratulierte, er hat ihm gratuliert, gratuliere ihm!

**grau;** grauer, am grau[e]sten; grau werden; grau in grau malen; der graue Alltag; in grauer Vorzeit; grauer Star. *Groß:* die Grauen Brüder (Mönchsorden); die Grauen Schwestern (katholischer Schwesternorden); ↑ auch: blau

**grauen** (Furcht haben); es graut mir davor, es graute mir davor, es hat mir davor gegraut; mir, auch: mich graut es vor dir; das **Grauen;** es überkommt mich ein Grauen; **grauenhaft;** am grauenhaftesten; **grauenvoll; grauen** (grau werden); es graut, es graute, es hat gegraut; der Morgen graut; **gräulich**

die **Graupe;** die Graupen; die **Graupel;** meist *Plural;* die Graupeln; **graupeln;** es graupelt, es graupelte, es hat gegraupelt

**grausam;** die **Grausamkeit; grausen;** mir, auch: mich graust vor diesen Schwierigkeiten; es grauste ihnen, auch: sie, wenn von diesen Scheußlichkeiten die Rede war

der **Graveur** [*grawör*] (der Metall-, der Stempelschneider); des Graveurs, die Graveure; *Trennung:* Gra|veur; **gravieren** [*grawir<sup>e</sup>n*]; du gravierst, er graviert, er gravierte, er hat den Namen in den Ring graviert, graviere meinen Namen in diesen Ring!

die **Gravitation** [*grawitazion*] (Schwerkraft; Anziehungskraft)

die **Grazie** [*grazie*] (Anmut); die Grazien (römische Göttinnen); **graziös;** am graziösesten

**greifen;** du greifst, er greift, er griff, er hat danach gegriffen, greife danach!; die Krankheit hat sehr um sich gegriffen; der Sieg war zum Greifen nahe

der **Greis; greisenhaft;** die **Greisin;** die Greisinnen

**grell**

die **Grenze; grenzenlos;** bis ins Grenzenlose (bis in die Unendlichkeit)

der **Greuel;** die Greuel; *Trennung:* Greuel; **greulich**

der **Grieche** (Einwohner Griechenlands); **Griechenland; griechisch**

der **Griesgram;** die Griesgrame; **griesgrämig**

der **Grieß;** der **Grießbrei**

der **Griff; griffig**

der **Griffel;** die Griffel

der **Grill** (Bratrost); die Grills

die **Grille** (Laune; ein Insekt)

die **Grimasse** (Fratze); *Trennung:* Grimas|se; Grimassen schneiden

der **Grimm; grimmig**

der **Grind** (Schorf); die Grinde; **grindig grinsen;** du grinst, er grinst, er grinste, er hat gegrinst, grinse nicht!

die **Grippe**

der **Grips** (Verstand)
**grob;** gröber, am gröbsten; grob fahrlässig; **aber:** aus dem Gröbsten heraus sein; die **Grobheit;** der **Grobian;** die Grobiane; *Trennung:* Grobian

der **Grog** (ein heißes Getränk aus Rum, Zucker und Wasser); die Grogs
**grölen** (schreien, lärmen); du grölst, er grölt, er grölte, er hat gegrölt, gröle nicht!

der **Groll; grollen;** du grollst, er grollt, er grollte, er hat gegrollt, grolle nicht!
**Grönland**

das **Gros** [*gro*] (die Masse, z. B. des Heeres); des Gros [*gro(ß)*], die Gros [*groß*]; das **Gros** [*gro(ß)*] (12 Dutzend); des Grosses, die Grosse; 2 Gros Schreibfedern

der **Groschen**
**groß;** größer, am größten. *Klein auch:* im großen und ganzen; etwas im großen und im kleinen verkaufen; groß und klein (jedermann); die großen Ferien; die große Pause; die große (vornehme) Welt; auf großem Fuß leben (verschwenderisch leben); etwas an die große Glocke hängen (überall erzählen). *Groß:* Große und Kleine; die Großen und die Kleinen; im Großen wie im Kleinen; vom Kleinen auf das Große schließen; etwas, nichts, viel, wenig Großes; er ist der Größte in der Klasse; Otto der Große (*Genitiv:* Ottos des Großen); der Große Wagen (ein Sternbild); der Große Bär (ein Sternbild); das Große Los; Großer Belt; Großer Ozean. *Schreibung in Verbindung mit Verben:* groß sein, werden, schreiben, **aber:** großmachen, großtun, großziehen; **großangelegt;** ein großangelegter Plan, ↑**aber:** der Plan ist groß angelegt; **großartig**
**Großbritannien** (Teil des ↑Vereinigten Königreichs Großbritannien und Nordirland, umfaßt England, Schottland und Wales)

die **Größe;** die **Großeltern** *Plural*
der **Großglockner** (Berg in Österreich)
der **Grossist** (Großhändler); des/dem/den Grossisten, die Grossisten
sich **großmachen** (sich rühmen, prahlen); du machst dich groß, er macht sich groß, er machte sich groß, er hat sich großgemacht, mache dich nicht so groß!; die **Großmacht;** die Großmächte; die **Großmutter;** die

**Großstadt; größtenteils; großtun** (prahlen); du tust groß, er tut groß, er tat groß, er hat großgetan, tue nicht so groß!; sich großtun; er hat sich großgetan; der **Großvater; großziehen;** du ziehst groß, er zieht groß, er zog groß, er hat ihn großgezogen, ziehe das Tier mit der Flasche groß!; **großzügig**
**grotesk** (wunderlich; überspannt, verzerrt)

die **Grotte** (Höhle)
die **Grube**
die **Grübelei; grübeln;** du grübelst, er grübelt, er grübelte, er hat gegrübelt, grüble nicht!; der **Grübler**
die **Gruft** (Grabstätte); die Grüfte
das **Grummet** und das **Grumt** (zweites Heu)
**grün.** *Klein:* er ist mir nicht grün (gewogen); am grünen Tisch; der grüne Star; die grüne Minna (Polizeiwagen); die grüne Welle (durchlaufendes Grün bei Signalanlagen); ein grüner (unerfahrener) Junge; ach du grüne Neune (Ausruf des Erstaunens). *Groß:* das ist dasselbe in Grün (ganz dasselbe); die Grünen (eine Partei); der Grüne Donnerstag; die Grüne Insel (Irland); der Grüne Plan (staatlicher Plan zur Unterstützung der Landwirtschaft); ↑auch: blau; das **Grün** (die grüne Farbe); das erste Grün; bei Grün darf man die Straße überqueren; die Ampel zeigt Grün, steht auf Grün; ↑auch: Blau

der **Grund;** die Gründe; im Grunde; von Grund auf; von Grund aus; auf Grund dessen, von; häufig auch schon: aufgrund dessen, von; auf Grund laufen; in den Grund bohren; im Grunde genommen, **aber:** zugrunde gehen, legen, liegen richten; der Grund und Boden; **gründen;** du gründest, er gründet, er gründete, er hat einen Verein gegründet, gründe einen Verein!; sich auf eine Ansicht gründen; der **Gründer;** das **Grundgesetz; gründlich; grundsätzlich;** die **Gründung;** das **Grundwasser**

der **Gründonnerstag; grünen;** es grünt, es hat gegrünt; der **Grünspan** (eine Kupferverbindung)
**grunzen;** das Schwein grunzt, das Schwein grunzte, es hat gegrunzt
die **Gruppe**
der **Grus** (der Kohlenstaub); die Gruse; ↑aber: der Gruß

**gruselig;** sich **gruseln;** du gruselst
dich, er gruselt sich, er gruselte sich,
er hat sich gegruselt, grusele dich
nicht!; mir oder mich gruselt's

der **Gruß;** des Grußes, die Grüße; **grü-
ßen;** du grüßt, er grüßt, er grüßte,
er hat ihn gegrüßt, grüße ihn!; grüß
Gott!

die **Grütze**
**Guatemala** (Staat und Stadt in Mit-
telamerika); der **Guatemalteke;**
**guatemaltekisch**
**gucken;** du guckst, er guckt, er guck-
te, er hat geguckt, gucke nicht so
dumm!

der **Guerilla** [*geril(j)a*]; die Guerillas und
der **Guerillakämpfer** (Widerstands-
kämpfer); *Trennung:* Gue|ril|la
**Guinea** [*ginea*] (Staat in Westafrika);
der **Guineer; guineisch; Guinea-
Bissau** [*- bißau*] (Staat in Westafri-
ka)

das **Gulasch,** auch: der **Gulasch;** die
Gulasche und die Gulaschs
**gültig;** die **Gültigkeit**

das **Gummi,** auch: der **Gummi;** die
Gummi und die Gummis; für Radier-
gummi nur: der Gummi; die Gummis

die **Gunst;** nach Gunst; in Gunst stehen;
zu seinen Gunsten aussagen; **gün-
stig;** der **Günstling**

die **Gurgel;** die Gurgeln; **gurgeln;** du
gurgelst, er gurgelt, er gurgelte, er hat
gegurgelt, gurgele damit!

die **Gurke**
der **Guru** (verehrter religiöser Lehrer [in
Indien]); des Gurus, die Gurus

der **Gurt;** die Gurte; der **Gürtel;** die Gür-
tel; sich **gürten;** du gürtest dich, er
gürtet sich, er gürtete sich, er hat sich
gegürtet, gürte dich!

der **Guß;** des Gusses, die Güsse
**gut;** besser, am besten; einen guten
Abend, Morgen wünschen; gute
Nacht sagen; gut und gern; er soll
es gut sein lassen. *Klein auch:* er hat
es im guten gesagt. *Groß:* mein Guter;
Gutes und Böses; jenseits von Gut
und Böse; etwas hat sein Gutes; er
tut des Guten zuviel; vom Guten das
Beste; etwas zum Guten lenken, wen-
den. *Schreibung in Verbindung mit
Verben:* er will gut sein; er soll es
bei uns gut haben; er wird mit ihm
gut auskommen; er will gut leben,
↑aber: gutmachen, gutschreiben,
guttun; das **Gut;** die Güter; das **Gut-
achten;** die **Güte;** in Güte; die **Gu-**

tenachtgeschichte; **gutgelaunt;**
die gutgelaunten Gäste, a b e r : die Gä-
ste sind gut gelaunt; **gutgemeint;**
sein gutgemeinter Vorschlag, a b e r :
sein Vorschlag war gut gemeint; **gut-
gesinnt;** das **Guthaben; gütig;**
**gutmachen** (etwas in Ordnung brin-
gen; einen Vorteil erringen); er hat
10 Mark gutgemacht, a b e r : **gut ma-
chen** (gut ausführen); er hat seine
Sache gut gemacht; **gutschreiben**
(anrechnen); wir haben seinem Konto
10 Mark gutgeschrieben, a b e r : **gut
schreiben** (schön, richtig schrei-
ben); er hat das Diktat gut geschrie-
ben; **guttun** (wohltun); das wird ihm
guttun, a b e r : **gut tun** (richtig tun);
das hat er gut getan
**Guyana** [*gujana*] (Staat in Südameri-
ka); der **Guyaner; guyanisch**

der **Gymnasiast;** des/dem/den Gymna-
siasten, die Gymnasiasten; *Trennung:*
Gym|na|siast; das **Gymnasium;** die
Gymnasien [*gümnasi*ᵉ*n*]; *Trennung:*
Gym|na|sium

die **Gymnastik** (Körperschulung); *Tren-
nung:* Gym|na|stik; **gymnastisch;**
*Trennung:* gym|na|stisch

# H

**ha** = Hektar
das **Haar;** ↑aber: das Härchen; das Här-
lein; **haarig; haarscharf;** die **Haar-
spalterei; haarsträubend**

die **Habe;** das Hab und Gut; **haben;** du
hast, er hat, er hatte, er hat gehabt;
Gott hab' ihn selig; der **Habenichts;**
die Habenichtse; die **Habgier; hab-
gierig;** die **Habseligkeiten** *Plural;*
die **Habsucht; habsüchtig**

der **Habicht;** die Habichte
die **Hachse** (unterer Teil des Beines von
Kalb oder Schwein)

die **Hacke** (Ferse); die Hacken; auch:
der **Hacken;** die Hacken

die **Hacke** (ein Werkzeug); die Hacken;
**hacken;** du hackst, er hackt, er hack-
te, er hat Holz gehackt, hacke Holz!

das **Häcksel** (Schnittstroh)
der **Hader** (Zank, Streit); **hadern;** du ha-
derst, er hadert, er haderte, er hat mit
ihm gehadert, hadere nicht mit deinem
Schicksal!

der **Hafen;** die **Häfen;** die **Hafenstadt**

der **Hafer;** die **Haferflocken** *Plural*

das **Haff** (durch Landzungen vom Meere abgetrennte Küstenbucht); die Haffs und die Haffe; das Frische Haff, das Kurische Haff

die **Haft; haften;** du haftest, er haftete, er hat für den Schaden gehaftet; der **Häftling;** die **Haftpflicht**

die **Hagebutte;** der **Hagebuttentee**

der **Hagel;** das **Hagelkorn; hageln;** es hagelt, es hagelte, es hat gehagelt **hager;** ein hagerer Mann

der **Häher** (ein Rabenvogel)

der **Hahn;** die **Hähne**

der **Hai;** die **Haie;** der **Haifisch**

der **Hain** (dichterisch für: Wäldchen); die Haine

**Haiti** (westindische Insel; Staat); der **Haitianer** [*ha-itian^e^r*]; **haitianisch**

**häkeln;** du häkelst, sie häkelt, sie häkelte, sie hat ein Kleid gehäkelt, häkle nicht so viel!; der **Haken; hakig**

**halb;** das Haus liegt halb rechts; es ist, es schlägt halb eins; alle (besser: jede) halbe Stunde; eine viertel und eine halbe Stunde; eine halbe und eine dreiviertel Stunde; um voll und halb jeder Stunde; der Zeiger steht auf halb; ein halb Dutzend; ein halbes dutzendmal; dreiundeinhalb Prozent, a b e r : drei und ein halbes Prozent; anderthalb. *Groß*: ein Halbes (Glas); das ist nichts Halbes und nichts Ganzes; **halbgar;** halbgares Fleisch, a b e r : das Fleisch ist halb gar; **halbie-ren;** du halbierst, er halbiert, er halbierte, er hat die Schokolade halbiert, halbiere sie nicht!; die **Halbinsel; halb-jährig** (ein halbes Jahr alt; ein halbes Jahr dauernd); **halbjährlich** (alle halben Jahre); **halboffen;** die halboffene Tür, a b e r : die Tür ist halb offen; entsprechend schreibt man: **halbrund, halbtot, halbvoll; halb-wegs;** die **Halbzeit**

die **Halde** (Bergabhang; Aufschüttung)

die **Hälfte;** meine bessere Hälfte (meine Ehefrau, mein Ehemann)

der **Halfter,** auch: das **Halfter** (Zaum ohne Gebiß)

die **Halle**

**hallen;** seine Stimme hallte, sie hat gehallt

**halleluja!;** das **Halleluja**

die **Hallig** (kleine nordfriesische Insel im Wattenmeer); die Halligen

**hallo!** [auch: hallo]

der **Halm;** die **Halme**

der **Halogenscheinwerfer** (sehr heller Scheinwerfer für Kraftfahrzeuge)

der **Hals;** die **Hälse;** Hals über Kopf, Hals- und Beinbruch; **halsstarrig** (stur, unnachgiebig)

**halt!;** Halt! Wer da?; der **Halt;** die Halte; keinen Halt haben; Halt gebieten; **haltbar; halten;** du hältst, er hält, er hielt, er hat die Tasche gehalten, halte die Tasche!; er hat mühsam an sich gehalten; die **Haltestelle;** das **Halteverbot; haltlos; haltma-chen;** er macht halt, er hat haltgemacht; die **Haltung**

der **Halunke** (Schuft); des Halunken, die Halunken; *Trennung:* Ha|lun|ke

**Hamburg;** der **Hamburger; ham-burgisch**

**hämisch** (schadenfroh; boshaft)

der **Hammel;** die Hammel und die Hämmel

der **Hammer;** die **Hämmer; hämmern;** du hämmerst, er hämmert, er hämmerte, er hat gehämmert, hämmere!

der **Hampelmann;** die Hampelmänner; **hampeln;** du hampelst, er hampelt, er hampelte, er hat gehampelt, hampele nicht so!

der **Hamster** (ein Nagetier); **hamstern;** du hamsterst, er hamstert, er hamsterte, er hat gehamstert, hamstere nicht!

die **Hand;** die **Hände;** Hand anlegen; letzter, linker, rechter Hand; freie Hand haben; etwas von langer Hand vorbereiten; an Hand (auch: anhand) des Buches, von Unterlagen; etwas an, bei, unter der Hand haben; Hand in Hand arbeiten, a b e r : das Hand-in-Hand-Arbeiten; von Hand zu Hand; zur Hand sein; allerhand, kurzerhand, unterderhand, überhandnehmen, vorderhand; der **Handball; handbreit;** ein handbreiter Saum, der Saum ist handbreit, a b e r : der Saum ist eine Hand breit; die **Handbreit;** eine, zwei, drei Handbreit Stoff

der **Handel;** Handel treiben; die **Händel** (Streit) *Plural*; Händel suchen; Händel haben; sich in Händel einlassen; **handeln;** du handelst, er handelt, er handelte, er hat gehandelt, handele richtig!; der **Händler**

**handfest;** die **Handfläche; handhaben;** du handhabst, er handhabte, er hat die Bestimmungen unparteiisch gehandhabt; das ist schwer zu handhaben; **handlich**

das **Handikap** [*hạndikäp*] (Benachteili-
gung; Ausgleichsvorgabe)
die **Handlung;** die **Handlungsweise**
die **Handschrift;** der **Handschuh;** das
**Handtuch;** die **Handvoll;** eine, zwei,
etliche, einige, ein paar **Handvoll,**
a b e r : die Hạnd vọll Geld; das **Hand-**
**werk;** der **Handwerker**
**hạnebüchen** (derb, grob, unerhört)
der **Hanf;** der **Hänfling** (eine Finkenart)
der **Hang;** die **Hänge;** die **Hängematte;**
**hängen;** das Bild hängt, das Bild hing,
das Bild hat über dem Sofa gehangen;
mit Hängen und Würgen (mit Müh
und Not)
**hängen;** du hängst, er hängt, er häng-
te, er hat das Bild an die Wand ge-
hängt, hänge es an die Wand!
**Hannọver** (Hauptstadt von Nieder-
sachsen)
**Hanoi** [*hanẹu*] (Hauptstadt Viet-
nams)
die **Hanse** (mittelalterlicher Städtebund
in Norddeutschland); der **Hanseạt;**
des/dem/den Hanseaten, die Hansea-
ten; **hanseạtisch;** die **Hansestadt**
**hänseln** (necken); du hänselst ihn,
er hänselt ihn, er hänselte ihn, er hat
ihn gehänselt, hänsele ihn nicht!
die **Hantel;** die Hanteln
**hantieren;** du hantierst, er hantiert,
er hantierte, er hat mit Hammer und
Beil hantiert, hantiere nicht damit!
**hapern** (fehlen; nicht vonstattenge-
hen); es hapert, es haperte, es hat
mit seinem Wissen gehapert
der **Happen; happig**
**happy** [*häpi*] (überglücklich, selig vor
Freude); das **Happy-End** [*häpi ạnd*]
(glücklicher Ausgang); die Happy-
Ends
das **Härchen;** ↑auch: das Haar
der **Harem** (von Frauen bewohnter Teil
des islamischen Hauses; die dort woh-
nenden Frauen); die Harems
die **Harfe**
die **Harke** (norddeutsch für: Rechen);
die Harken; **harken;** du harkst, er
harkt, er harkte, er hat den Rasen ge-
harkt, harke den Kiesweg!
das **Härlein;** ↑auch: das Haar
die **Harmonie** (Einklang; Eintracht); die
Harmonien; die **Harmonika** (ein Mu-
sikinstrument); die Harmonikas und
die Harmoniken; das **Harmonium**
(ein Musikinstrument); die Harmo-
nien [*harmoni$^e$n*]
der **Harn;** die **Harnblase**

der **Harnisch** (Brustpanzer); die Harni-
sche; er hat ihn in Harnisch (Wut)
gebracht
die **Harpune** (Wurfspeer; pfeilartiges
Geschoß mit Widerhaken und Leine)
**harren** (warten); du harrst, er harrte,
er hat auf das Ende geharrt, harre der
Dinge, die da kommen sollen!
**hart;** härter, am härtesten; hart auf
hart; eine harte Währung; die **Härte;**
**härten;** du härtest, er härtet, er härte-
te, er hat den Stahl gehärtet, härte
ihn!; **hạrtgeworden;** das hạrtge-
wordene Brot, a b e r : das Brot ist hạrt
gewọrden; **hạrtgebrannt;** hạrt-
gebrannte Steine, a b e r : die Steine
sind hạrt gebrạnnt; **hartnäckig;** die
**Hartnäckigkeit**
das **Harz;** die Harze; **harzig**
der **Harz** (ein Gebirge)
das **Hasch** (Haschisch); des Haschs
**haschen;** du haschst ihn, er hascht
ihn, er haschte ihn, er hat ihn gehascht,
hasche ihn!; der **Häscher**
das **Haschisch** (ein Rauschgift); des Ha-
schischs
der **Hase;** falscher Hase (ein Hackbra-
ten); die **Häsin;** die Häsinnen
die **Hasel** (ein Strauch); die Haseln; die
Haselmaus (ein Nagetier); die **Hasel-**
**nuß;** die Haselnüsse
die **Haspel** (Garnwinde, Seilwinde); die
Haspeln; **haspeln;** du haspelst, er
haspelt, er haspelte, er hat das Garn
gehaspelt
der **Haß;** des Hasses; **hassen;** du haßt,
er haßt, er haßte, er hat ihn gehaßt,
hasse ihn nicht!
**häßlich**
die **Hast; hasten;** du hastest, er hastet,
er hastete, er ist zum Bahnhof geha-
stet, haste nicht!; **hastig**
**hätscheln** (liebevoll pflegen; verzär-
teln); du hätschelst ihn, er hätschelte
ihn, er hat ihn gehätschelt
die **Haube**
der **Hauch; hauchdünn; hauchen;** du
hauchst, er haucht, er hauchte, er hat
an die gefrorenen Fensterscheiben ge-
haucht, hauche!
die **Haue;** Haue kriegen; **hauen;** du haust
ihn, er haut ihn, er haute ihn, er hat
ihn gehauen, er hat Holz gehauen;
er hat ihm ins Gesicht gehauen; das
ist gehauen und gestochen; der **Hau-**
**er** (Bergmann; Eckzahn des Keilers)
der **Haufen; haufenweise; häufig**
das **Haupt;** die Häupter; zu Häupten; der

**Hauptbahnhof;** der **Häuptling;** die **Hauptsache; hauptsächlich;** die **Hauptstadt;** das **Hauptwort** (Substantiv); die Hauptwörter

das **Haus;** die Häuser; er ist außer Haus, zu Haus[e], nach Haus[e], im Haus[e]; von Haus aus; von Haus zu Haus; der **Hausbesetzer;** der **Hausbesitzer; hausen;** du haust, er haust, er hauste, er hat in einer kleinen Dachwohnung gehaust; die **Hausfrau;** der **Haushalt;** die Haushalte; **haushalten;** er hält haus, er hat mit seinen Vorräten hausgehalten; **haushoch; hausieren;** du hausierst, er hausierte, er hat hausiert; der **Hausierer; häuslich;** die **Hausordnung;** der **Hausschuh;** das **Haustier**

die **Haut;** die Häute; das ist ja zum Aus-der-Haut-Fahren; **häuten;** du häutest, er häutet, er häutete, er hat das Tier gehäutet, häute es!, sich häuten, die Schlange hat sich gehäutet; die **Hautfarbe;** die **Häutung**

**Havanna** [ _hawạna_ ] (Hauptstadt Kubas)

die **Havarie** [ _hawarị_ ] (Seeschaden, den Schiff oder Ladung erleidet; auch: Bruch, Unfall); die Havarien; _Trennung:_ Ha|va|rie

**Hbf.** = Hauptbahnhof

die **Hebamme;** _Trennung:_ Heb|am|me

der **Hebel;** die Hebel; **heben;** du hebst, er hebt, er hob, er hat den Stein gehoben, hebe diesen Stein!; der **Heber**

die **Hechel** (kammähnliches Gerät zum Reinigen des Flachses); die Hecheln

der **Hecht;** die **Hechtrolle** (Turnübung); der **Hechtsprung**

das **Heck** (hinterer Teil des Schiffes oder des Autos); die Hecke oder die Hecks; der **Heckantrieb**

die **Hecke;** die **Heckenrose**

der **Hederich** (ein Unkraut); die Hederiche

das **Heer;** die **Heerstraße**

die **Hefe**

das **Heft; heften;** du heftest, er heftet, er heftete, er hat die Akten geheftet, hefte sie!; sich heften; er hat sich ihm an die Fersen geheftet; das **Heftpflaster**

**heftig** (ungestüm, scharf, stark)

die **Hege** (Pflege, Schutz des Wildes); Hege und Pflege; **hegen;** du hegst, er hegt, er hegte, er hat lange diesen Wunsch gehegt, hege keine großen Hoffnungen!

das **Hehl,** auch: der Hehl; kein, auch: keinen Hehl daraus machen; der **Hehler;** die **Hehlerei**

**hehr** (erhaben; heilig)

der **Heide; heidnisch**

die **Heide;** das **Heidekraut;** die **Heidelbeere;** die **Heidschnucke**

**heikel** (bedenklich, schwierig); heikler, am heikelsten; eine heikle Sache

**heil;** mit heiler Haut davonkommen; das **Heil;** der **Heiland; heilbar; heilen;** du heilst ihn, er heilt ihn, er heilte ihn, er hat ihn von seiner Krankheit geheilt, heile ihn!; **heilig.** _Klein auch:_ das heilige Abendmahl, die heilige Taufe, das heilige Pfingstfest. _Groß:_ der Heilige Abend, die Heilige Familie, der Heilige Geist, die Heilige Jungfrau, die Heiligen Drei Könige, das Heilige Land, die Heilige Nacht, der Heilige Rock, die Heilige Schrift, die Heilige Stadt (Jerusalem), der Heilige Stuhl, der Heilige Vater (der Papst); der **Heiligabend; heilighalten** (in Ehren halten); er hält dieses Geschenk heilig, er hat es heiliggehalten; **heiligsprechen;** er sprach ihn heilig, er hat ihn heiliggesprochen; das **Heiligtum;** die Heiligtümer; das **Heilmittel; heilsam;** die **Heilung**

das **Heim;** die **Heimat; heimatlich; heimatlos;** der und die **Heimatvertriebene;** sich **heimbegeben;** er begibt sich heim, er hat sich heimbegeben; **heimbegleiten;** er begleitet sie heim, er hat sie heimbegleitet; **heimbringen;** er bringt sie heim, er hat sie heimgebracht; **heimfahren;** er fährt heim, er ist heimgefahren, a b e r: er fährt mich heim, er hat mich heimgefahren; **heimführen;** er führt das Kind heim, er hat es heimgeführt; **heimgehen;** er geht heim, er ist heimgegangen; **heimholen;** er holte ihn heim; er hat ihn heimgeholt; **heimisch; heimkehren;** er kehrte heim, er ist heimgekehrt; der **Heimleiter;** die **Heimleiterin;** die Heimleiterinnen; **heimleuchten;** dem haben sie tüchtig heimgeleuchtet; **heimlich;** die **Heimlichkeiten** _Plural;_ **heimlichtun** (geheimnisvoll tun); er hat sehr heimlichgetan, a b e r: **heimlich tun** (im geheimen tun); er hat es heimlich getan; der **Heimplatz; heimreisen;** er reist heim, er ist heimgereist; **heimsuchen;** Not und Krankheit haben ihn heimgesucht; die **Heimtücke;**

**heimtückisch;** das **Heimweh; heimwehkrank; heimzahlen;** das zahle ich ihm heim, das habe ich ihm tüchtig heimgezahlt

die **Heirat; heiraten;** du heiratest, er heiratet, er heiratete, er hat geheiratet, heirate bald!

**heiser;** die **Heiserkeit**

**heiß;** am heißesten; jemandem die Hölle heiß machen; was ich nicht weiß, macht mich nicht heiß; ein heißes Eisen anfassen; **heißblütig**

**heißen;** du heißt, er heißt, er hieß, er hat Müller geheißen; heiß ihn wie du willst!; er hat mich's geheißen, aber: er hat mich kommen heißen

**heißersehnt;** seine heißersehnte Ankunft wurde heiß ersehnt, aber: seine Ankunft wurde heiß ersehnt; **heißgeliebt;** ein heißgeliebtes Mädchen, aber: er hat das Mädchen heiß geliebt; **heißumstritten;** eine heißumstrittene Frage, aber: die Frage war heiß umstritten

**heiter;** heit[e]rer, am heitersten; die **Heiterkeit**

**heizen;** du heizt, er heizt, er heizte, er hat geheizt, heize besser!; der **Heizer;** die **Heizung**

das **Hektar,** auch: der Hektar [auch: hektar]; die Hektare; *Trennung:* Hekt|ar; 3 Hektar gutes Land oder guten Landes

das **Hektoliter** [auch: hektoliter]; *Trennung:* Hek|to|li|ter

der **Held;** des/dem/den Helden, die Helden; **heldenhaft;** die **Heldentat**

**helfen;** du hilfst, er hilft, er half, er hat geholfen, hilf mir!; sie hat ihr beim Nähen geholfen, aber: sie hat ihr nähen helfen (oder: geholfen); er weiß sich zu helfen; das hilft mir nicht; der **Helfer**

**Helgoland** (Insel in der Nordsee)

das **Helium** (ein Edelgas); des Heliums

**hell; hellauf;** *Trennung:* hell|auf; hellauf lachen; **hellblau;** hellblau färben; **hellblond**

der **Heller** (eine Münze); auf Heller und Pfennig; ich gebe keinen Heller dafür **helleuchtend;** *Trennung:* hell|leuchtend; ein helleuchtender Stern, aber: dieser auffallend hell leuchtende Stern; **hellhörig; hellicht;** der hellichte Tag; *Trennung:* hell|licht; die **Helligkeit**

der **Helm**

**Helsinki** (Hauptstadt Finnlands)

das **Hemd;** der **Hemdenmatz** (Kind im Hemd); des Hemdenmatzes, die Hemdenmatze und Hemdenmätze; der **Hemdsärmel** *(meist Plural)*

**hemmen;** du hemmst, er hemmt, er hemmte, er hat den Ablauf gehemmt, hemme nicht den Fortschritt!; das **Hemmnis;** des Hemmnisses, die Hemmnisse; der **Hemmschuh;** die **Hemmung;** seine Hemmungen überwinden; **hemmungslos;** am hemmungslosesten

der **Hengst**

der **Henkel;** die Henkel

**henken;** du henkst ihn, er henkt ihn, er henkte ihn, er hat ihn gehenkt, henke keinen Unschuldigen!; der **Henker**

die **Henne**

**her;** her zu mir!; her damit!; hin und her; **herab;** *Trennung:* her|ab; **herablassen;** er läßt den Rolladen herab, er hat ihn herabgelassen; **heran;** *Trennung:* her|an; **herankommen;** er ist bis auf 5 Meter an ihn herangekommen; **herauf;** *Trennung:* her|auf; **heraufbeschwören;** er beschwört das Unglück herauf, er hat es heraufbeschworen; **heraus;** *Trennung:* heraus; **herausgeben;** er gibt die Schlüssel heraus; er hat das Buch herausgegeben; die **Herausgabe;** der **Herausgeber** (eines Buches); **herauskommen;** er kommt heraus, er ist herausgekommen; es wird nichts dabei herauskommen

**herb**

**herbei; herbeischaffen;** er schafft herbei, er hat alles herbeigeschafft

die **Herberge;** der **Herbergsvater**

der **Herbst;** die Herbste; **herbstlich**

der **Herd**

die **Herde**

**herein;** *Trennung:* her|ein; **hereinfallen;** er fiel herein, er ist tüchtig hereingefallen; **hereinlegen;** er legte ihn herein, er hat ihn hereingelegt

der **Hering** (ein Fisch; Zeltpflock)

die **Herkunft**

das **Hermelin** (großes Wiesel); die Hermeline

der **Hermelin** (ein Pelz); die Hermeline **hermetisch** (dicht verschlossen)

der **Herold** (Verkündiger, Ausrufer, fürstlicher Bote); die Herolde; *Trennung:* He|rold

der **Herr;** des Herrn, die Herren; mein Herr!; meine Herren!; seines Unmutes Herr werden; die **Herrin;** die Herrinnen; **herrisch; herrlich;** die **Herr-**

**schaft; herrschen;** du herrschst, er herrschte, er hat geherrscht, herrsche gerecht!; der **Herrscher**

**herüber;** *Trennung:* herlüber; **herüberkommen;** er kommt herüber, er ist herübergekommen

**herum;** *Trennung:* herlum; **herumlungern;** er lungerte herum, er ist in der Stadt herumgelungert; sich **herumtreiben;** er trieb sich herum, er hat sich den ganzen Nachmittag auf der Straße herumgetrieben

**herunter;** *Trennung:* herlunlter; **herunterhängen;** der Vorhang hängt herunter, der Vorhang hat heruntergehangen; **herunterreißen;** er riß die Maske herunter, er hat die Maske heruntergerissen

**hervor; hervorragend; hervortreten;** er tritt hervor, er ist hervorgetreten; sich **hervortun;** er tut sich hervor, er hat sich hervorgetan

das **Herz;** des Herzens, dem Herzen, die Herzen; von Herzen kommen; zu Herzen gehen, nehmen; mit Herz und Hand; der **Herzfehler; herzhaft;** am herzhaftesten; der **Herzinfarkt;** die Herzinfarkte; **herzlich;** aufs, auf das herzlichste

der **Herzog;** die Herzöge

der **Hesse;** die Hessen; **Hessen; hessisch;** das hessische Land, a b e r : das Hessische Bergland

die **Hetze; hetzen;** du hetzt, er hetzt, er hetzte, er hat den Fuchs gehetzt, hetze kein Tier!; der **Hetzer**

das **Heu**

die **Heuchelei; heucheln;** du heuchelst, er heuchelte, er heuchelte, er hat geheuchelt, heuchele nicht!; der **Heuchler; heuchlerisch**

**heuer** (süddeutsch und österreichisch für: in diesem Jahre)

die **Heuer** (Löhnung der Seeleute); die Heuern

**heulen;** du heulst, er heulte, er hat geheult, heule nicht!; das heulende Elend bekommen; der **Heuler** (auch für: verlassener junger Seehund)

die **Heuschrecke**

**heute;** heute abend, früh, mittag, morgen, nachmittag, nacht; die Jugend von heute; **heutigentags; heutzutage**

die **Hexe; hexen;** du hext, er hext, er hexte, er hat gehext; der **Hexenschuß** (plötzlich auftretende Kreuzschmerzen); die **Hexerei**

der **Hieb**

**hier;** hier und da; von hier aus; hier oben; **hieran;** *Trennung:* hierlan; **hierauf;** *Trennung:* hierlauf; **hieraus;** *Trennung:* hierlaus; **hierdurch; hierfür; hierher; hierherkommen;** er kommt hierher, er ist hierhergekommen; **hiermit**

die **Hieroglyphe** [*hi-eroglüf<sup>e</sup>*] (Zeichen der ägyptischen Bilderschrift); die Hieroglyphen *(meist Plural)*; *Trennung:* Hielrolglylphe

**hierzu; hierzulande**

**hiesig;** hiesigen Ort[e]s

**high** [*haï*] (in gehobener Stimmung nach dem Genuß von Rauschgift); high sein

die **Hilfe;** die Erste Hilfe (bei Verletzungen); Hilfe leisten, suchen; einem Verunglückten zu Hilfe eilen, kommen; der Zucker, mit Hilfe dessen oder mit dessen Hilfe sie den Teig sußte; die **Hilfeleistung;** der **Hilferuf; hilflos;** am hilflosesten; **hilfreich; hilfsbereit;** das **Hilfsmittel**

der **Himalaja** [auch: *himalaja*] (Gebirge in Asien)

die **Himbeere;** der **Himbeersaft**

der **Himmel;** um Himmels willen; **himmelblau; himmelschreiend;** die **Himmelsrichtung;** das **Himmelszelt;** des Himmelszeltes; **himmlisch**

**hin;** alles ist hin; hin und her schaukeln; hin und her laufen (ohne bestimmtes Ziel); a b e r : hin- und herlaufen (hin und wieder zurücklaufen); hin und wieder (zuweilen); vor sich hin brummen

**hinab;** *Trennung:* hinlab; etwas weiter hinab; **hinabgehen;** er geht hinab, er ist den Berg hinabgegangen; **hinauf;** *Trennung:* hinlauf; **hinaufgehen;** er geht hinauf, er ist die Treppe hinaufgegangen; **hinaus;** *Trennung:* hinlaus; **hinausgehen;** er geht hinaus, er ist hinausgegangen

**hinderlich; hindern;** du hinderst, er hindert, er hinderte, er hat den Fortschritt gehindert, hindere ihn nicht daran!; das **Hindernis;** des Hindernisses, die Hindernisse

**hinein;** *Trennung:* hinlein; **hineingehen;** er geht hinein, er ist hineingegangen; **hineinplatzen;** er platzte plötzlich hinein, er ist in die Versammlung hineingeplatzt

**hinken;** du hinkst, er hinkt, er hinkte, er hat gehinkt, hinke nicht!

hinrichten; der Henker richtet ihn
hin, er hat ihn hingerichtet
hinten; hintenan; hintenherum;
hintenüber
hinter; hinter dem Zaun stehen,
aber: sich hinter den Zaun stellen

der Hinterbliebene; ein Hinterbliebe-
ner, die Hinterbliebenen, zwei Hinter-
bliebene
hinterbringen; er hat mir die Nach-
richt hinterbracht
hinterdrein; hinterdreinlaufen; er
läuft hinterdrein, er ist hinterdreinge-
laufen
hintereinander; er will die Briefe
hintereinander (sofort) schreiben,
aber: hintereinanderschreiben;
er hat die Namen in der Liste hinterein-
andergeschrieben; hintereinander-
schalten; er hat die Motoren hinter-
einandergeschaltet
hintergehen (betrügen); er hat mich
hintergangen

der Hinterhalt; die Hinterhalte; aus dem
Hinterhalt schießen
hinterher; hinterher putzen (danach
putzen), aber: hinterherlaufen
(nachlaufen); er ist hinterhergelaufen

der Hinterleib (bei Insekten)

die Hinterlist; hinterlistig
hinterrücks
hinüber; Trennung: hin|über; die
Bananen werden wohl hinüber sein
(verdorben sein), aber: hinüberge-
hen; er geht hinüber, er ist hinüber-
gegangen

das Hin und Her; sie einigten sich nach
längerem Hin und Her; das war ein
ewiges Hin und Her; das Hinundher-
fahren, aber: das Hin- und das Her-
fahren; die Hin- und Herfahrt; die
Hin- und Herreise; der Hin- und
Herweg
hinunter; Trennung: hin|un|ter; hin-
unterschlucken; er schluckt die
Tablette hinunter, er hat sie hinunter-
geschluckt
hinweggehen; hinweggehen; er geht hin-
weg, er ist hinweggegangen
hinzu; hinzukommen; er kam hinzu,
er ist hinzugekommen; aber: hinzu
kommt, daß er gelogen hat

die Hiobsbotschaft (Unglücksbot-
schaft)

das Hirn; die Hirne; das Hirngespinst;
die Hirngespinste; hirnverbrannt

der Hirsch; der Hirschfänger

die Hirse (eine Getreideart)

der Hirt; des Hirten, die Hirten; der Hir-
tenbrief (bischöfliches Rundschrei-
ben)
hissen; du hißt, er hißt, er hißte, er
hat die Flagge gehißt, hisse oder hiß
die Flagge!
historisch (geschichtlich); Tren-
nung: hi|sto|risch

der Hit (erfolgreicher Schlager); des Hit
und des Hits, die Hits

die Hitze; hitzig; der Hitzkopf
hl = Hektoliter

das Hobby (Liebhaberei; Steckenpferd);
des Hobbys, die Hobbys

der Hobel; die Hobel; die Hobelbank;
hobeln; du hobelst, er hobelte, er
hat das Brett gehobelt, hobele es!
hoch; höher, am höchsten; hoch
oben; ↑auch: hohe

die Hochachtung; hochachtungsvoll
hochbegabt; höherbegabt, höchst-
begabt; der hochbegabte Schüler,
aber: der Schüler ist hoch begabt
hochdeutsch; auf hochdeutsch; das
Hochdeutsch und das Hoch-
deutsche (die hochdeutsche Spra-
che); ↑deutsch
hochfliegend; hochfliegende (ehr-
geizige) Pläne

das Hochgebirge; die Hochgebirgs-
pflanze

das Hochgefühl

das Hochhaus
hochheben; er hebt den Korb hoch,
er hat ihn hochgehoben
hochkant; etwas hochkant stellen

die Hochleistung; der Hochlei-
stungssport

der Hochmut; des Hochmut[e]s; hoch-
mütig

die Hochrechnung

die Hochschule
höchst; am höchsten. Klein auch:
auf das, aufs höchste; das höchste
der Gefühle. Groß: sein Sinn ist auf
das Höchste gerichtet; er strebt nach
dem Höchsten; höchstens

der Hochstapler

die Höchstgeschwindigkeit

das Höchstmaß; ein Höchstmaß an
Sorgfalt
höchstwahrscheinlich; er hat es
höchstwahrscheinlich getan, aber:
es ist höchst (im höchsten Grade)
wahrscheinlich, daß er es getan hat
hochverehrt; höchstverehrt; ein
hochverehrter Lehrer, aber: er wird
von allen Schülern hoch verehrt

die **Hochzeit;** silberne, goldene Hochzeit feiern

die **Hocke** (eine Turnübung); **hocken;** du hockst, er hockt, er hockte, er hat immer auf dem gleichen Platz gehockt; der **Hocker**

der **Höcker** (der Buckel)

das **Hockey** [*hǫkí*] (eine Sportart); des Hockeys

der **Hoden** (Samendrüse); des Hodens, die Hoden

der **Hof**

die **Hoffart** (Hochmut); *Trennung*: Hoffart; **hoffärtig;** am hoffärtigsten **hoffen;** du hoffst, er hofft, er hoffte, er hat gehofft, hoffe!; **hoffentlich;** die **Hoffnung; hoffnungslos;** am hoffnungslosesten; **hoffnungsvoll höflich;** die **Höflichkeit hohe;** der hohe Berg. *Klein auch*: das hohe C; auf hoher See. *Groß*: die Hohe Schule (beim Reiten); das Hohe Haus (das Parlament); die **Höhe**

die **Hoheit;** *Trennung*: Ho|heit; das **Hoheitsgebiet; hoheitsvoll**

der **Höhepunkt; höher;** höhere Gewalt; er ist auf der höheren Schule (auf einer Oberschule, einem Gymnasium), **aber**: er ist auf der Höheren Handelsschule in Stuttgart; höher springen, höher singen, höher achten **hohl;** die **Höhle;** das **Hohlmaß;** der **Hohlweg**

der **Hohn; höhnisch**

der **Hokuspokus** (Gaukelei; Zauberformel) **hold;** am holdesten; **holdselig holen** (abholen); du holst, er holt, er holte, er hat das Buch geholt, hole das Buch! **holla!**

die **Hölle;** der **Höllenlärm;** die **Höllenqual;** er leidet Höllenqualen (sehr große Qualen); **höllisch**

der **Holm** (Griffstange des Barrens; Längsstange der Leiter); die Holme **holprig** und **holperig; holpern;** der Wagen holpert, der Wagen holperte, der Wagen hat laut geholpert, **aber**: der Wagen ist über das Kopfsteinpflaster geholpert

der **Holunder;** *Trennung*: Ho|lun|der

das **Holz;** die Hölzer; **hölzern; holzig**

die **Homosexualität** (gleichgeschlechtliche Liebe); *Trennung*: Homo|se|xua|li|tät; **homosexuell;** *Trennung*: ho|mo|se|xuell

der **Honduraner** (Bewohner von Honduras); **honduranisch; Honduras** (Staat in Mittelamerika)

**Hongkong** (Hafenstadt an der südchinesischen Küste)

der **Honig; honigsüß;** die **Honigwabe**

das **Honorar** (Vergütung); die Honorare

der **Hopfen;** die **Hopfenstange hopp!;** hopp, hopp!; **hoppla!; hops!; hopsen;** du hopst, er hopst, er hopste, er ist gehopst, hopse nicht so!; der **Hopser; hopsgehen** (verlorengehen, umkommen); das Geld ging hops, er ist hopsgegangen **horchen;** du horchst, er horcht, er horchte, er hat gehorcht, horche oder horch!

die **Horde** (Bande, Schar) **hören;** du hörst, er hört, er hörte, er hat es gehört, höre doch!; er hat von dem Unglück gehört, **aber**: sie hat die Glocken läuten hören (oder: gehört); er hat wieder von sich hören lassen; das **Hörensagen;** nur in der Wendung: er weiß es vom Hörensagen; der **Hörer hörig** (unfrei)

der **Horizont** (der Gesichtskreis); **horizontal** (waagerecht); die **Horizontale** (die Waagrechte); der Horizontalen, die Horizontalen

das **Horn;** die **Hornhaut**

die **Hornisse** [*auch: hǫrniß*]

das **Horoskop** (astrologische Schicksalsdeutung); des Horoskops, die Horoskope; *Trennung*: Ho|ro|skop

der **Horror** (Abscheu, Widerwille); einen Horror vor etwas haben

das **Hörspiel;** der **Hörspielautor**

der **Horst;** die Horste

der **Hort;** die Horte

die **Hortensie** [*hortạnsi*] (ein Zierstrauch)

die **Hose;** der **Hosenmatz** (kleiner Junge); des Hosenmatzes, die Hosenmätze und Hosenmätze

das **Hospital** (Krankenhaus); die Hospitale und die Hospitäler; *Trennung*: Hos|pi|tal; das **Hospiz** (ein Beherbergungsbetrieb); des Hospizes, die Hospize; *Trennung*: Hos|piz

die **Hostie** [*hǫßti*] (Abendmahlsbrot); die Hostien; *Trennung*: Ho|stie

das **Hotel;** die Hotels

der **Hubraum hübsch;** am hübschesten

der **Hubschrauber huckepack;** er trug ihn huckepack

der **Huf;** die Hufe; das **Hufeisen;** der

**Huflattich** (ein Unkraut, eine Heilpflanze)

die **Hüfte;** das **Hüftgelenk**

der **Hügel;** die Hügel; **hüglig** und **hügelig**

das **Huhn**

die **Huld;** die **Huldigung**

die **Hülle**

die **Hülse;** die **Hülsenfrucht**

**human;** der **Humanismus** und die **Humanität** (edle Menschlichkeit; hohe Gesinnung; feine innere Bildung)

der **Humbug** (Schwindel, Unsinn)

die **Hummel;** die Hummeln

der **Hummer** (ein Krebs)

der **Humor; humoristisch; humorvoll**

**humpeln;** du humpelst, er humpelt, er humpelte, er hat und ist gehumpelt, humpele nicht so!

der **Humpen** (ein großes Trinkgefäß)

der **Humus** (fruchtbarer Bodenbestandteil); des Humus; der **Humusboden**

der **Hund;** die Hunde; der Große und der Kleine Hund (Sternbilder); die **Hundehütte; hundemüde,** auch: **hundsmüde**

**hundert;** hundert Menschen; an die hundert Menschen; der fünfte Teil von hundert. *Groß:* ein halbes Hundert; ein paar Hundert; das zweite Hundert; einige, viele Hundert[e]; vier vom Hundert; Hunderte armer Menschen; Hunderte und aber Hunderte; zu Hunderten und Tausenden; es geht in die Hunderte; der Protest einiger, vieler Hunderte; der Beifall Hunderter von Zuschauern; das **Hundert;** vier vom Hundert; **hunderteins, hundertundeins; hunderterlei; hundertfach;** das **Hundertfache; hundertfältig; hundertjährig; hundertmal; hundertprozentig; hundertste;** der hundertste Besucher, aber *groß:* das weiß der Hundertste nicht; er kommt vom Hundertsten ins Tausendste

die **Hündin;** die Hündinnen; **hündisch;** am hündischsten

der **Hüne;** des/dem/den Hünen, die Hünen; das **Hünengrab; hünenhaft**

der **Hunger;** Hungers sterben; er starb vor Hunger; **hungern;** du hungerst, er hungert, er hungerte, er hat gehungert; mich hungert; die **Hungersnot; hungrig**

die **Hupe; hupen;** du hupst, er hupt, er hupte, er hat gehupt, hupe nicht!

**hüpfen;** du hüpfst, er hüpft, er hüpfte, er hat den ganzen Morgen gehüpft, aber: er ist über den Stein gehüpft

die **Hürde;** der **Hürdenlauf;** der **Hürdenläufer**

**hurra!,** auch: hurra!; hurra schreien

der **Hurrikan** [auch: *harik$^e$n*] (Wirbelsturm); die Hurrikane, auch: die Hurrikans [*harik$^e$ns*]

**hurtig** (flink)

**husch!;** husch, husch!; **huschen;** du huschst, er huscht, er huschte, er ist durchs Zimmer gehuscht

**hüsteln;** du hüstelst, er hüstelt, er hüstelte, er hat gehüstelt, hüstele nicht!; **husten;** du hustest, er hustet, er hustete, er hat gehustet, huste nicht!; der **Husten;** das **Hustenbonbon;** der **Hustensaft**

der **Hut** (die Kopfbedeckung)

die **Hut** (der Schutz, die Aufsicht); auf der Hut sein

**hüten;** du hütest, er hütet, er hütete, er hat die Schafe gehütet, hüte die Schafe!; sich hüten; er hat sich gehütet, mir zu widersprechen

die **Hütte;** der **Hüttenschuh;** die Hüttenschuhe (meist *Plural*); der **Hüttenwirt**

die **Hyäne** (ein Raubtier); *Trennung:* Hyä|ne

die **Hyazinthe** (eine Zwiebelpflanze); *Trennung:* Hya|zin|the

der **Hydrant** (Zapfstelle); des/dem/den Hydranten, die Hydranten; *Trennung:* Hy|drant

**hydraulisch** (mit Flüssigkeitsdruck arbeitend); hydraulische Bremse; *Trennung:* hy|drau|lisch

die **Hygiene** (Gesundheitslehre; Gesundheitspflege); *Trennung:* Hy|giene; **hygienisch;** *Trennung:* hy|gienisch

die **Hymne** (der Festgesang, der Lobgesang); *Trennung:* Hym|ne

die **Hypnose** (Zwangsschlaf); die Hypnosen; *Trennung:* Hyp|no|se; **hypnotisieren;** du hypnotisierst ihn, er hypnotisiert ihn, er hypnotisierte ihn, er hat ihn hypnotisiert, hypnotisiere ihn!; *Trennung:* hyp|no|ti|sie|ren

die **Hypotenuse** (Seite gegenüber dem rechten Winkel im Dreieck); *Trennung:* Hy|po|te|nu|se

die **Hypothek** (Pfandrecht an einem Grundstück); die Hypotheken; *Trennung:* Hy|po|thek; **hypothekarisch;** *Trennung:* hy|po|the|ka|risch die **Hysterie** (eine seelische Erkrankung); die Hysterien; *Trennung*: Hyste|rie; **hysterisch**

# I

**i. A.** = im Auftrag[e]
**ich;** das **Ich;** des Ich und des Ichs, die Ich und die Ichs; das liebe Ich; mein anderes Ich
**ideal** (nur in der Vorstellung existierend; vollkommen); das **Ideal** (Hochziel, Wunschbild); die Ideale; das **Idealbild;** der **Idealismus** (Streben nach Verwirklichung von Idealen); *Trennung*: Idea|lis|mus; der **Idealist;** des/dem/den Idealisten, die Idealisten; *Trennung*: Idea|list; **idealistisch;** *Trennung*: idea|li|stisch; die **Idee** (Grundgedanke, Einfall); die Ideen; eine Idee (Kleinigkeit) Salz zugeben
**identifizieren** (gleichsetzen, eine Person oder Sache genau feststellen); du identifizierst, er identifiziert, er identifizierte, man hat den Toten identifiziert; **identisch** (völlig gleich)
die **Ideologie** (System einer Weltanschauung); die Ideologien
der **Idiot;** des/dem/den Idioten, die Idioten; **idiotisch;** am idiotischsten
das **Idyll;** des Idylls, die Idylle; **idyllisch** (ländlich; friedlich)
der **Igel;** die Igel
der **Ignorant** (Nichtswisser, Dummkopf); des/dem/den Ignoranten, die Ignoranten; *Trennung*: Igno|rant; **ignorieren** (nicht beachten, nicht wissen wollen); *Trennung*: igno|rieren; du ignorierst ihn, er ignorierte ihn, er hat ihn ignoriert, ignoriere ihn!
**ihm; ihn; ihnen**
**ihr;** der, die, das ihre oder ihrige (ihre Gegenstände), **aber:** die Ihren oder die Ihrigen (ihre Angehörigen); das Ihre oder das Ihrige (ihre Habe); sie muß das Ihre oder das Ihrige dazu tun; **ihrerseits; ihresgleichen; ihretwegen**
**i. J.** = im Jahre
**illegal** (ungesetzlich; unrechtmäßig)
die **Illumination** (festliche Beleuchtung); **illuminieren** (festlich erleuchten); du illuminierst, er illuminiert, er illuminierte, er hat den Garten mit bunten Lampen illuminiert, illuminiere den Garten!

die **Illusion** (Einbildung, Sinnestäuschung)
die **Illustration** (Erläuterung; Bebilderung); *Trennung*: Il|lu|stra|tion; **illustrieren;** *Trennung*: il|lu|strie|ren; du illustrierst, er illustriert, er illustrierte, er hat das Buch illustriert, illustriere das Buch!; die **Illustrierte;** der Illustrierten, die Illustrierten; zwei Illustrierte und zwei Illustrierten; *Trennung*: Il|lu|strier|te
der **Iltis;** des Iltisses, die Iltisse
**im** (in dem); im Auftrag[e]; im Grunde [genommen]; im Haus[e]; im allgemeinen, im besonderen, im großen [und] ganzen; im voraus; im einzelnen; [nicht] im geringsten; im argen liegen; mit sich im reinen sein; im Begriff[e] sein
das **Image** [*imidsch*] (Vorstellungsbild von einer Person oder Personengruppe in der Öffentlichkeit); des Images, die Images
der **Imbiß;** des Imbisses, die Imbisse
die **Imitation** (Nachahmung); **imitieren;** du imitierst, er imitiert, er imitierte, er hat ihn imitiert, imitiere ihn nicht!
der **Imker;** die **Imme** (landschaftlich für: Biene)
**immer;** für immer; **immerfort; immerhin; immerzu** (fortwährend)
**immun** (gegen Ansteckung geschützt; unempfindlich; gegen gerichtliche Verfolgung geschützt); **immunisieren** (immun machen); die Impfung hat den Körper immunisiert; die **Immunität** (Unempfindlichkeit; Schutz vor Strafverfolgung)
der **Imperativ** (Befehlsform); die Imperative
das **Imperfekt** (Zeitform: die erste Vergangenheit); die Imperfekte
der **Imperialismus** (Streben eines Staates nach Ausdehnung seiner Macht)
**impertinent** (unverschämt); am impertinentesten
**impfen;** du impfst, er impft, er impfte, er hat das Kind gegen Tetanus geimpft; die **Impfung**
**imponieren** (Eindruck machen); du imponierst ihm, er imponiert ihm, er imponierte ihm, er hat ihm imponiert
der **Import** (Einfuhr); die Importe; Im- und Export; **importieren;** du impor-

tierst, er importiert, er importierte, er
hat Bananen importiert, importiere sie!
**imposant** (eindrucksvoll); am im-
posantesten
**imprägnieren** (zum Schutz gegen
Feuchtigkeit durchtränken); *Tren-
nung*: im|prä|gnie|ren; du imprä-
gnierst, er imprägnierte, er hat den
Stoff imprägniert, imprägniere ihn!
**imstande; imstande sein**
**in;** ich gehe in d e m (im) Garten auf
und ab, a b e r : ich gehe in d e n Garten
der **Inbegriff** (die Gesamtheit; das
Höchste)
die **Inbrunst; inbrünstig**
**indem;** er diktierte den Brief, indem
(während) er im Zimmer umherging;
a b e r : er diktierte den Brief, in dem
(in welchem) er uns mitteilte, daß ...
der **Inder** (Bewohner Indiens)
**indes; indessen**
der **Indianer** (Ureinwohner Amerikas);
*Trennung*: In|dia|ner
**Indien** [*indi°n*]
der **Indikativ** (Wirklichkeitsform); die
Indikative
**indirekt** (mittelbar; nicht geradezu);
indirekte Wahl; indirekte (abhängige)
Rede; indirekter (abhängiger) Frage-
satz
**indiskret** (nicht verschwiegen; zu-
dringlich); am indiskretesten; *Tren-
nung*: in|dis|kret
**indisch;** der **Indische Ozean**
**individuell** (vereinzelt; besonders
geartet); das **Individuum** [*indiwi-
duum*] (Einzelwesen, einzelne Per-
son) die Individuen [*indiwidu°n*]
**Indonesien** [*...i°n*] (Inselstaat in
Südostasien); der **Indonesier; indo-
nesisch**
der **Indus** (Fluß in Vorderindien)
**industrialisieren** (mit Industriean-
lagen ausstatten); er hat das Land
industrialisiert; *Trennung*: in|du|stria-
li|sie|ren; die **Industrialisierung;**
die **Industrie;** die Industrien; **indu-
striell**
**ineinander;** die Fäden sind ineinan-
der verschlungen, a b e r : **ineinan-
derfügen;** er fügt die Rohre ineinan-
der, er hat sie ineinandergefügt;
**ineinandergreifen;** die Räder grei-
fen ineinander, sie haben ineinander-
gegriffen
**infam** (niederträchtig)
die **Infanterie** (eine Waffengattung)
die **Infektion** (Ansteckung); die **Infek-**

**tionskrankheit; infizieren** (an-
stecken); du infizierst ihn, er infiziert
ihn, er infizierte ihn, er hat ihn infiziert,
infiziere ihn nicht!; sich infizieren; er
hat sich bei ihm infiziert
der **Infinitiv** (Nennform, Grundform);
die Infinitive
die **Inflation** (Geldentwertung); *Tren-
nung*: In|fla|tion
**infolge;** infolge des schlechten Wet-
ters; infolge von Sturm und Hagel;
**infolgedessen**
die **Information** (Auskunft, Nachricht);
**informieren** (Auskunft geben, be-
nachrichtigen); du informierst ihn,
informierte ihn, er hat ihn informiert,
informiere ihn nicht!; sich informieren; er
hat sich genau informiert
**infrarot;** infrarote Strahlen (unsicht-
bare Wärmestrahlen); *Trennung*: in-
fra|rot
**Ing.** = Ingenieur; der **Ingenieur**
[*inscheniör*] (Techniker mit Hoch-
oder Fachschulausbildung); die Inge-
nieure; *Trennung*: In|ge|nieur
der **Inhaber**
**inhalieren** (einatmen); du inhalierst,
er inhaliert, er inhalierte, er hat inha-
liert, inhaliere!
der **Inhalt; inhaltsreich**
**inhuman** (unmenschlich)
die **Initiative** [*iniziatiw°*] (Entschluß-
kraft; Anstoß zum Handeln); die
Initiativen; *Trennung*: In|itia|ti|ve; die
Initiative ergreifen
das **Inland;** das **Inlandsporto**
das **Inlett** (Baumwollstoff für Betten);
die Inlette
**inmitten;** inmitten des Sees
der **Inn** (Nebenfluß der Donau)
**innen;** von innen, nach innen; innen
und außen; **innerdeutsch;** der inner-
deutsche Handel; **innere;** innerste;
zuinnerst; die innere Medizin; die in-
neren Angelegenheiten des Staates,
a b e r : die Innere Mission; das **Inne-
re;** im Inner[e]n; **innerhalb;** inner-
halb eines Jahres, zweier Jahre; inner-
halb vier Jahren, vier Tagen; **inner-
lich; innig;** die **Innigkeit**
die **Innung**
**inoffiziell** (nicht amtlich)
die **Inquisition** (früheres katholisches
Ketzergericht)
**I. N. R. I.** = Jesus Nazarenus Rex
Judaeorum
der **Insasse;** des/dem/den Insassen, die
Insassen

**insbesondere, insbesondre;** insbesondere, wenn …

die **Inschrift**

das **Insekt** (Kerbtier); des Insekts, die Insekten

die **Insel;** die Inseln

das **Inserat** (Zeitungsanzeige); die Inserate; **inserieren** (eine Zeitungsanzeige aufgeben); du inserierst, er inserierte, er hat inseriert, inseriere!

**insgeheim; insgesamt**
**insofern; insoweit**

die **Inspektion** (Kontrolle, Aufsicht, Besichtigung); *Trennung*: In|spek|tion; der **Inspektor;** die Inspektoren; *Trennung*: In|spek|tor; **inspizieren** (beaufsichtigen); *Trennung*: in|spizie|ren; er hat die Truppe inspiziert

der **Installateur** [*inßtalatör*]; die Installateure; *Trennung*: In|stal|la|teur; die **Installation** (der Einbau, der Anschluß von technischen Anlagen); *Trennung*: In|stal|la|tion; **installieren** (einbauen, anschließen, einrichten); *Trennung*: in|stal|lie|ren; du installierst, er installierte, er hat die Heizung installiert, installiere sie!

**instand;** instand halten, instand setzen, a b e r : das Instandhalten, das Instandsetzen

**inständig** (eindringlich); jemanden inständig um etwas bitten

die **Instanz** (die Behörde, der Dienstweg); die Instanzen

der **Instinkt** (Naturtrieb); die Instinkte; **instinktiv** (trieb-, gefühlsmäßig, unwillkürlich); **instinktlos**

das **Institut** (Forschungs-, Lehranstalt); die Institute; die **Institution** (öffentliche Einrichtung); die Institutionen **instruieren** (unterweisen, anleiten); *Trennung*: in|stru|ie|ren; er hat die Truppe instruiert; die **Instruktion** (Anleitung); *Trennung*: In|struk|tion

das **Instrument;** *Trennung*: In|stru|ment; **instrumentieren;** *Trennung*: in-stru|men|tie|ren; er hat das Klavierstück für Orchester instrumentiert

**intakt** (unversehrt, heil)

**integrieren** (in ein Ganzes einfügen); die integrierte Gesamtschule; *Trennung*: in|te|grie|ren

der **Intellekt** (Denkvermögen, Verstand); des Intellekt[e]s; **intellektuell** (betont verstandesmäßig); **intelligent;** am intelligentesten; die **Intelligenz** (Begabung); die Intelligenzen

der **Intendant** (Theaterleiter, Leiter eines Rundfunk- oder Fernsehsenders); des/dem/den Intendanten, die Intendanten

**intensiv** (eindringlich; gründlich); intensive Bewirtschaftung (Landwirtschaft: Bewirtschaftung mit starkem Aufwand)

**interessant;** am interessantesten; *Trennung*: in|ter|es|sant; das **Interesse** (Teilnahme, Neigung, Vorteil) des Interesses, die Interessen; *Trennung*: In|ter|es|se; er hat Interesse an, für etwas; seine Interessen durchsetzen; das liegt in meinem Interesse; **interessieren** (Teilnahme erwecken); *Trennung*: in|ter|es|sie|ren; etwas interessiert, etwas interessierte, etwas hat ihn interessiert; er hat ihn an, für etwas interessiert; sich interessieren (Anteil nehmen, Sinn haben) für etwas; er hat sich für ihn interessiert

die **Interjektion** (Empfindungs- oder Ausrufewort)

**intern** (innerlich; vertraulich)

**international;** internationale Vereinbarungen, a b e r : das Internationale Rote Kreuz

das **Intervall** [*int°rwa̧l*] (Zeitspanne, Abstand); die Intervalle

das **Interview** [*int°rwju̧,* auch: *int°rwju*] (Befragung, Unterredung); des Interviews, die Interviews; **interviewen** [*int°rwju̧°n*] (befragen); du interviewst, er interviewt, er interviewte, er hat den Politiker interviewt; *Trennung*: in|ter|view|en; der **Interviewer** [*...wju̧°r*]

**intim** (vertraut, gemütlich)

**intus;** etwas intus haben (etwas gegessen oder getrunken haben); etwas begriffen haben)

der **Invalide** [*inwa...*]; des/dem/den Invaliden, ein Invalide, die Invaliden; zwei Invaliden; die **Invalidität**

die **Invasion** (feindlicher Einfall)

das **Inventar** [*inwäntar̩*] (Einrichtungsgegenstände, Bestand); die Inventare; die **Inventur** (Bestandsaufnahme); die Inventuren

**investieren** [*inwä...*] (Kapital anlegen); du investierst, er investiert, er hat in das Geschäft oder in dem Geschäft viel Geld investiert; die **Investition** (Kapitalanlage); die Investitionen

**inwendig;** in- und auswendig
**inwiefern**

**inzwischen**

der **I-Punkt**

**i. R.** = im Ruhestand

[der] **Irak** [auch: _irak_] (vorderasiatischer Staat); der **Iraker; irakisch**

[der] **Iran** (asiatischer Staat); der **Iraner; iranisch;** ↑auch: Perser usw.

**irden;** irdene Ware; **irdisch**

der **Ire** (Bewohner Irlands)

**irgend;** wenn du irgend kannst, so komme; irgend so ein Bettler; irgend jemand; irgend etwas. _Zusammen:_ irgendein[er], irgendwann, irgendwie, irgendwo anders, irgendwoher, irgendwohin; irgendwelcher, irgendwas (für: irgend etwas)

die **Iris** (Regenbogenhaut im Auge; Schwertlilie); _Plural:_ die Iris

**irisch; Irland** (nordwesteuropäische Insel; Staat auf einem Teil dieser Insel)

die **Ironie** (versteckter Spott) die Ironi̲en; _Trennung:_ Iro|nie; **ironisch** (spöttisch); _Trennung:_ iro|nisch

**irrational** (mit dem Verstand nicht faßbar; vernunftwidrig)

**irre** und **irr;** irre und irr sein, werden; ↑aber: irreführen, irregehen, irreleiten; der **Irre;** des/dem/den Irren, ein Irrer, die Irren; zwei Irre; **irreführen;** etwas führt irre, seine Darstellungsweise hat mich irregeführt; eine irreführende Auskunft; **irregehen;** er geht irre, er ist irregegangen; **irreleiten;** er leitet ihn irre, er hat ihn irregeleitet; sich **irren;** du irrst dich, er irrt sich, er irrte sich, er hat sich geirrt; das **Irrlicht;** die Irrlichter; **irrsinnig;** der **Irrtum;** die Irrtümer; **irrtümlich;** der **Irrwisch;** die Irrwische

die **Isar** (Nebenfluß der Donau)

der **Islam** (die Lehre Mohammeds)

**Island;** der **Isländer; isländisch**

die **Isolation** (Absonderung, Trennung, Abdichtung); _Trennung:_ Iso|la|tion; **isolieren** (absondern, abdichten); _Trennung:_ iso|lie|ren; du isolierst, er isoliert, er isolierte, er hat das Kabel isoliert, isoliere das Kabel!; die **Isolierung** ↑Isolation

**Israel** [_ißraäl_] (Volk der Juden im alten Testament; Staat in Vorderasien); der **Israeli** (Angehöriger des Staates Israel); die Israeli[s]; **israelisch** (zum Staat Israel gehörend); der **Israelit** (Jude im Alten Testament); des/dem/den Israeliten, die Israeliten; **israelitisch**

**Istanbul** [auch: istanbu̲l] (heutiger Name von: Konstantinopel; Stadt in der Türkei)

**Italien;** die **Italiener; italienisch;** die italienische Schweiz; italienischer Salat, a b e r : die Italienische Republik

# J

**ja;** ja und nein sagen; jaja̲!, auch: ja̲, ja̲!; jawohl; ja freilich; ja doch; aber ja; na ja; nun ja; zu allem ja und amen sagen. _Groß:_ das Ja und das Nein; mit einem Ja antworten; mit Ja oder mit Nein stimmen; die Folgen seines Ja[s]

die **Jacht** (ein Schiff, ein Segelboot); die Jachten

die **Jacke;** das **Jackett** [_schakät_] (Jäckchen, kurze Jacke), die Jacketts und die Jackette

die **Jagd;** die Jagden; der **Jagdhund; jagen;** du jagst, er jagt, er jagte, er hat den Hirsch gejagt, jage kein krankes Wild!; der **Jäger;** die **Jägerei**

der **Jaguar;** die Jaguare

**jäh; jählings;** der **Jähzorn; jähzornig**

das **Jahr;** im Jahre 2000; laufenden Jahres; künftigen Jahres; nächsten Jahres; vorigen Jahres; über Jahr und Tag; Jahr für Jahr; von Jahr zu Jahr; zwei, viele Jahre lang; er ist über (mehr als) 14 Jahre alt; Schüler ab 14 Jahre[n], bis zu 18 Jahren; ein gutes neues Jahr! (Neujahrsglückwunsch); **jahraus, jahrein; jahrelang,** a b e r : zwei, viele Jahre lang; der **Jahresring;** meist _Plural:_ die Jahresringe; die **Jahreszeit;** der **Jahrgang;** das **Jahrhundert; ...jährig** (z. B. dreijährig: drei Jahre alt, drei Jahre dauernd); **jährlich** (jedes Jahr wiederkehrend); die jährliche Wiederkehr der Zugvögel; der **Jahrmarkt;** das **Jahrtausend;** das **Jahrzehnt;** die Jahrzehnte

**Jakarta** [_dschakarta_] (Hauptstadt von Indonesien)

die **Jalousie** [_schalusi̲_] (Sonnenblende am Fenster); die Jalousien

**Jamaika** (Insel der Großen Antillen; Staat); der **Jamaikaner; jamaikanisch**

der **Jammer; jämmerlich; jammern;**
du jammerst, er jammert, er jammerte,
er hat gejammert, jammere nicht!; er,
es jammert mich; **jammerschade**

der **Jangtse** oder der **Jangtsekiang**
(chinesischer Fluß); *Trennung*: Jang-
tse|kiang

der **Januar;** des Januars und des Januar,
die Januare
**Japan;** der **Japaner; japanisch
japsen** (nach Luft schnappen); du
japst, er japst, er japste, er hat gejapst

der **Jargon** [*schargong*] (besondere
Umgangssprache einer Berufsgruppe
oder Gesellschaftsschicht); des Jar-
gons, die Jargons

der **Jasmin** (ein Strauch); die Jasmine
**jäten;** du jätest, er jätet, er jätete, er
hat Unkraut gejätet, jäte das Unkraut!

die **Jauche;** die **Jauche[n]grube
jauchzen;** du jauchzt, er jauchzt, er
jauchzte, er hat gejauchzt, jauchze
nicht so laut!; der **Jauchzer
jaulen;** der Hund jault, der Hund jaul-
te, der Hund hat gejault
**Java** [*jawa*] (Insel in Südostasien)
**jawohl**

der **Jazz** [*dschäs*, auch: *dschäß, jaz*]; des
Jazz; die **Jazzband** [*dschäsbänd*];
die Jazzbands
**je;** seit je; je Person; je drei; je zwei
und zwei; je länger, je lieber; je mehr,
desto lieber; je kürzer, um so schneller;
je nachdem; je nun

die **Jeans** [*dschins*] *Plural*
**jedenfalls
jeder;** jede, jedes; zu jeder Stunde;
auf jeden Fall; er benutzt jede Gele-
genheit zum Schwätzen; zu Anfang
jedes Jahres, auch: jeden Jahres; das
weiß ein jeder; jeder beliebige kann
daran teilnehmen; jeder einzelne wur-
de danach gefragt; alles und jedes;
**jedermann; jederzeit; jedesmal
jedoch**

der **Jeep** [*dschip*] (ein Geländewagen);
die Jeeps
**jeglicher;** ein jeglicher
**jemals
jemand;** jemand[e]s, jemand[em],
jemand[en]; irgend jemand; sonst je-
mand; jemand anders; jemand Frem-
des; ein gewisser Jemand

[der] **Jemen;** Arabische Republik Jemen;
Volksrepublik Jemen (zwei arabische
Staaten); der **Jemenit; jemenitisch
jener,** jene, jenes; in jener Zeit; ich
gedachte jenes Tages; jener war es!

der **Jenissei** [*jenißei*] (Fluß in Sibirien)
**jenseits;** jenseits des Flusses; das
**Jenseits
Jerusalem** (Hauptstadt von Israel)

der **Jesuit;** des/dem/den Jesuiten, die
Jesuiten; *Trennung*: Je|suit
**Jesus;** Jesus Christus

der **Jet** [*dschät*] (Düsenflugzeug); die
Jets; **jetten** [*dschät°n*] (mit dem Jet
fliegen); du jettest, er ist nach Kanada
gejettet
**jetzt;** bis jetzt, von jetzt an
**jeweils
Jg.** = Jahrgang; **Jgg.** = Jahrgänge
**Jh.** = Jahrhundert

das **Jiu-Jitsu** [*dschiu-dschitßu*]; des
Jiu-Jitsu und des Jiu-Jitsus

der **Job** [*dschop*] (Beschäftigung, Ver-
dienstmöglichkeit); die Jobs; **job-
ben** [*dschob°n*]; du jobbst, er jobbt,
er hat in den Ferien gejobbt

das **Joch;** die Joche; 9 Joch Acker; 3
Joch Ochsen

der **Jockei** [*dschoke*, auch: *dschokai, jo-
kai*]; des Jockeis, die Jockeis

das **Jod;** die **Jodtinktur
jodeln;** du jodelst; er jodelt, er jodelte,
er hat gejodelt, jodle!; der **Jodler**

der **Joga** ([indisches] Verfahren zur kör-
perlichen und geistigen Konzentra-
tion); des Joga[s]
**joggen** [*dschog°n*] (Jogging betrei-
ben); du joggst, er joggt, er joggte, er
hat gejoggt, jogge öfter!; das **Jog-
ging** [*dschoging*] (entspannter, lang-
samer Dauerlauf als Fitneßtraining);
des Joggings

der **Joghurt,** auch: das **Joghurt** (gego-
rene Milch); *Trennung*: Jo|ghurt

der **Jogi** (Anhänger des Jogas); des Jo-
gis, die Jogis
**Johannesburg** (Stadt in Südafrika)

die **Johannisbeere
johlen** (lärmen); du johlst, er johlte,
er hat gejohlt, johle nicht so laut!

der **Joker** [*dschok°r*] (eine Spielkarte);
des Jokers, die Joker

der **Jongleur** [*schongglör*] (Geschick-
lichkeitskünstler); des Jongleurs, die
Jongleure; *Trennung*: Jon|gleur;
**jonglieren** [*schongglir°n*]; du jon-
glierst, er jonglierte, er hat mit den
Bällen jongliert

die **Joppe**

das **Joule** [*dschul*, auch: *dschaul*]
(Maßeinheit für die Energie)

der **Jordan** (Fluß in Palästina);
**Jordanien** [*jordani°n*] (Staat in Vor-

derasien); der **Jordanier** [*jordani<sup>e</sup>r*]; **jordanisch**

der **Journalist** [*sehurnaliβt*] (Zeitungsschriftsteller); des/dem/den Journalisten, die Journalisten

**jr.** = junior

der **Jubel; jubeln;** du jubelst, er jubelt, er jubelte, er hat gejubelt, jubele nicht zu früh!; der **Jubilar;** die Jubilare; das **Jubiläum;** die Jubiläen; **jubilieren;** du jubilierst, er jubiliert, er jubilierte, er hat jubiliert, jubiliere!

**jucken;** es juckt mich am Arm; die Hand juckt mir (seltener: mich); mir (seltener: mich) juckt die Hand; es juckt mir (seltener: mich) in den Fingern, dir eine Ohrfeige zu geben; ihm (seltener: ihn) juckt das Fell (er ist zu übermütig); es juckt mich (reizt mich), dich an den Haaren zu ziehen

der **Jude;** des/dem/den Juden, die Juden; das **Judentum; jüdisch;** die jüdische Zeitrechnung

das **Judo** (sportliche Form des ↑Jiu-Jitsu); des Judo[s]; der **Judoka** (Judosportler); des Judokas, die Judokas

die **Jugend; die Jugendgruppe;** die **Jugendherberge; jugendlich;** der **Jugendliche;** ein Jugendlicher, die Jugendlichen, zwei Jugendliche; die **Jugendliche,** eine Jugendliche; das **Jugendzentrum**

der **Jugoslawe** (Einwohner Jugoslawiens); **Jugoslawien; jugoslawisch**

der **Juli;** des Juli und des Julis, die Julis

**jun.** = junior

**jung;** jünger, am jüngsten. *Klein auch:* von jung auf; jung und alt (jedermann); er ist der jüngere, der jüngste meiner Söhne. *Groß:* Junge und Alte; mein Jüngster; er ist nicht mehr der Jüngste; er gehört nicht mehr zu den Jungsten; der Jüngere; Jung Siegfried; der **Junge;** des Jungen, die Jungen; **jungenhaft;** der **Jünger;** die **Jungfrau;** der **Junggeselle;** der **Jüngling; jüngste;** das jüngste Küken, a b e r: das Jüngste Gericht, der Jüngste Tag

der **Juni;** des Junis und des Juni, die Junis

**junior** (der Jüngere); Karl Mayer junior

der **Jurist** (Rechtskundiger); des/dem/den Juristen, die Juristen; die **Jury** [*sehüri*, auch *sehürí*] (Preisgericht); die Jurys; die **Justiz** (Rechtspflege)

die **Jute** (eine Faserpflanze und deren Faser)

das **Juwel,** auch: der Juwel (Edelstein; Schmuckstück); die Juwelen; der **Juwelier**

der **Jux** (Scherz, Spaß); des Juxes, die Juxe

# K

**K** = Kelvin

die **Kaaba** (das islamische Heiligtum in Mekka)

das **Kabarett** (Kleinkunstbühne); die Kabarette und die Kabaretts; der **Kabarettist;** des/dem/den Kabarettisten

die **Kabbelei;** sich **kabbeln** (sich streiten); du kabbelst dich, er kabbelt sich mit ihr; wir haben uns gekabbelt

das **Kabel;** die Kabel; **kabeln;** du kabelst, er kabelte, er hat diese Nachricht nach Japan gekabelt, kabele diese Nachricht nach Japan!

der **Kabeljau** (ein Fisch); die Kabeljaue und die Kabeljaus

die **Kabine;** das **Kabinett** (kleinerer Raum; Gesamtheit der Minister); die Kabinette

das **Kabriolett** (Pkw mit zurückklappbarem Verdeck); die Kabriolette; *Trennung:* Ka|brio|lett

die **Kachel;** die Kacheln

der **Kadaver** [*kadaw<sup>e</sup>r*] (toter Tierkörper)

der **Käfer**

der **Kaffee** (das Getränk, auch: der Kaffeestrauch, die Kaffeebohnen); ↑aber: Café

der **Käfig**

**kahl; kahlfressen;** die Raupen fraßen den Baum kahl, die Raupen haben den Baum kahlgefressen; **kahlköpfig;** der **Kahlschlag;** die Kahlschläge

der **Kahn;** Kahn fahren, a b e r: das Kahnfahren

der **Kai** (das gemauerte Ufer; die Uferstraße); die Kaie und die Kais

**Kairo** [auch: *kairo*] (Hauptstadt Ägyptens)

der **Kaiser; kaiserlich**

der **Kajak,** auch: das Kajak (ein Boot); die Kajaks und die Kajake

die **Kajüte**

der **Kakao** [auch: *kakau*]; der **Kakaobaum**

der **Kaktus;** des Kaktus, die Kakteen

der **Kalauer** (schlechter Witz)

das **Kalb; kalben;** die Kuh kalbt, die Kuh kalbte, die Kuh hat gekalbt

der **Kalender;** der Gregorianische, Julianische, Hundertjährige Kalender

das **Kali** (ein Ätz- und Düngemittel)

das **Kaliber** (Durchmesser von Rohren)

der **Kalif** (morgenländischer Herrscher); des/dem/den Kalifen, die Kalifen **Kalifornien** [*kaliforni<sup>e</sup>n*] (Staat in den USA)

der **Kalk;** Kalk brennen

die **Kalkulation** (Ermittlung der Kosten, Kostenvoranschlag); **kalkulieren;** du kalkulierst, er kalkuliert, er kalkulierte, er hat diesen Auftrag kalkuliert, kalkuliere genau!

die **Kalorie** (frühere Maßeinheit für die Wärmemenge, auch für den Energieumsatz im Körper); die Kalorien; *Trennung*: Ka|lo|rie; ↑Joule **kalt;** kälter, am kältesten. *Klein auch*: eine kalte Ente (ein Getränk); kalte Küche; der kalte Krieg; ein kalter Schlag (ein Blitz, der nicht zündet); **kaltbleiben** (kaltes Blut bewahren); er bleibt in den schwierigsten Situationen kalt; er ist immer kaltgeblieben, a b e r : **kalt bleiben;** es wird noch einige Tage kalt bleiben; **kaltblütig;** die **Kälte; kaltlassen;** diese Nachricht läßt ihn kalt, wird ihn kaltlassen, a b e r : **kalt lassen;** du sollst den Tee kalt lassen **Kambodscha** (Staat in Hinterindien); der **Kambodschaner; kambodschanisch**

das **Kamel; das Kamelhaar; der Kamelhaarmantel**

die **Kamera;** die Kameras

der **Kamerad;** des/dem/den Kameraden, die Kameraden; die **Kameradschaft; kameradschaftlich Kamerun** (Staat in Westafrika); der **Kameruner; kamerunisch**

die **Kamille** (eine Heilpflanze); der **Kamillentee**

der **Kamin** (Schornstein; Felsenspalt)

der **Kamm; kämmen;** du kämmst, er kämmt, er kämmte, er hat sein Haar gekämmt, kämme dein Haar!; sich kämmen; sie hat sich gekämmt

die **Kammer;** die **Kammermusik**

der **Kampf;** der Kampf ums Dasein; **kämpfen;** du kämpfst, er kämpft, er kämpfte, er hat gekämpft, kämpfe!; der **Kämpfer; kämpferisch**

der **Kampfer** (ein Heilmittel)

das **Kampfspiel;** der **Kampfsport kampieren** (im Freien lagern; schlecht übernachten, hausen); du kampierst, er kampiert, er kampierte, er hat im Freien kampiert **Kanada** (Staat in Nordamerika); der **Kanadier** [*kanadi<sup>e</sup>r*]; **kanadisch**

der **Kanal;** die **Kanalisation; kanalisieren;** er kanalisiert, er kanalisierte, er hat den Bach kanalisiert, kanalisiere ihn!

der **Kanarienvogel**

die **Kandare** (Gebißstange des Pferdes); jemanden an die Kandare nehmen (jemanden streng behandeln)

der **Kandidat** (Prüfling, Bewerber); des/dem/den Kandidaten, die Kandidaten; die **Kandidatur; kandidieren** (sich bewerben): du kandidierst, er kandidierte, er kandidierte, er hat für dieses Amt kandidiert, kandidiere doch bitte für dieses Amt! **kandieren** (mit Zuckerlösung überziehen); du kandierst, er kandierte, er hat die Früchte kandiert, kandiere sie!; der **Kandiszucker**

das **Känguruh;** die Känguruhs

das **Kaninchen**

der **Kanister** (ein Flüssigkeitsbehälter)

die **Kanne**

der **Kannibale** (Menschenfresser); des/dem/den Kannibalen, die Kannibalen; **kannibalisch**

der **Kanon** (Richtschnur; Regel; Kettengesang); des Kanons, die Kanons

die **Kanone;** der **Kanonenschlag** (ein Feuerwerkskörper)

die **Kantate** (Chorwerk)

die **Kante; kanten;** du kantest, er kantet, er kantete, er hat die Kiste gekantet, kante die Kiste!; **kantig**

die **Kantine**

der **Kanton** (Bezirk; schweizerisches Bundesland); die Kantone; **kantonal**

der **Kantor** (Leiter des Kirchenchores); die Kantoren; die **Kantorei** (evangelischer Kirchenchor)

das **Kanu** [auch: *kanu*] (ein Paddelboot); die Kanus

die **Kanzel;** die Kanzeln; die **Kanzlei;** der **Kanzler**

das **Kap** (Vorgebirge); die Kaps; Kap der Guten Hoffnung (Südspitze Afrikas); Kap Hoorn (Südspitze Südamerikas) **Kap.** = Kapitel

die **Kapazität** (Leistungsvermögen; Fassungsvermögen; auch: hervorra-

gender Fachmann); die Kapazitäten;
er ist eine Kapazität

die **Kapelle; der Kapellmeister
kapern** (erbeuten); du kaperst, er ka-
pert, er kaperte, er hat ein Schiff geka-
pert, kapere dieses Schiff!
**kapieren** (fassen, verstehen); du ka-
pierst, er kapiert, er kapierte, er hat
nichts kapiert, kapiere doch endlich!

das **Kapital;** die Kapitale und die Kapita-
lien [*kapitᵉli^e n*]; der **Kapitalismus;**
des Kapitalismus; der **Kapitalist;**
des/dem/den Kapitalisten; die Kapita-
listen; **kapitalistisch**

der **Kapitän**

das **Kapitel** (der Abschnitt); die Kapitel;
Kapitel XII

die **Kapitulation** (Übergabe einer Trup-
pe oder Festung); **kapitulieren** (sich
ergeben); du kapitulierst, er kapitu-
liert, er kapitulierte, er hat kapituliert,
kapituliere nicht!

der **Kaplan;** die Kapläne; *Trennung*: Ka-
plan

die **Kappe
kappen** (abschneiden; abhauen); du
kappst, er kappt, er kappte, er hat
das Tau gekappt, kappe es!

die **Kapriole** (närrischer Luftsprung, tol-
ler Einfall); *Trennung*: Ka|prio|le

der **Kapsel;** die Kapseln
**kaputt;** kaputt sein, a b e r : **kaputt-
gehen;** der Krug ist kaputtgegangen;
**kaputtmachen;** er hat alles kaputt-
gemacht

die **Kapuze;** der **Kapuziner** (Angehöri-
ger eines katholischen Ordens)

der **Karabiner** (ein kurzes Gewehr)

das **Karacho** (große Schnelligkeit,
Schwung); mit Karacho

die **Karaffe** (bauchige Glasflasche)

das **Karat** (das Maß der Feinheit einer
Goldlegierung); die Karate; 24 Karat

das **Karate** (System waffenloser Selbst-
verteidigung); des Karate[s]
**...karätig;** zehnkarätig; 10karätig

die **Karawane** (Reisegesellschaft im
Orient); die **Karawanenstraße; die
Karawanserei** (Unterkunft für Ka-
rawanen)

das **Karbid** (eine chemische Verbindung)

das **Karbol** und die **Karbolsäure** (ein
Desinfektionsmittel); das **Karboli-
neum** (ein Teerprodukt); *Trennung*:
Kar|bo|li|ne|um

der **Karbunkel** (Häufung dicht beieinan-
der liegender Furunkel); die Karbunkel

die **Kardanwelle**

die **Kardätsche** (die Pferdebürste)

der **Kardinal;** die Kardinäle

der **Karfreitag
karg;** karger, auch: kärger; am karg-
sten, auch: am kärgsten; **kärglich**

die **Karibik** (Karibisches Meer mit den
Antillen); das **Karibische Meer
kariert**

die **Karikatur** (Zerrbild; Spottbild); die
Karikaturen; **karikieren;** du karikierst
ihn, er karikiert ihn, er karikierte ihn,
er hat ihn karikiert, karikiere ihn nicht!

die **Karitas** (Nächstenliebe, Wohltätig-
keit); ↑ auch: Caritas; **karitativ** (mild-
tätig)

der **Karneval** [*karn^e wal*]; die Karnevale
und die Karnevals

das **Karnickel** (Kaninchen); die Karnik-
kel

das **Karo** (ein auf der Spitze stehendes
Quadrat); die Karos

die **Karosse** (der Prunkwagen); die Ka-
rossen; *Trennung*: Ka|ros|se; die **Ka-
rosserie** (der Kraftwagenoberbau);
die Karosserien

die **Karotte** (eine Mohrrübe)

der **Karpfen** (ein Fisch)

die **Karre; der Karren; karren;** du karrst,
er karrt, er karrte, er hat Sand gekarrt,
karre das Unkraut in die Ecke!

die **Karriere** (Laufbahn; schnellste Gan-
gart des Pferdes); die Karrieren; *Tren-
nung*: Kar|rie|re
**kart.** = kartoniert (von Büchern)

die **Karte;** alle auf eine Karte setzen;
Karten spielen; die **Kartei** (Zettelka-
sten); das **Kartell** (wirtschaftlicher
Zusammenschluß); die Kartelle

die **Kartoffel;** die Kartoffeln

der **Karton** [*kartong*, auch: *karton*]; die
Kartons; **kartoniert**

das **Karussell;** die Karussells und die Ka-
russelle

die **Karwoche
kaschen** (ergreifen, verhaften); du
kaschst ihn, er kascht ihn, man hat
ihn gekascht

der **Käse**

die **Kaserne**

das **Kasino** (ein Gesellschaftshaus)

[der] **Kasko** (kurz für: Kaskoversiche-
rung); **kaskoversichert; die Kas-
koversicherung** (Fahrzeugversi-
cherung)

der **Kasper; das Kasperle,** auch: der
**Kasperle; die Kasperle; das Kasper-
letheater**

das **Kaspische Meer**

die **Kasse;** der **Kassenarzt;** der **Kassenbestand;** der **Kassensturz;** Kassensturz machen (sein Geld zählen)

die **Kasserolle** (Schmortopf)

die **Kassette** (Kästchen, Behälter); der **Kassettenrecorder**

der **Kassiber** (heimliches Schreiben von Gefangenen oder an Gefangene)

der **Kassier** (landschaftlich für: Kassierer); des Kassiers, die Kassiere; **kassieren** (Geld einnehmen); du kassierst, er kassiert, er kassierte, er hat den Beitrag kassiert, kassiere ihn; der **Kassierer**

die **Kastanie; kastanienbraun**

sich **kasteien** (sich Bußübungen, Entbehrungen auferlegen); du kasteist dich, er kasteit sich, er kasteite sich, er hat sich kasteit, kasteie dich nicht!

das **Kastell** (Burg, Festung)

der **Kasten**

**kastrieren** (verschneiden, entmannen); er hat den Hengst kastriert; *Trennung:* ka|strie|ren

der **Kasus** (grammatischer Fall); des Kasus, die Kasus

die **Katakombe** (frühchristliche unterirdische Begräbnisstätte); die Katakomben

der **Katalog** (Verzeichnis von Gegenständen); die Kataloge

der **Katapult,** auch: das Katapult (eine Schleudermaschine); die Katapulte

der **Katarrh** (eine Schleimhautentzündung); die Katarrhe

**katastrophal;** *Trennung:* ka|ta|strophal; die **Katastrophe** (großes Unglück); *Trennung:* Ka|ta|stro|phe

die **Kate** (Kleinbauernhaus)

der **Katechismus;** des Katechismus, die Katechismen

der **Kater**

**kath.** = katholisch

das **Katheder,** auch: der Katheder (Pult); *Trennung:* Ka|the|der

die **Kathedrale** (bischöfliche Hauptkirche); *Trennung:* Ka|the|dra|le

die **Kathete** (Seite am rechten Winkel im Dreieck); *Trennung:* Ka|the|te

der **Katholik;** des/dem/den Katholiken, die Katholiken; **katholisch;** die katholische Kirche, a b e r : die Katholische Aktion; der **Katholizismus;** des Katholizismus

der **Kattun** (ein Baumwollgewebe); des Kattuns, die Kattune

sich **katzbalgen;** du katzbalgst dich, er katzbalgt sich, er katzbalgte sich, er hat sich mit ihm gekatzbalgt, katzbalge dich nicht mit ihm!; **katzbuckeln;** du katzbuckelst, er katzbuckelt, er katzbuckelte, er hat gekatzbuckelt, katzbuckle nie!; die **Katze;** alles ist für die Katz (umsonst)

das **Kauderwelsch;** des Kauderwelsch oder des Kauderwelschs

**kauen;** du kaust, er kaut, er kaute, er hat gekaut, kaue besser!

**kauern** (hocken); du kauerst, er kauert, er kauerte, er hat am Boden gekauert; sich kauern; er hat sich in die Ecke gekauert

der **Kauf;** etwas in Kauf nehmen; **kaufen;** du kaufst, er kauft, er kaufte, er hat das Auto gekauft, kaufe doch dieses Auto!; der **Käufer; käuflich;** der **Kaufmann;** die Kaufleute

der **Kaugummi;** die Kaugummi und die Kaugummis

die **Kaulquappe**

**kaum;** das ist kaum glaublich

**kausal** (ursächlich zusammenhängend, begründend)

die **Kaution** (Bürgschaft, Sicherheit)

der **Kautschuk;** *Trennung:* Kau|tschuk; der **Kautschukbaum**

der **Kauz;** die Käuze; das **Käuzchen**

der **Kavalier** (ein höflicher Mann)

die **Kavallerie** (Reiterei; eine Waffengattung); die Kavallerien

der **Kaviar** (Rogen des Störs)

**keck** (vorwitzig); die **Keckheit**

der **Kegel;** die Kegel; mit Kind und Kegel; **kegeln;** du kegelst, er kegelt, er kegelte, er hat gekegelt, kegele mit uns!; **kegelschieben;** wir wollen kegelschieben, a b e r : du schiebst Kegel, er hat Kegel geschoben

die **Kehle;** der **Kehlkopf**

der **Kehrbesen; kehren** (fegen); du kehrst er kehrt, er kehrte, er hat die Straße gekehrt, kehre sie!; der **Kehricht,** auch: das Kehricht

die **Kehre; kehren** (wenden); du kehrst, er kehrt, er kehrte, er hat ihm den Rücken gekehrt; er ist in sich gekehrt; sich an etwas kehren; er hat sich nicht an das Gerede gekehrt; **kehrtmachen;** er machte kehrt, er hat kehrtgemacht

**keifen;** du keifst, sie keift, sie hat gekeift

der **Keil;** die Keile; die **Keile** (Prügel); Keile kriegen; **keilen** (anwerben); sich keilen (sich prügeln); du keilst dich, er keilt sich mit ihm; wir haben uns gekeilt; der **Keiler** (männliches Wildschwein); die **Keilerei**

der **Keim; keimen;** der Samen keimt, der Samen keimte, der Samen hat gekeimt; der **Keimling**

**kein;** in keinem Falle, auf keinen Fall; keine unreifen Früchte essen; das ist keiner Erörterung wert; keiner von beiden; **keinerlei; keinerseits; keinesfalls; keineswegs; keinmal,** a b e r : kein einziges Mal

der **Keks,** auch: das Keks; des Keks und des Kekses, die Keks und die Kekse

der **Kelch**

die **Kelle**

der **Keller**

der **Kellner;** die **Kellnerin;** die Kellnerinnen

die **Kelter** (Weinpresse); **keltern;** du kelterst, er keltert, er kelterte, er hat gekeltert, keltere die Trauben!

das **Kelvin** [...*win*] (Gradeinheit auf der absoluten Temperaturskala [Kelvinskala]); 0 K = − 273,15°C

**Kenia** (Staat in Ostafrika); der **Kenianer; kenianisch**

**kennen;** du kennst ihn, er kennt ihn, er kannte ihn, er hat ihn gekannt; **kennenlernen;** er lernte ihn kennen, er hat ihn kennengelernt; **kenntlich;** kenntlich machen; die **Kenntnis;** die Kenntnisse; Kenntnis nehmen von etwas; jemanden in Kenntnis setzen; etwas zur Kenntnis nehmen; das **Kennzeichen**

**kentern** (umkippen); das Schiff kentert, es kenterte, es ist gekentert

die **Keramik** (Kunsttöpferei); für die Erzeugnisse der Kunsttöpferei auch *Plural*: die Keramiken

die **Kerbe; das Kerbholz;** fast nur in: etwas auf dem Kerbholz haben (etwas angestellt, verbrochen haben)

der **Kerker**

der **Kerl;** die Kerle und die Kerls

der **Kern; die Kernenergie** (Atomenergie); **kerngesund; das Kernobst;** die **Kernspaltung** (Atomspaltung)

die **Kerze; kerzengerade**

**keß** (dreist, flott); kesser, kesseste, ein kesses Mädchen

der **Kessel;** die Kessel

der oder das **Ketchup** [*kätschap*] (Würztunke); *Trennung:* Ketch|up

die **Kette**

der **Ketzer;** die **Ketzerei; ketzerisch keuchen;** du keuchst, er keucht, er

keuchte, er hat gekeucht, keuche nicht so laut!; der **Keuchhusten**

die **Keule**

**keusch;** am keuschesten; die **Keuschheit**

**Kfz.** = Kraftfahrzeug

**kg** = Kilogramm

**KG** = Kommanditgesellschaft

**kgl.** = königlich (in Titeln: Kgl.)

die **Khmer-Republik** = Kambodscha

**Khartum** (Hauptstadt des Sudans)

der **Kibbuz** (Gemeinschaftssiedlung in Israel); des Kibbuz, die Kibbuzim oder Kibbuze; der **Kibbuznik** (Angehöriger eines Kibbuz); die Kibbuzniks

**kichern;** du kicherst, er kicherte, er hat gekichert, kichere nicht!

**kicken;** du kickst, er kickt, er kickte, er hat gekickt, kicke!

**kidnappen** [*kidnäp°n*] (entführen); du kidnappst, er kidnappt, er hat ihn gekidnappt; der **Kidnapper**

der **Kiebitz**

der **Kiefer** (ein Schädelknochen); die Kiefer; die **Kieferhöhle**

die **Kiefer** (ein Nadelbaum); die Kiefern; das **Kiefernholz**

**Kiel** (Hauptstadt von Schleswig-Holstein)

der **Kiel; kieloben;** kieloben liegen

die **Kieme;** die Kiemen

der **Kienspan;** die Kienspäne

die **Kiepe** (Rückentragkorb)

der **Kies;** der **Kiesel;** die Kiesel; die **Kieselgur** (eine Erdart); der **Kieselstein;** die **Kiesgrube**

der **Kilimandscharo** (Bergmassiv in Afrika); *Trennung:* Ki|li|ma|ndscha|ro

**killen** (töten); du killst, er killt, er killte, er hat ihn gekillt; der **Killer;** die Killer

das **Kilogramm;** die Kilogramme; *Trennung:* Ki|lo|gramm; 3 Kilogramm

der **Kilometer;** *Trennung:* Ki|lo|me|tor; 80 Kilometer je Stunde

das **Kilowatt;** die Kilowatt; *Trennung:* Ki|lo|watt; 40 Kilowatt; die **Kilowattstunde**

die **Kimme** (Einschnitt, Kerbe; Teil der Visiereinrichtung); Kimme und Korn

der **Kimono** [*kimono,* auch: *kimono*] oder *kimono*] (weitärmeliges Gewand)

das **Kind;** die Kinder; von Kind auf; sich bei jemandem lieb Kind machen (einschmeicheln); der **Kinderarzt;** die **Kindergärten;** die **Kindergärtnerin;** die Kindergärtnerinnen; der **Kinderhort; kinderlos;** die **Kinder-**

sendung; die **Kindertaufe;** die **Kindesmißhandlung; kindisch; kindlich**
**kinetisch** (bewegend); kinetische Energie (Bewegungsenergie)
die **Kinkerlitzchen** (Albernheiten) *Plural*
das **Kinn;** die Kinne; der **Kinnbart;** der **Kinnhaken**
das **Kino**
der **Kiosk** (ein Verkaufshäuschen); die Kioske
die **Kippe; kippen;** du kippst, er kippt, er kippte, er hat die Kiste gekippt, a b e r : der Stuhl ist plötzlich gekippt; der **Kippwagen;** die Kippwagen
die **Kirche;** der **Kirchenchor;** die **Kirchengeschichte;** die **Kirchenglocke;** das **Kirchenjahr;** die **Kirchensteuer;** der **Kirchgänger; kirchlich;** der **Kirchturm;** die **Kirchweih**
die **Kirmes** (landschaftlich für: Kirchweih); die Kirmessen
der **Kirschbaum;** die **Kirsche**
das **Kissen**
die **Kiste**
der **Kitsch; kitschig**
der **Kitt; kitten;** du kittest, er kittet, er kittete, er hat das Fenster gekittet, kitte das Fenster!
der **Kittel;** die Kittel
das **Kitz** (das Junge von Reh, Ziege, Gemse); die Kitze; das **Kitzchen** oder **Kitzlein**
**kitzeln;** du kitzelst ihn, er kitzelt ihn, er kitzelte ihn, er hat ihn gekitzelt, kitzle ihn nicht!; der **Kitzler** (Klitoris); **kitzlig** und **kitzelig**
**Kl.** = Klasse
der **Klabautermann** (Schiffskobold)
der **Klacks** (kleine Menge; klatschendes Geräusch); die Klackse; das ist nur ein Klacks (das macht keine Mühe)
die **Kladde** (erste Niederschrift; Heft)
**klaffen;** die Wunde klafft, sie klaffte, die Wunde hat geklafft
**kläffen;** der Hund kläfft, der Hund kläffte, der Hund hat gekläfft; der **Kläffer**
der oder das **Klafter** (ein Längen- und Raummaß); die Klafter; 5 Klafter Holz; auch: die **Klafter;** die Klaftern
die **Klage;** die **Klagemauer** (in Jerusalem); **klagen;** du klagst, er klagt, er klagte, er hat geklagt, klage nicht!; der **Kläger; kläglich**
der **Klamauk** (Lärm, Ulk); des Klamauks

**klamm;** klamme Finger
die **Klamm** (Felsenschlucht); die Klammen; die **Klammer; klammern;** du klammerst, er klammert, er klammerte, er hat die Wunde geklammert, klammere die Wunde!; sich klammern; er hat sich an mich geklammert
die **Klamotte** (Steinbrocken; altes Kleidungsstück)
die **Klampfe** (Gitarre)
der **Klang;** die Klänge
die **Klappe; klappen;** etwas klappt, etwas klappte, etwas hat geklappt; die **Klapper; klapperig** und **klapprig; klappern;** du klapperst, er klappert, er klapperte, er hat geklappert, klappere nicht mit den Tassen!
der **Klaps;** die Klapse
**klar;** im klaren sein; ins klare kommen; die **Kläranlage;** das **Klärbecken; klarblickend;** ein klarblickender Mann; **klardenkend;** ein klardenkender Mann, a b e r : der Mann kann klar denken; ↑klarlegen, klarmachen, klarsehen, klarstellen, klarwerden; **klären;** du klärst; er klärt, er klärte, er hat die Frage geklärt, kläre doch die Frage!; sich klären; die Frage hat sich geklärt
die **Klarheit**
die **Klarinette** (ein Holzblasinstrument); *Trennung:* Kla|ri|net|te
**klarlegen;** er legt ihm den Vorgang klar, er hat ihm den Vorgang klargelegt; **klarmachen** (deutlich machen); er machte ihm den Vorgang klar, er hat ihm den Vorgang klargemacht; **klarsehen;** er hat bei diesen Verhandlungen immer klargesehen (er hat alles erkannt), a b e r : **klar sehen** (gut sehen); **klarstellen** (Irrtümer beseitigen); er stellt die Mißverständnisse klar, er hat sie klargestellt; **klarwerden** (einsehen); ihm ist endlich sein falsches Handeln klargeworden; sich klarwerden; er ist sich über seine Fehler klargeworden, a b e r : **klar werden;** der Himmel wird klar werden
die **Klasse;** der **Klassenlehrer;** der **Klassensprecher;** die **Klassifikation** (Einordnung in Klassen); **klassifizieren;** du klassifizierst, er klassifizierte; er hat die Schmetterlinge klassifiziert
der **Klassiker; klassisch** (mustergültig; vorbildlich); klassisches Theater; klassische Sprachen

der **Klatsch;** die **Klatschbase; klat-
schen;** du klatschst, er klatscht, er
klatschte, er hat Beifall geklatscht,
klatsche!

**klauben** (sondern; heraussuchen;
mühsam sammeln); du klaubst, er
klaubt, er klaubte, er hat Erbsen ge-
klaubt

die **Klaue;** die **Klauenseuche;** die
Maul- und Klauenseuche

**klauen** (stehlen); du klaust, er klaut,
er klaute, er hat seinem Freund einen
Bleistift geklaut

die **Klause** (Klosterzelle)

die **Klausel** (Nebenbestimmung; Vorbe-
halt); die Klauseln

das **Klavier** [*klawir*]; Klavier spielen
**kleben;** du klebst, er klebt, er klebte,
er hat den Riß geklebt, klebe den Riß!;
**klebenbleiben;** er blieb kleben, er
ist an der Farbe klebengeblieben;
**klebrig;** der **Klebstoff**

der **Klecks; klecksen;** du kleckst, er
kleckst, er kleckste, er hat gekleckst,
kleckse nicht!

der **Klee;** das **Kleeblatt**

das **Kleid; kleiden;** etwas kleidet ihn, et-
was kleidete ihn, etwas hat ihn gut
gekleidet; sich kleiden; sie hat sich
nach der neuesten Mode gekleidet;
der **Kleiderschrank; kleidsam;** die
**Kleidung**

die **Kleie**

**klein;** ein kleines Mädchen. *Klein
auch*: etwas im kleinen verkaufen;
groß und klein; von klein auf; ein klein
wenig; um ein kleines; über ein kleines
(bald); bis ins kleinste (sehr einge-
hend). *Groß*: Kleine und Große; er
ist der Kleinste in der Klasse; die
Kleinen (die Kinder); die Kleine (das
kleine Mädchen); im Kleinen genau
sein; im Kleinen wie im Großen treu
sein; es ist mir ein Kleines (eine kleine
Mühe), das zu tun; etwas, nichts, viel,
wenig Kleines; Pippin der Kleine; Klein
Erna; Klein Roland; der Kleine Bär
(ein Sternbild); der Kleine Belt; das
Kleine Walsertal. *Schreibung in Ver-
bindung mit Verben*: klein sein, wer-
den; klein beigeben (nachgeben);
klein schreiben; etwas kurz und klein
schlagen, ↑aber: kleinkriegen, klein-
machen, kleinschneiden; das **Klein-
kind; kleinkriegen;** er kriegt den
Holzklotz nicht klein, er hat das Geld
kleingekriegt; ich lasse mich nicht
kleinkriegen (zum Nachgeben zwin-

gen); **kleinmachen;** er macht klein,
er hat das Holz kleingemacht; **klein-
mütig;** das **Kleinod;** die Kleinode
und die Kleinodien [*...odien*]; *Tren-
nung*: Klein|od; **kleinschneiden**
(zerkleinern); er schneidet klein, er
hat das Fleisch kleingeschnitten; die
**Kleinschreibung;** die **Kleinstadt;**
der **Kleinstädter**

der **Kleister; kleistern;** du kleisterst, er
kleistert, er kleisterte, er hat den Riß
gekleistert, kleistere den Riß!

die **Klemme; klemmen;** die Tür klemmt,
die Tür klemmte, die Tür hat ge-
klemmt; sich klemmen; er hat sich
den Finger geklemmt

der **Klempner** (Blechschmied)

der **Klepper** (schlechtes Pferd)

der **Klerus** (die katholische Geistlich-
keit); des Klerus; *Trennung*: Kle|rus

die **Klette**

**klettern;** du kletterst, er klettert, er
kletterte, er ist auf den Baum geklettert

der **Klient** (Auftraggeber eines Rechts-
anwalts); des/dem/den Klienten

das **Klima;** die Klimas und die Klimate;
**klimatisch**

**klimmen** (klettern); du klimmst, er
klimmt, er klomm und klimmte, er ist
auf den Berg geklommen und ge-
klimmt; der **Klimmzug**

**klimpern;** du klimperst, er klimpert,
er klimperte, er hat mit den Münzen
geklimpert, klimpere nicht!

die **Klinge**

die **Klingel;** die Klingeln; **klingeln;** du
klingelst, er klingelt, er klingelte, er
hat geklingelt, klingle!

**klingen;** etwas klingt, etwas klang,
etwas hat geklungen; kling, klang!

die **Klinik** (Krankenanstalt); die Kliniken;
**klinisch**

die **Klinke; klinken;** du klinkst, er klinkt,
er klinkte, er hat die Tür ins Schloß
geklinkt, klinke die Tür leise ins
Schloß!

der **Klinker** (hartgebrannter Ziegel)

die **Klippe**

**klirren;** etwas klirrt, etwas klirrte, et-
was hat geklirrt

das **Klistier** (Einlauf); die Klistiere; *Tren-
nung*: Kli|stier

der **Klitsch** (breiige Masse); des
Klitsch[e]s; **klitschig**

die **Klitoris** (Teil der weiblichen Ge-
schlechtsorgane)

das **Klo** (kurz für: Klosett)

die **Kloake** (Abwasserkanal)

der **Kloben; klobig** (schwer, massiv)
**klönen** (gemütlich plaudern); du
klönst, er klönt, er klönte, er hat
geklönt
**klopfen;** du klopfst, er klopft, er
klopfte, er hat geklopft, klopfe an die
Tür!; der **Klopfer**

der **Klöppel;** die Klöppel

der **Klops;** die Klopse

das **Kloṣẹtt;** die Klosette und die Klosetts

der **Kloß**

das **Kloster**

der **Klotz; klotzig**

der **Klub**

die **Kluft** (Spalte); die Klüfte
**klug;** klüger, am klügsten. *Groß*: er
ist der Klügste in der Klasse; der Klüg-
ste gibt nach, a b e r : es ist das klügste
(am klügsten) zu schweigen; klug
sein, werden; **klugerweise,** a b e r :
in kluger Weise; die **Klugheit; klug-
reden** (alles besser wissen wollen);
du sollst nicht so klugreden, a b e r :
**klug reden** (verständig sprechen);
er hat wirklich klug geredet; der **Klug-
schwätzer** (Besserwisser)

der **Klumpen; klumpig**

der **Klüngel** (Clique)
**km** = Kilometer; **km/h** und **km/st**
= Kilometer je Stunde
**knabbern;**du knabberst, er knabbert,
er knabberte, er hat am Brot geknab-
bert, knabbere nicht am Brot!

der **Knabe;** das **Knabenkraut** (eine Or-
chidee)

das **Knäckebrot; knacken;** etwas
knackt, etwas knackte, etwas hat ge-
knackt; der **Knacks;** die **Knack-
wurst**

der **Knall;** die Knalle; Knall und Fall
(unerwartet, sofort); **knallen;** etwas
knallt, etwas knallte, etwas hat ge-
knallt; **knallrọt**
**knapp;** knapp sein, werden; etwas
knapp schneiden; ein knapp sitzender
Anzug; **knapphalten;** er hält ihn
knapp, er hat ihn knappgehalten
**knarren;**die Tür knarrt, die Tür knarr-
te, die Tür hat geknarrt

der **Knạst** (Gefängnis); die Knaste

der **Knaster** (schlechter Tabak); die Kna-
ster
**knattern;** etwas knattert, etwas knat-
terte, etwas hat geknattert

der **Knäuel,** auch: das **Knäuel;** die
Knäuel
**knauserig** und **knausrig; knau-
sern;** du knauserst, er knausert,

er knauserte, er hat mit seinem Geld
geknausert, knausere nicht mit deinem
Geld!
**knautschen** (knittern); du
knautschst das Kleid, der Stoff
knautscht, hat geknautscht; der
**Knautschlack;** die **Knautschzone**
(im Auto)

der **Knebel;** die Knebel; **knebeln;** du
knebelst ihn, er knebelt ihn, er knebelte
ihn, er hat ihn geknebelt, knebele ihn
nicht!

der **Knecht; knechten;** du knechtest
ihn, er knechtet ihn, er knechtete ihn,
er hat ihn geknechtet, knechte ihn
nicht!; die **Knechtschaft**
**kneifen;** du kneifst, er kneift, er kniff,
er hat ihn, auch: ihm in den Arm ge-
kniffen, kneife ihn nicht!; die
**Kneifzange**

die **Kneipe** (einfaches Lokal); **kneipen**
(in der Kneipe trinken); du kneipst,
er kneipt, er kneipte, er hat gekneipt
**kneippen** (eine Wasserkur machen);
du kneippst, er kneippt, er kneippte,
er hat gekneippt; die **Kneippkur**
**kneten;** du knetest, er knetet, er kne-
tete, er hat den Lehm geknetet, knete
den Lehm!; die **Knetmasse**

der **Knick;** die Knicke; **knicken;** du
knickst, er knickt, er knickte, er hat
das Blatt geknickt, knicke das Blatt!;
**knickerig** und **knickrig**

der **Knicks; knicksen;** du knickst, sie
knickst, sie knickste, sie hat geknickst,
knickse!

das **Knie;** die Knie; auf den Knien liegen;
auf die Knie!; die **Kniebeuge; knien**
[*knịn*, auch: *knị$^e$n*]; du kniest, er kniet,
er kniete, er hat gekniet, knie!; sich
knien; er hat sich auf den Boden ge-
kniet

der **Kniff; knifflig**

der **Knilch** oder der **Knülch** (unangeneh-
mer Mensch); die Knilche oder die
Knülche
**knipsen** (fotografieren, lochen); du
knipst, er knipst, er knipste, er hat
geknipst, knipse!

der **Knirps**
**knirschen;** du knirschst, er knirscht,
er knirschte, er hat mit den Zähnen
geknirscht, knirsche nicht so mit den
Zähnen!
**knistern;** etwas knistert, etwas kni-
sterte, etwas hat geknistert
**knittern;** etwas knittert, etwas knit-
terte, etwas hat geknittert

**knobeln** (losen; würfeln); du knobelst, er knobelt, er knobelte, er hat geknobelt, knoble mit mir!

der **Knoblauch**

der **Knöchel;** die Knöchel; der **Knochen;** das **Knochengerüst; knöchern; knochig**

**knockout** [nok-_aut_] (kampfunfähig); jemanden knockout schlagen;

der **Knockout** (Niederschlag); des Knockout und des Knockouts, die Knockouts; _Trennung:_ Knock|out

der **Knödel** (süddeutsch für: Kloß); die Knödel

die **Knolle;** der **Knollenblätterpilz; knollig**

der **Knopf; knöpfen;** du knöpfst dein Kleid vorn, sie knöpft ihr Kleid vorn, sie hat ihr Kleid vorn geknöpft, knöpfe dein Kleid vorn!; das **Knopfloch**

der **Knorpel;** die Knorpel; **knorpelig** und **knorplig**

der **Knorren** (Knoten, harter Auswuchs); **knorrig**

die **Knospe; knospen;** die Rose knospt, die Rose knospte, die Rose hat geknospt

**knoten;** du knotest, er knotet, er knotete, er hat seine Schnürsenkel geknotet, knote sie!; der **Knoten**

**knuffen** (stoßen); du knuffst, er knufft, er knuffte, er hat mich geknufft; knuffe ihn in die Rippen!

der **Knülch** ↑Knilch

der **Knüller** (einschlagende Neuheit)

**knüpfen;** du knüpfst, er knüpft, er knüpfte, er hat viele Verbindungen geknüpft, knüpfe keine Bedingungen daran!

der **Knüppel;** die Knüppel

**knurren;** der Hund knurrt, der Hund knurrte, der Hund hat geknurrt, knurre nicht, Pudel!; **knurrig;** ein knurriger Mensch

das **Knusperhäuschen;** _Trennung:_ Knus|per|häus|chen; **knusperig** und **knusprig; knuspern;** du knusperst, er knuspert, er knusperte, er hat geknuspert

der **Knust** (Endstück des Brotes); die Knuste und die Knüste

die **Knute**

**knutschen** (heftig küssen); du knutschst, er knutscht, sie haben sich geknutscht; die **Knutscherei**

**k. o.** [ka _o_] = ↑knockout; **K. O.** = ↑Knockout

die **Koalition** (Bündnis; Zusammen-

schluß); _Trennung:_ Ko|ali|tion; die kleine, die große Koalition

das **Kobalt** (ein Metall)

der **Kobold;** die Kobolde

der **Koch; kochen;** du kochst, die Mutter kocht, die Mutter kochte, die Mutter hat das Essen gekocht, koche etwas Gutes!; **kochendheiß;** kochendheißes Wasser, a b e r : das Wasser ist kochend heiß

der **Köcher** (ein Behälter für Pfeile)

die **Köchin;** die Köchinnen; die **Kochnische;** das **Kochsalz;** des Kochsalzes;

der **Köder** (Lockmittel); **ködern;** du köderst, er ködert, er köderte, er hat den Fisch geködert, ködere den Fisch!

die **Koedukation** (gemeinsame Erziehung von Jungen und Mädchen); _Trennung:_ Ko|edu|ka|tion

die **Koexistenz** (friedliches Nebeneinander von Staaten mit unterschiedlichen gesellschaftlichen Systemen); _Trennung:_ Ko|exi|stenz

das **Koffein** (Wirkstoff des Kaffees); _Trennung:_ Kof|fein

der **Koffer**

der **Kognak** [konjak]; des Kognaks, die Kognaks und die Kognake; _Trennung:_ Ko|gnak

der **Kohl**

die **Kohle; kohlen** (schwelen; Kohlen in ein Schiff übernehmen); etwas kohlt, etwas kohlte, etwas hat gekohlt; das **Kohlendioxyd** (in der chemischen Fachsprache: Kohlendioxid); _Trennung:_ Koh|len|di|oxyd; das **Kohlehydrat** oder **Kohlenhydrat** (eine organische Verbindung); die Kohle[n]hydrate; _Trennung:_ Koh|le[n]-hy|drat; der **Kohlenstoff** (ein chemisches Element); der **Köhler**

**kohlen** (törichtes Zeug reden; schwindeln); du kohlst, er kohlt, er kohlte, er hat gekohlt

**kohlrabenschwarz**

der **Kohlrabi;** des Kohlrabi und des Kohlrabis, die Kohlrabi und die Kohlrabis

**kohlschwarz**

der **Kohlweißling** (ein Schmetterling)

**koitieren** (den Geschlechtsakt vollziehen); du koitierst, er koitiert, sie haben koitiert; _Trennung:_ ko|itie|ren; der **Koitus** (Geschlechtsakt); _Trennung:_ Ko|itus

die **Koje** (Schlafstelle auf Schiffen)

die **Kokerei** (Koksgewinnung, Kokswerk)

**kokętt** (eitel); am kokettesten
der **Kokon**[*kokǫng*] (Hülle der Insekten-
puppen); des Kokons, die Kokons
die **Kokosnuß;** die Kokosnüsse; die **Ko-
kospalme**
der **Koks**
der **Kolben**
die **Kolik** (ein heftiger Leibschmerz); die
Koliken
der **Kollaps** oder der **Kollaps** (Schwä-
cheanfall); die Kollapse; *Trennung*:
Kol|laps
der **Kollege** (Berufsgenosse; Mitarbei-
ter); des Kollegen, die Kollegen; **kol-
legial;** die **Kollęgin;** die Kolleginnen;
das **Kollęgium;** die Kollegien [*kole-
giᵉn*]
die **Kollękte** (kirchliche Sammlung); die
**Kollektion** (Mustersammlung);
**kollektiv** (gemeinschaftlich); das
**Kollektiv** (Arbeits-, Produktionsge-
meinschaft; Team)
der **Koller** (eine Pferdekrankheit; Wut-
ausbruch)
**kollern;** der Ball kollert, er kollerte,
er ist in die Ecke gekollert
die **Kollision** (Zusammenstoß)
**Köln** (Stadt am Rhein); der **Kölner;**
**kölnisch;** das **Kölnischwasser** und
das **Kölnisch Wasser**
die **Kolonie** (Siedlung; überseeische Be-
sitzung eines Staates) die Kolonien;
die **Kolonisation** (Besiedlung; wirt-
schaftliche Erschließung und Ausbeu-
tung einer Kolonie); **kolonisieren;** du
kolonisierst, er kolonisierte, er hat das
Land kolonisiert, kolonisiere das
Land!; der **Kolonist;** des/dem/den
Kolonisten, die Kolonisten
die **Kolonne** (Gruppe; Reihe)
der **Koloß;** des Kolosses, die Kolosse;
**kolossal** (riesig, übergroß)
der **Kolumbianer** (Einwohner Kolum-
biens); **kolumbianisch; Kolum-
bien** [...*biᵉn*] (Staat in Südamerika)
die **Kombination** (Vereinigung; Vermu-
tung; gutes Zusammenspiel); **kombi-
nieren** (planen; gut zusammenspie-
len); du kombinierst, er kombiniert,
er kombinierte, er hat kombiniert,
kombiniere!; die **Kombizange**
der **Komet** (Schweifstern, Haarstern);
des/dem/den Kometen, die Kometen
der **Komfort** [*komfor*, auch: *komfort*];
des Komforts [*komforß*] und des
Komfort[e]s
der **Komiker; komisch**
das **Komitee** (leitender Ausschuß); des

Komitees, die Komitees; *Trennung*:
Ko|mi|tee
das **Komma;** des Kommas, die Kommas
und die Kommata
der **Kommandant** (Befehlshaber); des/
dem/den Kommandanten, die
Kommandanten; der **Kommandeur**
[*komandör*]; die Kommandeure;
**kommandieren** (befehlen); du
kommandierst, er kommandiert, er
kommandierte, er hat kommandiert,
kommandiere ihn nicht so!; der
Kommandierende General; die **Kom-
manditgesellschaft** (eine Handels-
gesellschaft); das **Kommando** (Be-
fehl; Befehlsgewalt; Truppenteil); die
Kommandos
**kommen;** du kommst, er kommt, er
kam, er ist gekommen, komme!;
jemanden kommen lassen
der **Kommentar** (Erläuterung, Ausle-
gung); die Kommentare
**kommerzialisieren** (wirtschaft-
lichen Interessen unterordnen); du
kommerzialisierst; er hat die Kunst
kommerzialisiert; *Trennung*: kom-
mer|zia|li|sie|ren; **kommerziell** (ge-
schäftlich; auf Gewinn bedacht);
*Trennung*: kom|mer|ziell
der **Kommissar** (ein Beauftragter); die
Kommissare; **kommissarisch** (be-
auftragt; auftragsweise); die **Kom-
mission** (ein Ausschuß)
die **Kommode** (ein Möbelstück)
**kommunal** (die Gemeinde betref-
fend); die **Kommune** (Gemeinde;
Wohngemeinschaft)
die **Kommunikation** (Verständigung,
Verbindung [unter Menschen])
die **Kommunion** (Empfang des heiligen
Abendmahls); **kommunizieren** (das
Abendmahl empfangen); du kommu-
nizierst, er kommuniziert, er kommuni-
zierte, er hat kommuniziert
der **Kommunismus;** des Kommunis-
mus; der **Kommunist;** des/dem/den
Kommunisten, die Kommunisten;
**kommunistisch,** aber: das Kom-
munistische Manifest
die **Komödie** [*komödiᵉ*] (das Lustspiel);
die Komödien
der **Kompagnon**[*kompanjong*] (Teilha-
ber); des Kompagnons, die Kompa-
gnons
**kompakt** (gedrungen; fest; dicht)
die **Kompanie** (eine Truppenabteilung);
die Kompanien
der **Komparativ** (z. B. schöner)

der **Kompaß;** des Kompasses, die Kompasse

die **Kompensation** (Ausgleich, Entschädigung); **kompensieren** (gegeneinander ausgleichen); du kompensierst, er kompensiert, er hat seine Schwäche durch Mut kompensiert **kompetent** (zuständig); die **Kompetenz**
**komplett** (vollständig); *Trennung*: kom|plett

der **Komplex** (Gesamtheit, Zusammenfassung; zusammenhängende Gruppe; ins Unterbewußtsein verdrängte Vorstellungen, die dauernd beunruhigen); *Trennung*: Kom|plex; ein Komplex von Fragen; ein Häuserkomplex; verdrängte Komplexe

das **Kompliment** (Gruß; Artigkeit; Schmeichelei); die Komplimente; *Trennung*: Kom|pli|ment

der **Komplize** (Mittäter); die Komplizen **kompliziert** (beschwerlich, umständlich); am kompliziertesten; *Trennung*: kom|pli|ziert

das **Komplott** (heimlicher Anschlag, Verschwörung); die Komplotte; *Trennung*: Kom|plott
**komponieren** (vertonen); du komponierst, er komponiert, er komponierte, er hat ein Lied komponiert, komponiere!; der **Komponist** (Tondichter); des/dem/den Komponisten; die Komposition (Zusammensetzung; Aufbau und Gestaltung eines Kunstwerks; Musikwerk)

der **Kompost;** der **Komposthaufen**

das **Kompott;** die Kompotte

die **Kompresse** (ein feuchter Umschlag); der **Kompressor** (Verdichter); die Kompressoren

der **Kompromiß,** auch: das Kompromiß (Übereinkunft; Ausgleich); des Kompromisses, die Kompromisse; *Trennung*: Kom|pro|miß
**kondensieren** (verdichten; verflüssigen); der Wasserdampf kondensiert, er kondensierte, er hat kondensiert; kondensierte Milch

der **Konditor;** die Konditoren; die **Konditorei**
**kondolieren** (Beileid aussprechen); du kondolierst, er kondoliert, er kondolierte, er hat ihm kondoliert, kondoliere ihm!

das oder der **Kondom** (Präservativ); die Kondome

das **Konfekt;** die Konfekte

die **Konfektion** (Fertigkleidung)

die **Konferenz** (Beratung); die Konferenzen

die **Konfession** (Bekenntnis); **konfessionell**

das **Konfetti** (bunte Papierschnitzel); des Konfetti[s]

der **Konfirmand;** des/dem/den Konfirmanden, die Konfirmanden; die **Konfirmation** (Einsegnung); **konfirmieren;** er konfirmiert ihn, er konfirmierte ihn, er hat ihn konfirmiert

die **Konfitüre** (Marmelade mit noch erkennbaren Obststücken)

der **Konflikt** (Zwiespalt); die Konflikte; *Trennung*: Kon|flikt

die **Konföderation** (Staatenbund); die Konföderationen

die **Konfrontation** (Gegenüberstellung); **konfrontieren;** du konfrontierst, er konfrontiert, er hat ihn mit der Wahrheit konfrontiert
**konfus** (verwirrt); am konfusesten

der **Kongo** [*kọnggo*] (Fluß in Mittelafrika); [der] **Kongo** [*kọnggo*] (Staat in Mittelafrika); der **Kongolese; kongolesisch**

der **Kongreß** (eine Versammlung); des Kongresses, die Kongresse; *Trennung*: Kon|greß
**kongruent** (deckungsgleich); *Trennung*: kon|gru|ent; die **Kongruenz** (Übereinstimmung)

der **König;** die Heiligen Drei Könige; die **Königin;** die Königinnen; **königlich konisch** (kegelförmig)

die **Konjugation** (Beugung des Verbs); **konjugieren;** du konjugierst, er konjugiert, er konjugierte, er hat konjugiert, konjugiere!; die **Konjunktion** (Bindewort); der **Konjunktiv** (Möglichkeitsform); die Konjunktive

die **Konjunktur** (wirtschaftliche Lage); die Konjunkturen
**konkav** (nach innen gewölbt); eine konkave Linse

das **Konkordat** (Vertrag zwischen einem Staat und der katholischen Kirche); die Konkordate
**konkret** (körperlich, sinnfällig, greifbar); am konkretesten; *Trennung*: kon|kret; konkrete Malerei; konkrete Musik

der **Konkurrent** (Mitbewerber, Rivale) des/dem/den Konkurrenten, die Konkurrenten; die **Konkurrenz** (Wettbewerb); die Konkurrenzen; **konkurrieren** (wetteifern); du konkurrierst mit ihm, er konkurriert mit ihm, er konkurrierte mit ihm, er hat mit ihm konkurriert, konkurriere mit ihm!

der **Konkurs** (Zahlungsunfähigkeit); die Konkurse

**können;** du kannst, er kann, er konnte, er hat das nicht gekonnt, aber: ich habe das· nicht glauben können

der **Konrektor**

**konsequent** (folgerichtig; beharrlich); am konsequentesten; die **Konsequenz** (Folgerichtigkeit; Folgerung; Beharrlichkeit); die Konsequenzen tragen, ziehen

**konservativ** (am Alten, Hergebrachten festhaltend)

das **Konservatorium** [*konsärwatorium*] (Musikhochschule); die Konservatorien [*...ri<sup>e</sup>n*]

die **Konserve** [*konsärw<sup>e</sup>*] (Dauerware); die **Konservendose; konservieren** (einmachen; haltbar machen); er kon serviert, er konservierte, er hat das Obst konserviert, konserviere es!

der **Konsonant** (Mitlaut); des/dem/den Konsonanten, die Konsonanten

**konstant** (unveränderlich, stetig); am konstantesten; eine konstante Temperatur

**Konstantinopel** (früherer Name für: Istanbul)

**konstruieren;** *Trennung:* kon|struieren; du konstruierst, er konstruiert, er konstruierte, er hat eine Maschine konstruiert, konstruiere sie!; die **Konstruktion** (Bauart; Entwurf); *Trennung:* Kon|struk|tion

der **Konsul;** die Konsuln; das **Konsulat;** die Konsulate

der **Konsum** (Verbrauch); der **Konsum** (Verkaufsstelle der Konsumgenossenschaft); die Konsums; der **Konsument** (Verbraucher); des/dem/den Konsumenten; die Konsumenten; **konsumieren;** du konsumierst, er konsumiert, er konsumierte, er hat täglich drei Pfund Obst konsumiert; der **Konsumverein**

der **Kontakt** (eine Verbindung); die Kontakte; **kontaktarm; kontaktfreudig;** die **Kontaktlinse** (dünnes, auf der Hornhaut getragenes Augenglas)

**kontern** (abwehren); du konterst, er kontert, er hat den Angriff gekontert

der **Kontext** (Zusammenhang)

der **Kontinent,** (auch:) Kontinent (Festland; Erdteil); die Kontinente; **kontinental**

**kontinuierlich** (fortdauernd); *Trennung:* kon|ti|nu|ier|lich

das **Konto;** die Konten

das **Kontor** (Geschäftsraum eines Kaufmannes); die Kontore

**kontra** (gegen, entgegengesetzt); *Trennung:* kon|tra

der **Kontrahent** (Gegner im Streit, Vertragspartner); des/dem/den Kontrahenten, die Kontrahenten; *Trennung:* Kon|tra|hent

der **Kontrakt** (Vertrag, Abmachung); die Kontrakte; *Trennung:* Kon|trakt

der **Kontrast** (Gegensatz, Unterschied); die Kontraste; *Trennung:* Kon|trast

die **Kontrolle** (Prüfung, Aufsicht); *Trennung:* Kon|trol|le; der **Kontrolleur** [*kontrolör*]; *Trennung:* Kon|trol|leur; **kontrollieren;** *Trennung:* kon|trollie|ren; du kontrollierst, er kontrolliert, er kontrollierte, er hat ihn kontrolliert, kontrolliere ihn!

die **Kontroverse** [*...wärs<sup>e</sup>*] (Streitfrage, Streit); *Trennung:* Kon|tro|ver|se

die **Kontur** (Umrißlinie); die Konturen *(meist Plural)*

der **Konus** (Kegel); des Konus, die Konusse

**konventionell** [*...wän...*] (herkömmlich, üblich)

die **Konversation** (gesellige Unterhaltung)

**konvex** (nach außen gewölbt); eine konvexe Linse

die **Konzentration** (Zusammenziehung, geistige Sammlung); *Trennung:* Konzen|tra|tion; **konzentrieren;** *Trennung:* kon|zen|trie|ren; du konzentrierst, er konzentriert, er konzentrierte, er hat seine Kräfte auf diese Aufgabe konzentriert; sich konzentrieren; er hat sich konzentriert; **konzentriert;** am konzentriertesten; *Trennung:* konzen|triert

**konzentrisch** (mit gemeinsamem Mittelpunkt) *Trennung:* kon|zentrisch; konzentrische Kreise

das **Konzept** (Entwurf); die Konzepte

der **Konzern** (Zusammenschluß wirtschaftlicher Unternehmen)

das **Konzert**

die **Konzession** (das Zugeständnis; die Genehmigung)

das **Konzil** (Kirchenversammlung); die Konzile und die Konzilien [*konzili<sup>e</sup>n*]

der **Koog** (dem Meere abgerungenes und durch Deiche geschütztes Land); die Köge

die **Kooperation** [*ko-o*...] (Zusammenarbeit)
**Kopenhagen** (Hauptstadt Dänemarks)
der **Kopf;** von Kopf bis Fuß; **köpfen;** du köpfst, er köpft, er köpfte, er hat den Ball geköpft, köpfe den Ball!; **kopflos;** am kopflosesten; das **Kopfrechnen;** der **Kopfschmerz; kopfstehen;** er stand kopf, er hat kopfgestanden; **kopfüber; kopfunter**
die **Kopie** (Abschrift, Abzug); die Kopien; **kopieren** (vervielfältigen); du kopierst, er kopierte, er hat das Schreiben kopiert, kopiere den Brief!
das **Koppel** (Leibriemen); die Koppel
die **Koppel** (eingezäunte Weide); die Koppeln; **koppeln** (verbinden); du koppelst, er koppelt, er koppelte, er hat die Pferde gekoppelt
die **Koralle;** die **Koralleninsel;** das **Korallenriff**
der **Koran,** (auch:) der Koran (das heilige Buch des Islams)
der **Korb;** die Körbe
die **Kordel** (Bindfaden); die Kordeln
**Korea;** Republik Korea; Volksdemokratische Republik Korea (zwei Staaten in Südostasien); *Trennung:* Korea; der **Koreaner** *Trennung:* Ko|reaner; **koreanisch;** *Trennung:* ko|reanisch
die **Korinthe** (eine kleine Rosinenart); *Trennung:* Ko|rin|the
der **Kork;** die Korke; der **Korken;** die Korken; der **Korkenzieher**
das **Korn;** die Kornblume
der **Körper;** der **Körperbau;** des Körperbau[e]s; **körperbehindert;** der und die **Körperbehinderte**
**korpulent** (beleibt); am korpulentesten
**korrekt** (einwandfrei; ohne Fehler); am korrektesten; die **Korrektur** (Verbesserung); die Korrekturen
die **Korrespondenz** (Briefwechsel); die Korrespondenzen; *Trennung:* Kor|respon|denz; **korrespondieren** (Briefe wechseln); *Trennung:* kor|re|spondie|ren; du korrespondierst, er korrespondierte, er hat mit ihm korrespondiert, korrespondiere mit ihm!
der **Korridor**
**korrigieren** (verbessern, berichtigen); du korrigierst, er korrigiert, er hat die Hefte korrigiert, korrigiere die Hefte!; sich korrigieren; mitten in seiner Rede hat er sich korrigiert

**korrupt** (verdorben, bestechlich); die **Korruption**
der **Korse** (Bewohner Korsikas)
das **Korsett;** die Korsette und die Korsetts
**Korsika** (Insel im Mittelmeer); **korsisch**
**kosen;** du kost, er kost, er koste, er hat mit ihr gekost, kose nicht mit ihr!; der **Kosename**
die **Kosmetik** (Schönheitspflege); **kosmetisch;** ein kosmetisches Mittel
der **Kosmonaut** (sowjetischer Weltraumfahrer); des/dem/den Kosmonauten, die Kosmonauten; der **Kosmopolit** (Weltbürger); des/dem/den Kosmopoliten, die Kosmopoliten; der **Kosmos** (das Weltall, die Weltordnung); des Kosmos
die **Kost**
**Kostarika** usw. ↑Costa Rica usw.
**kostbar**
**kosten** (schmecken); du kostest, er kostet, er kostete, er hat das Essen gekostet, koste es!
**kosten** (wert sein); etwas kostet, etwas kostete, etwas hat viel Geld gekostet; die **Kosten** *Plural;* er hat sich auf Kosten seines Freundes amüsiert; **kostenlos**
**köstlich**
**kostspielig**
das **Kostüm;** die Kostüme
der **Kot**
das **Kotelett;** die Koteletts und die Kotelette; *Trennung:* Ko|te|lett
der **Köter**
**kp** = Kilopond
**KP** = Kommunistische Partei (in Namen)
**Kr.** und **Krs.** = Kreis
die **Krabbe** (ein Krebs); **krabb[e]lig; krabbeln;** das Tier krabbelt, das Tier krabbelte, das Tier ist durch das Rohr gekrabbelt, a b e r : es hat mich überall auf der Haut gekrabbelt (gejuckt); es kribbelt und krabbelt
**krach!;** der **Krach;** die Krache und die Krachs; mit Ach und Krach (mit Mühe und Not); Krach schlagen; **krachen;** etwas kracht, etwas krachte, etwas hat gekracht
**krächzen;** der Rabe krächzt, der Rabe krächzte, der Rabe hat gekrächzt
die **Kraft;** in Kraft treten, a b e r : das Inkrafttreten; etwas außer Kraft setzen; der **Kraftfahrer;** das **Kraftfahrzeug; kräftig;** der **Kraftwagen;** das **Kraftwerk**

der **Kragen;** die Kragen und (süddeutsch auch:) die Krägen

die **Krähe; krähen;** der Hahn kräht, der Hahn krähte, der Hahn hat gekräht

der **Krake** (Riesentintenfisch); des/dem/ den Kraken, die Kraken

der **Krakeel** (Lärm und Streit); die Krakeele; *Trennung:* Kra|keel; **krakeelen** (lärmen); du krakeelst, er krakeelt, er krakeelte, er hat krakeelt, krakeele nicht!; der **Krakeeler**

der **Krakel** (schwer leserliches Schriftzeichen); **krakelig** und **kraklig; krakeln;** du krakelst, er krakelt, er hat in sein Heft gekrakelt; krakele nicht!

die **Kralle; krallen;** du krallst; er krallt, er krallte, er hat die Nägel in seine Hand gekrallt; sich an etwas krallen

der **Kram; kramen;** du kramst, er kramt, er kramte, er hat in der Schublade gekramt; der **Krämer**

die **Krampe** und der **Krampen** (der Haken; die Spitzhacke)

der **Krampf; krampfhaft**

der **Kran;** die Kräne (in der Fachsprache: die Krane); der **Kranführer**

der **Kranich**

**krank; kränker,** am kränksten; krank sein, werden, liegen; sich krank fühlen; sich krank melden; sich krank lachen; a b e r : krankfeiern, krankmachen, krankschießen; der **Kranke;** ein Kranker, die Kranken, zwei Kranke; die **Kranke,** eine Kranke; **kränkeln;** du kränkelst, er kränkelt, er kränkelte, er hat lange gekränkelt; **kränken** (beleidigen); du kränkst ihn, er kränkt ihn, er kränkte ihn, er hat ihn sehr gekränkt, kränke ihn nicht!; das **Krankenhaus;** die **Krankenkasse;** die **Krankensalbung** (katholisches Sakrament); der **Krankenschein;** die **Krankenschwester; krankfeiern** (der Arbeit fern bleiben, ohne ernstlich krank zu sein) er feiert krank, er hat gestern krankgefeiert; **krankhaft;** die **Krankheit; kränklich; krankmachen** (soviel wie krankfeiern) er macht krank, er hat krankgemacht; **krankschießen;** der Jäger schießt den Hasen krank, er hat ihn krankgeschossen; die **Kränkung**

der **Kranz**

der **Krapfen** (ein Gebäck)

**kraß** (ungewöhnlich; grell; scharf); krasser, am krassesten; ein krasser (unerhörter) Fall

der **Krater**

die **Krätze** (eine Hautkrankheit); **kratzen;** du kratzt, er kratzt, er kratzte, er hat mich gekratzt, kratze nicht!; sich kratzen; er kratzt sich unentwegt; der **Kratzer**

**krauen** (sanft mit den Fingern kratzen); du kraust, er kraut, er kraute, er hat den Hund hinter den Ohren gekraut; **kraulen** (soviel wie krauen)

**kraulen** (im Kraulstil schwimmen); du kraulst, er krault, er kraulte, er ist durch das ganze Becken gekrault, a b e r : er hat lange gekrault, kraule schneller!

**kraus;** am krausesten; **kräuseln;** der Wind kräuselt, er kräuselte, er hat den Wasserspiegel gekräuselt; sich kräuseln; das Haar hat sich gekräuselt

das **Kraut;** die Kräuter

der **Krawall;** die Krawalle

die **Krawatte** (Schlips)

**kraxeln** (klettern); du kraxelst, er kraxelt, er kraxelte, er ist auf den Berg gekraxelt, kraxle weiter!

die **Kreatur** (Geschöpf, Lebewesen); die Kreaturen; *Trennung:* Krea|tur

der **Krebs**

der **Kredit** (Zahlungsfähigkeit; zur Verfügung gestellter Betrag oder Gegenstand; Glaubwürdigkeit); die Kredite; auf Kredit (geliehen)

die **Kreide; kreideweiß**

der **Kreis; kreisen;** das Flugzeug kreist, das Flugzeug kreiste, das Flugzeug ist oder hat über der Stadt gekreist

**kreischen;** du kreischst, er kreischt, er kreischte (mundartlich noch: krisch), er hat gekreischt (mundartlich noch: gekrischen), kreische nicht so!

der **Kreisel;** die Kreisel; der **Kreislauf;** die Kreisläufe; die **Kreissäge;** der **Kreistag**

der **Kreißsaal** (Entbindungsraum im Krankenhaus)

die **Krem** (eindeutschende Schreibung für: Creme); die Krems

das **Krematorium** (Einäscherungshalle); die Krematorien [$kremat\overset{e}{o}ri^{e}n$]

die **Krempe** (Hutrand)

**krepieren** (bersten; verenden); die Granate krepiert, die Granate krepierte, die Granate ist krepiert

der **Krepp** (ein krauses Gewebe); die Krepps und (meist:) die **Kreppapier;** *Trennung:* Krepp|pa|pier

die **Kresse** (Name für verschiedene Salat- und Gewürzpflanzen)

Kreta (Insel im Mittelmeer); der Kreter; kretisch

das Kreuz; das Rote Kreuz, das Eiserne Kreuz; er lief in die Kreuz und in die Quere, aber: er lief kreuz und quer; kreuzen; du kreuzt, er kreuzt, er kreuzte, er hat die Arme gekreuzt; sich kreuzen; die Züge haben sich gekreuzt; der Kreuzer (ein Kriegsschiff); der Kreuzestod (Christi); das Kreuzeszeichen oder Kreuzzeichen; die Kreuzfahrt (Schiffsreise); kreuzigen; man kreuzigte ihn, man hat ihn gekreuzigt; die Kreuzigung; die Kreuzotter; kreuz und quer; die Kreuzung; das Kreuzworträtsel
kribbeln; das Selterswasser kribbelt, kribbelte, hat mir im Hals gekribbelt; es kribbelt mir in den Fingern, das zu tun; kribblig und kribbelig (ungeduldig, gereizt)
kriechen; du kriechst, er kriecht, er kroch, er ist gekrochen, krieche durch die Zaunlücke!; der Kriecher; die Kriecherei; kriecherisch (unterwürfig)

der Krieg
kriegen (dafür besser: bekommen, erhalten); du kriegst ein neues Fahrrad, er hat ein neues Fahrrad gekriegt

der Krieger; kriegerisch; der Kriegsdienstverweigerer

der Krimi, (auch:) Krimi (Kriminalfilm, -roman); die Krimis; der Kriminalbeamte; kriminell (verbrecherisch)

der Kringel (kleiner Kreis; ein Gebäck); kringelig; sich kringelig lachen; sich kringeln (sich ringeln); das Haar kringelt sich; er hat sich vor Lachen gekringelt (er hat sehr gelacht)

die Krippe; das Krippenspiel

die Krise

das Kristall (geschliffenes Glas); Trennung: Kri|stall

der Kristall; Trennung: Kri|stall; kristallisieren (Kristalle bilden); Trennung: kri|stal|li|sie|ren; etwas kristallisiert, etwas kristallisierte, etwas hat kristallisiert

die Kritik (das Gutachten, das Urteil); der Kritiker; kritiklos; am kritiklosesten; kritisch; kritisieren; du kritisierst, er kritisiert, er kritisierte, er hat kritisiert, kritisiere nicht immer! kritteln (kleinlich urteilen; tadeln); du krittelst, er krittelt, er krittelte, er hat gekrittelt, krittele nicht so!

die Kritzelei; kritzeln; du kritzelst, er kritzelt, er kritzelte, er hat Männchen in sein Heft gekritzelt, kritzle nicht!

das Krokodil

der Krokus; des Krokus, die Krokus und die Krokusse

die Krone; krönen; du krönst ihn, er krönt ihn, er krönte ihn, er hat ihn gekrönt, kröne ihn!

der Kropf; die Kröpfe

die Kröte
Krs. und Kr. = Kreis

die Krücke; der Krückstock

der Krug

die Krume; krümeln; der Kuchen krümelt, der Kuchen krümelte, der Kuchen hat gekrümelt
krumm; krummer (landschaftlich: krümmer), am krummsten (landschaftlich: am krümmsten); etwas krumm biegen, aber: krummnehmen; krümmen; du krümmst, er krümmt, er krümmte, er hat ihm kein Haar gekrümmt; sich krümmen; er hat sich am Boden gekrümmt; krummnehmen (übelnehmen); er nahm mir das krumm, er hat mir das krummgenommen; die Krümmung

der Krüppel; die Krüppel

die Kruste

das Kruzifix; die Kruzifixe
Kto.-Nr. = Kontonummer
Kuba (mittelamerikanischer Staat; westindische Insel); der Kubaner; kubanisch

der Kübel; die Kübel

der oder das Kubikmeter

der Kubus (Würfel); des Kubus, die Kuben

die Küche; der Küchendienst; der Küchenschrank; der Küchenzettel

der Kuchen; das Kuchenblech; der Kuchenteig

der Kuckuck; die Kuckucke

der oder das Kuddelmuddel (Wirrwarr); des Kuddelmuddels

die Kufe (Gleitschiene)

der Küfer (südwestdeutsch für: Böttcher, auch für: Kellermeister)

die Kugel; die Kugeln; kuglig und kugelig; kugeln; der Ball kugelt, der Ball kugelte, der Ball ist in die Ecke gekugelt; sich kugeln; die Kinder haben sich im Schnee gekugelt; kugelrund

die Kuh; die Kühe
kühl; im Kühlen; sich ins Kühle setzen

die Kuhle (Grube, Loch)

die **Kühle; kühlen;** du kühlst, er kühlt, er kühlte, er hat sein Gesicht gekühlt, kühle dein Gesicht!; der **Kühler;** der **Kühlschrank**
**kühn;** die **Kühnheit**

das **Küken** (das Junge des Huhnes)

der **Kuli;** die Kulis

die **Kulisse**
**kullern;** du kullerst, er kullert, er kullerte, er hat den Ball über den Tisch gekullert, a b e r : die Stämme sind auf die Straße gekullert

der **Kult** (Gottesdienst; Verehrung); **kultivieren** (urbar machen; sorgsam pflegen); du kultivierst, er kultiviert, er kultivierte, er hat den Boden kultiviert, kultiviere den Boden!; **kultiviert** (gesittet; hochgebildet); am kultiviertesten; ein kultivierter Mensch; die **Kultur;** die Kulturen; **kulturell**

der **Kümmel;** die Kümmel

der **Kummer; kümmerlich;** sich **kümmern;** du kümmerst dich, er kümmert sich, er kümmerte sich, er hat sich um ihn gekümmert, kümmere dich um ihn!; das kümmert mich nicht!

der **Kumpan** (Kamerad; Mittäter) die Kumpane

der **Kumpel** (Bergmann; Arbeitskamerad); die Kumpel und die Kumpels
**kund;** kund und zu wissen tun

die **Kunde** (Botschaft)

der **Kunde** (Käufer)
**künden;** du kündest, er kündet, er kündete, er hat von der Wahrheit gekündet; **kundgeben;** er gab kund, er hat kundgegeben; ich gebe etwas kund, a b e r : ich gebe Kunde von etwas; die **Kundgebung; kündigen;** du kündigst, er kündigt, er kündigte, er hat gekündigt, kündige!; er hat ihm gekündigt; er hat ihm die Wohnung gekündigt; es wurde ihm oder ihm wurde gekündigt; die **Kündigung;** die **Kundschaft**
**künftig;** künftigen Jahres

die **Kunst;** der **Kunstdünger;** die **Kunstfaser;** der **Künstler; künstlerisch; künstlich;** künstliche Atmung; künstliche Niere; der **Kunststoff;** das **Kunststück; kunstvoll;** am kunstvollsten
**kunterbunt** (durcheinander, gemischt)

das **Kupfer; kupfern** (aus Kupfer); ein kupferner Kessel, a b e r : der Kupferne Sonntag

die **Kuppe;** die Kuppe des Berges

die **Kuppel;** die Kuppeln
**kuppeln;** du kuppelst, er kuppelt, er hat unvorsichtig gekuppelt; die **Kupplung;** das **Kupplungspedal**

die **Kur** (Heilverfahren; Heilbehandlung, Pflege); die Kuren

die **Kür** (Wahlübung beim Sport); die Küren

das **Kuratorium** (Aufsichtsbehörde); die Kuratorien [kuratori$^e$n]

die **Kurbel; kurbeln;** du kurbelst, er kurbelt, er kurbelte, er hat gekurbelt, kurbele doch!

der **Kürbis;** des Kürbisses, die Kürbisse
**küren** (wählen); du kürst, er kürt, er kürte (auch: kor), er hat ihn gekürt (auch: gekoren), küre ihn!; der **Kurfürst;** des/dem/den Kurfürsten, die Kurfürsten

der **Kurgast**

die **Kurie** [kuri$^e$] (die päpstliche Zentralbehörde)

der **Kurier** (Eilbote)
**kurieren;** du kurierst ihn, er kurierte ihn, er hat ihn kuriert, kuriere ihn!
**kurios** (seltsam, sonderlich); am kuriosesten

der **Kurs;** das **Kursbuch;** der **Kursus;** des Kursus, die Kurse

der **Kürschner** (Pelzverarbeiter)

die **Kurve; kurven;** das Flugzeug kurvt, das Flugzeug kurvte, das Flugzeug ist oder hat über der Stadt gekurvt
**kurz;** kürzer, am kürzesten; kurz und gut; zu kurz kommen; kurz angebunden sein; kurz gesagt. *Klein auch:* auf das, aufs kürzeste; etwas des kürzeren darlegen; binnen, in, seit, vor kurzem; über kurz oder lang; den kürzeren ziehen. *Groß:* Pippin der Kurze; die **Kurzarbeit; kurzarbeiten;** er arbeitet kurz, er hat kurzgearbeitet, a b e r : **kurz arbeiten;** ich werde heute nur kurz arbeiten; der **Kurzarbeiter; kurzatmig;** die **Kürze;** in Kürze; **kurzerhand; kürzlich;** der **Kurzschluß;** die **Kurzschrift**
**kusch!** (Befehl an den Hund: leg dich nieder!); **kuschen** (vom Hund: sich lautlos hinlegen; auch für: sich ducken, den Mund halten); du kuschst, der Hund kuscht, er hat gekuscht

die **Kusine** (eindeutsch für: Cousine)

der **Kuß;** des Kusses, die Küsse; das **Küßchen; küssen;** du küßt, er küßt, er küßte, er hat sie auf die Stirn geküßt, küß oder küsse sie!

die **Küste**
der **Küster**
die **Kutsche;** der **Kutscher; kutschieren;** du kutschierst, er kutschiert, er kutschierte, er hat den Wagen kutschiert, ↑aber: wir sind durch die Stadt kutschiert
die **Kutte** (Mönchsgewand)
der **Kutter** (einmastiges Segelfahrzeug)
das **Kuvert** [*kuwẹr* oder *kuwä̱rt*]; des Kuverts, die Kuverts
**Kuwait** [auch: *kṳwait*] (Staat am Persischen Golf); der **Kuwaiter** [auch: *kṳwait*ᵉ*r*]; **kuwaitisch** [auch: *kṳwaitisch*]
**kW** = Kilowatt; **kWh** = Kilowattstunde

# L

**l** = Liter
**laben;** du labst ihn, er labt ihn, er labte ihn, er hat ihn gelabt, labe ihn!; sich laben; er hat sich am Kuchen gelabt
**labern** (einfältig schwatzen); du laberst, er labert, er hat viel gelabert, labere nicht!
**labil** (schwankend; unsicher); labiles Gleichgewicht
das **Labor** (kurz für: Laboratorium); die Labors; der **Laborant;** des/dem/den Laboranten, die Laboranten; *Trennung:* La|bo|rant; das **Laboratorium** (naturwissenschaftliche Arbeits- und Forschungsstätte); [*laboratori*ᵉ*n*]; **laborieren** (sich abmühen; an etwas leiden); du laborierst, er laboriert, er hat an einem Husten laboriert
das **Labsal;** die Labsale
das **Labyrinth** (Irrgang; Durcheinander); die Labyrinthe; *Trennung:* La|by|rinth
die **Lache** (Pfütze)
die **Lache** (Gelächter); **lächeln;** du lächelst, er lächelt, er lächelte, er hat gelächelt, lächele!; **lachen;** du lachst, er lacht, er lachte, er hat gelacht, lache!; Tränen lachen; er hat gut lachen; das **Lachen;** das ist zum Lachen; **lächerlich;** etwas ins Lächerliche ziehen; **lachhaft**
der **Lachs; lachsfarben**

der **Lack;** die Lacke; **lackieren;** du lackierst, er lackiert, er lackierte, er hat das Auto lackiert, lackiere das Auto!
die **Lade** (Schublade); die Laden
**laden;** du lädst, er lädt, er lud, er hat geladen, lade!
der **Laden;** die Läden; der **Ladenhüter** (schlecht verkäufliche Ware)
die **Ladung**
die **Lady** [*lẹ'di̱*] (Dame); die Ladys und die Ladies
die **Lage;** in der Lage sein
das **Lager;** die Lager und (in der Kaufmannssprache auch:) die Läger; etwas auf Lager halten; **lagern;** du lagerst, er lagert, er lagerte, er hat die Vorräte gelagert, lagere die Vorräte trocken!; sich lagern; sie haben sich auf der Wiese gelagert
**Lagos** (Hauptstadt von Nigeria)
die **Lagune** (abgeschnürter, flacher Meeresteil)
**lahm; lahmen** (lahm gehen); das Pferd lahmt, das Pferd lahmte, das Pferd hat gelahmt; **lähmen** (lahm machen); die Angst lähmt ihn, die Angst lähmte ihn, die Angst hat ihn in seiner Entschlußkraft gelähmt; die **Lähmung**
der **Laib;** die Laibe; ein Laib Brot
der **Laich** (Eier von Wassertieren); die Laiche; **laichen** (Laich absetzen); der Fisch laicht, der Fisch laichte, der Fisch hat gelaicht
der **Laie** (Nichtpriester, Nichtfachmann); **laienhaft;** das **Laienspiel**
der **Lakai** (ein unterwürfiger Mensch); des Lakaien, die Lakaien
die **Lake** (Salzlösung zum Einlegen von Fisch, Fleisch); die Laken
das **Laken** (Bettuch)
die **Lakritze** (eingedickter Süßholzsaft); *Trennung:* La|krit|ze
**lallen;** du lallst, er lallt, der Betrunkene hat nur gelallt; lalle nicht so!
die **Lamelle** (Streifen, dünnes Blättchen)
**lamentieren** (jammern); du lamentierst, er lamentiert, er hat lamentiert
das **Lametta;** (Metallfäden [als Christbaumschmuck])
das **Lamm; lammen;** das Schaf lammt, das Schaf lammte, das Schaf hat gelammt
die **Lampe;** der **Lampion** [*lampiọ̈ng,* auch: *lạmpiong*] (Papierlaterne); die Lampions
das **Land;** die Länder und (dichterisch:) die Lande; aus aller Herren Länder[n];

außer Landes sein; hierzulande; die Halligen melden „Land unter"; zu Lande und zu Wasser, ↑aber: bei uns zulande (daheim); **landab;** Trennung: land|ab; **landauf;** Trennung: land|auf; **landen;** das Flugzeug landet, das Flugzeug landete, das Flugzeug ist gelandet, ↑aber: der Boxer hat bei seinem Gegner einen Kinnhaken gelandet; der **Landesbischof** (evangelische Kirche); die **Landesregierung; landfremd; ländlich;** der **Landmann** (Bauer); die Landleute; der **Landrat;** das **Landratsamt;** die **Landschaft;** der **Landsmann** (Heimatgenosse); die Landsleute; die **Landstraße;** der **Landtag;** die **Landung;** der **Landwirt;** die **Landwirtschaft; landwirtschaftlich lang;** länger; am längsten. Klein auch: ein langes und ein breites (viel, umständlich) reden; sich des langen und breiten, sich des längeren und des breiteren über etwas äußern; seit langem, seit lange; über kurz oder lang; **langatmig; langbeinig; lange** oder lang (Adverb); lang ersehnte Hilfe; lang anhaltender Beifall; es ist lange her; lang, lang ist's her; die **Länge;** der Länge nach hinfallen, aber: längelang hinfallen

**langen** (ausreichen, auch: greifen); das Geld langt, das Geld langte, das Geld hat gelangt; danke, es langt mir!; jetzt langt's mir aber!

der **Längengrad;** die **Langeweile,** auch: die **Langweile;** der Langeweile und der Langweile und der Langenweile; aus Langeweile und aus Langweile und aus Langerweile; **länglich;** die **Langmut; langmütig; längs;** etwas längs (der Länge nach) trennen; längs des Weges; **langsam;** ein langsamer Walzer; der **Langschläfer; längst;** er ist längst daheim; **langweilen;** sich langweilen; du langweilst ihn, er langweilt sich, er langweilte sich, er hat sich gelangweilt, langweile mich nicht mit deiner Erzählung!; **langweilig; langwierig**

die **Lanze**

**Laos** (Staat in Hinterindien); der **Laote;** des/dem/den Laoten; **laotisch**

**lapidar** (kraftvoll, kurz und bündig)

die **Lappalie** [lapạli^e] (Kleinigkeit, etwas Belangloses); die Lappalien

der **Lappen**

**läppisch** (albern, dumm)

die **Lärche** (ein Nadelbaum)

der **Lärm; lärmen;** du lärmst, er lärmte, er hat gelärmt, lärme nicht so!

die **Larve** (Maske, Gespenst; Jugendform von Insekten)

die **Lasche** (ein Verbindungsstück)

der **Laser** [lẹ's^er] (Gerät zur Lichtverstärkung); des Lasers, die Laser; der **Laserstrahl**

**lassen;** du läßt, er läßt, er ließ, er hat gelassen, lasse! und laß!; ich habe es gelassen (unterlassen), ↑aber: ich habe dich rufen lassen; ↑bleibenlassen, fahrenlassen, fallenlassen, laufenlassen, liegenlassen, lockerlassen

**lässig;** die **Lässigkeit**

der **Lasso,** auch: das **Lasso** (eine Wurfschlinge); des Lassos, die Lassos

die **Last;** zu Lasten des ... oder zu Lasten von ...; zu meinen Lasten

das **Laster; lasterhaft; lästern;** du lästerst, er lästert, er lästerte, er hat gelästert, lästere nicht!

**lästig**

der **Lastkraftwagen;** der **Lastwagen**

das **Latein;** er ist am Ende mit seinem Latein (er weiß, er kann nicht weiter); **lateinisch;** lateinische Schrift

die **Laterne**

die **Latrine** (Abort, Senkgrube)

**latschen** (nachlässig gehen); du latschst, er latscht, er latschte, er ist über den Hof gelatscht; latsche nicht!

die **Latte;** der **Lattenzaun**

**lau;** lauer, am lau[e]sten; ein lauer Wind

das **Laub;** der **Laubbaum**

die **Laube**

der **Laubfrosch;** die **Laubsäge;** der **Laubwald**

der **Lauch;** die Lauche

die **Lauer;** auf der Lauer sein, liegen; **lauern;** du lauerst, er lauert, er lauerte, er hat lange auf mich gelauert, lauere nicht!

der **Lauf;** die Läufe; im Laufe der Zeit; **laufen;** du läufst, er läuft, er lief, er ist gelaufen, lauf[e]!; **laufend;** laufendes Jahr und laufendes Jahres; laufender Monat und laufenden Monats; am laufenden Band arbeiten; auf dem laufenden sein, bleiben; **laufenlassen;** er hat sie laufenlassen (er hat ihr den Laufpaß gegeben), aber: **laufen lassen;** du sollst den Hund, den Motor laufen lassen; der **Läufer**

die **Lauge**

die **Laune; launig** (witzig); **launisch**
(launenhaft)

die **Laus;** die Läuse; der **Lausbub;** die
**Lausbüberei; lausbübisch; lau-**
**sen;** der Affe laust sich, hat sich ge-
laust; **lausig**
**lauschen;** du lauschst, er lauscht, er
lauschte, er hat an der Tür gelauscht,
lausche nicht!; der **Lauscher; lau-**
**schig**
**laut,** lauter, am lautesten; etwas laut
werden lassen; der **Laut;** die Laute

die **Laute** (ein Saiteninstrument)
**lauten** (tönen; klingen); die Antwort
lautet gut; der Vertrag lautet auf den
Namen ...; das Urteil lautet auf Frei-
spruch; **läuten;** du läutest, er läutete,
er hat geläutet, läute die Glocken!
**lauter** (rein; ungetrübt); lautere Ge-
sinnung; lauterer Wein; die **Lauter-**
**keit; läutern;** das Leid läutert ihn,
läuterte ihn, hat ihn geläutert
**lautlos;** am lautlosesten; der **Laut-**
**sprecher**
**lauwarm**

die **Lava** [*lawa*] (feurigflüssiger Schmelz-
fluß aus Vulkanen); die Laven

der **Lavendel** [*lawänd*e*l*] (eine Gewürz-
pflanze)
**lavieren** (mit Geschick Schwierig-
keiten überwinden); du lavierst, er la-
viert, er lavierte, er hat zwischen den
Parteien laviert

die **Lawine; lawinenartig;** der **Lawi-**
**nenhund**
**lax** (schlaff; locker); am laxesten; eine
laxe Haltung

das **Lazarett;** die Lazarette

das **Lebehoch;** die Lebehochs; er rief ein
herzliches Lebehoch, a b e r : er rief;
„er lebe hoch!"
**leben;** du lebst, er lebt, er lebte, er
hat gelebt, lebe wohl!; das **Leben;**
mein Leben lang, a b e r : mein lebe-
lang; am Leben bleiben; **lebendig;**
der **Lebensbaum;** die **Lebensbe-**
**dingungen;** meist *Plural;* **lebensge-**
**fährlich; lebenslänglich;** der **Le-**
**benslauf;** das **Lebensmittel;** meist
*Plural:* die Lebensmittel; **lebensnot-**
**wendig;** die **Lebensweise**

die **Leber;** der **Lebertran;** die **Leber-**
**wurst**

das **Lebewohl;** die Lebewohle und die
Lebewohls; er rief ein herzliches Lebe-
wohl, a b e r : er rief: „Lebe wohl!"
**lebhaft;** am lebhaftesten

der **Lebkuchen**

**leblos**
**Lebzeiten;** bei Lebzeiten seines Va-
ters; zu seinen Lebzeiten
**lechzen;** du lechzt, er lechzt, er lechz-
te, er hat nach Wasser gelechzt
**leck** (undicht); das **Leck;** die Lecks;
**lecken** (undicht sein); das Schiff
leckt, das Schiff leckte, es hat geleckt
**lecken** (mit der Zunge berühren); du
leckst, er leckt, er leckte, er hat geleckt,
lecke nicht daran!; **lecker;** der **Lek-**
**kerbissen;** die **Leckerei**

das **Leder; ledern** (aus Leder)
**ledig**
**lediglich**

die **Lee** (die dem Wind abgekehrte Seite;
Gegensatz: Luv)
**leer;** leer machen; leer stehen; die
**Leere; leeren;** du leerst, er leert, er
leerte, er hat den Eimer geleert, leere
den Eimer!; der **Leerlauf** (unproduk-
tives Tätigsein); **leerlaufen;** das Faß
läuft leer, das Faß ist leergelaufen,
a b e r : **leer laufen;** er ließ den Motor
leer laufen

die **Lefze** (die Lippe bei Tieren)
**legal** (gesetzlich, gesetzmäßig); **le-**
**galisieren** (gesetzlich machen); die
**Legalität**
**legen;** du legst, er legt, er legte, er
hat das Buch auf den Tisch gelegt,
lege das Buch auf den Tisch!

die **Legende** (Heiligenerzählung, Sage)
**legieren** (verschmelzen; binden; mit
Eigelb anrühren); du legierst, sie le-
giert, sie legierte, sie hat die Suppe
legiert, legiere die Suppe!; die **Legie-**
**rung** (Metallmischung)

die **Legion** (altrömische Heereseinheit;
Freiwilligentruppe); die Legionen; der
**Legionär**

die **Legislative** [*...iwe*] (gesetzgebende
Gewalt); die **Legislaturperiode**
(Amtsdauer eines Parlaments); **legi-**
**tim** (gesetzlich; rechtmäßig); die **Le-**
**gitimation** (Beglaubigung; Berech-
tigungsausweis); **legitimieren** (be-
glaubigen); du legitimierst, er legiti-
miert, er hat sich legitimiert (sich aus-
gewiesen)

der **Legwarmer** [*läg*u*ârm*e*r*] (fußloser
Strumpf); die Legwarmer und die Leg-
warmers

das **Lehen;** das **Lehnswesen**

der **Lehm; lehmig**

die **Lehne; lehnen;** du lehnst, er lehnt,
er lehnte, er hat die Leiter an die Mauer
gelehnt; sich lehnen; er hat sich an

meine Schulter gelehnt; der **Lehn-
stuhl**

die **Lehre; lehren;** du lehrst, er lehrt, er
lehrte, er hat gelehrt, lehre!, er lehrt
ihn (auch: ihm) Englisch; er lehrt mich
(auch: mir) lesen; er lehrt ihn (auch:
ihm) das Lesen; er hat ihn reiten ge-
lehrt (auch: reiten lehren); der **Leh-
rer;** die **Lehrerin;** die Lehrerinnen;
der **Lehrling;** der **Lehrstoff;** die
**Lehrwerkstatt**

der **Leib;** gut bei Leibe (wohlgenährt)
sein, aber: beileibe nicht; einem zu
Leibe gehen; es geht mir an den Leib;
Leib und Leben wagen; **leibeigen;
leibhaftig; leiblich;** die **Leib-
schmerzen** *(meist Plural)*

die **Leiche;** der **Leichnam;** die Leichna-
me
**leicht;** am leichtesten; die leichte
Musik; leichtes Heizöl. *Klein auch:*
es ist mir ein leichtes (sehr leicht),
darauf zu verzichten. *Groß:* das ist
nichts Leichtes; er ißt gern etwas
Leichtes; der **Leichtathlet;** des/
dem/den Leichtathleten, die Leicht-
athleten; *Trennung:* Leicht|ath|let; die
**Leichtathletik; leichtfallen** (keine
Anstrengung erfordern); die Schular-
beiten fallen ihm leicht, sie sind ihm
leichtgefallen, aber: **leicht fallen;**
er ist nur leicht gefallen; **leichtfertig;
leichtgläubig; leichtmachen;** er
hat es ihm leichtgemacht; **leichtneh-
men;** er hat seine Pflichten immer
leichtgenommen; der **Leichtsinn;
leichtsinnig; leichtverdaulich;**
eine leichtverdauliche Speise, aber:
die Speise ist leicht verdaulich;
**leichtverständlich;** eine leichtver-
ständliche Sprache, aber: die Spra-
che ist leicht verständlich
**leid;** es tut mir leid; das **Leid;** jeman-
dem etwas zuleide tun; er hat sich
ein Leid angetan
**leiden;** du leidest, er leidet, er litt,
er hat Not gelitten; lerne leiden, ohne
zu klagen!; das **Leiden;** Freuden und
Leiden; die **Leidenschaft**
**leider;** leider Gottes
**leidlich**

die **Leier; leiern;** du leierst, er leiert, er
leierte, er hat das Gedicht geleiert,
leiere nicht so!

die **Leihbücherei; leihen;** du leihst, er
leiht, er lieh, er hat sich das Buch
geliehen, leihe mir das Buch!; **leih-
weise**

der **Leim; leimen;** du leimst, er leimt,
er leimte, er hat den Stuhl geleimt,
leime den Stuhl!

der **Lein** (Flachs); die **Leine; leinen** (aus
Leinen); das **Leinen;** die **Leinwand**
**Leipzig** (Stadt in der DDR)
**leise;** nicht im leisesten (durchaus
nicht) zweifeln

die **Leiste**
**leisten;** du leistest, er leistet, er leiste-
te, er hat etwas geleistet, leiste mehr!

der **Leisten**

der **Leistenbruch** (zu Leiste)

die **Leistung; leistungsfähig;** die **Lei-
stungsfähigkeit**

der **Leitartikel; leiten;** du leitest, er lei-
tet, er leitete, er hat die Aussprache
geleitet, leite die Aussprache!; ein lei-
tender Angestellter; der **Leiter**

die **Leiter**

das **Leitfossil;** der **Leithammel;** das
**Leitmotiv;** die **Leitung;** das **Lei-
tungsnetz**

die **Lektion** (Unterrichtsstunde; Auf-
gabe; Zurechtweisung); die **Lektüre**
(Lesestoff)

die **Lena** (Fluß in Sibirien)

die **Lende; lendenlahm**
**Leningrad** (sowjetische Stadt)
**lenkbar; lenken;** du lenkst, er lenkt,
er lenkte, er hat den Ball über das
Tor gelenkt; der **Lenker;** die **Lenk-
stange;** die **Lenkung**

der **Lenz;** die Lenze

der **Leopard;** des/dem/den Leoparden,
die Leoparden

die **Lepra** (Aussatz); *Trennung:* Le|pra

die **Lerche** (ein Vogel)
**lernen;** du lernst, er lernt, er lernte,
er hat von dir nur Dummheiten gelernt;
ich habe ihn schätzen gelernt;
Deutsch lernen, ↑aber: lesen lernen,
schwimmen lernen; Klavier spielen
lernen; Schlittschuh laufen lernen; ein
gelernter Tischler; ↑kennenlernen,
schätzenlernen
**lesbisch;** lesbische Liebe (Homose-
xualität bei Frauen); die **Lesbierin**
[...*i°rin*]; die Lesbierinnen

die **Lese** (Weinlese); die Lesen

das **Lesebuch; lesen;** du liest, er liest,
du lasest, er las, er hat das Buch gele-
sen, lies dieses Buch!; **lesenswert;**
der **Leser; leserlich**

die **Lethargie** (Trägheit); *Trennung:* Le-
thar|gie; **lethargisch**

die **Letter** (Druckbuchstabe); die Lettern
**letzen;** du letzt ihn, er letzt ihn, er

letzte ihn, er hat ihn mit frischem Wasser geletzt

**letzt, letzte;** das letzte Stündlein; die letzte Ruhestätte; letzten Endes; jemandem die letzte Ehre erweisen; zum letztenmal. *Klein auch*: der letzte (der Reihe nach); er ist der letzte, den ich wählen würde; dies ist das letzte, was ich tun würde; den letzten beißen die Hunde; der erste – der letzte (jener – dieser); am letzten (zuletzt); im letzten (zutiefst); bis ins letzte (genau); bis zum letzten (sehr); fürs letzte (zuletzt). *Groß*: der Letzte seines Stammes; der Letzte des Monats; das Erste und das Letzte (Anfang und Ende); es geht ums Letzte; sein Letztes hergeben; bis zum Letzten (bis zum Äußersten) gehen; er ist der Letzte (dem Range, der Leistung nach) in der Klasse; die Ersten werden die Letzten sein; die Letzte Ölung; das Letzte Gericht

**Letzt;** nur in: zu guter Letzt

**leuchten;** die Lampe leuchtet, die Lampe leuchtete, die Lampe hat geleuchtet; **leuchtend;** am leuchtendsten; leuchtendblaue Augen, aber: seine Augen waren leuchtend blau; der **Leuchter;** der **Leuchtturm**

**leugnen;** du leugnest, er leugnete, er hat geleugnet, leugne nicht;

der **Leumund** (Ruf); das **Leumundszeugnis**

die **Leute** *Plural*

der **Leutnant;** die Leutnants

**leutselig**

das **Lexikon** (alphabetisch geordnetes allgemeines Nachschlagewerk); des Lexikons, die Lexika und die Lexiken; *Trennung:* Le|xi|kon

**lfd.** = laufend

der **Libanese** (Einwohner des Libanons); **libanesisch;** (der) **Libanon** (Staat im Vorderen Orient)

die **Libelle**

**liberal** (vorurteilslos; freiheitlich; freisinnig); der **Liberalismus;** des Liberalismus; **liberalistisch**

**Liberia** (Staat in Westafrika); der **Liberianer; liberianisch**

der **Libero** (freier Verteidiger beim Fußball); die Liberos

**Libyen** (Staat in Nordafrika); der **Libyer; libysch**

**licht;** am lichtesten; ein lichter Wald; lichte Weite (der Abstand von Wand zu Wand, zum Beispiel bei einer Röh-

re); das **Licht;** die Lichter; das **Lichtbild; lichten;** er lichtet, er lichtete, er hat den Wald gelichtet; sich lichten; seine Haare haben sich gelichtet; der **Lichterglanz; lichterloh;** die **Lichtgeschwindigkeit;** die **Lichthupe; Lichtmeß** (ein katholisches Fest); Mariä Lichtmeß; die **Lichtung**

das **Lid** (Augenlid); die Lider

**lieb;** sich bei jemandem lieb Kind machen; der liebe Gott. *Klein auch*: es ist mir das liebste (sehr lieb); es ist mir am liebsten (sehr lieb). *Groß*: die Kirche zu Unserer Lieben Frau[en]; lieb sein; **liebäugeln;** er hat mit diesem Plan geliebäugelt; die **Liebe;** Lieb und Lust; mir zuliebe; jemandem etwas zuliebe tun; **lieben;** du liebst, er liebt, er liebte, er hat sie sehr geliebt; liebe deinen Nächsten!; **liebenswürdig; liebhaben;** wir haben uns lieb, wir haben uns liebgehabt; der **Liebhaber;** die **Liebhaberei; liebkosen;** du liebkost, er liebkost, er liebkoste, er hat seine Mutter liebkost oder geliebkost; **lieblich;** der **Liebling**

**Liechtenstein** [*l*i*ch*e*nschtain*]; der **Liechtensteiner; liechtensteinisch**

das **Lied;** die Lieder; das **Liederbuch liederlich;** die **Liederlichkeit**

der **Lieferant;** des/dem/den Lieferanten, die Lieferanten; **liefern;** du lieferst, er liefert, er lieferte, er hat die Ware geliefert, liefere die Ware sofort!; die **Lieferung**

die **Liege; liegen;** du liegst, er liegt, er lag, er hat auf dem Sofa gelegen, lieg[e] nicht immer auf dem Sofa!; **liegenbleiben;** er blieb liegen, er ist im Bett liegengeblieben; **liegenlassen;** er ließ das Buch liegen, er hat das Buch liegenlassen; er hat ihn links liegenlassen (seltener: liegengelassen), aber: **liegen lassen;** du sollst den Stein liegen lassen; der **Liegestuhl**

der **Lift** (Fahrstuhl, Aufzug); die Lifte und die Lifts

die **Liga** (Bund, Bündnis; eine Wettkampfklasse); die Ligen

der **Likör;** die Liköre

**lila;** ein lila Kleid; **lilafarben, lilafarbig**

die **Lilie**

**Lima** (Hauptstadt von Peru)

der **Limes** (römischer Grenzwall); des Limes

die **Limonade**

die **Limousine** (ein Personenwagen mit festem Verdeck)

**lind;** am lindesten; ein linder Regen

die **Linde;** der **Lindenblütentee**

**lindern;** du linderst, er lindert, er linderte, er hat den Schmerz gelindert, lindere das Leid!

das **Lineal;** *Trennung:* Li|neal

die **Linie;** Linie halten; die absteigende, aufsteigende Linie; das **Linienblatt; liniieren** und **linieren;** *Trennung:* li-ni|ieren und li|nie|ren; du liniierst und du linierst, er liniierte und er linierte, er hat liniiert und er hat liniert, liniiere und liniere die Seiten!

die **Linke;** zur Linken; in meiner Linken; er traf ihn beim Boxen mit einer Linken; die Linke im Parlament; **linkisch; links;** links von mir; etwas kommt von links; von links nach rechts; er weiß nicht, was rechts und was links ist; linksum!; links des Waldes; der **Linksaußen;** des Linksaußen, die Linksaußen; er spielt Linksaußen, **linkshändig; linksseitig**

das **Linnen**

das **Linoleum** [*linole-um*]; *Trennung:* Lin|ole|um

die **Linse; linsen** (scharf blicken); du linst, er hat um die Ecke gelinst; die **Linsensuppe**

die **Lippe;** der **Lippenblütler**

**liquidieren** (in Rechnung stellen; auflösen; beseitigen); du liquidierst, er liquidiert, man hat ihn liquidiert

**lispeln;** du lispelst, er lispelt, er lispelte, er hat gelispelt, lispele nicht!

**Lissabon** (Hauptstadt Portugals); der **Lissabonner**

die **List;** die Listen

die **Liste;** die Listen; die schwarze Liste

**listig**

die **Litanei** (Wechselgebet, eintöniges Gerede); die Litaneien

das **Liter,** auch: der **Liter;** ein halbes Liter, ein viertel Liter

**literarisch** (schrifstellerisch; das Schrifttum betreffend); *Trennung:* li-te|ra|risch; die **Literatur** (Schrifttum)

**literweise**

die **Litfaßsäule** (Anschlagsäule)

die **Lithographie** (Steindruck); die Lithographien; *Trennung:* Li|tho|gra-phie

die **Liturgie** (Gottesdienstordnung); *Trennung:* Li|tur|gie; **liturgisch;** *Trennung:* li|tur|gisch

der **Litze**

**live** [*laif*] (direkt); etwas live senden, übertragen; die **Live-Sendung**

die **Livree** [*liwre*] (uniformartige Dienerkleidung); die Livreen

der **Lkw,** auch: der LKW [*älkawe*]; die Lkw oder Lkws

**Ln., Lnbd.** = Leinen[band] (von Büchern)

das **Lob;** Lob spenden; **loben;** du lobst, er lobt, er lobte, er hat ihn gelobt, lobe ihn!; **lobenswert;** der **Lobgesang; lobpreisen;** du lobpreist, er lobpreist, er lobpreiste und lobpries, er hat Gott gelobpreist und lobgepriesen, lobpreise den Herrn!

das **Loch; lochen;** du lochst, er lochte, er hat die Karte gelocht, loche die Karte!; **löcherig** und **löchrig**

die **Locke; locken** (lockig machen); sie lockte ihr Haar, sie hat ihr Haar gelockt, locke dein Haar!

**locken** ([durch bestimmte Laute] zur Annäherung bewegen); du lockst, er lockt, er lockte, er hat den Hund gelockt, locke den Hund!; diese Aufgabe hat ihn gelockt

**locker; lockerlassen** (nachgeben); er hat nicht lockergelassen; **lockern;** du lockerst, er lockert, er lockerte, er hat die Schrauben gelockert; die **Lockerung**

**lockig;** lockiges Haar

der **Loden;** der **Lodenmantel**

**lodern;** die Flamme lodert, die Flamme loderte, die Flamme hat gelodert

der **Löffel;** die Löffel; **löffeln;** du löffelst, er löffelte, er hat die Suppe gelöffelt, löffle deine Suppe!; **löffelweise**

die **Loge** [*losche*] (ein Theaterraum); **logieren** [*loschir*n*] (wohnen); du logierst, er logiert, er logierte, er hat im Bahnhofshotel logiert, logiere das nächstemal bei uns!

die **Logik** (die Denklehre; das folgerichtige Denken); **logisch**

die **Lohe** (die Flamme); **lohen;** die Flamme loht, die Flamme lohte, die Flamme hat geloht; lichterloh

der **Lohn; lohnen;** es lohnt, es lohnte, es hat den Einsatz gelohnt; es lohnt die Mühe nicht oder: es lohnt der Mühe nicht; sich lohnen; es hat sich gelohnt; **löhnen** (Lohn auszahlen); du löhnst ihn, er löhnt ihn, er löhnte ihn, er hat ihn gelöhnt, löhne ihn!; die **Lohnsteuer;** die **Löhnung**

die **Lok** (kurz für: Lokomotive); die Loks

**lokal** (örtlich); das **Lokal** (Gastwirtschaft)

die **Lokomotive** [*lokomotīwᵉ*, auch: *lokomotīfᵉ*]; der **Lokomotivführer**

**London** (Hauptstadt des Vereinigten Königreichs Großbritannien und Nordirland); der **Londoner**

der **Lorbeer;** der **Lorbeerbaum;** das **Lorbeerblatt**

die **Lore** (Feldbahnwagen)

**los,** lose; das lose Blatt; los sein; die Schraube wird los sein; er will das endlich los sein; a b e r : losbinden, losfahren usw.

das **Los;** die Lose; das Große Los

**losbinden;** er bindet los, er hat den Hund losgebunden

das **Löschblatt; löschen;** du löschst, er löscht, er löschte, er hat das Feuer gelöscht, lösche den Brand!; das **Löschpapier**

**losen;** du lost, wir losen, wir losten, wir haben gelost

**lösen;** du löst, er löst, er löste, er hat eine Fahrkarte gelöst, löse die Fahrkarte schon heute!

**losfahren;** er fuhr los, er ist losgefahren

**losgehen;** der Streit ging los, der Streit ist gerade losgegangen

**loshaben;** etwas loshaben; er hat in seinem Beruf viel losgehabt

**loslassen;** er läßt los, er hat den Hund von der Kette losgelassen

**löslich**

**losmachen;** er machte das Brett los, er hat das Brett losgemacht

**losreißen;** er riß los, er hat die Tapete losgerissen; sich losreißen; er hat sich mit Gewalt losgerissen

der **Löß;** des Lösses, die Lösse

die **Losung**

die **Lösung**

das **Lot** (Senkblei; ein Hohlmaß); die Lote; 3 Lot Kaffee; **loten;** du lotest, er lotete, er hat die Wassertiefe gelotet

**löten;** du lötest, er lötete, er hat das Rohr gelötet, löte den Kessel!

**lotrecht** (senkrecht)

der **Lotse; lotsen;** du lotst, er lotst, er lotste, er hat das Schiff durch die Klippen gelotst, lotse ihn aus der Stadt!

die **Lotterie;** die Lotterien

der **Löwe;** der **Löwenzahn** (eine Wiesenblume)

**loyal** [*loajal*] (gesetzlich, regierungstreu, redlich); *Trennung*: loy|al; die **Loyalität;** *Trennung*: Loya|li|tät

**LP** = Langspielplatte

**LPG** = Landwirtschaftliche Produktionsgenossenschaft (in Namen; DDR)

der **Luchs** (ein Raubtier); die Luchse

die **Lücke;** der **Lückenbüßer;** lückenhaft; am lückenhaftesten; **lückenlos;** am lückenlosesten

das **Luder** (Schimpfwort); die Luder

die **Luft;** der **Luftballon;** die Luftballons und die Luftballone; **luftdicht;** luftdicht verschließen; der **Luftdruck;** des Luftdruck[e]s; **lüften;** du lüftest, er lüftet, er lüftete, er hat das Zimmer gelüftet, lüfte ein wenig!; die **Lufthülle** (der Erde); **luftig;** die **Luftlinie;** die **Luftpost;** die **Luftschlange;** die **Luftverschmutzung;** die **Luftwurzel**

die **Lüge;** er hat ihn Lügen gestraft (der Unwahrheit überführt); **lügen;** du lügst, er lügt, er log, er hat gelogen, lüge nicht!; der **Lügner; lügnerisch**

**lugen** (spähen); du lugst, er lugt, er lugte, er hat um die Ecke gelugt

die **Luke** (kleines Fenster; Öffnung)

der **Lümmel;** die Lümmel; sich **lümmeln;** du lümmelst dich, er lümmelt sich, er lümmelte sich, er hat sich auf die Bank gelümmelt, lümmele dich nicht so auf die Bank!

der **Lump;** des/dem/den Lumpen, die Lumpen; der **Lumpen;** die **Lumperei; lumpig**

die **Lunge;** die eiserne Lunge; die **Lungenentzündung; lungenkrank**

**lungern;** herumlungern

die **Lunte** (Zündschnur)

die **Lupe; lupenrein**

die **Lupine** (eine Futter- und Zierpflanze)

die **Lust;** die Lüste; Lust haben; **lustig;** Bruder Lustig; **lustwandeln;** du lustwandelst, er lustwandelt, er lustwandelte, er ist gelustwandelt

**lüstern;** er hat lüsterne Augen; der Mann ist lüstern

**lutherisch;** die lutherische Kirche, a b e r : die Lutherische Bibelübersetzung

**lutschen;** du lutschst, er lutscht, er lutschte, er hat gelutscht, lutsche nicht am Daumen!

die **Luv** (die dem Wind zugewandte Seite; Gegensatz: Lee)

**Luxemburg** (europäischer Staat; Hauptstadt dieses Staates); der **Luxemburger; luxemburgisch**

**luxuriös;** *Trennung*: lu|xu|riös; am luxuriösesten; der **Luxus;** des Luxus; *Trennung*: Lu|xus

die **Luzerne** (eine Futterpflanze)

**lynchen** [*lünch͜͜ᵉn*] (ungesetzliche Volksjustiz ausüben); du lynchst ihn, er lyncht ihn, er lynchte ihn, er hat ihn gelyncht, lynche niemanden!

die **Lyrik** (Gefühls- und Gedankendichtung in Versen); der **Lyriker; lyrisch;** lyrisches Drama

das **Lyzeum** (eine höhere Mädchenschule); die Lyzeen; *Trennung*: Ly|ze|um

# M

**m** = männlich; Meter

**MA.** = Mittelalter

**M. A.** = Magister Artium (akademischer Grad)

das **Maar** (eine kraterförmige Vertiefung); die Maare

der **Maat** (Schiffsunteroffizier); die Maate und die Maaten

**machen;** du machst, er macht, er machte, er hat seine Aufgaben gemacht, mache deine Aufgaben sorgfältig!; die **Machenschaften** *Plural*

die **Macht;** alles in unserer Macht Stehende; **mächtig; machtvoll**

das **Machwerk**

**Madagaskar** (Insel und Staat östlich von Afrika); der **Madagasse** (Bewohner von Madagaskar); **madagassisch**

die **Macke** (Tick, Fehler); eine Macke haben

das **Mädchen; mädchenhaft**

die **Made; madig**

das **Mädel;** die Mädel

die **Madonna;** die Madonnen

**Madrid** (Hauptstadt Spaniens)

das **Magazin;** die Magazine

die **Magd;** die Mägde; das **Mägdelein**

der **Magen;** die Mägen und die Magen; **magenleidend, aber**: am Magen leidend

**mager;** die **Magerkeit**

die **Magie** (Zauberkunst); der **Magier** [*magiᵉr*]; **magisch**

der **Magistrat** (die Stadtverwaltung); die Magistrate; *Trennung*: Ma|gi|strat

das **Magma** (flüssiges Gestein); die Magmen

der **Magnet;** des Magnets und des Magnetes und des Magneten; die Magnete und die Magneten; *Trennung*: Ma|gnet; **magnetisch;** *Trennung*: ma|gne|tisch; magnetische Feldstärke; magnetischer Pol

das **Mahagoni** (ein Edelholz)

die **Mahd** (das Mähen, Abgemähtes); die Mahden; der **Mähdrescher; mähen;** du mähst, er mäht, er mähte, er hat Gras gemäht, mähe das Gras!

das **Mahl;** die Mahle und die Mähler

**mahlen;** du mahlst, er mahlt, er mahlte, er hat den Kaffee gemahlen, mahle das Korn!

die **Mahlzeit;** gesegnete Mahlzeit!

die **Mähmaschine**

die **Mähne**

**mahnen;** du mahnst, er mahnt, er mahnte, er hat ihn gemahnt, mahne ihn an sein Versprechen!; die **Mahnung**

die **Mähre** (elendes Pferd)

der **Mai;** des Mai[e]s u. des Mai; die Maie; der Erste Mai (Feiertag); das **Maiglöckchen;** der **Maikäfer**

die **Maid** (dichterisch für: Mädchen); die Maiden

**Mailand** (Stadt in Italien)

der **Main** (deutscher Fluß)

**Mainz** (Hauptstadt von Rheinland-Pfalz)

der **Mais**

die **Maische** (Mischung bei der Bierherstellung)

die **Majestät; majestätisch**

der **Major;** die Majore

der **Majoran** [auch: *majoran*] (eine Gewürzpflanze)

die **Majorität** (Mehrheit)

der **Makel** (Fehler, Schande); die Makel; **makellos;** am makellosesten **mäkeln** (nörgeln); du mäkelst, er mäkelt, er mäkelte, er hat gemäkelt, mäkle nicht!

die **Makkaroni** (röhrenförmige Nudeln) *Plural*

der **Makler**

die **Makrele** (ein Seefisch)

die **Makrone** (ein Gebäck); *Trennung*: Ma|kro|ne

**mal;** acht mal zwei (in Ziffern: 8 mal 2, 8 × 2 oder 8 · 2); acht mal zwei ist, macht, gibt sechzehn; das ist nun mal so; das **Mal;** das erste, zweite, dritte Mal; das einzige, das letzte, das nächste Mal; ein einziges, ein letztes Mal; ein Mal über das andere [Mal];

ein ums andere Mal; von Mal zu Mal; dieses Mal, voriges Mal, nächstes Mal, manches Mal; manches liebe Mal; mit einem Male; beim ersten, zweiten, x-ten Mal[e]; zum ersten, zweiten, x-ten Mal[e]; die nächsten Male, alle Male, einige Male, etliche Male, mehrere Male, unendliche Male, unzählige Male, viele tausend Male, wie viele Male, ein paar Male, ein paar Dutzend Male; ein für alle Male.

*Zusammensetzungen mit ...mal in alphabetischer Reihenfolge:*

allemal
auf einmal
beidemal
beim erstenmal, zweitenmal, letztenmal, x-tenmal, nächstenmal
das erstemal, letztemal, x-temal
diesmal
drei- bis viermal (mit Ziffern: 3- bis 4mal oder 3—4mal)
dutzendmal, dutzendemal
ein andermal
ein für allemal
ein [paar] dutzendmal
ein halbes hundertmal
einigemal
einmal
ein paarmal
etlichemal
hundertmal
jedesmal
keinmal
manchmal
mehreremal
noch einmal
noch einmal soviel
sovielmal
unendlich[e]mal
unzähligemal
verschiedenemal
vielmal
vieltausendmal
wievielmal
x-mal
zum erstenmal, zweitenmal, letztenmal, x-tenmal, nächstenmal
zweimal (mit Ziffer: 2mal)

die **Malaria** (Sumpffieber)
**Malawi** (Staat in Afrika); der **Malawier** [...*i*ᵉ*r*]; **malawisch**
**malen;** du malst, er malt, er malte, er hat ein Bild gemalt, male ein Bild!; der **Maler;** die **Malerei**
das **Malheur** [*malör*] (Unglück, Pech); die Malheure und die Malheurs; *Trennung*: Mal|heur

**Mali** (Staat in Afrika); der **Malier** [...*i*ᵉ*r*]; **malisch**
**Mallorca** [*malorka*, auch: *majorka*], (Insel im Mittelmeer)
**malnehmen;** du nimmst mal, er nahm mal, er hat malgenommen
**Malta** (Insel und Staat im Mittelmeer); der **Malteser** (Bewohner von Malta); **maltesisch**
das **Malz;** das **Malzbier**
der **Mammon** (Geld; Reichtum)
das **Mammut** (ausgestorbene Elefantenart); die Mammute und die Mammuts
**man;** man kann nicht wissen, was einem zustoßen wird
der **Manager** [*mänᵉdschᵉr*] (Leiter eines großen Unternehmens; Betreuer eines Berufssportlers); die Manager; *Trennung*: Ma|na|ger
**Managua** (Hauptstadt Nicaraguas)
**manch;** mancher, manche, manches; manche sagen; so mancher, so manches; manch einer; mancher Tag; mancher Art; manche Stunde. *Beugung*: manch guter Vorsatz; mancher gute Vorsatz; mit manch gutem Vorsatz; mit manchem guten Vorsatz; manch böses Wort, manches böse Wort; manchmal; manches Mal; manch liebes Mal; manches liebe Mal; manches Schöne; mit manch Schönem und mit manchem Schönen; manche vortreffliche Einrichtungen; **mancher; mancherlei; manchmal**
die **Mandarine** (eine kleine Apfelsine)
das **Mandat** (Auftrag; Vollmacht; Parlamentssitz); die Mandate
die **Mandel** (eine Frucht); die Mandeln
die **Mandel** (eine Drüse); die Mandeln; die **Mandelentzündung**
die **Mandoline** (ein Saiteninstrument)
die **Manege** [*manesch*ᵉ] (Reitbahn im Zirkus); *Trennung*: Ma|ne|ge
die **Mangel** (Wäscherolle); die Mangeln; **mangeln** (Wäsche rollen); du mangelst, sie mangelt, sie mangelte, sie hat gemangelt, mangle die Wäsche!
der **Mangel;** die Mängel; **mangelhaft; mangeln** (fehlen, nicht ausreichen); es mangelt, es mangelte, es hat an allem gemangelt
die **Manier** (Art und Weise); er hat schlechte Manieren (schlechte Gewohnheiten, Umgangsformen); **manierlich**
das **Manifest** (öffentliche Erklärung); die Manifeste
die **Manipulation** (Kunstgriff); die

Manipulationen (Machenschaften);
**manipulieren** (geschickt handhaben; beeinflussen); du manipulierst, er manipuliert, er hat das manipuliert

das **Manko** (Fehlbetrag, Mangel); die Mankos

der **Mann;** die Männer; vier Mann hoch; alle Mann an Bord!; tausend Mann; er ist Manns genug; seinen Mann stehen; das **Männchen** (männliches Tier)

das **Mannequin,** auch: der Mannequin [*man⁰käng*] (Vorführdame); die Mannequins

**mannigfach; mannigfaltig**
**männlich;** männliches Hauptwort (Maskulinum); die **Mannschaft;** der **Mannschaftskapitän;** das **Mannschaftsspiel**

das **Manometer** (Druckmesser)

das **Manöver** [*manöw⁰r*]; **manövrieren;** du manövrierst, er manövriert, er manövrierte, er hat geschickt manövriert, manövriere vorsichtig!; *Trennung:* ma|nö|vrie|ren

die **Mansarde** (Dachgeschoß, Dachzimmer)

die **Manschette**

der **Mantel**

das **Manuskript** (schriftliche Ausarbeitung; Urschrift; Satzvorlage); *Trennung:* Ma|nu|skript

die **Mappe**

die **Mär** (Kunde; Sage); die Mären

der **Marathonlauf**

das **Märchen; märchenhaft**

der **Marder**

die **Margarine**

die **Margerite** (eine Wiesenblume)

die **Marine**

die **Marionette** (die Gliederpuppe); *Trennung:* Ma|rio|net|te

das **Mark** (Rückenmark)

die **Mark** (Grenzland); die Marken; die Mark Brandenburg

die **Mark** (eine Währungseinheit); vier Mark; Deutsche Mark

**markant** (bezeichnend; auffallend; scharf geschnitten); am markantesten; ein markantes Gesicht

die **Marke**

**markieren** (kennzeichnen); du markierst, er markiert, er markierte, er hat den Weg markiert, markiere den Weg!

**markig**

die **Markise** (Sonnendach)

der **Markt;** der **Marktplatz**

die **Marmelade**

der **Marmor**

der **Marokkaner** (Einwohner Marokkos); **marokkanisch; Marokko** (Staat in Nordwestafrika)

die **Marone** (Edelkastanie; ein Speisepilz)

die **Marotte** (Schrulle)

der **Marsch**

die **Marsch** (vor Küsten angeschwemmter fruchtbarer Boden); die Marschen

der **Marschall;** die Marschälle

**marschieren;** du marschierst, er marschiert, er marschierte, er ist bis nach Rom marschiert, marschiere!

die **Marter; martern;** du marterst, er martert, er marterte, er hat ihn zu Tode gemartert, martere ihn nicht!

der **Märtyrer;** das **Martyrium;** die Martyrien [*martüri⁰n*]

der **Marxismus;** des Marxismus; der **Marxist;** des/dem/den Marxisten, die Marxisten; **marxistisch**

der **März;** des März[es], die Märze

das **Marzipan** [auch: *marzipan*]

die **Masche**

die **Maschine; maschinell;** der **Maschinist;** des/dem/den Maschinisten, die Maschinisten

die **Masern** (eine Kinderkrankheit) *Plural*

die **Maserung**

die **Maske;** die **Maskerade; maskieren;** du maskierst ihn, er maskiert ihn, er maskierte ihn, er hat ihn maskiert, maskiere ihn!; sich maskieren; er hat sich maskiert

das **Maskottchen** (Puppe, Anhänger als Glücksbringer)

**maskulin** (männlich); das **Maskulinum** (männliches Hauptwort); des Maskulinums, die Maskulina

das **Maß;** Maß nehmen, a b e r : das Maßnehmen

die **Massage** [*maßasch⁰*]

die **Masse; massenhaft;** das **Massenmedium;** die Massenmedien (Presse, Rundfunk, Fernsehen usw.) meist *Plural;* ↑ Medium

der **Masseur** [*maßör*]; die Masseure; die **Masseuse** [*maßös⁰*]; die Masseusen; **massieren;** du massierst, er massiert, er massierte, er hat ihn massiert, massiere ihn!

**maßhalten;** du hältst maß, er hält maß, er hielt maß, er hat maßgehalten, halte maß!, a b e r : das rechte Maß halten; maß- und Disziplin halten, a b e r : Disziplin und maßhalten mäßig; sich mäßigen; du mäßigst dich, er mäßigt sich, er mäßigte sich, er hat sich gemäßigt, mäßige dich!; die Mäßigkeit; die Mäßigung

massiv (schwer, nicht hohl, fest; grob)

maßlos; am maßlosesten; maßregeln; du maßregelst, er maßregelt, er maßregelte, er hat ihn gemaßregelt, maßregele ihn!; der Maßstab

der Mast; die Masten und die Maste

die Mast (die Mästung); die Masten; mästen; du mästest, er mästet, er mästete, er hat die Gans gemästet, mäste die Gans!

das Match, auch: der Match [mätsch] (Wettkampf)

das Material; die Materialien [materiali*e*n]; der Materialismus; die Materie [...ri*e*] (Stoff, Inhalt); die Materien; materiell

Math. = Mathematik; die Mathematik; Trennung: Ma|the|ma|tik; höhere Mathematik; der Mathematiker; mathematisch; mathematische Logik; mathematischer Zweig

der Matjeshering

die Matratze; Trennung: Ma|trat|ze

der Matrose; Trennung: Ma|tro|se

der Matsch (weiche Masse; nasser Straßenschmutz); matschig

matt; jemanden matt setzen; Schach und matt!, aber: schachmatt; mattblau, mattgold

die Matte

das Matterhorn (Berg in den Alpen)

die Mattigkeit

die Mätzchen Plural; Mätzchen machen (Ausflüchte machen, sich sträuben)

die Mauer; mauern; du mauerst, er mauert, er mauerte, er hat gemauert, mauere!

das Maul; die Mäuler; die Maulaffen Plural; Maulaffen feilhalten (mit offenem Mund dastehen)

der Maulbeerbaum; die Maulbeere

maulen; du maulst, er mault, er maulte, er hat gemault, maule nicht; maulfaul

der Maulwurf

Mauretanien [maur*e*tani*e*n] (Staat in Afrika); der Mauretanier; mauretanisch

die Maus; mäuschenstill; der Mäusebussard; mausen; du maust, er maust, er mauste, er hat gemaust, mause nicht!

die Mauser (der jährliche Federwech-

sel); sich mausern; du mauserst dich, er mausert sich, er mauserte sich, er hat sich gemausert

mausetot; mausetot schlagen

die Maut (Straßen- oder Brückengebühr); die Mauten; die Mautstraße

m. A. W. = mit anderen Worten

das Maximum (Höchstwert; Höchstmaß); die Maxima

die Mayonnaise [majonäs*e*] (dickflüssige Tunke aus Eigelb und Öl); Trennung: Ma|yon|nai|se

Md. = Milliarde, Milliarden
MdB und M. d. B. = Mitglied des Bundestages; MdL und M. d. L. = Mitglied des Landtages

m. E. = meines Erachtens

die Mechanik; die Mechaniken; der Mechaniker; mechanisch; der Mechanismus; des Mechanismus, die Mechanismen

meckern; die Ziege meckert, die Ziege meckerte, die Ziege hat gemeckert; der Meckerer

die Medaille [medalj*e*] (Denkmünze); das Medaillon [medaljong] (Anhänger, Bildkapsel); die Medaillons

das Medikament (Heilmittel, Arznei); die Medikamente

das Medium (die Kommunikation vermittelnde Person oder Sache); die Medien [medi*e*n]

die Medizin (Heilkunde; Arznei); die Medizinen; der Mediziner; medizinisch

das Meer; das Meerwasser

der Meerrettich (eine Heil- und Gewürzpflanze)

das Meerschweinchen

das Meeting [miting] (Treffen, Veranstaltung); Trennung: Mee|ting

das Megaphon (Sprachrohr); die Megaphone

das Mehl; mehlig; der Mehltau (eine Pflanzenkrankheit)

mehr; mehr oder weniger; um so mehr; mehr denn je; mehrere; mehrere Bücher, mehrere Mark; mehrere Anwesende; die Einwände mehrerer Abgeordneter; in Begleitung mehrerer bewaffneter Soldaten; mehrerlei; mehrfach; die Mehrheit; mehrmals; mehrstellig; mehrstimmig; die Mehrwertsteuer; die Mehrzahl

meiden; du meidest ihn, er meidet ihn, er mied ihn, er hat ihn gemieden, meide ihn!

die **Meile;** der **Meilenstein; meilenweit; aber:** zwei Meilen weit

der **Meiler** (Holzstoß zur Gewinnung von Holzkohle)

**mein;** mein ein und mein alles; ↑dein

der **Meineid;** *Trennung:* Mein|eid; **meineidig;** *Trennung:* mein|ei|dig

**meinen;** du meinst, er meint, er meinte, er hat es gut mit ihm gemeint

**meinerseits; meinetwegen**

die **Meinung;** die **Meinungsumfragen;** die **Meinungsverschiedenheit**

die **Meise**

der **Meißel;** die **Meißel; meißeln;** du meißelst, er meißelt, er meißelte, er hat die Inschrift in den Grabstein gemeißelt, meißle die Inschrift!

**meist;** am meisten; die meisten glauben, daß ...; das meiste ist bekannt; **meistbietend;** etwas meistbietend verkaufen, versteigern; **meistens; meistenteils**

der **Meister; meisterhaft; meistern;** du meisterst, er meistert, er meisterte, er hat alle Schwierigkeiten gemeistert, meistere dein Schicksal!; die **Meisterschaft**

**Mekka** (Stadt in Saudi-Arabien)

der **Mekong** [*mekong,* auch: *mekong*] (Fluß in Südostasien)

die **Melancholie** [*melangkoli*] (Schwermut); die Melancholien; *Trennung:* Me|lan|cho|lie; **melancholisch;** *Trennung:* me|lan|cho|lisch

**melden;** du meldest, er meldet, er meldete, er hat einen Erfolg gemeldet, melde ihn!; sich melden; er hat sich bei der Polizei gemeldet; die **Meldung**

**melken;** du melkst, er melkt, er melkte, er hat die Kuh gemolken und gemelkt, melke die Kuh!; frisch gemolkene Milch

die **Melodie;** die Melodien; **melodisch**

die **Melone** (ein Kürbisgewächs)

der **Meltau** (Blattlaushonig)

die **Membran** und die **Membrane** (schwingendes Metallblättchen; oder Häutchen); die Membranen; *Trennung:* Mem|bra|nen

die **Memme** (Feigling)

die **Memoiren** [*memoar^e n*] *Mehrzahl* (Denkwürdigkeiten; Lebenserinnerungen); *Trennung:* Me|moi|ren

die **Menagerie** [*menasche^ri*] (Tierschau); die Menagerien; *Trennung:* Me|na|ge|rie

die **Menge; mengen;** du mengst, er mengt, er mengte, er hat den Zement gemengt, menge den Zement!

der **Meniskus** (Zwischenknorpel); die Menisken; der **Meniskusriß**

der **Mensch;** des/dem/den Menschen, die Menschen; **menschenmöglich;** er hat das menschenmögliche (alles) getan; die **Menschenwürde; menschenwürdig;** die **Menschheit; menschlich;** Menschliches, Allzumenschliches

das **Menü** (Speisenfolge); die Menüs

der **Meridian** (Längenkreis); die Meridiane

**merken;** du merkst es, er merkt es, er merkte es, er hat es gemerkt, merke es!; das **Merkmal;** die Merkmale; **merkwürdig**

der **Mesner** (landschaftlich für: Kirchendiener, Meßdiener)

die **Messe** (der katholische Hauptgottesdienst); die, eine Messe lesen, aber: das Messelesen

die **Messe** (eine Ausstellung)

**messen;** du mißt, er mißt, er maß, er hat die Länge des Stoffes gemessen, miß die Breite des Zimmers!

das **Messer**

der **Messias;** des Messias

das **Messing**

der **Mestize** (Nachkomme eines weißen und eines indianischen Elternteils)

das **Metall; metallen** (aus Metall); **metallisch** (wie Metall)

die **Metamorphose** (Umgestaltung, Verwandlung); *Trennung:* Me|ta|mor|pho|se

der **Meteor** (Sternschnuppe); die Meteore; *Trennung:* Me|teor; die **Meteorologie** (Wetterkunde); *Trennung:* Me|teo|ro|lo|gie

der **Meter,** auch: das Meter; eine Länge von 10 Meter, auch: von 10 Metern; von 10 Meter, auch: von 10 Metern an; ein[en] Meter lang; laufender Meter; **meterhoch;** der Schnee liegt meterhoch, aber: der Schnee liegt drei Meter hoch; **meterlang;** eine meterlange Schlange, aber: eine drei Meter lange Schlange; das **Metermaß**

die **Methode** (Verfahren; Absicht; planmäßiges Vorgehen); **methodisch**

die **Metropole** (Hauptstadt, Hauptsitz); *Trennung:* Me|tro|po|le

die **Mettwurst**

der **Metzger;** die **Metzgerei**

der **Meuchelmord; meuchlings**
die **Meute** (eine Anzahl Hunde; wilde
Rotte); die **Meuterei;** der **Meute-
rer; meutern;** du meuterst, er meu-
tert, er meuterte, er hat gemeutert,
meutere nicht!
der **Mexikaner** (Einwohner Mexikos);
**mexikanisch; Mexiko** (Staat in
Mittelamerika; dessen Hauptstadt)
**MEZ** = mitteleuropäische Zeit
**mg** = Milligramm
**miauen;** die Katze miaut, die Katze
miaute, die Katze hat miaut
**mich**
**mickrig** (schwach, zurückgeblie-
ben); ein mickriges Männlein
das **Mieder**
die **Miene** (Gesichtsausdruck)
**mies** (übel, schlecht); mieser, am
miesesten; ein mieser Laden, mir ist
ganz mies
die **Miete** (frostsicher eingegrabene
Feldfrüchte)
die **Miete** (Geldbetrag für die Woh-
nung); **mieten;** du mietest, er mietet,
er mietete, er hat das Zimmer gemietet,
miete das Zimmer!; der **Mieter**
die **Migräne** (heftiger Kopfschmerz);
*Trennung:* Mi|grä|ne
die **Mikroorganismen** *Plural* (kleinste
Lebewesen); *Trennung:* Mi|kro|or|ga-
nis|men
das **Mikrophon** und das **Mikrofon**
(elektrischer Schallumwandler);
*Trennung:* Mi|kro|phon
das **Mikroskop** (ein optisches Vergröße-
rungsgerät); *Trennung:* Mi|kro|skop
die **Milbe** (ein Spinnentier)
die **Milch; milchig;** der **Milchsaft;** die
**Milchstraße**
**mild;** am mildesten; die **Milde; mil-
dern;** du milderst, er mildert, er milderte, er hat den Schlag gemildert, mildere
den Stoß; mildernde Umstände;
**mildtätig**
das **Milieu** [*miliö*] (Lebensumstände;
Umwelt); Milieus; *Trennung:* Mi|lieu
das **Militär; militärisch;** die **Miliz**
(Volksheer); die Milizen
**Mill.** = Million, Millionen; das **Mille**
(das Tausend); 5 Mille, a b e r : pro
mille
die **Milliarde** (1 000 Millionen); *Tren-
nung:* Mil|liar|de
der oder das **Millimeter**
die **Million** (1 000 mal 1 000); *Tren-
nung:* Mil|lion; eine Million; einund-
dreiviertel Million; eine und drei viertel

Millionen; zwei Millionen fünfhun-
derttausend; mit 0,8 Millionen; drei-
millionenmal, a b e r : drei Millionen
Male; der **Millionär**
die **Milz;** der **Milzbrand** (Krankheit)
**mimen** (schauspielern; so tun, als
ob); du mimst, er mimt, sie hat eine
Ohnmacht gemimt; die **Mimik** (Ge-
bärden- und Mienenspiel)
die **Mimikry** [*...krí*] (Anpassung,
Schutzfärbung)
**Min.** = Minute
das **Minarett** (Turm einer Moschee); die
Minarette
**minder;** minder gut; minder wichtig;
**minderbegabt;** die minderbegabten
Schüler, a b e r : die Minderbegabten
**minderbemittelt;** die minderbemit-
telten Leute, a b e r : die Minderbemit-
telten; die **Minderheit; minderjäh-
rig; minderwertig;** minderwertiges
Fleisch; **mindestens;** die **Mindest-
geschwindigkeit;** das **Mindest-
maß**
die **Mine** (unterirdischer Gang; Spreng-
körper; Bleistift- oder Kugelschrei-
bereinlage)
das **Mineral;** die Minerale und die Mine-
ralien [*minerali°n*]; **mineralisch**
die **Miniatur** (ein zierliches Bildchen;
Kleinmalerei); *Trennung:* Mi|nia|tur
das **Minigolf;** der **Minigolfplatz**
das **Minimum** [auch: *minimum*] (das
Kleinstmaß; der Mindestpreis); die
Minima
der **Minister;** das **Ministerium;** die Mi-
nisterien [*ministeri°n*]
die **Minorität** (Minderheit)
der **Minuend** (Zahl, von der etwas abge-
zogen wird); des/dem/den Minuen-
den, die Minuenden; **minus** (weni-
ger); fünf minus drei ist, macht, gibt
zwei; minus 15 Grad oder 15 Grad
minus; das **Minus;** die Minus; er hat
[ein] Minus gemacht
die **Minute; minutenlang;** minutenlan-
ger Beifall, a b e r : mehrere Minuten
lang; fünfminutig (fünf Minuten
dauernd), a b e r : fünfminutlich oder
fünfminutlich (alle fünf Minuten)
**Mio.** = Million, Millionen
**mir;** mir nichts, dir nichts; *Beugung:*
wie kann mir jungem (auch: jungen)
Menschen so etwas passieren!
die **Mirabelle** (eine Pflaumenart)
**mischen;** du mischst, er mischt, er
mischte, er hat die Karten gemischt,
mische sie!; die **Mischung**

**miserabel** (erbärmlich; nichtswürdig); *Trennung*: mi|se|ra|bel; ein miserabler Kerl; die **Misere** (Not, Elend); die Miseren

die **Miß,** auch: die Miss (Fräulein); Miß Australien

**mißachten;** er mißachtete ihn, er hat ihn mißachtet

**mißbilligen;** er mißbilligt, er hat den Vorschlag mißbilligt

**mißbrauchen;** er mißbraucht, er hat seine Macht mißbraucht

der **Mißerfolg**

die **Mißernte**

die **Missetat;** der **Missetäter**

das **Mißgeschick**

**mißglücken;** der Plan mißglückte, der Plan ist mißglückt

die **Mißgunst; mißgünstig**

**mißhandeln;** er mißhandelte ihn, er hat ihn mißhandelt; die **Mißhandlung**

die **Mission;** der **Missionar;** die **Missionsstation**

der **Mississippi** (nordamerikanischer Fluß)

**mißliebig** (unbeliebt)

**mißlingen;** etwas mißlingt, etwas mißlang, etwas ist mißlungen

der **Mißmut**

**mißraten;** etwas mißrät, etwas mißriet, etwas ist mißraten

der **Mißstand;** die Mißstände

**mißtrauen;** du mißtraust ihm, er mißtraut ihm, er mißtraute ihm, er hat ihm mißtraut, mißtraue ihm nicht!; das **Mißtrauen;** er hegte Mißtrauen gegen ihn; **mißtrauisch**

das **Mißverständnis;** die Mißverständnisse

der **Mist**

die **Mistel;** die Misteln

**mit;** mit dem Hute in der Hand; mit anderen Worten; du kannst mit arbeiten; das mußt du mit beachten; das kann ich nicht mit ansehen; **mitarbeiten;** er arbeitet mit, er hat an diesem Werk mitgearbeitet, a b e r : **mit arbeiten** (vereinzelt an der Arbeit teilnehmen); er hat an diesem Werk vorübergehend mit gearbeitet; die **Mitbestimmung; mitbringen;** er hat mir von der Reise etwas mitgebracht **miteinander;** miteinander auskommen, leben, spielen; ↑aneinander **mitfahren;** er ist mitgefahren **mitfühlend;** am mitfühlendsten; das **Mitgefühl**

die **Mitgift** (Aussteuer); die Mitgiften

das **Mitglied;** die **Mitgliederversammlung;** der **Mitgliedsausweis mitlaufen;** er ist mitgelaufen; der **Mitläufer**

das **Mitleid; mitleidig**

**mitmachen;** er hat mitgemacht

der **Mitmensch;** die Mitmenschen

die **Mitra** (Bischofsmütze); die Mitren; *Trennung*: Mi|tra

der **Mittag;** über Mittag wegbleiben; zu Mittag essen; ↑Abend; das **Mittagessen; mittags;** a b e r : des Mittags

die **Mitte;** in der Mitte; Mitte Januar; Mitte Dreißig; Mitte der Dreißiger **mitteilen;** du teilst mit, er teilt mit, er teilte mit, er hat mitgeteilt, teile es ihm mit!; er hat ihm das Geheimnis mitgeteilt, a b e r : **mit teilen;** er hat mit geteilt (an der Teilung teilgenommen); die **Mitteilung**

**mittel;** mittlere, am mittelsten, die mittlere Reife; das **Mittel;** die Mittel; sich ins Mittel legen; das **Mittelalter;** der **Mittelfinger;** das **Mittelgebirge**

das **Mittelländische Meer** oder das **Mittelmeer** (Meer zwischen Europa, Afrika und Vorderasien)

**mittelmäßig;** der **Mittelpunkt;** die **Mittelstufe**

**mitten;** er befand sich mitten darin, mitten darunter, a b e r : er befand sich mittendrin, mittendrunter; er ging mitten durch, a b e r : der Stab brach mittendurch; das Glas ging mitten entzwei; er befand sich mitteninne, aber: er befand sich mitten in dem Saal

die **Mitternacht;** um Mitternacht; **mitternachts,** a b e r : des Mitternachts; ↑Abend; die **Mitternachtssonne mittlerweile**

der **Mittwoch;** ↑Dienstag; **mittwochs;** ↑Dienstag

**mixen** (mischen); du mixt, er mixt, er mixte, er hat das Getränk gemixt, mixe ein Getränk!

**mm** = Millimeter

der **Mob** (Pöbel); des Mobs

das **Möbel;** die Möbel; **mobil** (beweglich), mobil machen (in Kriegsstand versetzen); das **Mobiliar** (bewegliche Habe; Möbel); **mobilisieren** (in Kriegsstand setzen); du mobilisierst, er mobilisiert, er mobilisierte, er hat mobilisiert, mobilisiere!; die **Mobilität** ([geistige] Beweglichkeit); **möblieren;** *Trennung*: mö|blieren; du möblierst, er möbliert, er hat das Zimmer möbliert, möbliere es!

**Moçambique** [*moßambịk*] (Staat in Afrika); *Trennung:* Mo|çam|bique; der **Moçambiquer** [*moßambịk*ᵉr]; *Trennung:* Mo|çam|bi|quer; **moçambiquisch** [*moßambịkisch*]; Trennung: mo|çam|bi|quisch; ↑auch Mosambik usw.

die **Mode**

das **Modell; Modell** stehen; **modellieren;** du modellierst, er modelliert, er modellierte, er hat ihren Kopf in Ton modelliert, modelliere ihn!

der **Moder** (Faulendes; Fäulnisstoff); **modern** (faulen); etwas modert, etwas moderte, etwas hat gemodert **modern** (modisch); moderner Fünfkampf; **modernisieren;** du modernisierst, er modernisierte, er hat die Fabrik modernisiert, modernisiere sie!

der **Modus,** auch: Mọdus (Art und Weise; Aussageweise des Verbs); die Modi

das **Mofa** (kurz für: Motorfahrrad); des Mofas, die Mofas; **mofeln** (mit dem Mofa fahren); du mofelst, er mofelt, er ist um den Platz gemofelt

**Mogadischu** (Hauptstadt von Somalia)

die **Mogelei; mogeln;** du mogelst, er mogelt, er mogelte, er hat gemogelt, mogele nicht!

**mögen;** du magst, er mag, er mochte, er hat es gemocht, a b e r : das hätte ich hören mögen

**möglich;** soviel als oder wie möglich. *Klein auch:* das mögliche (alles) tun; alles mögliche (viel, allerlei) tun; sein möglichstes tun. *Groß:* im Rahmen des Möglichen; Mögliches und Unmögliches verlangen; alles Mögliche (alle Möglichkeiten) bedenken; etwas, nichts Mögliches; **möglichenfalls; möglicherweise;** die **Möglichkeit;** nach Möglichkeit; **möglichst;** möglichst viel Geld verdienen

der **Mohn**

der **Mohr**

die **Möhre;** die **Mohrrübe**

der **Mokassin** (ein Schuh); die Mokassins und die Mokassine

sich **mokieren** (sich lustig machen); du mokierst dich, er hat sich darüber mokiert

der **Mokka;** die Mokkas

der **Molch;** die Molche

die **Mole** (Hafendamm); die Molen

das **Molekül** (kleinste Einheit einer chemischen Verbindung); die Moleküle

die **Molke** (Käsewasser); die **Molkerei**

das **Moll** (eine Tonart); des Moll, die Moll; a-Moll; die a-Moll-Arie

**mollig** (behaglich, angenehm warm; dicklich)

der **Moment** (der Augenblick); **momentan**

**Monaco** [*mọnako,* auch: *monạko*] (Staat in Südeuropa); **Monaco,** (auch:) **Monako** [*mọnako,* auch: *monạko*] (Hauptstadt dieses Staates)

der **Monarch** (legitimer Alleinherrscher); *Trennung:* Mon|arch; die **Monarchie;** die Monarchien; *Trennung:* Mon|ar|chie

der **Monat;** alle zwei Monate; dieses Monats; laufenden Monats; künftigen Monats; nächsten Monats; vorigen Monats; **monatelang,** a b e r : viele Monate lang; **monatlich** (jeden Monat); eine monatliche Rate, a b e r : dreimonatig (drei Monate dauernd); ein dreimonatiger Aufenthalt

der **Mönch; mönchisch;** der **Mönchsorden**

der **Mond;** die **Mondfinsternis; mondhell;** der **Mondschein**

der **Monegasse** (Einwohner Monacos); **monegassisch**

der **Mongole** [*monggọlᵉ*] (Angehöriger einer Völkergruppe in Asien; Einwohner der Mongolei); die **Mongolei** (Staat und Hochland in Zentralasien); **mongolisch**

das **Monogramm** (Namenszug)

der **Monolog** (Selbstgespräch)

das **Monopol** (alleiniger Anspruch; Recht auf Alleinverkauf) **monoton** (eintönig, ermüdend); die **Monotonie** (Eintönigkeit)

das **Monster** (das Ungeheuer); des Monsters, die Monster

die **Monstranz** (Gefäß für die geweihte Hostie); die Monstranzen; *Trennung:* Mon|stranz

der **Monsun** (ein Wind); die Monsune

der **Montag;** ↑Dienstag; **montags;** ↑Dienstag

die **Montage** [*montạseh*ᵉ] (Aufbau; Zusammenbau einer Maschine)

der **Montblanc** [*mongblạng*] (Berg in den Alpen)

der **Monteur** [*montọr*]; **montieren;** du montierst, er montierte, er hat die Maschine montiert, montiere sie!

**Montevideo** [*montewideo*] (Hauptstadt von Uruguay)

das **Monument** (Denkmal); **monumental**

das **Moor; moorig**

das **Moos; moosig**

der **Mop** (Stoffbesen); die Mops

das **Moped** (leichtes Motorrad); des Mopeds, die Mopeds
**moppen** (zu ↑Mop) du moppst, sie moppt, sie moppte, sie hat den Flur gemoppt, moppe den Flur!

der **Mops;** die Möpse; **mopsen** (stehlen); du mopst, er mopst, er hat mir meinen Bleistift gemopst; sich mopsen (sich langweilen, ärgern)

die **Moral** (Sittlichkeit; Sittenlehre); **moralisch**

die **Moräne** (Schutt eines Gletschers); die Moränen

der **Morast;** die Moraste und die Moräste; **morastig**

der **Mord; morden;** du mordest, er mordete, er hat gemordet; der **Mörder**
**morgen;** morgen abend, morgen früh, morgen nachmittag; die Technik von morgen (der nächsten Zukunft); ↑Abend und Dienstag; der **Morgen;** guten Morgen!; morgens; frühmorgens; ↑Abend; das **Morgen;** das Heute und das Morgen; der **Morgen** (ursprünglich das Land, das ein Gespann an einem Morgen pflügen kann); fünf Morgen Land; **morgens,** aber: des Morgens; ↑Abend und Dienstag

das **Morphium** (ein Rauschgift)
**morsch;** am morschesten

das **Morsealphabet; morsen** (den Morseapparat bedienen); du morst, er morst, er morste, er hat gemorst, morse!; das **Morsezeichen**

der **Mörser**

der **Mörtel;** die Mörtel

das **Mosaik** (Bildwerk aus bunten Steinchen); die Mosaiken (auch: die Mosaike); *Trennung:* Mo|sa|ik
**Mosambik,** der **Mosambiker, mosambikisch** ↑Moçambique usw.

die **Moschee;** die Moscheen

die **Mosel** (deutscher Fluß)
**Moskau** (Hauptstadt der Sowjetunion)

der **Moskito** (eine Stechmücke); des Moskitos, die Moskitos; das **Moskitonetz**

der **Moslem** (Anhänger des Islams); die Moslems; *Trennung:* Mos|lem

der **Most;** die Moste

der **Mostrich** (Senf); *Trennung:* Mostrich

das **Motiv** (Grund; Leitgedanke); **motivieren** [*motiwir*e*n*]; du motivierst, er motivierte, er hat sein Handeln motiviert, motiviere dein Tun!

der **Motor;** die Motoren, auch: der **Motor;** die Motore; das **Motorboot,** auch: das **Motorboot; motorisiert;** das **Motorrad,** auch: das **Motorrad**

die **Motte**

das **Motto** (Leitspruch; Kennwort); die Mottos
**motzen** (schmollen); du motzt, er motzt, er hat gemotzt, motze nicht!

der **Mount Everest** [*maunt äwe*rißt*] (höchster Berg der Erde; im Himalaja)

die **Möwe** (ein Vogel)
**m/s** oder **m/sec** = Meter je Sekunde

die **Mucke** (Laune, Grille); der Motor hat seine Mucken

die **Mücke;** der **Mückenstich**
**mucksen;** du muckst, er muckst, er muckste, er hat gemuckst, muckse nicht!; sich mucksen; er hat sich nicht gemuckst; **mucksmäuschenstill**
**müde;** sich müde arbeiten; einer Sache müde (überdrüssig) sein; ich bin es müde; die **Müdigkeit**

der **Muff** (Handwärmer); die Muffe

die **Muffe** (Rohrstück; Ansatzstück); die Muffen
**muffig** (nach Schimmel riechend, dumpf)

die **Mühe;** mit Müh und Not; es kostet mir oder mich keine Mühe; er hat sich redlich Mühe gegeben; **mühelos;** am mühelosesten

die **Mühle;** das **Mühlrad**

die **Mühsal;** die Mühsale; **mühsam; mühselig**

der **Mulatte** (Nachkomme eines schwarzen und eines weißen Elternteils)

die **Mulde**

der **Mull;** die **Mullbinde**

der **Müll** (Schutt; Kehricht); die **Müllabfuhr;** der **Mülleimer;** die **Müllverbrennung**

der **Müller**
**mulmig** (bedenklich, übel); die Lage ist mulmig

die **Multiplikation; multiplizieren;** du multiplizierst, er multipliziert, er multiplizierte, er hat multipliziert, multipliziere diese beiden Zahlen!

die **Mumie** [*mumie*] (einbalsamierter Leichnam); die Mumien der **Mumm** (Mut, Schneid); keinen Mumm haben

der **Mumpitz** (Unsinn; Schwindel)

der **Mumps,** auch: die **Mumps** (Ziegenpeter)

**München** (Hauptstadt Bayerns)

der **Mund;** die Münder; die **Mundart**

der **Mündel** oder das **Mündel** (Minderjähriger, der unter Vormundschaft steht); die Mündel

**munden;** etwas mundet, etwas mundete, etwas hat gemundet

**münden;** der Fluß mündet, der Fluß mündete, der Fluß ist in den See gemündet

**mündig** (volljährig); mündig sein

**mündlich**

die **Mündung**

die **Mund-zu-Mund-Beatmung**

die **Munition**

**munkeln** (tuscheln); du munkelst, er munkelt, er munkelte, er hat gemunkelt

das **Münster** (Stiftskirche, Dom)

**munter;** munterer und muntrer, am muntersten; die **Munterkeit**

die **Münze; münzen;** du münzt, er münzt, er münzte, er hat gemünzt; das ist auf mich gemünzt (das zielt auf mich ab)

**mürbe;** mürbes Gebäck; er hat ihn mürbe gemacht (seinen Widerstand gebrochen); der **Mürbeteig**

**murksen** (schlecht arbeiten); du murkst, er murkst, er hat wieder gemurkst

**murmeln;** du murmelst, er murmelt, er murmelte, er hat gemurmelt, murmele nicht!

das **Murmeltier**

**murren;** du murrst, er murrt, er murrte, er hat gemurrt, murre nicht!; **mürrisch**

das **Mus** (Obstbrei; Marmelade); die Muse

die **Muschel;** die Muscheln; der **Muschelkalk**

die **Muse** (eine der neun Göttinnen der Künste); die Musen

das **Museum;** die Museen; *Trennung:* Mu|se|um

die **Musik; musikalisch;** der **Musikant;** des/dem/den Musikanten, die Musikanten; der **Musiker;** das **Musikinstrument; musizieren;** du musizierst, er musiziert, er musizierte, er hat musiziert, musiziere!

die **Muskatnuß;** die Muskatnüsse

der **Muskel;** die Muskeln; die **Muskulatur; muskulös;** am muskulösesten

das **Müsli** (ein Rohkostgericht); die Müslis

die **Muße** (freie Zeit); mit Muße; in aller Muße

**müssen;** du mußt, er muß, er mußte, er hat gemußt, aber: was habe ich hören müssen!

**müßig;** müßig sein, müßig gehen; der **Müßiggang**

das **Muster;** nach Muster; **mustergültig; musterhaft; mustern;** du musterst, er mustert, er musterte, er hat ihn gemustert, mustere ihn nicht so!; die **Musterung**

der **Mut;** er macht ihm Mut; er ist guten Mutes; mir ist schlecht zumute; **mutig; mutlos;** am mutlosesten; **mutmaßen;** du mutmaßt, er mutmaßt, er mutmaßte, er hat gemutmaßt, mutmaße nicht!

die **Mutter;** die **Muttererde; mütterlich; mutterseelenallein;** die **Muttersprache**

die **Mutter** (Schraubenteil); die Muttern

die **Mütze**

**m. W.** = meines Wissens

die **Myrrhe** (ein wohlriechendes Harz); die Myrrhen; *Trennung:* Myr|rhe

die **Myrte** (ein immergrüner Strauch); der **Myrtenkranz**

**mysteriös** (geheimnisvoll); am mysteriösesten; das **Mysterium** (Geheimnis); die Mysterien [*mysteri*ᵉ*n*]; **mystisch** (geheimnisvoll)

die **Mythe** und der **Mythos** und der **Mythus** (die Götter- und Heldensage); die Mythen; die **Mythologie** (Sagenkunde, Götterlehre)

**Mz.** = Mehrzahl

# N

**N** = Newton

**na!;** na, na!; na ja!

die **Nabe** (Mittelhülse des Rades); die Naben

der **Nabel;** die Nabel

**nach;** nach und nach; nach wie vor; er ging nach ihm durch die Tür; du sollst nach Hause gehen; er starb nach langem, schwerem Leiden; nacheinander; nachher

**nachahmen;** er ahmte ihn nach, er hat ihn nachgeahmt

der **Nachbar;** des Nachbarn und des Nachbars, die Nachbarn; **nachbarlich;** die **Nachbarschaft;** die **Nachbarschaftshilfe**

**nachdem;** je nachdem

**nachdenken;** er denkt nach, er hat nachgedacht; **nachdenklich**

der **Nachdruck;** für Druckerzeugnisse auch *Plural*: die Nachdrucke; **nachdrücklich**

**nacheinander;** *Trennung*: nach|einan|der; die Wagen werden nacheinander starten; ↑aneinander

der **Nachen** (ein Boot)

**nachfolgen;** er ist ihr nachgefolgt; der **Nachfolger**

die **Nachfrage**

**nachgeben;** er gibt nach, er hat nachgegeben; **nachgiebig**

**nachhaltig**

**nach Hause;** nach Hause gehen; der **Nachhauseweg**

**nachher**

**nachholen;** er holt nach, er hat das Versäumte nachgeholt

der **Nachkomme;** die **Nachkommenschaft;** der **Nachkömmling**

der **Nachlaß;** des Nachlasses, die Nachlasse und die Nachlässe; **nachlässig;** die **Nachlässigkeit**

der **Nachmittag; nachmittags,** a b e r : des Nachmittags; ↑Abend und Dienstag

die **Nachnahme**

die **Nachricht**

der **Nachruf;** die Nachrufe

**nachrüsten;** die **Nachrüstung**

**nachschlagen;** er schlägt nach, er hat in dem Buch nachgeschlagen

die **Nachsicht; nachsichtig**

**nachsitzen;** er sitzt nach, er hat nachgesessen

**nächst;** nächsten Jahres, nächsten Monats; das nächste Mal; nächstdem. *Klein auch*: der nächste, bitte! (↑aber: der Nächste) der nächste beste; er steht mir am nächsten; das nächste, das nächstbeste wäre ...; wir fragen den nächstbesten Polizisten; der, die, das **Nächstbeste** (die nächstbeste Person oder Sache); der **Nächste** (der Mitmensch); des/dem/den Nächsten; mein Nächster; die **Nächstenliebe; nächstens; nächstliegend;** ↑naheliegend; das **Nächstliegende**

die **Nacht,** bei Nacht; über Nacht; die Nacht über; ↑Abend und Dienstag und nachts

der **Nachteil; nachteilig**

**nächtelang;** a b e r : drei Nächte lang

die **Nachtigall;** die Nachtigallen

der **Nachtisch** (Nachspeise)

**nächtlich**

der **Nachtrag;** die Nachträge; **nachtragen;** er trägt nach, er hat ihm nichts nachgetragen; **nachträglich**

die **Nachtruhe; nachts;** a b e r : des Nachts, eines Nachts; der **Nachtschatten** (Pflanzengattung); das **Nachtschattengewächs; nachtsüber;** a b e r : die Nacht über; ↑Abend; der **Nachttisch;** die **Nachttischlampe; nachtwandeln;** du nachtwandelst, er nachtwandelte, er ist, (auch:) er hat genachtwandelt

der **Nachweis; nachweisen;** er weist nach, er hat nachgewiesen

der **Nachwuchs**

der **Nachzügler**

der **Nacken**

**nackend; nackt;** die **Nacktheit**

die **Nadel;** die Nadeln; das **Nadelöhr**

der **Nagel;** etwas ist nicht niet- und nagelfest; **nageln;** du nagelst, er nagelt, er nagelte, er hat die Schuhe genagelt, nagele sie!; **nagelneu**

**nagen;** du nagst, er nagt, er nagte, er hat an dem Knochen genagt, nage nicht so lange an dem Knochen!; das **Nagetier**

die **Näharbeit**

**nah** und **nahe;** näher; nahebei; nahezu; von nah und fern; nahe dem Flusse. *Groß*: der Nahe Osten; die **Nähe;** er ist in der Nähe; **nahegehen** (seelisch ergreifen); der Tod seines Freundes ist ihm nahegegangen, a b e r : **nahe gehen** (in die Nähe gehen); sie sind sich im Laufe der Zeit sehr nahegekommen, a b e r : **nahe kommen** (in die Nähe kommen); er ist dem Ufer sehr nahe gekommen; **nahelegen** (empfehlen); er hat ihm die Erfüllung seiner Bitte sehr nahegelegt, a b e r : **nahe legen** (in die Nähe legen); **naheliegen** (leicht zu finden sein); die Lösung des Rätsels hat nahegelegen, a b e r : **nahe liegen** (in der Nähe liegen); **naheliegend** (leicht zu finden; leichtverständlich); näherliegend, nächstliegend; ein naheliegender Ge-

danke, aber: **nahe liegend** (in der Nähe liegend); ein nahe liegendes Dorf
**nähen;** du nähst, sie näht, sie nähte, sie hat genäht, nähe das Kleid!
**näher** *Klein auch*: etwas des näheren (genauer) auseinandersetzen. *Groß*: Näheres folgt; das Nähere findet sich; alles Nähere sage ich dir später; **näherbringen** (leichter verständlich machen); er hat uns den Gehalt dieses Gedichtes nähergebracht, aber: **näher bringen** (in größere Nähe bringen); er hat den Korb näher gebracht; der **Naherholungsraum** (in der Nähe der Großstadt)

die **Näherin;** die Näherinnen
**näherkommen** (Fühlung bekommen, verstehen lernen); wir sind uns nähergekommen, aber: **näher kommen** (in die Nähe kommen); er ist mir immer näher gekommen; **näherliegend;** ↑naheliegend; **näherstehen** (vertrauter sein); sie haben sich nähergestanden, aber: **näher stehen** (in der Nähe stehen); **nahestehen** (vertraut, befreundet sein); er hat dem Verstorbenen sehr nahegestanden, aber: **nahe stehen** (in der Nähe stehen); er hat dem Ufer sehr nahe gestanden

die **Nähmaschine**
der **Nährboden;** sich **nähren;** du nährst dich, er nährt sich, er nährte sich, er hat sich von Früchten genährt, nähre dich von Früchten!; **nahrhaft;** das **Nährmittel;** die Nährmittel; das **Nährsalz;** die Nährsalze; die **Nahrung;** das **Nahrungsmittel;** die Nahrungsmittel

die **Naht**
**Nairobi** (Hauptstadt von Kenia)
**naiv** [*na-if*] (natürlich; unbefangen; einfältig); er ist naiv, die naive Malerei; die **Naivität** [*na-iwität*]; *Trennung*: Nai|vi|tät
**na ja!**
der **Name;** des Namens, die Namen; im Namen; mit Namen; **namens;** der **Namenspatron;** der **Namenstag; namentlich;** namentlich wenn; **namhaft;** jemanden namhaft machen; **nämlich;** nämlich daß und nämlich wenn
der **Nanga Parbat** (Berg im Himalaya)
das **Napalm** (ein Füllstoff für Brandbomben); des Napalms; die **Napalmbombe**

der **Napf;** die Näpfe
das **Nappa** und das **Nappaleder** (ein Waschleder)
die **Narbe; narbig**
die **Narkose; narkotisch; narkotisieren;** du narkotisierst, er narkotisiert, er narkotisierte, er hat ihn narkotisiert
der **Narr; närrisch**
die **Narzisse** (eine Zwiebelpflanze)
**naschen;** du naschst, er nascht, er naschte, er hat genascht, nasche nicht!; die **Nascherei** und **Näscherei; naschhaft;** am naschhaftesten; die **Naschkatze**
die **Nase; näseln;** du näselst, er näselt, er näselte, er hat genäselt, näsele nicht!; der **Nasenstüber; naseweis;** am naseweisesten; der **Naseweis;** die Naseweise; Herr Naseweis; Jungfer Naseweis; **nasführen;** er nasführte ihn, er hat ihn genasführt; das **Nashorn**
**naß;** nässer und nasser, am nässesten und am nassesten; er hat sich naß gemacht; das **Naß;** des Nasses; die **Nässe; nässen;** etwas näßt, etwas näßte, etwas hat genäßt; **naßkalt**
die **Nation;** *Trennung*: Na|tion; **national;** *Trennung*: na|tio|nal; nationales Interesse, aber: die Nationale Front; Nationales Olympisches Komitee; die **Nationalität;** *Trennung*: Na|tio|na|li|tät; die **Nationalmannschaft;** der **Nationalsozialismus; nationalsozialistisch**
das **Natron;** *Trennung*: Na|tron
die **Natter**
die **Natur;** die **Naturalien** [*naturali*ᵉ*n*] (Bodenerzeugnisse) *Plural*; **naturalisieren** (einbürgern); man naturalisiert ihn, man naturalisierte ihn, man hat ihn naturalisiert; die **Naturerscheinung;** der **Naturfreund;** das **Naturgesetz; natürlich;** der **Naturschutzpark**
die **Nautik** (Schiffahrtskunde); **nautisch**
die **Navigation** [*nawi...*] (Schiffs-, Flugzeugführung)
**n. Chr.** = nach Christi Geburt
**NDR** = Norddeutscher Rundfunk
der **Neandertaler** (ein vorgeschichtlicher Mensch)
der **Nebel;** die Nebel; **nebelhaft;** am nebelhaftesten; **nebelig** und **neblig**
**neben;** neben dem Hause stehen Bäume; ich stelle den Wagen neben das Haus; **nebenan; nebenbei; ne-**

**beneinander;** wir werden nebeneinander gehen, arbeiten, aber *zusammen*: **nebeneinanderlegen;** wir haben die Sachen nebeneinandergelegt; **nebeneinanderstellen;** wir haben die Fahrräder nebeneinandergestellt; **nebenher;** die **Nebensache; nebensächlich; nebenstehend;** im nebenstehenden (hierneben), aber: das Nebenstehende; **nebst;** nebst seinem Hunde

das **Necessaire** [*neßäßär*] (Behältnis für Toilettensachen oder Nähzeug); die Necessaires; *Trennung*: Ne|ces|saire
**necken;** du neckst ihn, er neckte ihn, er hat ihn geneckt, necke ihn nicht immer!; die **Neckerei; neckisch**

der **Neffe**
**negativ** (verneinend, ergebnislos); ein negatives Ergebnis; das **Negativ** (der Gegensatz zum Positiv beim fotografischen Bild); die Negative [*negativ*]

der **Neger**
**nehmen;** du nimmst, er nimmt, er nahm, er hat das Geld genommen, nimm es!; ich nehme es an mich; Geben (auch: geben) ist seliger denn Nehmen (auch: nehmen)

die **Nehrung** (Landzunge)
der **Neid; neidisch**
die **Neige;** auf die Neige, zur Neige gehen; **neigen;** du neigst, er neigt, er neigte, er hat den Kopf geneigt, neige dein Haupt!; sich neigen; er hat sich zur Erde geneigt; die **Neigung**
**nein;** er sagte nein; das **Nein;** er antwortete mit einem Nein; das Ja und das Nein; der **Neinsager**
der **Nektar** (Blütensaft)
die **Nelke**
**nennen;** du nennst, er nennt, er nannte, er hat ihn beim Namen genannt, nenne deinen Namen!; er nannte ihn einen Dummkopf; sich nennen; er hat sich Meyer genannt; **nennenswert;** der **Nenner;** die **Nennform**
das **Neon** (ein Edelgas); das **Neonlicht**
**Nepal** [*nepal*, auch: *nepal*] (Staat im Himalaja); der **Nepalese; nepalesisch**
der **Nepp** (das Neppen); **neppen** (übervorteilen); du neppst, er neppt, er neppte, er hat die Gäste geneppt; neppe niemanden!; das **Nepplokal**
der **Nerv** [*närf*]; das **Nervensystem; nervös** [*närwöß*]; am nervösesten; die **Nervosität**

der **Nerz** (ein Pelztier)
die **Nessel;** die Nesseln; das **Nesselfieber**
das **Nest; das Nesthäkchen**
**nett;** am nettesten; sie ist nett
**netto** (rein; nach Abzug der Verpackung oder aller Kosten); das **Nettogewicht**
das **Netz;** die **Netzaugen** (bei Insekten); die **Netzhaut** (im Auge)
**netzen;** du netzt, er netzt, er netzte, er hat seine Lippen genetzt
**neu;** neuer, am neusten und am neuesten; neustens und neuestens; seit neuestem. *Klein auch*: aufs neue; auf ein neues; von neuem; das neue Jahr fängt gut an; viel Glück zum neuen Jahr! *Groß*: das Alte und das Neue; etwas, nichts, allerlei Neues; die Neue Welt (Amerika); das Neue Testament. *Schreibung in Verbindung mit Verben:* ein Kind war neu hinzugekommen; wir wollen das Buch neu bearbeiten, †aber: neubearbeitet, neugeboren; **neuartig;** der **Neubau;** des Neubaues, die Neubauten; **neubearbeitet;** das neubearbeitete Buch, aber: das Buch ist neu bearbeitet
**Neu-Delhi** [*...deli*] (Regierungssitz der Republik Indien)
**neuerdings;** die **Neuerscheinung; neugeboren;** die neugeborenen Kinder, aber: die Kinder sind neu geboren; die **Neugier** und die **Neugierde; neugierig;** die **Neuheit;** die **Neuigkeit;** das **Neujahr;** das **Neujahrsfest; neulich**
**neun;** alle neun!; wir sind zu neunen und zu neunt; †acht; **neunfach; neunjährig; neunmal;** †achtmal; das **Neuntel;** die Neuntel; **neuntens; neunzehn;** †acht; **neunzig;** †achtzig, achtziger
**Neuseeland** (Inselgruppe und Staat im Pazifischen Ozean); der **Neuseeländer; neuseeländisch**
**neutral;** *Trennung*: neu|tral; die neutrale Ecke; **neutralisieren;** *Trennung*: neu|tra|li|sie|ren; man neutralisiert ihn, man neutralisierte ihn, man hat ihn neutralisiert; die **Neutralität;** *Trennung*: Neu|tra|li|tät; die **Neutronenbombe** (eine Strahlungswaffe); das **Neutrum** (sächliches Hauptwort); die Neutra; *Trennung*: Neutrum
das **Newton** [*njut'n*] (Einheit der Kraft); 5 Newton

**New York** [*nju jå'k*] (Staat und Stadt in den USA); der **New Yorker**

**Nicaragua** (Staat in Mittelamerika); der **Nicaraguaner; nicaraguanisch**

**nicht;** nicht wahr; gar nicht; mitnichten; etwas zunichte machen; **nichtberufstätig;** die nichtberufstätigen Frauen, aber: die Frauen, die nicht berufstätig sind

die **Nichte**

**nichtig;** null und nichtig

das **Nichtmetall** (in der Chemie); die Nichtmetalle (meist *Plural*); **nichtöffentlich;** eine nichtöffentliche Versammlung, aber: die Versammlung war nicht öffentlich; **nichtrostend;** die nichtrostenden Messer

**nichts;** für nichts; zu nichts; gar nichts; um nichts und wieder nichts; sich in nichts unterscheiden; er will nichts tun; mir nichts, dir nichts (ohne weiteres); viel Lärm um nichts; nichts Genaues; nichts Neues, aber: nichts anderes; nichts weniger als ...; nichts ahnend, aber: **nichtssagend;** ein nichtssagendes Gesicht; das **Nichts;** der **Nichtschwimmer; nichtsdestoweniger;** der **Nichtsnutz;** des Nichtsnutzes, die Nichtsnutze; **nichtsnutzig**

das **Nickel** (ein Metall)

**nicken;** du nickst, er nickt, er nickte, er hat mit dem Kopf genickt, nicke!; das **Nickerchen**

der **Nicki** (samtartiger Pullover); des Nickis, die Nickis

**nie;** nie mehr; nie wieder; nie und nimmer

**nieder;** auf und nieder; **niedere;** das niedere Volk. *Klein auch:* hoch und nieder (jedermann). *Groß:* Hohe und Niedere trafen sich bei dem Fest

**niedergeschlagen;** er ist sehr niedergeschlagen (traurig); die **Niedergeschlagenheit**

die **Niederlande** *Plural*; der **Niederländer; niederländisch**

**niederlegen;** er legt sein Amt nieder, er hat es niedergelegt

der **Niedersachse;** des Niedersachsen, die Niedersachsen; **Niedersachsen; niedersächsisch**

**niederschießen;** er hat ihn niedergeschossen

der **Niederschlag;** die Niederschläge

die **Niedertracht; niederträchtig**

die **Niederung**

**niedlich**

**niedrig;** *Trennung:* nied|rig; niedrige Absätze. *Klein auch:* hoch und niedrig (jedermann). *Groß:* Hohe und Niedrige

**niemals**

**niemand;** niemandes oder niemands Freund sein; niemandem und niemand wehe tun; niemanden und niemand grüßen; niemand anders; niemand kann es besser wissen als er; das **Niemandsland**

die **Niere; nierenkrank**

**nieseln** (leise regnen); es nieselt, es nieselte, es hat genieselt

**niesen;** du niest, er niest, er nieste, er hat geniest, niese nicht so laut!; das **Niespulver**

der **Nießbrauch** (Nutzungsrecht)

der **Niet** (Metallbolzen); die Niete; auch: die **Niete,** die Nieten; **nieten;** du nietest, er nietet, er nietete, er hat die Platten genietet, niete sie!; **niet- und nagelfest**

die **Niete** (Los ohne Gewinn; Versager)

der **Niger** (afrikanischer Fluß)

**Niger** (Staat in Westafrika)

**Nigeria** (Staat in Westafrika); der **Nigerianer; nigerianisch**

der **Nigrer** (Einwohner von Niger); **nigrisch**

**Nikaragua** usw.: eindeutschend für ↑Nicaragua usw.

der **Nikolaus;** die Nikolause (nur volkstümlich: die Nikoläuse)

**Nikosia** [*auch: nikosia*] (Hauptstadt von Zypern)

das **Nikotin** (Giftstoff im Tabak)

der **Nil** (Fluß in Afrika); das **Nilpferd**

**nimmer;** nie und nimmer; **nimmermehr;** der **Nimmersatt;** des Nimmersatt und des Nimmersattes und des Nimmersatts, die Nimmersatte; auf **Nimmerwiedersehen**

der **Nippel** (ein kurzes Rohrstück mit Gewinde); die Nippel

**nippen;** du nippst, er nippt, er nippte, er hat vom Wein genippt, nippe nur!

**nirgends; nirgendwo** und **nirgendswo**

die **Nische**

**nisten;** der Vogel nistet, der Vogel nistete, der Vogel hat im Baum genistet; der **Nistkasten**

das **Niveau** [*niwo*] (waagerechte Fläche; Höhe; Rang); die Niveaus; *Trennung:* Ni|veau

die **Nixe**

nobel (edel, vornehm); nobler, am nobelsten; ein nobler Mensch
der Nobelpreis; der Nobelpreisträger
noch; noch nicht; noch und noch; noch einmal; nochmals
NOK = Nationales Olympisches Komitee
der Nomade; die Nomaden; der Nomadenstamm
das Nomen (Substantiv, Hauptwort); die Nomina und die Nomen
der Nominativ (Werfall; 1. Fall); die Nominative
die Nonne
der Nonstopflug; Trennung: Non|stopflug
der Norden; das Gewitter kommt aus Norden; gen Norden; Norderney [nord${}^e$rnai] (Insel in der Nordsee); Nordirland (Teil des ↑Vereinigten Königreichs Großbritannien und Nordirland); (der) Nordjemen ↑Jemen; Nordkorea ↑Korea; nördlich; nördlich des Meeres; nördlich vom Meere; nördlicher Breite; der nördliche Sternenhimmel, aber: das Nördliche Eismeer; der Nordosten; der Nordpol; das Nordpolarmeer (Nördliches Eismeer); Nordrhein-Westfalen; nordrhein-westfälisch; die Nordsee; nordwärts; der Nordwesten
nörgeln; du nörgelst, er nörgelt, er nörgelte, er hat genörgelt, nörgele nicht!; der Nörgler
die Norm (Richtschnur, Regel); die Normen; normal (üblich; geistig gesund)
die Norne (nordische Schicksalsgöttin); die drei Nornen
Norwegen; der Norweger; norwegisch
die Nostalgie (Sehnsucht nach der Vergangenheit); Trennung: Nost|algie; nostalgisch Trennung: nost|algisch
die Not; er ist in Not oder in Nöten; das geht zur Not; wenn Not am Mann ist; er hat seine liebe Not; er muß Not leiden; aber klein: etwas ist not, tut not, ist vonnöten
der Notar (Beamter, der Rechtsgeschäfte beurkundet); die Notare; das Notariat; die Notariate; notariell
die Notdurft; notdürftig
die Note; er bekam die Note „gut" notieren; du notierst, er notiert, er notierte, er hat den Namen notiert, notiere den Namen!

nötig; etwas für nötig halten; etwas nötig haben. Groß: ihm fehlt das Nötigste
nötigen; du nötigst ihn, er nötigt ihn, er nötigte ihn, er hat ihn genötigt, nötige ihn nicht!; nötigenfalls
die Notiz; von etwas Notiz nehmen; das Notizbuch
die Notlage; notlanden; das Flugzeug notlandet, das Flugzeug notlandete, das Flugzeug ist notgelandet; notleidend; die Nottaufe; die Notwehr; notwendig; sich auf das, aufs Notwendigste beschränken; es fehlt am Notwendigsten; die Notwendigkeit
der Nougat, auch: das Nougat [nugat]; des Nougats, die Nougats; Trennung: Nou|gat
die Novelle [nowäl${}^e$] (eine Prosaerzählung; ein Nachtragsgesetz)
der November [nowämb${}^e$r] des November und des Novembers, die November; ber
Nowaja Semlja (zwei Inseln im Nordpolarmeer)
NPD = Nationaldemokratische Partei Deutschlands
Nr. = Nummer; Nrn. = Nummern
NRW = Nordrhein-Westfalen
N. T. = Neues Testament
im Nu
die Nuance [nüangße] (Abstufung; Spur); die Nuancen; Trennung: Nu-an|ce
nüchtern; die Nüchternheit
die Nudel; die Nudeln
null; null und nichtig; er hat null Fehler; null Grad; null Uhr; die Null; er ist auf Nummer Null; das Thermometer steht auf Null; Null Komma nichts war er da; er ist eine reine Null; eine Zahl mit fünf Nullen
das Numerale (Zahlwort); des Numerales, die Numeralien [...äli${}^e$n] und die Numeralia; numerieren (beziffern, benummern); Trennung: nu|me|rieren; du numerierst, er numeriert, er numerierte, er hat die Plätze numeriert, numeriere die Plätze!; die Nummer; Nummer fünf; Nummer Null; Nummer Sicher; laufende Nummer; der Hut ist zwei Nummern zu groß
nun; nun wohlan; nun und nimmer; von nun an; nunmehr
nur; nur Gutes tun
nuscheln (undeutlich reden); du nuschelst, er nuschelt, er hat genuschelt, nuschle nicht so!

die **Nuß;** die Nüsse; der **Nußknacker**
die **Nüster;** die Nüstern
die **Nut** und die **Nute** (Furche, Fuge)
   **nutz;** er ist zu nichts nutz (süddeutsch
   für: zu nichts nütze); **nütze;** er ist
   zu nichts nütze, ↑aber: der Nichts-
   nutz; **nutzen** und **nützen;** du nutzt
   und du nützt, er nutzt und er nützt,
   er nutzte und er nützte, er hat die
   Gelegenheit genutzt und genützt, nut-
   ze und nütze die Stunde!; es nutzt
   und es nützt mir nichts; der **Nutzen;**
   die Nutzen; es ist von Nutzen; **nütz-**
   **lich; nutzlos;** am nutzlosesten; der
   **Nutznießer**
das **Nylon** [*nailon*] (eine synthetische
   Textilfaser)
die **Nymphe** (eine Naturgottheit); *Tren-*
   *nung:* Nym|phe

# O

   **o. a.** = oben angegeben
die **Oase** (eine Wasserstelle in der Wü-
   ste); *Trennung:* Oa|se
   **ob;** das Ob und Wann
der **Ob** (Fluß in Sibirien)
   **OB** = Oberbürgermeister
   **o. B.** = ohne Befund (nach ärztlicher
   Untersuchung)
die **Obacht;** Obacht geben; *Trennung:*
   Ob|acht
das **Obdach; obdachlos**
der **Obelisk** (ein freistehender Spitzpfei-
   ler); des/dem/den Obelisken, die
   Obelisken
   **oben;** nach, von, bis oben; nach oben
   hin; von oben her; das oben Gesagte;
   die oben gegebene Erklärung; alles
   Gute kommt von oben; man wußte
   kaum noch, was oben und was unten
   war; oben bleiben; oben liegen; oben
   stehen; **obenan;** *Trennung:* oben|an;
   **obenauf;** *Trennung:* oben|auf;
   **obendrein; obenhin**
   **obere;** oberer Stock; die oberen Klas-
   sen
die **Oberfläche; oberflächlich**
   **oberhalb;** oberhalb des Dorfes
der **Oberst;** des Obersten und des
   Obersts, die Obersten
   **oberste;** *Trennung:* ober|ste; ober-
   stes Stockwerk; dort das Buch, das
   oberste, hätte ich gerne; das Oberste
   zuunterst, das Unterste zuoberst keh-
   ren; der Oberste Gerichtshof

die **Oberstufe**
   **obgleich**
die **Obhut**
   **obig;** im obigen (weiter oben), aber:
   der **Obige,** das **Obige**
das **Objekt** (Ziel, Gegenstand; Fallergän-
   zung); die Objekte; **objektiv;** ein ob-
   jektives Verfahren; das **Objektiv**
   (eine optische Linse); die Objektive
   [*...wᵉ*]
die **Oblate** (die Hostie; ein Gebäck); die
   Oblaten; *Trennung:* Ob|la|te
   **obligatorisch** (verpflichtend, bin-
   dend)
der **Obmann;** die Obmänner und die
   Obleute
die **Oboe** (ein Blasinstrument); der
   **Oboist** (der Oboebläser); des/dem/
   den Oboisten, die Oboisten
die **Obrigkeit;** *Trennung:* Ob|rig|keit;
   von Obrigkeits wegen
   **obschon**
das **Observatorium** (die Sternwarte);
   die Observatorien [*obsärwatoriᵉn*]
   **obskur** (unbekannt, verdächtig);
   *Trennung:* ob|skur
das **Obst;** die Obstsorten
   **obszön** (unanständig, schamlos);
   *Trennung:* ob|szön; die **Obszönität;**
   die Obszönitäten; *Trennung:* Ob|szö-
   ni|tät
   **obwohl; obzwar**
der **Ochse; ochsen** (angestrengt arbei-
   ten); du ochst, er ochst, er ochste,
   er hat zum Examen geochst, ochse
   doch nicht so!
der oder das **Ocker** (eine Tonerde); **ok-**
   **kergelb**
   **od.** = oder
   **öd** und **öde;** am ödesten
der **Odem** (der Atem)
   **oder;** oder ähnliches
die **Oder** (Fluß in Mitteleuropa)
das **Ödland** (zu ↑öd)
der **Ofen;** die **Ofenheizung**
   **offen;** offener, am offensten; eine of-
   fene Hand haben (freigebig sein); mit
   offenen Karten spielen (ohne Hinter-
   gedanken sein); auf offener Straße;
   der Tag der offenen Tür; offen gestan-
   den; offen gesagt; **offenbar;** sich **of-**
   **fenbaren;** Gott hat sich uns offen-
   bart; die **Offenbarung; offenblei-**
   **ben;** das Fenster soll offenbleiben,
   aber: **offen bleiben** (ehrlich blei-
   ben); er ist bei der Vernehmung offen
   geblieben; **offenhalten;** er hat das
   Tor offengehalten, aber: **offen hal-**

**ten** (frei, sichtbar halten); die **Offen-heit; offenherzig; offenlassen;** er läßt die Tür offen; er hat die Frage offengelassen; **offensichtlich offensiv** (angriffslustig; angreifend); die **Offensive** [ofänsi̲w̲ᵉ] (Angriff); die Offensiven

**öffentlich;** die öffentliche Meinung; er steht im öffentlichen Dienst **offiziell** (amtlich; verbürgt; förmlich); *Trennung:* of|fi|ziell

der **Offizier**

**öffnen;** du öffnest, er öffnet, er öffnete, er hat die Tür geöffnet, öffne die Tür!; die **Öffnung**

**oft;** so oft; wie oft; **öfter;** er war öfter im Theater als ich; er beschimpft mich öfter; ich sah ihn des öfteren; **oftmals**

**oh!**

der **Oheim** (Onkel); die Oheime

**OHG** = Offene Handelsgesellschaft

das **Ohm** (Maßeinheit für den elektrischen Widerstand); des Ohm und des Ohms, die Ohm; 4 Ohm

das **Öhmd** (südwestdeutsch für: zweiter Grasschnitt)

**ohne;** ohne daß; ohne weiteres; **ohnedies; ohngleichen; ohnehin**

die **Ohnmacht; ohnmächtig**

das **Ohr;** die Ohren; das **Öhr** (Nadelloch); die Öhre; die **Ohrfeige; ohrfeigen;** du ohrfeigst ihn, er ohrfeigt ihn, er ohrfeigte ihn, er hat ihn geohrfeigt, ohrfeige ihn!; der **Ohrring**

**o ja!**

der **Ökoladen** (Laden mit Waren für ein umweltbewußtes Leben); die **Ökologie** (Lehre von den Beziehungen zwischen den Lebewesen und ihrer Umwelt); die **Ökonomie** (die Wirtschaftlichkeit); **ökonomisch;** ökonomischste

die **Oktave** [oktaw̲ᵉ] (der achte Ton vom Grundton aus)

der **Oktober;** des Oktober[s], die Oktober; die **Oktoberrevolution**

**okulieren** (pfropfen, veredeln); du okulierst, er okuliert, er okulierte, er hat den Baum okuliert, okuliere ihn!

die **Ökumene** (Gesamtheit der Christen); **ökumenisch;** die ökumenische Bewegung

der **Okzident** (das Abendland; der Westen)

das **Öl;** die Öle; **ölen;** du ölst, er ölt, er ölte, er hat das Rad geölt, öle das Rad!; **ölig**

der **Oldtimer** [o̲ᵘldtaimᵉr] (Auto, Fahrzeug u. dgl. von alter Bauart)

die **Olive** [oli̲w̲ᵉ] (Frucht des Ölbaums); das **Olivenöl**

die **Ölpest** (Verschmutzung mit Öl); die **Ölquelle**

der **Olymp** (der Wohnsitz der Götter); die **Olympiade** (die Olympischen Spiele); *Trennung:* Olym|pia|de **Oman** (arabischer Staat); der **Omaner; omanisch**

das **Omelett** [omlä̲t] ; die Omelette und die Omeletts; *Trennung:* Ome|lett

der **Omnibus;** des Omnibusses, die Omnibusse

die **Onanie** (geschlechtliche Selbstbefriedigung); **onanieren;** er hat onaniert

der **Onkel;** die Onkel

**o. O.** = ohne Ort (bei fehlender Verlagsangabe eines Buches)

**OP** = Operationssaal

die **Oper**

die **Operation**

die **Operette**

**operieren;** du operierst, er operiert, er operierte, er hat ihn am Bein operiert, operiere ihn!

das **Opfer;** die Opfergabe; das **Opferlamm; opfern;** du opferst, er opfert, er opferte, er hat sein Vermögen geopfert, opfere es!

das **Opium** (ein Rauschgift)

**opponieren** (widersprechen; sich widersetzen); du opponierst, er opponiert, er opponierte, opponiere nicht!; die **Opposition**

die **Optik** (die Lehre vom Licht); der **Optiker**

der **Optimismus** (Lebensauffassung, die alles von der besten Seite sieht); des Optimismus; der **Optimist;** des/dem/den Optimisten, die Optimisten; **optimistisch**

**optisch**

das **Orakel** (Weissagung); die Orakel; der **Orakelspruch; orakeln** (weissagen); du orakelst, er orakelt, er hat orakelt

**orange** [orᾱŋsc̲h̲ᵉ] (goldgelb); die **Orange** [orᾱŋsc̲h̲ᵉ] *(Apfelsine); die* **Orangeade** [orᾱŋsc̲h̲adᵉ]

der **Orang-Utan** (ein Menschenaffe); des Orang-Utans, die Orang-Utans

das **Orchester** [orkä̲stᵉr] (Musikkapelle)

der **Orden**

**ordentlich;** ein ordentliches (zustän-

diges) Gericht; ein ordentlicher Professor
**ordinär** (gewöhnlich, gemein)
**ordnen;** du ordnest, er ordnet, er ordnete, er hat seine Papiere geordnet, ordne sie!; der **Ordner;** die **Ordnung;** Ordnung halten; **ordnungsgemäß; ordnungshalber**

das **Organ; organisch** (belebt, lebendig; ein Organ betreffend)

die **Organisation; organisieren;** du organisierst, er organisiert, er organisierte, er hat den Widerstand organisiert, organisiere ihn! sich organisieren; die Arbeiter haben sich organisiert; der **Organismus;** des Organismus; die Organismen

der **Organist;** des/dem/den Organisten, die Organisten; die **Orgel;** die Orgeln

der **Orgasmus** (Höhepunkt der geschlechtlichen Erregung); die Orgasmen

die **Orgie** [_orgi^e_] (ausschweifendes Fest); die Orgien

der **Orient** (die vorder- und mittelasiatischen Länder); der Vordere Orient; **orientalisch;** die orientalischen Sprachen; _Trennung:_ orien|ta|lisch

sich **orientieren;** du orientierst dich; er orientierte sich, er hat sich orientiert, orientiere dich!; _Trennung:_ orien|tieren; die **Orientierung**

das **Original** (Urschrift, Urtext; Sonderling); die Originale; **originell** (einzigartig; urwüchsig; komisch)

der **Orkan** (Sturm); die Orkane

das **Ornament** (Verzierung); die Ornamente

der **Ornat** (feierliche Amtstracht); die Ornate

der **Ort;** die Orte; an Ort und Stelle; höheren Orts oder Ortes; allerorts
**orthodox** (rechtgläubig, strenggläubig); _Trennung:_ or|tho|dox

die **Orthographie** (Rechtschreibung); die Orthographien; _Trennung:_ Or|thogra|phie; **orthographisch;** ein orthographischer Fehler

der **Orthopäde** (Facharzt für Orthopädie); **Orthopädie** (Behandlung von Haltungs- und Bewegungskrankheiten); **orthopädisch**

der **Ortler** (Berg in den Alpen)
**örtlich;** die **Ortschaft; ortskundig; ortsüblich**

die **Öse**
**Oslo** (Hauptstadt Norwegens)
**Ost-Berlin** ↑ Berlin; der **Ostberli-**

**ner;** der **Ostblock** (die sozialistischen Staaten); der **Osten;** gen Osten; der Ferne Osten

das **Osterfest;** der **Osterhase; österlich;** das **Ostern;** Ostern fällt früh; Ostern ist bald vorbei; _landschaftlich auch Plural:_ die oder diese Ostern fallen früh; fröhliche Ostern!
**Österreich;** der **Österreicher; österreichisch**
**östlich;** östlich des Waldes; östlich vom Wald; die **Ostsee; ostwärts**
**Ottawa** (Hauptstadt Kanadas)

die **Otter** (eine Schlange); die Ottern

der **Otter** (eine Marderart); die Otter

der **Outsider** [_autßaid^er_] (Außenseiter)

die **Ouvertüre** [_uwertür^e_] (Eröffnung; Vorspiel); die Ouvertüren; _Trennung:_ Ou|ver|tü|re
**oval** [_owal_] (eirund); das **Oval;** die Ovale

der **Overall** [_o^uw^erål_] (Schutzanzug)

das **Oxyd** (eine Sauerstoffverbindung); _in der Fachsprache der Chemie:_ das Oxid; die **Oxydation;** in der Fachsprache: die Oxidation; _Trennung:_ Oxy|da|tion; **oxydieren;** in der Fachsprache: oxidieren; _Trennung:_ oxy-die|ren; das Eisen oxydiert, es oxydierte, es ist und hat oxydiert

der **Ozean;** die Ozeane; der große (endlose) Ozean, a b e r : der Große (Pazifische) Ozean

das **Ozon** (besondere Form des Sauerstoffs)

# P

**p** = piano (leise)
**paar** (einige); ein paar Leute; mit ein paar Worten; ein paar dutzendmal; ein paarmal; ein paar Mark; das **Paar** (zwei zusammengehörende Personen oder Dinge); ein glückliches Paar, ↑ a b e r : das Pärchen; ein Paar Schuhe; ein Paar neue Schuhe und ein Paar neuer Schuhe; mit einem Paar wollenen Strümpfen und mit einem Paar wollener Strümpfe; **paarig;** der **Paarlauf** (beim Eissport); **paarmal;** ein paarmal; die **Paarung; paarweise;** paarweise antreten

die **Pacht; pachten;** du pachtest, er pachtet, er pachtete, er hat einen Acker gepachtet, pachte einen Acker!; der **Pächter**

das **Pack** (Pöbel)

der **Pack** (das Gepackte, das Bündel); die Packe und die Päcke; das **Päckchen; packen;** du packst, er packt, er packte, er hat den Koffer gepackt, packe den Koffer!; der **Packer;** das **Packpapier**

der **Pädagoge** (der Erzieher); des Pädagogen, die Pädagogen; *Trennung*: Päd|ago|ge; die **Pädagogik** (Erziehungswissenschaft); *Trennung*: Pädago|gik; **pädagogisch;** *Trennung*: päd|ago|gisch

das **Paddel;** die Paddel; das **Paddelboot; paddeln;** du paddelst, er paddelt, er paddelte, er hat zwei Stunden gepaddelt, a b e r: er ist an das andere Ufer gepaddelt, paddle langsamer!

**paffen** (stoßweise rauchen); du paffst, er paffte, er hat gepafft; paffe nicht!

der **Page** [*pasch*ᵉ] (Diener, Laufbursche)

das **Paket;** die **Paketkarte**

**Pakistan** (Staat in Vorderasien)

der **Pakt** (Vertrag); die Pakte

das **Palais** [*palä*]; die Palais; der **Palast;** die Paläste

das **Palaver** [*palaw*ᵉ*r*] (endloses Reden und Verhandeln); **palavern;** sie haben palavert

die **Palette** (Mischbrett für Farben)

der **Palisander** (ein Edelholz)

die **Palme;** das **Palmöl;** der **Palmsonntag**

die **Pampelmuse** (eine große Zitrusfrucht)

**Panama** [auch: *panama* und *panamá*] (Staat in Mittelamerika; dessen Hauptstadt); der **Panamaer** [auch: *panamaer* und *panamá-er*]; **panamaisch**

**panieren** (mit Ei und geriebener Semmel einkrusten); du panierst, er paniert, er panierte, er hat das Schnitzel paniert, paniere es!

die **Panik** (plötzlicher Schrecken); die Paniken; **Panikmacher**

die **Panne** (Unfall, Mißgeschick)

das **Panorama** (Rundblick); die Panoramen; *Trennung*: Pan|ora|ma

**panschen** (mischen, verfälschen; planschen); du panschst, er panscht, er panschte, er hat den Wein gepanscht, pansche nicht!

der **Pansen** (erster Magen der Wiederkäuer); die Pansen

der **Panther;** *Trennung*: Pan|ther

der **Pantoffel;** die Pantoffeln

die **Pantomime** (stummes Gebärdenspiel); **pantomimisch**

der **Panzer; panzern;** er panzert das Boot, er panzerte es, er hat es gepanzert; sich panzern; er hat sich gegen ihre Anschuldigungen gepanzert

der **Papagei;** des Papagei[e]s und des Papageien, die Papageie und die Papageien

das **Papier;** der **Papierkorb**

der **Pappdeckel;** die Pappdeckel und der **Pappendeckel;** die Pappendeckel; die **Pappe;** das **Pappplakat**

die **Pappel;** die Pappeln

der **Paprika** (ein Gewürz); die Paprikas; *Trennung*: Pa|pri|ka

der **Papst;** die Päpste; **päpstlich;** das **Papsttum**

der **Papyrus** (Papierstaude; im Altertum verwendetes Schreibmaterial); des Papyrus, die Papyri

die **Parabel** (Gleichnis; Kegelschnitt; Kurve)

die **Parade** (Truppenschau; Abwehr)

das **Paradies;** der **Paradiesapfel** (Tomate); **paradiesisch**

**paradox** (widersinnig; sonderbar); am paradoxesten

der **Paragraph** (Absatz, Abschnitt); des/dem/den Paragraphen, die Paragraphen

**Paraguay** [*parag*ᵘ*ai*, auch: *paragwai*] (Staat in Südamerika); der **Paraguayer;** *Trennung*: Pa|ra|gua|yer; **paraguayisch**

**parallel** (gleichlaufend); *Trennung*: par|al|lel; etwas parallel schalten; mit etwas parallel laufen; die **Parallele;** *Trennung*: Par|al|le|le; mehrere Parallelen und mehrere Parallele; das **Parallelogramm**

der **Parasit** (Schmarotzer); des/dem/den Parasiten, die Parasiten

**parat** (bereit)

das **Pärchen** (Verkleinerungsform von ↑Paar)

das **Parfüm;** die Parfüme und die Parfüms; sich **parfümieren;** sie parfümiert sich, sie parfümierte sich, sie hat sich parfümiert, parfümiere dich nicht so stark!

**parieren** (abwehren; unbedingt gehorchen); du parierst, er pariert, er parierte, er hat pariert, pariere!

**Paris** (Hauptstadt Frankreichs)

der **Park;** die Parks, seltener: die Parke

der **Parka;** auch: die Parka (anorakähnlicher Mantel)

**parken;** du parkst, er parkt, er parkte, er hat den Wagen am Rathaus geparkt, parke den Wagen dort!

das **Parkett** (getäfelter Fußboden; vorderer Teil des Zuschauerraumes im Kino oder Theater); die Parkette

der **Parkplatz;** die **Parkuhr**

das **Parlament** (Volksvertretung); die Parlamente; der **Parlamentarier; parlamentarisch;** die parlamentarische Anfrage; der parlamentarische Staatssekretär, a b e r : der Parlamentarische Rat

die **Parodie** (komische Umbildung ernster Dichtung; scherzhafte Nachahmung); die Parodien; *Trennung:* Parodie

die **Parole** (Losung; Kennwort)

die **Partei; parteiisch; parteilos**

**parterre** [*partär*] (zu ebener Erde); *Trennung:* par|terre; parterre wohnen; das **Parterre** [*partär*] (Erdgeschoß); die **Parterrewohnung**

die **Partie** (Abschnitt; Teil; Heirat); die Partien

das **Partizip** (Mittelwort); des Partizips, die Partizipien

der **Partner** (Teilhaber)

die **Party** [*pa'ti*] (geselliges Beisammensein); die Partys und die Parties [*pa'tis*]

die **Parzelle** (vermessenes Grundstück)

der **Paß;** des Passes, die Pässe

der **Passagier** [*paßaschir*] (Fahrgast)

der **Passant** (Fußgänger); des/dem/den Passanten, die Passanten

der **Passat** (Tropenwind); die Passate

**passen;** das Kleid paßt, das Kleid paßte, das Kleid hat gepaßt; **passend**

**passieren** (geschehen); etwas passiert, etwas passierte, etwas ist passiert

**passieren** (vorübergehen, -fahren); das Schiff passiert den Leuchtturm, es passierte ihn, es hat ihn passiert

die **Passion** (Leiden; Leidenschaft; Hingabe; Vorliebe)

**passiv** (leidend; untätig); er verhält sich passiv; eine passive Bestechung; das passive Wahlrecht; das **Passiv** (in der Grammatik der Gegensatz von Aktiv)

die **Paste**

die **Pastete**

der **Pastor** [auch: *pastor*] (Geistlicher); die Pastoren

der **Pate** (Taufzeuge); das **Patenkind**

**patent** (geschickt, praktisch); am patentesten; das **Patent** (Schutzrecht); das **Patentamt; patentieren;** er hat sich die Erfindung patentieren lassen; ein patentiertes Verfahren

der **Patient** [*paziänt*] (Kranker in ärztlicher Behandlung); des/dem/den Patienten, die Patienten

die **Patin;** die Patinnen

der **Patriot** (Vaterlandsfreund); des/dem/den Patrioten, die Patrioten; *Trennung:* Pa|triot; **patriotisch;** *Trennung:* pa|trio|tisch; der **Patriotismus;** des Patriotismus

der **Patron** (Schutzherr); die Patrone; *Trennung:* Pa|tron

die **Patrone** (die Geschoßhülse); die Patronen; *Trennung:* Pa|tro|ne

**patschen;** du patschst, er patscht, er patschte, er ist durch die Pfütze gepatscht, patsche nicht durch die Pfütze!; **patschnaß**

**patzen** (einen Fehler machen); du patzt, er patzte; er hat gepatzt; der **Patzer**

**patzig** (frech)

die **Pauke;** er haute auf die Pauke (er war ausgelassen)

**pausbackig** und **pausbäckig**

**pauschal** (alles zusammen, rund); die **Pauschale** (Gesamtbetrag; geschätzte Summe)

die **Pause** (Ruhezeit); die große Pause (in der Schule, im Theater); **pausenlos**

die **Pause** (Durchzeichnung); **pausen;** du paust, er paust, er pauste, er hat den Plan gepaust; das **Pauspapier**

der **Pavillon** [*pawiljong*] (kleines Gartenhaus); die Pavillons

der **Pazifik** (der Große Ozean); **pazifisch;** der **Pazifische Ozean**

das **Pech; pechschwarz;** der **Pechvogel**

das **Pedal;** die Pedale

der **Pedant** (übertrieben genauer, kleinlicher Mensch); des/dem/den Pedanten, die Pedanten; **pedantisch**

der **Pegel** (Wasserstandsmesser); die Pegel

**peilen** (die Richtung feststellen); du peilst, er peilt, er peilte, er hat die Eisberge unter Wasser gepeilt, peile die Lage!; die **Peilung**

die **Pein; peinigen;** du peinigst ihn, er

peinigte ihn, er hat ihn gepeinigt,
peinige ihn nicht!; **peinlich**

die **Peitsche; peitschen;** der Regen
peitscht, der Regen peitschte, der Regen hat die Bäume gepeitscht

**Peking** (Hauptstadt Chinas)

die **Pelle;** jemandem auf die Pelle rücken
(jemandem energisch zusetzen); **pellen** (schälen); du pellst, er pellt, er
pellte, er hat die Kartoffeln gepellt,
pelle sie!; die **Pellkartoffel;** die Pellkartoffeln

der **Pelz;** jemandem auf den Pelz rücken
(jemanden drängen); **pelzig**

das **Pendel;** die Pendel; **pendeln;** du
pendelst, er pendelt, er pendelte, er
hat an einem Fallschirm gependelt,
a b e r : er ist zwischen Mannheim und
Worms gependelt (hin und her gefahren)

der **Penis** (männliches Glied); des Penis,
die Penisse und die Penes

das **Penizillin,** in der Fachsprache auch:
Penicillin (ein Heilmittel); die Penizilline

die **Penne** (Schule)

der **Penner** (Landstreicher)

die **Pension** [*pangsion*] (Ruhestand;
Ruhegehalt; Kost und Wohnung;
Fremdenheim); der **Pensionär; pensionieren;** er pensioniert ihn, er pensionierte ihn, er hat ihn pensioniert

das **Pensum** (zugeteilte Arbeit); die Pensen und die Pensa
**perfekt** (vollkommen, abgemacht);
am perfektesten; das **Perfekt** (Zeitform: vollendete Gegenwart)
**perforieren** (durchbohren, durchlöchern)

das **Pergament** (bearbeitete Tierhaut, in
früheren Zeiten als Schreibmaterial
verwendet); die Pergamente

die **Periode** (Kreislauf; Zeitraum); *Trennung*: Pe|ri|ode; **periodisch**

die **Perle;** die **Perlenkette;** die **Perlmutter,** auch: das **Perlmutt**

das **Perlon** (synthetische Textilfaser)

der **Perser;** der **Perserteppich; Persien** [*persi<sup>e</sup>n*] (ältere Bezeichnung
für den Iran); **persisch**

die **Person;** das **Personal;** die **Personalien** [*pärsonali<sup>e</sup>n*] *Plural;* **persönlich;** persönliches Fürwort; die
**Persönlichkeit**

die **Perspektive** [*pärßpäktiw<sup>e</sup>*] (Raumblick; Ausblick)
**Peru** (Staat in Südamerika); der **Peruaner; peruanisch**

die **Perücke**

der **Pessimist** (jemand, der von der Zukunft nur das Schlechteste erwartet);
des/dem/den Pessimisten, die Pessimisten; **pessimistisch**

die **Pest**

die **Petersilie**

das **Petroleum** [*petrole-um*]; *Trennung*:
Pe|tro|le|um
**petzen** (verraten; zwicken); du petzt,
er petzt, er petzte, er hat gepetzt, petze
nicht!

**Pf** = Pfennig

der **Pfad;** die Pfade; der **Pfadfinder**

der **Pfahl;** die Pfähle; der **Pfahlbau;** die
Pfahlbauten

die **Pfalz;** der **Pfälzer; pfälzisch**

das **Pfand;** die Pfänder; **pfänden;** du
pfändest, er pfändet, er pfändete, er
hat den Schrank gepfändet; das **Pfänderspiel**

die **Pfanne;** der **Pfannkuchen**

die **Pfarre** und die **Pfarrei;** der **Pfarrer**

der **Pfau;** die Pfauen

**Pfd.** = Pfund

der **Pfeffer;** Pfeffer und Salz; schwarzer
Pfeffer; der **Pfefferkuchen;** das
**Pfefferminz** (ein Plätzchen); die
Pfefferminze; **pfeffern;** du pfefferst,
er pfeffert, er pfefferte, er hat das
Fleisch gepfeffert, pfeffere nicht so
stark!

die **Pfeife; pfeifen;** du pfeifst, er pfeift,
er pfiff, er hat gepfiffen, pfeife nicht!

der **Pfeil; pfeilschnell**

der **Pfeiler**

der **Pfennig;** die Pfennige; a b e r : das
Blatt kostet 6 Pfennig; das **Pfennigstück**

der **Pferch** (eingezäuntes Feldstück für
Tiere); die Pferche

das **Pferd;** zu Pferde; die **Pferdestärke**
(veraltete Maßeinheit)

der **Pfiff;** die Pfiffe

der **Pfifferling** (ein Pilz); das ist keinen
Pfifferling (nichts) wert
**pfiffig**

das **Pfingsten;** Pfingsten fällt früh; *landschaftlich auch Plural*: die oder diese
Pfingsten fallen früh; fröhliche Pfingsten!; das **Pfingstfest**

der **Pfirsich**

die **Pflanze; pflanzen;** du pflanzt, er
pflanzt, er pflanzte, er hat einen Baum
gepflanzt, pflanze ihn!; der **Pflanzenfresser;** der **Pflanzer;** die **Pflanzung**

das **Pflaster; pflastern;** du pflasterst,

er pflastert, er pflasterte, er hat die Straße gepflastert, pflastere die Straße!; der **Pflasterstein**

die **Pflaume;** das **Pflaumenmus**

die **Pflege; pflegen;** du pflegst, er pflegt, er pflegte, er hat den Kranken gepflegt, pflege deine kranke Mutter!; der **Pfleger**

die **Pflicht; pflichtgemäß**

der **Pflock;** die Pflöcke

**pflücken;** du pflückst, er pflückt, er pflückte, er hat die Äpfel gepflückt, pflücke die Äpfel!

der **Pflug;** die Pflüge; **pflügen;** du pflügst, er pflügt, er pflügte, er hat den Acker gepflügt, pflüge den Acker am Waldesrand!; die **Pflugschar**

die **Pforte;** der **Pförtner**

der **Pfosten**

die **Pfote**

der **Pfropfen**

**pfui!**

das **Pfund;** die Pfunde; vier Pfund

**pfuschen;** du pfuschst, er pfuschte, er hat gepfuscht, pfusche nicht!; der **Pfuscher;** die **Pfuscherei**

die **Pfütze**

**PH** = Pädagogische Hochschule

das **Phänomen** (Erscheinung; seltenes Ereignis); die Phänomene; **phänomenal** (außergewöhnlich, erstaunlich)

die **Phantasie** (Vorstellungskraft; Wunschbild); die Phantasien; **phantasieren;** du phantasierst, er phantasierte, er hat phantasiert, phantasiere nicht!; **phantastisch**

der **Pharao** (ägyptischer König im Altertum); des Pharaos; die Pharaonen

der **Pharisäer** (Angehöriger einer streng gesetzesfrommen altjüdischen Partei; selbstgerechter Heuchler)

die **Phase** (Abschnitt einer Entwicklung)

die **Philippinen** *Plural* (Inselgruppe und Staat in Südostasien); der **Philippiner; philippinisch**

der **Philosoph;** des Philosophen, die Philosophen; die **Philosophie; philosophisch**

das **Phlegma** (Ruhe, Geistesträgheit, Schwerfälligkeit); *Trennung:* Phlegma; der **Phlegmatiker; phlegmatisch**

**Phnom Penh** [*pnọm pắn*] (Hauptstadt Kambodschas)

das **Phon** (Maßeinheit für die Lautstärke)

der **Phosphor** (ein chemischer Grundstoff); *Trennung:* Phos|phor

das **Photo,** der **Photograph** usw. ↑ Foto, Fotograf usw.

die **Phrase** (Redewendung, nichtssagende Redensart); **phrasenhaft**

die **Physik** (eine Naturwissenschaft); **physikalisch;** der **Physiker; physisch**

der **Pickel;** die Pickel

**picken;** das Huhn pickt, das Huhn pickte, es hat die Körner gepickt

das **Picknick** (Essen im Freien); die Picknicke und die Picknicks

der **Piefke** (Spießer, unsympathischer Mensch)

**piepsen;** du piepst, er piepst, er piepste, er hat gepiepst, piepse nicht so!

**piesacken;** du piesackst ihn, er piesackt ihn, er piesackte ihn, er hat ihn gepiesackt, piesacke ihn nicht!

**pikant** (scharf gewürzt; reizvoll); am pikantesten

der **Pilger; pilgern;** du pilgerst, er pilgert, er pilgerte, er ist nach Rom gepilgert, pilgere nach Rom!

die **Pille**

der **Pilot;** des Piloten, die Piloten

der **Pilz**

der **Pinscher**

der **Pinsel;** die Pinsel; **pinseln;** du pinselst, er pinselt, er pinselte, er hat den Spruch an die Wand gepinselt, pinsele nicht die Wand voll!

die **Pinzette** (eine Greifzange); die Pinzetten

der **Pionier** (Vorkämpfer); *Trennung:* Pio|nier

die **Pipeline** [*paiplain*] (Rohrleitung für Gas, Erdöl); der Pipeline, die Pipelines; *Trennung:* Pipe|line

der **Pirat** (Seeräuber); des/dem/den Piraten, die Piraten

die **Pistole**

die **Pizza** (ein Hefebackwerk mit kräftigem Belag); die Pizzas

**Pjöngjang** (Hauptstadt Nordkoreas)

**Pkt.** = Punkt

**Pkw, PKW** = Personenkraftwagen

**pl., Pl.** = Plural

die **Plage; plagen;** du plagst, er plagt, er plagte, er hat mich mit seiner ewigen Fragerei sehr geplagt, plage ihn nicht!; sich plagen (sich mühen); er hat sich bei dieser Arbeit sehr geplagt

das **Plakat**

die **Plakette**

der **Plan;** die Pläne; **planen;** du planst, er plant, er plante, er hat diese Tat geplant, plane nicht zu früh!

die **Plane;** die Planen

der **Planet** (Wandelstern); des Planeten, die Planeten

das **Plankton** (im Wasser schwebende Lebewesen); *Trennung*: Plank|ton

**planmäßig**

das **Planschbecken; planschen;** du planschst, er planscht, er planschte, er hat in der Badewanne geplanscht, plansche nicht!

die **Plantage** [*plantạseh^e*] (Pflanzung; landwirtschaftlicher Großbetrieb in den Tropen)

**plappern;** du plapperst, er plappert, er plapperte, er hat geplappert, plappere nicht!

das **Plasma** (flüssiger Bestandteil des Blutes); des Plasmas; die Plasmen

die **Plastik** (Bildhauerwerk); die Plastiken; **plastisch** (knetbar; körperlich; einprägsam)

das **Platin** (ein Edelmetall)

**plätschern;** der Bach plätschert, der Bach plätscherte, er hat geplätschert

**platt;** am plattesten

**plattdeutsch;** ↑deutsch; das **Plattdeutsche;** ↑das Deutsche

die **Platte**

**plätten** (norddeutsch für: bügeln); du plättest, sie plättet, sie plättete, sie hat das Hemd geplättet, plätte das Hemd!

der **Plattenspieler**

die **Plattform**

der **Platz;** die Plätze; etwas findet Platz, etwas greift Platz; Platz machen, Platz nehmen; etwas ist am Platze

das **Plätzchen** (ein Gebäck)

**platzen;** du platzt, er platzt, er platzte, er ist geplatzt; der **Platzregen**

die **Plauderei; plaudern;** du plauderst, er plaudert, er plauderte, er hat geplaudert, plaudere etwas!

**plausibel** (einleuchtend, verständlich)

**pleite;** pleite gehen; pleite sein; er ist pleite; er geht pleite; die **Pleite;** Pleite machen; er macht Pleite; das ist ja eine Pleite!

das **Plenum** (Vollversammlung); des Plenums

die **Plombe; plombieren;** du plombierst, er plombiert, er plombierte, er hat ihm einen Zahn plombiert, plombiere diesen Zahn!

**plötzlich**

**plump;** eine plumpe Gestalt

der **Plunder; plündern;** du plünderst,

er plünderte, er hat geplündert, plündere nicht!; die **Plünderung**

**Plur.** = Plural

der **Plural** (Mehrzahl); die Plurale

**plus;** drei plus drei ist, macht, gibt, sechs; plus 15 Grad oder 15 Grad plus; das **Plus;** die Plus; er hat [ein] Plus gemacht

das **Plusquamperfekt** (Zeitform: vollendete Vergangenheit)

der **Po** (Fluß in Italien)

der **Pöbel**

die **Pocken** *Plural;* **pockennarbig**

das **Podium** (trittartige Erhöhung für Redner); die Podien [*pọdi^en*]; *Trennung*: Po|dium

die **Poesie** (Dichtung; Dichtkunst); die Poesien; der **Poet** (Dichter); des/dem/den Poeten, die Poeten; **poetisch**

der **Pokal;** die Pokale

das **Pökelfleisch; pökeln,** du pökelst, er pökelt, er pökelte, er hat das Fleisch gepökelt; pökle das Fleisch!

der **Pol;** der **Polarkreis;** der **Polarstern**

der **Pole;** des/dem/den Polen; **Polen**

der **Polier** (Vorarbeiter; Bauführer); die Poliere

**polieren;** du polierst, er poliert, er polierte, er hat die Platte poliert, poliere die Platte!; der **Polierer**

das **Politbüro** (Zentralausschuß einer kommunistischen Partei)

die **Politesse** (Hilfspolizistin)

die **Politik;** der **Politiker; politisch; politisieren;** du politisierst, er politisierte, er hat politisiert, politisiere nicht!

die **Politur** (Glätte, Glanz; Poliermittel); die Polituren

die **Polizei; polizeilich;** der **Polizist;** des/dem/den Polizisten, die Polizisten

**polnisch**

der **Pollen** (Blütenstaub)

das **Polster; polstern;** du polsterst, er polstert, er polsterte, er hat den Sitz gepolstert, polstere diesen Sitz!

der **Polterabend; poltern;** du polterst, er poltert, er polterte, er hat gepoltert, poltere nicht!

die **Pomade** (Haarfett)

die **Pommes frites** [*pomfrit*] (in Fett gebackene Kartoffelstäbchen) *Plural*

der **Pomp** (Prunk); **pompös;** am pompösesten

das **Pony;** die Ponys

die **Popmusik** (moderne Unterhaltungs-

musik); der **Popper** (betont modisch
auftretender Jugendlicher); die **Pop-
szene** (das Milieu der Popmusik);
**populär** (beliebt; volkstümlich); die
**Popularität**

die **Pore; porig;** großporig; **porös**

das **Portal;** die Portale

das **Portemonnaie** [*portmone*]; *Tren-
nung*: Porte|mon|naie

der **Portier** [*portie*]; die Portiers; die
**Portiere** (Türvorhang)

die **Portion;** die Portionen; er ist nur eine
halbe Portion (er ist sehr klein, er zählt
nicht); **portionsweise**

das **Porto;** die Portos und die Porti

das **Porträt** [*portra* und *porträt*] (Bild-
nis); die Porträts und die Porträte
**Portugal;** der **Portugiese** (Einwoh-
ner Portugals); **portugiesisch**

das **Porzellan;** die Porzellane

die **Posaune**

die **Position** (Stellung; Lage; Einzelpo-
sten)
**positiv** (bejahend, zutreffend; be-
stimmt, gewiß); ein positives Ergeb-
nis; das **Positiv** (Gegensatz zum Ne-
gativ beim fotografischen Bild)

die **Posse** (derber, lustiger Streich);
**possierlich** (spaßhaft, drollig)

die **Post;** das **Postamt;** der **Postbote**

der **Posten**

das **Poster** und der **Poster** [auch: *po<sup>u</sup>ß-
ter*] (plakatartiges, gedrucktes Bild);
des Posters, die Poster, auch: die Po-
sters [*po<sup>u</sup>ßt<sup>e</sup>rß*]

die **Postkarte; postlagernd**

die **Potenz** (Leistungsvermögen; Pro-
dukt aus gleichen Faktoren); die Po-
tenzen

das **Potpourri** [*potpuri*] (eine Zusam-
menstellung mehrerer Musikstücke);
die Potpourris
**Ppbd.** = Pappband
**pp** = pianissimo (sehr leise)

die **Pracht; prächtig; prachtvoll**

das **Prädikat** (Kern der Satzaussage;
Zensur); die Prädikate

das **Präfix** (Vorsilbe); die Präfixe
**Prag** (Hauptstadt der Tschechoslo-
wakei)
**prägen;** du prägst, er prägte, er hat
diesen Satz geprägt; die **Prägung**
**prahlen;** du prahlst, er prahlt, er prahl-
te, er hat geprahlt, prahle nicht immer!;
die **Prahlerei; prahlerisch;** der
**Prahlhans;** die Prahlhänse

der **Praktikant;** des/dem/den Prak-
tikanten, die Praktikanten; der **Prak-**

**tiker; praktisch; praktizieren;** du
praktizierst, er praktiziert, er praktizier-
te, er hat 3 Jahre in Frankfurt prakti-
ziert, praktiziere noch einige Zeit!

der **Prälat** (ein geistlicher Würdenträ-
ger); des/dem/den Prälaten, die Prä-
laten

die **Praline**
**prall**

die **Prämie** [*prämi<sup>e</sup>*] (Belohnung; Versi-
cherungsgebühr); die Prämien; **prä-
miieren** und **prämieren;** du prä-
miierst und du prämierst, er prämiier-
te und er prämierte, er hat ihn prämi-
iert und er hat ihn prämiert, prämiiere
ihn! und prämiere ihn!
**prangen;** auf einem goldenen Schild
prangt sein Name, prangte sein Name,
hat sein Name geprangt
**präparieren;** du präparierst, er prä-
pariert, er präparierte, er hat das Fell
präpariert (dauerhaft gemacht); sich
präparieren (sich vorbereiten); er hat
sich für diese Stunde gut präpariert

die **Präposition** (Verhältniswort)

die **Prärie** (Grassteppe); die Prärien

das **Präsens** (Zeitform: Gegenwart); die
Präsentia und die Präsenzien [...*zi<sup>e</sup>n*]

das **Präservativ** (Verhütungsmittel); die
Präservative [...*w<sup>e</sup>*]

der **Präsident** (Vorsitzender); des/dem/
den Präsidenten, die Präsidenten; das
**Präsidium;** die Präsidien [*präsidi<sup>e</sup>n*];
*Trennung*: Prä|si|dium
**prasseln;** das Feuer prasselt, es pras-
selte, es hat geprasselt, a b e r : der Re-
gen ist gegen das Fenster geprasselt
**prassen** (schlemmen); du praßt, er
praßte, er hat gepraßt, prasse! und
praß!; der **Prasser**

das **Präteritum** (Zeitform: Vergangen-
heit, Imperfekt); die Präterita; *Tren-
nung*: Prä|ter|itum

die **Praxis** (Tätigkeit; Arbeitsräume eines
Arztes oder Anwalts); die Praxen
**präzis** und **präzise** (gewissenhaft;
genau, unzweideutig); am präzisesten
**predigen;** du predigst, er predigt, er
predigte, er hat am 1. Weihnachts-
feiertag gepredigt; der **Prediger;** die
**Predigt;** die Predigten

der **Preis;** das **Preisausschreiben**

die **Preiselbeere**
**preisen;** du preist, er preist, er pries,
er hat ihn gepriesen, preise den Herrn!
**preisgeben;** du gibst preis, er gab
preis, er hat das Geheimnis preisge-
geben, gib es nicht preis!

der **Prellbock;** die Prellböcke; **prellen** (betrügen); du prellst, er prellt, er prellte, er hat ihn um sein Geld geprellt, prelle ihn nicht!; sich prellen (sich stoßen); er hat sich geprellt; die **Prellung**

die **Presse; pressen;** du preßt, er preßt, er preßte, er hat die Trauben gepreßt, presse die Trauben!; der **Preßlufthammer**

**Pretoria** (Hauptstadt von Südafrika) **prickeln;** es prickelt, es prickelte, es hat mir in den Fingern geprickelt

der **Priel** (schmaler Wasserlauf im Wattenmeer); die Priele

der **Priester**

**prima;** die **Prima** (achte und neunte Klasse einer höheren Lehranstalt); die Primen; der **Primaner;** die **Primanerin;** die Primanerinnen; **primär** (ursprünglich; vorrangig)

die **Primel** (eine Pflanze); die Primeln **primitiv** (geistig wenig entwickelt, einfach; dürftig); ein primitiver Mensch, ein primitives Bedürfnis

die **Primzahl** (nur durch 1 und sich selbst teilbare Zahl)

der **Prinz;** des/dem/den Prinzen, die Prinzen; die **Prinzessin;** die Prinzessinnen

das **Prinzip** (der Grundsatz); die Prinzipien [*prinzipi*ᵉ*n*]; **prinzipiell**

das **Prisma** (lichtbrechende Kantensäule); die Prismen

die **Pritsche**

**privat** (persönlich; außeramtlich; häuslich); private Ausgaben; private Wirtschaft; ein privater Eingang

das **Privileg** (Vorrecht); die Privilegien [*priwilegi*ᵉ*n*] und die Privilege **pro** (je); pro Stück; pro Mann

die **Probe; proben;** du probst, er probt, er probte, er hat seinen Auftritt geprobt; **probeweise; probieren;** du probierst, er probiert, er probierte, er hat es probiert, probiere es doch einmal!

das **Problem** (die zu lösende Aufgabe; die Fragestellung; die Schwierigkeit); *Trennung*: Pro|blem; **problematisch;** *Trennung*: pro|ble|ma|tisch

das **Produkt** (Ertrag; Ergebnis); die **Produktion** (Herstellung, Erzeugung); **produktiv** (ergiebig; fruchtbar; schöpferisch); **produzieren** (erzeugen, schaffen); du produzierst, er produzierte, er hat Kugelschreiber produziert, produziere etwas Neues!

der **Professor;** die Professoren

der **Profi** (Berufssportler); des Profis, die Profis

das **Profil** (Seitenansicht; Längs- oder Querschnitt; Riffelung bei Gummireifen); die Profile

der **Profit** (Nutzen; Gewinn); die Profite; **profitieren** (Nutzen ziehen); du profitierst, er profitiert, er profitierte, er hat davon nichts profitiert

die **Prognose** (Voraussage); *Trennung*: Pro|gno|se

das **Programm** (Plan; Darlegung von Grundsätzen); *Trennung*: Pro|gramm; **programmieren;** du programmierst, er programmierte, er hat den Raketenstart programmiert; programmierter Unterricht; *Trennung*: pro|gram|mieren

**progressiv** (fortschrittlich) *Trennung*: pro|gres|siv

das **Projekt** (der Plan, der Entwurf, das Vorhaben); der **Projektor** (Lichtbildwerfer); die Projektoren

die **Proklamation** (Verkündung; Aufruf); *Trennung*: Pro|kla|ma|tion; **proklamieren;** du proklamierst, er proklamiert, er proklamierte, er hat ihn zum König proklamiert; *Trennung*: pro|kla|mie|ren

der **Prokurist** (Inhaber einer Handlungsvollmacht); des/dem/den Prokuristen, die Prokuristen

der **Prolet** (ungebildeter, ungehobelter Mensch); des/dem/den Proleten; die Proleten; das **Proletariat** (Gesamtheit der Proletarier); der **Proletarier** (Angehöriger der besitzlosen Klasse); **proletarisch**

die **Promenade; promenieren;** du promenierst, er promeniert, er promenierte, er ist durch die Straßen promeniert, promeniere am Ufer! **prominent** (maßgebend, bedeutend); am prominentesten; der **Prominente** (bedeutende Persönlichkeit); ein Prominenter, die Prominenten, zwei Prominente; die **Prominenz** (Gesamtheit der Prominenten)

**prompt** (unverzüglich; pünktlich; sofort; rasch)

das **Pronomen** (Fürwort); die Pronomen und die Pronomina

die **Propaganda** (Werbung für politische Grundsätze, kulturelle Belange und wirtschaftliche Zwecke)

der **Propeller** (Antriebsschraube bei Schiffen und Flugzeugen)

der **Prophet;** des/dem/den Propheten,
die Propheten; **prophezeien** (vor-
aussagen); du prophezeist, er prophe-
zeit, er prophezeite, er hat das Unglück
prophezeit, prophezeie lieber nichts!;
die **Prophezeiung**
die **Proportion** (Größenverhältnis); die
Proportionen; **proportional**
die **Prosa** (Rede und Schrift in ungebun-
dener Form); **prosaisch** (nüchtern)
**prosit!** und **prost!**; das **Prosit** und
das **Prost**
der **Prospekt** (Werbeschrift); die Pro-
spekte; *Trennung:* Pro|spekt
der **Protest;** der **Protestant;** des/dem/
den Protestanten, die Protestanten;
**protestantisch;** der **Protestantis-
mus; protestieren;** du protestierst,
er protestiert, er protestierte, er hat
protestiert, protestiere!
die **Prothese** (Ersatzglied; Zahnersatz);
*Trennung:* Pro|the|se
das **Protokoll** (Tagungsbericht); die
Protokolle; etwas zu Protokoll geben;
**protokollieren;** du protokollierst, er
protokollierte, er hat heute protokol-
liert, protokolliere heute!
**protzen;** du protzt, er protzt, er protz-
te, er hat mit seiner Kraft geprotzt,
protze nicht!; **protzig**
der **Proviant** [*proviant*] (Mundvorrat)
die **Provinz** [*provinz*]; die Provinzen
die **Provision** [*...wi...*] (Vergütung);
**provisorisch** (vorläufig)
die **Provokation** [*...wo...*] (Herausfor-
derung)
das **Prozent;** die Prozente; fünf Prozent
(5% oder 5 v. H.); die Fünfprozent-
klausel oder die 5-Prozent-Klausel
der **Prozeß;** des Prozesses, die Prozesse;
**prozessieren;** du prozessierst, er
prozessiert, er prozessierte, er hat pro-
zessiert, prozessiere möglichst nicht!
die **Prozession** (kirchlicher Umzug)
**prüde** (übertrieben schamhaft); am
prüdesten
**prüfen;** du prüfst, er prüft, er prüfte,
er hat ihn geprüft, prüfe du ihn!; der
**Prüfling;** die **Prüfung**
der **Prügel** (Stock); die Prügel; die **Prü-
gel** (die Schläge) *Plural;* die **Prüge-
lei; prügeln;** du prügelst, er prügelt,
er prügelte, er hat ihn geprügelt, prü-
gele ihn nicht!
der **Prunk; prunken;** du prunkst, er
prunkt, er prunkte, er hat mit seinem
Reichtum geprunkt, prunke nicht mit
deinem Reichtum!; **prunkliebend**

**PS** = Pferdestärke
**PS** = Postskriptum (Nachschrift, Zu-
satz in einem Brief)
der **Psalm;** die Psalmen; der **Psalter**
(das Buch der Psalmen im Alten Te-
stament)
**PSchA** = Postscheckamt
das **Pseudonym** (Deckname, Künstler-
name); die Pseudonyme; *Trennung:*
Pseud|onym
der **Psychologe**(Seelenkundiger);*Tren-
nung:* Psy|cho|lo|ge; die **Psycho-
logie** (Seelenkunde);*Trennung:* Psy-
cho|lo|gie; **psychologisch** (seelen-
kundlich)
die **Pubertät** (Zeit der beginnenden Ge-
schlechtsreife)
das **Publikum;** *Trennung:* Pu|bli|kum;
**publizieren** (veröffentlichen); *Tren-
nung:* pu|bli|zie|ren); du publizierst, er
publizierte, er hat einen Aufsatz publi-
ziert, publiziere diesen Aufsatz!
der **Puck** (Hartgummischeibe beim Eis-
hockey); die Pucks
der **Pudding;** die Puddinge und die Pud-
dings; das **Puddingpulver**
der **Pudel;** die Pudel; **pudelnaß**
der **Puder; pudern;** du puderst, er pu-
dert, er puderte, er hat die wunde
Stelle gepudert, pudere diese Stelle!;
sich pudern; sie hat sich stark gepudert
der **Puffer**
der **Pulli;** die Pullis; der **Pullover** [*pulo-
w\u1d49r*]; *Trennung:* Pull|over
der **Puls;** die Pulse; die **Pulsader; pul-
sieren;** das Leben pulsierte in den
Straßen, es hat in den Straßen pulsiert
das **Pult;** die Pulte
das **Pulver; pulverisieren** (zu Pulver
zerreiben); pulverisierter Kaffee
**pummelig** und **pummlig**
die **Pumpe; pumpen;** du pumpst, er
pumpt, er pumpte, er hat Wasser ge-
pumpt, pumpe den Eimer voll Wasser;
sich etwas pumpen; er hat sich bei mir
etwas Geld gepumpt
der **Pumpernickel** (ein Schwarzbrot);
die Pumpernickel
der **Punk** [*pangk*] (Jugendlicher, der
durch sein auffälliges Äußeres betont
antibürgerlich erscheinen will)
der **Punkt;** es ist Punkt 8 Uhr; der Punkt
auf dem i; **pünktlich;** die **Pünktlich-
keit**
der **Punsch** (ein alkoholisches Getränk);
die Punsche
die **Pupille**
die **Puppe**

pur (rein, unverfälscht); pures Gold

das **Püree** (breiförmige Speise); die Pürees

der **Purpur** (hochroter Farbstoff; purpurfarbenes Gewand); **purpurn** (purpurfarben); **purpurrot**

der **Purzelbaum;** die Purzelbäume; **purzeln;** du purzelst, er purzelt, er purzelte, er ist in den Graben gepurzelt, purzle nicht in den Graben!

die **Puste;** er ist außer Puste (außer Atem)

die **Pustel** (Eiterbläschen); die Pusteln **pusten;** du pustest, er pustet, er pustete, er hat gepustet, puste nicht!

die **Pute** (Truthenne); der **Puter** (Truthahn); **puterrot**

der **Putsch** (politischer Handstreich); die Putsche; **putschen;** du putschst, er putscht, er putschte, er hat geputscht, putsche nicht!

der **Putz; putzen;** du putzt, sie putzt, sie putzte, sie hat die Fenster geputzt, putze die Fenster!

**putzig** (drollig)

das **Putztuch**

das **Puzzle** [*paßᵉl*] (Geduldspiel); die Puzzles; *Trennung*: Puz|zle

der **Pygmäe** (Mensch einer zwergwüchsigen Rasse); die Pygmäen; *Trennung*: Pyg|mäe

der **Pyjama** [*püdschama* oder *pidschama*] (Schlafanzug); die Pyjamas; *Trennung*: Py|ja|ma

die **Pyramide** (ägyptischer Grabbau; ein geometrischer Körper)

# Q

der **Quacksalber** (Kurpfuscher)

die **Quaddel** (juckende Anschwellung); die Quaddeln

der **Quader;** die Quader; auch: die **Quader;** die Quadern

das **Quadrat** (Viereck mit vier rechten Winkeln und vier gleichen Seiten); *Trennung*: Qua|drat; **quadratisch;** *Trennung*: qua|dra|tisch **quaken;** die Ente quakt, die Ente quakte, die Ente hat gequakt

der **Quäker** (Angehöriger einer Sekte)

die **Qual;** die Qualen; **quälen;** du quälst ihn, er quält ihn, er quälte ihn, er hat ihn gequält, quäle ihn nicht dauernd!; die **Quälerei;** der **Quälgeist;** die Quälgeister

die **Qualifikation** (Beurteilung; Befähigungsnachweis; Befähigung; Teilnahmeberechtigung für sportliche Wettbewerbe); sich **qualifizieren** (sich als geeignet erweisen); du qualifizierst dich, er qualifizierte sich, er hat sich qualifiziert, qualifiziere dich für die Meisterschaftskämpfe!

die **Qualität** (Beschaffenheit, Güte, Wert); erste, zweite, mittlere Qualität; **qualitativ** (dem Wert, der Beschaffenheit nach); das Material ist qualitativ ausreichend

die **Qualle**

der **Qualm; qualmen;** der Kamin qualmt, der Kamin qualmte, der Kamin hat gequalmt

**qualvoll**

die **Quantität** (Menge, Masse, Größe); **quantitativ** (mengenmäßig); die Verpflegung ist quantitativ gut; das **Quantum** (Menge, Anzahl, Maß); die Quanten; das richtige Quantum nehmen

die **Quarantäne** [*ka...*] (Absperrung zum Schutz gegen Ansteckung)

der **Quark**

die **Quart** und die **Quarte** (der vierte Ton vom Grundton an); die Quarten

die **Quarta** (dritte Klasse einer höheren Lehranstalt); die Quarten

das **Quartal** (Vierteljahr); die Quartale

der **Quartaner;** die **Quartanerin;** die Quartanerinnen

das **Quartett** (ein Kartenspiel; Musikstück für vier Stimmen oder für vier Instrumente; auch: die ausführenden Musiker selbst); die Quartette

das **Quartier** (Unterkunft); die Quartiere; Quartier beziehen, machen; der **Quartiermacher**

der **Quarz** (ein Mineral); die Quarze; **quarzhaltig;** die **Quarzuhr** **quasseln;** ich quassele und ich quaßle, du quasselst, er quasselt, er quasselte, er hat gequasselt, quassele und quaßle nicht ständig!

die **Quaste** (Troddel)

der **Quatsch;** das ist ja Quatsch!; ach Quatsch!; **quatschen;** du quatschst, er quatscht, er quatschte, er hat gequatscht, quatsche nicht immer!

die **Quecke** (ein Unkraut)

das **Quecksilber; quecksilberig** und **quecksilbrig**

der **Quell;** die **Quelle; quellen** (mächtig herausdrängen; sprudeln); das Wasser quillt aus dem Boden, das Wasser quoll aus dem Boden, das Wasser ist aus dem Boden gequollen; **quellen** (in Wasser weichen lassen); du quellst die Bohnen, er quellte die Bohnen, er hat die Bohnen gequellt, quelle sie!

die **Quengelei; quengeln;** du quengelst, er quengelte, er hat den ganzen Tag gequengelt; quengele nicht!

**quer;** kreuz und quer; quer gespannte Fäden; etwas quer legen; das hat quer gelegen; ↑aber: quergehen und querschießen; **querdurch;** er ist querdurch gelaufen, aber: er ist quer durch die Wiesen gelaufen; die **Quere;** er kommt mir in die Quere; **querfeldein;** querfeldein gehen, fahren; **quergehen** (mißglücken); mir geht alles quer, mir ist alles quergegangen; **quergestreift;** ein quergestreifter Stoff, aber: der Stoff ist quer gestreift; **querschießen** (hintertreiben); er schießt quer, er hat quergeschossen; der **Querschnitt; querschnitt[s]-gelähmt;** die **Quersumme**

**quetschen;** du quetschst, er quetscht, er quetschte, er hat sich den Finger gequetscht, quetsche dir nicht den Finger!; die **Quetschung**

**Quezon City** [*kethon ßíti*] (Hauptstadt der Philippinen)

**quick** (munter); **quicklebendig**

**quieken;** das Schwein quiekt, das Schwein quiekte, das Schwein hat gequiekt

**quietschen;** die Tür quietscht, die Tür quietschte, die Tür hat gequietscht

die **Quinta** (zweite Klasse einer höheren Lehranstalt); die Quinten; der **Quintaner;** die **Quintanerin;** die Quintanerinnen

das **Quintett** (Musikstück für fünf Stimmen oder für fünf Instrumente; auch die ausführenden Musiker selbst); die Quintette

der **Quirl;** die Quirle; **quirlen;** du quirlst, sie quirlt, sie quirlte, sie hat die verschiedenen Getränke im Becher gequirlt, quirle diese Getränke!

**quitt;** wir sind quitt

die **Quitte; quittegelb** und **quittengelb**

**quittieren** (den Empfang bestätigen, bescheinigen); du quittierst, er quittiert, er quittierte, er hat den Empfang des Geldes quittiert, quittiere die Rechnung!; die **Quittung**

das **Quiz** [*kwiß*] (Frage-und-Antwort-Spiel); die Quiz; der **Quizmaster**

[*kwißmast^er*] (Fragesteller beim Quiz); die Quizmaster

die **Quote** (Anteil, Teilbetrag); der **Quotient** (Ergebnis der Divisionsrechnung, auch: der Bruch selbst); des/dem/den Quotienten, die Quotienten

# R

**Rabat** [*rabat*, auch: *rabat*] (Hauptstadt von Marokko)

der **Rabatt** (Preisnachlaß); die Rabatte

die **Rabatte** (Randbeet); die Rabatten

der **Rabatz** (lärmende Unruhe, Krach); Rabatz machen

der **Rabauke** (grober Kerl)

der **Rabbiner** (jüdischer Geistlicher)

der **Rabe; rabenschwarz**

**rabiat** (grob; wütend); am rabiatesten

die **Rache; rächen;** du rächst, er rächt, er rächte, er hat die Tat gerächt; sich rächen; es wird sich noch rächen, daß du so faul bist

der **Rachen**

der **Rächer; rachsüchtig**

die **Rachitis** (die englische Krankheit); *Trennung*: Ra|chi|tis; **rachitisch**

der **Racker** (Schalk, Schelm)

das **Rad;** ↑radfahren und radschlagen

der und das **Radar** [auch: *radar*] (Gerät und Verfahren zur Ortung von Flugkörpern); die Radars

der **Radau;** er hat Radau gemacht

**radebrechen** (eine Sprache nur mangelhaft sprechen); du radebrechst, er radebrechte, er hat Deutsch nur geradebrecht

**radeln;** du radelst, er radelt, er radelte, er ist gemütlich in das nächste Dorf geradelt

der **Rädelsführer**

**radfahren;** du fährst Rad, er fährt Rad, er fuhr Rad, er ist radgefahren; fahre Rad!; rad- und Auto fahren, aber: Auto und radfahren; das **Radfahren;** der **Radfahrer**

**radial** (im Radius laufend, strahlenförmig)

**radieren;** du radierst, er radiert, er radierte, er hat radiert, radiere nicht!; der **Radiergummi;** die **Radierung**

das **Radieschen**

**radikal** (tief, gründlich, rücksichtslos); radikale Ansichten vertreten; die

**Radikalisierung** (Entwicklung zum Radikalen); der **Radikalismus** (rücksichtslos bis zum Äußersten gehende Einstellung); des Radikalismus; die Radikalismen

das **Radio;** *Trennung:* Ra|dio; der **Radioapparat**

das **Radium** (ein Metall); *Trennung:* Radium

der **Radius** (Halbmesser des Kreises); *Trennung:* Ra|dius; die Radien [*ra-di⁰n*]

**radschlagen;** du schlägst Rad, er schlägt Rad, er schlug Rad, er hat radgeschlagen, a b e r : er kann ein Rad schlagen

**raffen;** du raffst, er rafft, er raffte, er hat das Geld an sich gerafft; die **Raffgier; raffgierig**

die **Raffinerie** (Anlage zum Reinigen von Zucker oder Rohöl); die Raffinerien; **raffiniert** (durchtrieben, schlau); am raffiniertesten; ein raffinierter Betrüger

die **Rage** [*rasch⁰*] (Wut, Raserei); in der Rage; jemanden in Rage bringen

**ragen;** das gekenterte Schiff ragte aus dem Wasser, hat aus dem Wasser geragt

das **Ragout** [*ragu*] (ein Mischgericht); die Ragouts

der **Rahm**

**rahmen;** du rahmst, er rahmt, er rahmte, er hat das Bild gerahmt, rahme das Bild!; der **Rahmen**

der **Rahmkäse**

der **Rain** (die Ackergrenze); die Raine

die **Rakete;** der **Raketenantrieb**

die **Rallye** [*rali* oder *räli*] (Autosternfahrt); die Rallyes; *Trennung:* Ral|lye

die **Ramme; rammen;** du rammst, er rammt, er und rammte, er hat das Schiff gerammt

die **Rampe;** das **Rampenlicht**

**ramponieren** (stark beschädigen); du ramponierst, er ramponierte, er hat den Wagen ramponiert

der **Ramsch** (zusammengewürfelte Warenreste; Schleuderware); etwas im Ramsch (in Bausch und Bogen) kaufen; **ramschen;** du ramschst, er ramscht, er hat alles geramscht

die **Ranch** [*räntsch*, auch: *rantsch*] (nordamerik. Farm); die Ranch[e]s; der **Rancher** (Farmer)

der **Rand;** er ist außer Rand und Band; er wird damit zu Rande kommen

**randalieren** (lärmen); du randalierst, er randaliert, er hat auf der Straße randaliert

der **Rang;** die Ränge

**rangeln** (sich balgen); du rangelst, er rangelte, sie haben miteinander gerangelt

**rangieren** [*rangschir⁰n*]; du rangierst, er rangiert, er rangierte, er hat die Eisenbahnwagen auf das Abstellgleis rangiert

**Rangun** [*ranggun*] (Hauptstadt von Birma)

die **Ranke; sich ranken;** die Rosen ranken sich, sie rankten sich, sie haben sich über die Mauer gerankt

die **Ränke** *Plural:* Ränke schmieden

der **Ranzen**

**ranzig;** die Butter ist ranzig

**rapid** und **rapide** (sehr schnell); am rapidesten

der **Rappe;** des/dem/den Rappen; die Rappen

der **Rappel** (Zorn, Verrücktheit); **rappeln;** du rappelst, er rappelt, er rappelte, er hat ewig mit dem Eimer gerappelt, rappele doch nicht unentwegt mit dem Eimer!; **rappelig** und **rapplig;** ein rapp[e]liges Fahrrad

der **Raps**

**rar;** er hat sich rar gemacht; die **Rarität** (Seltenheit); die Raritäten

**rasant** (sehr schnell); am rasantesten; ein rasanter Fahrer

**rasch;** am raschesten

**rascheln;** die Mäuse rascheln, sie rascheln, sie haben im Stroh gerascheit

**rasen** (sehr schnell fahren; wüten; toben); du rast, er rast, er raste, er ist mit seinem neuen Fahrrad um die Ecke gerast, a b e r : er hat vor Wut gerast, rase nicht so!

der **Rasen**

**rasend;** in rasender Fahrt; die **Raserei**

der **Rasierapparat; rasieren;** du rasierst, er rasiert, er rasierte, er hat ihn rasiert, rasiere ihn schnell; sich rasieren; er hat sich gut rasiert

die **Raspel** (ein Werkzeug); die Raspeln; **raspeln;** du raspelst, er raspelt, er raspelte, er hat die Kanten rund geraspelt, raspele die Kanten rund!

die **Rasse;** die weiße, die gelbe, die schwarze, die rote Rasse

die **Rasselbande; rasseln;** du rasselst, er rasselt, er rasselte, er hat mit der

Kette gerasselt, rassele oder raßle nicht immer mit der Kette!

**rassig** (von ausgeprägter Art); ein rassiges Pferd; **rassisch** (auf die Rasse bezüglich); die rassischen Merkmale des Pferdes

die **Rast;** ohne Rast und Ruh; **rasten;** du rastest, er rastet, er rastete, er hat gerastet, raste!

der **Raster** (Glasplatte oder Folie mit engem Liniennetz zum Zerlegen eines Bildes in Punkte); die Raster; das **Raster** (Gesamtheit der Bildpunkte eines Fernsehbildes); die Raster **rastlos;** am rastlosesten; die **Raststätte**

der **Rat** (Regierungsrat, Amtsrat); die Räte

der **Rat** (Ratschlag); sich bei jemandem Rat holen; bei jemandem Rat suchen; jemanden um Rat fragen; jemanden zu Rate ziehen; mit sich selbst zu Rate gehen; jemandem mit Rat und Tat zur Seite stehen

die **Rate** (Teilzahlungsbetrag) **raten;** du rätst, er rät, er riet, er hat ihm dazu geraten; rate ihm, nach Hause zu gehen!

**ratenweise;** die **Ratenzahlung**

der **Ratgeber;** das **Rathaus**

die **Ration** (zugeteilte Menge); die Rationen; **rationieren;** du rationierst, er rationierte, er hat das Wasser rationiert

**rational** (vernunftgemäß, von der Vernunft bestimmt); rationale Überlegungen; **rationell** (zweckmäßig, wirtschaftlich) rationelle Methoden **ratlos;** er war am ratlosesten; **ratsam;** der **Ratschlag**

das **Rätsel;** die Rätsel; Rätsel raten, a b e r: das Rätselraten; **rätselhaft**

die **Ratte;** der **Rattenfänger** **rattern;** der Wagen rattert, der Wagen ratterte, der Wagen hat laut gerattert, a b e r : der Wagen ist über das holprige Pflaster gerattert

der **Raub;** der **Raubbau;** mit der Gesundheit Raubbau treiben; **rauben;** du raubst, er raubte, er hat mir alles geraubt, raube mir nicht die letzte Hoffnung!; der **Räuber; räuberisch; räubern;** sie räubern, sie räuberten, sie haben alles geräubert; **raubgierig;** das **Raubtier;** der **Raubüberfall;** der **Raubvogel**

der **Rauch; rauchen;** du rauchst, er raucht, er rauchte, er hat geraucht,

rauche nicht so stark!; der **Raucher; räuchern;** du räucherst, er räuchert, er räucherte, er hat die Wurst geräuchert, räuchere sie!; **rauchig**

die **Rauchwaren** (Pelzwaren) *Plural*

die **Räude** (Krätze, Grind); **räudig**

der **Raufbold;** die Raufbolde; die **Raufe; raufen;** du raufst, er raufte, er hat mit ihm gerauft, raufe nicht mit ihm!; sich raufen; er rauft sich die Haare; die **Rauferei; rauflustig**

**rauh; rauhbeinig;** die **Rauheit;** *Trennung*: Rau|heit; der **Rauhreif**

der **Raum; räumen;** du räumst, er räumt, er räumte, er hat die Wohnung geräumt, räume die Wohnung!; die **Raumfahrt; räumlich;** das **Raumschiff**

**raunen** (dumpf, leise sprechen); du raunst, er raunt, er raunte, er hat mir etwas ins Ohr geraunt; das **Raunen;** durch den Wald ging ein Raunen

die **Raupe;** der **Raupenschlepper**

der **Rausch;** die Räusche; **rauschen;** das Wasser rauscht, es rauschte, es hat gerauscht; das **Rauschgift; rauschgiftsüchtig**

sich **räuspern;** du räusperst dich, er räuspert sich, er räusperte sich, er hat sich geräuspert, räuspere dich!

die **Raute** (schiefwinkliges Viereck)

die **Razzia** (überraschende Fahndung der Polizei in einem bestimmten Gebäude oder Gebiet); die Razzien [$ra$-$zi^en$] und (seltener:) die Razzias; *Trennung*: Raz|zia

das **Reagenzglas** (Prüfglas, Probierglas); *Trennung*: Rea|genz|glas; **reagieren** (auf etwas eingehen, eine Wirkung zeigen); du reagierst, er reagiert, er reagierte, er hat gut reagiert, reagiere schnell!; die **Reaktion** (Rückwirkung, Gegenwirkung; Rückschritt); *Trennung*: Reak|tion; **reaktionär** (politisch nach rückwärts gewandt, nicht fortschrittlich); *Trennung*: reaktio|när; der **Reaktionär**

der **Reaktor** (Atombrenner); die Reaktoren; *Trennung*: Reak|tor **real** (wirklich; dinglich; sachlich); die **Realität** (Wirklichkeit; Gegebenheit); *Trennung*: Rea|li|tät

die **Rebe**

der **Rebell** (Aufständischer); des/dem/den Rebellen, die Rebellen; die **Rebellion; rebellisch**

das **Rebhuhn**

die **Reblaus;** der **Rebstock**

**rechen** (harken); du rechst, er recht, er rechte, er hat die Wiese gerecht, reche sie!; der **Rechen**

die **Rechenaufgabe;** das **Rechenbuch**

die **Rechenschaft**

der **Rechenschieber; rechnen;** du rechnest, er rechnet, er rechnete, er hat gut gerechnet, rechne alles schriftlich!; die **Rechnung**

**recht;** jetzt erst recht; das ist mir durchaus recht; das geschieht ihm recht; das ist recht u. billig; ich kann ihm nichts recht machen; ein rechter Winkel. *Groß:* du bist mir der Rechte; er ist an den Rechten gekommen; er will nach dem Rechten sehen; etwas, nichts Rechtes können, wissen; ↑zurecht usw.; das **Recht;** nach Recht und Gewissen; das besteht zu Recht; er wird Recht finden, sprechen; er ist im Recht; er hat ein Recht darauf; von Rechts wegen hast du hier nichts verloren. *Klein:* er wird recht behalten, bekommen; du mußt ihm recht geben; er hat recht; die **Rechte** (rechte Hand, rechte Seite); er hält einen Apfel in seiner Rechten; er sitzt zu meiner Rechten; er traf ihn mit einer blitzschnellen Rechten; er gehört der äußersten Rechten (der am weitesten rechts stehenden Partei) an; das **Rechteck; rechteckig; rechthaberisch**

**rechts;** rechts von mir; von rechts nach links; nach rechts hin; er weiß nicht, was rechts und was links ist; rechtsum!; rechts des Rheines

der **Rechtsanwalt**

der **Rechtsaußen** (beim Fußball usw.); er spielt Rechtsaußen

**rechtschreiben;** er kann nicht rechtschreiben (er kann die Rechtschreibung nicht), a b e r : **recht schreiben;** er kann nicht recht schreiben (er schreibt unbeholfen); die **Rechtschreibung**

**rechtsherum;** du mußt rechtsherum drehen, a b e r : du mußt dich nach rechts herumdrehen

**rechtwinklig** und **rechtwinkelig**

**rechtzeitig**

das **Reck** (ein Turngerät); die Recke

der **Recke** (Held, Krieger); die Recken

sich **recken;** er reckt sich, er reckte sich, er hat sich gereckt, recke dich nicht dauernd!

der **Recorder** [*rekọrd°r*; auch *riká'd°r*] (Gerät zur Aufzeichnung und Wie-

dergabe von Tonaufnahmen); des Recorders, die Recorder

der **Redakteur** [*redaktö̈r*] (Schriftleiter); die Redakteure; *Trennung:* Re|dakteur; die **Redaktion** (Schriftleitung); *Trennung:* Re|dak|tion

die **Rede;** er steht Rede und Antwort; ich werde ihn zur Rede stellen; **reden;** du redest, er redet, er redete, er hat geredet; er hat gut reden; er hat von sich reden gemacht; er bringt selbst schweigsame Menschen zum Reden; die **Redensart; redlich;** der **Redner; redselig**

**reduzieren** (verringern, einschränken); der Preis wurde stark reduziert

die **Reede** (Ankerplatz vor dem Hafen); der **Reeder** (Eigentümer eines Schiffes); die **Reederei** (Geschäft eines Reeders)

**reell** (zuverlässig; ehrlich, redlich); ein reelles Geschäft betreiben

das **Referat** (Vortrag, Bericht); die Referate

der **Referendar** (Anwärter auf die höhere Beamtenlaufbahn); die Referendare

der **Referent** (Berichterstatter; Sachbearbeiter); des/dem/den Referenten, die Referenten

**reflektieren;** der Spiegel reflektiert, er reflektierte, er hat die Sonnenstrahlen reflektiert; reflektierst du immer noch auf mein Fahrrad?; der **Reflex** (Rückstrahlung; das Ansprechen der Muskeln auf einen Reiz); die Reflexe; *Trennung:* Re|flex; die **Reflexion** (Überlegung, prüfendes Denken); *Trennung:* Re|fle|xion

die **Reform** (Umgestaltung; Neuordnung; Verbesserung); die **Reformation** (Umgestaltung im kirchlichen Bereich); der **Reformator;** die Reformatoren; **reformieren;** du reformierst, er reformiert, er reformierte, er hat die Kirche reformiert

der **Refrain** [*r°frä̈ng*] (Kehrreim); die Refrains; *Trennung:* Re|frain

das **Regal** (ein Gestell); die Regale

die **Regatta** (ein Bootswettkampf); die Regatten

**Reg.-Bez.** = Regierungsbezirk

die **Regel;** die Regeln; **regelgemäß** (der Regel entsprechend); **regellos; regelmäßig** (in gleichen Zeitabständen wiederkehrend); **regeln;** du regelst, er regelt, er regelte, er hat die Angelegenheit geregelt, regele diese Angelegenheit!; **regelrecht;** die **Regelung** und **Reglung; regelwidrig**

sich **regen;** du regst dich, er regt sich, er regte sich, er hat sich geregt, rege dich endlich einmal!

der **Regen;** der **Regenbogen;** die Regenbogen

**regenerieren** (erneuern, wiederherstellen); die Triebe der Pflanze regenerieren sich im Frühjahr

der **Regenschirm;** der **Regenwurm**

der **Regent** (Herrscher; Staatsoberhaupt); des/dem/den Regenten, die Regenten

der **Reggae** [räge'] (eine Art Rockmusik); des Reggae[s]

die **Regie** [reschi] (Spielleitung beim Theater, Film oder Fernsehen)

**regieren;** du regierst, er regierte, er hat lange regiert; die **Regierung**

das **Regime** [reschim] (Regierung; Herrschaft); die Regime [reschim^e]; Trennung: Re|gime

das **Regiment** (Leitung, Herrschaft); die Regimente; sie führt das Regiment im Haus; das **Regiment** (eine Truppeneinheit); die Regimenter

die **Region** (Gebiet, Gegend); **regional;** die **Regionalliga** (Sport)

der **Regisseur** [reschißör] (Spielleiter beim Theater, Film oder Fernsehen); die Regisseure; Trennung: Re|gis|seur

das **Register** (ein Verzeichnis); **registrieren;** du registrierst, er registriert, er registrierte, er hat die Namen registriert, registriere alle Namen!

**regnen;** es regnet, es regnete, es hat geregnet; **regnerisch**

**regulär** (vorschriftsmäßig, üblich); eine reguläre Ausbildung; **regulieren** (regeln, einstellen)

das **Reh**

die **Rehabilitation** (Wiederherstellung des sozialen Ansehens; Wiedereingliederung in die Gesellschaft)

der **Rehbock**

die **Reibe;** das **Reibeisen; reiben;** du reibst, er reibt, er rieb, er hat die Möhren gerieben, reibe die Möhren!; etwas blank reiben; sich vor Vergnügen die Hände reiben; sich die Beine wund reiben; die **Reibung; reibungslos;** am reibungslosesten

**reich;** arm und reich (jedermann), a b e r : der Arme und der Reiche; **reichgeschmückt;** der reichgeschmückte Altar, a b e r : der Altar ist reich geschmückt

das **Reich;** die Reiche; das Reich Gottes **reichen;** du reichst, er reicht, er reichte, er hat mir die Schüssel gereicht, reiche mir den Salat!

**reichhaltig; reichlich;** der **Reichtum;** die Reichtümer

**reif**

der **Reif** (gefrorener Tau)

der **Reif** (Ring; Spielzeug); die Reife **reifen;** das Obst reift, das Obst reifte, das Obst ist gereift

**reifen** (Reif ansetzen); es reift, es reifte, es hat gereift

der **Reifen;** die **Reifenpanne**

das **Reifezeugnis**

**reiflich;** ich muß mir die Sache reiflich überlegen

der **Reigen** (Tanz)

die **Reihe;** etwas ist in der Reihe, außer der Reihe; an der Reihe sein; an die Reihe kommen; in Reih und Glied stehen; die **Reihenfolge; reihenweise**

der **Reiher** (ein Storchvogel)

der **Reim;** die Reime; **reimen;** du reimst, er reimt, er reimte, er hat gereimt, reime etwas für die Geburtstagsfeier; sich reimen; der Text reimt sich sogar

**rein;** du reinst rein halten, rein machen, a b e r : das große Rein[e]machen; etwas ins reine bringen, ins reine schreiben; etwas kommt ins reine; mit jemandem ins reine kommen, im reinen sein; **reingolden, reinsilbern;** ein reingoldener, ein reinsilberner Ring, a b e r : der Ring ist rein golden, rein silbern; **reinleinen;** der Stoff ist reinleinen; **reinseiden; reinwollen;** a b e r : rein Leder

**Reineke Fuchs** (Name des Fuchses in der Tierfabel)

die **Reinheit; reinigen;** du reinigst, er reinigt, er reinigte, er hat das Kleid gereinigt, reinige das Kleid!; die **Reinigung; reinlich**

das **Reis** (ein Zweiglein); die Reiser

der **Reis** (ein Getreide); der **Reisbrei**

die **Reise;** das **Reisebüro; reisefertig; reiselustig; reisen;** du reist, er reist, er reiste, er ist nach Italien gereist, reise mit der Bahn!; der **Reisende;** ein Reisender; die Reisenden; zwei Reisende; die **Reisende;** eine Reisende

das **Reisig;** der **Reisigbesen;** das **Reisigbündel;** die Reisigbündel

**Reißaus nehmen**

das **Reißbrett; reißen;** du reißt, er reißt,

er riß, er hat mir die Schürze vom Leib gerissen, reiße dir nicht die Finger blutig!; **reißend;** der reißende Strom; reißende Schmerzen haben; der **Reißer** (sehr handlungsreicher, spannender Kriminalfilm oder -roman); der **Reißnagel;** der **Reißverschluß;** des Reißverschlusses, die Reißverschlüsse; die **Reißzwecke**

**reiten;** du reitest, er reitet, er ritt, er ist über die Wiesen geritten, aber: er hat dieses Pferd zuschanden geritten, reite vorsichtig!; der **Reiter**

der **Reiz; reizbar; reizen;** du reizt ihn, er reizt ihn, er reizte ihn, er hat ihn gereizt; reize ihn nicht!; **reizend;** ein reizendes Mädchen; **reizlos; reizvoll**

die **Reklamation** (Beanstandung); *Trennung:* Re|kla|ma|tion

die **Reklame** (Werbung); *Trennung:* Re-kla|me; **reklamieren** (beanstanden); du reklamierst, er reklamiert, er reklamierte, er hat den Schaden reklamiert, reklamiere ihn!

die **Rekonstruktion** (Wiederherstellung, Nachbildung); *Trennung:* Rekon|struk|tion

der **Rekord** (Bestleistung); die Rekorde

der **Rekrut** (Soldat in der ersten Ausbildungszeit); des/dem/den Rekruten, die Rekruten; *Trennung:* Re|krut

der **Rektor;** die Rektoren; die **Rektorin;** die Rektorinnen

das **Relais** [*r°lä*] (elektrische Schalteinrichtung); des Relais, die Relais

**relativ** (bezüglich; verhältnismäßig; vergleichsweise); er ist relativ reich (verhältnismäßig reich im Vergleich mit anderen)

**relevant** (bedeutsam, wichtig); die relevantesten Gesichtspunkte

das **Relief** [*reli-äf*] (über eine Fläche hervortretendes Bildwerk); die Reliefs und die Reliefe; *Trennung:* Re|lief

die **Religion; religiös;** am religiösesten; die **Religiosität**

die **Reling** (Schiffsgeländer); die Relings

die **Reliquie** [*relikwi°*] (Überrest, Gegenstand von Heiligen; kostbares Andenken); die Reliquien [*relikwi°n*]; der **Reliquienschrein**

die **Remoulade** [*remulad°*] (Kräutermayonnaise); die Remouladen

die **Rempelei; rempeln;** du rempelst; er rempelte, er hat gerempelt

das **Ren** (eine Hirschart); die Rens und das **Ren;** die Rene

die **Renaissance** [*r°näßangß*] (Wieder-

geburt; Erneuerung); *Trennung:* Renais|sance

das **Rendezvous** [*rangdewu*] (Verabredung, Begegnung); des Rendezvous [*rangdewu(ß)*]; die Rendezvous [*rangdewuß*]

die **Rennbahn; rennen;** du rennst, er rennt, er rannte, er ist gerannt, renne den Weg hinunter!; das **Rennen;** der **Rennfahrer**

**renommieren** (prahlen); du renommierst, er renommiert, er renommierte, er hat renommiert, renommiere nicht damit!

**renovieren** (erneuern, instand setzen); du renovierst, er renoviert, er renovierte, er hat sein Haus renoviert, renoviere das Haus!; die **Renovierung**

**rentabel** (zinstragend; einträglich); ein rentables Geschäft

die **Rente; sich rentieren** (sich lohnen); der Aufwand rentiert sich, der Aufwand rentierte sich, der Aufwand hat sich rentiert; der **Rentner**

die **Reparatur; reparaturbedürftig;** die **Reparaturwerkstatt; reparieren;** du reparierst, er repariert, er reparierte, er hat das Auto repariert, repariere bald auch den Scheibenwischer!

das **Repertoire** [*repärtoar*] (Vorrat einstudierter Bühnenrollen, Kompositionen); des Repertoires, die Repertoires

der **Report** (Bericht); die Reporte; die **Reportage** [*reportasch°*] (Berichterstattung über ein aktuelles Ereignis); die Reportagen; *Trennung:* Re-por|ta|ge; der **Reporter** (Berichterstatter)

der **Repräsentant** (Vertreter, Abgeordneter); des/dem/den Repräsentanten; die Repräsentanten; *Trennung:* Re|prä|sen|tant; die **Repräsentation** (standesgemäßes Auftreten); gesellschaftlicher Aufwand); **repräsentieren** (vertreten; standesgemäß auftreten); du repräsentierst, er repräsentierte, er hat repräsentiert

die **Repressalie** [*repräßali°*] (Druckmittel, Vergeltungsmaßnahme); *Trennung:* Re|pres|sa|lie

das **Reptil** (Kriechtier); die Reptilien [*räptili°n*]

die **Republik;** die Republiken; *Trennung:* Re|pu|blik; der **Republikaner; republikanisch**

das **Requiem** [*requi-äm*] (Totenmesse); die Requiems

das **Reservat** (eingegrenztes Gebiet zum
Schutz bestimmter Tierarten); die Reservate; die **Reserve** (Vorrat; Zurückhaltung); er hat etwas in Reserve;
**reservieren** (aufbewahren, vormerken); du reservierst, er reserviert, er
reservierte, er hat für uns Plätze reserviert, reserviere mir einen Platz!; der
**Reservist** (Soldat der Reserve); des/
dem/den Reservisten, die Reservisten; das **Reservoir** [_resärwoar_]
(Sammelbecken; Reservebestand);
die Reservoire; _Trennung_: Re|ser|voir

die **Residenz** (Wohnsitz des Staatsoberhauptes, des Fürsten oder des Bischofs); die Residenzen; **residieren;**
du residierst, er residiert, er residierte,
er hat in Berlin residiert

die **Resignation** (Verzicht; Schicksalsergebenheit); _Trennung_: Re|si|gnation; **resignieren;** _Trennung_: re|signie|ren; er hat längst resigniert
**resolut** (entschlossen, tatkräftig);
am resolutesten; eine resolute Person

der **Respekt** (Rücksicht, Achtung);
_Trennung_: Re|spekt; **respektieren;**
du respektierst ihn, er respektiert ihn,
er respektierte ihn, er hat ihn respektiert, respektiere ihn!; _Trennung_: respek|tie|ren

das **Ressort** [_räßor_] (Amtsbereich); des
Ressorts [_räßorß_]; die Ressorts [_rä-
ßorß_]

der **Rest; die Reste**

das **Restaurant** [_räßtorang_] (Gaststätte); die Restaurants; die **Restauration** (Wiederherstellung); **restaurieren** (wiederherstellen); du restaurierst, er restauriert, er restaurierte, er
hat das Bild restauriert, restauriere es!
**restlich; restlos**

das **Resultat** (Ergebnis); die Resultate

die **Retorte** (ein Laborgefäß)
**retten;** du rettest, er rettet, er rettete,
er hat ihn gerettet, rette ihn!; sich
retten; rette sich wer kann!; der **Retter; die Rettung**

der **Rettich**

die **Reue; reuen;** es reut ihn, es reute
ihn, es hat ihn gereut; **reuevoll;
reumütig**

die **Reuse** (ein Korb zum Fischfang)

die **Revanche** [_rewangsch°_] (Vergeltung, Rache); die Revanchen; sich
**revanchieren** [_rewangschir°n_]; du
revanchierst dich, er revanchiert sich,
er revanchierte sich, er hat sich revanchiert, revanchiere dich dafür!

**revidieren** (nachsehen; überprüfen); du revidierst, er revidiert, er revidierte, er hat das Gepäck revidiert.
revidiere (überprüfe) bitte dein Urteil!;
die **Revision** (Nachprüfung; Änderung)

das **Revier** [_rewir_] (Bezirk, Gebiet); die
Reviere; der **Revierförster**

die **Revolte** (Empörung, Aufruhr); die
**Revolution** (der Umsturz); **revolutionär;** der **Revolutionär**

der **Revolver**

die **Revue** [_rewü_] (Zeitschrift; musikalisches Bühnenstück); die Revuen [_re-
wüen_]; jemanden Revue passieren
lassen (vorbeiziehen lassen)
**Reykjavik** [_rê´kjawik_, auch: _râikja-
wik_] (Hauptstadt Islands)

das **Rezept** (ärztliche Verordnung; Kochvorschrift); die Rezepte

die **Rezeption** (Empfangsbüro in einem
Hotel)

die **Rezession** (Verminderung des wirtschaftlichen Wachstums)

der **Rhabarber**

der **Rhein; rheinisch;** die rheinische
Tiefebene. _Groß_: das Rheinische
Schiefergebirge; das Rheinisch-
Westfälische Industriegebiet; das
**Rheinländer; Rheinland-Pfalz;
rheinland-pfälzisch**

die **Rhetorik** (Redekunst); **rhetorisch**

das **Rheuma** (kurz für: Rheumatismus);
**rheumatisch;** der **Rheumatismus**
(eine schmerzhafte Erkrankung der
Gelenke, Muskeln, Nerven und Sehnen); des Rheumatismus, die
Rheumatismen

das **Rhinozeros** (Nashorn); des Rhinozeros und des Rhinozerosses, die Rhinozerosse
**Rhodos** (Insel im Mittelmeer)

das **Rhomboid** (Parallelogramm mit
paarweise ungleichen Seiten); die
Rhomboide; _Trennung_: Rhom|bo|id;
der **Rhombus** (gleichseitiges Parallelogramm); des Rhombus, die Rhomben

die **Rhone** (französischer Fluß)
**rhythmisch** (den Rhythmus betreffend, gleichmäßig, taktmäßig); _Tren-
nung_: rhyth|misch; der **Rhythmus**
(geregelter Wechsel; Zeit-, Ebenmaß;
taktmäßige Gliederung); des Rhythmus, die Rhythmen; _Trennung_:
Rhyth|mus
**Riad** (Hauptstadt von Saudi-Arabien)
**richten;** du richtest, er richtet, er rich-

tete, er hat die Antenne gerichtet, richte die Antenne!; richt't euch! (ein Kommando); sich nach etwas richten; er hat sich nach euch zu richten!; der **Richter;** das **Richtfest; richtig;** etwas richtig schreiben, machen; es ist das richtige (richtig), zu gehen; das ist genau das richtige für mich; wir halten es für das richtige, daß du gehst, **a b e r :** tue das Richtige; er hat das Richtige getroffen; du bist mir der Richtige; die **Richtigkeit;** damit hat es seine Richtigkeit (das ist richtig, das soll so sein); die **Richtlinie;** die **Richtung**

die **Ricke** (weibliches Reh)

**riechen;** du riechst, er riecht, er roch, er hat das Gas gerochen, rieche einmal an der Blume!

die **Riege**

der **Riegel;** die Riegel

der **Riemen**

der **Riese; riesengroß; riesig**

**rieseln;** der Kalk rieselt, der Kalk rieselte, der Kalk ist von den Wänden gerieselt

der **Riesling** (eine Rebensorte)

der **Riester** (Flicken auf dem Schuh)

das **Riff** (Felsenklippe; Sandbank); die Riffe

**rigoros** (streng, rücksichtslos); rigoroseste Maßnahmen

die **Rille**

das **Rind**

die **Rinde**

das **Rindvieh**

der **Ring; ringeln;** die Katze ringelt, die Katze ringelte, die Katze hat den Schwanz geringelt; sich ringeln; die Schlange ringelte sich am Boden; die **Ringelnatter;** der **Ringelpiez** (Tanzvergnügen); die Ringelpieze **ringen;** du ringst, er ringt, er rang, er hat um sein Leben gerungen, ringe mit ihm!; der **Ringer;** der **Ringkampf**

**ringsherum; ringsum**

die **Rinne; rinnen;** das Blut rinnt, das Blut rann, das Blut ist aus der Wunde geronnen; das **Rinnsal;** die Rinnsale; der **Rinnstein**

**Rio de Janeiro** [*rio de schanero*] (Stadt in Brasilien)

der **Rio de la Plata** (Fluß in Südamerika)

die **Rippe;** der **Rippenbruch**

das **Risiko** (Wagnis); die Risikos und die Risiken; **riskant** (gefährlich, gewagt); am riskantesten; **riskieren;**

er riskiert etwas, er riskierte etwas, er hat etwas riskiert, riskiere alles!

die **Rispe** (ein Blütenstand)

der **Riß;** des Risses, die Risse; **rissig**

der **Ritt;** die Ritte; der **Ritter;** die **Ritterburg; ritterlich; rittlings**

der **Ritz;** die Ritze; die **Ritze;** die Ritzen; **ritzen;** du ritzt, er ritzt, er ritzte, er hat seinen Namen in das Holz geritzt; sich ritzen; ich habe mich an dem Nagel geritzt

der **Rivale** (Nebenbuhler, Mitbewerber); des/dem/den Rivalen, die Rivalen; die **Rivalin;** die Rivalinnen

das **Rizinusöl**

der **Roadster** [*ro^udßter*] (offener Sportwagen); die Roadster

das **Roastbeef** [*roßtbif*] (Rostbraten); die Roastbeefs

die **Robbe** (ein Seesäugetier); **robben** (wie eine Robbe kriechen); er robbt, er robbte, er ist durch den Zaun gerobbt, robbe durch den Zaun!

die **Robe** (Amtstracht für Richter, Anwälte, Professoren und Geistliche)

der **Roboter** (Maschinenmensch)

**robust** (stämmig; unempfindlich); am robustesten; die **Robustheit**

**röcheln;** du röchelst, er röchelt, er röchelte, er hat geröchelt

der **Rock;** die Röcke; der Heilige Rock von Trier

der **Rock** (kurz für: Rockmusik); der **Rocker** (Angehöriger einer jugendlichen Motorradbande); die Rocker; die **Rockerbande;** die **Rockmusik** (laute, stark rhythmische Unterhaltungsmusik)

die **Rodelbahn; rodeln;** du rodelst, er rodelt, er rodelte, er ist über den Abhang gerodelt, er hat den ganzen Nachmittag gerodelt, rodele noch einige Zeit!; der **Rodelschlitten roden;** du rodest, er rodet, er rodete, er hat das Waldstück gerodet, rode dieses Waldstück!; die **Rodung**

der **Rogen** (die Fischeier)

der **Roggen;** das **Roggenbrot**

**roh;** ein roh behauener Stein, ein roh bearbeiteter Stein, **a b e r :** ein rohseidenes Kleid; etwas ist im rohen fertig; der **Rohbau;** die Rohbauten; die **Roheit;** *Trennung:* Roheit; die **Rohkost;** der **Rohling;** das **Rohöl**

das **Rohr;** die Rohre; die **Röhre;** die Röhren; das **Röhricht** (Schilfdickicht)

der **Rohstoff;** die Rohstoffe

das **Rokoko** (ein Kunststil)

der **Rolladen;** die Rolläden und die Roll-
laden; *Trennung*: Roll||la|den; die **Rol-
le; rollen;** du rollst, er rollt, er rollte,
er hat das Faß in den Keller gerollt,
rolle das Faß in den Keller!; der **Rol-
ler;** der **Rollkragenpullover;** der
**Rollmops;** der **Rollschuh;** Roll-
schuh laufen; die **Rolltreppe**
**Rom** (Hauptstadt Italiens)

der **Roman** (eine längere Prosaerzäh-
lung); **romanhaft**

der **Romane** (Angehöriger eines Volkes
mit romanischer Sprache); die
Romanen; **romanisch;** der romani-
sche Stil (ein Kunststil)

die **Romantik** (Kunst- und Literaturrich-
tung von etwa 1800 bis 1830);
**romantisch** (die Romantik betref-
fend; phantastisch, abenteuerlich,
träumerisch)

der **Römer; römisch; röm.-kath.** =
römisch-katholisch
**röntgen** [*röntg<sup>e</sup>n*] (mit Röntgen-
strahlen durchleuchten); du röntgst,
er röntgt, er röntgte, er hat ihn
geröntgt, röntge ihn!; *Trennung*: rönt-
gen; die **Röntgenstrahlen** *Plural*;
die **Röntgenuntersuchung**
**rosa;** die rosa Kleider; ↑blau; **rosa-
farben** und **rosafarbig; rosarot**

die **Rose;** der **Rosenkranz;** die **Roset-
te** (Verzierung in Rosenform); **rosig;**
das **Röslein**

die **Rosine**

das **Roß;** des Rosses, die Rosse

der **Rost** (ein Gitter); die Roste

der **Rost** (Zersetzungsschicht auf Eisen);
**rosten;** das Blech rostet, das Blech
rostete, das Blech hat gerostet
**rösten;** du röstest, er röstet, er röstete,
er hat das Brot geröstet, röste das
Brot!; die **Rösterei**
**rostfarben; rostfrei;** rostfreier
Stahl; **rostig**
**rot;** röter, am rötesten; die rote Bete;
rote Grütze; rote Rüben; er wirkt auf
sie wie ein rotes Tuch; er hat keinen
roten Heller. *Groß*: das Rote Meer;
das Rote Kreuz; die Rote Armee; das
**Rot** (die rote Farbe); bei Rot ist das
Überqueren der Straße verboten; die
Ampel steht auf Rot; ↑Blau; **rotbak-
kig** und **rotbäckig;** die **Röte;** die
Röte stieg ihr ins Gesicht; die **Röteln**
(eine Kinderkrankheit) *Plural*; das
**Rote Meer**
**rotieren** (sich drehen); die Scheibe
rotiert, die Scheibe hat rotiert

das **Rotkäppchen;** das **Rotkehlchen**
(ein Singvogel); **rötlich**

die **Rotte** (eine Bande)

der **Rotz** (Nasenschleim); des Rotzes;
die **Rotznase** (triefende Nase; fre-
ches, naseweises Kind)

die **Roulade** [*rulad<sup>e</sup>*] (gerollte und ge-
bratene Fleischscheibe)

das **Roulett** [*rulät*] (ein Glücksspiel); die
Roulette und die Rouletts; das **Rou-
lette** [*rulät*] (svw. Roulett); die Rou-
lettes

die **Route** [*rut<sup>e</sup>*] (Wegstrecke, Reise-
weg)

die **Routine** [*rutin<sup>e</sup>*] (Gewandtheit,
Übung)

der **Rowdy** [*raudi*] (roher, gewalttätiger
Mensch, Raufbold); die Rowdys,
auch: die Rowdies; *Trennung*: Row-
dy

**Ruanda** (deutsche Form von ↑Rwan-
da); der **Ruander; ruandisch**

die **Rübe**
**Rübezahl** (ein schlesischer Berg-
geist)

der **Rubin** (ein Edelstein); die Rubine
**ruchbar;** das Verbrechen wurde
ruchbar (durch ein Gerücht bekannt)
**ruchlos** (niedrig, gemein, böse); am
ruchlosesten; eine ruchlose Tat

der **Ruck;** die Rucke; **ruckartig**
**rücken;** du rückst, er rückt, er rückte,
er ist gerückt, er hat den Schrank ge-
rückt, rücke noch ein wenig!

der **Rücken**

die **Rückfahrt**
**rückfällig;** der Bursche ist wieder
rückfällig geworden

das **Rückgrat;** die Rückgrate

die **Rückkehr**

das **Rücklicht**
**rücklings**

der **Rucksack**

die **Rücksicht;** Rücksicht nehmen auf
jemanden oder etwas; er unterließ die
Anzeige mit Rücksicht auf seinen Va-
ter; die **Rücksichtnahme; rück-
sichtslos;** am rücksichtslosesten; die
**Rücksichtslosigkeit; rück-
sichtsvoll;** er ist ihr gegenüber immer
rücksichtsvoll oder er ist gegen sie
immer rücksichtsvoll

der **Rücksitz;** der **Rückspiegel**

der **Rückstand;** in Rückstand sein;
**rückständig;** die **Rückständig-
keit**

der **Rückstrahler**

der **Rücktritt**

**rückwärts;** rückwärts gehen, fahren; er ist rückwärts gegangen, ab e r : **rückwärtsgehen** (sich verschlechtern); der Umsatz ist immer rückwärtsgegangen; der **Rückwärtsgang** (beim Auto)

der **Rüde** (männlicher Hund, Hetzhund); des Rüden, die Rüden

das **Rudel;** die Rudel; **rudelweise**

das **Ruder;** ans Ruder kommen (in eine leitende Stellung kommen); das **Ruderboot;** der **Ruderer; rudern;** du ruderst, er rudert, er ruderte, er hat drei Stunden gerudert, ab e r : er ist über den See gerudert; rudere an das andere Ufer!

der **Ruf;** die Rufe; **rufen;** du rufst ihn, er ruft ihn, er rief ihn, er hat den Arzt gerufen, rufe ihn!

der **Rüffel** (Verweis); die Rüffel

der **Rufname**

das **Rugby** [rágbi] (ein Ballspiel); Trennung: Rug|by

die **Rüge; rügen;** du rügst ihn, er rügt ihn, er rügte ihn, er hat ihn gerügt, rüge ihn!
**Rügen** (Insel in der Ostsee)

die **Ruhe;** sich zur Ruhe setzen; **ruhen;** du ruhst, er ruht, er ruhte, er hat zwei Stunden geruht, ruhe ein wenig!; **ruhenlassen** (vorläufig nicht bearbeiten); er hat diesen Fall zunächst einmal ruhenlassen, ab e r : **ruhen lassen** (ausruhen lassen); er wird uns nicht länger ruhen lassen; die **Ruhestörung; ruhig;** es wird ruhig bleiben

der **Ruhm; rühmen;** du rühmst ihn, er rühmt ihn, er rühmte ihn, er hat ihn wegen seines Fleißes gerühmt, rühme dich nicht selbst!; **rühmlich; ruhmlos;** am ruhmlosesten

die **Ruhr** (eine Infektionskrankheit)

die **Ruhr** (deutscher Fluß); das **Ruhrgebiet**

das **Rührei; rühren;** du rührst, er rührt, er rührte, er hat den Teig gerührt, rühre den Teig!; sein Unglück hat mich gerührt (innerlich bewegt); sich rühren; du mußt dich stärker rühren (du mußt stärker tätig sein); **rührend; rührig;** die **Rührung**

der **Ruin** (Zusammenbruch, Untergang; Verlust); die **Ruine** (zerfallenes Bauwerk); Trennung: Rui|ne; **ruinieren** (zerstören, zugrunde richten) du ruinierst ihn, er ruiniert ihn, er ruinierte ihn, er hat ihn ruiniert, ruiniere ihn

nicht!; sich ruinieren; du kannst dich damit ruinieren

der **Rum** (Branntwein aus Zuckerrohr); die Rums

der **Rumäne; Rumänien** [rumäni°n]; **rumänisch**

der **Rummel;** der **Rummelplatz**
**rumoren;** es rumort, es rumorte, es hat in der Kammer rumort

die **Rumpelkammer; rumpeln;** es rumpelt, es rumpelte, es hat gerumpelt; das **Rumpelstilzchen** (eine Märchengestalt)

der **Rumpf;** die Rümpfe
**rümpfen;** du rümpfst die Nase, er rümpft die Nase, er rümpfte die Nase, er hat die Nase gerümpft, rümpfe nicht immer die Nase!

das **Rumpsteak** [rúmpßtek] (gebratenes Rumpfstück); die Rumpsteaks

der **Run** [ran] (Ansturm [auf die Kasse]); die Runs
**rund;** runder, am rundesten; rund um die Welt; ein Gespräch am runden Tisch; die **Runde;** die Runde machen; der **Rundfunk; rundheraus;** etwas rundheraus sagen; **rundherum; rundlich; rundum**

die **Rune** (germanisches Schriftzeichen); das **Runenalphabet**

die **Runkelrübe**

die **Runzel;** die Runzeln; **runzeln;** du runzelst die Stirn, er runzelt die Stirn, er runzelte die Stirn, er hat die Stirn gerunzelt, runzle nicht immer die Stirn!; **runzelig** und **runzlig**

der **Rüpel;** die Rüpel; **rüpelhaft;** am rüpelhaftesten
**rupfen;** du rupfst, er rupft, er rupfte, er hat das Huhn gerupft, rupfe das Huhn!; der **Rupfen** (ein Gewebe)
**ruppig**

die **Rüsche** (ein gefalteter Besatz)

der **Ruß**

der **Russe;** die **Russin;** die Russinnen

der **Rüssel;** die Rüssel; **rüsselförmig**
**rußen;** der Ofen rußt, der Ofen rußte, der Ofen hat gerußt; **rußig;** er hat rußige Finger
**russisch;** die russische Sprache; **Rußland**
**rüsten;** die Staaten rüsten, sie rüsteten, sie haben um die Wette gerüstet; sich rüsten; wir haben uns für diese Auseinandersetzung gerüstet (vorbereitet); die **Rüstung**
**rüstig**

die **Rute**

die **Rutschbahn; rutschen;** du rutschst, er rutscht, er rutschte, er ist von der Bank gerutscht, rutsche nicht durchs Zimmer!; **rutschig**
**rütteln;** du rüttelst, er rüttelt, er rüttelte, er hat an der Tür gerüttelt, rüttele nicht daran!
**Rwanda** (Staat in Zentralafrika); der **Rwander; rwandisch**

## S

der **Saal;** die Säle
**Saarbrücken** (Hauptstadt des Saarlandes); der **Saarbrücker;** das **Saargebiet;** das **Saarland;** der **Saarländer; saarländisch;** der saarländische Bergbau, a b e r : der Saarländische Rundfunk
die **Saat;** die Saaten; das **Saatkorn**
der **Sabbat** (der jüdische Ruhetag); die Sabbate; *Trennung:* Sab|bat
**sabbern;** du sabberst, das Baby sabberte, das Baby hat gesabbert; sabbere nicht so!
der **Säbel;** die Säbel
die **Sabotage** [*sabotạsch*ᵉ] (planmäßige Zerstörung von Einrichtungen); *Trennung:* Sa|bo|ta|ge; **sabotieren** (etwas planmäßig behindern); du sabotierst, er sabotiert, er sabotierte, er hat die Arbeit sabotiert, sabotiere bitte unsere Arbeit nicht!
das **Sachbuch;** die **Sache; sachkundig; sachlich; sächlich;** sächliches Geschlecht
der **Sachse; Sachsen; sächsisch;** die Sächsische Schweiz
**sacht, sachte**
der **Sack;** die Säcke; a b e r : 5 Sack Mehl; mit Sack und Pack; der **Säckel** (der Geldbeutel); die Säckel; die **Sackgasse;** das **Sackhüpfen** und das **Sacklaufen**
der **Sadismus** (Freude an Grausamkeit); der **Sadist;** des/dem/den Sadisten, die Sadisten; **sadistisch**
**säen;** du säst, er sät, er säte, er hat den Weizen gesät, säe den Weizen!
die **Safari** (Reise in Afrika); die Safaris
der **Safe,** auch: das Safe [*ßẹ'f*] (Geldschrank); die Safes
der **Saffian** (feines Ziegenleder)

der **Safran** (ein Gewürz); *Trennung:* Safran
der **Saft; saftig**
die **Sage**
die **Säge; sägen;** du sägst, er sägt, er sägte, er hat Holz gesägt, säge dieses Holz!
**sagen;** du sagst, er sagt, er sagte, er hat etwas gesagt, sage etwas!; er hat mir dafür sage und schreibe zwanzig Mark abgenommen
**sagenhaft**
die **Sägespäne** *Plural;* das **Sägewerk**
der **Sago** (gekörntes Stärkemehl aus dem Mark der Palmen)
die **Sahne; sahnig**
**Saint Louis** [*ßᵉntlụiß*] (Stadt in den USA)
die **Saison** [*ßäsọng* und *säsọng*] (die Hauptbetriebszeit, die Hauptreisezeit); die Saisons; *Trennung:* Sai|son
die **Saite** (gedrehter Darm, gespannter Metallfaden)
der **Sakko,** auch: das Sakko (Herrenjackett); die Sakkos
das **Sakrament** (Gnadenmittel); die Sakramente; *Trennung:* Sa|kra|ment; die **Sakristei** (Raum für den Priester und die Gottesdienstgeräte); die Sakristeien; *Trennung:* Sa|kri|stei
der **Salamander** (ein Molch)
der **Salat;** die Salate; das **Salatöl**
**salbadern** (langweilig reden); du salbaderst, er salbaderte, er hat wieder salbadert; salbadere nicht!
die **Salbe; salben;** der Papst salbte ihn, der Papst hat ihn zum Kaiser gesalbt; die **Salbung; salbungsvoll**
der **Saldo** (der Unterschiedsbetrag zwischen Soll- und Habenseite eines Kontos); die Saldos und die Salden und die Saldi
die **Saline** (ein Salzwerk)
der **Salmiakgeist** (eine Ammoniaklösung)
der **Salon** [*salọng* und *salọng*]; die Salons
der **Salpeter** (ein Salz)
der **Salto** (freier Überschlag); die Saltos und die Salti
die **Salve** [*sạlwᵉ*] (gleichzeitiges Schießen aus mehreren Waffen); die Salven
die **Salweide** (ein Baum)
das **Salz; salzen;** du salzt, er salzt, er salzte, er hat die Suppe stark gesalzen und gesalzt, a b e r : die Preise sind gesalzen (sehr hoch); **salzig;** das **Salzwasser**

der **Sämann;** die Sämänner

der **Samariter** (freiwilliger Krankenpfleger); der **Samariterdienst**

der **Sambesi** (Fluß in Afrika)

der **Sambia** (Staat in Afrika); der **Sambier** [*sambi*ᵉ*r*]; **sambisch**

der **Samen;** das **Samenkorn;** die **Sämereien** *Plural*

**sämig** (dickflüssig); eine sämige Suppe

**sammeln;** du sammelst, er sammelt, er sammelte, er hat für das Rote Kreuz gesammelt, sammele für diesen guten Zweck!; das **Sammelsurium** (Durcheinander); *Trennung*: Sammel|su|rium; der **Sammler;** die **Sammlung**

der **Samstag** (Sonnabend); *Trennung*: Sams|tag; ↑ Dienstag; samstags; *Trennung*: sams|tags; ↑dienstags

**samt;** samt dem Gelde; samt und sonders

der **Samt; samtartig** (wie Samt); **samten** (aus Samt)

**sämtlich;** der Verlust sämtlicher vorhandenen Energie; mit sämtlichem gesammelten Material; sämtliche vortrefflichen (seltener: vortreffliche) Einrichtungen; sämtlicher vortrefflicher (auch: vortrefflichen) Einrichtungen; sämtliche Stimmberechtigten (auch: Stimmberechtigte)

das **Sanatorium** (Heilanstalt, Erholungsheim); die Sanatorien [*sanato-ri*ᵉ*n*]; *Trennung*: Sa|na|to|rium

der **Sand**

die **Sandale;** die **Sandalette**

die **Sandbank;** die Sandbänke; **sandig;** der **Sandsturm**

der oder das **Sandwich** [*ßäntwitsch*] (belegte Weißbrotschnitte); des Sandwich[s], die Sandwich[e]s (auch: Sandwiche)

**sanft;** am sanftesten; die **Sänfte** (ein Tragstuhl); die **Sanftmut; sanftmütig**

der **Sang;** mit Sang und Klang; der **Sänger;** die **Sängerin;** die Sängerinnen; die **Sangeslust; sanglos;** sang- und klanglos (unbemerkt, ruhmlos) abtreten

**sanitär** (gesundheitlich); sanitäre Anlagen; der **Sanitäter** (Krankenpfleger); der **Sanitätsdienst**

**Sankt;** *in Heiligennamen und in Ortsnamen ohne Bindestrich*: Sankt Peter, Sankt Gallen; auch (weil Ableitung auf -er): die Sankt Gallener oder Sankt

Galler Handschrift; a b e r : die Sankt-Gotthard-Gruppe, die Sankt-Marien-Kirche; *Abkürzung*: St.; die St.-Marien-Kirche

die **Sanktion** (Bestätigung; Erteilung der Gesetzeskraft); *Trennung*: Sank|tion

der **Sanmarinese** (Einwohner von San Marino); **sanmarinesisch; San Marino** (europäischer Staat; dessen Hauptstadt)

**Santiago** auch: **Santiago de Chile** [*santiago de tschile*] (Hauptstadt Chiles)

**Santo Domingo** [*santo dominggo*] (Hauptstadt der Dominikanischen Republik)

**São Paulo** [*ßau paulo*] (Stadt in Brasilien)

der **Saphir** und der **Saphir** (ein Edelstein); die Saphire; *Trennung*: Sa|phir

die **Sardelle** (ein Fisch); die **Sardine** (ein Fisch)

**Sardinien** [*sardini*ᵉ*n*] (Insel im Mittelmeer)

der **Sarg**

**sarkastisch** (spöttisch, höhnisch); *Trennung*: sar|ka|stisch

der **Sarkophag** (Steinsarg); die Sarkophage; *Trennung*: Sar|ko|phag

der **Satan** (der Teufel); **satanisch** (teuflisch)

der **Satellit** (künstlicher Erdmond); des/dem/den Satelliten, die Satelliten; die **Satellitenstadt**

die **Satire** (witzig-spöttische Darstellung menschlicher Schwächen); **satirisch** (spöttisch, beißend)

**satt;** satter, am sattesten; ein sattes Blau; er wird sich satt essen; ich habe es satt (habe keine Lust mehr)

der **Sattel; sattelfest; satteln;** du sattelst, er sattelt, er sattelte, er hat das Pferd gesattelt, sattele das Pferd!

**sättigen;** du sättigst, er sättigt, er sättigte, er hat die Lösung gesättigt; sich sättigen; er hat sich gesättigt; die **Sättigung**

der **Sattler**

**sattsam** (hinlänglich, genug)

der **Satz**

die **Satzung**

die **Sau;** die Säue und (besonders bei Wildschweinen:) die Sauen

**sauber;** saub[e]rer, am saubersten; **sauberhalten;** er wird das Zimmer sauberhalten, er hat es saubergehalten; **säuberlich; säubern;** du säuberst, er säubert, er säuberte, er hat den Boden gesäubert, säubere den Boden!; die **Säuberung**

die **Sauce** ↑Soße

der **Saudiaraber; Saudi-Arabien** (Staat in Arabien); **saudiarabisch**

**sauer;** saurer; am sauersten; saure Gurken; ein saurer Hering; der saure Regen. *Groß:* gib ihm Saures! (prügele ihn!); der **Sauerampfer;** das **Sauerkraut; säuerlich; säuern;** du säuerst, er säuerte, er hat das Brot gesäuert, säuere das Brot!; der **Sauerstoff;** die **Sauerstoffflasche;** der **Sauerteig**

**saufen;** du säufst, er säuft, er soff, er hat den ganzen Tag gesoffen, saufe nicht!; der **Säufer**

**saugen;** du saugst, er saugt, er sog und er saugte, er hat das Blut aus der Wunde gesogen und gesaugt, aber nur: sie saugte den Staub im Zimmer, sie hat Staub gesaugt

**säugen;** die Hündin säugt, die Hündin säugte, sie hat ihre Jungen gesäugt; das **Säugetier;** der **Säugling**

die **Säule; säulenförmig**

der **Saum;** die Säume; **säumen;** du säumst, sie säumte, sie hat den Rock gesäumt, säume den Rock!

**säumen** (zögern); säume nicht lange!; **säumig; saumselig;** die **Saumseligkeit**

die **Sauna** (finnisches Heißluftbad); die Saunas

**säuseln;** es säuselt der Wind, es säuselte der Wind, der Wind hat gesäuselt; **sausen;** du saust, er saust, er sauste, er ist in die Tiefe gesaust

die **Savanne** [*sawạ̈nᵉ*] (Steppe mit Bäumen); die Savannen

das **Saxophon** (ein Blasinstrument); die Saxophone; *Trennung*: Sa|xo|phon; der **Saxophonist** (der Saxophonbläser); des/dem/den Saxophonisten, die Saxophonisten

die **S-Bahn;** die S-Bahnen; der **S-Bahnhof;** der **S-Bahn-Wagen**

die **Schabe** (ein Insekt)

**schaben;** du schabst, er schabt, er schabte, er hat das Fleisch geschabt, schabe das Fleisch!

der **Schabernack** (Streich, Posse); die Schabernacke

**schäbig**

die **Schablone** (ausgeschnittene Vorlage; Muster; herkömmliche Form); *Trennung*: Scha|blo|ne; **schablonenhaft**

das **Schach;** Schach spielen; Schach bieten; jemanden im oder in Schach halten; **schachmatt**

der **Schacht;** die Schächte

die **Schachtel;** die Schachteln

**schade;** es ist schade um dieses Bild; schade, daß ich wegfahren muß; dafür bin ich mir zu schade; das ist aber schade; um den ist es nicht schade; o wie schade!

der **Schädel;** die Schädel

**schaden;** du schadest ihm, er schadet ihm, er schadete ihm, er hat ihm geschadet, schade ihm nicht!; der **Schaden;** die Schäden; die **Schadenfreude; schadenfroh; schadhaft; schädigen;** du schädigst ihn, er schädigt ihn, er schädigte ihn, er hat ihn geschädigt, schädige ihn nicht!; **schädlich;** der **Schädling**

das **Schaf;** das **Schäfchen;** sein Schäfchen ins trockene bringen (seinen Gewinn in Sicherheit bringen); der **Schäfer;** der **Schäferhund;** die **Schafherde**

**schaffen** (arbeiten); du schaffst, er schafft, er schaffte, er hat den ganzen Tag geschafft; sie haben es geschafft (vollbracht); er hat die Kiste auf den Boden geschafft (gebracht); ich möchte mit dieser Sache nichts mehr zu schaffen (zu tun) haben; ich habe mir daran zu schaffen gemacht; **schaffen** (schöpferisch gestalten, hervorbringen); du schaffst, er schafft, er schuf, er hat ein Werk geschaffen; Schiller hat „Wilhelm Tell" geschaffen; er ist zu diesem Beruf wie geschaffen; er steht da, wie ihn Gott geschaffen hat; er schuf Ordnung; schaffe Abhilfe!

der **Schaffner;** die **Schaffnerin;** die Schaffnerinnen

das **Schafott** (ein Gerust zur Hinrichtung); die Schafotte

der **Schaft;** die Schäfte

**schäkern;** du schäkerst, er schäkert, er schäkerte, er hat mit ihr geschäkert, schäkere nicht immer!

**schal;** ein schales (abgestandenes) Bier; ein schaler (fader) Witz

der **Schal;** die Schale und die Schals

die **Schale; schälen;** du schälst, sie schält, sie schälte, sie hat die Kartoffeln geschält, schäle die Kartoffeln!

der **Schalk** (Schelm); die Schalke und die Schälke

der **Schall;** die Schalle und die Schälle;

**schalldicht; schallen;** es schallt, es schallte, es hat mir in den Ohren geschallt; ein schallendes Gelächter; die **Schallplatte**

**schalten;** du schaltest, er schaltet, er schaltete, er hat geschaltet, schalte!; du mußt auf Gebirgsstrecken viel schalten; er hat den Stromkreis anders geschaltet; mit seinem Eigentum hat er nach Belieben geschaltet; der **Schalter;** das **Schaltjahr;** die **Schaltung**

die **Schaluppe** (Küstenfahrzeug; Boot)

die **Scham;** sich **schämen;** du schämst dich, er schämt sich, er schämte sich, er hat sich geschämt, schäme dich!; das **Schamgefühl; schamhaft; schamlos;** am schamlosesten

das **Schampun** (Haarwaschmittel); die Schampuns

**schamrot;** die **Schamröte**

die **Schande,** zuschanden gehen, machen, werden; **schänden;** du schändest, er schändet, er schändete, er hat den Friedhof geschändet; der **Schandfleck;** die Schandflecke; **schändlich;** die **Schandtat**

die **Schankstube**

die **Schanze; schanzen;** du schanzt, er schanzt, er schanzte, er hat geschanzt

die **Schar** (Menge); die Scharen

die **Schar** (Pflugschar); die Scharen und (in der Landwirtschaft auch:) das **Schar;** die Schare

die **Schäre** (kleine Felsinsel an der skandinavischen und der finnischen Küste); die Schären

**scharenweise**

**scharf; schärfer,** am schärfsten; ein Messer scharf machen, aber: **scharfmachen** (aufhetzen); er machte ihn scharf, er hat ihn scharfgemacht; die **Schärfe; schärfen;** du schärfst, er schärft, er schärfte, er hat das Messer geschärft, schärfe das Messer!; **scharfkantig;** der **Scharfschütze;** der **Scharfsinn; scharfsinnig**

der **Scharlach** (lebhaftes Rot); die Scharlache; der **Scharlach** (eine Infektionskrankheit); **scharlachrot**

der **Scharlatan** (Schwätzer, Marktschreier; Kurpfuscher); die Scharlatane

der **Scharm** ↑Charme; **scharmant** ↑charmant

das **Scharnier** (Drehgelenk); die Scharniere

die **Schärpe** (breites Band, das um die Schulter oder um die Hüfte getragen wird)

**scharren;** du scharrst, er scharrte, er hat mit den Füßen gescharrt, scharre nicht immer mit den Füßen!

die **Scharte** (Einschnitt); eine Scharte auswetzen (einen Fehler wiedergutmachen); **schartig**

**scharwenzeln** (sich dienernd hin und her bewegen); du scharwenzelst; er scharwenzelte; er ist scharwenzelt

der oder das **Schaschlik** (am Spieß gebratene Fleischstückchen); die Schaschliks

**schassen** (wegjagen); du schaßt; er schaßte; er hat ihn geschaßt; schasse ihn! und schaß ihn!

der **Schatten; schattieren;** du schattierst, er schattiert, er schattierte, er hat das Bild schattiert, schattiere das Bild noch ein wenig!; **schattig**

die **Schatulle** (Geldkästchen, Schmuckkästchen)

der **Schatz;** die Schätze; **schätzen;** du schätzt, er schätzt, er schätzte, er hat die Entfernung geschätzt, schätze den Wert dieses Ringes!; die **Schätzung; schätzungsweise**

die **Schau;** etwas zur Schau stellen, tragen; jemandem die Schau stehlen (ihn um die Anerkennung anderer bringen); das **Schaubild**

der **Schauder; schauderhaft; schaudern;** du schauderst, er schaudert, er schauderte, er hat vor Kälte geschaudert; mir schaudert und mich schaudert bei dem Gedanken, daß ich dorthin fahren soll

**schauen;** du schaust, er schaut, er schaute, er hat in die Ferne geschaut, schau einmal her!

der **Schauer;** ein Schauer lief mir über den Rücken; **schauerlich**

der **Schauermann** (Hafenarbeiter, Schiffsarbeiter); die Schauerleute

die **Schaufel;** die Schaufeln; **schaufeln;** du schaufelst, er schaufelt, er schaufelte, er hat das Grab geschaufelt, schaufle den Sand auf den Wagen!

das **Schaufenster;** die **Schaufensterdekoration**

die **Schaukel;** die Schaukeln; **schaukeln;** du schaukelst, er schaukelt, er schaukelte, er hat geschaukelt, schaukele nicht so heftig!; das **Schaukelpferd**

der **Schaum;** die Schäume; **schäumen;**
das Meer schäumt; das Meer schäum-
te, das Meer hat geschäumt;
**schaumig**
der **Schauplatz**
**schaurig;** schaurig-schön
der **Schauspieler**
der **Scheck** (Zahlungsanweisung); die
Schecks
der **Scheck** und der **Schecke** (schecki-
ges Pferd); des Schecken, die Schek-
ken; die **Schecke** (scheckige Stute
oder scheckige Kuh); der Schecke,
die Schecken; **scheckig; scheckig-
braun;** ein scheckigbraunes Rind
**scheel;** **scheelblickend**
der **Scheffel** (ein altes Hohlmaß); die
Scheffel; **scheffeln** (geizig zusam-
menraffen); er hat das Geld nur so
gescheffelt
die **Scheibe**
der **Scheich** (arabischer Ehrentitel); des
Scheichs; die Scheiche und die
Scheichs
die **Scheide; scheiden,** du scheidest, er
scheidet, er schied, er hat die Streiten-
den geschieden, a b e r : er ist von
seiner Frau geschieden, scheide die
Streitenden!; die **Scheidung**
der **Schein; scheinbar** (nur dem
Scheine nach); er hört scheinbar auf-
merksam zu, a b e r : er hört
anscheinend aufmerksam zu (wie es
den Anschein erweckt); **scheinen;**
die Sonne scheint, die Sonne schien,
die Sonne hat gestern nicht geschie-
nen; der **Scheintod; scheintot;** er
ist scheintot; der **Scheinwerfer**
die **Scheiße; scheißegal; scheißen;**
du scheißt; du schissest; er schiß; er
hat geschissen; scheiß! und scheiße!;
**scheißfreundlich**
das **Scheit** (Holzstück); die Scheite
der **Scheitel;** die Scheitel; **scheiteln,** du
scheitelst das Haar, er scheitelte das
Haar, er hat das Haar gescheitelt,
scheitle das Haar!
**scheitern;** du scheiterst, er scheitert,
er scheiterte, er ist an diesen Schwie-
rigkeiten gescheitert, scheitere nicht
an diesen Schwierigkeiten!; das
**Scheitern;** dieser Plan ist von vorn-
herein zum Scheitern verurteilt
die **Schelle; schellen;** du schellst, er
schellt, er schellte, er hat geschellt,
schelle nicht so lang!
der **Schellfisch**
der **Schelm; schelmisch**

die **Schelte; schelten;** du schiltst; er
schilt; er schalt; er hat mich geschol-
ten; schilt!
das **Schema;** die Schemas und die Sche-
mata und die Schemen; nach Schema
F; **schematisch**
der **Schemel;** die Schemel
die **Schenke** (Gastwirtschaft)
der **Schenkel;** die Schenkel
**schenken;** du schenkst, er schenkt,
er schenkte, er hat mir ein Buch ge-
schenkt, schenke ihm etwas!
die **Scherbe** und der **Scherben**
die **Schere; scheren;** du scherst, er
schert, er schor, er hat das Schaf ge-
schoren, schere das Schaf!
die **Schererei;** Schereien haben
das **Scherflein;** sein Scherflein zu etwas
beitragen
der **Scherz; scherzen;** du scherzt, er
scherzt, er scherzte, er hat gescherzt,
scherze nicht!; **scherzhaft**
**scheu;** scheuer, am scheu[e]sten; der
Vogel ist sehr scheu; du sollst das
Pferd nicht scheu machen; die **Scheu**
die **Scheuche; scheuchen;** du
scheuchst, er scheucht, er scheuchte,
er hat die Tauben gescheucht, scheu-
che sie!
**scheuen;** das Pferd scheut, das Pferd
scheute, das Pferd hat gescheut; sich
scheuen; er hat sich vor dieser Arbeit
gescheut
die **Scheuer** (Scheune); die Scheuern
**scheuern;** du scheuerst, sie scheuert,
sie scheuerte, sie hat die Herdplatte
gescheuert, scheuere den Fußboden!;
das **Scheuertuch**
die **Scheuklappe**
die **Scheune;** das **Scheunentor**
das **Scheusal;** die Scheusale; **scheuß-
lich**
der **Schi** ↑ Ski
die **Schicht; schichten;** du schichtest,
er schichtet, er schichtete, er hat die
Bretter geschichtet, schichte sie!
**schick;** ein schicker Mantel; der
**Schick;** diese Dame hat Schick
**schicken;** du schickst, er schickt, er
schickte, er hat ihm Bücher geschickt,
schicke ihm die Bücher!; sich schik-
ken; das schickt sich nicht; er hat
sich schnell in diese Verhältnisse ge-
schickt; **schicklich**
das **Schicksal;** die Schicksale; **schick-
salhaft**
**schieben;** du schiebst, er schiebt, er
schob, er hat den Wagen geschoben,

schiebe den Wagen!; der **Schieber;** die **Schiebung**

der **Schiedsrichter**

**schief;** die schiefe Ebene; ein schiefer Winkel; er macht ein schiefes (mißvergnügtes) Gesicht; er ist in ein schiefes Licht geraten (er ist falsch beurteilt worden), a b e r *groß*: der Schiefe Turm von Pisa. *Schreibung in Verbindung mit Verben*: schief sein, werden, stehen, halten, ansehen, urteilen, denken, †a b e r: schiefgehen, schiefgewickelt, sich schieflachen, schiefliegen, schieftreten

der **Schiefer**

**schiefgehen** (mißlingen); etwas geht schief, etwas ging schief, etwas ist schiefgegangen, a b e r: **schief gehen;** er ist immer schief (mit schlechter Haltung) gegangen; **schiefgewickelt** (im Irrtum); wenn du das glaubst, bist du schiefgewickelt, a b e r: **schief gewickelt;** er hat den Draht schief gewickelt; sich **schieflachen** (heftig lachen); er hat sich während dieser Aufführung schiefgelacht; **schiefliegen** (einen falschen Standpunkt vertreten); in diesem Falle hat er schiefgelegen, a b e r: **schief liegen;** die Decke hat schief gelegen; **schieftreten;** er hat die Absätze schiefgetreten, a b e r: **schief treten;** ich bin schief getreten

**schielen;** du schielst, er schielt, er schielte, er hat geschielt, schiele nicht!

das **Schienbein**

die **Schiene; schienen;** du schienst, er schient, er schiente, er hat den Arm geschient

**schier** (beinahe, fast); das ist schier unmöglich; **schier** (lauter, rein); etwas in schierer Butter braten

der **Schierling** (eine Giftpflanze)

die **Schießbude; schießen;** du schießt, er schießt, er schoß, er hat geschossen, schieße nicht!; das **Schießen;** das ist zum Schießen (zum Lachen); die **Schießerei**

das **Schiff;** die **Schiffahrt;** *Trennung*: Schiff|fahrt; **schiffbar;** der **Schiffbruch; schiffbrüchig;** der **Schiffer;** die **Schiffschaukel;** die **Schiffsreise**

die **Schikane** (Bosheit); **schikanieren;** du schikanierst, er schikaniert, er schikanierte, er hat ihn schikaniert, schikaniere ihn nicht!

das **Schild** (Erkennungszeichen); die

Schilder; der **Schild** (Schutzwaffe); die Schilde

der **Schildbürger**

**schildern;** du schilderst, er schildert, er schilderte, er hat den Vorgang geschildert, schildere den Vorgang etwas genauer!; die **Schilderung**

die **Schildkröte**

das **Schilf;** die Schilfe

**schillern;** das Kleid schillert, das Kleid schillerte, das Kleid hat geschillert

der **Schimmel; schimmelig** und **schimmlig; schimmeln;** das Brot schimmelt, das Brot schimmelte, das Brot hat geschimmelt

der **Schimmer; schimmern;** das Licht schimmert, das Licht schimmerte, das Licht hat geschimmert

der **Schimpanse** (ein Affe)

der **Schimpf;** mit Schimpf und Schande; **schimpfen;** du schimpfst, er schimpft, er schimpfte, er hat geschimpft, schimpfe nicht!; **schimpflich;** der **Schimpfname;** des Schimpfnamens, die Schimpfnamen; das **Schimpfwort;** die Schimpfworte und die Schimpfwörter

die **Schindel;** die Schindeln; das **Schindeldach; schindeln;** du schindelst das Dach, er schindelt das Dach, er schindelte das Dach, er hat das Dach geschindelt, schindele das Dach!

**schinden;** du schindest ihn, er schindet ihn, (selten:) er schindete ihn, er hat ihn geschunden, schinde ihn nicht!; sich schinden; du brauchst dich nicht zu schinden; der **Schinder;** das **Schindluder;** Schindluder mit jemandem treiben (jemanden schmählich behandeln)

der **Schinken**

die **Schippe** (Schaufel; ummutig aufgeworfene Unterlippe); **schippen;** du schippst, er schippt, er schippte, er hat Sand geschippt, schippe den Sand auf den Wagen!

der **Schirm;** der **Schirmherr**

**schirren;** du schirrst, er schirrt, er schirrte, er hat das Pferd an den Wagen geschirrt; der **Schirrmeister**

die **Schizophrenie** (Bewußtseinsspaltung); *Trennung*: Schi|zo|phre|nie

die **Schlacht;** die Schlachten

**schlachten;** du schlachtest, er schlachtet, er schlachtete, er hat das Schwein geschlachtet, schlachte das Schwein!; der **Schlachter** und der

**Schlächter** (norddeutsch für: der Fleischer); die **Schlachterei** und die **Schlächterei** (norddeutsch für: die Fleischerei)

die **Schlacke**

**schlackern;** da schlackerst du mit den Ohren (da bist du überrascht, erstaunt)

der **Schlaf**

die **Schläfe**

**schlafen;** du schläfst, er schläft, er schlief, er hat zwei Stunden geschlafen, schlafe ein paar Stunden!

das **Schlafittchen;** er nahm ihn beim Schlafittchen

die **Schlafmütze; schläfrig**

**schlaff**

der **Schlag;** die Schläge; Schlag 8 Uhr; Schlag auf Schlag; **schlagartig; schlagen;** du schlägst, er schlägt, er schlug, er hat ihn geschlagen, schlage ihn nicht!; der **Schläger;** die **Schlägerei; schlagfertig;** die **Schlagsahne;** die **Schlagzeile**

der **Schlaks** (lang aufgeschossener, ungeschickter Mensch); die Schlakse; **schlaksig**

der **Schlamassel** und das **Schlamassel** (Unglück; Widerwärtiges); die Schlamassel

der **Schlamm; schlammig**

die **Schlamperei; schlampig**

die **Schlange;** sich **schlängeln;** du schlängelst dich, er schlängelt sich, er schlängelte sich, er hat sich durch die Menge geschlängelt

**schlank;** sie muß auf die schlanke Linie achten; die **Schlankheit**

**schlau;** schlauer, am schlau[e]sten; der **Schlauberger**

der **Schlauch;** die Schläuche; das **Schlauchboot**

**schlauchen** (anstrengen, ermüden); die Arbeit schlaucht mich; die Hitze hat uns geschlaucht

die **Schläue**

die **Schlaufe**

die **Schlauheit;** der **Schlaukopf;** der **Schlaumeier**

**schlecht;** am schlechtesten; der schlechte Ruf; ein schlechtes Zeichen; etwas ist schlecht und recht. *Groß*: im Schlechten und im Guten; etwas Schlechtes; **schlechterdings; schlechtgehen** (sich in einer üblen Lage befinden); es ist ihm nach dem Kriege schlechtgegangen, aber: **schlecht gehen;** er ist in diesen Schuhen schlecht gegangen; das wird schlecht (kaum) gehen; **schlechtgelaunt;** schlechter gelaunt, am schlechtesten gelaunt; ein schlechtgelaunter Mann, aber: der Mann ist schlecht gelaunt; die **Schlechtheit;** die **Schlechtigkeit; schlechtmachen** (häßlich reden von jemandem; jemanden herabsetzen); er hat ihn überall schlechtgemacht, aber: **schlecht machen;** er hat seine Aufgaben schlecht gemacht; das kannst du schlecht (kaum) machen; **schlechtweg** (ohne Umstände, einfach); er hat das schlechtweg behauptet, aber; er kam dabei schlecht weg

**schlecken;** du schleckst, er schleckt, er schleckte, er hat an dem Eis geschleckt, schlecke nicht soviel!; die **Schleckerei**

der **Schlegel;** die Schlegel

der **Schlehdorn;** die Schlehdorne; die **Schlehe**

**schleichen;** du schleichst, er schleicht, er schlich, er ist in die Ecke geschlichen, schleiche nicht wie eine Katze!; der **Schleicher;** der **Schleichweg;** auf Schleichwegen

der **Schleier; schleierhaft**

die **Schleife** (Schlinge)

die **Schleife** (landschaftlich für: Gleitbahn); **schleifen** (schärfen); du schleifst, er schleift, er schliff, er hat das Messer geschliffen, schleife das Messer!; **schleifen** (über den Boden ziehen); du schleifst, er schleift, er schleifte, er hat ihn durchs Zimmer geschleift, schleife ihn doch nicht durchs Zimmer!; der **Schleifstein**

der **Schleim; schleimig**

**schlemmen;** du schlemmst, er schlemmt, er schlemmte, er hat geschlemmt, schlemme nicht so sehr!; der **Schlemmer**

**schlendern;** du schlenderst, er schlendert, er schlenderte, er ist über die Hauptstraße geschlendert, schlendere nicht immer über die gleiche Straße!; der **Schlendrian** (Schlamperei); *Trennung*: Schlend|rian

der **Schlenker** (schlenkernde Bewegung); **schlenkern;** du schlenkerst, er schlenkert, er schlenkerte, er hat mit den Beinen geschlenkert, schlenkere nicht immer mit den Beinen!

**schlenzen;** du schlenzt; er schlenzte; er hat den Ball ins Tor geschlenzt

die **Schleppe; schleppen;** du schleppst,

er schleppt, er schleppte, er hat den Sack in den Keller geschleppt, schleppe nicht soviel!; der **Schlepper**

**Schlesien; schlesisch,** aber : der Erste Schlesische Krieg

**Schleswig-Holstein;** der **Schleswig-Holsteiner; schleswig-holsteinisch**

die **Schleuder;** der **Schleuderball; schleudern;** du schleuderst, er schleudert, er schleuderte, er hat den Ball geschleudert, schleudere ihn!

**schleunig; schleunigst**

die **Schleuse; schleusen;** du schleust, er schleust, er schleuste, er hat ihn über die Grenze geschleust, schleuse ihn über die Grenze!

der **Schlich** (Kniff, Trick); die Schliche; er ist dem Betrüger auf die Schliche gekommen (hat ihn ertappt, überführt)

**schlicht;** am schlichtesten, ein schlichtes Kleid; **schlichten;** du schlichtest, er schlichtet, er schlichtete, er hat den Streit geschlichtet, schlichte ihn!

der **Schlick** (Schlamm; Schwemmland); die Schlicke

**schließen;** du schließt, er schließt, er schloß, er hat die Tür geschlossen, schließe die Tür!; das **Schließfach; schließlich**

der **Schliff;** die Schliffe

**schlimm;** es ist schlimm; es steht schlimm um ihn; schlimme Zeiten; im schlimmsten Fall[e]. *Klein auch*: er ist am schlimmsten dran; es ist das schlimmste (es ist sehr schlimm), daß er nicht kommen kann. *Groß*: das ist noch lange nicht das Schlimmste; ich bin auf das Schlimmste gefaßt; das kann sich zum Schlimmsten wenden; man muß das Schlimmste fürchten; er läßt es zum Schlimmsten kommen; etwas Schlimmes; **schlimmstenfalls**

die **Schlinge; schlingen;** du schlingst, er schlingt, er schlang, er hat die Arme um sie geschlungen, schlinge dir ein Band ins Haar!

der **Schlingel;** die Schlingel

**schlingern;** das Schiff schlingert, das Schiff schlingerte, das Schiff hat geschlingert

die **Schlingpflanze**

der **Schlips**

der **Schlitten;** Schlitten fahren; ich bin Schlitten gefahren; das **Schlitten-**

**fahren; schlittern** (auf dem Eis gleiten); du schlitterst, er schlittert, er schlitterte, er ist über das Eis geschlittert; der **Schlittschuh;** Schlittschuh laufen; ich bin Schlittschuh gelaufen; das **Schlittschuhlaufen**

der **Schlitz;** die Schlitze; **schlitzäugig;** das **Schlitzohr** (gerissener Bursche); **schlitzohrig** (gerissen)

**schlohweiß**

das **Schloß;** des Schlosses, die Schlösser; der **Schlosser;** die Schlosser; die **Schlosserei;** der **Schloßgarten**

die **Schloße** (Hagelkorn)

der **Schlot** (Schornstein); die Schlote

**schlottern;** du schlotterst, er schlotterte, er hat vor Kälte geschlottert; schlottere doch nicht so!

die **Schlucht;** die Schluchten

**schluchzen;** du schluchzt, er schluchzt, er schluchzte, er hat jämmerlich geschluchzt; der **Schluchzer**

der **Schluck;** die Schlucke und (seltener:) die Schlücke; der **Schluckauf; schlucken;** du schluckst, er schluckt, er schluckte, er hat die Tablette geschluckt, schlucke die Tablette!; der **Schlucken;** der **Schlucker** (ein armer Kerl); die **Schluckimpfung**

**schluderig** und **schludrig** (nachlässig); **schludern** (nachlässig arbeiten); du schluderst, er schludert, er schluderte, er hat bei dieser Arbeit geschludert, schludere nicht so!

der **Schlummer; schlummern;** du schlummerst, er schlummert, er schlummerte, er hat selig geschlummert, schlummere noch ein wenig!

der **Schlund;** die Schlünde

**schlüpfen;** du schlüpfst, er schlüpft, er schlüpfte, er ist in sein Bett geschlüpft, schlüpfe schnell in dein Bett!; der **Schlüpfer; schlüpfrig;** die **Schlupfwespe;** der **Schlupfwinkel**

**schlurfen** (schleppend gehen); du schlurfst, er schlurft, er schlurfte, er hat geschlurft, aber : er ist dorthin geschlurft; schlurfe nicht!; **schlürfen** (hörbar trinken); du schlürfst, er schlürft, er schlürfte, er hat geschlürft, schlürfe nicht!

der **Schluß;** des Schlusses, die Schlüsse; seine Schlüsse aus etwas ziehen

der **Schlüssel;** die Schlüssel; das **Schlüsselbein; schlüsselfertig;** der Neubau ist schlüsselfertig; das **Schlüsselloch**

die **Schlußfolgerung; schlüssig;** schlüssig sein; sich über etwas schlüssig werden

die **Schmach** (Schande)
**schmächtig**
**schmachvoll**
**schmackhaft;** am schmackhaftesten
**schmähen;** du schmähst ihn, er schmäht ihn, er schmähte ihn, er hat ihn geschmäht, schmähe ihn nicht!; **schmählich;** die **Schmähung**
**schmal;** schmaler und schmäler, am schmalsten und am schmälsten; **schmälern;** du schmälerst, er schmälert, er schmälerte, er hat den Erfolg geschmälert, schmälere nicht den Erfolg!

das **Schmalz; schmalzig**
**schmarotzen** (auf Kosten anderer leben); du schmarotzt, er schmarotzt, er schmarotzte, er hat schmarotzt, schmarotze nicht!; der **Schmarotzer**

der **Schmarren** (eine Mehlspeise; etwas Wertloses)

der **Schmatz** (Kuß); die Schmatze; **schmatzen;** du schmatzt, er schmatzt, er schmatzte, er hat geschmatzt, schmatze nicht!

der **Schmaus** (reichhaltiges, gutes Mahl); die Schmäuse; **schmausen;** du schmaust, er schmaust, er schmauste, er hat ausgiebig geschmaust
**schmecken;** das Essen schmeckt ihm, das Essen schmeckte ihm, das Essen hat ihm geschmeckt

die **Schmeichelei; schmeicheln;** du schmeichelst, er schmeichelt, er schmeichelte, er hat ihm geschmeichelt, schmeichle ihm nicht!; der **Schmeichler; schmeichlerisch**
**schmeißen;** du schmeißt, er schmeißt, er schmiß, er hat einen Stein geschmissen, schmeiße nicht mit Steinen!

die **Schmeißfliege**

der **Schmelz; schmelzen** (flüssig werden); der Schnee schmilzt, der Schnee schmolz, der Schnee ist geschmolzen; **schmelzen** (flüssig machen); du schmilzt, er schmilzt, er schmolz, er hat das Eisen geschmolzen, schmilz das Eisen!; der **Schmelzofen**

der **Schmerz; schmerzen;** die Wunde schmerzt, die Wunde schmerzte, die Wunde hat geschmerzt; **schmerzhaft; schmerzlich;** ein schmerzlicher Verlust; **schmerzlos;** am schmerzlosesten; **schmerzstillend;** schmerzstillende Tabletten, aber: einige den Schmerz stillende Mittel

der **Schmetterling;** die **Schmetterlingssammlung**
**schmettern;** du schmetterst, er schmettert, er schmetterte, er hat den Ball über das Netz geschmettert, schmettere den Ball über das Netz!

der **Schmied;** die **Schmiede; schmieden;** du schmiedest, er schmiedet, er schmiedete, er hat das Eisen geschmiedet, schmiede das Eisen!

sich **schmiegen;** du schmiegst dich, er schmiegt sich, er schmiegte sich, er hat sich eng an seine Mutter geschmiegt, schmiege dich nicht so eng an mich!; **schmiegsam**

die **Schmiere** (Wache); er hat Schmiere gestanden

die **Schmiere** (Fett; auch für: schlechtes Theater); die Schmieren; **schmieren;** du schmierst, er schmiert, er schmierte, er hat die Butter dick aufs Brot geschmiert, schmiere die Butter nicht so dick!; der **Schmierfink;** des/dem/den Schmierfinken, die Schmierfinken; **schmierig**

die **Schminke; schminken;** du schminkst ihn, er schminkt ihn, er schminkte ihn, er hat ihn geschminkt, schminke ihn!; sich schminken; schminke dich!
**schmirgeln;** du schmirgelst, er schmirgelt, er schmirgelte, er hat die Herdplatte geschmirgelt, schmirgele die Herdplatte; das **Schmirgelpapier**

der **Schmiß** (Schwung; Hiebnarbe); des Schmisses, die Schmisse; **schmissig;** schmissige Musik

der **Schmöker** (minderwertiges, meist altes Buch); **schmökern** (behaglich und viel lesen); du schmökerst, er schmökert, er schmökerte, er hat viel geschmökert, schmökere nicht so viel!
**schmollen;** du schmollst, er schmollt, er schmollte, er hat geschmollt, schmolle nicht!; der **Schmollwinkel;** die Schmollwinkel

der **Schmorbraten; schmoren;** du schmorst, er schmort, er schmorte, er hat das Fleisch geschmort, schmore das Fleisch!

der **Schmu** (leichter Betrug); Schmu machen
**schmuck;** ein schmucker Junge; der **Schmuck; schmücken;** du

schmückst, er schmückt, er schmückte, er hat den Saal geschmückt, schmücke den Saal!; der **Schmuckkasten**

der **Schmuddel** (Unsauberkeit); des Schmuddels; **schmuddelig** und **schmuddlig**

der **Schmuggel; schmuggeln;** du schmuggelst, er schmuggelt, er schmuggelte, er hat Kaffee über die Grenze geschmuggelt, schmuggle nicht!; der **Schmuggler**

**schmunzeln;** du schmunzelst, er schmunzelt, er schmunzelte, er hat geschmunzelt, schmunzle nicht!

der **Schmus** (leeres Gerede, Schmeichelei); **schmusen;** du schmust, er schmust, er schmuste, er hat mit ihr geschmust, schmuse nicht soviel!

der **Schmutz; schmutzen;** es schmutzt, es schmutzte, es hat geschmutzt; der **Schmutzfink;** des/dem/den Schmutzfinken, die Schmutzfinken; **schmutzig; schmutziggrau**

der **Schnabel; schnäbeln;** die Tauben schnäbeln, die Tauben schnäbelten, die Tauben haben geschnäbelt; **schnabulieren;** du schnabulierst, er schnabuliert, er hat die Kirschen schnabuliert

das **Schnaderhüpfel** und das **Schnaderhüpferl** (bayrisch und österreichisch für: neckender Vierzeiler); die Schnaderhüpferl

die **Schnake** (Stechmücke); der **Schnakenstich**

die **Schnalle; schnallen;** du schnallst, er schnallt, er schnallte, er hat den Gürtel enger geschnallt, schnalle deinen Gürtel fester!

**schnalzen;** du schnalzt, er schnalzt, er schnalzte, er hat geschnalzt

**schnappen;** du schnappst ihn, er schnappt ihn, er schnappte ihn, er hat ihn geschnappt, schnappe ihn!; der **Schnappschuß;** des Schnappschusses, die Schnappschüsse

der **Schnaps;** die **Schnapsidee** (verrückter Einfall)

**schnarchen;** du schnarchst, er schnarcht, er schnarchte, er hat geschnarcht, schnarche nicht so laut!; der **Schnarcher**

die **Schnarre; schnarren;** seine Stimme schnarrt, sie schnarrte, sie hat laut geschnarrt

**schnattern;** die Gans schnattert, sie schnatterte, sie hat geschnattert

**schnauben;** das Pferd schnaubt, das Pferd schnaubte, das Pferd hat heftig geschnaubt

**schnaufen;** du schnaufst, er schnauft, er schnaufte, er hat geschnauft

der **Schnauzbart; schnauzbärtig;** die **Schnauze;** halt die Schnauze!; **schnauzen;** du schnauzt, er schnauzt, er schnauzte, er hat geschnauzt, schnauze nicht immer!; der **Schnauzer** (ein Hund)

die **Schnecke;** das **Schneckentempo**

der **Schnee;** der **Schneeball;** die **Schneeflocke;** das **Schneegestöber; schneeig;** der **Schneemann;** die Schneemänner; **schneeweiß; Schneewittchen**

der **Schneid** (bayerisch, schwäbisch und österreichisch auch: die Schneid); er hat keinen Schneid (Mut)

die **Schneide; schneiden;** du schneidest, er schneidet, er schnitt, er hat das Fleisch geschnitten, schneide das Fleisch!; sich schneiden; ich habe mich heftig geschnitten; er hat sich in den Finger geschnitten; der **Schneider;** die **Schneiderin;** die Schneiderinnen; **schneidern;** du schneiderst, sie schneidert, sie schneiderte, sie hat das Kleid geschneidert

**schneidig**

**schneien;** es schneit, es schneite, es hat geschneit

die **Schneise**

**schnell; schnellstens;** ein schneller Bote; der **Schnelläufer;** *Trennung:* Schnell|läu|fer; **schnellen;** der Pfeil schnellt, der Pfeil schnellte, der Pfeil ist durch die Luft geschnellt; die **Schnelligkeit;** der **Schnellzug**

die **Schnepfe** (ein Vogel)

sich **schneuzen;** du schneuzt dich, er schneuzt sich, er schneuzte sich, er hat sich geschneuzt, schneuze dich!

das **Schnippchen;** jemandem ein Schnippchen schlagen (jemandem einen Streich spielen); der **Schnippel** und das **Schnippel;** die Schnippel; **schnippeln;** du schnippelst, sie schnippelt, sie schnippelte, sie hat die Bohnen geschnippelt, schnipple die Bohnen!; **schnippen;** du schnippst mit dem Finger, er schnippte mit dem Finger, er hat mit dem Finger geschnippt

**schnippisch;** am schnippischsten

der **Schnitt;** die Schnitte, der **Schnitter;**

**schnittig;** ein schnittiges Auto; der **Schnittlauch;** das **Schnitzel;** die Schnitzel; die **Schnitzeljagd; schnitzeln;** du schnitzelst, er schnitzelt, er schnitzelte, er hat das Papier geschnitzelt; **schnitzen;** du schnitzt, er schnitzt, er schnitzte, er hat ein Reh geschnitzt, schnitze ein Reh!; der **Schnitzer;** das **Schnitzmesser schnöd** und **schnöde;** am schnödesten; ein schnöder Gewinn **schnodderig** und **schnoddrig** (vorlaut, respektlos); *Trennung*: schnodde|rig und schnodd|rig

der **Schnorchel** (Luftrohr für das tauchende U-Boot); die Schnorchel

der **Schnörkel;** die Schnörkel; **schnörkelig** und **schnörklig**

**schnorren** (betteln); du schnorrst, er schnorrte, er hat geschnorrt; der **Schnorrer**

der **Schnösel** (dummfrecher junger Mann); die Schnösel

die **Schnüffelei; schnüffeln;** du schnüffelst, er schnüffelt, er schnüffelte, er hat geschnüffelt, schnüffle nicht in fremden Angelegenheiten!; der **Schnüffler**

die **Schnulze** (rührseliges Lied oder Theaterstück, rührseliger Film)

der **Schnupfen;** der **Schnupftabak schnuppe;** es ist mir schnuppe **schnuppern;** du schnupperst, er schnupperte, er hat an dem Essen geschnuppert, schnuppere nicht daran!

die **Schnur;** die Schnüre; **schnüren;** du schnürst, er schnürt, er schnurte, er hat die Schuhe geschnürt, schnüre die Schuhe noch etwas fester!; **schnurgerade**

der **Schnurrbart; schnurren;** die Katze schnurrt, die Katze schnurrte, die Katze hat geschnurrt **schnurrig;** er ist ein schnurriger Kauz

der **Schnürsenkel;** die Schnürsenkel; **schnurstracks**

der **Schober** (süddeutsch für: geschichteter Getreidehaufen)

das **Schock** (60 Stück); 3 Schock Eier; **schockweise**

der **Schock** (Nervenerschütterung); die Schocks **schofel** (gemein, geizig)

der **Schöffe;** das **Schöffengericht**

die **Schokolade;** der **Schokoriegel**

die **Scholle** (ein Seefisch)

die **Scholle** (Erd-, Eisklumpen; Heimatboden)

**schon;** obschon, wennschon; wennschon – dennschon

**schön;** das schöne Wetter; die schöne Literatur. *Klein auch*: der Saal ist auf das schönste oder aufs schönste (schönstens) geschmückt. *Groß*: sie ist die Schönste unter ihnen; er bewahrt sich das Gefühl für das Schöne und das Gute; etwas Schönes wird es schon geben; Schön Rotraud. *Schreibung in Verbindung mit Verben*: schön sein, werden; sich schön anziehen, schön singen; ↑ a b e r : schönfärben, schönschreiben, schöntun

**schonen;** du schonst ihn, er schont ihn, er schonte ihn, er hat ihn geschont, schone ihn!; der **Schoner** (Schutzdecke)

der **Schoner** (ein mehrmastiges Segelschiff)

**schönfärben** (günstig darstellen); er hat diesen Vorgang schöngefärbt, a b e r : **schön färben;** das Kleid wurde besonders schön gefärbt; die **Schönfärberei;** die **Schönheit; schönschreiben** (Schönschrift schreiben); sie haben während des Unterrichts schöngeschrieben, a b e r : **schön schreiben;** er hat diesen Aufsatz besonders schön geschrieben; das **Schönschreibheft;** die **Schönschrift; schöntun** (sich zieren; schmeicheln); er hat in ihrer Anwesenheit immer schöngetan, a b e r : **schön tun;** er hat diese Arbeit besonders schön getan

die **Schonung; schonungslos;** am schonungslosesten

der **Schopf;** die Schöpfe **schöpfen;** du schöpfst, er schöpft, er schöpfte, er hat Wasser geschöpft, schöpfe Wasser!; der **Schöpflöffel**

der **Schöpfer; schöpferisch;** die **Schöpfung**

der **Schoppen** (ein Flüssigkeitsmaß); 3 Schoppen Wein; **schoppenweise**

der **Schorf;** die Schorfe

der **Schornstein;** der **Schornsteinfeger**

der **Schoß;** die Schöße; der **Schoßhund**

der **Schößling** (Trieb einer Pflanze)

die **Schote**

das **Schott;** die Schotte und die **Schotte;** die Schotten (wasserdichte Querwand im Schiff)

der **Schotte** (Einwohner Schottlands); **schottisch; Schottland** (Teil Großbritanniens)

der **Schotter** (zerkleinerte Steine)
**schraffieren;** du schraffierst, er schraffiert, er schraffierte, er hat die Zeichnung schraffiert, schraffiere die Zeichnung noch etwas!
**schräg;** die **Schräge**

die **Schramme; schrammen;** du schrammst, er schrammt, er schrammte, er hat den Wagen geschrammt, schramme ihn nicht!

der **Schrank**

die **Schranke**
**schränken;** du schränkst, er schränkt, er schränkte, er hat die Arme geschränkt, schränke die Arme!
**schrankenlos;** am schrankenlosesten

der **Schrankenwärter**

die **Schraube; schrauben;** du schraubst, er schraubt, er schraubte, er hat den Rekord höher geschraubt; sich schrauben; der Adler hat sich in die Höhe geschraubt; der **Schraubenzieher;** der **Schraubstock**

der **Schrebergarten**

der **Schreck;** die Schrecke und der **Schrecken;** die Schrecken; **schrekken;** du schreckst ihn, er schreckt ihn, er schreckte ihn, er hat ihn geschreckt, schrecke ihn nicht!; **schreckhaft;** am schreckhaftesten; **schrecklich**

der **Schrei;** die **Schreie**
**schreiben;** du schreibst, er schreibt, er schrieb, er hat einen Brief geschrieben, schreibe einen Brief an deine Mutter!; das **Schreiben;** der **Schreiber; schreibfaul;** der **Schreibfehler;** die **Schreibmaschine**
**schreien;** du schreist, er schreit, er schrie, er hat geschrien, schreie nicht so laut!; der **Schreier;** der **Schreihals**

der **Schrein** (Sarg; Reliquienbehältnis); der **Schreiner; schreinern;** du schreinerst, er schreinert, er schreinerte, er hat einen Schrank geschreinert, schreinere mir diesen Schrank!
**schreiten;** du schreitest, er schreitet, er schritt, er ist würdevoll über den Marktplatz geschritten

die **Schrift;** der **Schriftgelehrte; schriftlich;** der **Schriftsetzer;** die **Schriftsprache;** der **Schriftsteller;** das **Schriftstück;** die **Schriftzüge** (Handschrift eines Menschen) *Plural*
**schrill; schrillen;** das Telefon schrillt, das Telefon schrillte, das Telefon hat geschrillt

der **Schritt;** die Schritte, aber: 5 Schritt weit; er begegnet mir auf Schritt und Tritt; du sollst den zweiten Schritt nicht vor dem ersten tun; du sollst Schritt halten; hier mußt du Schritt fahren; **schrittweise**
**schroff;** die **Schroffheit**
**schröpfen;** du schröpfst, er schröpft, er schröpfte, er hat ihn geschröpft, schröpfe ihn nicht!

der und das **Schrot;** die Schrote; das **Schrotbrot; schroten** (grob zerkleinern); du schrotest, er schrotet, er schrotete, er hat den Weizen geschrotet, schrote ihn!; die **Schrotflinte**

der **Schrott** (Alteisen); die Schrotte
**schrubben;** du schrubbst, er schrubbt, er schrubbte, er hat den Boden geschrubbt, schrubbe den Boden!; der **Schrubber**

die **Schrulle** (Laune; unberechenbarer Einfall); **schrullig**
**schrumpelig** und **schrumplig; schrumpfen;** der Pullover schrumpft, der Pullover schrumpfte, der Pullover ist bei der Wäsche geschrumpft

der **Schub;** die Schübe; das **Schubfach;** die **Schubkarre** und der **Schubkarren;** die **Schubkraft;** die Schubkräfte; die **Schublade;** die Schubladen; der **Schubs** (der Stoß); die Schubse; **schubsen;** du schubst, er schubst, er schubste, er hat ihn geschubst, schubse ihn nicht; **schubweise**
**schüchtern;** die **Schüchternheit**

der **Schuft**
**schuften;** du schuftest, er schuftet, er schuftete, er hat geschuftet, schufte nicht so viel!; die **Schufterei**
**schuftig**

der **Schuh;** die **Schuhcreme;** der **Schuhmacher;** die **Schuhsohle**

der **Schukostecker** (Stecker mit Schutzkontakt)

die **Schulaufgaben** *Plural;* das **Schulbuch**

die **Schuld;** er trägt Schuld daran; es ist meine Schuld, aber: er hat schuld; er ist schuld; man kann ihm nicht schuld geben; er ließ sich nichts zuschulden kommen; **schuldbeladen,** aber: er ist mit großer Schuld beladen; **schuldbewußt,** aber: er ist sich seiner Schuld bewußt; **schul-**

**den;** du schuldest, er schuldet, er schuldete, er hat mir noch 5 Mark geschuldet, schulde niemandem etwas!; **schuldenfrei;** das Haus ist schuldenfrei, a b e r : er ist von allen Schulden frei; **schuldig;** er ist eines Verbrechens schuldig; er wurde schuldig gesprochen; **schuldlos;** der **Schuldner**

die **Schule; schulen;** Auswendiglernen schult das Gedächtnis, hat immer das Gedächtnis geschult, schule dein Gedächtnis!; der **Schüler;** die **Schülerin;** die Schülerinnen; der **Schülervertreter; schulfrei;** der **Schulfunk;** die **Schulpflicht; schulpflichtig;** der **Schulsprecher**

die **Schulter; schultern;** du schulterst, er schultert, er schulterte, er hat das Gewehr geschultert, schultere das Gewehr!

**schummeln;** du schummelst, er schummelte, er hat geschummelt, schummele nicht!

**schummerig** und **schummrig** (dämmrig)

der **Schund** (Wertloses); die **Schundliteratur**

**schunkeln;** du schunkelst, er schunkelt, er schunkelte, er hat geschunkelt, schunkele mit!

der **Schupo** (der Schutzpolizist); die Schupos; die **Schupo** (die Schutzpolizei)

die **Schuppe; schuppen;** du schuppst, er schuppt, er schuppte, er hat den Karpfen geschuppt, schuppe den Karpfen!

der **Schuppen**
**schuppig**

die **Schur** (Schafschur); die Schuren **schüren;** du schürst, er schürt, er schürte, er hat das Feuer geschürt, schüre das Feuer!

**schürfen;** du schürfst, er schürft, er schürfte, er hat Gold geschürft

der **Schurke; schurkisch**

der **Schurz;** die Schurze; die **Schürze;** die Schürzen; **schürzen;** du schürzt, sie schürzt, sie schürzte, sie hat beim Durchwaten des Baches ihren Rock geschürzt, schürze den Rock!

der **Schuß;** des Schusses, die Schüsse; 2 Schuß und 2 Schüsse abgeben; er hält seine Sachen in Schuß (in Ordnung)

die **Schüssel;** die Schüsseln
**schusselig** und **schußlig**

der **Schuster**

der **Schutt;** der **Schuttabladeplatz**

der **Schüttelfrost**

**schütteln;** du schüttelst, er schüttelt, er schüttelte, er hat die Pflaumen geschüttelt, schüttele die Pflaumen!; sich schütteln; er hat sich vor Lachen geschüttelt

**schütten;** du schüttest, er schüttet, er schüttete, er hat das Getreide auf die Tenne geschüttet, schütte das Getreide auf die Tenne!

**schütter** (lose; undicht); schütteres Haar

der **Schutthaufen**

der **Schutz;** jemandem Schutz gewähren

der **Schütze**

**schützen;** du schützt, er schützt, er schützte, er hat ihn geschützt, schütze ihn!; der **Schützling; schutzlos;** am schutzlosesten; der **Schutzmann;** die Schutzmänner und die Schutzleute

der **Schwabe; schwäbisch,** a b e r : die Schwäbische Alb

**schwach;** schwächer, am schwächsten; er hat eine schwache Stunde; das ist eine schwache Hoffnung; die schwache Deklination. *Groß:* das Recht des Schwachen; **schwachbevölkert;** die schwachbevölkerte Gegend, a b e r : die Gegend ist schwach bevölkert; die **Schwäche; schwächen;** die Grippe schwächt, die Grippe schwächte, die Grippe hat seinen Körper geschwächt; **schwächlich;** der **Schwächling**

der **Schwaden** (Dampf, Dunst)

die **Schwafelei** (überflüssiges Gerede); **schwafeln;** du schwafelst, er schwafelte, er hat lange genug geschwafelt, schwafele nicht!

der **Schwager;** die Schwäger; die **Schwägerin;** die Schwägerinnen

die **Schwalbe**

der **Schwall** (das Gewoge, die Welle, der Guß); die Schwalle

der **Schwamm;** die Schwämme; **schwammig**

der **Schwan;** die Schwäne

**schwanen;** es schwant mir (ich ahne)

**schwanger;** die **Schwangerschaft**

der **Schwank;** die Schwänke; **schwanken;** du schwankst, er schwankt, er schwankte, er hat geschwankt, schwanke nicht!

der **Schwanz;** die Schwänze; **schwän-zeln;** der Hund schwänzelt, der Hund schwänzelte, der Hund hat bei meiner Ankunft geschwänzelt
**schwänzen;** du schwänzt, er schwänzt, er schwänzte, er hat die letzte Stunde geschwänzt, schwänze nicht!

die **Schwanzflosse**

der **Schwarm;** die Schwärme; **schwär-men,** du schwärmst, er schwärmt, er schwärmte, er hat von ihr geschwärmt, schwärme nicht dauernd von ihr!; der **Schwärmer; schwärmerisch**

die **Schwarte** (dicke Haut; sehr umfangreiches, aber uninteressantes Buch); der **Schwartenmagen** (eine Wurstsorte)
**schwarz;** schwärzer, am schwärzesten; ↑blau; der schwarze Kater. *Klein auch:* etwas schwarz auf weiß besitzen; aus schwarz weiß machen; die schwarze Rasse; ein schwarzer Tag. *Groß:* die Farbe Schwarz; das Schwarze Meer; das Schwarze Brett (Anschlagbrett); der Schwarze Erdteil (Afrika); der Schwarze Peter (beim Kartenspiel); ins Schwarze treffen. *Schreibung in Verbindung mit Verben:* etwas schwarz färben, etwas schwarz anstreichen, ↑a b e r : schwarzarbeiten, schwarzfahren, schwarzhören, schwarzsehen; das **Schwarz;** er spielt Schwarz aus (beim Kartenspiel); er geht in Schwarz (in Trauerkleidung); ↑Blau; die **Schwarzarbeit; schwarzarbeiten;** du arbeitest schwarz, er arbeitet schwarz, er hat schwarzgearbeitet; das **Schwarze;** ins Schwarze treffen; die **Schwärze** (Farbe zum Schwarzmachen); **schwärzen;** der Ruß der Lokomotiven schwärzt, er schwärzte, er hat die Mauern geschwärzt; **schwarzfahren;** er ist von München nach Hamburg schwarzgefahren (ohne Fahrkarte gefahren), fahre niemals schwarz!; **schwarzhören;** er hört schwarz, er hat schwarzgehört (ohne Genehmigung), höre niemals schwarz!; der **Schwarzhörer; schwarzrotgolden;** eine schwarzrotgoldene Fahne, a b e r : die Fahne Schwarz-Rot-Gold; **schwarzsehen;** er sieht immer schwarz, er hat immer schwarzgesehen, sieh nicht immer schwarz!; der **Schwarzseher;** der **Schwarzwald;** der **Schwarzweißfilm**

**schwätzen;** du schwätzt, er schwätzt, er schwätzte, er hat die ganze Stunde mit seinem Nebenmann geschwätzt, schwätze nicht dauernd!; der **Schwätzer; schwatzhaft;** am schwatzhaftesten

die **Schwebe;** alles ist in der Schwebe; der **Schwebebalken** (ein Turngerät); **schweben;** du schwebst, er schwebt, er schwebte, er hat in Lebensgefahr geschwebt

der **Schwede;** des Schweden; **Schweden; schwedisch**

der **Schwefel;** **schwefelig** und **schweflig**

der **Schweif; schweifen;** du schweifst, er schweift, er schweifte, er ist durch den Wald geschweift
**schweigen;** du schweigst, er schweigt, er schwieg, er hat geschwiegen, schweige!; das **Schweigen; schweigsam**

das **Schwein**

der **Schweiß;** **schweißbedeckt,** a b e r : von Schweiß bedeckt; **schweißtreibend;** ein schweißtreibendes Arzneimittel; **schweißtriefend;** a b e r : von Schweiß triefend; der **Schweißtropfen**
**schweißen** (bluten); das Reh schweißt, das Reh schweißte, das Reh hat geschweißt
**schweißen** (bei Weißglut durch Hämmern verbinden); du schweißt, er schweißt, er schweißte, er hat die Bleche geschweißt, schweiße die Bleche!; der **Schweißer**

die **Schweiz;** der Schweizer Käse; **Schweizer; schweizerisch,** a b e r : die Schweizerischen Bundesbahnen
**schwelen;** das Feuer schwelt, das Feuer schwelte, das Feuer hat geschwelt; ein schwelender Haß
**schwelgen;** du schwelgst, er schwelgt, er schwelgte, er hat in Seligkeit geschwelgt; **schwelgerisch**

die **Schwelle**
**schwellen;** der Finger schwillt, der Finger schwoll, der Finger ist geschwollen; die **Schwellung**

die **Schwemme;** er führt die Pferde in die Schwemme; **schwemmen;** das Meer schwemmt, das Meer schwemmte, das Meer hat das Wrack an die Küste geschwemmt; das **Schwemmland**

der **Schwengel;** die Schwengel
**schwenken;** du schwenkst, er

schwenkt, er schwenkte, er hat die
Fahne geschwenkt, schwenke die
Fahne!; die **Schwenkung**

**schwer;** aufs schwerste; ein schwe-
rer Junge; er sprach mit schwerer Zun-
ge; der Tod seines Freundes war ein
schwerer Schlag für ihn; er ist sehr
schwer gefallen; der **Schwerathlet;**
des/dem/den Schwerathleten, die
Schwerathleten; *Trennung:* Schwer-
ath|let; **schwerbeladen;** schwe-
rer beladen, am schwersten bela-
den; ein schwerbeladener Wagen,
a b e r : der Wagen ist schwer beladen;
**schwerbeschädigt;** der schwerbe-
schädigte Kriegsteilnehmer, der
Kriegsteilnehmer ist schwerbeschä-
digt (gesundheitlich geschädigt),
a b e r : der schwer beschädigte Wa-
gen, der Wagen ist schwer beschädigt;
**schwerbewaffnet;** ein schwerbe-
waffneter Soldat, a b e r : der Soldat
ist schwer bewaffnet; **schwerer-**
**ziehbar;** ein schwererziehbares Kind,
a b e r : das Kind ist schwer erziehbar;
**schwerfallen** (Mühe verursachen);
die Arbeit fiel ihm schwer, die Arbeit
ist ihm schwergefallen, a b e r :
**schwer fallen;** er konnte es nicht
vermeiden, schwer zu fallen;
**schwerfällig;          schwerhalten**
(schwierig sein); es hat schwergehal-
ten, ihn davon zu überzeugen, a b e r :
**schwer halten;** er konnte das Pferd
nur schwer halten; **schwerhörig;**
**schwerkrank;** ein schwerkrankes
Kind, a b e r : das Kind ist schwer krank;
der **Schwerkranke;** ein Schwer-
kranker, die Schwerkranken, zwei
Schwerkranke; die **Schwerkranke;**
eine Schwerkranke; **schwerlich;**
**schwermütig;** **schwernehmen**
(ernst nehmen); er hat die Nachricht
schwergenommen, a b e r : **schwer**
**nehmen;** der Reiter konnte das Hin-
dernis nur schwer nehmen; **schwer-**
**reich;** ein schwerreicher Mann,
a b e r : dieser Mann ist schwer reich

das **Schwert;** die Schwerter
sich **schwertun;** er hat sich schwergetan,
a b e r : er hat sich sehr schwer getan;
der **Schwerverbrecher; schwer-**
**verständlich;** eine schwerverständ-
liche Sprache, a b e r : die Sprache ist
schwer verständlich; **schwerver-**
**wundet;** ein schwerverwundeter
Soldat, a b e r : dieser Soldat ist schwer
verwundet;          **schwerwiegend;**

schwerwiegendere     Fehler     oder
schwerer wiegende Fehler
die **Schwester;** das **Schwesterkind;**
**schwesterlich**
die **Schwiegereltern** *Plural;* die
**Schwiegermutter;** der **Schwie-**
**gersohn;** die **Schwiegertochter;**
der **Schwiegervater**
die **Schwiele; schwielig**
**schwierig;** die **Schwierigkeit**
das **Schwimmbad;** die **Schwimmbla-**
**se;** der **Schwimmeister;** *Trennung:*
Schwimm|mei|ster; **schwimmen;** du
schwimmst,     er     schwimmt,     er
schwamm, er ist über den See ge-
schwommen, a b e r : er hat zwei Stun-
den geschwommen, schwimme bis an
das Gegenufer!; der **Schwimmer;**
die **Schwimmflosse**
der **Schwindel; schwindelerregend;**
**schwindelfrei; schwindelig** und
**schwindlig;          schwindeln;** du
schwindelst, er schwindelt, er schwin-
delte, er hat geschwindelt, schwindele
nicht!; der **Schwindler**
**schwinden;** etwas schwindet, etwas
schwand, etwas ist geschwunden; die
**Schwindsucht**
die **Schwinge** (Flügel); die Schwingen;
**schwingen;** du schwingst, er
schwingt, er schwang, er hat die Fah-
ne geschwungen, schwinge die Fah-
ne!; der **Schwinger** (Boxhieb); die
**Schwingung**
der **Schwips** (leichter Rausch); die
Schwipse
**schwirren;** der Pfeil schwirrt, der
Pfeil schwirrte, der Pfeil ist durch die
Luft geschwirrt
**schwitzen;** du schwitzt, er schwitzt,
er schwitzte, er hat bei der Arbeit ge-
schwitzt
der **Schwof** (Tanzvergnügen); **schwo-**
**fen;** du schwofst, er hat die ganze
Nacht geschwoft
**schwören;** du schwörst, er schwört,
er schwor, er hat geschworen,
schwöre!
**schwül;** die **Schwüle**
der **Schwulst;** die Schwülste; **schwül-**
**stig**
der **Schwund** (Verlust, Verringerung)
der **Schwung;** die Schwünge; die
**Schwungkraft; schwungvoll**
der **Schwur;** die Schwüre
die **Science-fiction** [*ßai*ᵉ*nßfiksch*ᵉ*n*]
(Zukunftsroman); der Science-fic-
tion, die Science-fictions

**sec** = Sekunde
**sechs;** wir sind zu sechsen und zu sechst, wir sind sechs; ↑acht; die **Sechs** (die Zahl); die Sechsen; er hat in Deutsch eine Sechs geschrieben; er hat eine Sechs gewürfelt; ↑Acht; **sechsfach; sechsjährig; sechsmal;** ↑achtmal; das **Sechstel;** die Sechstel; *Trennung:* Sech|stel; ↑Achtel; **sechstens;** *Trennung:* sech|stens; **sechzehn;** ↑acht; **sechzig;** ↑achtzig
**SED** = Sozialistische Einheitspartei Deutschlands (DDR)
der **See** (Landsee); die Seen; die **See** (Meer); die Seen; **seekrank**
die **Seele; seelenruhig; seelenvergnügt; seelisch;** der **Seelsorger**
der **Seemann;** die Seeleute; die **Seenot;** das Schiff ist in Seenot; die **Seerose**
das **Segel;** die Segel; das **Segelboot;** der **Segelflug, das Segelflugzeug; segeln;** du segelst, er segelt, er segelte, er hat drei Stunden gesegelt, a b e r : er ist nach Schweden gesegelt, segle mit mir!; der **Segler**
der **Segen; segensreich**
das **Segment** (Abschnitt); die Segmente **segnen;** du segnest, er segnet, er segnete, er hat ihn gesegnet, segne ihn! **sehen;** du siehst, er sieht, er sah, er hat den Mann gesehen, sieh!; **sehenswert;** die **Sehenswürdigkeit**
die **Sehne; sehnig**
sich **sehnen;** du sehnst dich, er sehnt sich, er sehnte sich, er hat sich nach ihr gesehnt; **sehnlichst;** die **Sehnsucht;** die Sehnsüchte; **sehnsüchtig;** er hat sehnsüchtig auf ihn gewartet
**sehr;** zu sehr; gar sehr; sehr viel; sehr vieles; er hat die Note „sehr gut" erhalten; so sehr; er lief so sehr, daß er außer Atem kam, a b e r : sosehr ich das auch billige
**seicht;** am seichtesten; seichte Gewässer
die **Seide;** die Seiden; **seiden** (aus Seide); **seidig** (wie Seide)
die **Seife;** die Seifenblase; **seifig**
**seihen;** du seihst, er seiht, er seihte, er hat Milch geseiht, seihe die Milch!
das **Seil;** die Seilbahn; der Seiler; **seilhüpfen;** wir sind seilgehüpft; das **Seilhüpfen**
der **Seim** (dicker, zäher Saft, z. B. Honig); **seimig**

**sein;** ich bin, du bist, er ist, wir sind, ihr seid; sie sind, er war, er ist dort gewesen, sei nicht dumm!
**sein;** sein Heft. *Groß:* jedem das Seine; er sorgt für die Seinen und die Seinigen; er muß das Seine und das Seinige dazu tun; Seine Exzellenz, Seine Majestät, Seine Hoheit
die **Seine** [*ßän°*] (Fluß in Frankreich)
**seinerseits; seinerzeit,** a b e r : alles zu seiner Zeit; **seinesgleichen; seinetwegen; seinetwillen;** um seinetwillen; die **Seinigen** (seine Angehörigen) *Plural*
**seit;** seit alters; seit damals, seit gestern; seit heute; seit kurzem, seit langem; **seitdem;** seitdem er gesund ist
die **Seite;** von allen Seiten; von zuständiger Seite; jemandem zur Seite stehen; auf seiten; er stand auf seiten der Gegner; von seiten; er erhielt Hilfe von seiten seiner Verwandten; **seitenlang;** die Beschreibung dieses Vorganges war seitenlang, a b e r : der Brief war vier Seiten lang
**seither**
**seitlich**
**seitwärts;** seitwärts gehen
das **Sekret** (Absonderung, Ausscheidung); die Sekrete; *Trennung:* Se|kret
der **Sekretär** (ein Beamter des mittleren Dienstes; Schriftführer; Schreibschrank); die Sekretäre; *Trennung:* Se|kre|tär; das **Sekretariat** (Geschäftsstelle); die Sekretariate; *Trennung:* Se|kre|ta|riat; die **Sekretärin;** die Sekretärinnen
der **Sekt** (Schaumwein); die Sekte; die **Sektflasche**
die **Sekte** (kleinere Glaubensgemeinschaft); die Sekten; das **Sektenwesen;** der **Sektierer** (Anhänger einer Sekte); **sektiererisch**
die **Sektion** (Abteilung, Gruppe)
der **Sektor** (Gebiet; Teil; Ausschnitt); die Sektoren
die **Sekunda** (die sechste und siebte Klasse einer höheren Schule); die Sekunden; der **Sekundaner;** die **Sekundanerin;** die Sekundanerinnen **sekundär** (zweitrangig)
die **Sekunde; sekundenlang;** a b e r : vier Sekunden lang; **sekundlich** und **sekündlich**
**selber; selbst;** von selbst; selbst wenn; der **Selbstauslöser**
**selbständig;** *Trennung:* selb|ständig; sich selbständig machen

die **Selbstbeherrschung;** die **Selbstbefriedigung; selbstbewußt;** der **Selbstlaut; selbstlos;** am selbstlosesten; der **Selbstmord; selbsttätig; selbstverständlich;** das **Selbstvertrauen**
**selig;** selig sein, selig machen, selig werden, ↑aber: seligpreisen, seligsprechen; die **Seligkeit; seligpreisen;** ich preise ihn selig, ich pries ihn selig, ich habe ihn seliggepriesen; die **Seligpreisung; seligsprechen;** man sprach ihn selig, man hat ihn seliggesprochen; die **Seligsprechung**

der **Sellerie;** die Sellerie und die Selleries oder die **Sellerie;** die Sellerie und die Sellerien
**selten;** die **Seltenheit**

das **Selterswasser;** die Selterswässer
**seltsam**

das **Semester** (das Studienhalbjahr)

das **Semikolon** (der Strichpunkt); die Semikolons

das **Seminar** (katholische Priesterausbildungsanstalt; ein Hochschulinstitut; Übungskurs an der Hochschule); die Seminare

die **Semmel;** die Semmeln

der **Senat** (eine Regierungs-, Verwaltungsbehörde); die Senate; der **Senator;** die Senatoren
**senden** (übertragen); der Rundfunk sendet, der Rundfunk sendete, der Rundfunk hat Musik gesendet; **senden** (schicken); du sendest mir einen Brief, er sendet mir einen Brief, er sandte (auch: er sendete) mir einen Brief, er hat mir einen Brief gesandt (auch: gesendet); der **Sender;** die **Sendung**
**Senegal** (Staat in Afrika); der **Senegalese; senegalesisch**

der **Senf**
**sengen** (anbrennen); die brennende Zigarette sengte ein Loch in die Decke, sie hat ein Loch in die Decke gesengt
**senil** (greisenhaft)

der **Senior** (Ältester); die Senioren

das **Senkblei;** die **Senke**

der **Senkel** (Schnürband); die Senkel
**senken;** du senkst, er senkt, er senkte, er hat das Haupt gesenkt, senke!
**senkrecht;** die **Senkrechte;** die Senkrechten; zwei Senkrechte und zwei Senkrechten

der **Senn;** die Sennen; die **Sennerin;** die Sennerinnen

die **Sensation** (aufsehenerregendes Ereignis); **sensationell**

die **Sense;** der **Sensenmann** (ein Symbol des Todes)
**sensibel** (empfindsam, feinfühlig)
**sentimental** (empfindsam; rührselig); die **Sentimentalität** (Gefühlsseligkeit)
**Seoul** [*se-ul*, auch: *se-ul*] (Hauptstadt von Südkorea)
**separat** (abgesondert; einzeln)

der **September**

die **Serenade** (Abendmusik, Abendständchen)

die **Serie** (Reihe, Folge); die Serien [*seri$^e$n*]; **serienmäßig;** die **Serienproduktion;** die **Serienschaltung** (Reihenschaltung); **serienweise**
**seriös** (ernsthaft, gediegen, anständig); am seriösesten; ein seriöser Bewerber

die **Serpentine** (Straßenwindung, Kehrschleife)

das **Serum** (Impfstoff); die Seren und die Sera

das **Service** [*serwiß*] (Tafelgeschirr); die Service [*serwiß$^e$*]; *Trennung:* Service

der **Service** [*ßö'wiß*] (Kundendienst); die Services [*ßö'wißis*]; *Trennung:* Ser|vice
**servieren;** du servierst, er serviert, er servierte, er hat das Essen serviert, serviere das Essen!; die **Serviererin;** die Serviererinnen; die **Serviette;** *Trennung:* Ser|viet|te

der **Sessel;** die Sessel; der **Sessellift**
**seßhaft;** die **Seßhaftigkeit**
**setzen;** du setzt, er setzte, er hat einen Baum gesetzt, setze ihm eine Frist!; sich setzen; er hat sich auf einen Stuhl gesetzt; der **Setzer** (Schriftsetzer); die **Setzerei;** der **Setzling**

die **Seuche**
**seufzen;** du seufzt, er seufzt, er seufzte, er hat geseufzt, seufze nicht!; der **Seufzer**

der **Sex** (Geschlechtlichkeit); des Sex und des Sexes; der **Sexfilm**

die **Sexta** (erste Klasse einer höheren Lehranstalt); die Sexten; der **Sextaner;** die **Sextanerin;** die Sextanerinnen

die **Sexualität** (Geschlechtlichkeit); *Trennung:* Se|xua|li|tät; der **Sexualtrieb;** *Trennung:* Se|xual|trieb; **sexuell;** *Trennung:* se|xuell; **sexy** (geschlechtlich attraktiv)

sez**ie**ren (eine Leiche öffnen); der Arzt sezierte, er hat die Leiche seziert; das Sez**ie**rmesser

der Sheriff [*sch**ä**rif*] (oberster Vollzugsbeamter einer amerikan. Stadt); des Sheriffs, die Sheriffs

die Shorts [*sch**ä**'z*] (kurze Sommerhosen) *Plural*

sich

die Sichel; die Sicheln; sich**e**lförmig

sicher; er gab mir ein sicheres Geleit; hier wird er sicher sein. *Klein auch*: im sicheren (geborgen) sein; es ist das sicherste (am sichersten), wenn du zu Hause bleibst. *Groß*: es ist das Sicherste, was du tun kannst; wir suchen etwas Sicheres; er ist auf Nummer Sicher (im Gefängnis); er geht auf Nummer Sicher (er wagt nichts). *Schreibung in Verbindung mit Verben*: sicher sein, werden, gehen, ↑ab**e**r: sichergehen, sicherstellen; s**i**chergehen (Gewißheit haben); er geht sicher, er ist sichergegangen, ab**e**r: s**i**cher g**e**hen (ohne Gefahr, ohne Schwanken gehen); über diesen Stamm ist er sicher gegangen; die Sicherheit; sicherlich; sichern; du sicherst, er sichert, er sicherte, er hat seine Zukunft gesichert, sichere deine Zukunft!; sich sichern, er hat sich eine gute Ausgangslage gesichert; s**i**cherstellen; er stellt das Fahrrad sicher, er hat das Fahrrad sichergestellt, ab**e**r: s**i**cher st**e**llen (an einen sicheren Ort stellen); die Sicherung

die Sicht; auf lange Sicht; in Sicht kommen; in Sicht sein; s**i**chtbar; s**i**chten; du sichtest, er sichtet, er sichtete, er hat ihn gesichtet; sie S**i**chtweite; auf Sichtweite herankommen

sickern; das Blut sickert, das Blut sickerte, das Blut ist aus der Wunde gesickert; das S**i**ckerwasser

das Sieb; sieben; du siebst, er siebt, er siebte, er hat das Mehl gesiebt, siebe das Mehl!

sieben; wir sind sieben; wir sind zu sieben und zu siebt; die sieben Sakramente; ein Buch mit sieben Siegeln (ein unverständliches Buch); die sieben fetten und die sieben mageren Jahre; sieben auf einen Streich. *Groß*: die Sieben Raben (ein Märchen); die Sieben Schwaben (ein Schwank); ↑acht; die S**ie**ben; eine böse Sieben; ↑Acht; s**ie**benfach; s**ie**benhundert; s**ie**benjährig, ab**e**r: der Sie-

benjährige Krieg; s**ie**benmal; ↑achtmal; der S**ie**benschläfer (ein Nagetier); die S**ie**benschläfer (ein Kalendertag) *Plural*; das S**ie**bentel und das S**ie**btel; die Siebentel und die Siebtel; s**ie**btens; s**ie**bzehn; ↑acht; s**ie**bzig; ↑achtzig, achtziger

siech; sieche Frauen; das S**ie**chtum

siedeln; du siedelst, er siedelt, er siedelte, er hat am Fluß gesiedelt; der S**ie**dler; die S**ie**dlung

sieden; du siedest, er siedet, er sott und er siedete, er hat die Eier gesotten und gesiedet, siede die Eier!

der Sieg; siegen; du siegst, er siegt, er siegte, er hat gesiegt, siege!; der S**ie**ger; siegesgewiß; der S**ie**gespreis; s**ie**greich

das Siegel; die Siegel; der S**ie**gellack; siegeln; du siegelst, er siegelt, er siegelte, er hat den Brief gesiegelt, siegele den Brief!

die Sielen (das Riemenwerk der Zugtiere) *Plural*; in den Sielen sterben (mitten aus der Arbeit heraus sterben)

das Sigel (Abkürzungszeichen, z. B. in der Kurzschrift); die Sigel

das Signal; die Signale; *Trennung*: Signal; signalis**ie**ren; du signalisierst, er signalisierte, er hat seine Ankunft signalisiert, signalisiere seine Ankunft!; *Trennung*: si|gna|li|sie|ren

die Silbe; das S**i**lbenrätsel

das Silber; die S**i**lberhochzeit; s**i**lbern

die Silhouette [*silu**ä**t^e*] (Schattenriß, Schattenbild); die Silhouetten; *Trennung*: Sil|houet|te

der Silo (Großspeicher); die Silos

das Silvester (letzter Tag des Jahres)

das Simbabwe (Staat in Afrika); *Trennung*: Sim|bab|we; der S**i**mbabwer; s**i**mbabwisch

das Sims und der Sims; die Simse

der Simulant (der Krankheitsheuchler); des/dem/den Simulanten, die Simulanten; simul**ie**ren (sich verstellen; zur Übung nachahmen); du simulierst, er simulierte, er hat den Raumflug simuliert, simuliere nicht!

simultan (gemeinsam, gleichzeitig)

die Sinfon**ie** und die Symphon**ie** (ein Musikwerk für Orchester); die Sinfonien und die Symphonien; s**i**nfonisch und symph**o**nisch

Sing. = Singular

Singapur [*singg**a**pur*] (Staat in Südostasien; dessen Hauptstadt); der Singap**u**rer; s**i**ngapurisch

**singen;** du singst, er singt, er sang, er hat ein Lied gesungen, singe ein Frühlingslied!; das **Singspiel;** die **Singstimme**

die **Single** [*Bingg*<sup>e</sup>*l*] (kleine Schallplatte); die Singles; *Trennung:* Sin|gle

der **Singular** (Einzahl); die Singulare; **singulär** (vereinzelt vorkommend)

der **Singvogel**

**sinken;** du sinkst, er sinkt, er sank, er ist gesunken

der **Sinn;** von Sinnen sein; das **Sinnbild; sinnen;** du sinnst, er sinnt, er sann, er hat auf Mittel und Wege gesonnen; **sinnig; sinnlich; sinnlos;** am sinnlosesten; **sinnvoll**

die **Sintflut**

die **Sippe;** die **Sippschaft**

die **Sirene;** das **Sirenengeheul**

der **Sirup;** die Sirupe; das **Sirupglas**

der **Sisal;** des Sisals und der **Sisalhanf** (eine Blattfaser); der **Sisalteppich**

das **Sit-in** (Sitzstreik); die Sit-ins

die **Sitte; sittlich; sittsam**

die **Situation** (Lage, Zustand); *Trennung:* Si|tua|tion

der **Sitz; sitzen;** du sitzt, er sitzt, er saß, er hat auf dem Stuhl gesessen, sitz gerade!; ich bin noch nicht zum Sitzen gekommen; **sitzenbleiben** (in der Schule nicht versetzt werden); du bleibst sitzen, er bleibt sitzen, er ist sitzengeblieben, a b e r : **sitzen bleiben;** du sollst auf diesem Stuhl sitzen bleiben; **sitzenlassen** (im Stich lassen); du läßt ihn sitzen, er läßt ihn sitzen, er ließ ihn sitzen, er hat ihn sitzenlassen, laß ihn nicht sitzen!; er hat den Vorwurf auf sich sitzenlassen (er hat dem Vorwurf nicht widersprochen), a b e r : **sitzen lassen;** du sollst kleine Kinder nicht auf nassem Boden sitzen lassen; der **Sitzplatz;** die **Sitzung**

**Sizilien** [*sizili*<sup>e</sup>*n*] (Insel im Mittelmeer)

das **Skai** (ein Kunstleder); des Skai[s]

die **Skala** (Maßeinteilung; Stufenfolge); die Skalen und die Skalas

der **Skalp** (abgezogene Kopfhaut des Gegners, die früher bei den Indianern als Siegeszeichen galt); die Skalpe

der **Skandal** (Ärgernis; Aufsehen); die Skandale; **skandalös;** am skandalösesten

der **Skat** (ein Kartenspiel)

das **Skelett** (Knochengerüst; Gerippe); die Skelette

die **Skepsis** (Zweifel, Bedenken); der **Skeptiker; skeptisch**

der **Ski** [*schi*]; die Skier und die Ski; Ski fahren, laufen; Ski und eislaufen, a b e r : eis- und Ski laufen; eindeutschend auch: der Schi, die Schier und die Schi; der **Skilauf;** das **Skilaufen;** der **Skiläufer;** das **Skiwandern**

die **Skizze** (Entwurf; flüchtige Zeichnung); der **Skizzenblock;** die Skizzenblocks; **skizzieren;** du skizzierst, er skizziert, er skizzierte, er hat die Landschaft skizziert, skizziere nun die Landschaft!

der **Sklave** [*skla̱we* und *skla̱f*<sup>e</sup>] (ein entrechteter Mensch); die **Sklaverei; sklavisch**

der und das **Skonto** (Preisnachlaß); die Skontos und (selten:) die Skonti

der **Skorpion** (ein Spinnentier); die Skorpione; *Trennung:* Skor|pion

der **Skrupel** (Zweifel, Bedenken; Gewissensbiß); die Skrupel; er hat keine Skrupel; **skrupellos** (bedenkenlos); am skrupellosesten

die **Skulptur** (Werk der Bildhauerkunst); die Skulpturen

**skurril** (verschroben, drollig)

der **Slalom** (Torlauf beim Skisport); die Slaloms

der **Slang** [*ßläng*] (lässige Alltagssprache); des Slangs, die Slangs

der **Slawe** (Angehöriger einer Völkergruppe); die **Slawin;** die Slawinnen; **slawisch**

der **Slip** (Schlüpfer); des Slips, die Slips

der **Slogan** [*ßlo̱*<sup>u</sup>*g*<sup>e</sup>*n*] (Werbeschlagwort); des Slogans, die Slogans

die **Slums** [*ßla̱mß*] (Elendsviertel) *Plural*

der **Smaragd** (ein Edelstein); die Smaragde

der **Smog** (dicker Nebelrauch); des Smog[s], die Smogs

der **Smoking** (ein Gesellschaftsanzug); die Smokings

**s. o.** = siehe oben!

**so;** so sein; so werden; so bleiben; so ein Mann; so einer; so eine; so etwas; so daß; so schnell wie möglich; so wahr mir Gott helfe

**sobald;** sobald er kann, a b e r : **so bald;** komme so bald wie möglich

die **Socke,** (landschaftlich auch:) der **Socken;** die Socken

der **Sockel;** die Sockel

die **Soda** und das **Soda**

das **Sodbrennen**

**soeben;** er kam soeben, a b e r : **so**

**eben;** so **eben** (gerade) noch; er ist so **eben** dem Unglück entgangen

das **Sofa**

**sofern;** sofern er seine Pflicht getan hat, **aber: so fern;** die Sache liegt so fern, daß ich mich nicht mehr erinnern kann

**Sofia** [sofia, auch: sofia] (Hauptstadt Bulgariens)

**sofort;** er soll sofort kommen!, **aber: so fort;** mach nur so fort, dann wirst du schon sehen, was aus dir wird

das **Soft-Eis** (sahniges Weicheis)

der **Sog;** die Soge

**sog.** = sogenannt

**sogar;** er kam sogar zu mir nach Hause, **aber: so gar;** er hat so gar kein Vertrauen zu mir

**sogenannt;** die sogenannten besseren Leute, **aber: so genannt;** der fälschlich so genannte Mann **sogleich;** er soll sogleich kommen, **aber: so gleich;** sie sind alle so gleich, daß man sie kaum unterscheiden kann

die **Sohle; sohlen;** du sohlst, er sohlt, er sohlte, er hat die Schuhe gesohlt, sohle die Schuhe!

der **Sohn**

die **Sojabohne;** das **Sojamehl**
**solange;** solange ich krank war, bist du bei mir geblieben, **aber: so lange;** du hast mich so lange warten lassen; er blieb so lange wie möglich **solch;** solcher, solches; solch einer; solch eine; solch feiner Stoff oder solcher feine Stoff; solch gute Menschen oder solche guten (auch: gute) Menschen; das Leben solch frommer Leute oder solcher frommen (auch: frommer) Leute; **solcherart;** solcherart Dinge, **aber: Dinge** solcher Art

der **Sold;** der **Söldner**

der **Soldat;** des/dem/den Soldaten, die Soldaten

die **Sole** (ein kochsalzhaltiges Wasser); die Solen; das **Solei;** Trennung: Sol|ei **solidarisch** (gemeinsam, eng verbunden); sich mit jemandem solidarisch erklären; die **Solidarität** (Zusammengehörigkeitsgefühl, Gemeinsinn)

**solid** und **solide** (zuverlässig; gediegen; haltbar); am solidesten

der **Solist** (Einzelsänger, -spieler); des/dem/den Solisten, die Solisten; Trennung: Sol|ist; die **Solistin;** die Solistinnen; Trennung: So|li|stin

das **Soll;** des Soll und des Solls; die Soll und die Solls; das Soll und das Haben; Soll und Haben; der **Soll-Bestand;** der **Soll-Betrag; sollen;** du sollst, er soll, er sollte, er hat gesollt, **aber:** ich hätte das nicht tun sollen

**solo** (allein); das **Solo** (Einzelvortrag); die Solos und die Soli

**Somalia** (Staat in Afrika); der **Somalier; somalisch**

der **Sommer;** die **Sommerferien** Plural; **sommerlich;** die **Sommersprosse** meist Plural: die Sommersprossen

die **Sonate**

die **Sonde** (Instrument zum Einführen in Körperhöhlen)

**sonderbar**

**sondergleichen**

**sonderlich**

der **Sonderling**

**sondern;** du sonderst, er sondert, er sonderte, er hat die Spreu vom Weizen gesondert

**sondern;** nicht nur der Bruder, sondern auch die Schwester; **sonders;** samt und sonders

die **Sonderschule**
**sondieren** (vorsichtig erkunden); er hat die Lage sondiert

das **Sonett** (eine Gedichtform); die Sonette

der **Song** [ßong] (Schlagerlied, politisches Lied); des Songs, die Songs

der **Sonnabend;** ↑Dienstag; **sonnabends;** ↑Dienstag

die **Sonne;** sich **sonnen;** du sonnst dich, er sonnt sich, er sonnte sich, er hat sich gesonnt, sonne dich!; das **Sonnenbad;** der **Sonnenbrand;** die **Sonnenbrille;** die **Sonnenfinsternis;** die **Sonnenflecken** Plural; der **Sonnenschein;** der **Sonnenschirm; sonnig**

der **Sonntag;** des Sonntags, **aber:** sonntags; sonntags sind die Läden geschlossen; sonn- und feiertags; sonn- und werktags; ↑Dienstag; **sonntäglich; sonntags;** ↑Dienstag

**sonst;** sonst wer, sonst jemand, sonst etwas; **sonstig;** sonstiges (anderes); **sonstwie; sonstwo**

**sooft;** sooft du kommst, **aber: so oft;** ich habe es dir so oft gesagt

der **Sopran** (höchste Frauenstimme; Sopransängerin); die Soprane; Trennung: So|pran

die **Sorge; sorgen;** du sorgst, er sorgt, er sorgte, er hat für Nahrung gesorgt, sorge dafür!; die **Sorgfalt; sorgfältig; sorglos;** am sorglosesten; **sorgsam**

die **Sorte; sortieren;** du sortierst, er sortiert, er sortierte, er hat die Äpfel sortiert, sortiere sie nach ihrer Größe!; das **Sortiment;** die Sortimente

**SOS** (internationales Seenotzeichen); der **SOS-Ruf**

**sosehr; sosehr** ich das auch billige, a b e r : **so sehr;** er lief so sehr, daß er außer Atem kam

die **Soße** (auch: Sauce)

der **Souffleur** [*suflör*] (Vorsager beim Theater); *Trennung:* Souf|fleur; die **Souffleuse** [*suflös*ͤ] (Vorsagerin beim Theater); *Trennung:* Souf|fleu|se

der **Soul** [*ßoͧl*] (stark ausdrucksbetonter Jazz oder Beat)

der **Sound** [*ßaund*] (Klangwirkung in der Musik)

**soundso; soundso** breit; der Paragraph soundso, a b e r : **so und so;** man kann etwas so und so erzählen

das **Souvenir** [*suwͤnir*] (das Erinnerungsstück); die Souvenirs

**souverän** [*suwͤrän*] (unumschränkt; selbständig; überlegen); der **Souverän** (Herrscher); die Souveräne; die **Souveränität** (Unabhängigkeit; Landeshoheit)

**soviel;** soviel ich weiß; sein Wort bedeutet soviel (dasselbe) wie ein Eid; soviel für heute; soviel wie oder als möglich; er hat doppelt soviel wie ich oder als ich, a b e r : **so viel;** du weißt so viel, daß ich staunen muß; er liest so viel, daß er nicht mehr zum Spielen kommt; er hat so viel Zeit wie ich; er muß so viel leiden

**soweit;** soweit ich es beurteilen kann; ich bin noch nicht soweit; soweit wie oder als möglich, a b e r : **so weit;** so weit, so gut; er wirft den Ball so weit wie kein anderer; er hat die Sache so weit gefördert

**sowenig;** ich bin sowenig wie du dazu bereit; ich kann es sowenig wie du; sowenig wie oder als möglich; sowenig du auch gelernt hast, das wirst du doch wissen, a b e r : **so wenig;** ich habe so wenig Geld, daß ich mir dies nicht leisten kann; du hast so wenig gelernt, daß du die Prüfung nicht bestehen wirst

**sowie** (sobald); sowie er kommt, soll er anrufen; a b e r : so, wie ich ihn kenne

**sowieso;** ich werde dies sowieso tun

der **Sowjet,** auch: **Sowjet** (Form der Volksvertretung in der Sowjetunion); die Sowjets; *Trennung:* So|wjet; der **Sowjetbürger** (Bürger der Sowjetunion); **sowjetisch;** *Trennung:* sowje|tisch; die **Sowjetunion,** auch: Sowjetunion; *Trennung:* So|wjetunion

**sowohl;** sowohl die Eltern als auch die Kinder machten mit, a b e r : **so wohl;** du siehst so wohl aus, als ob du aus dem Urlaub kämst

**sozial** (gemeinnützig; wohltätig); *Trennung:* so|zial; die **Sozialdemokratie; sozialdemokratisch,** a b e r : die Sozialdemokratische Partei Deutschlands; die **Sozialisierung;** der **Sozialismus;** des Sozialismus; der **Sozialist;** des/dem/den Sozialisten, die Sozialisten; **sozialistisch;** die **Soziologie** (Gesellschaftswissenschaft); der **Sozius** (Genosse; Teilhaber; Beifahrer); des Sozius, die Soziusse; *Trennung:* So|zius

**sozusagen;** sie ernährt sozusagen die ganze Familie, a b e r : versucht es so zu sagen, daß es jeder versteht

**Sp.** = Spalte (auf der Buchseite)

der **Spachtel;** die Spachtel und die **Spachtel;** die Spachteln; **spachteln;** du spachtelst, er spachtelte, er hat die Fugen gespachtelt, spachtele die Fugen!

der und das **Spagat** (das völlige Beinspreizen); die Spagate

die **Spaghetti** (Fadennudeln) *Plural*; *Trennung:* Spa|ghet|ti

**spähen;** du spähst, er späht, er spähte, er hat über den Zaun gespäht, spähe nach ihm!; der **Späher**

das **Spalier;** die Spaliere; Spalier bilden; Spalier stehen; das **Spalierobst**

der **Spalt;** die Spalte und die **Spalte;** die Spalten; **spalten;** du spaltest, er spaltete, er spaltete, er hat Holz gespalten und er hat Holz gespaltet, a b e r *nur:* gespaltenes Holz, eine gespaltene Zunge; die **Spaltung**

der **Span;** die Späne

die **Spange**

**Spanien;** der **Spanier; spanisch;** das kommt mir spanisch vor (seltsam vor), a b e r : der Spanische Erbfolgekrieg

die **Spanne; spannen;** du spannst, er spannt, er spannte, er hat den Bogen gespannt, spanne den Bogen!; **spannend;** die **Spannung** das **Sparbuch;** die **Sparbüchse; sparen;** du sparst, er spart, er sparte, er hat viel gespart, spare für das Alter!; der **Sparer**

der **Spargel;** des Spargels, die Spargel

die **Sparkasse; spärlich; sparsam;** die **Sparsamkeit**

der **Sparren** (schräger Balken des Daches)

das **Sparring** (Boxtraining); des Sparrings; der **Sparringspartner**

die **Sparte** (Fachgebiet, Abteilung)

der **Spaß;** die Späße; **spaßen;** du spaßt, er spaßt, er spaßte, er hat gespaßt, spaße nicht!; er läßt nicht mit sich spaßen; **spaßeshalber; spaßig;** der **Spaßmacher;** der **Spaßvogel**

**spät;** später, am spätesten; spät sein, spät werden

der **Spaten**

**späterhin; spätestens**

der **Spätherbst**

der **Spatz;** des Spatzen, auch: des Spatzes, die Spatzen

**spazieren;** du spazierst, er spaziert, er spazierte, er ist mit langsamen Schritten durch die Straßen spaziert; **spazierengehen;** du gehst spazieren, er geht spazieren, er ging spazieren, er ist spazierengegangen, gehe spazieren!; der **Spaziergang;** die Spaziergänge; der **Spaziergänger**

**SPD** = Sozialdemokratische Partei Deutschlands

der **Specht**

der **Speck; speckig**

der **Spediteur** [*schpeditör*]; die Spediteure; die **Spedition;** die **Speditionsfirma**

der **Speer**

die **Speiche**

der **Speichel**

der **Speicher; speichern;** du speicherst, er speichert, er speicherte, er hat Strom gespeichert, speichere den Strom!

**speien;** du speist, er speit, er spie, er hat Blut gespie[e]n, speie nicht!

die **Speise;** Speis und Trank; das **Speisefett;** die **Speisekammer; speisen;** du speist, er speist, er speiste, er hat gespeist, speise mit mir!; der **Speisewagen**

der **Spektakel** (Krach, Lärm)

das **Spektrum** (durch Lichtzerlegung entstehendes farbiges Band); die Spektren und die Spektra

der **Spekulant** (jemand, der gewagte Geschäfte macht); des/dem/den Spekulanten, die Spekulanten; die **Spekulation; spekulieren;** du spekulierst, er spekuliert, er spekulierte, er hat an der Börse spekuliert, spekuliere nicht!

die **Spelunke** (verrufene Kneipe; unsauberer Wohnraum)

die **Spelze** (Hülse des Getreidekorns); die Spelzen

die **Spende; spenden;** du spendest, er spendet, er spendete, er hat für die Armen gespendet, spende für die Notleidenden!; die **Spendenaktion;** der **Spender; spendieren;** du spendierst, er spendiert, er spendierte, er hat eine Runde spendiert, spendiere eine Runde!

der **Spengler** (Klempner)

der **Sperber**

die **Sperenzchen** und die **Sperenzien** [*...ziᵉn*] (hindernde Umstände, Schwierigkeiten) *Plural;* Sperenzchen machen

der **Sperling**

das **Sperma** (Samenflüssigkeit mit männlichen Keimzellen); die Spermen

die **Sperre; sperren;** du sperrst, er sperrt, er sperrte, er hat ihm den Weg gesperrt, sperre ihm nicht den Weg!; **sperrig**

die **Spesen** (Auslagen) *Plural*

sich **spezialisieren** (sich auf ein Teilgebiet beschränken); du spezialisierst dich, er spezialisiert sich, er hat sich auf Flugzeugbau spezialisiert, spezialisiere dich!; der **Spezialist** (Fachmann); des/dem/den Spezialisten, die Spezialisten; die **Spezialität** (Besonderheit); **speziell** (besonders; eigens); **spezifisch** (kennzeichnend, eigentümlich)

die **Sphäre** (Himmelsgewölbe; Gesichtskreis, Wirkungskreis); die Sphären

die **Sphinx** (ein Fabelwesen mit Löwenleib und Menschenkopf); die Sphinxe

**spicken** (Fleisch zum Braten mit Speckstreifen durchziehen); du spickst er spickt, er spickte, er hat den Rehrücken gespickt, spicke den Braten!

**spicken** (abschreiben); du spickst, er spickt, er spickte, er hat bei dieser Arbeit gespickt, spicke nicht!

der **Spiegel;** die Spiegel; **spiegelglatt; spiegeln;** der Fußboden spiegelt, der Fußboden spiegelte, der Fußboden hat gespiegelt; sich spiegeln; die Bäume spiegelten sich im Wasser das **Spiel; spielen;** du spielst, er spielt, er spielte, er hat gespielt, spiele noch ein bißchen!; du kannst spielen gehen; der **Spieler; spielerisch;** der **Spielplatz;** der **Spielraum;** die **Spielregel;** die Spielregeln; der **Spielverderber;** das **Spielzeug**

der **Spieß;** der **Spießbraten;** der **Spießbürger;** der **Spießer; spießig**

der **Spike** [*ßpạik*] (Spezialstift für Rennschuhe oder Autoreifen); die Spikes; die **Spikes** [*ßpạikß*] (Rennschuhe; Autoreifen mit Spezialstiften) *Plural;* der **Spike[s]reifen**

der **Spinat**

das und der **Spind;** die Spinde

die **Spindel;** die Spindeln; **spindeldürr**

die **Spinne; spinnefeind;** jemandem spinnefeind sein; **spinnen;** du spinnst, er spinnt, er spann, er hat das Garn gesponnen, spinne das Garn!; das **Spinnengewebe** und das **Spinngewebe;** der **Spinner**

der **Spion;** die **Spionage** [*schpiona-seh^e*]; *Trennung:* Spio|na|ge; **spionieren;** du spionierst, er spionierte, er hat spioniert, spioniere nicht!

die **Spirale; spiralförmig; spiralig**

die **Spirituosen** (alkoholische Getränke) *Plural;* der **Spiritus** (Weingeist); des Spiritus, die Spiritusse; der **Spirituskocher**

das **Spital** (Krankenhaus, Altersheim); die Spitäler

**spitz;** spitzer, am spitzesten; eine spitze Zunge haben; ein spitzer Winkel; der **Spitz** (ein Hund); **spitzbekommen;** du bekommst spitz, er bekommt spitz, er bekam spitz, er hat unsere Verabredung spitzbekommen; der **Spitzbube;** die **Spitze; spitzen;** du spitzt, er spitzt, er spitzte, er hat den Bleistift gespitzt, spitze ihn!; **spitzfindig**

der **Splint** (Vorsteckstift); die Splinte

der **Splitter; splittern;** das Holz splittert, das Holz splitterte, die Scheibe ist gesplittert; **splitternackt**

**spontan** (von selbst; von innen heraus); eine spontane Äußerung

die **Spore** (Fortpflanzungszelle der Pflanze); meist *Plural:* die Sporen

der **Sporn;** meist *Plural:* die Sporen; **spornstreichs**

der **Sport;** der **Sportler; sportlich;** der **Sportplatz;** der **Sporttaucher**

der **Spot** [*ßpọt*] (Werbekurzfilm); die Spots

der **Spott; spottbillig; spotten;** du spottest, er spottet, er spottete, er hat gespottet, spotte nicht!; der **Spötter; spöttisch**

die **Sprache;** der **Sprachfehler; sprachlich; sprachlos**

der und das **Spray** [*ßpre'*] (Flüssigkeit zum Zerstäuben); die **Spraydose sprechen;** du sprichst, er spricht, er sprach, er hat gesprochen, sprich ein Wort!; der **Sprecher;** die **Sprechstunde**

**spreizen;** du spreizt, er spreizt, er spreizte, er hat die Finger gespreizt, spreize die Finger!

**sprengen;** du sprengst, er sprengt, er sprengte, er hat die Brücke gesprengt, sprenge die Fesseln!

die **Spreu**

das **Sprichwort;** die Sprichwörter

**sprießen;** das Korn sprießt, das Korn sproß, das Korn ist gesprossen

der **Springbrunnen; springen;** du springst, er springt, er sprang, er ist gesprungen, springe!; etwas springen lassen (etwas ausgeben); der **Springer;** die **Springflut; springlebendig**

der **Sprint** (Kurzstreckenlauf; Spurt); des Sprints, die Sprints; **sprinten;** du sprintest, er sprintete, er ist über den Hof gesprintet; der **Sprinter** (Kurzstreckenläufer)

der **Sprit** (Spiritus; Essig; Treibstoff); die Sprite

die **Spritze; spritzen;** du spritzt, er spritzt, er spritzte, er hat die Bäume gespritzt, spritze die Bäume!; der **Spritzer; spritzig;** die **Spritztour** (kurzer Ausflug)

**spröd** und **spröde;** am sprödesten

der **Sproß** (Nachkomme; Pflanzentrieb); des Sprosses, die Sprosse; **sprossen;** es sproßt, es sproßte, es hat gesproßt; der **Sprößling**

die **Sprosse** (Querholz der Leiter); die Sprossen

die **Sprotte;** Kieler Sprotten

der **Spruch;** die Sprüche

der **Sprudel;** die Sprudel; **sprudeln;** das Wasser sprudelt, das Wasser sprudelte, das Wasser hat gesprudelt

**sprühen;** du sprühst, er sprüht, er sprühte, er hat vor Lebenslust gesprüht, aber: die Funken sind nach allen Seiten gesprüht; der **Sprühregen**

der **Sprung;** die Sprünge; auf dem

Sprung sein; jemanden auf einen Sprung besuchen; **sprungbereit; sprunghaft**

die **Spucke; spucken;** du spuckst, er spuckt, er spuckte, er hat in die Stube gespuckt, spucke nicht in die Stube!; der **Spucknapf**

der **Spuk** (Gespenst; geisterhaftes Treiben); des Spuks; **spuken;** in der Burg spukt es, hat es gespukt

die **Spule; spulen;** du spulst, er spult, er spulte, er hat das Garn gespult, spule das Garn!

die **Spüle; spülen;** du spülst, er spült, er spülte, er hat das Geschirr gespült, spüle!; die **Spülung**

der **Spund** (Faßverschluß); die Spünde

der **Spund** (junger Kerl); die Spunde

die **Spur; spuren** (sich fügen); du spurst, er spurt, er spurte, er hat gespurt, spure endlich!; **spurlos; spüren;** du spürst, er spürt, er spürte, er hat den Schlag gespürt; der **Spürhund**

der **Spurt;** die Spurts; **spurten;** du spurtest, er spurtete, er ist gespurtet, spurte auf den letzten 100 Metern!

sich **sputen;** du sputest dich, er sputet sich, er sputete sich, er hat sich gesputet, spute dich!

der **Sputnik** (russischer Erdsatellit); des Sputniks, die Sputniks

das **Squash** [*ßkʷosch*] (ein Ballspiel); des Squash

**Sri Lanka** [*ßri langka*] (amtlich für: Ceylon); der **Srilanker; srilankisch**

**St.** = Sankt; Stück; Stunde

der **Staat;** von Staats wegen

der **Staat** (Prunk); Staat machen (mit etwas prunken)

**staatlich;** der **Staatsbürger; staatsfeindlich;** der **Staatsmann;** die Staatsmänner

der **Stab;** der **Stabhochsprung stabil** (beständig, haltbar, fest); **stabilisieren** (festsetzen, standfest machen); du stabilisierst, er stabilisiert, er stabilisierte, er hat die Währung stabilisiert; die **Stabilität** (Dauerhaftigkeit, Standfestigkeit)

der **Stachel;** die Stacheln; die **Stachelbeere;** der **Stacheldraht;** der **Stacheldrahtzaun; stachelig** und **stachlig**

das **Stadion** (Kampfbahn, Sportfeld); die Stadien [*schtadiⁿn*]

das **Stadium** (Abschnitt, Entwicklungsstufe); die Stadien [*schtadiⁿn*]

die **Stadt; stadtbekannt;** der **Städter; städtisch;** der **Stadtrand;** die **Stadtrandsiedlung;** der **Stadtrat;** der **Stadtteil;** das **Stadttor;** die **Stadtverwaltung**

die **Stafette** (Staffellauf, auch die Läufer selbst); die Stafetten

die **Staffel;** die Staffeln; der **Staffellauf; staffeln;** du staffelst, er staffelt, er staffelte, er hat die Steuern nach dem Einkommen gestaffelt, staffele die Abgaben danach!

der **Stahl;** die Stähle und (seltener:) die Stahle; **stählen;** du stählst, er stählte, er hat seinen Körper gestählt, stähle deinen Körper!; **stählern**

**staksen** (mit steifen Schritten gehen); du stakst, er stakste, er ist durch das Laub gestakst; stakse nicht so!

der **Stalagmit** (nach oben wachsender Tropfstein); des/dem/den Stalagmiten; die Stalagmiten; *Trennung*: Stalag|mit; der **Stalaktit** (nach unten wachsender Tropfstein); des/dem/ den Stalaktiten, die Stalaktiten; *Trennung*: Sta|lak|tit

der **Stall;** die **Stallaterne;** *Trennung*: Stall|la|ter|ne; die **Stallung**

der **Stamm;** der **Stammbaum stammeln;** du stammelst, er stammelte, er hat eine Entschuldigung gestammelt, stammele nicht so!

**stammen;** du stammst, er stammt, er stammte aus Frankfurt; **stämmig;** der **Stammvater**

**stampfen;** du stampfst, er stampft, er stampfte, er hat zornig mit den Füßen auf die Erde gestampft, stampfe nicht mit den Füßen!; der **Stampfer**

der **Stand;** einen schweren Stand haben; etwas instand halten, a b e r : etwas gut im Stande erhalten; etwas instand setzen, a b e r : jemanden in den Stand setzen, etwas zu tun; außerstande, imstande sein, a b e r : er ist gut im Stande; etwas zustande bringen; zustande kommen

der **Standard** (Maß, Richtschnur); die Standards

die **Standarte** (Banner; Fahne)

das **Standbild;** der **Ständer;** das **Standesamt;** der **Standesbeamte; standhaft;** am standhaftesten; **standhalten;** du hältst stand, er hält stand, er hielt stand, er hat standgehalten, halte stand!; **ständig** (dauernd); der **Standort;** der **Standpunkt**

die **Stange**

**stänkern;** du stänkerst, er stänkert, er stänkerte, er hat gestänkert, stänkere nicht!

das **Stanniol** (Zinn- oder Aluminiumfolie); die Stanniole; *Trennung*: Stanniol; das **Stanniolpapier**

**stanzen** (mit einem Stempel ausschneiden); du stanzt, er stanzt, er stanzte, er hat das Blech gestanzt; stanze Löcher in den Riemen!

der **Stapel;** die Stapel; der **Stapellauf; stapeln;** du stapelst, er stapelt, er stapelte, er hat die Bretter gestapelt, stapele die Bretter!

die **Stapfe** und der **Stapfen** (die Fußspur); die Stapfen; **stapfen;** du stapfst, er stapft, er stapfte, er ist durch den Schnee gestapft

der **Star** (Augenkrankheit); die Stare; der graue, grüne, schwarze Star

der **Star** (Vogel); die Stare

der **Star** (berühmter Film- oder Theaterkünstler); die Stars

der **Starfighter** [ßtạrfait⁰r] (ein Kampfflugzeug)

**stark;** stärker, am stärksten, stark erhitzt; stark beschädigt; die **Stärke; stärken;** du stärkst, er stärkt, er stärkte, er hat seinen Glauben gestärkt; sich stärken; ich muß mich erst stärken; die **Stärkung**

**starr;** die **Starre; starren;** du starrst, er starrt, er starrte, er hat aus dem Fenster gestarrt, starre nicht immer an die Decke!; der **Starrkopf**

der **Start;** die Starts und (selten:) die Starte; **starten;** du startest, er startet, er startete, er ist um 5 Uhr gestartet, starte sofort!

die **Statik** ([Lehre vom] Gleichgewicht ruhender Körper); der **Statiker** (Fachmann für Statik)

die **Station; stationär** (ortsfest, im Krankenhaus stattfindend), die stationäre Behandlung; **stationieren** (an einen bestimmten Ort bringen, stellen; du stationierst, er stationierte, man hat dort Raketen stationiert; der **Stationsarzt**

**statisch** (ruhend, stillstehend)

der **Statist** (stumme Person in einem Theaterstück); des/dem/den Statisten, die Statisten; die **Statistik** (zahlenmäßige Erfassung); die Statistiken; *Trennung*: Sta|ti|stik; der **Statistiker; statistisch;** statistische Erhebungen, aber: das Statistische Bundesamt (in Wiesbaden)

das **Stativ** (ein Ständer); die Stative

**statt;** statt dessen, statt meiner, statt einer Erklärung; statt mit Drohungen wird man besser mit Ermahnungen zum Ziel kommen; die Nachricht ist an mich statt an dich gekommen; die **Statt;** an meiner Statt; an Eides Statt; an Kindes Statt; die **Stätte**

**stattfinden;** es findet statt, es fand statt, es hat stattgefunden

**statthaft**

der **Statthalter**

**stattlich**

die **Statue** (das Standbild); die Statuen

die **Statur** (Gestalt, Wuchs); die Staturen

der **Status** (Zustand; Vermögensstand); die Status

das **Statut** (Satzung); die Statuten

der **Stau;** des Stau[e]s, die Staue, (auch:) Staus

der **Staub;** der **Staubbeutel; stauben;** es staubt, es staubte, es hat gestaubt; **staubig**

die **Staude**

**stauen;** du staust, er staut, er staute, er hat die Wäsche in den Koffer gestaut; sich stauen; das Eis hat sich an der Brücke gestaut

**staunen;** du staunst, er staunt, er staunte, er hat gestaunt, staune nur!; das **Staunen;** er kommt aus dem Staunen nicht mehr heraus; **staunenswert**

der **Stausee;** die **Stauung**

**Std.** = Stunde

das **Steak** [ßtek] (gebratene Fleischschnitte); des Steaks, die Steaks

das **Stearin** (Rohstoff für Kerzen); *Trennung*: Stea|rin

**stechen;** du stichst, er sticht, er stach, er hat ihn, (auch:) ihm ins Bein gestochen, stich ihn nicht!

der **Steckbrief;** die **Steckdose; stecken** (etwas in etwas einfügen; etwas festheften); du steckst, er steckt, er steckte, er hat den Brief in den Kasten gesteckt, stecke die Nadel an den Rock!; stecke das Geld in die Tasche!; **stecken** (sich irgendwo befinden; festsitzen; befestigt sein); die Mundharmonika steckt, sie steckte (auch: sie stak), sie hat in der Manteltasche gesteckt; der **Stecken; steckenbleiben;** er blieb stecken, er ist steckengeblieben, bleibe nicht stecken!; der **Stecker;** der **Steckling;** die **Stecknadel;** die Stecknadeln der **Steg;** die Stege

der **Stegreif;** *Trennung*: Steg|reif; etwas aus dem Stegreif hersagen

das **Stehaufmännchen; stehen;** du stehst, er steht, er stand, er hat an der Tür gestanden; **stehenbleiben** (nicht weitergehen; übrigbleiben); du bleibst stehen, er bleibt stehen, er blieb stehen, er ist stehengeblieben; die Uhr ist stehengeblieben; der Fehler ist stehengeblieben, a b e r: **stehen bleiben;** du sollst bei der Begrüßung stehen bleiben; **stehenlassen** (nicht anrühren; vergessen); du läßt stehen, er läßt stehen, er ließ stehen, er hat die Suppe, den Schirm stehenlassen (seltener: stehengelassen), a b e r: **stehen lassen;** du sollst ihn bei dieser Arbeit stehen lassen; die **Stehlampe;** die **Stehleiter**
**stehlen;** du stiehlst, er stiehlt, er stahl, er hat Geld gestohlen, stiehl nicht!

der **Stehplatz**
**steif;** ein steifer Hals; der Arm kann steif werden; **steifhalten;** er hat die Ohren steifgehalten (er hat sich nicht entmutigen lassen), a b e r: **steif halten;** du sollst das Bein steif halten; die **Steifheit**

der **Steig;** die Steige; der **Steigbügel; steigen;** du steigst, er steigt, er stieg, er ist auf die Leiter gestiegen, steige auf die Leiter!; die **Steigung**
**steigern;** du steigerst, er steigert, er steigerte, er hat die Geschwindigkeit gesteigert, steigere deine Leistung!; die **Steigerung**
**steil;** der **Steilhang;** die **Steilküste**

der **Stein; steinern** (aus Stein); **steinig;** das **Steinobst; steinreich;** die **Steinzeit;** der **Steinzeitmensch**

der **Steiß;** das **Steißbein**

die **Stelle;** an Stelle (häufig auch: anstelle); zur Stelle sein; an erster, zweiter Stelle; **stellen;** du stellst, er stellt, er stellte, er hat den Schrank in die Ecke gestellt, stelle die Milch in den Eisschrank!; **stellenweise;** die **Stellung;** zu etwas Stellung nehmen; die **Stellungnahme; stellvertretend;** der **Stellvertreter**

die **Stelze;** die Stelzen; Stelzen laufen; **stelzen;** du stelzt, er stelzt, er stelzte, er ist durch den Garten gestelzt; die **Stelzwurzel**

das **Stemmeisen; stemmen;** du stemmst, er stemmt, er stemmte, er hat einen Zentner gestemmt, stemme dieses Gewicht!; sich gegen etwas stemmen

der **Stempel;** die Stempel; **stempeln;** du stempelst, er stempelte, er hat den Brief gestempelt, stempele den Brief!

der **Stengel;** die Stengel

die **Stenographie** und die **Stenografie; stenographieren** und **stenografieren;** du stenographierst und du stenografierst, sie hat stenographiert und sie hat stenografiert; die **Stenotypistin;** die Stenotypistinnen

die **Steppdecke; steppen;** du steppst, sie steppt, sie steppte, sie hat den Rand gesteppt, steppe den Saum!

die **Steppe** (baumlose, wasserarme Pflanzenregion)
**sterben;** du stirbst, er stirbt, er starb, er ist gestorben; **sterbenskrank; sterblich**

die **Stereoanlage; stereophon** (räumlich klingend); stereophone Tonwiedergabe; die **Stereoplatte**
**sterilisieren** (keimfrei machen); du sterilisierst, er sterilisierte, er hat die Milch sterilisiert

der **Stern;** die **Sternschnuppe;** die **Sternwarte**
**stetig;** die **Stetigkeit; stets**

das **Steuer** (Lenkvorrichtung); die Steuer

die **Steuer** (Abgabe); die Steuern

das **Steuerbord** (die rechte Schiffsseite [von hinten gesehen]); die Steuerborde; der **Steuermann;** die Steuermänner und die Steuerleute; **steuern;** du steuerst, er steuert, er steuerte, er hat falsch gesteuert, steuere das Schiff!
**steuerpflichtig**

das **Steuerrad**

der **Steuerzahler**

der **Steward** [*ßtju̯ᵉrt*] (Betreuer auf Schiffen und in Flugzeugen); die Stewards; *Trennung*: Ste|ward; die **Stewardeß** [*ßtju̯ᵉrdäß* und *ßtju̯ᵉrdäß*]; die Stewardessen; *Trennung*: Stewar|deß

der **Stich;** er hat ihn im Stich gelassen; der **Stichel** (ein Werkzeug); die Stichel; die **Stichelei; sticheln;** du stichelst, er stichelt, er stichelte, er hat gestichelt, stichle nicht!; **stichhaltig;** der **Stichling** (ein Fisch); die **Stichprobe;** das **Stichwort;** die Stichwörter (Wörter, die in einem Nachschlagebuch behandelt werden); die Stichworte (kurze Notizen; Worte, bei denen ein Schauspieler aufzutreten hat)

**sticken;** du stickst, sie stickt, sie
stickte, sie hat eine Decke gestickt,
sticke eine schöne Decke!; die **Stik-
kerei**
**stickig;** stickige Luft
der **Stickstoff; stickstofffrei**
der **Stiefel;** die Stiefel; **stiefeln;** du stie-
felst, er stiefelt, er stiefelte, er ist hinter
ihm her gestiefelt
die **Stiefeltern** *Plural;* die **Stiefmutter;**
das **Stiefmütterchen** (eine Blume);
der **Stiefvater**
die **Stiege**
der **Stieglitz** (ein Vogel)
der **Stiel;** die Stiele; mit Stumpf und Stiel
der **Stier; stiernackig**
der **Stift** (halbwüchsiger Junge, Lehr-
ling); die Stifte
das **Stift** (eine Anstalt, ein Altersheim);
die Stifte und (seltener:) die Stifter
der **Stift** (Nagel; Bleistift); die Stifte
**stiften;** du stiftest, er stiftet, er stifte-
te, er hat Geld für die Armen gestiftet,
stifte etwas!; die **Stiftung**
der **Stil** (die Ausdrucksform einer Zeit;
Bauart; Schreibart); die Stile; die **Stil-
art**
**still;** eine stille Stunde. *Klein auch*:
etwas im stillen (unbemerkt) tun.
*Groß*: die Stille Nacht; der Stille
Ozean; die **Stille;** in aller Stille; in
der Stille; das **Stilleben** (in der Ma-
lerei die Darstellung lebloser Ge-
genstände); *Trennung*: Still|le|ben;
**stillegen;** *Trennung*: still|le|gen; du
legst still, er legt still, er legte still,
er hat die Fabrik stillgelegt, lege die
Fabrik still!
**stillen;** du stillst, sie stillt, sie stillte,
sie hat ihr Kind gestillt, stille das Kind!
**stillhalten** (erdulden, ertragen); du
hältst still, er hält still, er hielt still,
er hat stillgehalten, halte still!, a b e r:
**still halten;** du mußt die Lampe still
halten; **stilliegen;** (außer Betrieb
sein); *Trennung*: still|lie|gen; die Fa-
brik liegt still, sie hat stillgelegen,
a b e r: **still liegen;** das Kind hat still
gelegen
**stillos;** ein stilloses Verhalten
**stillschweigen;** du schweigst still,
er schweigt still, er schwieg still, er
hat stillgeschwiegen, schweige still!;
**stillschweigend;** der **Stillstand;**
**stillstehen** (aufhören); sein Herz
steht still, sein Herz stand still, sein
Herz hat stillgestanden, a b e r: **still
stehen** (ruhig stehen); nun bleib

doch endlich einmal still stehen; **still-
vergnügt**
die **Stimme; stimmen** (richtig sein,
wahr sein); etwas stimmt, etwas
stimmte, etwas hat gestimmt, das
stimmt nicht!; **stimmen** (die Saiten
eines Instrumentes stimmend ma-
chen); er hat die Geige sorgfältig ge-
stimmt; **stimmlich; stimmhaft;
stimmlos;** die **Stimmung**
**stinken;** du stinkst, er stinkt, er stank,
er hat gestunken
das **Stipendium** (Stiftung, Geldbeihil-
fe); die Stipendien [*schtipändi^en*]
**stippen;** du stippst, er stippte, er hat
den Zwieback in die Milch gestippt
die **Stirn**
**St. Louis** ↑Saint Louis
**stöbern;** du stöberst, er stöbert, er
stöberte, er hat auf dem Dachboden
gestöbert, stöbere nicht in meiner
Schublade!
**stochern;** du stocherst, er stocherte,
er hat im Ofen gestochert
der **Stock;** über Stock und Stein
der **Stock** (das Stockwerk); das Haus
hat zwei Stock, es ist zwei Stock hoch
**stockdunkel**
**stocken;** der Verkehr stockt, der Ver-
kehr stockte, der Verkehr hat an dieser
Kreuzung gestockt
**Stockholm** [*ßtọkholm*, auch: *ßtok-
họlm*] (Hauptstadt Schwedens)
die **Stockung**
das **Stockwerk**
der **Stoff;** die **Stoffarbe;** *Trennung*:
Stoff|far|be; der **Stoffetzen;** *Tren-
nung*: Stoff|fet|zen; **stofflich;** der
**Stoffwechsel**
**stöhnen;** du stöhnst, er stöhnt, er
stöhnte, er hat laut gestöhnt, stöhne
nicht ständig!; er hört ein leises Stöh-
nen
die **Stola** (ein Umhang); die Stolen
die **Stolle** und der **Stollen** (ein Weih-
nachtsgebäck); die Stollen
der **Stollen** (Zapfen an Hufeisen und an
Schuhen; waagerechter Grubenbau);
die Stollen
**stolpern;** du stolperst, er stolpert, er
stolperte, er ist über die Türschwelle
gestolpert, stolpere nicht!
**stolz;** am stolzesten; der **Stolz; stol-
zieren** (stolz einherschreiten); du
stolzierst, er stolziert, er stolzierte, er
ist über den Marktplatz stolziert, stol-
ziere nicht so daher!
**stop!** und **stopp!** (halt!)

**stopfen;** du stopfst, sie stopft, sie stopfte, sie hat die Strümpfe gestopft, stopfe die Strümpfe!; der **Stopfen** (der Stöpsel); das **Stopfgarn**

die **Stoppel;** die Stoppeln; das **Stoppelfeld; stoppelig** und **stopplig**

**stoppen;** du stoppst, er stoppt, er stoppte, er hat im rechten Augenblick gestoppt, stoppe die Maschine!; das **Stoppschild;** die **Stoppuhr**

der **Stöpsel;** die Stöpsel

der **Storch;** die Störche; das **Storchennest** und das **Storchnest;** der **Storchschnabel** (eine Pflanze)

der **Store** [ßtor] (Vorhang); die Stores

**stören;** du störst, er stört, er störte, er hat den Unterricht gestört, störe nicht!; **störend;** störende Zwischenrufe; der **Störenfried**

**störrisch,** (seltener auch:) **störrig**

die **Störung**

die **Story** [ßtori] ([Kurz]geschichte); die Storys

der **Stoß; stoßen;** du stößt, er stößt, er stieß, er hat ihn gestoßen, stoße ihn nicht!; der **Stoßseufzer; stoßsicher;** eine stoßsichere Uhr; **stoßweise**

der **Stotterer; stottern;** du stotterst, er stottert, er hat in seiner Jugend gestottert; er geriet ins Stottern; er kaufte das Fahrrad auf Stottern (auf Ratenzahlung)

**Str.** = Straße

**stracks** (geradeaus; sofort)

**strafbar;** die **Strafe; strafen;** du strafst, er straft, er strafte, er hat ihn mit Verachtung gestraft, strafe ihn!; **sträflich**

**straff; straffen:** du straffst, er straffte, er hat die Leine gestrafft, straffe deine Erzählung!

der **Strahl;** die Strahlen; **strahlen;** du strahlst, er strahlt, er strahlte, seine Augen haben vor Begeisterung gestrahlt

die **Strähne; strähnig**

**stramm; strammstehen;** du stehst stramm, er steht stramm, er hat strammgestanden; **strammziehen;** ich ziehe ihm die Hosen stramm, ich habe sie ihm strammgezogen

**strampeln;** du strampelst, er strampelt, er strampelte, er hat gestrampelt, strampele nicht!

der **Strand;** die Strände; **stranden;** das Schiff strandet, das Schiff strandete, das Schiff ist gestrandet

der **Strang;** die Stränge

die **Strapaze; strapazieren;** du strapazierst, er strapaziert, er strapazierte, er hat das Auto strapaziert, strapaziere das Auto nicht so stark!; sich strapazieren (sich abmühen); er hat sich bei dieser Arbeit sehr strapaziert

die **Straße;** die **Straßenbahn;** der **Straßenverkehr**

die **Strategie** (Art des Vorgehens, geplante Verfahrensweise); **strategisch**

sich **sträuben;** du sträubst dich, er sträubt sich, er sträubte sich, er hat sich gesträubt, sträube dich nicht!; da hilft kein Sträuben

der **Strauch;** die Sträucher

**straucheln;** du strauchelst, er strauchelt, er strauchelte, er ist gestrauchelt, strauchele nicht!

der **Strauß** (Blumengebinde; Kampf); die Sträuße

der **Strauß** (ein Vogel); die Strauße; die Vogel-Strauß-Politik; die **Straußenfeder**

die **Strebe** (schräge Stütze); **streben;** du strebst, er strebt, er strebte, er hat nach Höherem gestrebt, strebe danach!; der **Streber; strebsam**

die **Strecke;** Wild zur Strecke bringen; **strecken;** du streckst, er streckt, er streckte, er hat die Glieder gestreckt; sich strecken; er hat sich gestreckt

der **Streich**

**streicheln;** du streichelst ihn, er streichelt ihn, er streichelte ihn, er hat ihn gestreichelt, streichele ihn!

**streichen;** du streichst, er streicht, er strich, er hat die Fenster gestrichen, streiche die Fenster!; das **Streichholz**

die **Streife** (polizeilicher Kontrollgang); **streifen;** du streifst, er streift, er streifte, er ist durch Feld und Wald gestreift, a b e r: die Kugel hat nur seinen Arm gestreift; der **Streifen**

der **Streik** (Arbeitsniederlegung); die Streiks; **streiken;** du streikst, er streikt, er streikte, er hat gestreikt, streike!

der **Streit;** die Streite; **streiten;** du streitest, er streitet, er stritt, er hat gestritten, streite nicht!; der **Streitfall;** die **Streitfrage; streitig;** die **Streitsache; streitsüchtig**

**streng;** auf das strengste, aufs strengste; jemanden streng bestrafen, beurteilen; die **Strenge; strengge-**

**nommen;** strenggenommen ist er ein Betrüger; **strengnehmen** (genau nehmen); du nimmst es streng, er hat es strenggenommen; **strengstens**

der **Streß** (starke körperliche und seelische Belastung, Überbeanspruchung); des Stresses, die Stresse

**streuen;** du streust, er streut, er streute, er hat Sand gestreut, streue Sand!; der **Streuselkuchen**

der **Strich; strichweise**

der **Strick; stricken;** du strickst, sie strickt, sie strickte, sie hat gestrickt, stricke einen Pullover!; die **Stricknadel;** die Stricknadeln

der **Striegel;** die Striegel; **striegeln;** du striegelst, er striegelte, er hat das Pferd gestriegelt, striegele das Pferd!

der **Striemen**
**strikt;** ein striktes (strenges) Verbot

die **Strippe** (Schnur)
**strittig**

das **Stroh;** das **Strohdach;** der **Strohhalm;** der **Strohhut; strohig;** der **Strohmann;** die Strohmänner

der **Strolch;** die Strolche; **strolchen;** du strolchst, er strolcht, er strolchte, er ist durch die Straßen gestrolcht, strolche nicht durch die Straßen!

der **Strom;** die Ströme; **stromabwärts; strömen;** die Menge strömt, die Menge strömte, die Menge ist aus dem Kino geströmt; die **Strömung**

der **Stromer; stromern;** du stromerst, er stromert, er stromerte, er ist durch den Wald gestromert

die **Strophe**
**strotzen;** du strotzt, er strotzt, er strotzte, er hat vor Gesundheit gestrotzt

**strubbelig** und **strubblig**

der **Strudel;** die Strudel; **strudeln;** das Wasser strudelt, das Wasser strudelte, das Wasser hat gestrudelt

die **Struktur** (das Gefüge, der Aufbau); die Strukturen

der **Strumpf;** die Strümpfe
**struppig**

der **Struwwelpeter**

die **Stube;** der **Stubenhocker; stubenrein**

der **Stuck** (mit Gipsmischung hergestellter Wandschmuck)

das **Stück;** die Stücke; 5 Stück Zucker; **stückweise**

der **Student;** des/dem/den Studenten, die Studenten; **studieren;** du studierst, er studiert, er studierte, er hat

Physik studiert, studiere in Berlin!; Probieren (auch: probieren) geht über Studieren (auch: studieren)

das **Studio** (Atelier; Aufnahmeraum beim Film und Rundfunk); die Studios

das **Studium;** *Trennung:* Stu|dium; die Studien [*schtudi*ᵉ*n*]

die **Stufe**

der **Stuhl**

der **Stukkateur** [*schtukatör*] (Stuckarbeiter; Stuckkünstler); die Stukkateure

die **Stulle** (norddeutsch für: Brotschnitte)
**stumm;** stumm sein, werden; der **Stumme**

der **Stummel;** die Stummel

der **Stümper; stümperhaft**
**stumpf;** der **Stumpf;** die Stümpfe; etwas mit Stumpf und Stiel ausrotten; **stumpfsinnig; stumpfwinkelig** und **stumpfwinklig**

die **Stunde;** eine halbe Stunde; eine viertel Stunde, a b e r : die Viertelstunde; von Stund an; **stundenlang,** a b e r : eine Stunde lang; der **Stundenlohn;** der **Stundenplan; stündlich**

der **Stunk** (Zank, Unfrieden)
**stupid** und **stupide** (dumm, stumpfsinnig); am stupidesten
**stupsen;** du stupst, er stupst, er stupste, er hat ihn gestupst, stupse ihn nicht!; die **Stupsnase**
**stur;** die **Sturheit**

der **Sturm;** die Stürme; **stürmen;** es stürmt, es stürmte, es hat gestürmt; die **Sturmflut, stürmisch**

der **Sturz;** die Stürze; **stürzen;** du stürzt, er stürzt, er stürzte, er ist auf der Treppe gestürzt, a b e r : er hat die Regierung gestürzt; der **Sturzhelm**

der **Stuß** (Unsinn); des Stusses

die **Stute**
**Stuttgart** (Hauptstadt von Baden-Württemberg)

die **Stütze; stützen;** du stützt, er stützt, er stützte, er hat ihn gestützt, stütze ihn!
**stutzen;** du stutzt, er stutzt, er stutzte, er hat gestutzt; **stutzig**
**s. u.** = siehe unten!

das **Subjekt** (Satzgegenstand; in der Philosophie ein denkendes Wesen); die Subjekte; **subjektiv** (persönlich; einseitig); seine Ansichten sind sehr subjektiv

das **Substantiv** (Hauptwort); die Substantive; *Trennung:* Sub|stan|tiv;

**substantiviert** [...*wirt*] (hauptwört-
lich gebraucht)

die **Substanz** (Stoff; Wesen); die
Substanzen; *Trennung*: Sub|stanz

der **Subtrahend** (abzuziehende Zahl);
des/dem/den Subtrahenden, die Sub-
trahenden; *Trennung*: Sub|tra|hend;
**subtrahieren** (abziehen); du subtra-
hierst, er subtrahiert, er subtrahierte,
er hat die Zahlen subtrahiert, subtra-
hiere sieben von zwölf!; *Trennung*:
sub|tra|hie|ren; die **Subtraktion**

die **Subvention** (Unterstützung aus öf-
fentlichen Mitteln)

die **Suche;** auf der Suche sein; auf die
Suche gehen; **suchen;** du suchst, er
sucht, er suchte, er hat ihn gesucht,
suche ihn!; die **Sucherei**

die **Sucht;** die Süchte; **süchtig**
**Südafrika** (Staat in Afrika); der **Süd-**
**afrikaner; südafrikanisch**

der **Sudan** [*sudan*, auch: *sudan*] (Staat in
Afrika); der **Sudaner; sudanisch**

der **Süden;** das Gewitter kommt aus Sü-
den; gen Süden; der **Südjemen** ↑der
Jemen; **Südkorea** ↑Korea; **südlich;**
südlich des Meeres; südlich vom Mee-
re; südlicher Breite; der **Südosten;**
der **Südpol; südwärts**

das **Suffix** (Nachsilbe); die Suffixe

die **Sühne; sühnen;** du sühnst, er sühn-
te, er hat sein Verbrechen mit dem
Leben gesühnt, sühne deine Untat!

die **Sülze**
**Sumatra** [*sumatra*, auch: *sumatra*]
(indonesische Insel)

der **Summand** (hinzuzuzählende Zahl);
des/dem/den Summanden, die
Summanden; die **Summe**
**summen;** du summst, er summt, er
summte, er hat gesummt, summe
nicht!; der **Summer**

sich **summieren** (anwachsen); die Fehler
summierten sich, die Fehler haben sich
summiert

der **Sumpf;** die Sümpfe; **sumpfig**

die **Sünde;** der **Sündenbock;** der **Sün-**
**der; sündhaft; sündigen;** du sün-
digst, er sündigt, er sündigte, er hat
gesündigt, sündige nicht!

der **Superlativ** (2. Steigerungsstufe); die
Superlative

der **Supermarkt** (größerer Selbstbedie-
nungsladen); die Supermärkte

die **Suppe;** das **Suppenfleisch;** der
**Suppenlöffel;** die Suppenlöffel
**Surinam** (Staat in Südamerika); der
**Surinamer; surinamisch**

**surren;** das Rad surrt, das Rad surrte,
das Rad hat gesurrt

**süß;** am süßesten; **süßen;** du süßt,
er süßt, er süßte, er hat den Kaffee
gesüßt, süße den Kaffee!; die **Süßig-**
**keit; süßlich;** die **Süßspeise;** das
**Süßwasser**

**svw.** = soviel wie

das **Sweatshirt** [*B‸ätschö't*] (weiter
Sportpullover); die Sweatshirts

der **Swimming-pool** [*ßwimingpul*]
(Schwimmbecken); des Swimming-
pools, die Swimming-pools

**Sydney** [*ßidni*] (Stadt in Australien)

**Sylt** [*sült*] (Insel in der Nordsee)

das **Symbol** (Wahrzeichen, Sinnbild); die
Symbole; **symbolhaft; symbolisch**

die **Symmetrie** (Gleich-, Ebenmaß); die
Symmetrien; *Trennung*: Sym|me|trie;
**symmetrisch**

die **Sympathie** (Zuneigung); die Sym-
pathien; **sympathisch** (gleichge-
stimmt; anziehend); **sympathisie-**
**ren;** du sympathisierst, er sympathi-
siert, er sympathisierte, er hat mit die-
sem Plan sympathisiert

die **Symphonie** ↑Sinfonie; **sympho-**
**nisch** ↑sinfonisch

das **Symptom** (Anzeichen, Merkmal);
*Trennung*: Sym|ptom

die **Synagoge** (jüdisches Gotteshaus);
*Trennung*: Syn|ago|ge

die **Synode** (Kirchenversammlung, be-
sonders die evangelische); *Trennung*:
Syn|ode

das **Synonym** (sinnverwandtes Wort);
die Synonyme; *Trennung*: Syn|onym

der **Syrer; Syrien** (Staat im Vorderen
Orient); **syrisch**

das **System** (Gliederung; Aufbau; Ord-
nungsprinzip); die Systeme; *Tren-
nung*: Sy|stem; die **Systematik**
(planmäßige Darstellung); **systema-**
**tisch; systemlos;** am systemlose-
sten

die **Szene** (Bühne, Schauplatz; Vorgang;
Abschnitt eines Bühnenwerks); die
Szenen; der **Szenenwechsel**


# T

**t** = Tonne

der **Tabak** [*tabak* und *tabak*]; die Tabake;
die **Tabakspfeife**

die **Tabelle** (die Aufstellung, das Ver-
zeichnis)

das **Tablett;** die Tablette und die Tabletts;
*Trennung*: Ta|blett; die **Tablette**
(Arzneimittel); die Tabletten; *Tren-
nung*: Ta|blet|te
**tabu** (verboten, unantastbar); das ist
tabu; das **Tabu** (etwas, wovon man
nicht sprechen darf); die Tabus; es
ist ihm ein Tabu

das und der **Tachometer** (Drehzahl-,
Geschwindigkeitsmesser)

der **Tadel;** die Tadel; **tadellos; tadeln;**
du tadelst, er tadelt, er tadelte, er hat
ihn getadelt, tadele ihn!

die **Tafel;** die Tafeln
**täfeln** (mit Holz verkleiden); du tä-
felst, er täfelt, er täfelte, er hat das
Zimmer getäfelt, täfele das Zimmer!

der **Tag.** *Groß*: am, bei Tage; heute über
acht Tage, heute in acht Tagen, heute
vor vierzehn Tagen; von Tag zu Tag;
Tag für Tag; des Tags zuvor; eines
Tag[e]s; eines schönen Tag[e]s;
nächsten Tag[e]s; im Laufe des heuti-
gen Tag[e]s; über Tage, unter Tage
(im Bergbau); unter Tags (den Tag
über); vor Tag[e]; vor Tags; den gan-
zen Tag; guten Tag sagen, bieten.
*Klein*: tags; tags darauf; tags zuvor;
**tagaus, tagein; tagelang,** a b e r :
ganze, mehrere Tage lang; die **Tages-
zeitung; täglich;** das tägliche Brot;
die täglichen Zinsen; der tägliche Be-
darf, a b e r : die Täglichen Gebete (in
der katholischen Kirche); **tags** ↑Tag;
**tagsüber; tagtäglich;** die **Tagung**

der **Taifun** (Wirbelsturm); die Taifune

die **Taille** [*talj°*] (schmalste Stelle des
Rumpfes; Gürtelweite); *Trennung*:
Tail|le
**Taiwan** (chinesische Insel); der
**Taiwaner; taiwanisch**

der **Takt;** Takt halten

die **Taktik** (planmäßige Ausnutzung ei-
ner Lage); die Taktiken; **taktisch
taktlos;** am taktlosesten; die **Takt-
losigkeit; taktvoll**

das **Tal; talwärts**

der **Talar** (langes Amtskleid); die Talare

das **Talent** (Begabung, Fähigkeit); die
Talente; **talentiert** (begabt)

der **Talg** (starres Fett)

der **Talisman** (glückbringender Gegen-
stand); die Talismane

die **Talsperre**

der **Tambour** [*tambur*] (Trommler); die
Tamboure

das **Tamtam** (Lärm, aufdringliches Ge-
tue)

der **Tand** (Wertloses)
**tändeln;** du tändelst, er tändelt, er
tändelte, er hat mit dem Ball getändelt

das **Tandem** (Fahrrad mit zwei Sitzen
hintereinander); die Tandems

der **Tang** (Meeresalgen); die Tange

die **Tangente** (die Gerade, die eine ge-
krümmte Linie in einem Punkt be-
rührt); *Trennung*: Tan|gen|te

der **Tango** (ein Tanz); die Tangos

der **Tank;** die Tanks; **tanken;** du tankst,
er tankt, er tankte, er hat 10 Liter
Benzin getankt, tanke voll!; der **Tan-
ker;** die **Tankstelle;** der **Tankwart;**
die Tankwarte

die **Tanne;** der **Tannenbaum
Tansania** [*tansania*, auch: *tansania*]
(Staat in Afrika); der **Tansanier**
[*tansani°r*]; **tansanisch**

die **Tante**

der **Tanz;** die Tänze; **tänzeln;** das Pferd
tänzelt, das Pferd tänzelte, das Pferd
hat getänzelt; **tanzen;** du tanzt, er
tanzt, er tanzte, er hat einen Walzer
getanzt, tanze auch einmal mit deiner
Schwester!; der **Tänzer;** die **Tänze-
rin;** die Tänzerinnen

das **Tapet;** etwas aufs Tapet bringen (zur
Sprache bringen)

die **Tapete; tapezieren;** du tapezierst,
er tapezierte, er hat das Zimmer tape-
ziert, tapeziere auch den Flur!; der
**Tapezier** und der **Tapezierer
tapfer;** die **Tapferkeit
tappen;** du tappst, er tappt, er tappte,
er ist im Dunkeln durch das Zimmer
getappt, a b e r : er hat lange im dunkeln
getappt (er wußte lange nicht Be-
scheid); **täppisch**

die **Tarantel** (eine Spinne); die Taranteln

der **Tarif** (Lohn-, Preisstaffel; Gebühren-
ordnung); die Tarife
**tarnen;** du tarnst, er tarnt, er tarnte,
er hat sein Versteck getarnt, tarne dich
gut!; die **Tarnkappe;** die **Tarnung**

die **Tasche;** das **Taschengeld;** der
**Taschenrechner;** das **Taschen-
tuch**

die **Tasse**

die **Taste; tasten;** du tastest, er tastet,
er tastete, er hat vorsichtig nach ihrer
Hand getastet; sich tasten; er hat sich
durch den dunklen Gang getastet

die **Tat;** in der Tat; der **Täter; tätig;**
tätig sein; die **Tätigkeit; tätlich;** tät-
lich werden; die **Tätlichkeit
tätowieren** (eine Zeichnung mit Far-
be in die Haut einritzen); du täto-

wierst, er tätowiert, er tätowierte, er
hat ihm ein Schiff auf den Unterarm
tätowiert, tätowiere ihn!; die **Täto-
wierung**

die **Tatsache; tatsächlich**

**tätscheln;** du tätschelst, er tätschelt,
er tätschelte, er hat ihr die Hand getät-
schelt

der **Tattersall** (geschäftlich genutzte
Reithalle); die Tattersalls

die **Tatze**

der **Tau** (Niederschlag)

das **Tau** (Schiffsseil); die Taue
**taub;** taub sein; eine taube (leere)
Nuß

die **Taube;** der **Taubenschlag;** der
**Täuberich**

die **Taubheit;** die **Taubnessel;** die
Taubnesseln; **taubstumm**

**tauchen;** du tauchst, er tauchte, er
hat und er ist getaucht, a b e r nur:
er ist bis auf den Boden des Schwimm-
beckens getaucht; alles ist in helles
Licht getaucht, a b e r : er hat den Pinsel
in die Farbe getaucht; der **Taucher;**
der **Tauchsieder**

**tauen;** es taut, es taute, es hat getaut

die **Taufe; taufen;** du taufst, er tauft,
er taufte, er hat mich getauft, taufe
das Kind auf den Namen Karl-Wil-
helm!; der **Täufer;** der **Täufling;** der
**Taufpate**

**taugen;** du taugst, er taugt, er taugte,
er hat nichts getaugt; der **Tauge-
nichts;** die Taugenichtse; **tauglich;**
er ist zum Wehrdienst tauglich

der **Taumel;** im Taumel der Begeiste-
rung; **taumeln;** du taumelst, er tau-
melt, er taumelte, er ist durch die Stra-
ßen getaumelt

der **Taunus** (Gebirge in Hessen)

der **Tausch;** die Tausche; **tauschen;** du
tauschst, er tauscht, er tauschte, er
hat Briefmarken getauscht, tausche
mit mir!

**täuschen;** du täuschst, er täuscht,
er täuschte, er hat ihn getäuscht, täu-
sche ihn nicht!; sich täuschen; ich
habe mich getäuscht; ich habe mich
in ihm getäuscht; die **Täuschung**

**tausend;** tausend Menschen; Land
der tausend Seen (Finnland); an die
tausend Menschen; der fünfte Teil von
tausend. *Groß:* das Tausend; ein hal-
bes Tausend; ein paar Tausend; einige
Tausende, viele Tausende; fünf vom
Tausend; einige Tausend Büroklam-
mern (Packungen von je tausend

Stück); Tausende von Menschen;
Tausende und aber Tausende; zu
Hunderten und Tausenden; es geht
in die Tausende; der Protest einiger
Tausende; der Einsatz Tausender Pio-
niere; der Beifall Tausender von Zu-
schauern; die **Tausend** (die Zahl);
die Tausenden; **tausenderlei; tau-
sendfach; tausendfältig;** der
**Tausendfüßler; tausendjährig;
tausendmal;** das **Tausendschön**
(eine Pflanze); **tausendste;** der
tausendste Besucher, a b e r : das weiß
der Tausendste nicht; vom Hun-
dertsten ins Tausendste kommen;
**tausendundeins;** tausendundein
Weizenkorn; mit tausendundein
Weizenkörnern. *Groß:* Ein Märchen
aus Tausendundeiner Nacht

der **Tautropfen;** das **Tauwetter**

die **Taverne** (Wirtshaus, Weinschenke)

die **Taxe** (Wertschätzung, Gebühr), die
Taxen; die **Taxe** (Mietauto); die Ta-
xen und das **Taxi;** des Taxi und des
Taxis, die Taxi und die Taxis; **taxie-
ren;** du taxierst, er taxiert, er taxierte,
er hat die Ware taxiert, taxiere sie!

**Tb** und **Tbc** = Tuberkulose

das **Team** [*tim*] (Arbeitsgruppe; Mann-
schaft); die Teams

die **Technik;** die Techniken; der **Techni-
ker; technisch**

das **Techtelmechtel** (Liebelei); des
Techtelmechtels, die Techtelmechtel

der **Teckel** (Dackel); die Teckel

der **Teddybär;** des/dem/den Teddybä-
ren, die Teddybären

der **Tee;** die Tees; schwarzer Tee, chinesi-
scher Tee; das **Tee-Ei;** die **Tee-Ern-
te;** die **Teekanne**

der **Teenager** [*tine'dschᵉr*] (Junge oder
Mädchen im Alter von 13 bis 19 Jah-
ren); die Teenager; *Trennung:* Teen-
ager

der **Teer; teeren;** du teerst, er teert, er
teerte, er hat die Einfahrt geteert, teere
auch den Weg!; **teerig**

der **Tegernsee** (See in Bayern)

**Teheran** [*teheran,* auch: *teheran*]
(Hauptstadt von Iran)

der **Teich**

der **Teig**

der **Teil** und das **Teil;** zum Teil; er prüfte
jedes Teil; das (selten: der) bessere
Teil; er hat sein Teil getan; ein gut
Teil; seinen Teil dazu beitragen; ich
für mein (und: meinen) Teil; **teilbar;
teilen;** du teilst, er teilt, er teilte, er

hat mit seinem Bruder geteilt, teile mit ihm!; zehn geteilt durch fünf ist, macht, gibt zwei; **teilhaben;** er hat teil, er hat an meiner Freude teilgehabt; **teilhaftig;** einer Sache teilhaftig sein; die **Teilkaskoversicherung** (für Fahrzeuge); die **Teilnahme; teilnehmen;** er nimmt teil, er hat an dieser Veranstaltung teilgenommen, nimm daran teil!; der **Teilnehmer; teils;** teils gut, teils schlecht; **teilweise**

der **Teint** [*täng*] ([Farbe der] Gesichtshaut): die Teints

**Tel.** = Telefon

das **Telefon; telefonieren;** du telefonierst, er telefoniert, er telefonierte, er hat telefoniert, telefoniere mit deinem Freund!; **telefonisch**

der **Telegraf;** des/dem/den Telegrafen, die Telegrafen; die **Telegrafie; telegrafieren;** du telegrafierst, er telegrafierte, er hat telegrafiert, telegrafiere!; **telegrafisch;** das **Telegramm;** der **Telegraph** usw. ↑Telegraf usw.

das **Telephon** usw. ↑Telefon usw.

das **Teleskop** (Fernrohr); die Teleskope; *Trennung:* Tel|le|skop

das **Telespiel** (Spiel, das mit einem Zusatzgerät auf dem Bildschirm gespielt wird)

die **Television** [...*wi*...] (Fernsehen)

der **Teller**

der **Tempel;** die Tempel

das **Temperament** (Gemütsart; Lebhaftigkeit); die Temperamente

die **Temperatur;** die Temperaturen

das **Tempo** (Geschwindigkeit); die Tempos und die Tempi; **temporär** (zeitweilig, vorübergehend)

die **Tendenz** (Hang, Neigung; Entwicklungsrichtung); die Tendenzen; **tendenziös** (etwas bezweckend, beabsichtigend; parteilich zurechtgemacht); am tendenziösesten

die **Tenne**

das **Tennis;** Tennis spielen

der **Tenor** (Haltung, Sinn, Inhalt); des Tenors

der **Tenor** (hohe Männerstimme); des Tenors; die Tenöre

der **Teppich**

der **Termin**

der **Terminus** (Fachausdruck); des Terminus, die Termini

die **Termite** (ein Insekt)

das **Terpentin**

das **Terrain** [*täräng*] (Gebiet); die Terrains; *Trennung:* Ter|rain

das **Terrarium** (Behälter für die Haltung kleiner Lurche); die Terrarien [*tära-ri^en*]; *Trennung:* Ter|ra|rium

die **Terrasse;** *Trennung:* Ter|ras|se

der **Terrier** [*täri^er*] (ein Hund)

die **Terrine** (Suppenschüssel)

das **Territorium** (Bezirk; Hoheitsgebiet); die Territorien [*täritori^en*]

der **Terror** (Gewaltherrschaft); **terrorisieren;** du terrorisierst, er terrorisiert, er terrorisierte, er hat seine Mitschüler terrorisiert, terrorisiere sie nicht!; der **Terrorismus;** der **Terrorist;** des/dem/den Terroristen, die Terroristen

die **Tertia** (die vierte und fünfte Klasse einer höheren Schule); die Tertien [*tärzi^en*]; der **Tertianer;** die **Tertianerin;** die Tertianerinnen

die **Terz** (der dritte Ton vom Grundton aus); die Terzen

der **Test** (Probe, Prüfung); die Teste und die Tests

das **Testament;** das Alte Testament, das Neue Testament; **testamentarisch**

der **Tetanus** (Wundstarrkrampf); des Tetanus; die **Tetanusimpfung**

**teuer;** teurer, am teuersten; das kommt mir oder mich teuer zu stehen; die **Teuerung**

der **Teufel;** die Teufel; **teuflisch**

**Texas** (Staat in den USA)

der **Text**

die **Textilien** [*tekßtili^en*] *Plural*

**TH** = technische Hochschule

**Thailand** (Staat in Hinterindien); der **Thailänder; thailändisch**

das **Theater;** *Trennung:* Thea|ter; **theatralisch**

die **Theke** (Schanktisch, Ladentisch); die Theken

das **Thema;** die Themen und die Themata

die **Themse** (Fluß in England)

der **Theologe** (Gottesgelehrter); des Theologen; die Theologen; *Trennung:* Theo|lo|ge; die **Theologie** (Wissenschaft von Gott und seiner Offenbarung); die Theologien; **theologisch; theoretisch;** *Trennung:* theo|retisch; die **Theorie** (Lehrmeinung, Betrachtungsweise); die Theorien; *Trennung:* Theo|rie

die **Therapie** (Heilbehandlung); die Therapien

das **Thermalbad** (Warmquellbad)

das **Thermometer** (Temperaturmeßgerät)

die **Thermosflasche** (ein Warmhaltegefäß)

der **Thermostat** (Wärmeregler); des Thermostat[e]s und des Thermostaten, die Thermostate und die Thermostaten

die **These** (Behauptung)

das **Thing** (germanische Volksversammlung); die Thinge

der **Thriller** [*thrįl*ᵉ*r*] (reißerischer Film oder Roman)

der **Thron**; die Throne; der Thronfolger

der **Thunfisch**

**Tibet** (Hochland in Zentralasien); der **Tibeter**, auch: der **Tibetaner; tibetisch,** auch: **tibetanisch**

der **Tick** (wunderliche Eigenart); die Ticks

**ticken;** die Uhr tickt, die Uhr tickte, die Uhr hat getickt

**tief;** etwas auf das tiefste, aufs tiefste beklagen; tief graben, pflügen; ein tief ausgeschnittenes Kleid; das **Tief** (Tiefstand des Luftdrucks); die Tiefs; **tiefbewegt;** der tiefbewegte alte Mann, a b e r : der alte Mann ist tief bewegt; **tiefblau;** die **Tiefe; tiefempfunden;** ein tiefempfundener Dank, a b e r : sein Dank war tief empfunden; **tieferschüttert;** der tieferschütterte Mann, a b e r : der Mann ist tief erschüttert; **tiefgekühlt;** tiefgekühltes Gemüse, das Gemüse ist tiefgekühlt; **tiefgreifend; tiefgründig; tiefschwarz; tiefsinnig**

der **Tiegel** (flacher Topf); die Tiegel

das **Tier;** der **Tierarzt;** der **Tierbändiger; tierisch;** die **Tierquälerei;** die **Tierwelt**

der **Tiger**

der **Tigris** (Fluß in Vorderasien)

**tilgen;** du tilgst, er tilgt, er tilgte, er hat seine Schulden getilgt, tilge deine Schulden!; die **Tilgung**

**Timor** (indonesische Insel)

die **Tinte;** das **Tintenfaß;** die Tintenfässer; der **Tintenklecks;** die Tintenkleckse; der **Tintenkuli**

**tippeln;** er tippelt, er tippelt, er tippelte, er ist um die ganze Welt getippelt

der **Tip;** die Tips

der **Tippelbruder** (Landstreicher)

**tippen;** du tippst, er tippt, er tippte, er hat getippt, tippe richtig!

**tipptopp**

**Tirana** (Hauptstadt von Albanien)

der **Tisch;** der **Tischler;** die **Tischlerei**

das **Tischtennis;** Tischtennis spielen

der **Titel;** die Titel

der **Toast** [*tǫßt*] (Trinkspruch; geröstete Weißbrotschnitte); die Toaste und die Toasts; der **Toaster**

**toben;** du tobst, er tobt, er tobte, er hat getobt, tobe nicht!; die **Tobsucht; tobsüchtig**

die **Tochter;** die Töchter

der **Tod;** zu Tode fallen; ein Tier zu Tode hetzen; jemanden zu Tode erschrecken; **todblaß** ↑totenblaß; **todbringend; todelend; todernst;** die **Todesangst;** die **Todesstrafe;** das **Todesurteil; todfeind;** der **Todfeind; todkrank; tödlich; todmüde; todsicher; todstill** ↑totenstill; die **Todsünde; todwund**

**Togo** (Staat in Westafrika); der **Togoer** [*togoᵉr*]; **togoisch** [*togo-isch*]

die **Toilette** [*toalät*ᵉ]; *Trennung:* Toilette

**Tokio** (Hauptstadt von Japan)

**tolerant** (duldsam; nachsichtig); am tolerantesten; die **Toleranz** (Duldung)

**toll; tollen;** du tollst, er tollt, er tollte, er hat getollt, tolle nicht so arg!; die **Tollheit; tollkühn;** die **Tollwut; tollwütig**

der **Tolpatsch;** die Tolpatsche; **tolpatschig**

der **Tölpel;** die Tölpel; **tölpelhaft**

die **Tomate**

die **Tombola** (Verlosung); die Tombolas und (selten:) die Tombolen

der **Ton** (Bodenart); die Tone

der **Ton** (Laut; Farbton); die Töne; die **Tonart; tönen;** es tönt, es tönte, es hat getönt

**tönern** (aus Ton); ein tönernes Geschirr; es klingt tönern (hohl)

der **Tonfilm;** die **Tonleiter**

die **Tonnage** [*tonąsch*ᵉ] (Rauminhalt eines Schiffes; Frachtraum); die Tonnagen; *Trennung:* Ton|na|ge; die **Tonne**

der **Topf;** die Töpfe; der **Töpfer**

**topfit** (in bester körperlicher Verfassung)

das **Tor;** die Tore

der **Tor** (törichter Mensch); des/dem/den Toren; die Toren

der **Torf;** das **Torfmoor**

die **Torheit; töricht**

**torkeln;** du torkelst, er torkelt, er torkelte, er ist getorkelt

der **Tormann;** die Tormänner

der **Tornado** (Wirbelsturm); des Tornados, die Tornados

der **Tornister** (Ranzen)

das **Torpedo** (Unterwassergeschoß);
des Torpedos, die Torpedos

der **Torso** (Rumpf einer Statue; Bruch-
stück, unvollendetes Werk); des Tor-
sos, die Torsos

die **Torte;** der **Tortenboden**

die **Tortur** (Folter, Qual); die Torturen

der **Torwart;** die Torwarte

**tot;** der tote Punkt; am toten Punkt
angelangt sein; etwas auf ein totes
Gleis schieben; ein totes Kapital.
*Groß:* etwas Starres und Totes; das
Tote Meer
**total** (gänzlich, völlig); **totalitär**
(alles erfassend und kontrollierend);
totalitäre Staaten

sich **totarbeiten;** er arbeitet sich tot, er
hat sich totgearbeitet; der **Tote;** ein
Toter, die Toten, zwei Tote; die **Tote;**
eine Tote

das **Totem** (Stammeszeichen bei den In-
dianern); der **Totempfahl**
**töten;** du tötest, er tötet, er tötete,
er hat ihn getötet, töte nicht!; die **To-
tenbahre; totenblaß** und todblaß;
der **Totengräber; totenstill** und
todstill; **totfahren;** er fuhr ihn tot,
er hat ihn totgefahren; **totgeboren;**
ein totgeborenes Kind, a b e r : das Kind
ist tot geboren; sich **totlachen;** er
lacht sich tot, er hat sich totgelacht

der **Toto** (Glücksspiel); die Totos; das
**Totoergebnis;** des Totoergebnisses,
die Totoergebnisse
**totschlagen;** er schlug ihn tot, er
hat ihn totgeschlagen

das **Toupet** [*tupe*] (Perücke); des Tou-
pets [*tupeß*], die Toupets [*tupeß*]

die **Tour** [*tur*] (Umlauf; die Umdrehung);
die Touren; der **Tourenzähler;** der
**Tourist** (Reisende); des/dem/den
Touristen, die Touristen

der **Trab;** Trab reiten, laufen

der **Trabant** (ein künstlicher Erdmond);
des/dem/den Trabanten, die Traban-
ten
**traben;** das Pferd trabt, das Pferd
trabte, das Pferd ist über den Acker
getrabt, a b e r : das Pferd hat zwei
Stunden getrabt

die **Tracht;** eine Tracht Prügel
**trachten;** du trachtest, es trachtet,
er trachtete, er hat mir nach dem Leben
getrachtet
**trächtig;** eine trächtige Kuh

die **Tradition** (Überlieferung; Brauch);
**traditionell** (überliefert, herkömm-
lich)

der **Trafo** (kurz für: Transformator); des
Trafo und des Trafos, die Trafos
**träg** und **träge**

die **Tragbahre; tragbar;** die **Trage;**
**tragen;** du trägst, er trägt, er trug,
er hat den Koffer getragen, trage ihr
den Korb!; der **Träger; tragfähig;**
das **Tragflügelboot**

die **Trägheit**

die **Tragik** (erschütterndes Leid); **tra-
gisch;** die **Tragödie** [*tragödi°*]
(Trauerspiel; Unglück); die Tragödien
[*tragödi°n*]

die **Tragweite**

der **Trainer** [*träner*] (jemand, der andere
auf Wettkämpfe vorbereitet); **trainie-
ren** [*träni̯r°n*]; du trainierst, er trai-
niert, er trainierte, er hat oft trainiert,
trainiere!; das **Training** [*träning*]; die
Trainings; der **Trainingsanzug**

der **Trakt** (Gebäudeteil); die Trakte

der **Traktor** (Zugmaschine); die Trakto-
ren
**trällern;** du trällerst, er trällerte, er
hat ein Lied geträllert

die **Tram** (Straßenbahn); die Trams
**trampeln;** du trampelst, er trampelt,
er trampelte, er hat getrampelt, tram-
pele nicht!
**trampen** [*trämp°n*] (per Anhalter
fahren); du trampst, er trampte, er ist
durch Italien getrampt

der **Tran** (flüssiges Fett von Seetieren);
**tranig**

die **Träne; tränen;** das Auge tränt, das
Auge tränte, das Auge hat getränt

der **Trank;** die Tränke; die **Tränke; trän-
ken;** du tränkst, er tränkt, er tränkte,
er hat die Pferde getränkt, tränke sie!

der **Transformator** (Umspanner elektri-
scher Ströme); die Transformatoren

der **Transistor** (Teil eines elektrischen
Verstärkers); des Transistors, die Tran-
sistoren

das **Transparent** (durchscheinendes
Bild; Spruchband); die Transparente;
*Trennung:* Trans|pa|rent

der **Transport;** *Trennung:* Trans|port;
**transportieren;** du transportierst, er
transportiert, er transportierte, er hat
die Säcke nach Hause transportiert,
transportiere sie nach Hause!; die
**Transportkosten** *Plural*

das **Trapez;** die Trapeze; **trapezförmig**

der **Trapper** (nordamerikanischer Pelz-
tierjäger)

der **Tratsch** (Klatsch); **tratschen;** du
tratschst, er tratschte, er hat getratscht

195

die **Traube;** der **Traubenzucker**
**trauen;** du traust, er traut, er traute,
er hat ihm getraut, traue ihm nicht;
ich traue mich nicht (seltener: mir
nicht), das zu tun
die **Trauer; trauern;** du trauerst, er
trauert, er trauerte, er hat um sie ge-
trauert, traure nicht!
die **Traufe**
**träufeln;** du träufelst, er träufelt, er
träufelte, er hat ihm Tropfen in die
Augen geträufelt
der **Traum;** die Träume; **träumen;** du
träumst, er träumt, er träumte, er hat
geträumt, träume nicht!; der **Träu-
mer; träumerisch**
**traurig**
die **Trauung**
der **Treck** (Zug; Auswanderung); die
Trecks; der **Trecker** (Zugmaschine)
**treffen;** du triffst, er trifft, er traf,
er hat ihn getroffen, triff!; das **Tref-
fen;** der **Treffer; trefflich;** der
**Treffpunkt**
**treiben;** du treibst, er treibt, er trieb,
er hat das Vieh auf die Weide getrie-
ben, treibe das Vieh!; das **Treiben;**
der **Treiber;** das **Treibhaus**
der **Trenchcoat** [*träntschko"t*] (ein
Wettermantel); die Trenchcoats
der **Trend** (Richtung einer Entwicklung);
des Trends, die Trends
**trennbar; trennen;** du trennst, er
trennt, er trennte, er hat sie getrennt,
trenne sie nicht!; die **Trennung**
**treppab, treppauf;** die **Treppe;** das
**Treppenhaus**
der **Tresen** (Laden-, Schanktisch)
der **Tresor** (Panzerschrank); die Tresore
die **Tresse** (Borte)
**treten;** du trittst, er tritt, er trat, er
ist in die Pfütze getreten, a b e r: er
hat ihn getreten, tritt ihn nicht!; der
**Tretroller**
**treu;** treuer, am treu[e]sten; jeman-
dem etwas zu treuen Händen überge-
ben; die **Treue;** auf Treu und Glau-
ben; **treuergeben;** treuer, am treue-
sten ergeben; ein mir treuergebener
Freund, a b e r: der Freund ist mir treu
ergeben; der **Treuhänder; treuher-
zig; treulich; treulos;** am treulose-
sten
der **Triangel** (ein Schlaggerät in der Mu-
sik); die Triangel; *Trennung:* Tri|an|gel
die **Tribüne** (Redner-, Zuschauerbühne)
der **Tribut** (Opfer, Zwangsabgabe, Bei-
steuer); die Tribute

die **Trichine** (ein schmarotzender Fa-
denwurm); die Trichinen; **trichinös**
der **Trichter**
der **Trick;** die Tricke und die Tricks
der **Trieb; triebhaft;** am triebhaftesten
**triefen;** seine Haare triefen, seine
Haare trieften (selten: troffen), seine
Haare haben vor Nässe getrieft (sel-
ten: getroffen)
die **Trift** (Weide; Meeresströmung); die
Triften
**triftig;** ein triftiger Grund
die **Trigonometrie** (Dreiecksberech-
nung); **trigonometrisch;** der trigo-
nometrische Punkt
die **Trikolore** (dreifarbige Fahne [Frank-
reichs])
das **Trikot** [*triko* und *triko*] (Sporthemd);
die Trikots; der **Trikot,** (selten:) das
Trikot (eine Gewebeart); das Hemd
ist aus Trikot
der **Triller, trillern,** du trillerst, er trillerte,
er hat auf seiner Pfeife getrillert, trillere
einmal!; die **Trillerpfeife**
die **Trilogie** (Folge von drei zusammen-
gehörenden Dichtwerken oder Kom-
positionen); die Trilogien
der **Trimm-dich-Pfad; trimmen** (in ei-
nen gewünschten Zustand bringen);
du trimmst, er trimmt, er hat den Pudel
getrimmt, (geschoren), er hat sich ge-
trimmt (körperlich fit gemacht)
**Trinidad und Tobago** (Staat im Ka-
ribischen Meer)
**trinkbar; trinken;** du trinkst, er
trinkt, er trank, er hat Milch getrunken,
trinke viel Milch!; der **Trinker;** das
**Trinkgeld;** das **Trinkwasser;** des
Trinkwassers
das **Trio** (Musikstück für drei Instrumen-
te; auch die drei ausführenden Perso-
nen); die Trios
**Tripolis** (im Wechsel mit Bengasi
Hauptstadt von Libyen)
**trippeln;** du trippelst, er trippelt, er
trippelte, er ist nach Hause getrippelt,
trippele nicht!
der **Tripper** (eine Geschlechtskrank-
heit); des Trippers
**trist** (traurig, trostlos); am tristesten
der **Tritt;** das **Trittbrett;** die Trittbretter;
**trittfest**
der **Triumph;** die Triumphe; **triumphie-
ren;** du triumphierst, er triumphiert,
er triumphierte, er hat triumphiert,
triumphiere nicht zu früh!
**trivial** [*triwial*] (platt, abgedro-
schen); *Trennung:* tri|vial

7*

**trocken;** trockenes Brot. *Klein auch*: auf dem trocknen sitzen (in Verlegenheit sein); sein Schäfchen im trocknen (geborgen) haben, ins trockene bringen. *Groß*: im Trocknen (auf trockenem Boden) sein; die **Trockenheit; trockenlegen** (mit frischen Windeln versehen); die Mutter legt das Kind trocken, sie hat es trockengelegt, a b e r : **trocken legen** (an einen trockenen Ort legen); wir müssen die Kartoffeln trocken legen; **trockenreiben** (durch Reiben trocknen); das Kind wurde nach dem Bad trockengerieben, a b e r : **trocken reiben** (ohne Zusatz von Flüssigkeit reiben); du mußt die Platte trocken reiben; **trocknen;** du trocknest, er trocknet, er trocknete, er hat die Kleider getrocknet, trockne deine nassen Kleider!

die **Troddel** (Quaste); die Troddeln

der **Trödel; trödeln;** du trödelst, er trödelt, er trödelte, er hat getrödelt, trödele nicht!; der **Trödler**

der **Trog;** die Tröge

die **Trommel;** die Trommeln; **trommeln;** du trommelst, er trommelt, er trommelte, er hat getrommelt, trommle nicht so laut!; der **Trommelrevolver;** der **Trommler**

die **Trompete; trompeten;** du trompetest, er trompetet, er trompetete, er hat trompetet, trompete!; der **Trompeter**

die **Tropen** (heiße Zonen zwischen den Wendekreisen) *Plural*

der **Tropf** (armseliger Mensch); die Tröpfe
**tröpfeln;** es tröpfelt, es tröpfelte, es hat getröpfelt; **tropfen;** es tropft, es tropfte, es hat getropft; der **Tropfen;** der **Tropfstein;** die Tropfsteine; die **Tropfsteinhöhle**

die **Trophäe** (Siegeszeichen; Jagdbeute); die Trophäen
**tropisch** (zu den Tropen gehörend; südlich, heiß)

der **Troß** (Wagenpark mit Nachschub für die Truppe; Gefolge); des Trosses, die Trosse

die **Trosse** (starkes Tau; Drahtseil); die Trossen

der **Trost; trösten;** du tröstest, er tröstet, er tröstete, er hat seinen Freund getröstet, tröste ihn!; der **Tröster; tröstlich; trostlos;** am troslosesten

der **Trott**

der **Trottel;** die Trottel

**trotteln;** du trottelst, er trottelt, er trottelte, er hat getrottelt, trottele nicht so!; **trotten;** der Hund trottet, der Hund trottete, der Hund ist langsam zu seiner Hütte getrottet

das **Trottoir** [*trotoar*] (Bürgersteig); die Trottoire und die Trottoirs; *Trennung*: Trot|toir

**trotz;** trotz des Regens, (selten auch:) trotz dem Regen

der **Trotz;** aus Trotz; dir zum Trotz; **trotzen;** du trotzt, er trotzt, er trotzte, er hat getrotzt, trotze nicht!; **trotzig;** der **Trotzkopf**
**trotzdem**
**trüb** und **trübe;** trübes Wetter. *Klein auch*: im trüben fischen (aus einer unklaren Lage Vorteile ziehen)

der **Trubel**
**trüben;** diese Nachricht trübt, sie trübte, sie hat unsere Freude getrübt

die **Trübsal;** die Trübsale; **trübselig;** der **Trübsinn; trübsinnig**
**trudeln** (drehend niedergehen); das Flugzeug trudelt, es trudelte, es ist (auch: es hat) getrudelt

die **Trüffel** (ein Pilz); die Trüffeln; auch: der **Trüffel,** die Trüffel

der **Trug;** Lug und Trug; **trügen;** meine Erinnerung trügt mich, sie trog mich, sie hat mich getrogen; **trügerisch;** der **Trugschluß;** des Trugschlusses, die Trugschlüsse

die **Truhe**

die **Trümmer** *Plural*

der **Trumpf;** die Trümpfe

der **Trunk;** die Trünke; **trunken;** er ist vor Freude trunken; die **Trunkenheit;** der Trunkenheit; **trunksüchtig**

der **Trupp;** die Trupps; die **Truppe**

der **Trust** [*traßt*] (Konzern); die Truste und die Trusts

der **Truthahn;** die **Truthenne**

der **Trutz;** zu Schutz und Trutz; das Schutz-und-Trutz-Bündnis
**Tschad** (Staat in Afrika); der **Tschader; tschadisch**

der **Tschako** (Helm des Polizisten); die Tschakos

der **Tschechoslowake** (Einwohner der Tschechoslowakei); die **Tschechoslowakei; tschechoslowakisch**
**Tsd.** = Tausend

das **T-Shirt** [*tischö't*] (Trikothemd mit kurzen Ärmeln); die T-Shirts

die **Tuba** (tiefstes Blechblasinstrument); die Tuben

die **Tube;** die Tuben

der **Tuberkel** (knötchenförmige Ge-
schwulst); die Tuberkel; **tuberkulös**
(mit Tuberkeln durchsetzt; schwind-
süchtig); die **Tuberkulose**
(Schwindsucht)

das **Tuch** (Stoff); die Tuche; das **Tuch**
(z. B. das Handtuch); die Tücher
**tüchtig;** die **Tüchtigkeit**

die **Tücke; tückisch**
**tuckern;** das Motorboot tuckerte, es
hat getuckert, a b e r : es ist über den
See getuckert
**tüfteln;** du tüftelst, er tüftelt, er tüftel-
te, er hat gern getüftelt; der **Tüftler**
und der **Tüfteler**

die **Tugend; tugendhaft**

der **Tüll** (ein netzartiges Gewebe); die
Tülle

die **Tulpe**

sich **tummeln;** du tummelst dich, er tum-
melt sich, er tummelte sich, er hat
sich getummelt, tummele dich auf dem
Spielfeld!; der **Tummelplatz**

der **Tumor** (Geschwulst); die Tumoren

der **Tümpel;** die Tümpel

der **Tumult;** die Tumulte
**tun;** du tust es, er tut es, er tat es,
er hat es getan, tue es!; er tut viel
Gutes; er hat ihm nichts getan; das
**Tun;** das Tun und Lassen; das Tun
und Treiben

die **Tünche; tünchen;** du tünchst, er
tüncht, er tünchte, er hat die Wand
getüncht, tünche den Stall!

die **Tundra** (arktische Kältesteppe); die
Tundren; *Trennung*: Tun|dra

das **Tunell** ↑Tunnel
**Tunesien** [*tunesi^en*] (Staat in Nord-
afrika); der **Tunesier** [*tunesi^er*]; **tu-
nesisch**

der **Tunichtgut;** die Tunichtgute
**Tunis** (Hauptstadt von Tunesien)

die **Tunke; tunken;** du tunkst, er tunkt,
er tunkte, er hat das Brot in den Kaffee
getunkt
**tunlich; tunlichst;** tunlichst bald

der **Tunnel;** die Tunnel und die Tunnels;
auch: das Tunell; die Tunelle

das **Tüpfelchen;** das Tüpfelchen auf dem
i, a b e r : das I-Tüpfelchen
**tupfen;** du tupfst, er tupft, er tupfte,
er hat die Salbe auf die Wunde getupft,
tupfe die Salbe vorsichtig auf die
Wunde!; der **Tupfen** (runder Fleck)

die **Tür;** von Tür zu Tür

die **Turbine** (eine Kraftmaschine); der
**Turbolader** (Vorrichtung zur Luft-
verdichtung bei einem Motor); **turbu-**

**lent** (stürmisch, ungestüm); am tur-
bulentesten

der **Türke;** einen Turken bauen (etwas
vortäuschen); die **Türkei; türkisch**
**türkis** (türkisfarben); das Kleid ist
türkis; der **Türkis** (blauer, auch grü-
ner Edelstein); die Türkise

der **Turm; turmhoch**
**türmen** (ausreißen); du türmst, er
türmte, er ist schnell getürmt
**turnen;** du turnst, er turnt, er turnte,
er hat geturnt, turne öfter!; der **Tur-
ner;** die **Turnhalle**

das **Turnier** (ein Wettkampf); die Turnie-
re

die **Turteltaube**

der **Tusch** (Musikbegleitung. bei einem
Hoch); einen Tusch blasen

die **Tusche**
**tuscheln;** sie tuscheln, sie tuschel-
ten, sie haben getuschelt, tuschelt
nicht!

die **Tüte**
**tuten;** die Lokomotive tutet, sie tute-
te, sie hat getutet; er hat von Tuten
und Blasen keine Ahnung (er versteht
nichts von den Sachen)
**TÜV** = Technischer Überwa-
chungsverein

der **Twen** (Mann, auch Mädchen um die
Zwanzig); die Twens

der **Twist** (ein Stopfgarn); die Twiste

der **Typ** (Urbild; Modell, Bauart; auch
für: Mensch, Person); die Typen; die
**Type** (gegossener Druckbuchstabe;
komische Figur); die Typen

der **Typhus** (eine Infektionskrankheit);
*Trennung*: Ty|phus
**typisch** (bezeichnend)

der **Tyrann** (Gewaltherrscher; herrsch-
süchtiger Mensch); des/dem/den
Tyrannen, die Tyrannen; die **Tyran-
nei; tyrannisch** (gewaltsam, will-
kürlich); **tyrannisieren;** du tyranni-
sierst ihn, er tyrannisierte ihn, er hat
ihn tyrannisiert, tyrannisiere ihn nicht!

# U

**u.** = und
**u. a.** = und andere[s]; unter anderem,
unter anderen
**u. ä.** = und ähnliche[s]
**u. a. m.** = und andere[s] mehr
**u. A. w. g.** = um Antwort wird gebe-
ten

die **U-Bahn** (kurz für: Untergrundbahn);
der **U-Bahnhof;** der **U-Bahn-Tun-
nel;** der **U-Bahn-Wagen**
**übel;** übler, am übelsten; eine üble
Nachrede; ein übler Ruf; übel werden,
übel riechen. *Groß*: er hat mir nichts,
viel Übles getan; **übelgelaunt;** ein
übelgelaunter Mann, a b e r : der Mann
ist übel gelaunt; **übelgesinnt;** der
übelgesinnte Nachbar, a b e r : der
Nachbar ist übel gesinnt; **übelneh-
men;** er nimmt übel, er hat es ihm
übelgenommen; der **Übeltäter**
**üben;** du übst, er übt, er übte, er
hat den Handstand geübt, übe ihn!;
Barmherzigkeit, Gerechtigkeit üben
**über;** das Bild hängt über dem Sofa,
a b e r : er hängt das Bild über das Sofa;
Kinder über 8 Jahre; Gemeinden über
10 000 Einwohner; über Nacht; über
kurz oder lang; über und über (sehr,
völlig); wir mußten über zwei Stunden
warten; er ist mir über (überlegen)
**überall; überaus**
**überbelegt;** der Raum war überbe-
legt
das **Überbleibsel;** die Überbleibsel
der **Überblick; überblicken;** er über-
blickt die Lage, er hat sie überblickt
**überbrücken;** er überbrückt die Ge-
gensätze, er hat sie überbrückt
**überdies**
**überdimensional** (übergroß)
der **Überdruß;** des Überdrusses; **über-
drüssig;** einer Sache überdrüssig
sein; ich bin seiner überdrüssig und
ich bin ihn überdrüssig
**übereinander;** *Trennung*: über|ein-
an|der; sie haben übereinander ge-
redet, gesprochen, a b e r : **überein-
anderlegen;** sie legten die Decken
übereinander, sie haben sie überein-
andergelegt; ebenso: **übereinander-
liegen, übereinanderschlagen,
übereinanderwerfen**
das **Übereinkommen** und die **Überein-
kunft** (Abmachung); die Überein-
künfte
**übereinstimmen;** wir stimmen
überein, wir haben übereingestimmt
**überfahren** (überrollen); er über-
fährt den Hund, er hat ihn überfahren;
**überfahren** (über einen Fluß, See
fahren); er fährt über, er ist übergefah-
ren
der **Überfall; überfallen;** er überfällt
ihn, er hat ihn überfallen
**überfließen;** das Wasser fließt über,

das Wasser ist übergeflossen; der
**Überfluß;** des Überflusses; **über-
flüssig**
**überfordern;** er überfordert ihn, er
hat ihn überfordert; die **Überforde-
rung**
**überfragen;** in dieser Sache bin ich
überfragt (darüber weiß ich nicht ge-
nug)
**überführen** und **überführen;** er
überführt die Leiche, er hat die Leiche
übergeführt, auch: überführt; **über-
führen** (eine Schuld nachweisen);
er überführt ihn, er hat ihn überführt
der **Übergang;** die **Übergangszeit**
**übergeben;** er übergab ihm die Lei-
tung, er hat sie übergeben; er hat sich
übergeben (erbrochen)
**übergehen;** er ist zum Feind über-
gegangen; **übergehen;** er übergeht
ihn, er hat ihn übergangen (nicht
beachtet)
das **Übergewicht**
der **Übergriff**
**überhandnehmen;** es nimmt über-
hand, es hat überhandgenommen
**überhaupt**
**überheblich**
**überholen;** er überholt den Wagen,
er hat ihn überholt; das **Überholver-
bot**
**überlaufen;** die Milch läuft über, der
Topf ist übergelaufen; **überlaufen;**
es überlief ihn kalt, es hat ihn kalt
überlaufen; der Kurort ist von Fremden
überlaufen
**überleben;** er hat seine Frau überlebt;
diese Vorstellungen sind heute über-
lebt
**überlegen;** er überlegt, er hat lange
überlegt
**überlegen;** er ist mir überlegen; die
**Überlegenheit**
**überlisten;** er hat mich überlistet
die **Übermacht**
**übermorgen;** übermorgen abend
der **Übermut; übermütig**
**übernachten;** du übernachtest, er
übernachtet, er übernachtete, er hat
bei uns übernachtet, übernachte bei
uns!; die **Übernachtung**
**übernehmen;** er übernimmt die Auf-
gabe, er hat sie übernommen; er hat
sich übernommen (sich zuviel zuge-
mutet); übernimm dich nicht!
**überqueren;** du überquerst, er über-
quert, er überquerte, er hat den Platz
überquert, überquere ihn!

**überraschen;** du überraschst ihn, er überrascht ihn, er überraschte ihn, er hat ihn überrascht, überrasche ihn!; die **Überraschung**
**überreden;** er überredet ihn, er hat ihn überredet; die **Überredung**
**überreif**
**überrumpeln;** er hat den Feind überrumpelt; die **Überrump[e]lung**
**überrunden;** er überrundet die letzten Läufer, er hat sie überrundet
**übers** (über das); übers Jahr
**überschauen;** er überschaut das Land
**überschlagen;** er überschlägt die Kosten (er rechnet sie kurz durch); er hat drei Seiten überschlagen; das Auto hat sich überschlagen

die **Überschrift**
der **Überschuß;** des Überschusses, die Überschüsse; **überschüssig**
**überschütten;** er schüttet über, er hat die Milch übergeschüttet, a b e r : **überschütten;** er überschüttet ihn, er hat ihn mit Vorwürfen überschüttet
der **Überschwang;** im Überschwang der Gefühle
**überschwemmen;** der Fluß überschwemmt, der Fluß überschwemmte, der Fluß hat die Wiesen überschwemmt; die **Überschwemmung**
**überschwenglich**
**Übersee** (ohne Artikel); Waren von oder aus Übersee; **überseeisch**
**übersehen;** er übersah den Fehler, er hat ihn übersehen
**übersetzen;** er übersetzt den Satz, wir haben aus dem Englischen übersetzt; **übersetzen;** die Fähre setzt die Autos über; wir haben übergesetzt

die **Übersicht; übersichtlich**
**überspitzt** (zu scharf, übermäßig); etwas überspitzt formulieren
**überstehen;** er hat die Gefahr überstanden; **überstehen;** das Brett steht über, es hat übergestanden
**überstimmen;** die Gegner des Antrags wurden überstimmt

die **Überstunde;** Überstunden machen
der **Übertrag; übertragen;** er überträgt ihm ein Amt, sie hat die Zwischensumme übertragen; die **Übertragung**
**übertreffen;** er übertrifft sich selbst, er hat alle übertroffen
**übertreiben;** er übertrieb gern, er hat das Training übertrieben
**übertreten;** er übertritt das Gesetz, er hat es übertreten; **übertreten;** er

trat zu einer anderen Partei über; er ist beim Weitsprung übergetreten
**übervoll**
**überwältigen;** du überwältigst ihn, er überwältigt ihn, er überwältigte ihn, er hat ihn überwältigt, überwältige ihn!; **überwältigend**
**überweisen;** er überweist das Geld, er hat es überwiesen; die **Überweisung**
**überwinden;** du überwindest, er überwindet, er überwand, er hat seine Bedenken überwunden, überwinde sie!; die **Überwindung**
**überzählig**
**überzeugen;** du überzeugst, er überzeugt, er überzeugte, er hat ihn überzeugt, überzeuge ihn!; **überzeugend; die Überzeugung**
**überziehen;** er zieht den Pullover über, er hat ihn übergezogen; **überziehen;** sie überzieht das Köstchen mit Samt; er hat sein Konto überzogen (zuviel abgehoben); **Überziehungszinsen** *Plural*; der **Überzug;** die Überzüge
**üblich**

das **U - Boot;** der **U-Boot-Krieg**
**übrig;** ein übriges tun; im übrigen; alles übrige (alles andere); die übrigen (die anderen); ich habe etwas übrig; dies ist übrig; **übrigbleiben;** das bleibt übrig, das ist übriggeblieben; **übrigens; übriglassen;** er läßt übrig, er hat nichts übriggelassen, lasse etwas übrig!

die **Übung**
**u. dgl.** [**m.**] = und dergleichen [**mehr**]
**u. d. M.** = unter dem Meeresspiegel
**ü. d. M.** = über dem Meeresspiegel
die **UdSSR** (die Union der Sozialistischen Sowjetrepubliken)
das **Ufer; uferlos;** das grenzt ans Uferlose, a b e r : seine Pläne gingen ins uferlose (allzu weit)
**Uganda** (Staat in Afrika); der **Ugander; ugandisch**
die **Uhr;** der **Uhrmacher**
der **Uhu;** die Uhus
**UKW** = Ultrakurzwellen
**Ulan Bator** (Hauptstadt der Mongolei)
der **Ulk;** die Ulke; **ulken;** du ulkst, er ulkt, er ulkte, er hat geulkt, ulke nicht!; **ulkig**
die **Ulme;** das **Ulmensterben**
das **Ultimatum** (letzte befristete Auffor-

derung); die Ultimaten und die Ulti-
matums

die **Ultrakurzwellen** *Plural*; der **Ultra-
kurzwellensender** (UKW-Sender)
**ultraviolett;** ultraviolette Strahlen
**um;** um so größer; um so mehr; um
so weniger; um zu
**umändern;** er ändert um, er hat den
Anzug umgeändert
**umarmen;** du umarmst ihn, er um-
armt ihn, er umarmte ihn, er hat ihn
umarmt, umarme ihn!

der **Umbau;** die Umbauten
**umbringen;** er hat ihn umgebracht
**umdrehen;** er dreht um, er hat jeden
Pfennig umgedreht; sich umdrehen;
er hat sich umgedreht; die **Umdre-
hung**
**umeinander;** *Trennung:* um|ein|an-
der; sich umeinander kümmern; ↑an-
einander
**umfallen;** der Stuhl fällt um, der Stuhl
ist umgefallen

der **Umfang**

die **Umfrage**

der **Umgang; umgänglich**
**umgeben;** er ist von Kindern umge-
ben; die **Umgebung**
**umgekehrt**
**umgraben;** er gräbt um, er hat den
Garten umgegraben

der **Umhang**
**umher; umhergehen;** er geht um-
her, er ist umhergegangen
**umhin; umhinkönnen;** er kann
nicht umhin, er hat nicht umhinge-
konnt, dies zu tun

die **Umkehr; umkehren;** er kehrt um,
er ist umgekehrt

sich **umkleiden;** er kleidet sich um, er
hat sich umgekleidet
**umkommen;** er ist bei einem Schiff-
bruch umgekommen

der **Umkreis;** im Umkreis von 50 Kilome-
ter[n]; **umkreisen;** die Hyänen
haben den Kadaver umkreist
**umlegen;** er legt den Mantel um;
man hat ihn umgelegt (erschossen)
**umleiten;** der Verkehr wird umgelei-
tet; die **Umleitung**
**umringen;** die Kinder umringten den
Besucher, sie haben ihn umringt

der **Umriß;** des Umrisses, die Umrisse
**ums** (um das)
**umsatteln;** der Student hat umge-
sattelt (ein anderes Fach gewählt)

der **Umsatz;** die Umsätze

die **Umschau;** Umschau halten; sich

**umschauen;** ich habe mich umge-
schaut

der **Umschlag;** die Umschläge
**umschreiben;** er hat den Aufsatz
umgeschrieben (neu, anders ge-
schrieben); **umschreiben** (mit ande-
ren Worten ausdrücken; er hat den
Begriff umschrieben; die **Umschrei-
bung**
**umschulen;** der Schüler wurde um-
geschult; die **Umschulung**
**Umschweife** *Plural*; ohne Um-
schweife (geradeheraus)

sich **umsehen;** er sieht sich um, er hat
sich umgesehen
**umsiedeln;** er siedelt um, er ist umge-
siedelt
**um so besser; um so eher; um
so mehr; um so weniger**
**umsonst**

der **Umstand;** unter Umständen; keine
Umstände machen; **umständehal-
ber, umstandshalber; umständ-
lich**
**umsteigen;** er steigt um, er ist am
Paradeplatz umgestiegen
**umstellen;** er stellt den Schrank um;
er hat sich auf die neue Lage umge-
stellt; **umstellen;** die Polizei hat das
Haus umstellt

der **Umsturz;** die Umstürze

der **Umtausch; umtauschen;** er
tauscht um, er hat den Hut umge-
tauscht
**umwälzend;** eine umwälzende Erfin-
dung; die **Umwälzung**

der **Umweg**

die **Umwelt; umweltfreundlich;** der
**Umweltschutz;** die **Umweltver-
schmutzung**
**umziehen;** er zieht um, er ist umgezo-
gen; sich umziehen; er hat sich umge-
zogen
**umzingeln;** sie haben den Feind um-
zingelt

der **Umzug**
**UN** = United Nations (Vereinte Na-
tionen) *Plural*; ↑UNO
**unabänderlich**
**unabhängig**
**unablässig**
**unangenehm**
**unanständig**
**unartig;** die **Unartigkeit**
**unaufhörlich**
**unaufmerksam;** die **Unaufmerk-
samkeit**
**unausstehlich**

**unbändig**
**unbarmherzig**
**unbedeutend**
**unbedingt**
**unbefugt** (nicht zu etwas berechtigt); der **Unbefugte**; ein Unbefugter; die Unbefugten, zwei Unbefugte
**unbegrenzt**; unbegrenztes Vertrauen
**unbehelligt**
**unbequem**
**unbeschränkt**; unbeschränkte Vollmachten
**unbeschreiblich**
**unbesorgt**
**unbewußt**; das **Unbewußte**; des Unbewußten
die **Unbilden** *Plural*; die Unbilden der Witterung; die **Unbill** (Unrecht); **unbillig**
**und**; und ähnliches; und vieles andere mehr
der **Undank; undankbar;** die **Undankbarkeit**
das **Unding;** das ist ein Unding
**uneigennützig**
**unendlich**; er setzte die Diskussion bis ins unendliche (unaufhörlich) fort, a b e r : der Weg scheint bis ins Unendliche (bis in die Ewigkeit) zu führen; die **Unendlichkeit**
**unentgeltlich**
**unentschieden**
**unentwegt**
**unerbittlich**
**unerhört;** das ist ja unerhört!
**unermüdlich**
**unerwartet**
die **UNESCO** [...*ko*] (Organisation der Vereinten Nationen für Erziehung, Wissenschaft und Kultur)
**unfähig**
**unfair** [*unfär*] (unsportlich)
der **Unfall;** die Unfälle; der **Unfallarzt;** der **Unfallwagen**
**unflätig**
**unfreundlich**
der **Unfug;** des Unfugs
der **Ungar** [*unggar*] (Einwohner Ungarns); des/dem/den Ungarn; **ungarisch; Ungarn**
**ungebärdig**
**ungebührlich**
die **Ungeduld; ungeduldig**
**ungeeignet**
**ungefähr**
**ungeheuer;** das **Ungeheuer; ungeheuerlich**

**ungehörig;** ein ungehöriges Benehmen
**ungehorsam;** der **Ungehorsam**
**ungelernt;** ein ungelernter Arbeiter
**ungeniert** [...*sehe*...]
**ungenießbar**
**ungenügend;** er hat die Note „ungenügend" erhalten
**ungerade;** eine ungerade Zahl
**ungeraten;** ein ungeratenes Kind
**ungerecht;** die **Ungerechtigkeit**
das **Ungeschick; ungeschickt**
**ungeschlechtlich;** ungeschlechtliche Vermehrung von Pflanzen
**ungeschminkt;** die ungeschminkte Wahrheit
**ungeschoren**
**ungestüm;** das **Ungestüm;** mit Ungestüm
das **Ungetüm;** die Ungetüme
**ungewiß;** es ist ungewiß. *Klein auch*: im ungewissen (ungewiß) bleiben. *Groß*: eine Fahrt ins Ungewisse die **Ungewißheit**
das **Ungewitter**
**ungewöhnlich; ungewohnt**
das **Ungeziefer**
**ungezogen**
**ungläubig; unglaublich**
das **Unglück; unglücklich; unglücklicherweise**
**ungünstig**
**ungut;** nichts für ungut
das **Unheil; unheilvoll**
**unheilbar;** er ist unheilbar krank
**unheimlich**
der **Unhold;** die Unholde
die **Uni** (kurz für: Universität); die Unis
die **UNICEF** (Kinderhilfswerk der UNO)
die **Uniform; uniformiert**
das **Unikum** (etwas in seiner Art Einziges; origineller Mensch); die Unika, (auch:) die Unikums
die **Union** (der Bund, die Vereinigung); die Unionen
**universal** [...*wär*...] (allgemein, umfassend); ein universales Wissen
die **Universität** [...*wär*...]
das **Universum** [...*wär*...] (Weltall)
die **Unke; unken;** du unkst, er unkt, er unkte, er hat geunkt, unke nicht!
**unklar;** er hat ihn im unklaren gelassen; die **Unklarheit**
die **Unkosten** *Plural*
das **Unkraut**
**unlauter** (nicht ehrlich); unlauterer Wettbewerb
die **Unmasse**

die **Unmenge**
der **Unmensch; unmenschlich;** die **Unmenschlichkeit**
**unmittelbar**
**unmöglich;** nichts Unmögliches verlangen; die **Unmöglichkeit**
**unmündig** (noch nicht mündig)
**unnahbar**
**unnötig**
die **UNO** (Organisation der Vereinten Nationen); ↑UN
**unparteiisch**
**unpassend;** am unpassendsten
**unpäßlich** (leicht krank; unwohl)
**unpersönlich;** ein unpersönliches Verb (z. B.: es regnet)
**unpopulär**
der **Unrat**
**unrecht;** in unrechte Hände fallen; am unrechten Platze sein; unrecht tun, geben, haben. *Groß:* etwas Unrechtes tun; an den Unrechten kommen; das **Unrecht;** zu Unrecht; es geschieht ihm Unrecht; ein Unrecht begehen; im Unrecht sein; du sollst ihm kein Unrecht tun; **unrechtmäßig**
**unreif;** die **Unreife**
die **Unruhe; unruhig**
**uns**
**unsagbar; unsäglich**
**unscheinbar**
die **Unschuld; unschuldig;** der **Unschuldige;** ein Unschuldiger, die Unschuldigen, zwei Unschuldige; die **Unschuldige,** eine Unschuldige
**unser;** wir sind unser drei; erbarme dich unser; unseres Wissens. *Groß.* Unsere Liebe Frau (Maria, die Mutter Jesu); Unserer Lieben Frau[en] Kirche; **unsere,** unsre, unsrige; die Unseren, Unsren, Unsrigen; **unsereiner; unsereins; unserseits; uns[e]rerseits; unsertwegen, unsretwegen; unsertwillen**
**unsicher;** die **Unsicherheit**
**unsichtbar**
der **Unsinn; unsinnig**
**unsozial**
**unsterblich;** die **Unsterblichkeit**
**unstet** (ruhelos)
die **Unsumme**
**untadelig** und **untadlig**
**unteilbar;** unteilbare Zahlen
**unten;** er blieb unten; er ist unten; man wußte kaum noch, was unten und was oben war; es steht weiter unten; etwas nach unten transportieren; von unten her; von unten hinauf

**unter;** es steht in der Zeitung unter dem Strich; unter der Bedingung, daß er kommt; Kinder unter zwölf Jahren haben keinen Zutritt; unter anderem; unter Tage arbeiten; unter Umständen
das **Unterbewußtsein**
**unterbleiben** (nicht geschehen); der Versuch ist unterblieben
**unterbrechen;** die Verbindung wurde unterbrochen; die **Unterbrechung**
**unterbringen;** er hat den Koffer im Wagen untergebracht
**unterdes, unterdessen**
**unterdrücken;** er unterdrückt die Schwachen
**untereinander;** *Trennung:* un|ter-ein|an|der; untereinander tauschen, a b e r : **untereinanderstehen;** die Zahlen stehen untereinander, sie haben untereinandergestanden
**unterentwickelt;** die unterentwickelten Länder
**unterernährt;** die **Unterernährung**
die **Unterführung**
der **Untergang; untergehen;** die Sonne geht unter, sie ist untergegangen
der **Untergrund;** in den Untergrund gehen; die **Untergrundbewegung** (verbotene politische Gruppe)
**unterhalb;** unterhalb des Dorfes
der **Unterhalt;** seinen Unterhalt verdienen; **unterhalten;** er unterhält (unterstützt) seine Mutter; sich **unterhalten;** er unterhält sich, er hat sich gut unterhalten; die **Unterhaltung**
das **Unterhemd**
das **Unterholz** (Gebüsch im Wald)
die **Unterhose**
**unterirdisch;** ein unterirdisches Lager
**unterkommen;** er ist bei einem Bauern untergekommen; die **Unterkunft;** die Unterkünfte
**unterlassen;** er unterläßt, er hat es unterlassen; die **Unterlassung**
**unterm** (unter dem)
die **Untermiete;** in Untermiete wohnen; der **Untermieter**
**unternehmen;** er unternimmt etwas; das **Unternehmen** (größerer Betrieb); der **Unternehmer;** die **Unternehmung**
**unterordnen;** er ist ihm untergeordnet; die **Unterordnung**
**unterprivilegiert** [...*wi...*] (sozial benachteiligt)

die **Unterredung**

der **Unterricht; unterrichten;** du unterrichtest, er unterrichtet, er unterrichtete, er hat ihn von diesem Ereignis unterrichtet, unterrichte ihn davon!

**unters** (unter das)

**untersagen** (verbieten); er untersagte ihm das Rauchen

der **Untersatz;** die Untersätze

**unterscheiden;** er unterscheidet, er hat Mein und Dein gewissenhaft unterschieden; die **Unterscheidung;** der **Unterschied**

die **Unterschicht**

**unterschlagen;** er hat Geld unterschlagen; die **Unterschlagung**

der **Unterschlupf;** einen Unterschlupf finden

**unterschreiben;** er unterschreibt, er hat den Vertrag unterschrieben; die **Unterschrift**

**untersetzen:** ich habe den Eimer untergesetzt; der **Untersetzer; untersetzt** (klein und kräftig gewachsen); ein untersetzter Mann

**unterstellen;** ich stelle mein Fahrrad hier unter; **unterstellen;** ich unterstelle in deiner Aufsicht; er hat ihr eine Lüge unterstellt (fälschlich behauptet, sie lüge); die **Unterstellung**

**unterstreichen;** er hat das Wort unterstrichen

die **Unterstufe**

**unterstützen;** er unterstützt mich, er hat mich unterstützt; die **Unterstützung**

**untersuchen;** er untersucht, er hat dies genau untersucht; die **Untersuchung**

**untertan;** er ist ihm untertan; der **Untertan;** des Untertans und (älter:) des/dem/den Untertanen, die Untertanen; **untertänig** (ergeben)

die **Unterwäsche**

**unterwegs**

**unterwerfen;** das Volk wurde von den Römern unterworfen; unterwirf dich dem Richterspruch!; die **Unterwerfung**

die **Untiefe** (seichte Stelle; auch: abgrundartige Tiefe)

das **Untier** (Ungeheuer)

**unübersichtlich**

**unverantwortlich**

**unverblümt**

**unvereinbar**

**unverfroren**

**unverhofft**

**unverhohlen**

**unvermeidlich**

**unvernünftig**

**unverschämt;** die **Unverschämtheit**

**unversehens** (plötzlich)

**unverständig** (unklug); **unverständlich** (undeutlich; unbegreiflich)

**unverwüstlich**

**unverzüglich**

**unvollständig**

**unvorsichtig**

**unwegsam**

**unweit;** unweit des Flusses oder unweit von dem Flusse

das **Unwetter**

**unwiderruflich**

**unwiderstehlich**

**unwiederbringlich**

**unwillig**

**unwillkürlich**

**unwirsch** (unfreundlich)

**unwissend;** die **Unwissenheit**

**unwohl;** mir ist unwohl; er fühlt sich unwohl

die **Unzahl** (sehr große Zahl); **unzählig; unzähligemal,** aber: unzählige Male

die **Unze** (englische Gewichtseinheit)

**unzeitgemäß**

**unzertrennlich**

die **Unzucht** (unsittliche sexuelle Handlung); **unzüchtig**

**unzuverlässig**

**üppig;** die **Üppigkeit**

**up to date** [*ap tu dē't*] (auf der Höhe der Zeit)

die **Urabstimmung** (Abstimmung aller Mitglieder einer Gewerkschaft)

der **Urahn** (Urgroßvater); des Urahn[e]s und des/dem/den Urahnen, die Urahnen; die **Urahne** (Urgroßmutter)

der **Ural** (Gebirge zwischen Asien und Europa)

**uralt**

das **Uran** (ein Metall)

die **Uraufführung**

**urbar;** urbar machen

der **Urbewohner** und der **Ureinwohner**

die **Urgemeinde** (urchristliche Gemeinde)

**urgemütlich**

die **Urgroßeltern** *Plural;* die **Urgroßmutter;** der **Urgroßvater**

der **Urin** (Harn)

die **Urkunde; urkundlich**

der **Urlaub;** der **Urlauber;** die **Urlaubs-
reise**
die **Urne**
die **Ursache; ursächlich**
die **Urschrift; urschriftlich**
der **Ursprung; ursprünglich**
das **Urstromtal**
das **Urteil; urteilen;** er urteilt, er hat
falsch geurteilt
**Uruguay** [urug$^u$ai, auch: urugwai]
(Staat in Südamerika), der **Urugua-
yer; uruguayisch;** Trennung: uru-
gualyisch
der **Urwald**
**urwüchsig**
die **Urzeit**
die **USA** (die Vereinigten Staaten von
Nordamerika) Plural
**Usedom** (Insel in der Ostsee)
**usf.** = und so fort
**usw.** = und so weiter
die **Utensilien** [utensili$^e$n] (notwendige
Dinge) Plural; Trennung: Uten|si|li|en
die **Utopie** (Schwärmerei, Hirnge-
spinst); die Utopien
**u. U.** = unter Umständen
**UV** = ultraviolett; die UV-Strahlen
Plural
**uzen;** du uzt, er uzt, er uzte, er hat
ihn geuzt, uze ihn nicht!

# V

**V** = Volt
**V.** = Vers
**Vaduz** [faduz, auch: waduz] (Haupt-
stadt von Liechtenstein)
**vag** [wak] und **vage** [wag$^e$] (unbe-
stimmt; ungewiß)
der **Vagabund** [wagabunt]; des/dem/
den Vagabunden, die Vagabunden
die **Vagina** [wagina, auch: wagina]
(weibliche Scheide); der Vagina, die
Vaginen
**vakant** [wakant] (leer, unbesetzt);
das **Vakuum** [waku-um] (nahezu
luftleerer Raum); des Vakuums, die
Vakua und die Vakuen; Trennung: Va-
ku|um
**Valletta** [waläta] (Hauptstadt von
Malta)
die **Valuta** [wa...] (Wert; Geld in auslän-
discher Währung); die Valuten
der **Vamp** [wämp] (verführerische, kalt
berechnende Frau); des Vamps, die

Vamps; der **Vampir** und der Vampir
(blutsaugendes Gespenst, Fleder-
mausgattung); die Vampire
die **Vanille** [wanilj$^e$ und wanil$^e$]; Tren-
nung: Va|nil|le
**variabel** [wa...] (veränderlich); va-
riable Größen; die **Variation** (Verän-
derung, [musikalische] Abwand-
lung); das **Varieté** [wari-ete] (bunte
Bühne); die Varietés; **variieren;** er
hat das Thema variiert
der **Vasall** [wasal] (Lehnsmann); des/
dem/den Vasallen, die Vasallen
die **Vase** [was$^e$]; die **Vasenmalerei**
die **Vaseline** [was$^e$lin$^e$] (mineralisches
Fett; eine Salbe)
der **Vater;** das **Vaterhaus;** das **Vater-
land;** die Vaterländer; **väterlich;** das
**Vaterunser**
der **Vatikan** [watikan] (Papstpalast in
Rom); **vatikanisch;** die **Vatikan-
stadt**
**v. Chr.** = vor Christus
**VEB** = volkseigener Betrieb (DDR)
der **Vegetarier** [wegetari$^e$r] (Pflanzen-
kostesser); Trennung: Ve|ge|ta|ri|er;
**vegetarisch;** die **Vegetation**
(Pflanzenwelt); **vegetieren** (küm-
merlich leben); er vegetierte, er hat
in diesem Kellerloch vegetiert
das **Vehikel** [wehik$^e$l] (altmodisches
Fahrzeug); die Vehikel
das **Veilchen**
die **Vene** [wen$^e$] (Blutader)
der **Venezolaner** [wenezolan$^e$r] (Ein-
wohner von Venezuela); **venezo-
lanisch; Venezuela** (Staat in Süd-
amerika)
das **Ventil** [wäntil] (Absperrvorrich-
tung); die Ventile; die **Ventilation**
(Lüftung, Luftwechsel); der **Ventila-
tor** (Luftwechsler); die Ventilatoren
**verabreden;** du verabredest, er ver-
abredet, er verabredete, er hat einen
Treffpunkt verabredet, verabrede dies
mit ihm!; sich verabreden; wir haben
uns für heute abend verabredet; die
**Verabredung**
**verabscheuen;** du verabscheust, er
verabscheut, er verabscheute, er hat
jede Gewalttätigkeit verabscheut, ver-
abscheue sie!
**verabschieden;** du verabschiedest
ihn, er verabschiedet ihn, er verab-
schiedete ihn, er hat ihn verabschie-
det, verabschiede ihn!; sich verab-
schieden; ich muß mich noch verab-
schieden

verachten; du verachtest, er verachtet, er verachtete, er hat ihn verachtet, verachte ihn nicht!; **verächtlich;** die **Verachtung**
**veralten;** das Buch veraltete schnell, es ist schnell veraltet
die **Veranda** [*werạnda*]; die Veranden **veränderlich; verändern;** du veränderst, er verändert, er veränderte, er hat alles verändert, verändere nichts!; sich verändern; du hast dich sehr verändert; die **Veränderung**
**veranschaulichen;** er hat uns das an einem Beispiel veranschaulicht (deutlich, anschaulich gemacht)
**veranstalten;** du veranstaltest, er veranstaltet, er veranstaltete, er hat dieses Fest veranstaltet, veranstalte es!; die **Veranstaltung**
**verantworten;** er muß sein Tun selbst verantworten (dafür einstehen); er hat sich vor Gericht verantwortet; **verantwortlich;** die **Verantwortung**
das **Verb** [*wạrp*] (Zeitwort, Tätigkeitswort, z. B. arbeiten); die Verben
der **Verband;** der **Verbandkasten** und der **Verbandskasten**
**verbannen;** du verbannst ihn, er verbannt ihn, er verbannte ihn, er hat ihn verbannt, verbanne ihn!; die **Verbannung**
**verbergen;** du verbirgst, er verbirgt, er verbarg, er hat etwas verborgen, verbirg es schnell!
**verbessern;** du verbesserst, er verbessert, er verbesserte, er hat den Fehler verbessert, verbessere und verbeßre ihn!; die **Verbesserung** und die **Verbeßrung**
sich **verbeugen;** du verbeugst dich, er verbeugt sich, er verbeugte sich, er hat sich höflich verbeugt, verbeuge dich!; die **Verbeugung**
**verbieten;** du verbietest, er verbietet, er verbot, er hat mir das Rauchen verboten, verbiete es ihm!
**verbinden;** du verbindest, er verbindet, er verband, er hat die Wunde verbunden, verbinde sie!; **verbindlich** (höflich; verpflichtend); die **Verbindung**
**verbitten;** du verbittest dir, er verbittet sich, er verbat sich, er hat sich diese Frechheit verbeten
**verbleuen** (prügeln); er verbleute ihn, er hat ihn verbleut
**verblüffen;** du verblüffst, er verblüfft,

er verblüffte, er hat ihn mit dieser Antwort verblüfft; **verblüffend**
**verblühen;** die Blume verblüht, die Blume verblühte, sie ist verblüht
das **Verbot;** die Verbote
der **Verbrauch; verbrauchen;** du verbrauchst, er verbraucht, er verbrauchte, er hat das Geld verbraucht, verbrauche nicht soviel!; der **Verbraucher**
das **Verbrechen;** der **Verbrecher**
**verbreiten;** du verbreitest, er verbreitet, er verbreitete, er hat ein Gerücht verbreitet, verbreite keine Gerüchte!
**verbrennen;** du verbrennst, er verbrennt, er verbrannte, er hat den Brief verbrannt, verbrenne ihn!
der **Verdacht; verdächtig; verdächtigen;** du verdächtigst ihn, er verdächtigt ihn, er verdächtigte ihn, er hat ihn zu Unrecht verdächtigt, verdächtige ihn nicht!; die **Verdächtigung**
**verdammen;** du verdammst ihn, er verdammt ihn, er verdammte ihn, er hat ihn dazu verdammt, verdamme ihn nicht dazu!; die **Verdammnis**
**verdattert** (verwirrt)
**verdauen;** du verdaust, er verdaut, er verdaute, er hat das Essen verdaut, verdaue diesen Brocken!; die **Verdauung;** die **Verdauungsorgane** *Plural*
das **Verdeck;** die Verdecke; **verdecken;** du verdeckst, er verdeckt, er verdeckte, er hat das Bild verdeckt, verdecke es!
der **Verderb;** auf Gedeih und Verderb; **verderben** (zugrunde richten; verleiden); du verdirbst mir das Kleid, er verdarb mir den Tag, er hat mir den Tag verdorben, verdirb nicht das gute Kleid!; **verderben** (schlecht werden); das Obst verdirbt, das Obst verdarb, das Obst ist verdorben; das **Verderben;** jemanden ins Verderben stürzen; **verderblich**
**verdienen;** du verdienst, er verdient, er verdiente, er hat viel verdient, verdiene dir etwas!; der **Verdienst** (Lohn, Gewinn); das **Verdienst** (Anspruch auf Dank und Anerkennung)
**verdoppeln;** du verdoppelst, er verdoppelt, er verdoppelte, er hat sein Vermögen verdoppelt, verdopple den Betrag!; die **Verdoppelung** und die **Verdopplung**
**verdorben;** verdorbene Lebensmittel
**verdorren;** das Gras verdorrt, das Gras verdorrte, das Gras ist verdorrt
**verdrängen;** du verdrängst, er ver-

drängte ihn von seinem Platz; er hat dieses Erlebnis verdrängt (die Erinnerung daran unterdrückt)
**verdrießen;** etwas verdrießt ihn, etwas verdroß ihn, etwas hat ihn arg verdrossen; ich lasse es mich nicht verdrießen; **verdrießlich;** der **Verdruß;** des Verdrusses, die Verdrusse
**verdunsten;** das Wasser verdunstet, es verdunstete, es ist verdunstet; die **Verdunstung**
**verdutzt;** er war verdutzt
**verehren;** du verehrst sie, er verehrt sie, er verehrte sie, er hat sie verehrt, verehre sie!; die **Verehrung**
der **Verein**
**vereinbaren;** du vereinbarst ein Treffen mit ihm; ihr habt eine Zusammenkunft vereinbart; die **Vereinbarung**
**vereinfachen;** du vereinfachst, er vereinfachte, er hat das Modell vereinfacht; das vereinfacht (erleichtert) die Arbeit sehr
**vereinigen;** du vereinigst, er vereinigt, er vereinigte, er hat alles in einer Hand vereinigt
das **Vereinigte Königreich Großbritannien und Nordirland**
die **Vereinigten Arabischen Emirate** Plural
die **Vereinigten Staaten** oder die **Vereinigten Staaten von Amerika** Plural; Abkürzung: USA
die **Vereinigung;** die Vereinigungen
**vereint;** mit vereinten Kräften
**vereiteln** (zunichte machen, verhindern), du vereitelst, er vereitelte, er hat unseren Plan vereitelt
**vererben;** er vererbte mir sein Vermögen; diese Krankheit hat sich vererbt; die **Vererbung**
**Verf.** = Verfasser
**verfahren;** du verfährst zu rücksichtslos mit ihm; das **Verfahren**
sich **verfahren;** er verfuhr sich, er hat sich unterwegs verfahren
der **Verfall; verfallen;** das Haus verfällt (wird baufällig); die Eintrittskarten sind verfallen; er verfiel in Nachdenken
**verfänglich;** eine verfängliche Frage
**verfassen;** du verfaßt, er verfaßte ein Gedicht, er hat es verfaßt; der **Verfasser;** die **Verfassung**
**verfolgen;** du verfolgst ihn, er verfolgt ihn, er verfolgte ihn, er hat ihn verfolgt, verfolge ihn!; die **Verfolgung**

**verfügen;** du verfügst, er verfügt, er verfügte, er hat darüber verfügt, verfüge darüber!; die **Verfügung**
**verführen;** er hat ihn verführt; der **Verführer**
**vergällen** (verbittern); du vergällst, er vergällt, er vergällte, er hat ihm die Freude vergällt
die **Vergangenheit; vergänglich**
der **Vergaser**
**vergeben;** du vergibst, er vergibt, er vergab, er hat dir vergeben, vergib ihm!; **vergebens; vergeblich;** die **Vergebung**
**vergehen;** das Jahr vergeht, das Jahr verging, das Jahr ist gut vergangen
sich **vergehen;** du vergehst dich, er hat sich gegen das Gesetz vergangen; das **Vergehen**
**vergelten;** du vergiltst, er vergilt, er vergalt, er hat Böses mit Gutem vergolten, vergilt!; die **Vergeltung**
**vergessen;** du vergißt, er vergißt, er vergaß, er hat alles vergessen, vergiß es!; **vergeßlich**
**vergeuden;** du vergeudest, er vergeudet, er vergeudete, er hat sein Geld vergeudet, vergeude nichts!; die **Vergeudung**
**vergewaltigen;** er hat sie vergewaltigt; die **Vergewaltigung**
das **Vergißmeinnicht;** die Vergißmeinnicht und die Vergißmeinnichte
der **Vergleich; vergleichbar; vergleichen;** du vergleichst, er vergleicht, er verglich, er hat die beiden Aufsätze verglichen, vergleiche sie!; **vergleichsweise**
sich **vergnügen;** du vergnügst dich, er vergnügt sich, er vergnügte sich, er hat sich vergnügt, vergnüge dich!; das **Vergnügen;** viel Vergnügen!; **vergnügt**
sich **vergreifen;** er hat sich an ihm vergriffen; **vergriffen;** das Buch ist vergriffen (nicht mehr lieferbar)
**vergrößern;** du vergrößerst das Foto; er hat seinen Betrieb vergrößert; die **Vergrößerung**
**verh.** = verheiratet
**verhaften;** du verhaftest ihn, er verhaftet ihn, er verhaftete ihn, er hat ihn verhaftet, verhafte ihn!; die **Verhaftung**
sich **verhalten;** er hat sich ablehnend verhalten; das **Verhalten;** die **Verhaltensforschung; verhaltensgestört;** die **Verhaltensweise;** das

Verhältnis; des Verhältnisses, die Verhältnisse; **verhältnismäßig**
**verhandeln;** du verhandelst mit ihm, wir haben darüber verhandelt; verhandele klug!; die **Verhandlung**

das **Verhängnis;** des Verhängnisses, die Verhängnisse; **verhängnisvoll**
**verhaßt**
**verheerend;** das ist verheerend (unglaublich)

sich **verheiraten;** er hat sich verheiratet
**verheißen;** du verheißt, er verheißt, er verhieß, er hat mir das verheißen; die **Verheißung**
**verhindern;** du verhinderst, er verhindert, er verhinderte, er hat den Plan verhindert, verhindere ihn!
**verhöhnen;** du verhöhnst ihn, er verhöhnt ihn, er verhöhnte ihn, er hat ihn verhöhnt, verhöhne ihn nicht!
**verholzen;** der Stengel verholzt, er ist verholzt

das **Verhör; verhören;** man hat ihn eingehend verhört; er hat sich verhört (etwas falsch verstanden)
**verhüllen;** sie hat ihr Gesicht verhüllt
**verhungern;** du verhungerst, er verhungert, er verhungerte, er ist verhungert, verhungere nicht!
**verhüten;** du verhütest, er verhütet, er verhütete, er hat einen Unfall verhütet, verhüte das Unheil!

sich **verirren;** du verirrst dich, er verirrt sich, er verirrte sich, er hat sich im Walde verirrt, verirre dich nicht!
**verjähren;** das Vergehen ist verjährt (kann nicht mehr bestraft werden)

der **Verkauf; verkaufen;** du verkaufst, er verkauft, er verkaufte, er hat das Auto verkauft, verkaufe es!; der **Verkäufer; verkäuflich**

der **Verkehr; verkehren;** du verkehrst, er verkehrt, er verkehrte, er hat bei uns verkehrt; er hat diese Absicht ins Gegenteil verkehrt; die **Verkehrsampel;** die Verkehrsampeln; das **Verkehrschaos;** der **Verkehrskindergarten;** der **Verkehrspolizist;** der **Verkehrsteilnehmer;** der **Verkehrsunfall;** das **Verkehrszeichen; verkehrt;** seine Antwort ist verkehrt
**verknusen;** ich kann ihn nicht verknusen (nicht ausstehen)
**verkommen;** er verkommt hier, er ist ganz verkommen; ein verkommener Mensch

sich **verkriechen;** er hat sich verkrochen

**verkümmern;** der Baum ist verkümmert
**verkünden** und **verkündigen;** er hat das Urteil verkündet oder verkündigt; die **Verkündigung** und die **Verkündung**

der **Verlag;** die Verlage
**verlangen;** du verlangst; er verlangte, er hat ein Bier verlangt; das **Verlangen**
**verlängern;** du verlängerst das Kleid, sie hat es verlängert, das Fußballspiel wurde verlängert; die **Verlängerung**

der **Verlaß;** des Verlasses; es ist kein Verlaß auf ihn; **verlassen;** du verläßt uns, er verläßt uns, er verließ uns, er hat uns verlassen, verlasse und verlaß uns nicht!; sich verlassen; du verläßt dich darauf, er verläßt sich darauf, er verließ sich darauf, er hat sich darauf verlassen, verlasse und verlaß dich darauf!; **verläßlich**

der **Verlauf** (Ablauf eines Vorgangs);
**verlaufen;** die Untersuchung verlief ergebnislos; er hat sich verlaufen (verirrt)
**verlegen;** du verlegst, er verlegt eine Leitung (er legt sie), er verlegte, er hat die Brille verlegt, verlege sie nicht!
**verlegen** (ein Buch herausbringen); er hat viele Bücher verlegt
**verlegen;** er war sehr verlegen; die **Verlegenheit**

der **Verleger** (Inhaber eines Buch- oder Zeitungsverlags)
**verleiden;** er hat mir die Arbeit verleidet
**verleihen;** du verleihst, er verleiht, er verlieh, er hat sein Fahrrad verliehen, verleihe nichts!
**verletzen;** du verletzt, er verletzt, er verletzte, er hat ihn verletzt, verletze ihn nicht!; sich verletzen; ich habe mich beim Spielen verletzt; die **Verletzung**
**verleugnen;** du verleugnest ihn, er verleugnete ihn, er hat ihn verleugnet, verleugne nicht deine Herkunft!; er ließ sich verleugnen
**verleumden;** du verleumdest ihn, er verleumdet ihn, er verleumdete ihn, er hat ihn verleumdet, verleumde ihn nicht!; der **Verleumder;** die **Verleumdung**

sich **verlieben;** er hat sich in sie verliebt; die **Verliebtheit**
**verlieren;** du verlierst, er verlor, er hat Geld verloren, verliere nichts!

das **Verlies** (Kerker); die Verliese
sich **verloben;** sie haben sich verlobt; der
**Verlobte,** ein Verlobter, zwei Verlob-
te; die **Verlobte,** eine Verlobte; die
**Verlobung**
**verlorengehen;** der Ring ging verlo-
ren, er ist verlorengegangen
der **Verlust**
**verm.** = vermählt
**vermachen;** er hat ihm sein Haus
vermacht; das **Vermächtnis;** des
Vermächtnisses, die Vermächtnisse
sich **vermählen;** du vermählst dich, er ver-
mählte sich, er hat sich glücklich ver-
mählt; die **Vermählung**
**vermehren;** er vermehrte seinen Be-
sitz; die Mäuse haben sich stark ver-
mehrt; die **Vermehrung**
**vermeidbar; vermeiden;** er vermied
jede Begegnung, er hat sie vermieden;
vermeide Fehler!
**vermeintlich**
**vermessen;** du vermißt, er vermißt,
er vermaß, er hat das Grundstück ver-
messen
**vermessen** (tollkühn); ein vermes-
senes Unternehmen
**vermiesen;** er hat mir den Urlaub
vermiest (verdorben)
**vermieten;** du vermietest, er vermie-
tet, er vermietete, er hat das Zimmer
vermietet, vermiete es!
**vermissen;** du vermißt, er vermißt,
er vermißte, er hat Geld vermißt; der
**Vermißte;** ein Vermißter, die Vermiß-
ten, zwei Vermißte
**vermitteln;** er hat mir Arbeit vermit-
telt; der **Vermittler;** die **Vermitt-
lung**
**vermodert** (verfault)
das **Vermögen; vermögend**
**vermuten;** du vermutest, er vermutet,
er vermutete, er hat es vermutet; **ver-
mutlich;** die **Vermutung**
**vernachlässigen;** du vernachläs-
sigst, er vernachlässigte, er hat seine
Arbeit vernachlässigt
**vernehmen;** du vernimmst, er ver-
nimmt, er vernahm, er hat das Ge-
räusch vernommen; er hat den Ange-
klagten vernommen; das **Verneh-
men;** dem Vernehmen nach; die **Ver-
nehmung**
**vernichten;** du vernichtest, er ver-
nichtet, er vernichtete, er hat die Akten
vernichtet, vernichte sie!
die **Vernunft; vernünftig**
**veröffentlichen;** du veröffentlichst,

er veröffentlicht, er veröffentlichte, er
hat seine Gedichte veröffentlicht,
veröffentliche sie!; die **Veröffent-
lichung**
**verordnen;** der Arzt hat mir eine Me-
dizin verordnet; die **Verordnung**
**verpassen;** du verpaßt, er verpaßte
den Zug; er hat ihm eine Ohrfeige
verpaßt
**verpetzen** ([beim Lehrer] anzeigen);
du verpetzt ihn, er hat uns verpetzt;
verpetze ihn nicht!
**verpflegen;** du verpflegst, er ver-
pflegt, er verpflegte, er hat die Schüler
verpflegt, verpflege sie!; die **Verpfle-
gung**
**verpflichten;** er hat ihn verpflichtet
zu kommen; verpflichte dich dazu!;
die **Verpflichtung**
sich **verpuppen;** die Raupe hat sich ver-
puppt
**verquicken** (vermischen); du ver-
quickst, er verquickt, er verquickte,
er hat die Dinge miteinander verquickt
der **Verrat; verraten;** du verrätst, er ver-
rät, er verriet, er hat den Plan verraten,
verrate ihn nicht!; der **Verräter**
**verrechnen;** du verrechnest, er ver-
rechnet, er verrechnete, er hat den
Betrag verrechnet, verrechne ihn!;
sich verrechnen; er hat sich mehrmals
verrechnet
**verrecken** (verenden; elend umkom-
men); die Kuh ist verreckt
**verreisen;** du verreist, er verreist, er
verreiste, er ist verreist, verreise!
**verrenken;** du verrenkst, er verrenk-
te, er hat mir den Arm verrenkt; ich
habe mir die Schulter verrenkt
**verrosten;** das Messer verrostet, es
ist verrostet
**verrotten** (verfaulen); das Laub ver-
rottet, es ist verrottet
**verrückt;** am verrücktesten; der **Ver-
rückte;** ein Verrückter, die Verrück-
ten, zwei Verrückte; die **Verrückte;**
eine Verrückte; die **Verrücktheit;**
das **Verrücktwerden;** es ist zum
Verrücktwerden
der **Verruf;** jemanden in Verruf bringen,
in Verruf kommen; **verrufen;** ein ver-
rufenes Lokal
der **Vers** (Gedichtzeile); die Verse
**versagen;** du versagst, er hat versagt;
das **Versagen;** der **Versager**
**versammeln;** du versammelst, er
versammelt, er versammelte, er hat die
Schüler um sich versammelt; versam-

mele sie um dich!; die **Versammlung; das Versammlungsrecht**

der **Versand**

**versauern** (die geistige Frische verlieren); du versauerst hier, er ist versauert; versauere nicht!

**versäumen;** du versäumst, er versäumt, er versäumte, er hat den Termin versäumt, versäume ihn nicht!; das **Versäumnis;** des Versäumnisses, die Versäumnisse

**verscheuchen;** du verscheuchst, er verscheuchte, er hat die Vögel verscheucht, verscheuche sie nicht!

**verschieden;** verschieden lang. *Klein auch*: verschiedene (manche) sagen, es sei anders gewesen; verschiedenes (manches) war mir unklar. *Groß*: Ähnliches und Verschiedenes; etwas Verschiedenes; **verschiedentlich**

der **Verschlag** (abgeteilter Raum); die Verschläge

**verschlagen** (hinterlistig); die **Verschlagenheit**

der **Verschleiß; verschleißen;** du verschleißt, er verschleißt, er verschliß, er hat viele Kleider verschlissen, verschleiße nicht so viele Kleider; sich verschleißen; er hat seine Kräfte in diesem Kampf verschlissen

**verschließen;** du verschließt, er verschließt, er verschloß, er hat den Keller verschlossen, verschließe ihn!; sich verschließen; er hat sich meinen Wünschen verschlossen

**verschlucken;** du verschluckst, er verschluckt, er verschluckte, er hat den Bissen verschluckt; sich verschlucken; er hat sich verschluckt

der **Verschluß;** des Verschlusses, die Verschlüsse

**verschmitzt** (schlau)

**verschmutzen;** du verschmutzt, er verschmutzte, er hat den Boden verschmutzt, verschmutze den Wald nicht!; die **Verschmutzung**

**verschollen**

**verschonen;** verschone mich mit deinem Geschwätz!

**verschroben** (seltsam, wunderlich); ein verschrobener Mensch

**verschwenden;** du verschwendest, er verschwendet, er verschwendete, er hat sein Geld verschwendet, verschwende nicht soviel Geld!; der **Verschwender; verschwenderisch**

**verschwinden;** du verschwindest, er verschwindet, er verschwand, er ist verschwunden, verschwinde!

**verschwitzen** (vergessen); er hat die Klavierstunde verschwitzt; **verschwitzt** (schweißnaß); verschwitzte Kleider

**versehen;** du versiehst, er versieht, er versah, er hat seinen Dienst treu versehen; sich versehen; ich habe mich bei der Abrechnung versehen (geirrt); das **Versehen; versehentlich**

der **Versehrte;** ein Versehrter, die Versehrten, zwei Versehrte; die **Versehrte;** eine Versehrte

**versenden;** du versendest, er versendet, er versendete und er versandte, er hat die Prospekte versendet und versandt, versende die Prospekte noch heute!

**versengen;** du versengst, er versengte, er hat sich das Haar versengt; versenge das Hemd nicht!

**versenken;** du versenkst, er versenkte, er hat das Boot im Teich versenkt; die **Versenkung**

**versessen;** auf Schokolade ist sie ganz versessen; die **Versessenheit**

**versetzen;** du versetzt, er versetzt, er versetzte, er hat den Schüler trotz vieler Bedenken versetzt, versetze ihn!; die **Versetzung**

**versichern;** du versicherst, er versichert, er versicherte, er hat sein Auto gegen Diebstahl versichert; sich versichern; er hat sich hoch versichert; die **Versicherung**

**versiegen;** die Quelle versiegte, sie ist versiegt

**versiert** [*wärsirt*]; in etwas versiert (erfahren) sein; ein versierter Fachmann

**versöhnen;** du versöhnst, er versöhnt, er versöhnte, er hat die beiden Kampfhähne versöhnt; sich versöhnen; versöhne dich mit ihm! die **Versöhnung**

**versorgen;** er hat ihn mit Proviant versorgt; die **Versorgung**

**verspachteln;** er hat die Ritzen verspachtelt

sich **verspäten;** du verspätest dich, er verspätet sich, er verspätete sich, er hat sich verspätet, verspäte dich nicht!; die **Verspätung**

**versprechen;** du versprichst, er verspricht, er versprach, er hat ihr die Heirat versprochen; versprich nicht zu

viel!; sich versprechen; er hat sich versprochen; das **Versprechen**
**verst.** = verstorben
**verstaatlichen** (in Staatseigentum übernehmen); der Bergbau wurde verstaatlicht; die **Verstaatlichung**

der **Verstand; verständig** (besonnen); sich **verständigen;** du verständigst dich mit ihm, er verständigte sich mit ihm, er hat sich mit ihm verständigt, verständige dich mit ihm!; die **Verständigung; verständlich;** das **Verständnis;** des Verständnisses, die Verständnisse
**verstärken;** er hat die Mauer verstärkt; verstärke den Ton!; der **Verstärker**
**verstauchen;** du verstauchst, er verstaucht, er verstauchte, er hat sich den Fuß verstaucht, verstauche dir nicht den Fuß!

das **Versteck;** die Verstecke; **verstecken;** du versteckst, er versteckt, er versteckte, er hat das Spielzeug versteckt, verstecke es!; sich verstecken; die Kinder haben sich versteckt
**verstehen;** du verstehst, er versteht, er verstand, er hat verstanden, verstehe doch!; jemandem etwas zu verstehen geben; das **Verstehen**
**versteigern;** das Bild wurde versteigert; die **Versteigerung**

die **Versteinerung**
sich **verstellen;** du verstellst dich, er verstellt sich, er verstellte sich, er hat sich verstellt, verstelle dich nicht!
**verstopfen;** er hat die Öffnung verstopft, der Abfluß ist verstopft
**verstorben;** der **Verstorbene,** ein Verstorbener, zwei Verstorbene; die **Verstorbene,** eine Verstorbene

der **Verstoß;** die Verstöße; **verstoßen;** der König verstieß seine Gemahlin; er hat gegen die Vorschrift verstoßen

der **Versuch; versuchen;** du versuchst, er versucht, er versuchte, er hat alles versucht, versuche es!; **versuchsweise;** die **Versuchung**
**verteidigen;** du verteidigst, er verteidigt, er verteidigte die Festung, er hat den Angeklagten verteidigt, verteidige ihn!; sich verteidigen; er hat sich tapfer verteidigt; der **Verteidiger;** die **Verteidigung**
**verteilen;** du verteilst, er verteilt, er verteilte, er hat die Geschenke verteilt, verteile sie!
**vertikal** [*wärtikạl*] (senkrecht); die

**Vertikale;** der Vertikalen, die Vertikalen; zwei Vertikale und zwei Vertikalen
**vertorfen;** die Pflanzen sind vertorft (zu Torf geworden)

der **Vertrag;** die Verträge
**vertragen;** du verträgst, er verträgt, er vertrug, er hat den Wein gut vertragen; sich vertragen; die Kinder haben sich gut vertragen; **verträglich**
**vertrauen;** du vertraust, er vertraut, er vertraute, er hat ihm vertraut, vertraue ihm nicht!; das **Vertrauen;** der **Vertrauenslehrer; vertraulich**
**vertraut;** am vertrautesten; er hat sich damit vertraut gemacht
**vertreiben;** du vertreibst, er vertreibt, er vertrieb, er hat mehrere Zeitschriften vertrieben, vertreibe die Kinder vom Spielfeld!
**vertreten;** er hat seinen Bruder vertreten; sich die Füße vertreten; der **Vertreter;** die **Vertretung**

der **Vertrieb** (Verkauf); die Vertriebe
der **Vertriebene;** ein Vertriebener, die Vertriebenen, zwei Vertriebene; die **Vertriebene,** eine Vertriebene
**vertrocknen;** das Gras vertrocknet, vertrocknete, das Gras ist vertrocknet
**vertrödeln;** du vertrödelst, er vertrödelte, er hat viel Zeit vertrödelt, vertrödele nicht kostbare Zeit!
**vertuschen;** du vertuschst, er vertuscht, er vertuschte, er hat den Vorfall vertuscht, vertusche nichts!
**verunglücken;** du verunglückst, er verunglückt, er verunglückte, er ist verunglückt, verunglücke nicht!
**verunreinigen;** er hat den Brunnen verunreinigt; die **Verunreinigung**
**verunstalten** (entstellen); er hat das Bild verunstaltet; die **Verunstaltung**
**verursachen;** du verursachst, er verursachte, er hat einen Verkehrsunfall verursacht; der **Verursacher**
**verurteilen;** du verurteilst, er verurteilt, er verurteilte, er hat ihn verurteilt, verurteile ihn nicht!; der **Verurteilte;** ein Verurteilter, die Verurteilten, zwei Verurteilte; die **Verurteilte;** eine Verurteilte
**vervielfachen;** du vervielfachst, er vervielfacht, er vervielfachte, er hat sein Vermögen vervielfacht, vervielfache es!
**vervielfältigen;** du vervielfältigst, er vervielfältigt, er vervielfältigte, er hat den Text vervielfältigt, vervielfältige ihn!

**verw.** = verwitwet
**verwahren;** du verwahrst, er verwahrt, er verwahrte, er hat die Akten verwahrt, verwahre sie!
**verwahrlosen;** du verwahrlost, er verwahrlost, er verwahrloste, er ist völlig verwahrlost
**verwalten;** du verwaltest, er verwaltete, er hat die Kasse verwaltet, verwalte sie!; der **Verwalter;** die **Verwaltung**
**verwandeln;** du verwandelst, er verwandelte, er hat das Kaninchen in Luft verwandelt; die **Verwandlung**
**verwandt;** der **Verwandte;** ein Verwandter, die Verwandten; zwei Verwandte; die **Verwandte,** eine Verwandte; die **Verwandtschaft; verwandtschaftlich**
**verwaschen;** verwaschene Kleider
**verwechseln;** du verwechselst, er verwechselt, er verwechselte, er hat die Namen verwechselt, verwechsele sie nicht!; die **Verwechselung** und die **Verwechslung**
**verweigern;** er hat ihm den Zutritt verweigert (verboten)
der **Verweis; verweisen;** du verweist, er verweist, er verwies, er hat auf die frühere Stelle verwiesen, verweise ihn an die höhere Dienststelle!; der Verbrecher wurde des Landes verwiesen
**verwelken;** die Blume verwelkt, die Blume verwelkte, die Blume ist verwelkt
**verwenden;** du verwendest, er verwendet, er verwandte und er verwendete, er hat neues Material verwandt und verwendet, verwende neues Material!
**verwerfen;** sein Plan wurde verworfen (abgelehnt); **verwerflich** (moralisch abzulehnen)
**verwesen;** das tote Tier war bereits verwest; die **Verwesung**
**verwickeln;** er hat sich in Widersprüche verwickelt; verwickele ihn in ein Gespräch!; **verwickelt;** die **Verwickelung** und die **Verwicklung**
**verwirklichen;** du verwirklichst, er verwirklichte, er hat seinen Plan verwirklicht, verwirkliche ihn!
**verwirren;** meine Frage verwirrte ihn, sie hat ihn verwirrt; die **Verwirrung**
**verwittern;** das Holz ist verwittert; die **Verwitterung**
**verwöhnen;** du verwöhnst, er verwöhnt, er verwöhnte, er hat ihn verwöhnt, verwöhne ihn nicht!
**verworren;** verworrenes Zeug reden
**verwunden;** du verwundest, er verwundet, er verwundete, er hat ihn verwundet, verwunde ihn nicht!; der **Verwundete;** ein Verwundeter, die Verwundeten; zwei Verwundete; die **Verwundete,** eine Verwundete; die **Verwundung**
**verwundern;** es verwundert mich, es verwunderte mich, es hat mich verwundert; die **Verwunderung**
**verzehren;** du verzehrst, er verzehrt, er verzehrte, er hat in aller Ruhe sein Brot verzehrt, verzehre es!
das **Verzeichnis;** des Verzeichnisses, die Verzeichnisse
**verzeihen;** du verzeihst, er verzeiht, er verzeih, er hat ihm alles verziehen, verzeihe mir!; **verzeihlich;** die **Verzeihung;** Verzeihung!
der **Verzicht; verzichten;** du verzichtest, er verzichtet, er verzichtete, er hat auf das Erbe verzichtet, verzichte darauf!
**verziehen;** du verziehst, er verzieht, er verzog, er ist nach Frankfurt verzogen; sich verziehen; er hat sich gestern abend schnell verzogen
**verzieren;** sie hat den Pudding mit Nüssen verziert; die **Verzierung**
**verzweifeln;** du verzweifelst, er verzweifelt, er verzweifelte, er ist verzweifelt, verzweifele nicht!; die **Verzweiflung;** die **Verzweiflungstat**
**verzwickt;** am verzwicktesten; eine verzwickte Geschichte
die **Vesper;** die Vespern; **vespern;** du vesperst, er vespert, er vesperte, er hat gevespert, vespere gut!
der **Vesuv** [*wesuf*] (Vulkan in Italien)
der **Veteran** [*wet${}^e$ra̲n*] (altgedienter Soldat; im Dienst Ergrauter); des/dem/den Veteranen, die Veteranen
der **Veterinär** [*we...*] (Tierarzt); die Veterinäre
das **Veto** [*ve̲to*] (Einspruch); die Vetos
der **Vetter;** die Vettern
**vgl.** = vergleiche!
**v. H.** = vom Hundert
der **Viadukt** [*wiadu̲kt*] (Straßen- oder Bahnüberführung); die Viadukte; *Trennung:* Via|dukt
**vibrieren** [*wi...*] (beben, zittern); die Fensterscheiben haben vibriert; *Trennung:* vi|brie|ren
der **Victoriasee** (See in Afrika)

das **Video** [*wi*...] (kurzer videofilm zu einem Popmusikstück); des Videos, die Videos; *Trennung:* Vi|deo; der **Videofilm** (Film zur Wiedergabe auf dem Bildschirm); der **Videorecorder** (Gerät zur Aufzeichnung von Fernsehsendungen)

das **Vieh; viehisch**

**viel,** in vielem; mit vielem; um vieles; ich habe viel oder vieles erlebt; viel Gutes und vieles Gute; mit viel Gutem und mit vielem Guten; vieler schöner Schnee; mit vielem kalten Wasser; viel oder viele gute Nachbildungen; viele Begabte

**vielerlei; vielerorts**

**vielfach; das Vielfache;** um ein Vielfaches; um das Vielfache; das kleinste gemeinsame Vielfache

**vielfältig** (häufig, oft)

**vielleicht**

**vielmals; vielmehr;** er ist nicht dumm, er weiß vielmehr alles, aber: er weiß viel mehr als du.

**Vientiane** [*wjentja̱n*] (Hauptstadt von Laos)

**vier;** die vier Jahreszeiten; die vier Evangelisten; in seinen vier Wänden bleiben; sich auf seine vier Buchstaben setzen; etwas unter vier Augen besprechen; alle viere von sich strecken; auf allen vieren gehen; wir sind zu vieren oder zu viert; ↑auch: acht; die **Vier** (Zahl); die Vieren; eine Vier würfeln; er hat in Deutsch eine Vier geschrieben; ↑auch: Acht

das **Viereck; viereckig**

**vierfach;** ↑achtfach; **vierjährig; vierköpfig;** ↑dreiköpfig; **viermal;** ↑achtmal; **vierstellig**

**viertel;** ↑achtel; das **Viertel;** es ist ein Viertel vor oder nach eins; es hat ein Viertel eins geschlagen; es ist fünf Minuten vor drei Viertel; wir treffen uns um Viertel acht, um drei Viertel acht; ↑Achtel; das **Vierteljahr; vierteljährig** (ein Vierteljahr alt, dauernd), aber: **vierteljährlich** (alle Vierteljahre wiederkehrend); die **Viertelstunde** (eine Zeitspanne von 15 Minuten), aber: eine viertel Stunde (der vierte Teil einer Stunde); **viertens; vierzehn;** ↑acht; **vierzig;** ↑achtzig

**Vietnam** [*wiätna̱m,* auch: *wiätnam*] (Staat in Südostasien); der **Vietnamese; vietnamesisch**

der **Vikar** [*wika̱r*]; die Vikare

die **Villa** [*wi̱la*]; die Villen

**violett** [*wiolä̱t*]; ↑blau; das **Violett**

die **Violine** [*wioli̱ne*]; *Trennung:* Vio|li|ne

die **Viper** [*wi̱p²r*] (Schlange); die Vipern

die **Viren;** ↑Virus

der **Virtuose** [*wirtuo̱se*] (hervorragender Meister); des Virtuosen, die Virtuosen; *Trennung:* Vir|tuo|se

das **Virus,** auch: der Virus [*wi̱ruß*] (kleinster Krankheitserreger); die Viren

die **Visage** [*wisa̱sche*] (Gesicht); die Visagen

das **Visier** [*wisi̱r*] (Zielvorrichtung; Teil des Helms); die Visiere

die **Vision** [*wisio̱n*] (Erscheinung; Trugbild); *Trennung:* Vi|sion

die **Visite** [*wisi̱te*] (Krankenbesuch des Arztes); die Visiten

**visuell** [*wisu-ä̱l*] (das Sehen betreffend); das **Visum** [*wi̱sum*] (Sichtvermerk im Paß); die Visa und die Visen; *Trennung:* Vi|sum

**vital** [*wita̱l*] (lebenskräftig, lebenswichtig)

das **Vitamin** [*witami̱n*] (ein lebenswichtiger Wirkstoff); die Vitamine; *Trennung:* Vit|amin; Vitamin C; **Vitamin-B-haltig;** der **Vitamin-B-Mangel; vitaminreich**

die **Vitrine** [*wi*...] (gläserner Schrank)

der **Vizekanzler** [*fi̱z²*...] (Stellvertreter des Kanzlers)

der **Vogel;** das **Vogelnest;** der **Vogelschutz;** das **Vogelschutzgebiet**

die **Vogesen** [*woge̱s²n*] (Gebirge in Ostfrankreich) *Plural*

die **Vokabel** [*wo*...] (einzelnes Wort); die Vokabeln

der **Vokal** [*woka̱l*] (Selbstlaut); die Vokale

das **Volk;** die **Völkerwanderung;** das **Volkslied;** die **Volksschule;** der **Volkstanz; volkstümlich**

**voll;** zehn Minuten nach voll; voll oder voller Angst; ein Eimer voll oder voller Wasser; der Saal war voll oder voller Menschen; voll heiligem Ernst; aus dem vollen schöpfen; im vollen leben; ins volle greifen; jemanden nicht für voll nehmen; den Mund recht voll nehmen; etwas voll begreifen oder voll erfassen; **vollauf**

**vollaufen;** *Trennung:* voll|lau|fen; die Wanne läuft voll, sie ist vollgelaufen

**vollenden;** *Trennung:* voll|en|den; du vollendest, er vollendet, er vollendete, er hat es vollendet, vollende es!; **vollends;** die **Vollendung**

der **Volleyball** [*wǫlibal*] (ein Ballspiel; Flugball)
**völlig**
**volljährig** (mündig); die **Volljährigkeit**
**vollkommen**
das **Vollkornbrot**
die **Vollmacht**
die **Vollmilch**
der **Vollmond**
**vollständig**
**vollstrecken;** er vollstreckte den Beschluß, er hat das Urteil vollstreckt
der **Volltreffer**
die **Vollversammlung**
**vollzählig**
das **Volt** [*vǫlt*] (Einheit der elektrischen Spannung); die Volt; 220 Volt
das **Volumen** [*volǔmen*] (Rauminhalt); die Volumen und die Volumina
**von;** von vorn; von mir aus; von weit her; von jeher; von wegen
**voneinander;** *Trennung:* von|ein|ander; etwas voneinander haben; etwas voneinander wissen, a b e r : **voneinandergehen;** wir sind erst um 24 Uhr voneinandergegangen
**vonstatten gehen**
**vor;** vor allem; vor Zeiten
**voran;** *Trennung:* vor|an; **vorangehen;** die Dinge gehen gut voran, sie sind gut vorangegangen
der **Vorarbeiter**
**voraus;** *Trennung:* vor|aus; im voraus; zum Voraus; er war allen voraus; **vorausgehen;** er geht voraus, er ist vorausgegangen; **voraussetzen;** er setzt voraus, er hat viel vorausgesetzt; die **Voraussetzung; voraussichtlich**
der **Vorbehalt;** die Vorbehalte; mit, unter, ohne Vorbehalt
**vorbei; vorbeigehen;** er geht vorbei, er ist vorbeigegangen; **vorbeireden;** sie haben aneinander vorbeigeredet
**vorbereiten;** er hat die Wanderung gut vorbereitet; die **Vorbereitung**
**vorbeugen;** du beugst vor, er beugt vor, er beugte vor, er hat vorgebeugt, beuge vor!
das **Vorbild;** die Vorbilder; **vorbildlich**
**vorderhand** (einstweilen)
der **Vordermann**
das **Vorderrad**
**vordringen;** die Feuerwehr drang vor, sie ist bis zum Brandherd vorgedrungen; **vordringlich** (sehr eilig, sehr wichtig)

**vorehelich**
**voreilig**
**voreinander;** *Trennung:* vor|ein|ander; sich voreinander fürchten; sich voreinander hinstellen
**vorenthalten;** er enthält vor, er hat uns einiges vorenthalten, enthalte uns nichts vor!
die **Vorentscheidung**
der **Vorfahr;** des/dem/den Vorfahren, die Vorfahren
die **Vorfahrt;** Vorfahrt haben, beachten
der **Vorfall;** die Vorfälle
**vorführen;** er hat seine Dias vorgeführt; die **Vorführung**
der **Vorgang;** die Vorgänge; der **Vorgänger; vorgehen;** er ging schon vor (voraus); was ist hier vorgegangen? (geschehen); das **Vorgehen**
der **Vorgesetzte;** ein Vorgesetzter, die Vorgesetzten, zwei Vorgesetzte; die **Vorgesetzte,** eine Vorgesetzte
**vorgestern;** vorgestern abend
**vorhanden;** vorhanden sein
der **Vorhang**
**vorher;** vorher gehen, vorher baden, a b e r : **vorhersagen;** er sagt vorher, er hat die Niederlage vorhergesagt
die **Vorherrschaft**
**vorhin**
**vorig;** vorigen Jahres; der, die, das vorige; im vorigen (weiter oben). *Groß:* die Vorigen (die Personen des Theaterstücks), das Vorige (die vorige Ausführung; die Vergangenheit)
**vorjährig;** die vorjährige Ernte
die **Vorlage**
der **Vorlauf** (im Sport); die Vorläufe; der **Vorläufer** (Vorgänger); **vorläufig**
**vorlaut;** am vorlautesten
**vorlesen;** er liest vor, er hat den Text vorgelesen; die **Vorlesung;** das **Vorlesungsverzeichnis**
der **Vormittag; vormittags,** a b e r : des Vormittags; heute vormittag; ↑Abend
der **Vormund;** die Vormunde und die Vormünder
**vorn;** von vorn beginnen
der **Vorname;** des Vornamens, die Vornamen
**vornehm;** vornehm und gering, a b e r : Vornehme und Geringe; vornehm tun
sich **vornehmen;** er nimmt sich vor, er hat sich viel vorgenommen
**vornehmlich** (besonders)
der **Vorort;** die Vororte
der **Vorrang; vorrangig**

der **Vorrat; vorrätig**
die **Vorrichtung**
der **Vorsatz;** die Vorsätze; **vorsätzlich**
die **Vorschau**
der **Vorschein;** (nur in:) zum Vorschein
kommen, bringen (sichtbar werden,
machen)
der **Vorschlag; vorschlagen;** er schlägt
vor, er hat diesen Mann vorgeschlagen
**vorschreiben;** die Satzung schreibt
geheime Wahl vor; das ist vorge-
schrieben; die **Vorschrift; vor-
schriftsmäßig**
**Vorschub leisten**
die **Vorschule.**
der **Vorschuß;** des Vorschusses, die Vor-
schüsse
sich **vorsehen;** er sieht sich vor; er hat
sich vorgesehen; die **Vorsicht; vor-
sichtig;** die **Vorsichtigkeit; vor-
sichtshalber**
der **Vorsitz;** der **Vorsitzende;** ein Vor-
sitzender, die Vorsitzenden, zwei Vor-
sitzende; die **Vorsitzende;** eine Vor-
sitzende
die **Vorsorge;** Vorsorge treffen; **vor-
sorglich**
der **Vorspann** (eines Films); die
Vorspanne
der **Vorsprung;** die Vorsprünge
der **Vorstand;** die Vorstände
**vorstellen;** er stellt sich etwas vor,
er hat sich vorgestellt (seinen Namen
genannt); die **Vorstellung;** die **Vor-
stellungskraft**
die **Vorstrafe;** die Vorstrafen
der **Vorteil;** im Vorteil sein; **vorteilhaft;**
am vorteilhaftesten
der **Vortrag; vortragen;** du trägst vor,
er trägt vor, er hat das Gedicht vorge-
tragen, trage es vor!
**vortrefflich;** die **Vortrefflichkeit
vorüber;** *Trennung:* vor|über; es ist
alles vorüber; **vorübergehen;** er geht
vorüber, er ist vorübergegangen; **vor-
übergehend** (für kurze Zeit)
das **Vorurteil; vorurteilslos**
der **Vorwand
vorwärts;** vor- und rückwärts; **vor-
wärtsgehen** (besser werden); es
geht vorwärts, es ist vorwärtsgegan-
gen, a b e r: **vorwärts gehen;** er ist
immer vorwärts gegangen
**vorwerfen;** er wirft ihm vor, er hat
ihm Feigheit vorgeworfen
**vorwiegend** (vor allem, meist)
der **Vorwurf; vorwurfsvoll
vorwitzig**

das **Vorzeichen**
die **Vorzeit; vorzeiten,** a b e r: vor lan-
gen Zeiten; **vorzeitig** (verfrüht); **vor-
zeitlich** (der Vorzeit angehörend)
**vorziehen;** er zieht ihn vor; er hat
ihn vorgezogen; der **Vorzug; vor-
züglich
v. T.** = vom Tausend
**vulgär** [*wulgär*] (gewöhnlich; ge-
mein, niedrig)
der **Vulkan** [*wulkạn*] (feuerspeiender
Berg); die Vulkane; **vulkạnisch;**
**vulkanisịeren** (Kautschuk durch
Schwefel festigen); du vulkanisierst,
er hat den Reifen vulkanisiert

# W

**W** = Watt, Westen
die **Waage; waagerecht** und **waag-
recht;** die **Waagerechte** und die
**Waagrechte;** der Waag[e]rechten,
die Waag[e]rechten; zwei Waag[e]-
rechte und zwei Waag[e]rechten; die
**Waagschale
wabbelig** und **wabblig** (unange-
nehm weich); ein wabbeliger Hals
die **Wabe
wach;** wach sein, bleiben, werden;
↑a b e r: wachhalten, wachrütteln; die
**Wache; wachen;** du wachst, er
wacht, er wachte, er hat bei dem Kran-
ken gewacht; **wạchhalten** (lebendig
erhalten); er hielt das Interesse wach,
er hat es wạchgehalten, a b e r: **wạch
hạlten;** er hat sich mühsam wạch
gehạlten
der **Wachọlder;** die **Wachọlderbeere
wachrütteln** (aufrütteln); er rüttelte
ihn wach, er hat ihn wachgerüttelt
das **Wachs;** die Wachse; **wachsen** (mit
Wachs glätten); du wachst, er wachst,
er wachste, er hat die Skier gewachst,
wachse die Skier!; die **Wachskerze
wachsam
wachsen** (größer werden); du
wächst er wächst, er wuchs, er ist
gewachsen; das **Wachstum**
die **Wachtel;** die Wachteln
der **Wächter;** der **Wachtturm** und der
**Wachturm
wackelig** und **wacklig;** wacklig ste-
hen; der **Wackelkontakt; wackeln;**

du wackelst, er wackelt, er wackelte, er hat gewackelt, wackele nicht!

**wacker**

die **Wade**

die **Waffe**

die **Waffel;** die Waffeln

**wagen;** du wagst, er wagt, er wagte, er hat den Sprung gewagt, wage nicht zuviel!; **wagemutig; waghalsig**

der **Wagen**

der **Waggon** [*wagong* und *wagong*] (Eisenbahnwagen); die Waggons

das **Wagnis;** des Wagnisses, die Wagnisse

die **Wahl; wahlberechtigt; wählen;** du wählst, er wählt, er wählte, er hat gewählt, wähle richtig!; der **Wähler; wählerisch;** der **Wahlkampf**

der **Wahn; wähnen;** du wähnst, er wähnte (glaubte fälschlich), sie sei verreist; der **Wahnsinn; wahnsinnig**

**wahr;** nicht wahr?; sein wahres Gesicht zeigen; der wahre Jakob; wahr machen, werden, sein, ↑ aber: wahrhaben, wahrsagen

**währen** (dauern); was lange währt, wird endlich gut; **während;** während des Unterrichts; **währenddessen**

**wahrhaben;** er will es nicht wahrhaben; **wahrhaft; wahrhaftig;** die **Wahrheit; wahrlich**

**wahrnehmen;** er nimmt wahr, er hat es wahrgenommen

**wahrsagen;** du sagst wahr und du wahrsagst, er sagt wahr und er wahrsagt, er sagte wahr und er wahrsagte, er hat wahrgesagt und gewahrsagt; der **Wahrsager;** die **Wahrsagerin;** die Wahrsagerinnen

**wahrscheinlich,** auch: wahrscheinlich; die **Wahrscheinlichkeit**

die **Währung**

das **Wahrzeichen**

die **Waise;** das **Waisenhaus**

der **Wal** (ein Seesäugetier); die Wale

der **Wald;** der **Waldrand** und der **Waldesrand;** das **Waldsterben**

**Wales** [*ŭe'ls*] (Teil Großbritanniens)

das **Walkie-talkie** [*ŭåkitåkí*] (tragbares Funksprechgerät); des Walkie-talkie[s], die Walkie-talkies; der **Walkman** [*ŭåkmen*] (kleiner Kassettenrecorder mit Kopfhörern); des Walkmans, die Walkmen

der **Wall** (Erdaufschüttung); die Wälle

der **Wallach** (kastrierter Hengst); des Wallachs, die Wallache

**wallen;** das Wasser wallt, es wallte, es hat gewallt

**wallfahren;** ich wallfahre, ich wallfahrte, ich bin nach Rom gewallfahrt und **wallfahrten;** ich wallfahrtete, ich bin nach Rom gewallfahrtet; der **Wallfahrer;** die **Wallfahrt;** der **Wallfahrtsort**

die **Walnuß;** die Walnüsse

**walten;** Gnade walten lassen

die **Walze; walzen;** du walzt, er walzt, er walzte, er hat den Acker gewalzt, walze ihn noch!; **wälzen;** du wälzt, er wälzt, er wälzte, er hat den Stein zur Seite gewälzt, wälze ihn zur Seite!

der **Walzer;** ein Wiener Walzer

das **Wams;** die Wämser

die **Wand;** die Wände

der **Wandel; wandeln;** du wandelst, er wandelt, er wandelte, er ist auf und ab gewandelt; sich wandeln; die Mode hat sich schnell gewandelt

die **Wanderdüne;** der **Wanderer;** die **Wanderin** und die **Wandrerin;** die Wanderinnen und die Wandrerinnen; **wandern;** du wanderst, er wanderte, er ist drei Stunden gewandert, wandere viel!; die **Wanderschaft;** die **Wanderung;** der **Wanderweg**

die **Wange**

der **Wankelmotor**

**wankelmütig; wanken;** du wankst, er wankt, er wankte, er ist gewankt

**wann**

die **Wanne;** das **Wannenbad**

der **Wanst;** die Wänste

die **Wanze**

das **Wappen;** der und das **Wappenschild**

sich **wappnen;** du wappnest dich, er wappnet sich, er wappnete sich, er hat sich dagegen gewappnet, wappne dich dagegen!

die **Ware;** das **Warenzeichen**

**warm;** wärmer, am wärmsten; warme Würstchen; das Essen warm stellen, warm halten, ↑ aber: warmhalten; die **Wärme; wärmen;** du wärmst, er wärmt, er wärmte, er hat das Essen gewärmt, wärme das Essen!; sich wärmen; ich habe mich am Ofen gewärmt; **warmhalten;** ich halte ihn mir warm (ich erhalte mir seine Gunst), ich habe ihn mir warmgehalten, aber: **warm halten;** die Suppe warm halten

**warnen;** du warnst, er warnt, er warnte, er hat ihn gewarnt, warne ihn!; die **Warnung**

**Warschau** (Hauptstadt Polens)

die **Warte** (Wartturm); **warten;** du wartest, er wartet, er wartete, er hat auf ihn gewartet, er hat die Maschine gewartet (gepflegt); warte auf ihn!; der **Wärter;** der **Wartturm;** die **Wartung**

**warum;** *Trennung:* war|um; warum nicht?

die **Warze**

**was;** was ist los?; was für ein, was für einer; das ist das Schönste, was ich erlebt habe, a b e r : das Werkzeug, das ich in der Hand habe

das **Waschbecken;** die **Wäsche; waschen;** du wäschst, er wäscht, er wusch, er hat das Auto gewaschen, wasche das Auto!; sich waschen; er hat sich noch nicht gewaschen; die **Wäscherei;** der **Waschlappen;** die **Waschmaschine**

das **Wasser;** die Wasser und (für Mineral-, Spül-, Speise- und Abwasser:) die Wässer; **wässerig** und **wäßrig;** der **Wasserhahn;** das **Wasserklosett;** die **Wasserleitung; wässern;** du wässerst, er wässert, er wässerte, er hat die Heringe gewässert; die **Wasserpfeife; wasserscheu;** der **Wasserski,** Wasserski fahren; der **Wasserstoff;** die **Wasserstoffbombe;** das **Wasserwerk**

**waten;** du watest, er watet, er watete, er ist durch den Fluß gewatet

die **Watsche** (Ohrfeige)

**watscheln;** die Ente watschelt, sie watschelt, sie ist über den Hof gewatschelt

das **Watt** (Einheit der Leistung); die Watt; 40 Watt

das **Watt** (seichter Streifen an der Nordseeküste); die Watten; das **Wattenmeer**

die **Watte; wattieren;** du wattierst, er wattiert, er wattierte, er hat die Schultern des Mantels wattiert

der **Watzmann** (Berg in den Alpen)

das **WC** [*wezé*] (Wasserklosett, Toilette)

**weben;** du webst, er webt, er webte (auch: er wob), er hat das Tuch gewebt (auch: gewoben); der **Weber;** die **Weberei;** der **Webstuhl**

der **Wechsel;** die Wechsel; das **Wechselfieber; wechseln;** du wechselst, er wechselt, er wechselte, er hat das Geld gewechselt, wechsele mir bitte 20 Mark!; **wechselseitig;** der **Wechselstrom**

der **Weck** und die **Wecke** und der **Wekken**

**wecken;** du weckst, er weckt, er weckte, er hat ihn geweckt, wecke ihn!; der **Wecker**

der **Wedel; wedeln;** der Hund wedelte, er hat mit dem Schwanz gewedelt

**weder;** weder er noch sie

**weg;** weg da!; sie ist ganz weg (begeistert); frisch von der Leber weg; er ist längst darüber weg; er war schon weg, als ich kam

der **Weg;** jemandem im Wege stehen; wohin des Wegs?; halbwegs; gerade[n]wegs; keineswegs; allerwegen; unterwegs; etwas zuwege bringen

**wegen;** von wegen!; wegen Diebstahls; wegen des Vaters und des Vaters wegen; wegen der hohen Preise; wegen etwas anderem; von Amts wegen; von Rechts wegen; von Staats wegen; meinet-, deinet-, unsertwegen und unsretwegen, euertwegen und euretwegen

**wegfahren;** er fuhr weg, er ist weggefahren

**weggehen;** du gehst weg, er ist weggegangen

**weglassen;** er ließ mich nicht weg; du hast ein Wort weggelassen

**wegnehmen;** du nimmst weg, er hat das Buch weggenommen

der **Wegweiser**

**wegwerfen;** wirf hier kein Papier weg!; er hat den Stock weggeworfen; das **Wegwerfhandtuch**

**weh** und **wehe;** weh[e] tun, weh[e] dir!; o weh!; ach und weh schreien; das **Weh;** mit Ach und Weh

**wehen;** die Fahne weht, die Fahne wehte, die Fahne hat geweht

**wehleidig; wehmütig**

die **Wehr** (Befestigung; Abwehr); die Wehren; sich zur Wehr setzen

das **Wehr** (Stauwerk); die Wehre

der **Wehrdienst;** der **Wehrdienstverweigerer**

**wehren;** du wehrst, er wehrt, er wehrte, er hat ihm den Zutritt gewehrt, wehre ihm den Zutritt!; sich wehren; er hat sich kräftig gewehrt; **wehrlos;** am wehrlosesten; die **Wehrpflicht;** die allgemeine Wehrpflicht

das **Weib;** die Weiber; das **Weibchen; weiblich**

**weich;** etwas weich machen, klopfen

die **Weiche** (Umstellvorrichtung bei Gleisen); der **Weichensteller**

**weichen** (weich machen); du weichst, er weicht, er weichte, er hat die Erbsen geweicht
**weichen** (zurückgehen); du weichst, er weicht, er wich, er ist gewichen, weiche!
**weichgekocht;** weicher, am weichesten gekocht; ein weichgekochtes Ei, aber: das Ei ist weich gekocht; **weichlich**

die **Weichsel** (Fluß in Polen)

die **Weichteile** *Plural*; das **Weichtier;** die Weichtiere

die **Weide; weiden;** das Vieh weidet, es weidete, es hat geweidet
**weidlich** (gehörig, tüchtig)

der **Weidmann;** die Weidmänner; **weidmännisch**

sich **weigern;** du weigerst dich, er weigert sich, er weigerte sich, er hat sich geweigert, weigere dich nicht!; die **Weigerung**

die **Weihe; weihen;** du weihst, er weiht, er weihte, er hat ihn geweiht, weihe ihn!

der **Weiher**

die **Weihnacht;** das **Weihnachten** (Weihnachtsfest); Weihnachten ist bald; zu Weihnachten; fröhliche Weihnachten!; ↑ Ostern; **weihnachtlich;** der **Weihnachtsbaum;** das **Weihnachtsfest;** die **Weihnachtszeit**

der **Weihrauch;** das **Weihwasser**
**weil;** alldieweil

die **Weile;** alleweil[e], bisweilen, zuweilen, einstweilen, mittlerweile; ein **Weilchen;** warte ein Weilchen

der **Wein;** der **Weinbau;** die **Weinbeere;** der **Weinberg;** der **Weinbrand;** die Weinbrände; die **Weinrebe;** die **Weintraube**
**weinen;** du weinst, er weint, er weinte, er hat geweint, weine nicht!; **weinerlich**

die **Weise** (Art; Singweise); auf diese Weise
**weise** (klug); der **Weise** (der kluge Mensch); des Weisen, die Weisen; die **Weisheit; weismachen;** du machst mir nichts weis, er hat mir dies weisgemacht
**weiß;** am weißesten; die weiße Wand. *Klein auch:* etwas schwarz auf weiß besitzen, nach Hause tragen; aus schwarz weiß, aus weiß schwarz machen; ein weißer Rabe (eine Seltenheit); eine weiße Weste haben; weiße

Mäuse sehen (übertriebene Befürchtungen haben). *Groß:* die Farbe Weiß; das Weiße Haus (Amtssitz des Präsidenten der USA in Washington); der Weiße Sonntag (der Sonntag nach Ostern); der Weiße Tod (das Erfrieren); das **Weiß** (die weiße Farbe); ein Stoff in Weiß; in Weiß gekleidet
**weissagen;** du weissagst, er hat geweissagt; die **Weissagerin;** die **Weissagung**

das **Weißbrot; weißen;** du weißt, er weißt , er weißte, er hat die Wand geweißt, weiße die Wand!; **weißgekleidet;** ein weißgekleidetes Mädchen, aber: das Mädchen ist weiß gekleidet; der **Weißling** (ein Schmetterling)

die **Weisung**
**weit;** am weitesten; ein weiter Weg. *Klein auch:* im weiteren, des weiteren darlegen, berichten; bei weitem; von weitem; ohne weiteres; bis auf weiteres; weit und breit; so weit, so gut. *Groß:* das Weite suchen; das Weitere hierüber folgt später; Weiteres findet sich dort; alles Weitere demnächst; die **Weite; weiten;** du weitest, er weitete, der Schuhmacher hat die Schuhe geweitet; **weiter; weitergehen** (vorangehen); die Arbeiten gehen gut weiter, sie sind gut weitergegangen, aber: weiter gehen; ich kann weiter gehen als du; **weitgehend;** weiter gehend und weitgehender, weitestgehend und weitgehendst; das scheint mir zu weitgehend, aber: eine zu weit gehende Erklärung; **weitläufig; weiträumig; weitschweifig; weitverbreitet;** weiter, am weitesten verbreitet; eine weitverbreitete Zeitung, aber: die Zeitung ist weit verbreitet; entsprechend schreibt man: **weitgereist, weitverzweigt**

der **Weizen;** das **Weizenmehl**
**welch;** welch ein Held; welch Wunder; welch große Männer; welches reizende Mädchen; welche großen Männer; welche Stimmberechtigten; **welcherart; welchergestalt; welcherlei**
**welk; welken;** die Blume welkt, die Blume welkte, die Blume ist gewelkt (meist: verwelkt)

das **Wellblech;** die **Welle;** das **Wellenbad;** die **Wellenlänge; wellig**

die **Welt;** das **Weltall;** die **Weltan-**

schauung; weltfremd; die Welt-
geschichte; der Weltkrieg; der er-
ste, der zweite Weltkrieg, auch: der
Erste, der Zweite Weltkrieg; weltlich;
der Weltraum; der Weltraumfah-
rer; der Weltrekord; weltweit

die Wendeltreppe

wenden; du wendest, er wendet, er
wandte und er wendete, er hat ge-
wandt und er hat gewendet; in der
Bedeutung „die Richtung ändern"
und „umkehren" (z. B. einen Mantel)
wird nur schwach gebeugt: das Auto
hat gewendet; sie hat den Rock ge-
wendet; „sich wenden" wird über-
wiegend stark gebeugt; sie wandte
sich zu ihm, sie hat sich zu ihm ge-
wandt; bitte wenden!; wendig; die
Wendung

wenig; ein wenig; ein weniges; ein
klein wenig; einiges wenige; der, die,
das wenige; dieses Kleine und weni-
ge; weniges genügt; die wenigen; mit
wenig[em] auskommen; in dem we-
nigen, was erhalten ist; nicht[s] mehr
und nicht[s] weniger; wie wenig
gehört dazu!; wenig Gutes oder weni-
ges Gutes; wenig Neues; wenige alte
Leute, wenige Mutige; es ist das we-
nigste; das wenigste, was du tun
kannst; das Wenig; viele Wenig ma-
chen ein Viel; wenigstens

wenn; wenn auch; komme doch[,]
wenn möglich[,] etwas früher. Groß:
das Wenn und das Aber; die Wenn
und die Aber; viele Wenn und Aber;
wenngleich; wennschon; wenn-
schon – dennschon

wer; wer ist da?; ist wer gekommen?;
wer alles; Halt! Wer da?; irgendwer

werben; du wirbst, er wirbt, er warb,
er hat geworben, wirb für unseren
Verein! der Werber; der Werbeslo-
gan; werbewirksam; die Wer-
bung

werden; du wirst, er wird, er wurde
(dichterisch auch: er ward), er ist et-
was geworden; er ist groß geworden;
er ist gelobt worden; werde groß und
stark! Groß: das ist noch im Werden

werfen; du wirfst, er wirft, er warf,
er hat den Stein geworfen, wirf nicht
mit Steinen!

die Werft (Anlage zum Bau und zur Re-
paratur von Schiffen); die Werften;
der Werftarbeiter

das Werk; ans Werk!; ans Werk, zu Werke
gehen; etwas ins Werk setzen; wer-

ken; du werkst, er werkt, er werkte,
er hat von früh bis spät gewerkt; die
Werkstatt und die Werkstätte; der
Werktag; werktags; das Werk-
zeug

der Wermut (eine Pflanze, ein Wein; et-
was Bitteres, Bitterkeit)

die Werra (Quellfluß der Weser)

wert; wert sein; du bist keinen Schuß
Pulver wert; das ist nicht der Rede
wert; der Wert; auf etwas Wert legen;
werten; du wertest, er wertet, er wer-
tete, er hat dies gering gewertet, werte
dies nicht gering!; wertlos; am wert-
losesten; wertvoll

wes; wes das Herz voll ist, des geht
der Mund über; wes Brot ich ess',
des Lied ich sing'

das Wesen; viel Wesen[s] um etwas ma-
chen; wesentlich; im wesentlichen.
Groß: das Wesentliche; etwas, nichts
Wesentliches

die Weser (deutscher Fluß)
weshalb

die Wespe; das Wespennest
wessen

der West (Himmelsrichtung; West-
wind); Ost und West; der Wind kommt
aus West; der Westen; der Wilde
Westen

die Weste; die Westentasche
westlich; westlich des Waldes,
westlich vom Walde; westwärts
weswegen

wett; wir sind wett; der Wettbe-
werb; die Wette; der Wetteifer;
wetteifern; du wetteiferst, er wett-
eifert, er wetteiferte, er hat mit ihm
gewetteifert; wetten; du wettest, er
wettete, er hat um 5 Mark gewettet,
wette nicht um hohe Beträge!

das Wetter; der Wetterbericht; wet-
terempfindlich; die Wetterkarte;
das Wetterleuchten; die Wetter-
vorhersage; wetterwendisch
wettern (derb schimpfen); er wet-
tert, er wetterte, er hat gewettert, wet-
tere nicht so!

der Wettkampf; der Wettkämpfer; die
Wettkämpferin; die Wettkämpfe-
rinnen; der Wettlauf; das Wettur-
nen; Trennung: Wett|tur|nen!
wetzen; du wetzt, er wetzt, er wetzte,
er hat das Messer gewetzt, aber: er
ist um die Ecke gewetzt (gerannt),
wetze das Messer!; Wetzstein

der Whisky [ˮißki], auch: der Whiskey
[ˮißki] (ein Branntwein)

die **Wichse; wichsen;** du wichst, er wichst, er wichste, er hat die Schuhe gewichst, wichse die Schuhe!

der **Wicht;** das **Wichtelmännchen**

**wichtig;** alles Wichtige; etwas, nichts Wichtiges, Wichtigeres; wichtig tun; sich wichtig machen; die **Wichtigkeit;** der **Wichtigtuer**

die **Wicke** (eine Pflanze)

der **Wickel;** die Wickel; **wickeln;** du wickelst, die Mutter wickelt, sie wickelte, sie hat den Säugling gewickelt, wickle du ihn!

der **Widder** (männliches Zuchtschaf)

**wider** (gegen; entgegen); das war wider seinen Befehl; wider Willen. *Groß:* das Für und das Wider

der **Widerhaken**

der **Widerhall**

**widerlegen;** er widerlegt, er hat ihn widerlegt

**widerlich**

**widerraten;** er widerrät, er hat ihm widerraten

**widerrechtlich**

die **Widerrede**

**widerrufen;** er widerruft, er hat alles widerrufen

der **Widersacher**

der **Widerschein**

**widerspenstig**

**widerspiegeln;** die Sonne spiegelt sich im Wasser wider; der Brief hat seine Verzweiflung widergespiegelt (erkennen lassen)

**widersprechen;** er widerspricht, er hat ihm widersprochen; widersprich nicht!; der **Widerspruch**

der **Widerstand;** die **Widerstandskraft; widerstehen;** er widersteht, er hat der Versuchung widerstanden

**widerstreben;** es widerstrebt mir, so etwas zu tun, es hat mir widerstrebt

**widerwärtig**

**widerwillig**

**widmen;** du widmest, er widmet, er widmete, er hat ihm das Buch gewidmet, widme es ihm!; die **Widmung**

**widrig; widrigenfalls**

**wie;** sie ist so schön wie ihre Freundin, a b e r : sie ist schöner als ihre Freundin; wie sehr; wie lange; wie oft; wie [auch] immer. *Groß:* es kommt auf das Wie an; es handelt sich um das Was, nicht um das Wie

**wieder** (nochmals; erneut; zurück); für nichts und wieder nichts; hin und wieder

**wiederbringen** (zurückbringen); er bringt das Buch wieder, er hat es wiedergebracht

die **Wiedergabe; wiedergeben;** er gab mir das Buch wieder, er hat meine Worte falsch wiedergegeben

**wiederholen;** er wiederholt die Lektion, er hat alles wiederholt; die **Wiederholung**

die **Wiederkehr** (Rückkehr); **wiederkehren;** diese Gelegenheit kehrt nicht wieder, ist nicht wiedergekehrt

**wiedersehen;** du siehst ihn wieder, du hast ihn wiedergesehen, a b e r : **wieder sehen;** nach der Operation kann er wieder sehen; das **Wiedersehen;** auf Wiedersehen!; auf Wiedersehen sagen

**wiederum**

die **Wiege**

**wiegen;** du wiegst, er wiegt, er wog, er hat den Brief gewogen, wiege ihn!

**wiehern;** das Pferd wiehert, das Pferd wieherte, das Pferd hat gewiehert

**Wien** (Hauptstadt von Österreich); der **Wiener; wienerisch**

**Wiesbaden** (Hauptstadt Hessens)

die **Wiese**

das **Wiesel;** die Wiesel; **wieselflink**

**wieso**

**wieviel;** wieviel Personen, a b e r : wie viele Personen; ich weiß nicht, wieviel er hat; **wievielmal,** a b e r : wie viele Male; **wieweit** (inwieweit)

**wild;** am wildesten; wildes Fleisch; wilder Streik; wilder Wein; er spielt den wilden Mann. *Groß:* der Wilde Westen; die Wilde Jagd (ein Geisterheer); der Wilde Jäger (eine Geistergestalt); sich wie ein Wilder gebärden; das **Wild;** das **Wildbret;** der **Wilddieb;** die **Wildente;** der **Wilderer; wildern;** du wilderst, er wilderte, er hat gewildert, wildere nie!; die **Wildnis;** die Wildnisse; das **Wildschwein;** der **Wildwestfilm**

der **Wille;** des Willens; der letzte Wille; wider Willen; jemandem zu Willen sein; willens sein; **willen;** um Gottes willen; um seiner selbst willen; um meinet-, deinet-, euretwillen; **willensschwach; willensstark; willig**

der **Willkomm;** die Willkomme und das **Willkommen;** die Willkommen; ein[en] Willkomm zurufen; ein fröhliches Willkommen!; **willkommen;** willkommen heißen, sein

die **Willkür; willkürlich**
**wimmeln;** es wimmelt, es wimmelte,
es hat von Ameisen gewimmelt
**wimmern;** du wimmerst, er wimmert,
er wimmerte, er hat gewimmert; das
ist zum Wimmern; man hört ein leises
Wimmern
der **Wimpel;** die Wimpel
die **Wimper;** die Wimpern
der **Wind;** Wind bekommen von etwas
die **Winde; winden;** du windest, er win-
det, er wand, er hat das Handtuch
gewunden, winde es!
die **Windel;** die Windeln
der **Windfang; windig;** die **Windpok-
ken** *Plural*; **windschief;** die **Wind-
schutzscheibe;** die **Windstärke**
die **Windung**
der **Wink; winken;** du winkst, er winkt,
er winkte, er hat ihr gewinkt, winke
den Eltern!; der **Winker**
der **Winkel;** die Winkel; **winkelig** und
**winklig**
**winseln;** du winselst, er winselt, er
winselte, er hat um Gnade gewinselt
der **Winter; winterlich;** der **Winter-
sport**
der **Winzer**
**winzig**
der **Wipfel;** die Wipfel
die **Wippe; wippen;** du wippst, er wippt,
er wippte, er hat gewippt, wippe nicht!
**wir;** wir alle; wir beide; wir beschei-
denen Leute; wir Armen; wir Deut-
schen und wir Deutsche
der **Wirbel;** die Wirbel; **wirbeln;** du wir-
belst, er wirbelt, er wirbelte, er hat
ihn durch die Luft gewirbelt; die **Wir-
belsäule;** der **Wirbelwind**
**wirken;** du wirkst, er wirkt, er wirkte,
er hat gewirkt; sein segensreiches Wir-
ken; **wirklich;** die **Wirklichkeit;**
**wirksam;** die **Wirksamkeit;** die
**Wirkung; wirkungsvoll;** am wir-
kungsvollsten; die **Wirkungsweise**
**wirr;** der Wirrkopf; der **Wirrwarr**
der **Wirsing**
der **Wirt;** die **Wirtin;** die Wirtinnen; die
**Wirtschaft; wirtschaften;** du
wirtschaftest, er wirtschaftet, er wirt-
schaftete, er hat gut gewirtschaftet;
das **Wirtshaus**
der **Wisch** (wertloses Schriftstück); des
Wischs; **wischen;** du wischst, er
wischt, er wischte, er hat den Staub
vom Tisch gewischt
**wispern;** du wisperst, er wisperte,
er hat mir etwas ins Ohr gewispert

die **Wißbegier** und die **Wißbegierde;
wißbegierig; wissen;** du weißt, er
weiß, er wußte, er hat alles gewußt;
das **Wissen;** meines Wissens; wider
besseres Wissen; ohne mein Wissen;
die **Wissenschaft;** der **Wissen-
schaftler; wissenschaftlich;
wissentlich**
**wittern;** du witterst, er wittert, er
witterte, er hat Gefahr gewittert
die **Witterung**
die **Witwe;** der **Witwer**
der **Witz;** der **Witzbold; witzeln;** du
witzelst, er hat nur gewitzelt; witzele
nicht so!; **witzig; witzlos;** am witz-
losesten
**wo;** wo immer er auch sein mag. *Groß*:
das Wo spielt keine Rolle; **woanders;**
ich werde ihn woanders suchen,
a b e r : wo anders (wo sonst) als hier
sollte ich ihn suchen?; **wobei**
die **Woche;** das **Wochenbett;** das **Wo-
chenende;** die Wochenenden; das
**Wochenendhaus;** die **Wochen-
karte; wochenlang; wochentags;
wöchentlich; wochenweise;** die
**Wöchnerin;** die Wöchnerinnen
die **Woge**
**woher;** er geht wieder hin, woher
er gekommen ist, a b e r : er geht wieder
hin, wo er hergekommen ist; **wohin;**
sieh, wohin er geht!; a b e r : sieh, wo
er hingeht!
**wohl;** besser, am besten und wohler,
am wohlsten; wohl ihm!; wohl oder
übel mußte er dableiben; das ist wohl
das beste; leben Sie wohl!; wohl be-
komm's!; sich wohl fühlen; das **Wohl;**
auf dein Wohl!; zum Wohl!
**wohlan; wohlauf**
**wohlbehalten;** er kam wohlbehalten
an
**wohlbekannt;** besser bekannt, best-
bekannt; ein wohlbekannter Vorgang
die **Wohlfahrt;** das **Wohlfahrtsamt**
**wohlgemut;** am wohlgemutesten
**wohlhabend;** wohlhabende Leute
der **Wohlstand;** die **Wohlstandsge-
sellschaft**
die **Wohltat; wohltuend; wohltun;**
das tut mir wohl, das hat mir wohlge-
tan, a b e r : **wohl tun;** er wird es wohl
tun
**wohlweislich**
**wohnen;** du wohnst, er wohnt, er
wohnte, er hat hier gewohnt; **wohn-
lich;** die **Wohnung;** das **Wohnzim-
mer**

die **Wölbung**

der **Wolf;** die Wölfe; die **Wölfin;** die Wölfinnen; der **Wolfshunger;** die **Wolfsmilch** (eine Pflanze)

die **Wolga** (Fluß in der Sowjetunion)

die **Wolke;** der **Wolkenbruch;** die Wolkenbrüche; der **Wolkenkratzer; wolkenlos; wolkig**

der **Wollappen;** *Trennung:* Woll|lap|pen; die **Wolldecke;** die **Wolle; wollen;** ein wollener Pullover; **wollig**

**wollen;** du willst, er will, er wollte, er hat gewollt, wolle nur!; ich habe das nicht gewollt, a b e r : ich habe helfen wollen

die **Wollust;** die Wollüste; **wollüstig womit; wonach**

die **Wonne; wonnig woran; worauf; woraus; worin;** *Trennung:* wor|an; wor|auf; wor|aus; wor|in

das **Wort;** die Wörter (Einzelwörter) und die Worte (Äußerungen, Erklärungen); mit anderen Worten; dies waren seine letzten Worte; ich will nicht viele Worte machen; aufs Wort; Wort halten; jemanden beim Wort nehmen; er ließ mich nicht zu Wort[e] kommen; die **Wortart;** die Wortarten; die **Wortbildung; wortbrüchig;** das **Wörterbuch;** die **Wortfamilie; wortgewandt;** am wortgewandtesten; **wortkarg; wörtlich;** die wörtliche Rede; der **Wortschatz;** der **Wortwechsel; wortwörtlich** (Wort für Wort); etwas wortwörtlich wiedergeben

**worüber; worum; worunter;** *Trennung:* wor|über; wor|um; wor|unter

**wovon; wozu**

das **Wrack;** die Wracks und (selten:) die Wracke

**wringen;** du wringst, sie wringt, sie wrang, sie hat die Wäsche gewrungen, wringe die Wäsche!

der **Wucher;** der **Wucherer; wuchern;** du wucherst, er wuchert, er wucherte, er hat gewuchert, wuchere nicht!

der **Wuchs**

die **Wucht; wuchtig**

**wühlen;** du wühlst, er wühlt, er wühlte, er hat in der Kiste gewühlt, wühle nicht in der Kiste!; die **Wühlmaus**

der **Wulst** und die **Wulst;** die Wülste; **wulstig**

**wund;** wund sein, werden; sich die Füße wund laufen, reiben; sich den

Mund wund reden, ↑a b e r : wundliegen; die **Wunde**

das **Wunder;** Wunder tun; kein Wunder; du wirst dein blaues Wunder erleben. *Klein:* er glaubt, wunder was getan zu haben; er glaubt, wunder[s] wie geschickt er sei; **wunderbar;** die **Wunderkerze;** das **Wunderkind; wunderlich;** sich **wundern;** du wunderst dich, er wundert sich, er wunderte sich, er hat sich gewundert, wundere dich nicht!; **wunderschön; wundervoll**

sich **wundliegen;** der Kranke liegt sich wund, er hat sich wundgelegen; der **Wundstarrkrampf**

der **Wunsch; wünschen;** du wünschst, er wünscht, er wünschte, er hat ein Buch gewünscht, wünsche ihm alles Gute!; sich wünschen; ich habe mir ein Fahrrad gewünscht

die **Würde;** der **Würdenträger; würdig; würdigen;** du würdigst, er würdigt, er würdigte, er hat seine Leistung gewürdigt, würdige sie!; die **Würdigung**

der **Wurf;** die Würfe

der **Würfel;** die Würfel; **würfeln;** du würfelst, er würfelt, er würfelte, er hat eine Sechs gewürfelt, würfele!

der **Wurfspeer;** der **Wurfspieß**

**würgen;** du würgst, er würgt, er würgte, er hat ihn gewürgt, würge ihn nicht!; mit Hängen und Würgen (mit knapper Not)

der **Wurm;** der **Wurmfortsatz** (am Blinddarm); **wurmig; wurmstichig**

die **Wurst;** die Würste; das ist mir Wurst; **wursteln** (ohne Ziel arbeiten); du wurstelst ja nur; er hat immer gewurstelt; **wurstig;** die **Wurstigkeit**

die **Würze; würzen;** du würzt, er würzt, er würzte, er hat gut gewürzt, würze gut!; **würzig**

die **Wurzel;** die Wurzeln; **wurzeln;** der Baum wurzelt, er wurzelte, er hat tief gewurzelt; das **Wurzelwerk**

das **Wuschelhaar** (lockiges oder unordentliches Haar); **wuschelig** und **wuschlig**

der **Wust;** des Wustes und des Wusts; **wüst;** am wüstesten; die **Wüste;** der **Wüstling**

die **Wut;** der **Wutanfall; wüten;** du wütest, er wütet, er wütete, er hat gewütet, wüte nicht!; **wütend; wutentbrannt;** der **Wüterich**

# X

das **X;** des X, die X; jemandem ein X für ein U vormachen
die **x-Achse**
die **Xanthippe** (zänkisches Weib, nach der Frau des Sokrates); *Trennung:* Xan|thip|pe
die **X-Beine** *Plural;* **X-beinig**
**x-beliebig;** jeder x-beliebige; etwas x-beliebiges
**x-fach;** das **X-fache;** des X-fachen
der **X-Haken** (Aufhängehaken für Bilder)
**x-mal**
die **X-Strahlen** (Röntgenstrahlen) *Plural*
**x-te;** zum x-tenmal, a b e r : zum x-ten Male
das **Xylophon** (ein Musikinstrument); die Xylophone; *Trennung:* Xy|lo|phon

# Y

die **y-Achse**
die **Yacht** (in der Seemannssprache neben: ↑Jacht)
der **Yankee** [*jängki*] (Spitzname für den US-Amerikaner)
das **Yard** (früheres englisches und amerikanisches Längenmaß); die Yards, 5 Yard[s]
das **Ypsilon;** des Ypsilon und des Ypsilons, die Ypsilons; *Trennung:* Yp|si|lon

# Z

die **Zacke** und der **Zacken; zackig**
**zaghaft;** am zaghaftesten
**zäh; zähflüssig;** die **Zähigkeit**
die **Zahl; zahlen;** du zahlst, er zahlt, er zahlte, er hat den Beitrag gezahlt, zahle bitte!; **zählen;** du zählst, er zählt, er zählte, er hat das Geld gezählt, zähle es!; das **Zahlenlotto;** der **Zähler;** die **Zahlkarte; zahllos; zahlreich;** der **Zahltag;** die **Zahlung;** die **Zählung;** der **Zahlungsverkehr**

**Zaire** [*saïr*] (Staat in Afrika); der **Zairer; zairisch**
**zahm; zähmen;** du zähmst, er zähmt, er zähmte, er hat den Löwen gezähmt, zähme ihn!; die **Zähmung**
der **Zahn;** die Zähne; der **Zahnarzt;** die **Zahnbürste;** die **Zahncreme** und die **Zahnpasta;** das **Zahnrad;** der **Zahnschmerz;** meist *Plural:* die Zahnschmerzen; das **Zahnweh**
die **Zange**
der **Zank; zanken;** du zankst, er zankte, er hat mit ihm gezankt; sich zanken; sie haben sich gezankt; **zänkisch**
der **Zapfen**
**zappelig** und **zapplig; zappeln;** du zappelst, er zappelt, er zappelte, er hat gezappelt, zappele nicht!
**zart;** am zartesten; **zärtlich**
der **Zaster** (Geld); des Zasters
der **Zauber;** der **Zauberer** und der **Zauberrer;zaubern;** du zauberst, er zaubert, er zauberte, er hat gezaubert; der **Zauberstab;** der **Zauberwürfel**
**zaudern;** du zauderst, er zauderte, er hat lange gezaudert, zaudere nicht!
der **Zaum** (Kopflederzeug für Zug- und Reittiere); die Zäume; ein Pferd im Zaum halten; das **Zaumzeug**
der **Zaun;** die Zäune; der **Zaunkönig** (ein Vogel); der **Zaunpfahl;** mit dem Zaunpfahl winken
**zausen;** der Wind zauste, der Wind hat die Zweige gezaust
**z. B.** = zum Beispiel
**z. b. V.** = zur besonderen Verwendung
**z. d. A.** = zu den Akten (erledigt)
**ZDF** = Zweites Deutsches Fernsehen
das **Zebra;** die Zebras; *Trennung:* Ze|bra; der **Zebrastreifen**
die **Zeche; zechen;** du zechst, er zecht, er zechte, er hat gezecht; der **Zecher;** der **Zechpreller** (jemand, der aus dem Gasthaus weggeht, ohne zu bezahlen); die **Zechprellerei**
die **Zeder;** die Zedern; das **Zedernholz**
der **Zeh;** die Zehen und die **Zehe;** die Zehen; der große Zeh, der kleine Zeh; die **Zehenspitze**
**zehn;** wir sind zu zehnen oder zu zehnt. *Groß:* die Zehn Gebote; ↑auch: acht; die **Zehn** (Zahl); die Zehnen; ↑auch: Acht; der **Zehner; zehnfach;** ↑achtfach; **zehnmal;** ↑achtmal; das **Zehnpfennigstück; zehnte;** ↑achte; das **Zehntel;** die Zehntel; ↑Achtel; **zehntens**

**zehren;** du zehrst, er zehrt, er zehrte, er hat von den Ersparnissen gezehrt; der **Zehrpfennig**

das **Zeichen;** der **Zeichenblock;** die Zeichenblocks und die Zeichenblöcke; die **Zeichensetzung; zeichnen;** du zeichnest, er zeichnet, er zeichnete, er hat den Entwurf gezeichnet, zeichne den Entwurf!; die **Zeichnung**

der **Zeigefinger; zeigen;** du zeigst, er zeigt, er zeigte, er hat ihm das Haus gezeigt, zeige es ihm!; der **Zeiger**

die **Zeile**

der **Zeisig** (ein Vogel)

die **Zeit;** zu meiner Zeit; zu jeder Zeit; auf Zeit; es ist an der Zeit; von Zeit zu Zeit; Zeit haben; zu der Zeit, zu Zeiten Karls des Großen; alles zu seiner Zeit; **zeitgemäß;** am zeitgemäßesten; der **Zeitgenosse; zeitgenössisch; zeitig;** eine **Zeitlang,** a b e r : einige Zeit lang, eine kurze Zeit lang, **zeitlebens,** a b e r : zeit meines Lebens; die **Zeitlupe;** der Zeitlupe; der **Zeitraffer;** der **Zeitraum;** die Zeiträume; die **Zeitschrift;** die **Zeitung;** der **Zeitvertreib; zeitweilig; zeitweise**

die **Zelle;** der **Zellkern;** der **Zellstoff;** die **Zellteilung;** das **Zelluloid** [...*leut*]; *Trennung*: Zel|lu|loid; die **Zellulose**

das **Zelt;** die **Zeltbahn; zelten;** du zeltest, er zeltet, er zeltete, er hat am Bodensee gezeltet, zelte hier!

der **Zement**

der **Zenit** (Scheitelpunkt)

**zensieren;** du zensierst, er zensiert, er zensierte, er hat die Aufsätze zensiert, zensiere sie!; die **Zensur**

der **Zentimeter** und das **Zentimeter**

der **Zentner** (50 kg); **zentnerweise**

**zentral** (in der Mitte, im Mittelpunkt befindlich); *Trennung*: zen|tral

der **Zentralafrikaner** (Einwohner der Zentralafrikanischen Republik); **zentralafrikanisch;** die **Zentralafrikanische Republik**

die **Zentrale;** *Trennung*: Zen|tra|le; die **Zentralheizung;** die **Zentrifuge;** das **Zentrum;** die Zentren

das **Zepter** (Herrscherstab); *Trennung*: Zep|ter

**zerbrechen;** du zerbrichst, er zerbricht, er zerbrach, er hat das Glas zerbrochen, a b e r : ist am Leben zerbrochen, zerbrich nichts!; sich den Kopf zerbrechen; **zerbrechlich**

die **Zeremonie** und die **Zeremonie** [*zeremoni*ᵉ] (feierliche Handlung; Förmlichkeit); die Zeremonien und die Zeremonien; **zeremoniell** (feierlich; förmlich, gemessen; steif)

**zerfahren** (verwirrt, gedankenlos)

der **Zerfall; zerfallen;** die Mauer zerfällt, sie zerfiel, sie ist zerfallen

**zerfleddert** und **zerfledert** (abgenutzt, zerrissen); ein zerfled[d]ertes Buch

**zerkleinern;** du zerkleinerst, er hat das Holz zerkleinert

**zerklüftet;** zerklüftetes Gestein

**zerknirscht** (schuldbewußt); ein zerknirschter Sünder

**zerknittern;** du zerknitterst, er hat sein Heft zerknittert

**zermürbt;** zermürbtes (brüchig gewordenes) Leder

**zerquetschen;** er hat die Kartoffeln zerquetscht

das **Zerrbild;** die Zerrbilder

**zerreißen;** du zerreißt, er zerreißt, er zerriß, er hat den Stoff zerrissen, zerreiße nichts!; die **Zerreißprobe**

**zerren;** du zerrst, er zerrt, er zerrte, der Hund hat an der Leine gezerrt

**zerrüttet;** zerrüttete Nerven

**zerschellen;** das Flugzeug zerschellte, es ist an der Felswand zerschellt

**zersetzen** (auflösen); der elektrische Strom hat die Säure zersetzt

**zerstören;** du zerstörst, er zerstört, er zerstörte, er hat das Bild zerstört, zerstöre es nicht!; die **Zerstörung**

**zerstreuen;** du zerstreust, er zerstreute, er hat alle Bedenken zerstreut, zerstreue sie; **zerstreut;** ein zerstreuter Professor; die **Zerstreutheit;** die **Zerstreuung**

das **Zertifikat** (Bescheinigung, Zeugnis); die Zertifikate

**zertrümmern;** du zertrümmerst, er zertrümmert, er zertrümmerte, er hat die Fensterscheiben zertrümmert, zertrümmere nichts!

die **Zervelatwurst** [*zärw*ᵉ... u. *särw*ᵉ*lat-wurßt*] (eine Dauerwurst)

das **Zerwürfnis;** des Zerwürfnisses, die Zerwürfnisse

**zerzaust;** zerzauste Haare

**zetern** (wehklagend schreien); du zeterst, er zeterte, sie hat gezetert, zetere nicht so!

der **Zettel**

das **Zeug;** die Zeuge; jemandem etwas am Zeug flicken

der **Zeuge; zeugen** (bezeugen); du
zeugst, er zeugt, er zeugte, er hat ge-
zeugt; die Arbeit zeugt von Fleiß

das **Zeugnis;** des Zeugnisses, die Zeug-
nisse

die **Zeugung** (Befruchtung beim Ge-
schlechtsakt)

**z. H.** = zu Händen

die **Zicken** (Dummheiten) *Plural*; das
**Zicklein** (Lamm der Ziege)

der **Zickzack;** im Zickzack laufen, aber:
zickzack laufen

die **Ziege**

der **Ziegel;** die Ziegel; die **Ziegelei; zie-
gelrot**

**ziehen;** du ziehst, er zieht, er zog,
er hat den Wagen gezogen, ziehe ihn!;
die **Ziehung**

die **Ziehharmonika;** die Ziehharmoni-
kas und die Ziehharmoniken

das **Ziel; zielbewußt; zielen;** du zielst,
er zielt, er zielte, er hat schlecht gezielt,
ziele genau!; **ziellos; zielstrebig**

sich **ziemen;** es ziemt sich, es ziemte sich,
es hat sich geziemt, ihm zu gratulieren;
es ziemt mir

**ziemlich**

die **Zier;** der Zier; der **Zierat;** die Zierate;
*Trennung*: Zie|rat; die **Zierde; zieren;**
das Bild ziert, es zierte, es hat das
Zimmer geziert; sich zieren (sich be-
scheiden stellen); er hat sich geziert,
ziere dich nicht!; **zierlich**

**Ziff.** = Ziffer; die **Ziffer;** die Ziffern;
die arabischen, die römischen Ziffern;
das **Zifferblatt**

die **Zigarette;** das **Zigarillo** und (selte-
ner:) der **Zigarillo;** die **Zigarre**

der **Zigeuner**

die **Zikade** (grillenähnliches Insekt)

das **Zimmer;** der **Zimmermann;** die
Zimmerleute; **zimmern;** du zimmerst,
er zimmert, er zimmerte, er hat den
Schrank gezimmert

**zimperlich;** die **Zimperliese**

der **Zimt** (ein Gewürz)

das **Zink;** das **Zinkblech**

die **Zinke** (Zacke, Gaunerzeichen); **zin-
ken** (mit Zinken versehen); du zinkst,
er zinkte, er hat die Karten gezinkt

das **Zinn**

die **Zinne** (zahnartiger Mauerabschluß)

der **Zinnober** (eine rote Farbe; auch:
Blödsinn); **zinnoberrot**

der **Zins;** die Zinsen; der **Zinsfuß;** die
Zinsfüße; **zinslos**

der **Zionismus** (Bewegung zur Grün-
dung und Sicherung eines nationalen
jüdischen Staates); der **Zionist;** des/
dem/den Zionisten, die Zionisten

der **Zipfel;** die Zipfel; die **Zipfelmütze**

**zirka** (ungefähr); zirka 15 Mark

der **Zirkel;** die Zirkel; die **Zirkulation**
(Umlauf, Kreislauf); **zirkulieren;** das
Blut zirkuliert in den Adern, es hat
zirkuliert

der **Zirkus;** des Zirkus, die Zirkusse

**zirpen;** die Grille zirpt, sie zirpte, sie
hat gezirpt

**zischen;** du zischst, er zischt, er zisch-
te, er hat gezischt, zische nicht; der
**Zischlaut**

die **Zisterne** (unterirdischer Behälter für
Regenwasser)

das **Zitat** (wörtlich angeführte Belegstel-
le; bekannter Ausspruch); die Zitate

die **Zither** (ein Saiteninstrument); die Zi-
thern; *Trennung*: Zi|ther

**zitieren** (wörtlich anführen); du zi-
tierst, er zitiert, er zitierte, er hat ihn
zitiert, zitiere richtig!

das **Zitronat** (kandierte Zitronenschale);
*Trennung*: Zi|tro|nat; die **Zitrone;**
*Trennung*: Zi|tro|ne; **zitronengelb;**
die **Zitrusfrucht;** die Zitrusfrüchte
(Zitrone, Apfelsine usw.)

**zitterig** und **zittrig; zittern;** du zit-
terst, er zittert, er zitterte, er hat gezit-
tert, zittere nicht!; **zitternd**

**zivil** [*ziwil*] (bürgerlich); zivile Preise
(niedrige Preise); die **Zivilcourage**
(Mut im bürgerlichen Leben); der **Zi-
vildienst;** der **Zivildienstleisten-
de;** ein Zivildienstleistender; die **Zivi-
lisation** (die durch den Fortschritt
verbesserten Lebensbedingungen);
der **Zivilist** (wer nicht Soldat ist);
des/dem/den Zivilisten, die Zivilisten

**ZK** = Zentralkomitee (einer kommu-
nistischen Partei)

**zögern;** du zögerst, er zögert, er
zögerte, er hat gezögert, zögere nicht!

der **Zögling**

das und der **Zölibat** (Ehelosigkeit aus reli-
giösen Gründen); des Zölibat[e]s

das **Zoll** (ein Längenmaß); 3 Zoll breit

der **Zoll** (Abgabe); die Zölle; der **Zoll-
beamte; zollfrei;** der **Zöllner**

die **Zone** (Gebietsstreifen); die **Zonen-
grenze**

der **Zoo** [*zo*] (Tierpark); die Zoos; die
**Zoologie** [*zo-o...*] (Tierkunde); *Tren-
nung*: Zoo|lo|gie

der **Zopf;** die Zöpfe

der **Zorn; zornig**

**zottig**

**z. T.** = zum Teil
**Ztr.** = Zentner
**zu; zuallererst; zuallerletzt; zuäußerst**
das **Zubehör**
der **Zuber** (ein Gefäß)
**zubereiten;** er hat das Essen zubereitet; die **Zubereitung**
der **Zubringer;** die **Zubringerstraße**
die **Zucht; züchten;** du züchtest, er züchtet, er hat Rosen gezüchtet, züchte sie!; der **Züchter**
das **Zuchthaus**
**züchtigen;** du züchtigst, er züchtigt, er züchtigte, er hat ihn gezüchtigt
**zuckeln** (langsam gehen oder fahren); du zuckelst, er zuckelte, er ist gemütlich nach Hause gezuckelt
**zucken;** du zuckst, er zuckt, er zuckte, er hat gezuckt, zucke nicht!
**zücken;** du zückst, er zückt, er zückte, er hat das Messer gezückt
der **Zucker; zuckern;** du zuckerst, er zuckert, er zuckerte, er hat das Obst gezuckert, zuckere es!; die **Zuckerrübe; zuckersüß**
**zudecken;** er deckt zu, er hat das Kind zugedeckt; sich zudecken; er hat sich zugedeckt
**zudem** (überdies)
**zudringlich;** die **Zudringlichkeit**
**zueinander;** *Trennung:* zu|ein|an|der; zueinander sprechen; zueinander passen, a b e r : **zueinanderfinden** (zusammenfinden); sie haben zueinandergefunden; ↑ aneinander
**zuerst;** der zuerst genannte Name nennt den Verfasser
die **Zufahrt;** die **Zufahrtsstraße**
der **Zufall; zufällig**
die **Zuflucht;** der **Zufluchtsort**
**zufolge;** dem Befehl zufolge, a b e r : zufolge des Befehls
**zufrieden;** zufrieden machen, sein, werden; es hat ihn zufrieden gemacht, a b e r : sich **zufriedengeben** (sich begnügen); er hat sich damit zufriedengegeben; die **Zufriedenheit; zufriedenlassen** (in Ruhe lassen); ihr sollt ihn zufriedenlassen!
der **Zug;** Zug um Zug; der 10-Uhr-Zug
die **Zugabe**
der **Zugang; zugänglich**
**zugeben;** der Sänger gab noch ein Lied zu; sie hat alles zugegeben (gestanden)
**zugegen;** zugegen bleiben, sein
der **Zügel;** die **Zügel; zügellos;** am zü-

gellosesten; **zügeln;** du zügelst, er zügelt, er zügelte, er hat sein Temperament gezügelt, zügele es!
das **Zugeständnis;** des Zugeständnisses, die Zugeständnisse
**zugleich**
**zugrunde;** zugrunde gehen, legen, liegen, richten
die **Zugspitze** (höchster Berg Deutschlands)
**zugunsten;** zugunsten bedürftiger Kinder, a b e r : dem Freund zugunsten
**zugute;** zugute halten, kommen, tun
**zu Haus** und **zu Hause;** das **Zuhause;** er hat kein Zuhause mehr, a b e r : ich bin zu Hause
**zuhören;** du hörst zu, er hört zu, er hörte zu, er hat kaum zugehört, höre gut zu!; der **Zuhörer**
die **Zukunft; zukünftig**
die **Zulage**
**zulande,** bei uns zulande, hierzulande, a b e r : zu Wasser und zu Lande
**zulassen;** du läßt zu, er ließ zu, er hat die Öffentlichkeit zugelassen; **zulässig;** die **Zulassung**
der **Zulauf**
**zuleid** und **zuleide;** jemandem etwas zuleid oder zuleide tun
**zuletzt,** a b e r : zu guter Letzt
**zuliebe;** er hat dies er ihm zuliebe getan
**zumeist**
**zumindest;** a b e r : zum mindesten
**zumute;** mir ist gut, schlecht zumute
**zunächst;** zunächst ging er nach Hause; zunächst dem Hause oder dem Hause zunächst
die **Zunahme; zunehmen;** er nimmt zu, er hat an Gewicht zugenommen
der **Zuname** (Familienname)
das **Zündblättchen; zünden;** du zündest, er zündet, er zündete, er hat den Motor gezündet; der **Zünder;** das **Zündholz;** die **Zündkerze;** der **Zündschlüssel;** die **Zündung**
die **Zunft** (ein Berufsverband); die Zünfte; **zünftig**
die **Zunge; züngeln;** die Schlange züngelte, sie hat gezüngelt
**zunichte;** zunichte machen, werden
**zunutze;** sich etwas zunutze machen, a b e r : zu Nutz und Frommen
**zuoberst**
**zupfen;** du zupfst, er zupft, er zupfte, er hat ihn am Haar gezupft, zupfe ihn nicht!
sich **zurechtfinden;** er findet sich zurecht, er hat sich zurechtgefunden

**zurechtlegen;** er legt sich zurecht, er hat sich alles zurechtgelegt

**zurechtweisen;** er weist ihn zurecht, er hat ihn zurechtgewiesen

**Zürich** [schweizerisch: *zürich*] (Stadt in der Schweiz)

**zureden;** er redet ihm zu, er hat ihm gut zugeredet

**zürnen;** du zürnst, er zürnt, er zürnte, er hat gezürnt, zürne nicht!

**zurück;** zurück sein. *Groß:* es gibt kein Zurück mehr

**zurückbehalten;** er behält zurück, er hat den Betrag zurückbehalten

**zurückgeben;** er hat den Schlüssel zurückgegeben

**zurückkehren;** er kehrt zurück, er ist zurückgekehrt

**zurückkommen;** der Brief kam zurück, ist zurückgekommen

**zurücktreten;** der Minister ist zurückgetreten

**zurückziehen;** er hat den Antrag zurückgezogen; er zog sich zurück (entfernte sich)

**zurufen;** er rief mir etwas zu

die **Zusage; zusagen;** das Zimmer sagt mir zu (gefällt mir); er hat mir Hilfe zugesagt (versprochen)

**zusammen;** zusammen mit seinen Mitarbeitern; mit jemandem zusammen sein; *Schreibung in Verbindung mit Verben,* z. B. **zusammenbinden;** er soll die Blumen zusammenbinden, a b e r : **zusammen** (gemeinsam) **binden;** ihr könnt heute die Blumen zusammen binden

**zusammenbrechen;** die Brücke ist zusammengebrochen; der **Zusammenbruch**

**zusammenfassen;** er hat den Inhalt zusammengefaßt

**zusammengesetzt;** ein zusammengesetztes Wort

**zusammenhalten;** wir halten zusammen, wir haben zusammengehalten

der **Zusammenhang;** die Zusammenhänge

der **Zusammenprall**

die **Zusammensetzung**

der **Zusammenstoß; zusammenstoßen;** sie stießen zusammen, sie sind zusammengestoßen

**zuschanden;** zuschanden machen, werden

**zuschauen;** er schaut zu, er hat zugeschaut; der **Zuschauer**

**zuschulden;** sich etwas zuschulden kommen lassen

**zusehen;** er sieht zu, er hat zugesehen; **zusehends**

der **Zustand; zustande;** zustande bringen, kommen; **zuständig**

**zustatten;** zustatten kommen

**zustellen;** die Post hat das Paket zugestellt; die **Zustellgebühr**

**zustimmen;** er hat zugestimmt; die **Zustimmung**

**zutage;** zutage bringen, fördern, treten

die **Zutat;** meist *Plural:* die Zutaten (beim Kochen)

**zuteil;** zuteil werden

**zutiefst**

**zutrauen;** er traut es mir zu, er hat es mir zugetraut; das **Zutrauen; zutraulich**

**zutreffend;** das **Zutreffende**

der **Zutritt;** Zutritt verboten

das **Zutun;** ohne mein Zutun (ohne meine Mitwirkung)

**zuverlässig**

die **Zuversicht; zuversichtlich**

**zuviel; zu viel;** zuviel des Guten; er weiß zuviel, a b e r : er weiß viel, ja zu viel davon; du hast viel zuviel gesagt; besser zuviel als zuwenig

**zuvor;** meinen herzlichen Glückwunsch zuvor!; *Schreibung in Verbindung mit Verben,* z. B. **zuvorkommen** (schneller sein); er ist mir zuvorgekommen, a b e r : **zuvor** (vorher) **kommen;** zuvor kommen Apfelbäume; **zuvorkommend**

der **Zuwachs** (Vermehrung, Erhöhung); wir haben Zuwachs (ein Kind) bekommen

**zuwege;** etwas zuwege bringen

**zuweilen**

**zuwenig;** du weißt viel zuwenig, a b e r : du weißt auch zu wenig

**zuwider;** zuwider sein, a b e r : **zuwiderhandeln** (Verbotenes tun); er handelt dem Befehl zuwider, er hat ihm zuwidergehandelt

**zuzeiten** (bisweilen); a b e r : zu Zeiten Karls des Großen

**zuziehen;** er zieht den Vorhang zu, er hat ihn zugezogen; sich etwas zuziehen; er hat sich einen Schnupfen zugezogen; er ist neu zugezogen

der **Zwang; zwanglos;** am zwanglosesten; **zwangsläufig** (unvermeidbar)

**zwanzig;** ↑achtzig

**zwar;** er ist zwar alt, aber noch sehr

rüstig; viele Sorten, und zwar Äpfel, Birnen, Pflaumen

der **Zweck** (Sinn, Absicht); die Zwecke; **zweckentsprechend; zwecklos; zweckmäßig**

**zwei;** wir sind zu zweien oder zu zweit; herzliche Grüße von uns zweien; die Meinung zweier Gutachter; ↑auch: acht; **zweideutig; zweidimensional; zweieinhalb;** in zweieinhalb Stunden; **zweierlei; zweifach;** ↑achtfach

der **Zweifel;** die Zweifel; **zweifelhaft; zweifellos; zweifeln;** du zweifelst, er zweifelt, er zweifelte, er hat gezweifelt, zweifle nicht!

der **Zweig**

**zweijährig; zweimal;** ein- bis zweimal; ↑achtmal; **zweispurig; zweistellig; zweite;** er hat wie kein zweiter gearbeitet; zum ersten, zum zweiten, zum dritten; er ist zweiter Geiger; etwas aus zweiter Hand kaufen; das zweite Programm; der zweite Rang; der zweite Weltkrieg, häufig auch bereits als Name: der Zweite Weltkrieg. *Groß*: es ist noch ein Zweites zu erwähnen; Zweites Deutsches Fernsehen; ↑auch: achte; **zweitens**

das **Zwerchfell**

der **Zwerg**

die **Zwetsche;** *Trennung*: Zwet|sche; die **Zwetschge;** *Trennung*: Zwetsch|ge; die **Zwetschke;** *Trennung*: Zwetsch-ke

der **Zwickel** (keilförmiger Einsatz); die Zwickel

**zwicken;** du zwickst, er zwickte, er hat mich gezwickt, zwicke nicht!

die **Zwickmühle**

der **Zwieback;** die Zwiebäcke und die Zwiebacke

die **Zwiebel;** die Zwiebeln

das **Zwiegespräch**

das **Zwielicht; zwielichtig**

der **Zwiespalt;** die Zwiespalte und die Zwiespälte; **zwiespältig**

die **Zwietracht**

der **Zwilling;** der **Zwillingsbruder**

**zwingen;** du zwingst, er zwingt, er zwang, er hat uns gezwungen, zwinge uns nicht dazu!; der **Zwinger**

**zwinkern** (blinzeln); du zwinkerst, er zwinkert, er zwinkerte, er hat mit den Augen gezwinkert

**zwirbeln;** du zwirbelst, er zwirbelte, er hat seinen Bart gezwirbelt; zwirbele den Faden!

der **Zwirn;** die Zwirne (Zwirnarten); der **Zwirnsfaden**

**zwischen; zwischendurch;** der **Zwischenfall;** der **Zwischenraum**

der **Zwist;** die Zwiste; die **Zwistigkeit**

**zwitschern;** der Vogel zwitschert, der Vogel zwitscherte, der Vogel hat gezwitschert

der **Zwitter** (zweigeschlechtiges Wesen); die Zwitterblüte

**zwölf;** wir sind zu zwölfen oder zu zwölft; es ist fünf [Minuten] vor zwölf; die zwölf Apostel; ↑auch: acht; die **Zwölf** (Zahl); die Zwölfen; ↑auch: Acht; **zwölffach;** ↑achtfach; **zwölfjährig; zwölfmal;** ↑achtmal; das **Zwölftel;** die Zwölftel; ↑Achtel; **zwölftens**

der **Zyklus,** auch: der Zyklus (Kreislauf, Kreis); die Zyklen; *Trennung*: Zy|klus

der **Zylinder;** der **Zylinderhut; zylindrisch;** *Trennung*: zy|lin|drisch

der **Zyniker** (bissiger Spötter); **zynisch;** am zynischsten

**Zypern** (Insel und Staat im Mittelmeer); der **Zyprer; zyprisch**

die **Zypresse** (ein Nadelbaum)

**z. Z.** = zur Zeit

# Die Zeichensetzung

## I. Der Punkt

Der Punkt ist ein Schlußzeichen. Er kennzeichnet deshalb das Ende eines Satzes oder einer Abkürzung. Außerdem steht der Punkt bei Ordnungszahlen.

### a) Der Punkt nach Sätzen

Der Punkt steht am Ende eines Aussagesatzes:

> Es wird Frühling. Das Fußballspiel wird heute im Fernsehen übertragen. Das Kind weint, weil sein Spielzeug zerbrochen ist.

Der Punkt steht jedoch **nicht**, wenn der Satz als Satzteil steht:

> „Aller Anfang ist schwer" ist ein banaler Spruch.

Der Punkt steht am Ende eines indirekten Frage-, Ausrufe-, Wunsch- oder Befehlssatzes, sofern der übergeordnete Satz vorausgeht, sowie nach einem Wunsch- oder Befehlssatz, der ohne Nachdruck gesprochen wird:

> Ich fragte ihn, wann er kommen könne. Er rief mehrmals, er werde sich rächen. Sie wünschte, alles wäre schon vorbei. Er forderte sie auf, alles noch einmal zu schreiben. Reichen Sie mir doch bitte den Teller herüber.

Der Punkt steht auch nach einem verkürzten Aussagesatz:

> „Kommst du morgen?" fragte er ihn beiläufig. – „*Vielleicht.*" Mit dieser kurzen Antwort verriet er sein geringes Interesse an der Veranstaltung.

### b) Der Punkt bei Abkürzungen

Der Punkt steht nach Abkürzungen, die nicht als Abkürzungen, sondern in vollem Wortlaut gesprochen werden:

> i. A. [gesprochen: im Auftrag]  Str. [gesprochen: Straße]
> Abb. [gesprochen: Abbildung]  u. a. m. [gesprochen: und andere(s)
> geb. [gesprochen: geboren]  mehr]
> i. allg. [gesprochen: im allgemeinen]  vgl. [gesprochen: vergleiche!]
> Jh. [gesprochen: Jahrhundert]  z. B. [gesprochen: zum Beispiel]

> Wir haben dieses Gerät z. Z. [gesprochen: zur Zeit] nicht auf Lager. In diesem Buch stehen Gedichte von Goethe, Schiller, Eichendorff u. a. [gesprochen: und anderen].

Steht eine Abkürzung mit Punkt am Schluß eines Satzes, dann wird nur **ein** Punkt gesetzt, weil der Abkürzungspunkt zugleich der Schlußpunkt des Satzes ist:

> Der Vater meines Freundes ist Regierungsrat a. D. Wir ersetzen Ihnen das Fahr- und Eintrittsgeld, die Post- und Fernsprechgebühren u. dgl.

Der Punkt steht **nicht** nach Abkürzungen, die buchstabenweise als selbständige Wörter (Buchstabenwörter) gesprochen werden (BGB – gesprochen:

begeb<u>e</u>). Der Punkt steht auch **nicht** nach den Abkürzungen der Maß- und Gewichtseinheiten und der meisten Münzeinheiten, obwohl diese Abkürzungen in vollem Wortlaut gesprochen werden. Das gleiche gilt für die Abkürzungen der Himmelsrichtungen und für bestimmte Buchstabenzeichen der Fachsprachen (Mathematik, Naturwissenschaften, Musik u. a.).

**Buchstabenwörter:**

| | | | |
|---|---|---|---|
| ADAC | [gesprochen: adeaz<u>e</u>] | Pkw, PKW | [gesprochen: pekaw<u>e</u>] |
| AG | [gesprochen: ag<u>e</u>] | UdSSR | [gesprochen: udeeßeß<u>e</u>r] |
| CDU | [gesprochen: zede<u>u</u>] | VDI | [gesprochen: faude-<u>i</u>] |
| EWG | [gesprochen: ewe<u>g</u>e] | | |

**Maß-, Gewichts- und Münzeinheiten, Buchstabenzeichen:**

| | | | |
|---|---|---|---|
| C | = Celsius | p | = Pond, piano |
| cm | = Zentimeter | pp | = pianissimo |
| ff | = fortissimo | s | = Sekunde |
| fr | = Franc | S | = Schilling, Süd, Süden |
| kg | = Kilogramm | sfr | = Schweizer Franken |
| km/h | = Kilometer je Stunde | V | = Volt |
| l | = Liter | W | = Watt, West, Westen |

Steht eine Abkürzung ohne Punkt am Schluß eines Satzes, dann muß trotzdem der Schlußpunkt des Satzes gesetzt werden:

Diese Bestimmung steht im BGB. Die Maschine hat eine Höhe von 64,5 cm.

### c) Der Punkt bei Zahlen und Datumsangaben

Der Punkt steht nach Zahlen, die in Ziffern geschrieben sind und als Ordnungszahlen gekennzeichnet werden sollen:

der 2. Weltkrieg; zum 5. Mal; am Sonntag, den 12. Mai; er feiert heute seinen 65. Geburtstag; Kaiser Friedrich II.; Duden, 18. Auflage, 1980; 1. FC Nürnberg.

Steht eine Ordnungszahl am Schluß eines Satzes, dann wird nur **ein** Punkt gesetzt, weil der Punkt der Ordnungszahl zugleich der Schlußpunkt des Satzes ist:

Er erhielt den Brief am 10. 7. An der Wand hängt ein Bild Papst Johannes Pauls II. Er beendete das Rennen als 23.

Der Punkt steht **nicht** nach der selbständigen Datumsangabe am Anfang oder am Ende von Schriftstücken (Briefen, Urkunden, Formularen u. a.):

Mannheim, den 1. Juli 1978

Mannheim, den 1. 7. 78 (oder: den 1. VII. 78)

Steht eine Datumsangabe am Schluß eines Satzes, dann muß trotzdem der Schlußpunkt des Satzes gesetzt werden:

Der Ausweis gilt bis zum 31. Dezember 1984.

## d) Der Punkt nach Überschriften, Buch- und Zeitungstiteln

Der Punkt steht nicht nach Überschriften, Schlagzeilen, Buch- und Zeitungstiteln, die durch ihre Stellung als freistehende Zeilen aus dem übrigen Text deutlich herausgehoben sind. Dies gilt sowohl für den gedruckten als auch für den geschriebenen Text. Es ist dabei gleichgültig, ob die Überschrift aus einzelnen Wörtern oder aus einem ganzen Satz besteht:

Das Fernsehen – seine Vorzüge und Gefahren
(Titel eines Schulaufsatzes)

Jetzt wird endlich verhandelt

Nachdem die kriegführenden Staaten sich doch noch auf einen neutralen Verhandlungsort geeinigt haben, beginnen in den nächsten Tagen die ersten Kontaktgespräche. (Anfang eines Zeitungsartikels)

Joseph und seine Brüder
(ein Buchtitel)

### e) Der Punkt bei Schlußformeln und Anschriften in Briefen

Der Punkt steht **nicht** nach der abschließenden Höflichkeitsformel und nach der Unterschrift in Briefen und ähnlichen Schriftstücken:

Hochachtungsvoll
Ihr Peter Müller

Mit herzlichem Gruß
Dein Kurt

Wir hoffen, daß die Waren Ihren Erwartungen entsprechen.

Mit vorzüglicher Hochachtung
Karl Mayer

Wenn die abschließende Höflichkeitsformel in den letzten Satz des Brieftextes einbezogen ist, dann muß nach dieser der Schlußpunkt des Satzes gesetzt werden:

Ich höre gern wieder von Ihnen und grüße Sie
mit vorzüglicher Hochachtung.

Dr. Hans Kellner

Der Punkt steht **nicht** nach der Anschrift in Briefköpfen, auf Briefumschlägen oder Visitenkarten, wenn sie nicht mit einer Abkürzung mit Punkt endet:

Dr. jur. Witold Anderson
Rechtsanwalt, Wirtschafts-
prüfer und Steuerberater

## II. Das Komma (Der Beistrich)

Das Komma gliedert den Satz und unterteilt ihn. Es soll vor allem Haupt- und Nebensatz trennen, Einschübe und Zusätze kenntlich machen, und es soll Aufzählungen von Wörtern und Wortgruppen unterteilen.

## 1. Das Komma zwischen Satzteilen

### a) Das Komma bei Aufzählungen

Das Komma steht bei Aufzählungen zwischen den Wörtern und Wortgruppen gleicher Art, wenn sie nicht durch „*und, oder, sowie*" verbunden sind:

> Feuer, Wasser, Luft und Erde. Alles rennet, rettet, flüchtet. Wir fanden eine herrlich gelegene, gar nicht teuere Wohnung mit großem, sonnigem Balkon. Die Ware ist wasserdicht, bruchsicher und hygienisch verpackt. (Oder:) Wir liefern nur wasserdicht, bruchsicher und hygienisch verpackte Ware.
>
> Mein liebes, liebes Kind! Laß dir alles, alles Gute wünschen!

**Kein** Komma steht vor dem letzten der aufgezählten Adjektive (Eigenschaftswörter) oder Partizipien (Mittelwörter), wenn dieses mit dem Substantiv (Hauptwort) einen Gesamtbegriff bildet:

> Wir führen nur gute *französische Rotweine.* Die Zeitung berichtete von aufsehenerregenden *medizinischen Experimenten.* Sehr geehrte *gnädige Frau!*

Das Komma steht bei der Aufzählung von Orts- und Wohnungsangaben zwischen den einzelnen Bezeichnungen (Ort, Straße mit Hausnummer, Gebäudeteil usw.). Nur die Bezeichnungen, die eng zusammengehören, stehen ohne Komma nebeneinander. Eine Aufzählung liegt vor, wenn die Orts- und Wohnungsangabe mit einer Präposition (einem Verhältniswort) an den Namen oder innerhalb des Satzes angeschlossen ist:

> Weidendamm 4, Hof rechts, 1 Treppe links bei Müller (abgekürzt: Weidendamm 4, Hof r., 1 Tr. l. bei Müller). Herr Otto Poltermann wohnt *in 68 Mannheim 1, Feldbergstraße 21, VI. Stock, Wohnung 28* in einer 3-Zimmer-Wohnung.

### b) Das Komma bei der Anrede

Die Anrede an eine oder mehrere Personen innerhalb eines Satzes wird vom übrigen Satz durch ein Komma abgetrennt. Die Anrede kann am Anfang, innerhalb oder am Schluß des Satzes stehen:

> Du, hör mal zu! Was halten Sie davon, Frau Schmidt? Ich möchte Sie, sehr geehrter Herr Professor, um eine Gefälligkeit bitten.

### c) Das Komma bei der betonten Interjektion (dem betonten Empfindungswort) und bei der betonten Bejahung oder Verneinung

Die Interjektion (das Empfindungs- oder Ausrufewort) wird durch das Komma abgetrennt, wenn sie betont ist. Dies gilt auch für die Bejahung oder Verneinung:

> Ach, das ist schade! Ja, daran ist nicht zu zweifeln. Nein, das sollst du nicht tun. Hurra, wir haben es geschafft!

Das Komma steht aber **nicht**, wenn sich die Interjektion oder die Bejahung und die Verneinung eng an den folgenden Text anschließt:

> Ach Gott, was soll ich nur machen? Ja wenn er nur käme!

**d) Das Komma bei Namen und Titeln**

Bei der Aufzählung von Namen und Titeln, die dem Familiennamen einer Person vorangehen, wird **kein** Komma gesetzt:

> Hans Albert Schulze (aber: Schulze, Hans Albert); Generalintendant Geheimer Regierungsrat Professor Dr. phil. Dr. jur. h. c. Max Schmitz (aber: Schmitz, Max, Geheimer Regierungsrat Dr. phil. Dr. jur. h. c., Generalintendant).

In der Regel steht auch kein Komma bei *geb.*, *verh.*, *verw.* usw.:

> Frau Martha Schneider geb. Kühn; Frau Ingrid Hartmann geb. Müller und Herr Anton Böhm.

**e) Das Komma beim Datum**

Das Komma steht beim Datum zwischen den einzelnen Bezeichnungen (Wochentag, Monatstag, Uhrzeit). Eine voranstehende Ortsangabe wird in die Zeitangabe einbezogen:

> Berlin, den 4. Juli 1960 (auch: Berlin, am 4. Juli 1960). München, im November 1965. Mannheim, Weihnachten 1967. Mannheim, [den] 1. 7. 1978. [Am] Mittwoch, den 25. Juli, 20 Uhr findet die Sitzung statt. Am Mittwoch, dem 23. November 1977, gegen 15 Uhr stieß ein Pkw mit einer Straßenbahn zusammen. Die Begegnung findet statt in Berlin, Montag, [den] 9. September, [vormittags] 11 Uhr.

**f) Das Komma bei der nachgetragenen Apposition**

Wird ein Substantiv (Hauptwort) durch ein nachgetragenes anderes Substantiv näher bestimmt, dann spricht man von einer nachgetragenen Apposition. Sie wird durch Komma abgetrennt:

> Nikolaus Kopernikus, *der große Astronom*, starb 1543. Mainz ist die Geburtsstadt Johannes Gutenbergs, *des Erfinders der Buchdruckerkunst*. Er ist in Warburg, *Westfalen*, geboren. Die Röntgenstrahlen, *eine Entdeckung Wilhelm Conrad Röntgens*, hießen zuerst X-Strahlen. Sie war verheiratet mit Dr. Karl Brugmann, *ordentlichem Professor an der Universität Königsberg*, *dem bekannten Sprachwissenschaftler*.

**g) Das Komma bei nachgetragenen genaueren Bestimmungen und Einschüben**

Nachgetragene genauere Bestimmungen und Einschübe werden durch Komma abgetrennt, oder sie werden, sofern der Satz weitergeführt wird, in Kommas eingeschlossen. Dies gilt vor allem für genauere Bestimmungen, die durch *und zwar*, *und das*, *nämlich*, *namentlich*, *besonders*, *insbesondere* u. a. eingeleitet werden:

> Das Flugzeug fliegt wöchentlich einmal, *und zwar samstags*. Er liebte die Musik, *namentlich die Lieder Schuberts*, seit seiner Jugend. Am Dienstag, *nachmittags 15 Uhr*, treffen wir uns im Café. Von der Firma Koch und Sohn, *Büroeinrichtungen*, ist der neue Katalog erschienen. Sie können mich immer, *außer in der*

*Mittagszeit*, im Büro erreichen. Herr Otto Poltermann, *68 Mannheim, Feldbergstr. 21, VI. Stock*, wohnt in einer 3-Zimmer-Wohnung.

Alle Beifügungen, auch solche von größerem Umfang, die zwischen dem Artikel (Pronomen, Zahlwort) und dem zugehörigen Substantiv stehen, gelten nicht als Einschub und werden deshalb ohne Kommas eingefügt:

> der *dich prüfende* Lehrer; zwei *mit allen Wassern gewaschene* Betrüger; diese *den Betrieb stark belastenden* Ausgaben.

Für Fügungen wie *das heißt, das ist* oder *zum Beispiel* (abgekürzt: d. h., d. i., z. B.) gelten folgende Regeln:

**Vor** diesen Fügungen steht **immer** ein Komma, **nach** diesen steht **kein** Komma, wenn nur ein erläuternder Satzteil folgt:

> Wir werden ihn am 27. August besuchen, d. h. an seinem Geburtstag. Bei unserer nächsten Sitzung, d. i. am Donnerstag, werde ich auf Ihre Anfrage zurückkommen. Ich sehe sie oft auf der Straße, z. B. beim Einkaufen.

**Nach** *das heißt, das ist* und *zum Beispiel* **muß** aber ein Komma stehen, wenn ein bei- oder untergeordneter Satz folgt:

> Wir werden ihn am 27. August besuchen, d. h., wenn er Geburtstag hat. Im Juni, d. i., wenn ich mein Examen hinter mir habe, wollen wir nach Tunesien reisen. Ich sehe sie oft auf der Straße, z. B., wenn sie einkaufen geht.

### h) Das Komma bei Konjunktionen (Bindewörtern) zwischen Satzteilen

Das Komma steht vor den Konjunktionen

| | |
|---|---|
| aber | jedoch |
| allein | sondern |
| daß | vielmehr |
| doch | |

sowie zwischen Satzteilen, die durch die Konjunktionen

| | |
|---|---|
| bald–bald | ob–ob |
| einerseits–and[e]rerseits/anderseits | teils–teils |
| einesteils–ander[e]nteils | nicht nur–sondern auch |
| jetzt–jetzt | halb–halb |

verbunden sind:

> Er ist intelligent, aber faul. Nicht mein Wille, sondern dein Wille geschehe! Er weiß, daß er keine Chance hat. Bald ist er in Frankfurt, bald in Köln, bald in München. Die Kinder spielen teils auf der Straße, teils im Garten.

Das Komma steht **nicht** vor den Konjunktionen

| | |
|---|---|
| und | sowohl–als auch |
| sowie | weder–noch |
| wie | |

und nicht vor

oder, beziehungsweise (abgekürzt: bzw.), entweder–oder:

> Heute oder morgen will er dich besuchen. Die Kinder essen sowohl Fleisch als auch Obst gerne. Weder mir noch ihm ist das Experiment gelungen. (Aber bei weiterer Aufzählung:) Ich weiß weder seinen Namen noch seinen Vornamen, noch sein Alter, noch seine Anschrift.

Das Komma steht auch dann nicht vor *und* und *oder*, wenn eine Infinitivgruppe (Nennformgruppe) oder ein Nebensatz (Gliedsatz) folgt:

> Übe Nächstenliebe ohne Aufdringlichkeit *und* ohne den anderen zu verletzen. Die Mutter kaufte der Tochter einen Koffer, einen Mantel, ein Kleid *und* was sie sonst noch für die Reise brauchte.

### i) Das Komma bei den vergleichenden Konjunktionen (Bindewörtern) „als", „wie", „denn"

Das Komma steht **nicht** vor den vergleichenden Konjunktionen *als*, *wie*, *denn*, wenn sie nur Satzteile verbinden:

> Karl ist größer als Gerhard. Paul ist so stark wie Georg. Er war als Pianist berühmter denn als Dirigent. Man konnte ihm keine größere Freude bereiten als ihm eine Freikarte schenken.

Das Komma **muß** bei vollständigen Vergleichssätzen und beim Infinitiv mit „zu" stehen:

> Karl ist größer, als Wilhelm im gleichen Alter war. Klaus ist heute so groß, wie Peter damals war. Komm so schnell, wie du kannst. Ich konnte nichts Besseres tun, als ins Bett zu gehen.

Bei Fügungen, die mit „wie" angeschlossen werden, ist es freigestellt, diese als nachgestellte genauere Bestimmungen zu betrachten und in Kommas einzuschließen oder sie als einfache Vergleichsglieder anzusehen und ohne Kommas einzusetzen:

> Die Auslagen[,] wie Post- u. Fernsprechgebühren, Eintrittsgelder, Fahrgelder u. dgl.[,] ersetzen wir Ihnen.

## 2. Das Komma bei Partizipien (Mittelwörtern)

Partizipien ohne nähere Bestimmung und Partizipien mit einer näheren Bestimmung, die nur aus einem Wort besteht, werden **nicht** durch Komma abgetrennt:

> Lachend kam er auf mich zu. Herzlich lachend lief er davon. Wir saßen stark eingeengt am Saalende. Schreiend, pfeifend und drohend drängte die Menge auf das Spielfeld. Wir saßen noch lange plaudernd und singend zusammen.

Jede Partizipialgruppe, bei der die nähere Bestimmung aus mehr als einem Wort besteht, **muß** durch Komma abgetrennt werden:

Von der Pracht des Festes angelockt, strömten viele Fremde herbei. Er stürzte
zu meinen Füßen, meine Knie umklammernd.

## 3. Das Komma bei Infinitivgruppen (Nennformgruppen)

Man unterscheidet zwischen dem nichterweiterten (reinen Infinitiv) und
dem erweiterten Infinitiv. Tritt zu einem Infinitiv eine nähere Bestimmung,
dann spricht man von einem erweiterten Infinitiv. Ein Infinitiv ist auch dann
schon erweitert, wenn *ohne zu, um zu, als zu* oder *[an]statt zu* an Stelle des
bloßen „zu" steht (z. B. er redete, anstatt zu handeln).

**a) Der reine oder nichterweiterte Infinitiv mit „zu"**

Der reine oder nichterweiterte Infinitiv mit „zu" wird in der Regel **nicht**
durch Komma abgetrennt:

> Er nahm sich vor abzureisen. Ich befehle dir zu gehen. Die Schwierigkeit unter-
> zukommen war sehr groß. Er ist bereit zu arbeiten. (Oder:) Zu arbeiten ist er
> bereit.

> (Aber **mit** Komma, wenn ein hinweisendes Wort hinzutritt: Zu arbeiten, dazu
> ist er bereit.)

Wenn mehrere reine Infinitive mit „zu" dem gleichen Hauptsatz folgen oder in ihn
eingeschoben sind, dann **müssen** sie durch Komma abgetrennt werden:

> Er war immer bereit, zu raten und zu helfen. Ohne den Willen, zu lernen und
> zu arbeiten, wirst du es zu nichts bringen.

**b) Der erweiterte Infinitiv mit „zu"**

Der erweiterte Infinitiv wird in der Regel durch Komma abgetrennt oder
in Kommas eingeschlossen, wenn der Satz weitergeführt wird:

> Sie ging in die Stadt, um einzukaufen. Er hatte keine Gelegenheit, sich zu wa-
> schen. Ihm zu folgen, bin ich jetzt nicht bereit. Es war mein Ziel, ihn über die
> Vorgänge aufzuklären, und ich bat ihn deshalb um eine Aussprache.

Steht ein Glied des erweiterten Infinitivs am Anfang des Satzes, dann steht
**kein** Komma, weil der Hauptsatz von der Infinitivgruppe eingeschlossen
wird:

> Diesen Betrag bitten wir auf unser Konto zu überweisen. (Übliche Wortstellung:
> Wir bitten, diesen Betrag auf unser Konto zu überweisen.)

Wenn ein reiner Infinitiv mit „zu" und ein erweiterter Infinitiv nebenein-
anderstehen, dann gelten die Richtlinien für den erweiterten Infinitiv, d. h.,
die Infinitivgruppe **muß** mit Komma abgetrennt werden:

> Es ist sein Wunsch, zu arbeiten und in Ruhe zu leben. Seine Bemühungen, zu
> vermitteln und eine Lösung zu finden, waren erfolglos.

**c) Der erweiterte Infinitiv mit „zu" in Verbindung mit hilfszeitwörtlich gebrauchten Verben**

Bei den Verben

| anfangen | gedenken | verlangen |
|----------|----------|-----------|
| aufhören | glauben | versuchen |
| beginnen | helfen | wagen |
| bitten | hoffen | wissen |
| fürchten | verdienen | wünschen |

an die ein Infinitiv mit „zu" angeschlossen wird, ist die Kommasetzung freigestellt, weil meist nicht eindeutig zu entscheiden ist, ob diese Wörter hilfszeitwörtlich oder als Vollverb gebraucht werden:

> Er glaubt[,] mich mit diesen Einwänden zu überzeugen. Wir bitten[,] diesen Auftrag schnell zu erledigen.

Tritt zu diesen hilfszeitwörtlich gebrauchten Verben eine Umstandsangabe oder eine Ergänzung, dann **muß** ein Komma gesetzt werden:

> Der Arzt glaubte fest, den Verletzten retten zu können. Er bat mich, morgen wiederzukommen. Er hörte nicht auf, den Unterricht zu stören.

Wenn der erweiterte Infinitiv, der von einem hilfszeitwörtlich gebrauchten Verb abhängt, als Zwischensatz vor „und" steht, dann **muß** der erweiterte Infinitiv in Kommas eingeschlossen werden:

> Wir hoffen, Ihnen hiermit gedient zu haben, und grüßen Sie... Wir bitten, die Waren morgen abzuholen, und verständigen unseren Filialleiter.

## 4. Das Komma zwischen Sätzen

### a) Das Komma steht zwischen Hauptsätzen

Das Komma steht zwischen vollständigen Hauptsätzen (auch Imperativsätzen), auch wenn sie durch die Bindewörter *und, oder, beziehungsweise, weder – noch, entweder – oder* verbunden sind. Dabei ist es gleichgültig, ob die Hauptsätze gleiches oder verschiedenes Subjekt haben:

> Ich kam, ich sah, ich siegte. Ihr müßt eure Aufgaben gewissenhaft erledigen, oder ihr versagt in der Prüfung! Er hat ihm weder beruflich geholfen, noch hat er seine künstlerischen Neigungen gefördert. Schreibe den Brief sofort, und bringe ihn zur Post! Grüße Deinen lieben Mann vielmals von mir, und sei selbst herzlich gegrüßt...

Das Komma steht **nicht**, wenn die durch *und* oder *oder* verbundenen Hauptsätze einen Satzteil gemeinsam haben:

> Sie bestiegen den Wagen und fuhren nach Hause. (Aber: Sie bestiegen den Wagen, und sie fuhren nach Hause.)

## b) Das Komma steht zwischen Haupt- und Nebensatz (Gliedsatz)

Das Komma steht zwischen Haupt- und Nebensatz (Gliedsatz): Der Nebensatz kann Vordersatz, Zwischensatz oder Nachsatz sein:

> Wenn es möglich ist, erledigen wir den Auftrag. Hunde, die viel bellen, beißen nicht. Ich weiß, daß er unschuldig ist.

## c) Das Komma zwischen Nebensätzen (Gliedsätzen)

Das Komma trennt alle Nebensätze (Gliedsätze), die nicht durch *und* oder *oder* verbunden sind:

> Er war zu klug, als daß er in die Falle gegangen wäre, die man ihm gestellt hatte. (Aber mit „und":) Du kannst mir glauben, daß ich deinen Vorschlag ernst nehme und daß ich ihn sicher verwirkliche. Er sagte, er wisse es und der Vorgang sei ihm völlig klar. Er wußte nicht, wer angerufen hat und was der Kunde bestellen wollte.

## 5. Das Komma beim Zusammentreffen einer Konjunktion mit einem anderen Einleitewort

Einige Konjunktionen (Bindewörter) treten häufiger in Verbindung mit anderen Wörtern auf.

a) Die Konjunktion bildet mit bestimmten Wörtern eine Einheit. In diesen Fällen steht das Komma vor der ganzen Verbindung:

| | |
|---|---|
| als daß | nämlich daß/wenn |
| anstatt daß | ohne daß |
| auch wenn | selbst wenn |
| außer daß/wenn/wo | ungeachtet daß (aber mit |
| namentlich wenn | Komma: ungeachtet dessen, daß) |

> Der Plan ist viel zu einfach, als daß man sich davon Hilfe versprechen könnte. Sie hat uns geholfen, ohne daß sie es weiß.

b) Die Teile der Verbindung sind selbständig. In diesen Fällen steht das Komma vor der Konjunktion:

| | |
|---|---|
| abgesehen [davon], daß | in der Annahme/Erwartung/ |
| angenommen, daß/wenn | Hoffnung, daß |
| ausgenommen, daß/wenn | unter der Bedingung, daß |
| es sei denn, daß | vorausgesetzt, daß |
| gesetzt den Fall, daß | |

> Ich komme bestimmt, es sei denn, daß ich selbst Besuch bekomme. Er befürwortete den Antrag unter der Bedingung, daß zusätzliche Forderungen erfüllt werden.

c) Bei einigen Verbindungen schwankt die Kommasetzung:

| | |
|---|---|
| besonders, wenn | insofern/insoweit, als |
| neben (häufiger): | neben: insofern/insoweit als |
| besonders wenn | |
| geschweige, daß | je nachdem, ob/wie |
| neben: geschweige daß | neben: je nachdem ob/wie |
| gleichviel, ob/wenn/wo | kaum, daß |
| neben: gleichviel ob/wenn/wo | neben: kaum daß |
| im Fall[e], daß | um so eher/mehr/weniger, als |
| neben: im Fall[e] daß | neben: um so eher/mehr/weniger als |
| insbesondere, wenn | vor allem, wenn/weil |
| neben (häufiger): | neben: vor allem wenn/weil |
| insbesondere wenn | |

Ich habe ihn nicht gesehen, geschweige, daß ich ihn sprechen konnte. (Neben:) Ich glaube nicht einmal, daß er anruft, geschweige daß er vorbeikommt. Er muß jetzt verkaufen, gleichviel[,] ob die Kurse noch weiter steigen oder nicht.

## III. Das Semikolon (Der Strichpunkt)

Das Semikolon – auch „Strichpunkt" genannt – nimmt eine Mittelstellung zwischen dem Komma und dem Punkt ein. Es vertritt das Komma, wenn dieses zu schwach trennt; es vertritt den Punkt, wenn dieser zu stark trennt. Das erste Wort nach dem Semikolon wird klein geschrieben, außer wenn es ein Substantiv (Hauptwort) ist.

### a) Das Semikolon an Stelle eines Kommas

Ein Semikolon kann an Stelle eines Kommas zwischen Hauptsätzen stehen. Dies gilt namentlich vor den Konjunktionen *denn, doch, darum, daher, allein, aber, deswegen, deshalb:*

Die Mannschaft besteht aus hervorragenden Einzelspielern und hat einige große Talente in ihren Reihen; in ihrer Spielweise ist sie allerdings noch nicht ausgereift. Die Angelegenheit ist erledigt; darum wollen wir nicht länger darüber streiten.

### b) Das Semikolon an Stelle eines Punktes

Das Semikolon kann an Stelle eines Punktes stehen, wenn Hauptsätze ihrem Inhalt nach eng zusammengehören. Dies gilt auch dann, wenn die Sätze verschiedene Subjekte haben:

Die Händler dürfen im allgemeinen einen Rabatt von höchstens fünf Prozent gewähren; ein höherer Preisnachlaß ist nach den Verkaufsvorschriften nicht erlaubt.

### c) Das Semikolon bei Aufzählungen

Das Semikolon steht bei längeren Aufzählungen zur Gliederung und Kennzeichnung der einzelnen sachlichen Gruppen:

> In dieser fruchtbaren Gegend wachsen Roggen, Gerste, Weizen; Kirschen, Pflaumen, Äpfel; ferner Tabak und Hopfen.

# IV. Der Doppelpunkt

Der Doppelpunkt kündigt an, er macht auf das Folgende aufmerksam.

### a) Der Doppelpunkt vor der angekündigten wörtlichen Rede

Der Doppelpunkt steht vor der wörtlichen (direkten) Rede, wenn diese vorher angekündigt ist. Das erste Wort nach dem Doppelpunkt wird immer groß geschrieben:

> Friedrich der Große sagte: ,,Ich bin der erste Diener meines Staates." Der Vater rief ganz stolz: ,,Nächsten Monat kaufen wir ein Auto."

Der Doppelpunkt steht auch dann, wenn der angekündigte Satz nach der wörtlichen Rede weitergeführt wird:

> Er fragte mich: ,,Weshalb darf ich das nicht?" und begann zu schimpfen.

### b) Der Doppelpunkt vor angekündigten Sätzen, Satzstücken, Einzelwörtern und Aufzählungen

Der Doppelpunkt steht vor vollständigen Sätzen, vor Satzstücken, vor einzelnen Wörtern und Aufzählungen, wenn diese angekündigt sind:

> Das Sprichwort lautet: Der Apfel fällt nicht weit vom Stamm. Gebrauchsanweisung: Man nehme jede zweite Stunde eine Tablette. Rechnen: sehr gut. W. A. Mozart: Symphonie in g-Moll. Nächste Untersuchung: 30. 9. 1984. Er hat drei Länder besucht: Frankreich, Tunesien, Rumänien. Folgende Arbeiten wurden ausgeführt: Verlegen, Verschweißen und Prüfen der Rohre.

Der Doppelpunkt steht **nicht**, wenn die Aufzählung mit Wörtern wie *nämlich, d. h., d. i., z. B.* u. a. angeschlossen wird. Vor diesen Einleitewörtern steht ein Komma.

> Er besuchte verschiedene Staaten, z. B. Jugoslawien, Israel, Malaysia.

### c) Der Doppelpunkt vor zusammenfassenden oder folgernden Sätzen

Der Doppelpunkt steht vor Sätzen, die etwas zuvor Gesagtes zusammenfassen oder die Folgerungen aus dem zuvor Gesagten ziehen:

> Haus und Hof, Geld und Gut: alles hat er im Krieg verloren. Er ist zuverlässig und aufrichtig: man kann ihm alles anvertrauen.

In solchen Sätzen wird das erste Wort nach dem Doppelpunkt nur dann groß geschrieben, wenn es ein Substantiv ist.

# V. Das Fragezeichen

Das Fragezeichen hat die Aufgabe, einen Satz als Fragesatz zu kennzeichnen.

## a) Das Fragezeichen nach direkten Fragesätzen

Das Fragezeichen steht nach einem direkten Fragesatz, gleichgültig, ob auf die Frage eine Antwort erwartet wird oder nicht.

> Hat das Auto Scheibenbremsen? Welches Exemplar möchten Sie haben: in Leinen, Halbleder oder als Taschenbuch? Können Sie mir bitte sagen, wie ich zum Bahnhof komme?

**Beachte:**

Das Fragezeichen muß auch dann stehen, wenn ein direkter Fragesatz als Überschrift oder Buchtitel steht:

> Keine Chance für eine diplomatische Lösung?
> (eine Zeitungsüberschrift)
> Heinrich Böll: Wo warst du, Adam? (ein Romantitel).

Das Fragezeichen steht **nicht** nach einem indirekten Fragesatz:

> Er fragte ihn, wann er kommen könne. (Direkter Fragesatz: Wann können Sie kommen?) Ich möchte wissen, ob ich mit einer baldigen Lieferung der Möbel rechnen kann. (Direkter Fragesatz: Kann ich mit einer baldigen Lieferung der Möbel rechnen?)

## b) Das Fragezeichen nach Fragewörtern

Das Fragezeichen steht nach einzelnen Fragewörtern, die allein oder innerhalb eines Satzes stehen:

> Wo? Weshalb? Wieviel? Auf die Fragen „Wem?" und „Wo?" steht der dritte, auf die Fragen „Wen?" und „Wohin?" der vierte Fall.

Stehen mehrere Fragewörter nebeneinander, die nicht besonders betont werden, dann werden sie nur durch Komma getrennt, und das Fragezeichen steht nur nach dem letzten Fragewort:

> Warum, wieso, weshalb? Wann und wo?

## c) Das Fragezeichen nach Einzelwörtern und Satzstücken

Das Fragezeichen steht nach einzelnen Wörtern, die einen Fragesatz vertreten, und nach Satzstücken, die sich in einem Gespräch ergeben:

> Soweit? (für: Bist du/Seid ihr soweit?) Fertig? (für: Bist du/Seid ihr fertig?) Verstanden? (für: Hast du/Habt ihr/Haben Sie verstanden?) Bitte ein Stück Obsttorte. – Mit oder ohne Sahne?

# VI. Das Ausrufezeichen

Das Ausrufezeichen dient zur Kennzeichnung eines einzelnen Wortes, das besonders betont oder beachtet werden soll, oder eines Satzes, der eine eindringliche Aussage machen und deshalb mit besonderem Nachdruck gelesen werden soll.

## a) Das Ausrufezeichen nach Aufforderungs- und Wunschsätzen

Das Ausrufezeichen steht nach Sätzen und Satzstücken, die einen Wunsch, eine Aufforderung, einen Befehl oder ein Verbot ausdrücken:

> Komm sofort zurück! Nehmen Sie doch bitte Platz! Wäre die Prüfung doch schon vorbei! Rauchen verboten! Langsam fahren! Vorsicht, bissiger Hund! Einsteigen! Ruhe!

**Beachte:**

Das Ausrufezeichen muß auch dann stehen, wenn ein Wunsch-, Aufforderungs- oder Befehlssatz als Überschrift oder Buchtitel steht:

> Die dritte Goldmedaille! (Zeitungsschlagzeile). Weh dem, der lügt! (Lustspiel von Grillparzer).

Das Ausrufezeichen steht **nicht** nach abhängigen Sätzen, die eine Aufforderung, einen Befehl, eine Empfehlung oder einen Ausruf ausdrücken:

> Er befahl ihm, sofort zu kommen. Sie wünschte, alles wäre schon vorbei. Die Firma verlangt, daß wir sofort die Arbeit aufnehmen.

## b) Das Ausrufezeichen nach Ausrufen und Ausrufesätzen

Das Ausrufezeichen steht nach Ausrufen, die die Form eines vollständigen Satzes haben, die aus verkürzten Sätzen oder aus nur einem Wort bestehen:

> Das hätte ich wirklich nicht gedacht! Das ist ja großartig! Einfach herrlich! Kein Kommentar! Geheim! Kein Zutritt! Gesperrt!

Das Ausrufezeichen steht auch nach Grußformeln u. ä., die eigentlich stark verkürzte Sätze sind, aber heute oft nur noch als formelhafter Ausruf verwendet und empfunden werden:

> Guten Tag! Frohe Feiertage! Auf Wiedersehen! Guten Appetit! Entschuldigung!

## c) Das Ausrufezeichen nach Ausrufewörtern und Ausrufelauten

Das Ausrufezeichen steht nach allen Ausrufewörtern und Ausrufelauten:

> Ach! Oh! Au! Hallo! Pfui! Buh! Ahoi! Pst!

Stehen mehrere Ausrufewörter nebeneinander, die nicht besonders betont werden, dann werden sie nur durch Kommas getrennt, und das Ausrufezeichen steht nur nach dem letzten Ausrufewort:

> Na, na, na! Au, au! Nein, nein, nein! Doch, doch!

### d) Das Ausrufezeichen nach der Anrede im Brief

Das Ausrufezeichen steht nach der Anrede in Briefen; der eigentliche Brieftext muß dann groß begonnen werden. An Stelle des Ausrufezeichens kann nach der Anrede auch ein Komma stehen; der eigentliche Brieftext muß dann klein begonnen werden, wenn das erste Wort kein Substantiv ist:

> Liebe Eltern!
> Nach einem herrlichen Flug...

> Sehr geehrter Herr Schmidt,
> gestern erhielt ich Ihr freundliches Schreiben...

## VII. Der Gedankenstrich

Der Gedankenstrich dient zur Kennzeichnung einer Pause oder Unterbrechung des Satzes, außerdem dient er zur Abgrenzung eines eingeschobenen Satzes oder Satzteiles. Schließlich kennzeichnet der Gedankenstrich den Wechsel des Sprechers.

### a) Der Gedankenstrich zwischen Sätzen und Einzelwörtern

Der Gedankenstrich steht zwischen Sätzen, bei denen der Gedanke oder das Thema gewechselt wird. Er ersetzt den Absatz zwischen den beiden Sätzen:

> ... weswegen wir leider nicht in der Lage sind, Ihren Wunsch zu erfüllen. – Der begonnene Bau des neuen Zweigwerkes muß vorerst gestoppt werden, weil...

Der Gedankenstrich kennzeichnet außerdem den Wechsel des Sprechenden:

> „Komm bitte einmal her!" – „Ja, sofort."
> „Wir haben keine Chance", prophezeite er. – „Sei nicht so pessimistisch", fuhr ihn seine Frau an.

Der Gedankenstrich steht zwischen Ankündigungs- und Ausführungskommando sowie zwischen den einzelnen Teilen eines Kommandos:

> Auf die Plätze – fertig – los!

### b) Der Gedankenstrich innerhalb eines Satzes

Der Gedankenstrich kennzeichnet den Abbruch der Rede oder das Verschweigen eines Gedankenabschlusses, wenn keine Auslassungspunkte gesetzt werden:

> „Schweig, du –!" schrie er ihn an.

Der Gedankenstrich steht zur Kennzeichnung einer Pause, die die Erwartung oder Spannung gegenüber dem Folgenden erhöhen soll, oder zum Hervorheben eines als Überraschung gedachten Satzabschlusses:

> Plötzlich – ein vielstimmiger Schreckensruf!
> Zuletzt tat er das, woran niemand gedacht hatte – er beging Selbstmord.

### c) Der Gedankenstrich bei eingeschobenen Satzteilen oder Sätzen

Der Gedankenstrich steht vor und nach eingeschobenen Satzteilen oder Sätzen, die das Gesagte näher erklären und beschreiben oder nachdrücklich betonen. Die Satzzeichen des einschließenden Satzes müssen dabei genauso stehen, wie sie auch ohne den mit Gedankenstrichen eingeschlossenen Satz oder Satzteil stehen müssen:

> Wir traten aus dem Wald, und ein wunderbares Bild – die Sonne ging gerade unter – breitete sich vor uns aus.
> Er lehrte uns – erinnern Sie sich noch? –, unerbittlich gegen uns, nachsichtig gegen andere zu sein.
> Verächtlich rief er ihm zu – er wandte kaum den Kopf dabei : „Was willst du hier?"

## VIII. Die Anführungszeichen

Die Anführungszeichen, umgangssprachlich „Gänsefüßchen" genannt, haben im allgemeinen folgende Formen: „Haus" oder "Haus".

### a) Die Anführungszeichen kennzeichnen die wörtliche Rede

Die Anführungszeichen stehen zur Kennzeichnung der wörtlichen Rede und auch wörtlich wiedergegebener Gedanken:

> „Es ist unbegreiflich, wie ich das hatte vergessen können", sagte er zu seinem Freund. „Jetzt ist alles aus" war seine einzige Äußerung, als er gefaßt wurde.

### b) Die Anführungszeichen kennzeichnen Zitate

Die Anführungszeichen stehen bei wörtlichem Zitieren einer Textstelle aus einem Buch, Schriftstück, Brief, aus einer Rede u. ä. am Anfang und Ende des Zitats:

> In seinen „Bekenntnissen des Hochstaplers Felix Krull" rühmt Thomas Mann den Rheingau als einen Landstrich, „welcher, gelinde und ohne Schroffheit ... reich mit Städten und Ortschaften besetzt und fröhlich bevölkert, wohl zu den lieblichsten der bewohnten Erde gehört."

Wird die wörtliche Rede oder das Zitat durch einen Einschub unterbrochen, dann wird jeder Teil des Zitats in Anführungszeichen gesetzt:

> „Wir haben die feste Absicht, die Strecke stillzulegen", erklärte der Vertreter der Bahn, „aber die Entscheidung der Regierung steht noch aus."

## c) Die Anführungszeichen kennzeichnen einzelne Wörter oder Wortteile, Überschriften, Titel oder Namen

Die Anführungszeichen stehen zur Kennzeichnung einzelner Wörter oder Wortteile, kurzer Aussprüche und der Titel von Büchern, Zeitschriften, Zeitungen, Gedichten, Abhandlungen, Aufsätzen u. a., wenn diese als Wortteil oder Wort, als Name oder Titel deutlich gemacht oder hervorgehoben werden sollen:

> Das Wort „Doktorand" wird am Schluß mit d geschrieben. Das Wort „Mehr sein als scheinen" stammt von Moltke. Der Erfolg von Carl Zuckmayers Schauspiel „Des Teufels General" kam nicht unerwartet.

Der zum Namen oder Titel gehörende Artikel kann mit in die Anführungszeichen einbezogen werden, wenn der ganze Name oder Titel unverändert bleibt; er wird dann als erstes Wort eines Titels oder Namens groß geschrieben. Ändert sich aber der Artikel wegen der Beugung, dann bleibt er außerhalb der Anführungszeichen:

> Sie lernten „Das Lied von der Glocke". (Oder:) Sie lernten das „Lied von der Glocke". Er las das Buch „Die Blechtrommel". (Aber:) Er las in der „Blechtrommel".

# Wie schreibe ich richtig?

Wenn dir unklar ist, wie ein bestimmtes Wort geschrieben wird, dann kannst du dir dadurch weiterhelfen, daß du das einzelne Wort im Wörterverzeichnis nachsiehst (↑ S. 9 ff.). Darüber hinaus haben wir in den folgenden Abschnitten die wichtigsten allgemeinen Regeln zusammengestellt, mit deren Hilfe du oft selbst herausfinden kannst, wie ein Wort geschrieben werden muß.

## I. Wie, d. h. mit welchen Buchstaben, schreibe ich ein Wort?

## 1. Die drei Hilfsregeln

Beachte die folgenden drei Hilfsregeln, und präge sie dir ein! Sie sind oft eine Hilfe, wenn du nicht weißt, mit welchen Buchstaben ein Wort geschrieben wird.

**Erste Hilfsregel**

Wenn dir unklar ist, wie du die ungebeugte (unflektierte) Form eines Wortes am Ende schreiben sollst, dann *vergleiche mit einer gebeugten (flektierten) Form des Wortes!* Achte darauf, wie diese ausgesprochen wird, und schreibe entsprechend!

Wir wollen diese Hilfsregel an zwei Beispielen erläutern.

*Beispiel 1*

Michael, Erik und Gerhard haben einen *Geheimbund* gegründet.

Wenn du bestimmen willst, wie das Wort *Geheimbund* am Ende geschrieben wird, dann beuge es und sprich die gebeugte Form laut vor:

Zum Anführer des *Geheimbundes* wurde Erik gewählt.

Bei richtiger und deutlicher Aussprache *(des Geheimbundes)* hörst du ein *weiches d.* Daraus folgt, daß du die ungebeugte Form *Geheimbund* am Ende mit dem Buchstaben **d** schreiben mußt.

*Beispiel 2*

Elkes Bluse ist sehr *bunt.*

Wenn du bestimmen willst, wie das Wort *bunt* am Ende geschrieben wird, dann beuge es und sprich die gebeugte Form laut vor:

Elke hat eine sehr *bunte* Bluse.

Bei richtiger und deutlicher Aussprache *(bunte Bluse)* hörst du ein *hartes t.* Daraus folgt, daß du die ungebeugte Form *bunt* am Ende mit dem Buchstaben **t** schreiben mußt.

*Beispielliste*

Im folgenden haben wir noch einige Beispiele zusammengestellt. Suche weitere Wörter dieser Art! Bilde Sätze mit den Wörtern!

| | |
|---|---|
| das Kalb – des Kalbes/die Kälber | der Skalp – die Skalpe |
| der Hieb – die Hiebe | der Lump – die Lumpen |
| der Versand – des Versandes | arrogant – ein arrogantes Benehmen |
| das Geld – des Geldes | das Entgelt – des Entgeltes |
| der Tod – des Todes/zu Tode hetzen | tot – der tote Käfer |
| eilig – ein eiliger Brief | höflich – höfliche Worte |
| eklig – ein ekliger Anblick | ärgerlich – ein ärgerlicher Vorfall |
| bang – bange Augenblicke | die Bank – die Banken |
| der Tang – des Tanges | der Tank – des Tankes |
| der Kreis – die Kreise | das Geheiß – des Geheißes |
| die Maus – die Mäuse | das Maß – des Maßes |
| die Gans – die Gänse | ganz – ganze Zahlen |
| der Hals – des Halses | der Falz – die Falze |

## Zweite Hilfsregel

Wenn dir unklar ist, wie du die gebeugte (flektierte) Form eines Wortes schreiben sollst, dann *vergleiche mit der ungebeugten (unflektierten) Form* des Wortes! Achte darauf, wie die ungebeugte Form ausgesprochen wird, und schreibe entsprechend!

Wir wollen diese Hilfsregel an zwei Beispielen erläutern.

*Beispiel 1*

Michael sagte: „*Glaub* das doch bitte!"

Wenn du bestimmen willst, wie die Form *glaub* am Ende geschrieben wird, dann ziehe als einfache Form den Infinitiv (die Nennform) zu Rate und sprich ihn laut vor *(glauben)*. Bei richtiger und deutlicher Aussprache hörst du ein *weiches b*. Daraus folgt, daß du die Form *glaub* wie auch die Formen *du glaubst, er glaubt* mit dem Buchstaben **b** schreiben mußt.

*Beispiel 2*

Die *Wände* des Klassenzimmers hingen voll mit Schülerzeichnungen.

Wenn du bestimmen willst, wie die Form *die Wände* im Innern geschrieben wird, dann ziehe als einfache Form den Nominativ Singular (den 1. Fall,

Einzahl) zu Rate *(die Wand)*. Der Buchstabe **a** im Nominativ Singular zeigt an, daß du die Form *die Wände* mit **ä**, d. h. mit umgelautetem **a**, schreiben mußt.

*Beispielliste*

Im folgenden haben wir noch einige Beispiele zusammengestellt. Suche weitere Wörter dieser Art! Bilde Sätze mit den Wörtern!

| | |
|---|---|
| er liebt – lieben | der Vogel piept – piepen |
| er siebt Getreide – sieben | er pumpt Wasser – pumpen |
| er düngt das Feld – düngen | mich dünkt – dünken |
| der Vogel singt – singen | das Schiff sinkt – sinken |
| er hat geniest – niesen | er genießt das Eis – genießen |
| er reist morgen ab – abreisen | er reißt das Blatt ab – abreißen |
| die Fälle – der Fall | die Bärenfelle – das Bärenfell |
| er hält ihn auf   aufhalten | es hellt auf – aufhellen |
| wenn er es doch sähe! – er sah, sehen | ich säe das Korn – säen |
| die Häute – die Haut | |

## Dritte Hilfsregel

Wenn dir unklar ist, wie du ein Wort oder eine Wortform schreiben sollst, dann *vergleiche mit Wörtern aus derselben Wortfamilie* und schreibe entsprechend (↑ S. 285 ff.).

Wir wollen diese Hilfsregel an zwei Beispielen erläutern.

*Beispiel 1*

Sie badeten sehr lange in dem kalten Fluß. Als sie ans Ufer stolperten, hatte Gerhard *bläuliche* Lippen.

Wenn du bestimmen willst, wie das Wort *bläulich* geschrieben wird, dann vergleiche mit Wörtern aus derselben Wortfamilie. Das Wort *bläulich* ist von *blau* abgeleitet. Daraus folgt, daß du *bläulich* mit **äu**, d. h. mit umgelautetem **au**, schreiben mußt.

*Beispiel 2*

Eine *Nachnahme* war bei der Post abzuholen.

Wenn du bestimmen willst, wie das Wort *Nachnahme* geschrieben wird, dann vergleiche mit Wörtern aus derselben Wortfamilie, etwa mit dem Verb (dem Zeitwort) *nehmen*. Entsprechend zu *nehmen*, das mit **h** geschrieben wird, mußt du auch *Nachnahme* mit **h** schreiben.

*Beispielliste*

Im folgenden haben wir noch einige Beispiele zusammengestellt. Suche weitere Wörter dieser Art! Bilde Sätze mit den Wörtern!

| | |
|---|---|
| der Liebhaber – lieben | piepsen – piepen |
| das Treibhaus – treiben | das Lämpchen – die Lampe |
| leidvoll – leiden | der Leithammel – leiten |
| ein Endchen Wurst – das Ende | das Entchen auf dem Wasser – die Ente |
| ekelig – der Ekel + ig | ärgerlich – der Ärger + lich |
| flegelig – der Flegel + ig | freundlich – der Freund + lich |
| das Niespulver – niesen | der Nießbrauch – genießen |
| die Weisheit, jmdm. etwas | der Weißmacher – weiß, weiße |
| weismachen – weise | Wäsche |
| rächen – Rache | rechen (harken) – Rechen |
| bläuen (blau färben) – blau | bleuen (schlagen) |
| gräuliche Farbe – grau | greuliche Tat – der Greuel |

## 2. Wörter, deren Schreibung Schwierigkeiten bereitet

Beachte die folgenden Wörter und Wortgruppen! Diese Wörter werden oft falsch geschrieben. Präge dir ein, wie sie geschrieben werden! Ergänze die Listen! Stelle weitere Gruppen von Wörtern zusammen!

### Wörter mit aa

Eine kleine Gruppe von Wörtern wird mit **aa** geschrieben. Merke dir diese Wörter! Bilde Sätze mit ihnen!

| | | |
|---|---|---|
| der Aal | haarscharf | der Saal |
| sich aalen | das Maar | die Saat |
| aalglatt | der Maat | das Saatkorn |
| das Aas | paar; ein paar | der Staat |
| aasen | Zuschauer | staatlich |
| die Aussaat | das Paar; ein Paar | der Staatsbürger |
| dichtbehaart | Schuhe | die Waage |
| das Ehepaar | paarig | waagerecht, waagrecht |
| das Haar | paarmal | die Waagschale |
| haarig | paarweise | der Wartesaal |

*Beachte, wie dazu Pluralformen (Mehrzahlformen) und Ableitungen mit Umlaut gebildet werden!*

Wenn zu einem dieser Wörter der Plural oder eine Ableitung mit Umlaut gebildet wird, dann wird nur einfaches **ä** geschrieben.

das Älchen (zu: der Aal)     das Pärchen              die Säle (zu: der Saal)
die Äser (zu: das Aas)       (zu: das Paar)           (beachte auch:)
das Härchen                  das Pärlein              aussäen, säen,
(zu: das Haar)               (zu: das Paar)           der Sämann
das Härlein                  das Sälchen              (zu: die Saat)
(zu: das Haar)               (zu: der Saal)

## Wörter mit kurzem ä

Viele Wörter, z. B. *ächten* oder *er wäscht*, werden mit ä geschrieben. Häufig
kannst du das ä auf ein a zurückführen, indem du mit einem verwandten
Wort, z. B. *ächten* mit *die Acht*, oder mit einer anderen Form des Wortes,
z. B. *er wäscht* mit *waschen*, vergleichst. Suche weitere Beispiele!

älter, am ältesten – alt              die Fässer – das Faß
die Bälle – der Ball                  das Gedächtnis – gedacht, denken
dächte er doch daran! – er dachte,    geschwätzig – schwatzen
denken                                hartnäckig – der Nacken
fächeln – anfachen                    der Häscher – haschen
die Fälle – der Fall                  nässen – naß
fällen – fallen                       die Stärke – stark
du fällst, er fällt – fallen          vergällen – die Galle

*Beachte besonders die folgenden Wörter!*

Die Schreibung bestimmter Wörter kannst du auf diese Weise nicht ohne
weiteres erschließen. Präge dir diese Wörter ein! Bilde Sätze mit ihnen!

abwärts                gräßlich                 der März
aufwärts               hätscheln                plärren
ächzen                 kläffen                  die Sänfte
ätzen                  krächzen                 der Schächer
dämmern                die Lärche (Nadelholz)   die Schärpe
die Färse (Kuh)        der Lärm                 schmächtig
das Geländer

## Fremdwörter auf -age

Bestimmte Wörter, die aus dem Französischen stammen, enden auf **-age**,
z. B. *die Bandage*. Gesprochen werden diese Wörter mit *weichem sch:*
*Bandage* [sprich: *bandasch͑*].

die Bandage            die Garage               die Reportage
die Blamage            die Massage              die Sabotage
die Courage            die Montage              die Spionage
die Demontage          die Passage              die Tonnage
die Etage              die Plantage

**Wörter mit ai**

Eine kleine Gruppe von Wörtern wird mit **ai** geschrieben. Merke dir diese
Wörter! Bilde Sätze mit ihnen!

| | | |
|---|---|---|
| die Bai | der Laie | die Maische |
| der Hai | laienhaft | der Rain |
| der Haifisch | das Laienspiel | die Saite auf der Geige |
| der Hain | der Lakai | der Taifun |
| der Kai | der Mai | verwaisen |
| der Kaiser | die Maid | die Waise |
| der Laib Brot | das Maiglöckchen | das Waisenhaus |
| der Laich | der Maikäfer | das Waisenkind |
| laichen | der Mais | |

**Wörter mit äu**

Viele Wörter, z. B. *das Gemäuer* oder *er läuft*, werden mit **äu** geschrieben.
Häufig kannst du das **äu** auf ein **au** zurückführen, indem du mit einem ver-
wandten Wort, z. B. *Gemäuer* mit *Mauer*, oder mit einer anderen Form des
Wortes, z. B. *er läuft* mit *laufen*, vergleichst. Suche weitere Beispiele!

| | |
|---|---|
| das Allgäu – der Gau | läuten – laut |
| bläulich – blau | säumen – saumselig |
| geräumig – Raum | das Schnäuzchen – die Schnauze |
| das Geräusch – rauschen | vertäuen – das Tau |
| gräuliche Farbe – grau | wiederkäuen – kauen |
| die Häute – die Haut | zerstäuben – der Staub |
| der Läufer – laufen | |

*Beachte besonders die folgenden Wörter!*

Die Schreibung bestimmter Wörter kannst du auf diese Weise nicht ohne
weiteres erschließen. Präge dir diese Wörter ein! Bilde Sätze mit ihnen!

| | | |
|---|---|---|
| erläutern | läutern | sich räuspern |
| die Erläuterung | die Räude | die Säule |
| der oder das Knäuel | räudig | säulenförmig |
| | | sträuben |

**das**

Merke dir, wann *das* gebraucht wird. Achte darauf, daß du es mit **s** schreibst!

■ *das* ist eine Form des bestimmten Artikels (Geschlechtswortes):

der Vater, die Mutter, *das* Kind. *Das* Buch kostet sechs Mark. Ich habe *das*
Buch gelesen.

■ *das* ist eine Form des Demonstrativpronomens (des hinweisenden
Fürwortes). Beachte, daß du in diesem Fall für *das* auch *dieses* gebrau-
chen kannst:

*Das* Buch möchte ich haben, nicht jenes. (Dafür kannst du auch sagen:) *Dieses*
Buch möchte ich haben, nicht jenes.

Merke dir, daß in den vorstehenden Fällen *das* immer bei einem Neutrum (einem sächlichen Hauptwort) steht!

▮ *das* ist eine Form des Relativpronomens (des bezüglichen Fürwortes). Beachte, daß du in diesem Fall für *das* auch *welches* gebrauchen kannst:

Dieses Buch, *das* ich gekauft habe, ist beschädigt. (Dafür kannst du auch sagen:) Dieses Buch, *welches* ich gekauft habe, ist beschädigt.

Merke dir, daß sich *das* in den vorstehenden Fällen immer auf ein Neutrum (ein sächliches Hauptwort) bezieht!

## daß

*daß* ist eine Konjunktion (ein Bindewort) und leitet einen Nebensatz (einen Gliedsatz) ein. Achte darauf, daß du es mit ß schreibst!

Ich glaube, *daß* Erik kommt. Die Hauptsache ist, *daß* ihr euch beeilt. Gerhard gab Kirsten das Buch, *ohne daß* sie ihn darum gebeten hatte. Er war ganz erschöpft, *so daß* er kaum noch gehen konnte. Das Wetter war zu schön, *als daß* es länger hätte anhalten können.

## Wörter mit ee

Eine kleine Gruppe von Wörtern wird mit **ee** geschrieben. Merke dir diese Wörter! Bilde Sätze mit diesen Wörtern! Suche die Fremdwörter heraus, die auf **ee** enden!

| | | |
|---|---|---|
| die Allee | der Klee | der Schneeball |
| die Armee | das Kleeblatt | die Schneeflocke |
| ausleeren | das Komitee | das Schneegestöber |
| die Beere | der Krakeel | schneeig |
| das Beet | krakeelen | der See |
| die Bickbeere | die Lee | die See |
| die Brombeere | leer | seekrank |
| die Chaussee | die Leere | die Seele |
| entleeren | leeren | seelisch |
| entseelt | leerlaufen | der Seemann |
| die Erdbeere | die Livree | die Seenot |
| die Fee | der Lorbeer | der Speer |
| das oder der Frottee | das Meer | der Tee |
| die Galeere | der Meerrettich | das Tee-Ei |
| die Geest | die Moschee | die Tee-Ernte |
| das oder der Gelee | das Püree | der Teer |
| das Heer | die Reede | teeren |
| die Heidelbeere | der Reeder | teerig |
| die Himbeere | die Reederei | die Tournee |
| die Idee | scheel | verheeren |
| der Kaffee | der Schnee | verheerend |
| der Kamillentee | | |

## Wörter mit eu

Bestimmte Wörter, die mit **eu** geschrieben werden, solltest du dir besonders einprägen. Bilde Sätze mit diesen Wörtern! Suche weitere Wörter mit **eu**!

| | | |
|---|---|---|
| die Beule | die Leute | schneuzen |
| die Beute | der Leutnant | die Seuche |
| bleuen (schlagen) | der Meuchelmord | seufzen |
| deuten | die Meute | die Spreu |
| der Efeu | meutern | das Steuer |
| die Eule | neu | die Steuer |
| das Euter | neulich | steuern |
| sich freuen | neun | streuen |
| der Greuel | neutral | der Streuselkuchen |
| greulich | die Pleuelstange | teuer |
| das Heu | reuen | der Teufel |
| heucheln | die Reuse | treu |
| heuer | scheuchen | die Treue |
| heulen | scheuen | ungeheuer |
| die Heuschrecke | die Scheuer | verabscheuen |
| heute | scheuern | vergeuden |
| keuchen | die Scheune | verleumden |
| die Keule | das Scheusal | das Zeug |
| keusch | scheußlich | zeugen |
| leuchten | schleudern | das Zeugnis |
| leugnen | schleunig | der Zigeuner |
| der Leumund | schleusen | |

## Wörter mit f

Bestimmte Wörter werden mit **f** geschrieben.

Vergleiche zunächst die Wörter, die im Wörterverzeichnis unter dem Buchstaben **F** zusammengestellt sind (↑ S. 65 ff.).

Darüber hinaus präge dir noch folgende Wörter mit **f** besonders ein! Bilde Sätze mit ihnen! Suche weitere Beispiele und ergänze die Liste!

| | | |
|---|---|---|
| dafür | das Elfenbein | der Kalif |
| der Efeu | der Elfmeter | die Lefze |
| der Elefant | der Hafen | das Profil |
| elf | der Hafer | der Profit |
| die Elf | die Harfe | das Sofa |
| | | der Tarif |

## Wörter mit h

Viele Wörter, die einen langgesprochenen Vokal (Selbstlaut) haben, werden mit einem **h** geschrieben. Merke dir die wichtigsten dieser Wörter! Suche weitere Wörter mit **h** und ergänze die Liste!

das Abendmahl
die Abnahme
die Abwehr
die Ahle
die Aufnahme
der Aufruhr
die Ausfuhr
die Ausnahme
die Bahn
die Bahre
befiehl es ihm! (befehlen)
bejahen
die Bohle (Brett)
die Bohne
die Bühne
dehnen (ausdehnen)
die Dohle
die Drohne
die Einfuhr
die Einnahme
fahnden
das Fohlen
der Föhn (Wind)
die Föhre (Kiefer)
das Gastmahl

die Gebühr
der Gemahl
die Gemahlin
hehr (erhaben)
hohl, hohle Nüsse
der Kahn
lehren
der Lehrer
der Lohn
das Mahl (Gastmahl)
mahlen (Getreide)
die Mahlzeit
die Mähne
der Mehltau (Pflanzen-
krankheit)
mehr
mehren
die Nachnahme (auf der
Post)
er nahm, sie nahmen
(nehmen)
er nähme, sie nähmen
(nehmen)
das Ohm
das Ohr

das Öhr
der Rahm
der Rahmen
die Ruhr
die Sahne
die Sohle (am Schuh)
stiehl nicht! (stehlen)
die Sühne
die Teilnahme
die Uhr
vermählen
verzeihen
die Verzeihung
die Wahl (wählen)
der Wahn
wähnen
wahren (bewahren)
während
das Wehr
sich wehren
zahm
zähmen
die Zunahme des Ge-
wichtes

## Wörter ohne h

Viele Wörter, die einen langgesprochenen Vokal (Selbstlaut) oder einen
Diphthong (Zwielaut) haben, werden ohne h geschrieben. Merke dir die
wichtigsten dieser Wörter! Suche weitere Wörter mit langgesprochenem
Vokal, die ohne **h** geschrieben werden, und ergänze die Liste!

das, auch der Ar
bar, bare Auslagen
das Fieber befiel ihn (be-
fallen)
die Brosame
das Chrom
die Chronik
das Denkmal
die Düne
der Eigenname
einmal
die Fron
der Frondienst
frönen

der Fronleichnam
der Flur
die Flur
gären
das Grabmal
der Gram
sich grämen
her, herkommen
holen
der Hüne
ja
das Kanu
klönen
der Kran

der Kranich
die Krone
krönen
krümeln
der Kuli
die Kur
die Kür
der Leichnam
mal, 8 mal 2 ist 16
das Mal, das eine Mal
malen (ein Bild)
der Maler
die Malerei
der Meltau (Blattlaushonig)

| das Merkmal | die Schale | tönen |
|---|---|---|
| die Mole | die Scham | die Träne |
| die Mumie | der Schemel | die Tribüne |
| der Nachname Meier | der Schemen | der Ur (Auerochs) |
| der Name Meier | der Schimpfname | verpönen |
| nämlich | schmoren | vielmal |
| die Oma | schnüren | der Vorname |
| der Pol | schonen | der Wal (Meeressäuge- |
| prophezeien | schüren | tier) |
| die Prophezeiung | schwanen | er war, sie waren (sein) |
| der Rufname | schwören | er wäre, sie wären (sein) |
| die Rune | schwül | die Ware |
| die Salweide | der Schwur | das Wergeld (Sühnegeld) |
| der Same | die Sole (kochsalzhalti- | die Willkür |
| sämig | ges Wasser) | die Zone |
| der Schal | die Spule | der Zuname Meier |

## Wörter mit einfachem i

Einige deutsche Wörter und die meisten Fremdwörter werden mit einfachem i geschrieben. Merke dir die wichtigsten dieser Wörter! Suche weitere Wörter mit einfachem i, und ergänze die Liste!

| der Anis | das Kino | die Satire |
|---|---|---|
| die Bibel | das Klima | der Silo (Großspeicher) |
| der Biber | die Krise | der Sirup |
| die Brise | das Lid (Augenlid) | der Ski oder Schi |
| die Devise | die Miliz | der Stil, ein schlechter |
| die Elite | die Mimik | Stil |
| erwidern | die Mine (im Bleistift) | der Tarif |
| die Fibel | die Notiz | der Tiger |
| das Hospiz | präzis, präzise | die Viper |
| der Igel | die Primel | die Visite |
| die Justiz | die Prise | wider (gegen, entgegen) |
| das Kaliber | | |

Beachte die Fremdwörter, die bestimmte Endungen mit einfachem i haben. Ergänze die Liste!

### -id, -ide

| der Invalide | die Pyramide | stupid, stupide |
|---|---|---|
| das Karbid | solide | |

### -ik

| antik | die Mathematik | die Physik |
|---|---|---|
| die Fabrik | das Mosaik | die Politik |
| die Kolik | die Musik | die Republik |
| die Kritik | | |

**-il**

| | | |
|---|---|---|
| das Automobil | labil | das Reptil |
| das Exil | mobil | stabil |
| das Konzil | das Profil | das Ventil |
| das Krokodil | | |

**-in, -ine**

| | | |
|---|---|---|
| das Anilin | das Magazin | das Saccharin, Sacharin |
| die Apfelsine | die Mähmaschine | die Saline |
| das Benzin | die Mandarine | die Sardine |
| die Cousine | die Mandoline | die Schreibmaschine |
| die Disziplin | die Margarine | die Serpentine |
| die Dreschmaschine | die Marine | das Stearin |
| die Gardine | die Maschine | das Tamburin |
| die Gelatine | die Medizin | der Termin |
| das Hermelin | der Musselin | das Terpentin |
| der Jasmin | die Nähmaschine | die Terrine |
| die Kabine | das Nikotin | die Trichine |
| der Kamin | die Praline | die Turbine |
| die Kantine | die Rosine | der Urin |
| das Koffein | die Routine | das Vaselin |
| die Kusine | der Rubin | die Violine |
| die Lawine | der Ruin | das Vitamin |
| die Limousine | die Ruine | der Zeppelin |
| die Lupine | | |

**-it**

| | | |
|---|---|---|
| der Anthrazit | der Granit | der Parasit |
| der Appetit | der Graphit | der Profit |
| das Bakelit | der Jesuit | der Satellit |
| der Bandit | der Kredit | der Zenit |
| das Dynamit | | |

## Wörter mit ie

Viele Wörter werden mit **ie** geschrieben. Merke dir besonders die folgenden!
Suche weitere Wörter mit **ie**, und ergänze die Liste!

| | | |
|---|---|---|
| ausgiebig | das Lied, ein Lied singen | die Schwiele |
| die Biene | die Miene, eine sorgen- | das Siegel |
| die Diele | volle Miene | die Siele (Riemen), |
| ergiebig | nachgiebig | in den Sielen sterben |
| das Fieber | die Niere | der Stiel am Besen |
| die Fiedel | der Priel | wieder (nochmals, |
| der Kiel | der Priester | erneut, zurück) |
| die Kieme | das Ried | ziemlich |
| langwierig | der Schmied | die Zwiebel |

Fremdwörter auf -ieren

Sehr viele Verben (Zeitwörter) enden auf **-ieren.** Im folgenden haben wir
einige zusammengestellt. Suche weitere Verben auf **-ieren,** und ergänze die
Liste!

| | | |
|---|---|---|
| amnestieren | kalkulieren | reklamieren |
| buchstabieren | logieren | signalisieren |
| debattieren | marschieren | sortieren |
| exerzieren | neutralisieren | studieren |
| formulieren | opponieren | trainieren |
| galoppieren | programmieren | vagabundieren |
| halbieren | qualifizieren | wattieren |
| illustrieren | reagieren | zensieren |

**Adjektive auf -ig**

Sehr viele Adjektive (Eigenschaftswörter) werden mit der Nachsilbe **-ig** ge-
bildet, so etwa *durstig* und *ekelig.*
Häufig kannst du ein solches Adjektiv selbst in seine Bestandteile zerlegen
und dir auf diese Weise klarmachen, wie es geschrieben wird:

durstig = Durst + ig
ekelig  = Ekel + ig

Du kannst dir über die Schreibung auch dadurch klarwerden, daß du mit
einer gebeugten Form vergleichst. Achte darauf, wie diese ausgesprochen
wird, und schreibe entsprechend:

durstig – ein durstiger Mann
ekelig  – ein ekeliger Anblick

Im folgenden haben wir einige Adjektive auf **-ig** zusammengestellt! Suche
weitere Beispiele! Vergleiche das Wörterverzeichnis!

| | | |
|---|---|---|
| abgründig | eilig | kostspielig |
| abfällig | einmalig | krabbelig |
| abhängig | ek[e]lig | kribblig |
| abschlägig | ewig | krüppelig |
| adlig | gebirgig | kuglig |
| anstellig | fällig | künftig |
| bärtig | gesellig | langweilig |
| billig | heftig | langwierig |
| brenzlig | heilig | lässig |
| bröcklig | hiesig | mäßig |
| brüchig | hügelig | mehlig |
| brummig | kernig | mollig |
| bucklig | kitschig | nachsichtig |
| diesig | kitzelig | nachteilig |
| drollig | knifflig | neblig |
| ehrgeizig | knorplig | nichtig |

| ohnmächtig | schrumpelig | üppig |
|---|---|---|
| ölig | schuldig | wackelig |
| rappelig | schwefelig | wahnsinnig |
| rassig | schwielig | wellig |
| runzelig | seifig | wichtig |
| sachkundig | selig | willig |
| schimmelig | stachelig | winklig |
| schnörklig | stämmig | zappelig |
| schrullig | unzählig | zornig |

Beachte auch die Zehnerzahlen!

Die Zehnerzahlen von 20 bis 90 werden mit der Nachsilbe **-zig** gebildet:
zwanzig, dreißig, vierzig, fünfzig, sechzig, siebzig, achtzig, neunzig

**Wörter auf -in**

Weibliche Substantive (Hauptwörter), die mit der Nachsilbe **-in** gebildet
sind (z. B. *die Königin*), werden im Plural (in der Mehrzahl) mit **nn** geschrieben (*die Königinnen*). Suche weitere Beispiele, und ergänze die Liste!

| *Singular (Einzahl)* | *Plural (Mehrzahl)* |
|---|---|
| die Äbtissin | die Äbtissinnen |
| die Ansagerin | die Ansagerinnen |
| die Ärztin | die Ärztinnen |
| die Bäuerin | die Bäuerinnen |
| die Bibliothekarin | die Bibliothekarinnen |
| die Diakonissin | die Diakonissinnen |
| die Enkelin | die Enkelinnen |
| die Erbin | die Erbinnen |
| die Freundin | die Freundinnen |
| die Gattin | die Gattinnen |
| die Gemahlin | die Gemahlinnen |
| die Greisin | die Greisinnen |
| die Kellnerin | die Kellnerinnen |
| die Köchin | die Köchinnen |
| die Kollegin | die Kolleginnen |
| die Königin | die Königinnen |
| die Lehrerin | die Lehrerinnen |
| die Lügnerin | die Lügnerinnen |
| die Patin | die Patinnen |
| die Prinzessin | die Prinzessinnen |
| die Rektorin | die Rektorinnen |
| die Rivalin | die Rivalinnen |
| die Russin | die Russinnen |
| die Schaffnerin | die Schaffnerinnen |
| die Schneiderin | die Schneiderinnen |
| die Schülerin | die Schülerinnen |

| *Singular (Einzahl)* | *Plural (Mehrzahl)* |
|---|---|
| die Schwägerin | die Schwägerinnen |
| die Sennerin | die Sennerinnen |
| die Tänzerin | die Tänzerinnen |
| die Verkäuferin | die Verkäuferinnen |
| die Wirtin | die Wirtinnen |

**Wörter mit k**

In deutschen Wörtern wird **k** geschrieben

▮ nach langem Vokal (Selbstlaut) und nach einem Diphthong (Zwielaut):
blöken, der Ekel, der Haken, das Küken, das Laken, die Pauke, quaken, quieken, schaukeln, spuken usw.

▮ nach einem vorangehenden Konsonanten (Mitlaut: **l, m, n, r**):
der Balken, die Birke, blinken, der Falke, der Imker, der Kalk, melken, ranken, sinken usw.

**Adjektive auf -lich**

Sehr viele Adjektive (Eigenschaftswörter) werden mit der Nachsilbe (mit dem Suffix) **-lich** gebildet, so etwa *ärgerlich* und *bläulich*.

Häufig kannst du ein solches Adjektiv selbst in seine Bestandteile zerlegen und dir auf diese Weise klarmachen, wie es geschrieben wird:

ärgerlich = Ärger + lich
bläulich = blau + lich

Du kannst dir über die Schreibung auch dadurch klarwerden, daß du mit einer gebeugten Form vergleichst. Achte darauf, wie diese ausgesprochen wird, und schreibe entsprechend:

ärgerlich – ein ärgerlicher Vorfall
bläulich – eine bläuliche Farbe

Im folgenden haben wir einige Adjektive auf **-lich** zusammengestellt! Suche weitere Beispiele! Vergleiche das Wörterverzeichnis!

| | | |
|---|---|---|
| abendlich | dörflich | jugendlich |
| absichtlich | ehrlich | köstlich |
| allmählich | empfindlich | ländlich |
| ängstlich | erheblich | leserlich |
| ärmlich | fälschlich | natürlich |
| äußerlich | festlich | östlich |
| bedenklich | folglich | reinlich |
| bekanntlich | fraglich | rundlich |
| beträchtlich | gebräuchlich | säuerlich |
| beweglich | geflissentlich | schicklich |
| bildlich | handlich | schrecklich |
| dämlich | heimlich | sicherlich |
| deutlich | höflich | süßlich |

| täglich | ursprünglich | widerlich |
|---------|--------------|-----------|
| traulich | verderblich | wunderlich |
| tunlich | vordringlich | zerbrechlich |
| überschwenglich | wesentlich | ziemlich |

## Wörter auf -nis

Wörter, die mit der Nachsilbe (mit dem Suffix) **-nis** gebildet sind (z. B. *das Bildnis*), werden in den gebeugten Formen mit **ss** geschrieben *(des Bildnisses, die Bildnisse)*.

Suche weitere Beispiele, und ergänze die Liste!

| *Nominativ Singular*<br>(1. Fall Einzahl) | *Genitiv Singular*<br>(2. Fall Einzahl) | *Plural ( Mehrzahl)* |
|---|---|---|
| das Abgangszeugnis | des Abgangszeugnisses | die Abgangszeugnisse |
| das Ärgernis | des Ärgernisses | die Ärgernisse |
| das Bedürfnis | des Bedürfnisses | die Bedürfnisse |
| die Befugnis | der Befugnis | die Befugnisse |
| das Begräbnis | des Begräbnisses | die Begräbnisse |
| das Bekenntnis | des Bekenntnisses | die Bekenntnisse |
| die Bewandtnis | der Bewandtnis | die Bewandtnisse |
| das Bündnis | des Bündnisses | die Bündnisse |
| das Ereignis | des Ereignisses | die Ereignisse |
| das Ergebnis | des Ergebnisses | die Ergebnisse |
| die Erkenntnis | der Erkenntnis | die Erkenntnisse |
| das Erlebnis | des Erlebnisses | die Erlebnisse |
| die Finsternis | der Finsternis | die Finsternisse |
| der Firnis | des Firnisses | die Firnisse |
| das Gedächtnis | des Gedächtnisses | die Gedächtnisse |
| das Gefängnis | des Gefängnisses | die Gefängnisse |
| das Geheimnis | des Geheimnisses | die Geheimnisse |
| das Gelöbnis | des Gelöbnisses | die Gelöbnisse |
| das Geschehnis | des Geschehnisses | die Geschehnisse |
| das Geständnis | des Geständnisses | die Geständnisse |
| das Gleichnis | des Gleichnisses | die Gleichnisse |
| das Hemmnis | des Hemmnisses | die Hemmnisse |
| das Hindernis | des Hindernisses | die Hindernisse |
| die Kenntnis | der Kenntnis | die Kenntnisse |
| das Reifezeugnis | des Reifezeugnisses | die Reifezeugnisse |
| das Vermächtnis | des Vermächtnisses | die Vermächtnisse |
| das Versäumnis | des Versäumnisses | die Versäumnisse |
| das Verzeichnis | des Verzeichnisses | die Verzeichnisse |
| das Wagnis | des Wagnisses | die Wagnisse |
| die Wildnis | der Wildnis | die Wildnisse |
| die Wirrnis | der Wirrnis | die Wirrnisse |
| das Zerwürfnis | des Zerwürfnisses | die Zerwürfnisse |
| das Zeugnis | des Zeugnisses | die Zeugnisse |

9*

**Wörter mit oo**

Eine kleine Gruppe von Wörtern wird mit **oo** geschrieben. Merke dir diese Wörter! Bilde Sätze mit ihnen!

| | | |
|---|---|---|
| das Boot | das Moor | das Ruderboot |
| doof | das Moos | das Torfmoor |
| der Koog | das Motorboot | der Zoo |

Beachte die Pluralform zu „der Koog"!

Die Pluralform zu *der Koog*, die mit Umlaut gebildet wird, muß mit einfachem **ö** geschrieben werden: *die Köge.*

**seid**

*seid* ist eine Form des Verbs (des Zeitwortes) *sein.* Achte darauf, daß du es mit **d** schreibst!

*Seid* bitte pünktlich! *Seid* jetzt endlich zufrieden! *Seid* ihr erst gestern gekommen? Verhaltet euch ruhig, ihr *seid* doch schon erwachsen!

**seit**

Merke dir den zweifachen Gebrauch von *seit.* Achte darauf, daß du es mit **t** schreibst!

■ *seit* ist eine **Präposition** mit dem **Dativ** (ein Verhältniswort mit dem 3. Fall):

*seit* langer Zeit, *seit* dem Beginn der Olympischen Spiele, *seit* seinem Eintritt in den Sportverein; *seit* kurzem, *seit* langem; *seit* heute, *seit* gestern. *Seit* wann wartest du hier? *Seit* vier Uhr.

■ *seit* ist eine **Konjunktion** (ein Bindewort) und leitet einen Nebensatz (einen Gliedsatz) ein:

*Seit* Gerhard in dieser Stadt wohnt, geht er jeden Sonntag in das Eisstadion.

**todelend usw.**

Achte darauf, daß du Zusammensetzungen mit dem **Substantiv** (Hauptwort) *Tod* mit **d** schreibst. In der Regel handelt es sich dabei um Adjektive:

| | | |
|---|---|---|
| todbringend (den Tod bringend) | der Todfeind | todsicher |
| | todkrank | die Todsünde |
| todelend | (Ableitung:) tödlich | todwund |
| todernst | todmüde | der Scheintod |
| todfeind | | |

**totschießen usw.**

Achte darauf, daß du Zusammensetzungen mit dem **Adjektiv** (Eigenschaftswort) *tot* mit **t** schreibst. In der Regel handelt es sich dabei um Verben:

| | | |
|---|---|---|
| sich totarbeiten (so arbeiten, daß man völlig erschöpft, wie tot ist) | totfahren | totschlagen |
| | sich totlachen | scheintot |
| | totschießen | |

**Wörter mit v**

Bestimmte Wörter werden mit v geschrieben.

Vergleiche zunächst die Wörter, die im Wörterverzeichnis unter dem Buchstaben **V** zusammengestellt sind (↑ S. 204 ff.). Beachte dabei besonders die Wörter mit **ver-** wie z. B. *verraten* (↑ S. 204 ff.) und die Wörter mit **vor-** wie z. B. *vorlaufen* (↑ S. 213 f.).

Darüber hinaus präge dir noch folgende Wörter mit v besonders ein! Bilde Sätze mit ihnen! Suche weitere Beispiele, und ergänze die Liste!

| | | |
|---|---|---|
| das Adjektiv | intensiv | passiv |
| aggressiv | der Konjunktiv | positiv |
| der Akkusativ | konkav | primitiv |
| aktiv | konservativ | produktiv |
| das Archiv | die Kurve | das Pulver |
| attributiv | kurven | qualitativ |
| bevor | die Larve | quantitativ |
| brav | die Luv | relativ |
| der Dativ | massiv | der Sklave |
| davon | das Motiv | die Sklaverei |
| davor | naiv | sklavisch |
| der Detektiv | negativ | das Substantiv |
| der Frevel | der Nerv | suggestiv |
| der Genitiv | der Nominativ | der Superlativ |
| hervor | objektiv | der Vesuv |
| instinktiv | offensiv | |

**Wörter mit z**

In deutschen Wörtern wird z geschrieben

▌ nach langem Vokal (Selbstlaut) und nach einem Diphthong (Zwielaut):
beizen, die Brezel, duzen, geizig, das Kreuz, reizen, schneuzen, Weizen usw.

▌ nach einem vorangehenden Konsonanten (Mitlaut: **l, n, r**):
blinzeln, der Falz, der Filz, ganz, die Grenze, das Herz, die Kerze, der Schmerz, die Walze usw.

## II. Wann schreibe ich groß, wann schreibe ich klein?

Die G r u n d r e g e l n dieses Abschnittes werden dir geläufig sein. Wichtig ist darüber hinaus, daß du dir die Z u s a t z r e g e l n einprägst, da diese festlegen, wie in besonderen Fällen ein Wort geschrieben werden muß.

▌ In Zweifelsfällen schreibe mit kleinen Anfangsbuchstaben!

**Erste Grundregel – Substantive (Hauptwörter)**

▌ Substantive wie etwa *der Tisch* werden groß geschrieben.

Ein wichtiges Kennzeichen des Substantivs ist der Artikel: *der* Mann, *die* Frau, *das* Kind. Häufig zeigt auch ein Pronomen (*dieser* Mann), ein gebeugtes Adjektiv (*schnelles* Auto) oder eine Präposition (*an* Bord) an, daß ein Substantiv vorliegt.

der Himmel, die Erde, das Wasser; der Vater, die Mutter, das Kind; der Kurfürstendamm, der Europäer, der Wald, das Gold, die Würde.

## Zweite Grundregel – Wörter der anderen Wortarten

Die Wörter, die keine Substantive sind wie *blau, zwei, dieser*, werden k l e i n geschrieben. Man teilt sie wie folgt ein:

### Verb (Zeitwort)

laufen; ich laufe, werde laufen, lief, bin gelaufen, um zu laufen; ich muß laufen; ich laufe diese Strecke, ich laufe morgen, ich laufe schnell.

### Adjektiv (Eigenschaftswort) und Partizip (Mittelwort)

der alte Mann, das klein zu schreibende Wort, das zu klein geschriebene Wort, das dem Schüler bekannte Buch, er ist faul, sie singt schön;

ein blaues Kleid, ein grüner Pullover, ein roter Volkswagen; den Stoff blau färben, den Zaun grün streichen, vor Zorn rot werden; grau in grau, er ist mir nicht grün (= gewogen), schwarz auf weiß, aus schwarz weiß machen wollen;

das schnellste aller Autos, Michael ist der aufmerksamste meiner Schüler; alt und jung (= jedermann), er ist immer noch der alte (= derselbe), es ist das richtige (= es ist richtig), aufs neue (= wiederum); es ist das beste (= am besten), wenn du dich entschuldigst; es ist am nötigsten (= sehr nötig), den Motor wieder in Gang zu bringen.

### Pronomen (Fürwort)

ich, du, er, sie, es, wir, ihr; beide, etwas, jeder, man, nichts, niemand, sämtliches; von uns, über jemanden;

die beiden [Leute], der eine, der andere, das meiste, nicht das mindeste, ein anderer, ein jeder, wir grüßen Euch beide, wir beide, uns beiden, am wenigsten, am meisten;

allerlei anderes, nichts anderes [Neues]. etwas anderes, alle beide;

ein bißchen Brot, ein paar (= einige) Schuhe.

### Numerale (Zahlwort)

er zählte eins, zwei, drei; wir sechs, ihr drei, zwei von uns dreien, alle sieben; die Zahlen von eins bis acht; es schlägt neun, null Fehler haben, null Grad;

das ist eins a (Ia). nicht bis drei zählen können, auf allen vieren kriechen, alle viere von sich strecken, fünf gerade sein lassen, sieben auf einen Streich, alle neun oder neune werfen;

hundert Autos, tausend Zuschauer, mehrere hundert Menschen, ein paar tausend Zuhörer;

der erste, der zweite, der dritte (der Zählung, der Reihe nach), der erste beste, als dritter ins Ziel kommen, die ersten vier, die vier ersten, der vierte Januar.

## Adverb (Umstandswort)

anfangs, gestern, heute, kreuz und quer, morgens, rings, sofort, spornstreichs, vielleicht; die Mode von morgen, zwischen gestern und morgen, Farbe für innen; des öfteren (= häufig), am ehesten (= frühestens), im voraus (= vorher).

## Präposition (Verhältniswort) und Konjunktion (Bindewort)

an, auf, aus, bei, in, wegen, vor der Tür. weil, da, als, angesichts, anstatt, dank, falls, laut, mittels, namens, seitens, trotz.

## Interjektion (Empfindungswort, Ausrufewort)

au!, autsch!, auweh!, bim, bam!, hottehü!, muh!

### Erste Zusatzregel – Substantive (Hauptwörter) in bestimmten Verbindungen

> Eine kleine Gruppe von Substantiven bilden mit bestimmten Verben eine feste Verbindung. In diesen Verbindungen werden sie klein geschrieben.

*angst:* mir ist, wird angst; angst machen; angst und bange machen; mir ist, wird angst und bange

*feind* (= feindlich gesinnt): jmdm. feind bleiben, sein, werden

*freund* (= freundlich gesinnt): jmdm. freund sein, bleiben, werden

*not:* not sein, tun, werden

*recht:* das ist ihm recht; recht behalten, bekommen, erhalten, geben, haben, sein, tun

*schade:* das ist schade; schade, daß er nicht kommt; er ist sich dafür zu schade; o wie schade!

*schuld:* er ist schuld daran; schuld geben, haben, sein

*unrecht:* das ist unrecht; unrecht bekommen, geben, haben, sein, tun

### Zweite Zusatzregel – Substantivierte Wörter (hauptwörtlich gebrauchte Wörter)

> Wenn Wörter der anderen Wortarten substantiviert werden, d.h., wenn sie für ein Substantiv stehen, dann werden sie groß geschrieben.

Beispiele:

## Verb

das Lesen, das Großschreiben, das Anrufen, das Radfahren, das Eislaufen, das Maßregeln, das Autofahren, das Ratholen, das Zustandekommen, das Abhandenkommen, das Sichausweinen; ein Kreischen erfüllte das Vogelhaus, dein Singen geht mir auf die Nerven, immer dieses Schimpfen;

auf Biegen oder Brechen, für Hobeln und Einsetzen der Türen, beim Backen, ich danke fürs Kommen;

schnelles Reden, langsames Anfahren, lautes Kreischen, leises Flüstern; Anwärmen und Schmieden einer Spitze, das Verlegen von Rohren, das Betreten der Wiese.

## Adjektiv und Partizip

der Alte (= der alte Mann), das klein zu Schreibende in diesem Text ist rot
unterstrichen, das zu klein Geschriebene, ein Gesunder;

die Farbe Blau, mit Grün bemalt, Stoffe in Rot, das Blau des Himmels, bei Gelb
ist die Kreuzung zu räumen, die Ampel steht auf Grün, die Ampel zeigt Rot; bis
ins Aschgraue (= bis zum Überdruß), ins Blaue reden, Fahrt ins Blaue, dasselbe
in Grün, ins Grüne fahren, er spielt Rot aus, ins Schwarze treffen;

die Alten und die Jungen: tue das Richtige!; das ist das Beste, was ich je gegessen
habe; es fehlt am Nötigsten;

allerart oder allerhand Neues, alles Gute, alles in ihrer Macht Stehende, etwas
Neues, genug Dummes, irgendwas Schönes, nichts Genaues, viel Seltsames,
welches Neue, wenig Gutes.

## Pronomen

das traute Du, jmdm. das Du anbieten; ein gewisses Etwas; das liebe Ich, mein
anderes Ich; ein gewisser Jemand; das Mein und das Dein; das Nichts; das
höfliche Sie; die Unseren, einer der Unseren.

## Numerale

die Null, das Thermometer steht auf Null, gleich Null sein, er ist eine Null,
Gerhard spielte einen Null (beim Skat);

die Eins, drei Einsen würfeln, die Zahl Zwei, die Ziffer Drei, in Latein eine Vier
(= Note) schreiben, eine römische Fünf, eine arabische Sechs, die böse Sieben,
eine Acht fahren (im Eislauf), eine Neun im Kartenspiel, mit der Zehn (= Stra-
ßenbahnlinie 10) fahren;

ein halbes Hundert, vier vom Hundert, das zweite Tausend, einige Tausend,
viele Tausende;

er ist der Erste in der Klasse (der Leistung nach), vom nächsten Ersten an, er ist
der Dritte im Bunde, ein Dritter (= Unbeteiligter), es bleibt noch ein Drittes zu
erwähnen; der Vierte des Monats.

## Adverb

das Ja und Nein, das Drum und Dran, das Auf und Nieder, das Auf und Ab,
das Jetzt, zwischen dem Gestern und dem Morgen liegt das Heute, er schoß den
Ball ins Aus, das Hin und Her, ein Mehr von 20 Büchern, das Diesseits, das
Jenseits.

## Präposition und Konjunktion

das Für und Wider, das Wenn und Aber, das Entweder-Oder, das Als-ob, das
Sowohl-Als-auch.

## Interjektion

das Weh und Ach, das Bimbam, das Töfftöff (= Auto), der Wauwau, das Hotte-
hü.

### Dritte Zusatzregel – Namen und Titel

> ■ Ist ein A d j e k t i v, ein P a r t i z i p oder ein Z a h l w o r t Bestandteil eines
> N a m e n s oder T i t e l s, dann wird es g r o ß geschrieben.

Es gibt verschiedene Arten von Namen (Titeln), so etwa von
    P e r s o n e n : Heinrich der *Achte*, Friedrich der *Große*
    M e e r e n : das *Schwarze* Meer
    S t r a ß e n : die *Breite* Straße
    G e b ä u d e n : der *Schiefe* Turm (von Pisa)
    I n s t i t u t i o n e n : die *Allgemeine* Ortskrankenkasse
    G e s t i r n e n : der *Kleine* Bär
    S c h i f f e n : der *Fliegende* Holländer
    usw.

Im folgenden haben wir einige Beispiele zusammengestellt. Suche weitere
Namen und Titel, und ergänze die Liste!

### A d j e k t i v e  o d e r  P a r t i z i p i e n  i n  N a m e n  (T i t e l n)

| | |
|---|---|
| die Allgemeine Ortskrankenkasse | die Französische Revolution |
| der Allgemeine Deutsche Automobil-Club | der Sender Freies Berlin |
| der Alte Fritz | das Goldene Kalb |
| das Alte Testament | der Große Wagen |
| der Atlantische Ozean | die Grüne Insel |
| das Auswärtige Amt | das Internationale Olympische Komitee |
| die Blaue Grotte (von Capri) | der Kleine Bär |
| der Blaue Peter (Signalflagge) | die Neue Welt |
| die Breite Straße | die Olympischen Spiele |
| die Deutsche Bundesbahn | der Schiefe Turm von Pisa |
| der Deutsche Fußballbund | das Schwarze Meer |
| der Dreißigjährige Krieg | die Vereinigten Staaten von Amerika |
| das Eiserne Tor | das Weiße Haus |
| die Ewige Stadt | die Weiße Rose |
| der Ferne Orient | der Westfälische Friede |

### Z a h l w ö r t e r  i n  N a m e n  (T i t e l n)

| | |
|---|---|
| Otto der Erste | |
| der Erste Weltkrieg | Friedrich der Dritte |
| die Erste Hilfe | Heinrich der Achte |
| Zweites Deutsches Fernsehen | der Siebzehnte Juni (Gedenktag) |
| An den Drei Pfählen (Straßenname) | der Zwanzigste Juli (Gedenktag) |

B e a c h t e  d i e  P r ä p o s i t i o n  (d a s  V e r h ä l t n i s w o r t)  a m  A n f a n g  e i n e s
S t r a ß e n -  o d e r  G e b ä u d e n a m e n s!

Wenn eine Präposition am Anfang eines Straßen- oder Gebäudenamens steht, d.h., wenn sie das erste Wort dieses Namens ist, dann wird sie groß geschrieben.

| | |
|---|---|
| Am Erlenberg | In der Mittleren Holdergasse |
| Am Warmen Damm | Unter den Linden |
| An den Drei Pfählen | Zum Grünen Baum |
| Im Krummen Felde | Zur Alten Post |
| Im Treppchen | Zur Linde |

### Vierte Zusatzregel – Anredefürwörter

**In Briefen, feierlichen Aufrufen, Mitteilungen des Lehrers an einen Schüler, unter Schularbeiten, bei schriftlichen Prüfungsaufgaben usw. wird das Anredefürwort groß geschrieben.**

Anredefürwörter sind:

Du, Deiner, Dir, Dich; Dein Mann, Deine Frau, Dein Sohn, Deine Kinder; Ihr, Euer, Euch; Euer Sohn, Euere Tochter, Euer Kind, Euere Kinder.

In den folgenden Beispielen sind die entsprechenden Wörter *kursiv* gedruckt:

Lieber Gerhard! Ich habe mir um *Dich* viel Sorgen gemacht und war glücklich, als ich in *Deinem* Brief las, daß *Du* gut in *Deinem* Ferienort angekommen bist. Hast *Du Dich* schon gut erholt?

Liebe Eltern! Ich danke *Euch* für das Päckchen, das *Ihr* mir geschickt habt.

Lieber Michael! Ich danke *Dir* für *Deinen* Brief. Wie geht es *Euerem* Söhnchen?

(Mitteilung des Lehrers unter einem Aufsatz:) *Du* hast auf *Deine* Arbeit viel Mühe verwendet.

Die Höflichkeitsanrede „Sie" und das entsprechende Possessivpronomen (besitzanzeigende Fürwort) „Ihr" werden immer groß geschrieben:

Er fragte: „Kommen *Sie* morgen zu uns? Ich möchte *Ihnen* etwas zeigen. Bringen *Sie* bitte *Ihre* Frau mit!"

### Fünfte Zusatzregel – Satzanfänge

**Das erste Wort eines Satzganzen wird groß geschrieben.**

Im folgenden Beispiel sind die betreffenden Wörter *kursiv* gedruckt:

*Das* Auto fuhr mit höchster Geschwindigkeit durch das Tor. *Vor* dem Haus bremste es scharf. *Ein* Mann, der einen schwarzen Filzhut in der Hand hielt, stieg aus. *Keiner* der Bewohner hatte ihn je zuvor gesehen. *Niemand* kannte ihn.

„*Von* Gruber", stellte er sich vor, ohne sich zu verbeugen. „*Wie* bitte?" „*Von* Gruber ist mein Name. *Melden* Sie mich bitte an! *Schnell* bitte! – *Oder* sind die Herrschaften nicht da?"

*Sein* Name sei von Gruber. *Ich* solle ihn anmelden. *Ob* die Herrschaften zu Hause seien, läßt er fragen.

## III. Wann schreibe ich zusammen, wann schreibe ich getrennt?

Wenn du nicht weißt, ob zwei Wörter zusammen- oder getrennt geschrieben werden, dann ist es besonders ratsam, im Wörterverzeichnis nachzusehen (↑ S. 9 ff.).

Dabei wirst du feststellen, daß in Zweifelsfällen der Zusammen- oder Getrenntschreibung häufig die Betonung der beiden Wörter angegeben ist, z. B.

ein buntgestreiftes Tuch – das Tuch ist bunt gestreift.

Achte auf diese Betonungsangaben! Wenn nur das e r s t e W o r t b e t o n t ist, dann wird in der Regel z u s a m m e n g e s c h r i e b e n. Wenn b e i d e W ö r t e r b e t o n t sind, dann wird in der Regel g e t r e n n t g e s c h r i e b e n.

Beachte darüber hinaus die folgenden Grundregeln! Sie legen fest, wann bestimmte Fügungen zusammen- oder getrennt geschrieben werden.

Vergleiche aber im Einzelfall immer das Wörterverzeichnis!

In Z w e i f e l s f ä l l e n s c h r e i b e g e t r e n n t!

### Dritte Grundregel    Bedeutung

Achte auf die Bedeutung!

In vielen Fällen werden z w e i W ö r t e r (z. B. *klug + reden*) z u s a m m e n g e s c h r i e b e n, wenn durch ihre Verbindung eine n e u e B e d e u t u n g, ein neuer Begriff entsteht. Nur der erste Teil der Zusammensetzung ist betont *(klugreden = alles besser wissen wollen)*.

Es wird g e t r e n n t g e s c h r i e b e n, wenn b e i d e W ö r t e r i h r e e i g e n e B e d e u t u n g bewahrt haben. Beide Wörter sind betont *(klug [=verständig] reden)*.

Im folgenden haben wir einige Beispiele für diese Regel zusammengestellt. Suche im Wörterverzeichnis weitere Beispiele, und ergänze die Aufstellung!

*fallen + lassen:*

| | |
|---|---|
| er hat eine komische Bemerkung fallenlassen (mehr beiläufig gemacht) | du darfst die Teller nicht fallen lassen |

*sitzen + bleiben:*

| | |
|---|---|
| er wird in der Schule sitzenbleiben (nicht versetzt werden) | du sollst auf der Bank sitzen bleiben |

*blau + machen:*

| | |
|---|---|
| er hat heute blaugemacht (hat nicht gearbeitet) | er hat den Stoff blau gemacht |

*dünn + machen:*

| | |
|---|---|
| er hat sich dünngemacht (ist weggelaufen) | sie soll den Teig recht dünn machen |

*abwärts + gehen:*

mit dem Kranken ist es ständig ab-          er ist diesen Weg abwärts gegangen
wärtsgegangen (schlechter geworden)

*dabei + stehen:*

er hat bei dem Unfall dabeigestanden          er muß dabei (bei dieser Arbeit)
(er war stehend zugegen)          stehen

## Vierte Grundregel – Nähere Bestimmung beim ersten Wort

Zwei Wörter, die in der Regel zusammengeschrieben werden (z. B. *es regnete stundenlang*), werden g e t r e n n t  g e s c h r i e b e n, wenn zum ersten Bestandteil eine nähere Bestimmung tritt *(es regnete drei Stunden lang)*.

Im folgenden haben wir einige Beispiele für diese Regel zusammengestellt. Suche im Wörterverzeichnis weitere Beispiele, und ergänze die Aufstellung!

*Finger + breit:*

ein fingerbreites Brett, das Brett ist          ein drei Finger breites Brett, das Brett
fingerbreit          ist drei Finger breit

*Kilometer + lang:*

eine kilometerlange Autoschlange, die          eine mehrere Kilometer lange Auto-
Autoschlange war kilometerlang          schlange, die Autoschlange war vier
          Kilometer lang

*Maß + halten:*

er hat immer maßgehalten und wird          er muß das rechte Maß halten
immer maßhalten

*Rad + fahren:*

am Sonntag wird er radfahren          am Sonntag wird er mit seinem Rad
          fahren

*Appetit + anregend:*

ein appetitanregendes Mittel, das Mit-          ein den Appetit anregendes Mittel
tel ist appetitanregend

*Freude + strahlend:*

er kam freudestrahlend ins Zimmer          er kam vor Freude strahlend ins
          Zimmer

*jede + Zeit:*

du kannst jederzeit kommen          du bist zu jeder Zeit willkommen

## Fünfte Grundregel – Eigenschaftswörtlicher oder aussagender Gebrauch

Wenn eine Verbindung aus einem Adjektiv oder einem Partizip (z. B. *blond*) und einem Adjektiv oder einem Partizip (z. B. *gefärbt*) eigenschaftswörtlich bei einem Substantiv (z. B. *Haar*) steht, dann wird im allgemeinen z u s a m m e n g e s c h r i e b e n *(das blondgelockte Haar)*.

▌ Es wird ge t rennt geschrieben, wenn die Verbindung aussagend ge-
▌ braucht wird *(das Haar ist blond gelockt)*.
▌ Achte auf die Betonung!

Im folgenden haben wir einige Beispiele für diese Regel zusammengestellt.
Suche im Wörterverzeichnis weitere Beispiele, und ergänze die Aufstellung!

*dicht + bevölkert:*
eine dichtbevölkerte Gegend                    die Gegend ist dicht bevölkert

*echt + golden:*
ein echtgoldener Ring                          der Ring ist echt golden

*glühend + heiß:*
ein glühendheißes Eisen                        das Eisen ist glühend heiß

## IV. Wann setze ich den Bindestrich?

### Sechste Grundregel – Übersichtlichkeit

▌ Der Bindestrich soll vor allem die Übersichtlichkeit eines Wortes erhal-
▌ ten. Er wird deshalb insbesondere dann gesetzt, wenn Zusammen-
▌ setzungen ohne Bindestrich zu unübersichtlich wären.

Die wichtigsten dieser Fälle haben wir im folgenden zusammengestellt.
Suche zu den einzelnen Gruppen weitere Beispiele, und ergänze die Aufstel-
lungen!

Tee + Ernte = Tee-Ernte
Wenn in einer substantivischen (hauptwörtlichen) Zusammensetzung
drei gleiche Vokale (Selbstlaute) zusammentreffen, dann muß ein
Bindestrich gesetzt werden:

    Kaffee-Ersatz, Klee-Einsaat, Tee-Ei, Tee-Ernte.

I-Punkt/x-beliebig
In Zusammensetzungen mit einzelnen Buchstaben und Formelzeichen
muß der Bindestrich gesetzt werden:

    der A-Laut, die A-Saite, A-Dur, B-Dur, a-Moll, b-Moll, der Abc-Schütze,
    das Dehnungs-h, die $\gamma$-Strahlen, der I-Punkt, die S-Kurve, der T-Träger,
    U-förmig, X-beinig, x-beliebig.

Kfz-Papiere
In Zusammensetzungen mit Abkürzungen muß ein Bindestrich ge-
setzt werden:

    ABC-Waffen, Abt.-Leiter, km-Zahl, Lungen-Tbc, NATO-Staaten, SOS-Kinder-
    dorf, Tbc-krank, TÜV-Untersuchung, UKW-Sender.

Berg-und-Tal-Bahn

Wenn der erste Bestandteil einer Zusammensetzung aus mehreren
Wörtern besteht (z. B. *Berg und Tal*), dann werden alle Wörter der Fügung
durch einen Bindestrich miteinander verbunden *(Berg-und-Tal-Bahn)*.

| | |
|---|---|
| die Erste-Hilfe-Ausrüstung | (entsprechend auch:) |
| das Frage-und-Antwort-Spiel | der Formel-I-Wagen |
| das Land-Wasser-Tier | der K.-o.-Schlag |
| der Magen-Darm-Katarrh | der 70-PS-Motor |
| das Ost-West-Gespräch | der 400-m-Lauf |
| der Hals-Nasen-Ohren-Arzt | die 10-Pfennig-Briefmarke |
| das In-den-April-Schicken | |

### Siebte Grundregel – Ergänzungsbindestrich

Wenn in zusammengesetzten Wörtern (z. B. *Feldfrüchte, Garten-
früchte*) ein gleicher Bestandteil *(Früchte)* nur einmal geschrieben
wird und zu ergänzen ist, muß ein Bindestrich gesetzt werden *(Feld-
und Gartenfrüchte)*. Dieser Bindestrich heißt Ergänzungsbinde-
strich.

Einige Beispiele haben wir im folgenden zusammengestellt. Suche weitere
Beispiele, und ergänze die Aufstellung!

| | |
|---|---|
| der Buß- und Bettag (= Bußtag und Bettag) | die Laub- und Nadelbäume |
| ein- bis zweimal (= einmal bis zweimal) | Ost- und Westdeutschland |
| der Ein- und Ausgang (= Eingang und Ausgang) | die Zusammen- und Getrenntschreibung |
| die Gepäckannahme und -ausgabe | (mit Ziffern:) |
| die Groß- oder Kleinschreibung | 1- bis 2mal |
| der Hin- und Rückmarsch | 1/2-, 1/4- und 1/8zöllig |

Beachte besonders, wie die folgenden Fälle geschrieben werden!

| | |
|---|---|
| Auto und radfahren (= Auto fahren und radfahren) | öffentliche und Privatmittel (= öffentliche Mittel und Privatmittel) |
| Disziplin und maßhalten (= Disziplin halten und maßhalten) | Privat- und öffentliche Mittel (= Privatmittel und öffentliche Mittel) |
| maß- und Disziplin halten (= maßhalten und Disziplin halten) | rad- und Auto fahren (= radfahren und Auto fahren) |

## V. Wie trenne ich ein Wort?

Wenn ein Wort getrennt werden soll, dann mußt du darauf achten, was für
ein Wort vorliegt:

ein einfaches Wort, z. B. *Bote*
ein abgeleitetes Wort, z. B. *Glöckchen*
ein zusammengesetztes Wort, z. B. *Geburtstag*
ein Wort mit einer Vorsilbe, z. B. *beerdigen, geschwungen, verrutschen*

Beachte die folgenden zwei Grundregeln für die Trennung dieser Wörter.
Beachte darüber hinaus die Erläuterungen zu einzelnen Fällen.

## Achte Grundregel – Einfache und abgeleitete Wörter

Einfache und abgeleitete Wörter trennt man nach den Silben, die sich beim langsamen Sprechen von selbst ergeben, das heißt nach Sprechsilben.

Balkon, (getrennt:) Bal-kon; Bettler, (getrennt:) Bett-ler; (entsprechend:) Bo-te, Fis-kus, for-dern, Freun-de, Glöck-chen, Ho-tel, kal-kig, Kon-ti-nent, Or-gel, Pla-net, wei-ter.

Erläuterungen zur Trennung von Konsonanten (Mitlauten)

**1.** Ein einzelner Konsonant kommt auf die nächste Zeile:
Bäckerei, (getrennt:) Bäcke-rei; Bettelei, (getrennt:) Bette-lei; (entsprechend:) bo-xen, Erzie-hung, Ko-pie, Musi-kant, nä-hen, ne-be-lig, Pa-nik, prakti-ka-bel, rei-zen, Ru-der, Schaffne-rin, tre-ten, Vö-ge-lein, Zä-sur.

**2.** Von mehreren Konsonanten kommt nur der letzte auf die folgende Zeile:
Achsel, (getrennt:) Ach-sel; andere, (getrennt:) an-dere; andre, (getrennt:) and-re; (entsprechend:) Bal-sam, Bett-ler, Bün-del, er dräng-te, Ernäh-rung, Fin-ger, fröh-lich, Fül-lun-gen, gest-rig, kämp-fen, Knos-pe, Kup-fer, Lüf-tung, neb-lig, neh-men, die Städ-te, trän-ken, er tränk-te, wel-lig.

## Beachte folgende Einzelfälle!

**ch, ph, rh, sch** und **th** bleiben ungetrennt, wenn sie einen einfachen Laut bezeichnen:
die Bücher, (getrennt:) Bü-cher; (entsprechend:) Pro-phet, Myr-rhe, Fla-sche, ka-tholisch.

**ß** ist immer ein Laut:
Buße, (getrennt:) Bu-ße; grüßen, (getrennt:) grü-ßen; er grüßte, (getrennt:) er grüß-te.

**ck** wird bei der Silbentrennung in **k-k** aufgelöst:
backen, (getrennt:) bak-ken; Perücke, (getrennt:) Perük-ke; Zucker, (getrennt:) Zuk-ker.

**st** wird in einfachen und abgeleiteten Wörtern nicht getrennt:
Akustik, (getrennt:) Aku-stik; basteln, (getrennt:) ba-steln; Bastler, (getrennt:) Bast-ler; (entsprechend:) Fen-ster, gün-stig, ha-sten, sie ra-sten mit dem Auto über die Autobahn, sie sau-sten, sech-ste, verwahrlo-stes Kind, We-sten, west-lich.

Bestimmte Konsonantenverbindungen bleiben in Fremdwörtern ungetrennt, so etwa **bl**, **pl**, **br**, **dr**, **tr**, **gn** u. a. Im Zweifelsfalle vergleiche das Wörterverzeichnis, in dem angegeben ist, wie diese Fremdwörter getrennt werden:

Publikum, (getrennt:) Pu-blikum; praktikabler Vorschlag, (getrennt:) praktika-bler Vorschlag; Diplomat, (getrennt:) Di-plomat; Februar, (getrennt:) Fe-bruar; (entsprechend:) Hy-drant, neu-tral, Si-gnal.

Erläuterungen zur Trennung von Vokalen (Selbstlauten)

**1.** Ein einzelner Vokal wird nicht abgetrennt. Zweisilbige Wörter, in denen eine Silbe nur aus einem Vokal besteht, können deshalb nicht getrennt werden:

Abend, die Äste, Echo, Klaue, Reue, Ufer, Uhu.

**2.** Zwei oder mehr Vokale, die eine Klangeinheit bilden, dürfen nicht getrennt werden. Sie können höchstens zusammen abgetrennt werden:

die Aale, (getrennt:) die Aa-le; Auge, (getrennt:) Au-ge; sich äußern, (getrennt:) sich äu-ßern; Euter, (getrennt:) Eu-ter.

Befindet sich zwischen den Vokalen eine deutliche Silbenfuge, dann dürfen sie getrennt werden:

Bebauung, (getrennt:) Bebau-ung; böig, (getrennt:) bö-ig; ideell, (getrennt:) ide-ell; Museum, (getrennt:) Muse-um.

**Neunte Grundregel – Zusammengesetzte Wörter und Wörter mit einer Vorsilbe (Präfixbildungen)**

▌ Zusammengesetzte Wörter und Wörter mit einer Vorsilbe werden nach ihren sprachlichen Bestandteilen getrennt.

beerdigen, (getrennt:) be-erdigen; bergab, (getrennt:) berg-ab; (entsprechend:) dar-auf, Diens-tag, Donners-tag, ent-erben, Gar-aus, Ge-burts-tag, ge-schwungen, hin-ein, Ob-acht, Sams-tag, selb-ständig, ver-rutschen, voll-auf, vor-an, war-um, wor-über.

Achte besonders auf die Fremdwörter! Wenn du nicht weißt, wie du ein Fremdwort trennen sollst, so vergleiche das Wörterverzeichnis! Bei schwierigen Wörtern ist dort angegeben, wie sie getrennt werden:

Anode, (getrennt:) An-ode; anonym, (getrennt:) an-onym; (entsprechend:) Äs-thetik, ex-akt, Ex-amen, Hekt-ar, Horo-skop, Lin-oleum, Manu-skript, Mon-arch, Pull-over, Trans-port, Vit-amin.

Die einzelnen Bestandteile zusammengesetzter Wörter und von Wörtern mit einer Vorsilbe werden wie einfache Wörter nach Sprechsilben getrennt:

beerdigen, (getrennt:) be-er-di-gen; enterben, (getrennt:) ent-er-ben; (entsprechend:) Äs-the-tik, Ma-nu-skript.

# Wortkunde

Auf den folgenden Seiten findest du einiges über den Aufbau des Wortschatzes. Dies kann dir bei der Rechtschreibung nützlich sein, aber auch dann, wenn du etwas über Ableitungen, Zusammensetzungen, Wortfamilien oder Wortfelder wissen willst. Die Zusammenstellung sinnverwandter Wörter kann dir helfen, wenn du das passende Wort suchst oder Wiederholungen vermeiden willst.

Die einzelnen Abschnitte sind so aufgebaut:

An Hand vieler Beispiele wird zunächst gezeigt, worum es in dem Abschnitt geht.

Es folgen dann Regeln oder Baumuster, die man entdecken kann.

Zum Schluß kannst du die neuen Kenntnisse anwenden, z. B. in lustigen Sprachspielen.

# Teil A
# Die Wortbildung

Ein Junge, der gerade fünf Jahre alt geworden ist, hat die folgenden Sätze gebildet. Lies sie dir bitte durch! Verstehst du sie?

1. Du benimmst dich so *babyrich.*
2. Du willst immer der *Bestimmer* sein.
3. So eine *Pfuierei* mach' ich nicht.
4. Das ist ja *baby*, das kann jeder.
5. Die Uhr hat *geweckert.*
6. Die Männer sind in einem *Safariauto* durch die Wüste gefahren.
7. Ich will mir mal die *Wegschickkarte* ansehen.
8. Der Papa hat einen *Polizeischein* bekommen, weil er falsch geparkt hat.
9. Das ist eine *Gutschmecktablette.*

Du hast die Sätze ganz bestimmt verstanden. Und das erstaunt dich vielleicht; denn die Wörter in schräger Schrift hat das Kind sich selbst ausgedacht. Sie stehen in keinem Wörterbuch, es sind **Neubildungen.**

Fragen:

Warum bildet das Kind neue Wörter?
Wie kommt es, daß du die Wörter so leicht verstehst?
Wie sind die Wörter gebildet?
Gibt es auch Bereiche, wo die Erwachsenen neue Wörter bilden?

**WAS IST DAS?**
(Pelligaulkaninhörnchen)

Wie könnte man dieses Tier nennen?
Suche verschiedene Namen!

Du hast leicht erkannt, daß der Junge die neuen Wörter aus anderen Wörtern und anderen Bestandteilen gebaut hat:

1. Baby + rich, 2. bestimm(en) + er, 3. pfui + erei
4. Baby (Nomen wird Adjektiv), 5. Wecker (Nomen wird Verb)
6. Safari + Auto, 7. wegschick(en) + Karte, 8. Polizei + Schein
9. gut + schmeck(en) + Tablette

Wenn du die neuen Wörter des Kindes betrachtest, so siehst du, daß es gar nichts Besonderes gemacht hat. Es gibt in unserer Sprache viele umfangreiche Wörter, die aus kleineren zusammengebaut sind. Man kann dabei z. B. unterscheiden:

**I. Ableitungen**: Zu einem Wort tritt eine **Vorsilbe** (= Präfix) oder eine **Nachsilbe** (= Suffix)

Vorsilbe:   laufen → ver + laufen = verlaufen, kennen → be + kennen = bekennen, Sinn → Un + Sinn = Unsinn

Nachsilbe:   Haus → Haus + chen = Häuschen, laufen → lauf(en) + er = Läufer, gelb → gelb + lich = gelblich, dumm → dumm + heit = Dummheit

Manchmal kommt auch beides zusammen vor:
Leid → be + Leid + ig(en) = beleidigen, Gnade → be + Gnad(e) + ig(en) = begnadigen

**II. Zusammensetzungen**: Wörter werden aneinandergefügt:
Haus + Tür → Haustür, Schüler + Duden → Schülerduden, Stachel + Beere → Stachelbeere, Nase + Horn → Nashorn, Kind(er) + Garten → Kindergarten

**III. a. Zusammenbildung**

Dies ist eine Verbindung aus Ableitung und Zusammensetzung:
Raupe + schlepp(en) + er = Raupenschlepper, frei + Hand + ig = frei-
händig

**b. Zusammenrückung**

Hier werden die Wörter, wie sie in einem Satz oder Satzteil vorkommen,
aneinandergefügt:

Vergiß mein nicht! → Vergißmeinnicht, (ich) bitte schön → bitteschön

Wörter, die nicht abgeleitet, zusammengesetzt, zusammengebildet oder zu-
sammengerückt sind, nennen wir **Kernwörter.** Sie bilden mit den Vorsilben
und Nachsilben die Bausteine, aus denen der Wortschatz aufgebaut ist.
Die umfangreichen (= komplexen) Wörter sind nach bestimmten **Bau-
mustern** aufgebaut, die man teilweise auch bei Neubildungen verwenden
kann.

Wenn man alle Wörter zusammenstellt, an denen ein Kernwort beteiligt
ist, erhält man die **Wortfamilie** (vergleiche S. 285 ff.).

# I. Ableitungen

**Wie kann man (neue) Ableitungen bilden?**
Das kann am Beispiel leicht klar werden.

Ein Häuschen ist ein kleines Haus.
Ein Löffelchen ist ein kleiner Löffel.
Ein Rädchen ist ein kleines Rad.

Versuche selbst einmal, Wörter nach diesem Muster zu bilden!

Ein kleines Auto ist ein .... ?
Ein kleines Gartentor ist ein .... ?

Wenn wir für das Kernwort X schreiben, dann kann man als allgemeine Regel hinschreiben:

Ein kleines X ist ein X-chen.

Fragen:

1. Kannst du die Verkleinerungsformen bilden zu: *Korn, Wald, Knopf, Lied, Ball, Schaukel, Bauer, Holz?*

2. Was fällt dir auf bei: *Brot-Brötchen, Teil-Teilchen, Plätzchen, Kaninchen, Mädchen, Männchen (machen), Freundchen, Märchen?*

3. Eine andere Verkleinerungsform ist *-lein (Tischlein, Bettlein)*. Empfindest du einen Unterschied zwischen *-lein* und *-chen?*

4. Verändert sich der Selbstlaut des Wortes bei der Ableitung mit *-chen* regelmäßig?

Zu anderen Ableitungen lassen sich ebenfalls Baumuster finden, nach denen man vorhandene Wörter erklären und neue bilden kann.

Ein Läufer ist jemand, der läuft.
Ein Fischer ist jemand, der fischt.

Wer tanzt, ist ein Tänzer.
Wer fährt, ist ein Fahrer.
Wer x-t, ist ein X-er.

„Los, folgen Sie mir! Laut Vorschrift muß ich jeden Einbrecher verhaften."

Frage:

Kannst du zu *rudern, reiten, schwimmen, kochen* (Achtung!), *trimmen, stehlen* (Achtung!), *schießen* (Achtung!) Ableitungen mit *-er* bilden?

Andere Ableitungsmuster sind:

Was zerlegt werden kann, ist zerleg**bar**.
Was völlig schwindet, **ver**schwindet.
Was dem Rot ähnlich ist, ist röt**lich**.
Was beachtet wird, verdient Beacht**ung**.

Besonders blondes Haar ist **super**blond.
Der ehemalige Minister ist der **Ex**minister.

Zu manchen Wörtern gibt es auch Ableitungen durch eine lautliche Veränderung:

binden → Band, Bund, reißen → Riß, gießen → Guß, Gosse, voll → füllen, drei → dritte, Gold → gülden, Wetter → Gewitter, trinken → tränken, biegen → beugen

Nach diesem Muster kann man heute keine neuen Ableitungen mehr bilden, aber wir durchschauen noch den Zusammenhang.

Fragen:

1. Wie lauten die Kernwörter in folgenden Ableitungen?
   *gelblich, tragbar, versickern, Berechnung; Tritt, Schrift, Mühle, Gedächtnis, Gefieder*

2. Wie lauten die Baumuster zu folgenden Ableitungen?
   -erei:   Raserei, Faulenzerei, Marschiererei, Rechnerei
   -haft:   sündhaft, frühlingshaft, krankhaft, schadhaft
   be-:     beliefern, bekränzen, bekleiden, belichten
   -in:     Ärztin, Läuferin, Botin, Chinesin

3. Manche Wörter kann man heute noch zerlegen in Kernwort und Vor- und Nachsilben, aber diese Ableitungen sind nicht mehr produktiv (=ausbaufähig). Wozu gehören *Fahrt, Blüte, Glut, Jagd, Freude, Zierde, faulenzen, Gespinst, Dienst?*

**Wie oft kann man ableiten?**

Aus vielen Beispielen oben geht schon hervor, daß man ein abgeleitetes Wort oft wieder ableiten kann: *Schwamm → schwammig → Schwammigkeit.*

Man kann diese Ableitungen dann durchzählen, als Ableitungen 1., 2., 3., 4. oder 5. Grades.

| Kernwort | Ableitungen | | | | |
|---|---|---|---|---|---|
| | 1. Grades | 2. Grades | 3. Grades | 4. Grades | 5. Grades |
| 1. Schwan | Schwänchen | | | | |
| Schlamm | verschlammen | | | | |
| schreien | Schreierei | | | | |
| 2. sorgen | sorglos | Sorglosigkeit | | | |
| treu | betreuen | Betreuung | | | |
| biegen | verbiegen | Verbiegung | | | |
| 3. Sorte | sortieren | Sortierer | Sortiererin | | |
| gönnen | Gönner | gönnerhaft | Gönnerhaftigkeit | | |
| verstehen | Verständnis | verständnislos | Verständnis-losigkeit | | |
| 4. alt | Alter | Altertum | altertümlich | Altertüm-lichkeit | |
| Scham | schämen | verschämt | unverschämt | Unverschämt-heit | |
| dürfen | bedürfen | Bedürfnis | bedürfnislos | Bedürfnis-losigkeit | |
| ein | Einheit | einheitlich | vereinheit-lichen | Vereinheit-lichung | |
| 5. reiten | Ritt | Ritter | ritterlich | unritterlich | Unritterlichkeit |

Fragen:

1. Kannst du den Grad der Ableitung feststellen? *Bitterkeit, bläulich, Tischlerei, Erblindung, Blockierung, Verträglichkeit*

2. „*Unfreundlichkeit*" – führen zwei Ableitungswege zu diesem Wort?

3. Wenn wir für Kernwort K, Vorsilbe V, Nachsilbe N schreiben, dann hat *Gönnerhaftigkeit* das Baumuster K + 1. N + 2. N + 3. N, *Betreuung* das Baumuster 1. V + K + 1. N. Wie lauten die Baumuster von *Vereinheitlichung, Sorglosigkeit, Unritterlichkeit?*

**Tabellen für Vorsilben und Nachsilben**

In der folgenden Tabelle sind wichtige deutsche Nachsilben und danach einige Nachsilben aus fremden Sprachen zusammengestellt. (Wörter mit Schwierigkeiten bei der Schreibung findest du auf den Seiten 249, 251, 254f., 257f., 259, 261 in diesem Schülerduden.) Die meisten Nachsilben geben auch gleichzeitig die Wortart an:

A. Nomen

| -chen | Häuschen, Löffelchen, Tellerchen |
|---|---|
| -e | Höhle, Frage, Nähe |
| -ei | Bäckerei, Ziegelei, Gärtnerei |
| -el | Hebel, Würfel, Flügel |
| -er | Berliner, Schreiner, Läufer |
| -erei | Schweinerei, Raserei, Kinderei |

| | |
|---|---|
| -heit | Dummheit, Klugheit, Menschheit |
| -in | Freundin, Ärztin, Schneiderin |
| -keit | Freundlichkeit, Betriebsamkeit, Fruchtbarkeit |
| -lein | Kindlein, Häuslein, Bettlein |
| -ler | Sportler, Tischler, Radler |
| -ling | Frühling, Keimling, Rundling |
| -ner | Schaffner, Rentner, Pförtner |
| -nis | Wildnis, Finsternis, Kenntnis |
| -sal | Trübsal, Schicksal, Mühsal |
| -schaft | Freundschaft, Leidenschaft, Mannschaft |
| -tum | Heiligtum, Reichtum, Irrtum |
| -ung | Zeitung, Achtung, Verteidigung |
| -ant | Lieferant, Proviant, Musikant |
| -ent | Student, Präsident, Korrespondent |
| -enz | Konsequenz, Frequenz, Essigessenz |
| -esse | Delikatesse, Akkuratesse, Raffinesse |
| -eur | Friseur, Masseur, Dompteur |
| -euse | Friseuse, Masseuse, Dompteuse |
| -ie | Melodie, Kolonie, Kopie |
| -ier | Polier, Pionier, Barbier, Offizier |
| -ion | Nation, Perfektion, Generation |
| -ist | Hornist, Lagerist, Dentist |

## B. Adjektive

| | |
|---|---|
| -bar | tragbar, zerbrechbar, machbar |
| -en | golden, metallen, silberfarben |
| -ern | hölzern, blechern, gläsern |
| -haft | inselhaft, zaghaft, namhaft |
| -ig | zügig, freudig, hastig |
| -isch | modisch, mürrisch, biblisch |
| -sam | gemeinsam, achtsam, ratsam |
| -abel | praktikabel, akzeptabel, transportabel |
| -ant | interessant, charmant, riskant |
| -ell | kulturell, maschinell, rationell |
| -iv | negativ, informativ, instinktiv |

## C. Verben

| | |
|---|---|
| -el(n) | lächeln, klingeln, säuseln |
| -er(n) | nähern, ballern, verwildern |
| -ig(en) | ängstigen, sättigen, bändigen |
| -z(en) | duzen, ihrzen, siezen |
| -ier(en) | marschieren, kontrollieren, sortieren |
| -isier(en) | motorisieren, magnetisieren, terrorisieren |

In der folgenden Tabelle sind wichtige deutsche Vorsilben und danach
einige Vorsilben aus fremden Sprachen zusammengestellt:

| | |
|---|---|
| be- | bewundern, benennen, Befund |
| ent- | entdecken, enthalten, Entscheidung |
| er- | erkennen, erweisen, ersichtlich |
| ge- | Gedenken, Getier, gelinde |
| un- | unartig, unbekannt, uneinig |
| ur- | Urahne, Urschrift, uralt |
| ver- | versickern, verbreiten, vernichten |
| zer- | zerkleinern, zersägen, zerfließen |
| a- | amoralisch, anormal, amusisch |
| anti- | Antialkoholiker, Antipathie, Antikörper |
| dis- | Disharmonie, Disqualifikation, Disposition |
| ex- | Exminister, Exkanzler, Expräsident |
| inter- | Interkontinentalrakete, international, Interview |
| re- | reagieren, renovieren, revanchieren |
| sub- | Subtropen, subtrahieren, Subjekt |

# II. Zusammensetzungen

## Wie kann man Zusammensetzungen bilden?

Haustür, Eierkorb, Postauto, Rasierapparat, Tageszeitung, Fernsehillustrierte,
Telefonbuch, Lederhose, Fingerhut.

Man kann alle diese Zusammensetzungen auflösen und einen kleinen Satz
oder den Teil eines Satzes bilden, in dem die Kernwörter vorkommen.

| | |
|---|---|
| Haustür | Tür, die in das Haus führt |
| Eierkorb | Korb für Eier |
| Rasierapparat | Apparat zum Rasieren |
| Fernsehillustrierte | ....? |
| Mondgesicht | ....? |
| Telefonbuch | ....? |

Eine Zeitung, die jeden Tag erscheint, ist eine ....?
Eine Hose aus Leder ist eine ....?

Allgemein läßt sich also sagen, daß der erste Teil der Zusammensetzung,
das **Bestimmungswort,** in der Regel den 2. Teil, das **Grundwort,** näher
beschreibt und eingrenzt, z. B. was für ein Wagen: Personen-, Last-, Kran-
ken-, Kinder-, Leiter-, Pferde-, Heu- ....

| Bestimmungswort | Grundwort | Bestimmungswort | Grundwort |
|---|---|---|---|
| Personen- | | Leber- | |
| Last- | | Blut- | |
| Kranken- | | Gelb- | |
| Kinder- | -wagen | Dauer- | -wurst |
| Leiter- | | Fleisch- | |
| Pferde- | | Bauern- | |
| Heu- | | Räucher- | |
| .... | | .... | |
| .... | | .... | |

Dabei ist aber in der Zusammensetzung nicht immer erkennbar, in welcher Weise der erste Teil den zweiten eingrenzt. Obwohl alle Würste weitgehend Fleisch enthalten, heißt nur eine Sorte *Fleischwurst*, die *Leberwurst* enthält einen Zusatz von Leber, aber die *Bauernwurst* ist eine Wurst nach Art der Bauern, und die *Dauerwurst* hält lange.

Manchmal kann ein Wort auch als Bestimmungs- oder Grundwort seine eigentliche Bedeutung verlieren. Es ist auf dem Wege, eine Ableitungssilbe zu werden, z. B.:

| Mords- | -kerl, -krach, -lärm, -spaß, -gaudi |
| Riesen- | -erfolg, -glück, -spaß, -pech |
| sau- | -doof, -blöd, -dumm, -wohl |

| Flug-, Werk-, Näh-, Strick-, Mal-, Schuh- | -zeug |
| Blatt-, Lehr-, Läut-, Mach-, Tag-, Lebens- | -werk |
| verhältnis-, gewohnheits-, mittel-, sau- | -mäßig |

Fragen:

1. Kannst du folgende Zusammensetzungen durch einen Satz oder den Teil eines Satzes erklären? *Hühnerei, Modenschau, Zollstock* (!), *vielleicht* (!), *anfangen* (!)

2. Ein Wortspiel: Nimm den ersten Teil einer Zusammensetzung weg und setze hinten ein Wort an, so daß eine neue Zusammensetzung entsteht, usw., z. B. *Handtuch – Tuchfabrik – Fabrikarbeiter – Arbeiterwohnung – Wohnungs .... –*

3. Welche Zusammensetzungen ergeben umgedreht eine neue Zusammensetzung, z. B. *Baumstamm – Stammbaum, Witzwort – Wortwitz*?

Im folgenden findest du einige Wörter, die richtig verbunden, solche Zusammensetzungen ergeben, z. B.: *Ballspiel – Spielball*:

Ball, Bier, Brett, Faß, Haus, hoch/Hoch, Kuh, Milch, Schrank, Spiel, Wand

### Graf-Bobby-Witz

Graf Bobby trifft in Wien einen alten Bekannten
und fragt ihn: „Na, was machst denn du?"
„Ich bin Straßenhändler." „Aha! Und was kostet
so ein Kilometer Straße?"

## Wie werden die Zusammensetzungen verbunden?

Bei vielen Zusammensetzungen stehen das erste und das zweite Wort unmittelbar hintereinander, z. B.: *Haustür, Wortatlas, Waldameise, Werkstatt, blaugrün, Fertigteil, Laufrichtung, Strickwaren.*

Manchmal tritt zwischen die beiden Wörter ein **Fugenzeichen** als Bindeglied: *Auge + n + arzt, Ort + s + verzeichnis, Kind + er + garten, Maus + e + falle.*

Über die Anwendung dieses Fugenzeichens brauchst du dir bei Neubildungen keine Gedanken zu machen, da man, ohne es zu wissen, die richtige Regel anwendet. Aber wenn du Lust hast, kannst du die Verteilung untersuchen, bevor du dir die folgende Tabelle anschaust. Um dir einen Fingerzeig zu geben: Beachte das Wortende, z. B. die Nachsilbe des ersten Wortes *-ung, -heit, -keit, -el, -er, -e!* Beachte die Beugung der Wörter! Beachte die Wortart (Nomen, Verb, Adjektiv)!

Manche Bestimmungswörter können in Zusammensetzungen auf verschiedene Weise erscheinen:

| | | |
|---|---|---|
| Augenarzt | – Augapfel | |
| Aschenbahn | – Aschermittwoch | – Ascheimer |
| Buchladen | – Bücherkiste | |
| Storchennest | – Storchschnabel | |

### Tabelle der Fugenzeichen

| | |
|---|---|
| -s-<br>(auch -es-) | besonders bei Bestimmungswörtern auf -heit, -keit,<br>-schaft, -ung, -ion, -ität:<br>Gebirgsjäger, Gotteshaus, Wahrheitsliebe, Geschwindig-keitsbegrenzung, Mannschaftskampf, hoffnungsvoll<br>Informationsbüro, Universitätsstadt |
| -n-, -en- | besonders bei weiblichen Nomen und bei männlichen und<br>sächlichen auf -e:<br>Frauenhaar, Rosenblatt, Knabenchor, Augenarzt |
| -e- | bei einigen Verben und Nomen<br>Lesebuch, Siedepunkt, Mausefalle, Tagedieb, Gänsefeder |
| -er- | (auch mit Umlaut) bei Nomen mit der Pluralendung -er:<br>Hühnerei, Eierkuchen, kinderlieb |

### Wie oft kann man Wörter zusammensetzen?

Die meisten Zusammensetzungen bestehen aus zwei Wörtern. Diese Wörter können Kernwörter oder auch abgeleitete Wörter sein:

Postkarte, Wörterbuch, Bleistift, Mengenlehre, Riesenrad, Waldlauf, Werkkunde, Windei, Gesangbuch, Schneiderschere, Krankheitsursache, Gefängnisaufseher, Wörterverzeichnis, Zigarettenautomat

Solche Zusammensetzungen können dann aber wieder mit anderen Wörtern zusammengesetzt werden. Dabei kann die Zusammensetzung ein anderes Wort näher erläutern, also (1. W. + 2. W.) + 3. W. oder aber durch ein anderes Wort näher erläutert werden, also 3. W. + (1. W. + 2. W.), z. B.:

(1. W. + 2. W.) + 3. W.      Postkartenformat, Wörterbuchseite, Bleistift-
     spitzer, Gesangbuchvers, Mittagessen, Geburts-
     tagsfeier, Armbanduhr, Weißbrotscheibe

3. W. + (1. W. + 2. W.)      Postleitzahl, Kindergottesdienst, Hauptbahnhof,
     Bedarfshaltestelle, Künstlerstammtisch,
     Jugendfreizeit

Die beiden Arten der Zusammensetzung kann man auch bildlich darstellen:

(1. W. + 2. W.) + 3. W.      Geburtstagsfeier

3. W. + (1. W. + 2. W.)      Kindergottesdienst

Es gibt natürlich auch Zusammensetzungen mit mehr als drei Wörtern, aber sie sind doch recht selten:

4 Wörter: Haustürschlüsseletui, Wortfamilienwörterbuch, Eisenbahnfahrplan

5 Wörter: Autobahnvorwegweiser, Treibstoffstandschauzeichen, Amateurfußballnationalmannschaft

Natürlich wäre es möglich, noch mehr Wörter zu einer Zusammensetzung zu verbinden, aber bei alltäglichen Bildungen erreicht man oft damit kein Verständnis, und daher gibt es absichtlich übertreibende Scherzbildungen:

Sonntagnachmittagskaffeeklatsch
Straßenbasaltsplittereinstreudeckenbauverfahren
Donaudampfschiffahrtskapitänswitwenrenten...

Fragen und Spiele:

1. Kannst du die vierteilige Zusammensetzung *Eisenbahnfahrplan* bildlich darstellen?

2. Manche Zusammensetzungen werden auch übertragen gebraucht. Das verlockt dich vielleicht dazu, sie zum Spaß zeichnerisch wortwörtlich zu nehmen. Hier einige Beispiele: *Handschuh, Fingerhut, Löwenzahn, Fuchsschwanz, Notenkopf, Schlüsselbart, Hühnerauge, Pudelmütze, Pechvogel, Eselsohr, Milchmädchenrechnung, Löwenanteil, Gänsefüßchen, Steckenpferd*

3. Wie sind die Bandwurmzusammensetzungen gebaut? Versuche dies durch eine bildliche Darstellung des Baumusters herauszubekommen!

4. Ein Gedächtnisspiel: Der erste Mitspieler sagt ein Wort, der zweite wiederholt
das Wort und fügt ein Wort hinzu, so daß eine Zusammensetzung entsteht,
der dritte wiederholt die Zusammensetzung und fügt wieder ein Wort hinzu,
der vierte wiederholt die Zusammensetzung des dritten usw.. Wer sich nicht
mehr richtig erinnert, hat die erste Runde verloren.

### Ein Mißverständnis

Ein Fahrgast sitzt auf seinen Koffern recht ungemütlich im Gepäck-
netz. Fragt ihn der Schaffner: „Was machen Sie denn da? Hier
auf den Sitzen ist doch noch reichlich Platz!" Der Fahrgast: „Ja,
aber ich hab' doch nur eine Netzkarte."

## III a. Zusammenbildung

Es gibt bei der Wortbildung noch einige Besonderheiten, die kurz er-
wähnt werden sollen:

In vielen Fällen bildet man ein umfangreiches Wort, indem man zugleich
ableitet und zusammensetzt. Man nennt diese Wörter **Zusammenbildungen**:

Wer blaue Augen hat, ist blauäugig.
Wer tausend Füße hat, ist ein Tausendfüßler.
Die Maschine, die zugleich mäht und drischt, ist ein Mähdrescher.
Wer beruflich Dächer deckt, ist ein Dachdecker.
Wer den Schornstein/Kamin fegt, ist ein .... ?
Eine Veranstaltung, welche drei Tage dauert, ist eine .... (Veranstaltung)?

Diese Art der Wortbildung ist heute sehr gebräuchlich:

Anrufbeantworter, Alleswisser, Langschläfer, Weißmacher, Wortverdreher,
Pfadfinder, Buchbinder, Wichtigtuer, Doppeldecker; langflüglig, kurzatmig,
breitkrempig, zweiteilig, vierblättrig

Frage:

Durch Zusammenbildung mit der Endung -er werden viele Bezeichnungen
für Geräte und andere Dinge gebildet. Du kannst solche Bezeichnungen auch
bewußt mißverstehen. Was tun folgende „Leute"? Vielleicht fällt dir eine Zeich-
nung ein: *Korkenzieher, Hosenträger, Sockenhalter, Raupenschlepper, ....*

## III b. Zusammenrückung

Manchmal rückt man einfach Wörter zusammen, wie sie im Satz vor-
kommen. Man nennt diesen Vorgang **Zusammenrückung**:

Vergißmeinnicht, Jungferrührmichnichtan, Tunichtgut, Gotseibeiuns, das
Über-den-Dingen-Stehen, heutzutage, demzufolge, bitteschön, Einmaleins,
Geratewohl

Diese Art der Wortbildung ist heute recht selten. Manchmal findet sich auch eine Mischung aus Zusammenrückung und Zusammensetzung:

Gutenachtgeschichte, Dummerjungenstreich, Stehaufmännchen

## IV. Wortfamilien (= Wortfächer)

Wenn man alle Wörter zusammenstellt, an denen dasselbe Kernwort beteiligt ist (durch Ableitung, Zusammensetzung, Zusammenrückung, Zusammenbildung), so ergibt sich damit die **Wortfamilie** dieses Kernwortes. Es gibt kleine und große Wortfamilien, von deutschen und fremden Kernwörtern. Im folgenden findest du einige Beispiele. Zuvor soll aber noch an einem Fall gezeigt werden, daß nur die Wörter heute zu einer Wortfamilie gehören, die man als dazugehörig empfindet. Manchmal durchschaut man die Beziehung nicht mehr. Ehe du weiter unten schaust, überlege einmal, welche Wörter du zu einer Wortfamilie zusammenstellen würdest (die Zusammensetzungen sind weggelassen):

Weg, weg, wegen, Wagen, Wiege, wägen, wiegen, gewogen, verwegen, Gewicht, Wucht, Waage, wagen, Woge, bewegen, wackeln, aufwiegeln

Diese Wörter gehörten früher einmal zur gleichen Wortfamilie, heute begründen sie weitgehend als Kernwörter eigene Wortfamilien. Nach dem Sprachempfinden des Autors dieses Teils ‚Wortbildung‘ gehören noch zusammen zu einer Wortfamilie: *wiegen – Waage – Gewicht – wägen – gewogen*. Aber vielleicht stellst du *wägen* nicht zu *wiegen*, ebenso findest du vielleicht keinen Zusammenhang mehr zwischen *Gewicht* und *wiegen*. Deshalb kannst du auch bei den folgenden Wortfamilien bei dem einen oder anderen Wort sagen: „Dieses Wort gehört für mein Empfinden nicht mehr dazu!"

**Hinweis**:

Bei den folgenden Beispielen ist der Grad der Ableitung durch 1, 2, 3, 4 gekennzeichnet. Hinter dem Kernwort und den Ableitungen stehen einige Zusammensetzungen, in denen das Wort als Bestimmungswort oder Grundwort auftreten kann.

## Automat

**Automat**    Automat-en-mensch, -restaurant, -knacker; Kaffee-
1 Automat**ion**
1 automat**isier**en
  2 Automatisier**ung**
1 automat**isch**
1 Automat**ik**    -gurte
1 Automat**ismus**
1 automaten**haft**

# biegen

| | |
|---|---|
| **biegen** | (bog, gebogen) ab-, an-, auf-, aus-, bei-, ein-, herab-, herauf-..., herum-, vor-, zusammen-, zurück- |
| 1 ver**biegen** | |
| 2 Verbie**gung** | |
| 1 bieg**bar** | |
| 1 bieg**sam** | |
| 2 Biegsam**keit** | |
| 1 Biege | |
| 1 Bie**gung** | Ab-, An-, Aus-, Ein-, Um- |
| 1 beu**gen** | Beug-e-muskel; nieder-, vor- |
| 2 ver**beugen** | |
| 3 Verbeu**gung** | |
| 2 beug**bar** | |
| 3 **un**beugbar | |
| 2 Beug**er** | |
| 2 ge**beugt** | (Partizip Präsens als Adjektiv) |
| 3 **un**gebeugt | |
| 2 beug**sam** | |
| 3 **un**beugsam | |
| 4 Unbeugsam**keit** | |
| 2 Beuge | Arm-, Knie- |
| 2 Beu**gung** | |
| 1 **Bogen** | Fiedel-, Geigen-, Ellen-, Kreis-, Regen-, Fenster-, Brücken- usw.; Bogen-gang, -halle, -schuß, -sehne, -strich usw. |
| 2 bog**ig** | (Variante bög**ig**) spitz-, rund- |
| 1 **Bug** | |
| 2 Bü**gel** | Kleider-, Steig- |
| 1 **Buckel** | |
| 2 buck(e)l**ig** | älter: buck(e)l**licht** |
| 2 buckeln | katz- |
| 1 Buck**erl** | |
| 1 bücken | nieder- |
| 2 Bück**ling** | ‚Verbeugung' |

Frage:

> Wohin gehören nach deinem Empfinden bügeln, bücken, Bucht, (Papier)bogen? Hat das noch etwas mit *biegen* zu tun?

# elektr-

1 elektrisch
2 Elektrische
1 elektrisieren
2 elektrisierbar
2 Elektrisierung
1 Elektrik
2 Elektriker             Starkstrom-, Schwachstrom-
1 elektrifizieren
2 Elektrifizierung
1 Elektrizität           Elektrizität-s-werk, -gesellschaft, -lehre, -versorgung,
                         -wirtschaft, -zähler
1 Elektro-              in Zusammensetzungen: -technik, -fahrzeug,
                         -herd, -ingenieur, -motor usw.
1 Elektron             Elektron-en-beschleuniger, -gehirn, -mikroskop,
                         -orgel
2 Elektronik           -industrie
2 elektronisch

Frage:

Empfindest du *elektrifizieren* als Ableitung? (Geschichtlich kommt zu *Elektro-*
ein lateinisches Kernwort in der Bedeutung ‚machen', also ‚elektrisch machen')

## erfahren „hören, Kenntnis erhalten"

erfahren                (erfuhr, erfahren)
1 Erfahrung             Erfahrung-s-bericht, -austausch
1 erfahren              (Adjektiv)
2 unerfahren
    3 Unerfahrenheit

Frage:

Geschichtlich gehört *erfahren* zu *fahren* im Sinne von ‚reisend erkunden'. Emp-
findest du noch den Zusammenhang? Wenn ja, mußt du *erfahren* zur Wortfami-
lie *fahren* stellen.

## fahren

fahren      (fuhr, gefahren) ab-, zusammen-, an-, auf-, aus-,
            dazwischen-, drein-, durch-, ein-, fest-, fort-, heim-,
            rad-, schwarz-, tot-, um-; Fahr-ausweis, -bahn, -damm,
            -dienstleiter, -gast, -geld, -karte, -plan, -rad, -schule,
            -wasser, -zeit, -zeug, Kraftfahrzeug, Kraftfahrzeugbrief;
            fahrlässig, -lässigkeit usw.

1 befahren
  2 befahr**bar**
    3 Befahrbar**keit**
    3 **un**befahrbar
      4 Unbefahrbar**keit**
1 **ent**fahren
1 **durch**fahren
1 **über**fahren
1 **um**fahren
1 **unter**fahren
1 **ver**fahren     a. ‚falsch fahren' b. ‚(in bestimmter Weise) vorgehen'
  2 Verfahren   Gerichts-; Verfahren-s-regel, -weise
1 **wider**fahren
1 **zer**fahren     (Adjektiv)
  2 Zerfahren**heit**
1 fahr**bar**
  2 Fahrbar**keit**
1 Fähre        Fähr-schiff, -mann; Auto-, Eisenbahn-
1 **hoch**fahr**end**   ‚anmaßend'
1 Fahr**er**      Auto-, Kraft-, Rad-, Renn-, See-; Fahrer-flucht
  2 Fahrer**in**   Auto-, Rad-, Renn-
1 Fahrer**ei**
1 fahr**ig**
  2 Fahrig**keit**
1 **willfähr**ig
  2 Willfährig**keit**
1 **Vor**-, **Nach**fahre
  2 Vorfahr**in**
1 Fahrt       Ab-, An-, Auf-, Aus-, Auto-, Bahn-, Ballon-,
             Durch-, Ein-, Frei-, Gelände-, Heim-, Himmel-,
             Hin-, Irr-, Kreuz-, Luft-, Pilger-, Probe-,
             Rück-, Rund-, Schiff-, Schwarz-, See-, Sonder-,
             Spazier-, Stern-, Über-, Vor-, Wall-, Wohl-;
             Einfahrt-signal, Fahrt-en-buch, Seefahrt-s-buch,
             Fahrt-dauer, -richtung, -wind
  2 **wall**fahrten
  2 **Ge**fährte   Lebens-, Leidens-, Reise-, Spiel-
    3 Gefährt**in** Lebens-, Leidens-, Reise-, Spiel-
  2 **Ge**fährt
1 Fuhre       Fuhr-lohn, -mann, -park
1 führ**ig**

1 -f**uhr**:    Ab-, Müllab-, An-, Aus-, Aus-fuhr-hafen, Ein-, Warenein-,
           Durch-, Zu-, Wärmezu-, Nahrungszu-
1 führen      ab-, an-, auf-, aus-, durch-, ein-, fort-,
           her-, herab-, herauf-..., herbei-, herum-, mit-,
           über-, umher-, vor-, weg-
  2 ent**führen**
    3 Entf**ührung**  Entführung-s-fall
    3 Entf**ührer**
  2 **über**führen
    3 Überf**ührung** Überführung-s-kosten
  2 **unter**führen
    3 Unterf**ührung**
  2 ve**rführen**
    3 Verf**ührung**
    3 Verf**ührer**
      4 verführer**isch**
  2 -füh**rbar**:     auf-, aus-, durch-, ein-, ver-
  3 **un**ausführbar, **un**durchführbar
    3 -führ**barkeit**: Auf-, Aus-
  2 Füh**rer**      An-, Hunde-; Führer-schein, -stand
    3 Führe**rin**
    3 führer**los**
    3 Führer**schaft**
  2 ausfüh**rlich**
    3 Ausführlich**keit**
  2 Füh**rung**     Führung-s-stab, -tor, -zeugnis; Auf-, Aus-, Durch-,
              Über-, Vor-führung
  2 Führe        ,Bergtour'

Fragen:

Wozu gehören nach deinem Sprachempfinden *Fährte* (eines Tieres), *Gefährte,*
*Furt, führen*? Was heißt: *Er handelt fahrlässig?* Würdest du *fahrlässig* zu *fahren*
+ *lassen* stellen? Das Wort *erfahren* gehört historisch eigentlich hierher.

# Form

Form         Kuchen-, Back-: Form-en-lehre; Form-guß, -eisen
1 **Uni**form     Parade-
  2 uniform**ieren**
    3 Uniformier**ung**

1 **Re**form       -haus, -kost; Boden-, Schul-
  2 Reforma**tor**
  2 reform**ier**en
  2 Reform**er**
1 **Ur**form
1 form**al**
  2 Formal**ie**
  2 formal**isier**en
    3 Formalisier**ung**
    3 Formal**ität**
1 Form**at**       Breit-, Längs-, Quer-
1 **Förm**chen      Kuchen-, Sand-
1 **trans**form**ier**en
1 Transforma**tor**
1 Transforma**tion**
1 Form**el**        -kram, -wesen, -buch
  2 formel**haft**
    3 Formelhaft**igkeit**
1 form**ell**
1 -**förm**ig:       beeren-, ein-, ei-, gleich-, miß-, un-,
  2 -**förm**ig**keit**:    Ein-, Gleich-, Un-
1 **förm**lich
  2 **un**förmlich
  2 Förmlich**keit**
    3 **Un**förmlichkeit
1 form**los**
  2 Formlos**igkeit**
1 form**en**        auf-, aus-, um-
  2 **ver**formen
    3 Verform**ung**
  2 Form**ung**
  2 form**bar**
    3 Formbar**keit**
  2 Form**er**
1 Form**ular**
1 form**ulier**en
  2 Formulier**ung**

Frage:

    Hängen *Form* und *Reform, Reformation, reformieren* nach deinem Empfinden noch zusammen?

# laut

| laut | (Adjektiv) | laut-hals, Laut-sprecher; über-, vor- |
|------|-----------|------|
| 1 Laut | (Nomen) | Ab-, Aus-, In-, Mit-, Selbst-, Um-, Wort-; Laut-bildung, -lehre, -malerei, -schrift, -stärke, laut-getreu, -malend, -stark |
|   2 laut | (Präposition) | |
|   2 laut**ieren** | | |
|   2 laut**lich** | | |
|   2 laut**los** | | |
|    3 Lautlos**igkeit** | | |
| 1 Laut**e** | (Nomen) | Laute-n-spieler, -band |
| 1 laut**en** | (Verb) | an-, ab-, um- |
|   2 **ver**lauten | | |
|   2 **läu**ten | | |
|    3 **Ge**läute | | |
|    3 **Ge**läut | | |
|   2 laut**bar** | | |
|    3 **ver**lautbaren | | |
|     4 Verlautbar**ung** | | |
|   2 laut**end** | | aus-, in-, wohl- |
|   2 Laut**ung** | | |

Frage:

> Empfindest du das Instrument *Laute* als zu *laut* gehörig? Geschichtlich ist
> das Wort über das Französische aus dem Arabischen zu uns gekommen,
> es hängt sprachgeschichtlich daher nicht mit dieser Wortfamilie zusammen.

# mahlen

| mahlen | (mahlte, gemahlen) aus-, |
|--------|------|
| 1 **zer**mahlen | |
| 1 Ausmahl**ung** | |
| 1 **Mühle** | Mühle-n-bauer, Mühl-bach, Mühle-spiel |
|   2 **Müller** | |
|    3 Müller**ei** | |
|    3 Müller**in** | |
| 1 **Mehl** | Mehltau ‚schimmelartiger Überzug‘, Meltau ‚Blattlaus- honig‘ (ohne h!); Hafer-, Gersten-, Roggen-, Weizen- |
|   2 mehl**ig** | |

Frage:

> Gehört für deine Begriffe *Mehl* noch zur Wortfamilie *mahlen?*

# Norm

Norm
1 norm**al**    Normal-größe, -preis, -spur, -verbraucher, -zeit
  2 **a**normal
  2 normal**isier**en
    3 Normalisier**ung**
  2 Normal**ität**
1 norm**ier**en
  2 Normier**ung**
1 norm**en**
  2 Norm**ung**

# wiegen/wägen

wiegen      (wog, gewogen)  Wieg-e-meister; ab-, auf-
1 **über**wiegen
1 **ver**wiegen
wägen      (wog, gewogen)  ab-
1 **er**wägen  erwägen-s-wert
  2 Erwäg**ung**
1 wäg**bar**
  2 **un**wägbar
  2 Wägbar**keit**
    3 **Un**wägbarkeit
1 gew**ogen**  (Adjektiv)  aus-
  2 Ausgewogen**heit**
1 **W**aage     Waage-meister, Waage-n-fabrik, Waag-schale; Brief-, Vieh-
  2 Wäg**elchen**
1 **G**ewicht    Über-, Unter-; Gewicht-heber, Gewicht-s-angabe
  2 gewicht**ig**
    3 Gewichtig**keit**
  2 gewicht**slos**
  2 wicht**ig**  Wichtig-tuer, -tuerei
    3 **un**wichtig
      4 Unwichtig**keit**

Fragen:

    1. Kannst du Wortfamilien zu einem oder einigen der folgenden Wörter bilden:
       denken, informieren, kommunizieren, Nummer, sprechen?

    2. Um geschichtliche und heutige Wortfamilien zu unterscheiden, hat man
       für die heutigen Wortfamilien den Ausdruck Wortfächer gefunden. Kannst
       du das darin enthaltene Bild verstehen?

3. Die deutsche Sprache hat ungefähr 5000 deutsche Kernwörter und ungefähr 4000 fremde Kernwörter. Woher kommt es, daß niemand den Gesamtumfang des deutschen Wortschatzes angeben kann? Die Schätzungen schwanken zwischen 150000 und 400000 Wörtern.

4. Folgende Heiratsanzeige stand im Juli 1977 in der Wochenzeitung DIE ZEIT. Wie findest du das?

> MENSCH
> sensibel
> kreativ
> frei
> sucht
> MENSCHIN
> sensibel
> kreativ
> frei

Hinweis:

Wenn du dich für das Gebiet der Wortbildung und für die Herkunft der Wörter interessierst, dann schlage im Duden, Band 7, Herkunftswörterbuch – Die Etymologie der deutschen Sprache – nach.

# Teil B
## Wörter mit mehreren Bedeutungen und gleichlautende Wörter

Wenn wir uns für einen kurzen Augenblick 150 Jahre zurückversetzen, so fehlte damals vieles, was uns heute selbstverständlich ist: Auto, Eisenbahn, Flugzeug, elektrischer Strom und damit auch Kühlschrank, Radio, Fernsehen usw., Alle diese neuen Dinge und das, was man damit tun kann, mußten aber auch Bezeichnungen haben. Dazu zwei Beispiele:

Wenn man den *Schalter* ein*schaltet*, schließt sich der Stromkreis. Der *Strom fließt* durch die *Leitung* in die *Birne*. Dort muß er den *Widerstand* feingewickelter Wolfram-*fäden überwinden*, die in den Glas*kolben* ragen. Die hauchdünnen Fäden in der Leucht*wendel* kommen dabei zum Glühen. Dadurch *brennt* die Birne.

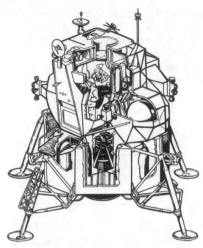

Die Mondfähre

Ein ganz neues Element in der Erforschung des Mondes brachte die Mond*landung*
mit Hilfe der Mond*fähre*. Sie besteht aus zwei Teilen, der Lande*stufe* und der
Aufstiegs*stufe*. Die Lande*stufe*, die auf 4 Lande*beinen* steht, die in *Tellern* münden,
bleibt auf dem Mond zurück. Haben die Astronauten ihre Forschungen auf dem
Mond beendet, dann fliegen sie zur Kommando*kapsel* zurück. *Kapsel* und *Fähre*
verwenden besondere Radarsignale, um aufeinanderzustoßen. Mit Hilfe der Steuer-
*düse* steuern sie aufeinander zu. Die Astronauten steigen in die *Kapsel* um.

Schon 130 Jahre ist es her, daß Heinrich Goebel die Glühbirne erfand,
aber erst. vor 15 Jahren betraten die Menschen zum ersten Mal den
Mond. In beiden Fällen mußte man jedoch alles das, was an Geräten
(und deren Teilen) eine Rolle spielte, benennen. Dazu dienten nicht nur
neue Zusammensetzungen und Ableitungen, manche schon vorhandene
Wörter wurden einfach auf das Neue übertragen, vgl. z. B.

|  | ursprüngliche Bedeutung | → neue Bedeutung in der Elektrizität: |
|---|---|---|
| Schalter | ‚Riegel' | ‚Kipphebel zum Schließen des Stromkreises' |
| schalten | ‚stoßen, schieben, verfahren' | ‚einen Stromkreis verändern' |
| Strom | ‚großer Fluß' | ‚Elektrizität' |
| fließen | (von Flüssigkeit) | (von elektrischem Strom) |
| Widerstand | ‚Gegenwehr im Kampf' | ‚Hindernis für den elektrischen Strom' |

|         |                                                                              | in der Weltraumfahrt:                                                |
|---------|------------------------------------------------------------------------------|---------------------------------------------------------------------|
| Fähre   | ‚großes, flaches Schiff, das von Ufer zu Ufer fährt'                          | ‚Landefahrzeug im Weltraum'                                          |
| Teller  | ‚Eßschale', ‚flache Scheibe am Ende des Skistocks'                            | ‚tellerförmig gebogene Scheiben an den Lande- beinen der Mondfähre'  |
| Stufe   | ‚Teil der Treppe', ‚regelmäßig aufein- anderfolgende Teile (z. B. Schulstufe)'| Raketenstufe, Landestufe, Aufstiegsstufe                             |
| Kapsel  | ‚Gehäuse, Behältnis aus einer festen Schicht'                                 | (Kommando)kapsel ‚abge- schlossener Raum des Raumschiffs'           |

Fragen:

1. Hast du schon bei *(Glüh)birne* an die *(Eß)birne* gedacht?

2. Warum hat man damals für die *(Glüh)birne* diese Bezeichnung gewählt?

3. Welche Beziehung besteht zwischen einer *(Fluß)fähre* und einer *(Mond-lande)fähre*?

4. Kennst du weitere technische Geräte, die ihre Namen aus anderen Gebieten haben?

Die Übertragung von Wörtern auf neue Gegenstände bringt uns darauf, daß fast alle Wörter mehreres bedeuten können, dazu drei Beispiele:

1. Die Uhr *steht*. Der Schrank *steht* im Zimmer. Es *steht* 3:3. das *steht* in der Zeitung.

2. Großvater nahm zum Wandern den *Stock* mit. Der Junge wohnte im dritten *Stock*. Die Bienen flogen in den *Stock*. Er warf ein Geldstück in den (Opfer)*stock*. Der Gärtner bedeckte den (Blumen)*stock* mit Erde.

3. Das Messer ist *scharf*. Er fuhr in eine *scharfe* Kurve. Die Suppe war ihm zu *scharf*. Achtung, *scharfer* Hund! Er erhielt eine *scharfe* Zurechtweisung.

Die Tatsache, daß ein Wort mehr als eine Bedeutung haben kann, wird beim Teekesselchenspiel ausgenützt.

Das Teekesselchenspiel.

Zwei Spieler gehen hinaus und suchen ein Wort mit zwei verschiedenen Bedeutun-gen, z. B. *Raupe*. Ein Spieler übernimmt das Wort in der Bedeutung von Tier, der andere in der Bedeutung von Baufahrzeug. Dann treten sie vor die anderen, und der eine sagt z. B.:

„Mein Teekesselchen kriecht auf einem Blatt."

und der andere:

„Mein Teekesselchen schiebt Erde."

Die übrigen versuchen das Wort zu erraten. Nach einigen falschen Antworten können die zwei Spieler weiterhelfen: „Mein Teekesselchen ernährt sich von Blättern" – „Mein Teekesselchen hat keine Räder, es hat Ketten." Wenn ein Mitspieler das Wort mit den zwei Bedeutungen erraten hat, darf er sich einen anderen Spieler aussuchen, damit sie sich ein neues Wort ausdenken.

## I. Wörter mit mehreren Bedeutungen

Wenn ein Wort mehrere Bedeutungen hat, so kann man dabei zwei Zusammenhänge unterscheiden:

1. Einmal besteht ein tatsächlicher Zusammenhang zwischen den bezeichneten Dingen. So ist die *Post* eine Einrichtung, die in der *Post* (einem Gebäude) die *Post* (= Briefe, Pakete, Telegramme) bearbeitet.

Hier findest du einige weitere Beispiele. (Wie gehören die bezeichneten Dinge oder Sachverhalte zusammen?)

|  | a. | b. |
|---|---|---|
| Schule | ‚Unterricht' | ‚Gebäude, in dem der Unterricht stattfindet' |
| Tor | ‚Art Gehäuse bei manchen Ballspielen' | ‚Treffer beim Ballspiel' |
| Papier(e) | ‚Schreibmaterial' | ‚Ausweis u. ä.' |
| Glas | ‚durchsichtiges Material' | ‚Art Becher' |
| Tonne | ‚Gefäß' | ‚Gewichtseinheit' |
| Erde | ‚Boden' | ‚Planet, ganze Welt' |
| grün | ‚eine Farbe' | ‚unreif (Obst)' |
| fertig | ‚zu Ende, vollendet' | ‚am Ende mit den Kräften' |
| gehen | ‚sich fortbewegen' | ‚Der Teig geht' |
| treffen | ‚ein Ziel erreichen' | ‚(ein Tier) verletzen, töten' ‚jmdm. begegnen' |
| drücken | ‚einen Druck ausüben' | ‚jmdn. liebkosen' |
| verlieren | ‚abhanden kommen' | ‚eine Niederlage (im Spiel) haben' |

2. Es kann aber auch sein, daß zwischen den beiden Dingen kein tatsächlicher Zusammenhang besteht, sondern nur eine Ähnlichkeit. So ist die Form der *(Glüh)birne* der Anlaß gewesen, sie nach der *(Eß)birne* zu nennen.

Die *Raupe* im Garten hat einiges gemeinsam mit der *Raupe* als Baufahrzeug. Wenn jemand den Kopf mit *Rübe*, die Nase mit *Gurke*, den Mund mit *Scheunentor*, die Zunge mit *Waschlappen* bezeichnet, so liegt immer irgendein bildlicher Vergleichspunkt vor; aber gerade weil alle wissen, daß in Wirklichkeit der Kopf keine Rübe, die Nase keine Gurke usw. ist, daher ist es so lustig oder auch (manchmal) beleidigend.

Hier findest du einige weitere Beispiele:

| | | |
|---|---|---|
| Drache(n) | ‚Vorzeit- u. Fabelwesen' | ‚Fluggerät' |
| Fliege | ‚kleines Tier' | ‚Kleidungsstück' |
| Kamm | ‚zum Kämmen' | ‚Hautlappen auf dem Kopf des Hahns' |
| Löffel | ‚Eßgerät' | ‚Ohr des Hasen' (Jägerspr.) |
| Pony | ‚kleines Pferd' | ‚Haarfrisur' |
| Zylinder | ‚Art Hut' | ‚Teil des Motors' |
| grün | ‚unreif (Obst)' | ‚unerfahren' |
| hölzern | ‚aus Holz' | ‚steif im Benehmen' |
| mager | (z. B. Fleisch) | (z. B. Ergebnis) |
| mild | (z. B. Wetter) | (z. B. Richter) |
| einfach | ‚nicht doppelt' | ‚unkompliziert' |
| lösen | (eine Kette) | (z. B. einen Vertrag, ein Problem) |

Oft wird ein Wort auch durch mehrere Wörter bildlich umschrieben, sei es, um das Gemeinte nicht auszusprechen oder um es kraftwortartig zu steigern. Die Umschreibungen für das Wort *sterben* können dir das verdeutlichen:

> den/seinen Geist aufgeben/aushauchen, die Augen für immer schließen, vom Schauplatz/von der Bühne abtreten, sein Leben/Dasein vollenden, in die Ewigkeit abgerufen werden, für immer von jemandem gehen, verscheiden, entschlafen, ins Gras beißen, seinen Löffel wegschmeißen, in die ewigen Jagdgründe eingehen, sich die Radieschen von unten ansehen, seinen Bauch in Falten legen, abkratzen.

Bei vielen Wörtern, die mehrere Bedeutungen haben, kann der Zusammenhang nicht so deutlich erkannt werden wie bei den obigen Beispielen. Worin liegt bei dem folgenden Wort nach deiner Meinung der Zusammenhang der verschiedenen Bedeutungen?

> Note a) ‚Schulnote', b) ‚Musiknote', c) ‚Banknote', d) ‚Fußnote',
> e) ‚Mitteilung einer Regierung an eine andere'

## II. Gleichlautende Wörter

Besteht überhaupt kein Zusammenhang zwischen zwei Bedeutungen, so handelt es sich **nicht** um **ein** Wort. Es sind **zwei** Wörter mit je einer Bedeutung, die nichts miteinander zu tun haben. So hat das *(Königs)schloß* (heute) nichts (mehr) mit dem *(Tür)schloß* zu tun. Wenn etwas 5 DM *kosten* soll, so hat das nichts mit dem *Kosten* einer Speise zu tun. Manchmal schreiben wir diese zufällig gleichlautenden Wörter auch verschieden, um den Unterschied deutlich zu machen, z. B. *Lärche* ‚Baum' – *Lerche* ‚Vogel', *malen ( mit Pinsel ) – mahlen ( in der Mühle )*. (Die Sprachwissenschaft bezeichnet diese Erscheinung als Homonymie, solche Wörter nennt man Homonyme.)

Hier findest du einige weitere Beispiele:

| | | | |
|---|---|---|---|
| Akkord | ‚Gleichklang' | Akkord | ‚Bezahlung nach Leistung' |
| Bremse | (am Auto) | Bremse | ‚ein Tier' |
| Flur | ‚Teil des Hauses' | Flur | ‚Wiese und Feld' |
| Feder | (am Vogel) | Feder | (im Stoßdämpfer) |
| Hahn | (ein Vogel) | Hahn | ‚Absperrvorrichtung' |
| Kapelle | ‚Gotteshaus' | Kapelle | ‚Musikgruppe' |
| Mutter | (eines Kindes) | Mutter | (zur Schraube) |
| Nagel | (am Finger) | Nagel | (zum Nageln) |
| Pflaster | (auf der Straße) | Pflaster | (zur Wundabdeckung) |
| Ton | ‚Werkstoff' | Ton | ‚Klang' |
| lecken | (mit der Zunge) | lecken | ‚leck, undicht sein' |
| lesen | (ein Buch) | lesen | (z. B. Kartoffeln) |
| locken | (die Haare) | locken | (ein Tier) |
| löschen | (das Feuer) | löschen | ‚die Ladung aus einem Schiff heben' |
| mangeln | (die Wäsche) | mangeln | ‚fehlen' |
| säumen | ‚mit einem Saum versehen' | säumen | ‚zögern' |

Sprachspiele und Fragen:

1. Viele Sprachspiele (z. B. Rätsel, Witze) gehen von der Tatsache aus, daß ein Wort mehr als eine Bedeutung haben kann, z. B.:

Was ist das?
Es hat einen Rücken und kann nicht liegen.
Es hat zwei Flügel und kann nicht fliegen.
Es hat ein Bein und kann nicht stehen.
Es kann nur laufen, aber nicht gehen.

Auflösung: die Nase

Ein Witz

„Papa, was sind das für Früchte?"

„Das sind Blaubeeren!"

„Und warum sind die dann rot?"

„Weil die noch grün sind!"

Kennst du andere Witze oder Rätsel, die auf einem Wortspiel beruhen?

2. Kannst du heute noch einen Zusammenhang erkennen zwischen *(Matratzen)- feder* und *(Schreib)feder, Mutter (eines Kindes)* und *(Schrauben)mutter, (Straßen)pflaster* und *(Heft)pflaster?*

3. Viele Tiere müssen dazu herhalten, Dummheit, Klugheit, Feigheit oder andere menschliche Eigenschaften zu verkörpern: z. B. *Taube, Kamel, Schwein.* Kannst du andere Tiere und die von ihnen verkörperten Eigenschaften nennen?

Hinweis:

Falls du dich für diesen Sachverhalt des Bedeutungsfeldes interessierst, dann kannst du im Duden-Herkunftswörterbuch nachschlagen, aber auch im Duden, Band 10, Bedeutungswörterbuch und im Schülerduden, Band 2, Bedeutungswörterbuch.

# Teil C
# Sinnverwandte Wörter – Wortfelder

In den vorigen Teilen hast du bemerkt, daß wir nicht immer einem Wort eine neue Bedeutung geben, weil wir einen neuen Gegenstand oder Sachverhalt bezeichnen wollen, der bisher noch keinen Namen hat. Ein Gegenstand oder Sachverhalt hat oft schon einen üblichen Namen (= eine übliche Bezeichnung), aber es gibt daneben noch weitere Bezeichnungen für diesen Gegenstand oder Sachverhalt. (In der Sprachwissenschaft nennt man Wörter, die dasselbe oder fast dasselbe bezeichnen, Synonyme. Das Nebeneinander solcher Wörter heißt Synonymie.)

Im folgenden Abschnitt wollen wir uns damit beschäftigen, wieso es kommt, daß ein Gegenstand mehrere Bezeichnungen haben kann, und ob das ein Vorteil oder ein Nachteil ist.

## I. Stilistische Unterschiede

Beginnen wir mit einem Beispiel. Der *Kopf* kann auch heißen: *Haupt; Birne, Rübe, Belles, Scherbel, (Gehirns)kasten, Hutständer, Wirsing, Schädel, Grind.*

Aber bedeuten z. B. *Haupt* und *Birne* wirklich dasselbe wie *Kopf?*

1. Der ehrwürdige Greis neigte $\begin{cases} \text{sein Haupt} \\ \text{seinen Kopf} \\ \text{seine Birne} \end{cases}$.

2. Die Mutter wusch dem Kind $\begin{cases} \text{das Haupt} \\ \text{den Kopf} \\ \text{die Birne} \end{cases}$ mit Seife.

3. „Ich hau dir einen vor $\begin{cases} \text{das Haupt"} \\ \text{den Kopf"} \\ \text{die Birne"} \end{cases}$ rief er wutentbrannt.

Alle Wörter für Kopf bezeichnen zwar denselben Gegenstand, aber indem man ein bestimmtes Wort auswählt, gibt man eine zusätzliche Information:

1. Haupt:    gewählt, feierlich, vornehm, erhaben, dichterisch, beschönigend, manchmal ironisch

2. Kopf:    Normalwort

3. Birne u. a.:    umgangssprachlich, abwertend, gefühlsgeladen, oft auch scherzhaft, ironisch, ordinär

In der folgenden Übersicht sind einige Gegenstände oder Sachverhalte mit gewählten, normalen und abwertenden Bezeichnungen aufgeführt:

| gewählt | normal | abwertend |
|---|---|---|
| Gemahlin, Gattin | Frau | Alte, Olle, Weib |
| Antlitz | Gesicht | Fresse, Visage |
| entschlafen, heimgehen | sterben | abkratzen, sich die Radieschen von unten ansehen |
| umnachtet | verrückt | bekloppt, bescheuert, nicht alle Tassen im Schrank haben, beknackt |
| dinieren, speisen, tafeln | essen | fressen, mampfen |
| — | Fernseher | Glotze, Flimmerkasten |
| Gewand | Kleid | Fähnchen, Fummel |
| Ordnungshüter | Polizist | Bulle, Polyp |

Manchmal sagt der Ausdruck „gewählt" auch, daß es sich um ein alterndes, aussterbendes Wort handelt: z. B. *weiland/einst, gedenken/denken an, Aar/Adler, Leu/Löwe, sintemal/da, weil, Aue/Wiesengrund, Hain/kleiner, lichter Wald*

Frage:

Kennst du zu folgenden Wörtern gewählte oder abwertende sinnverwandte Wörter?: *frech, dick, Klosett, Auto, laufen, schimpfen*

# II. Landschaftliche Unterschiede

Oft werden sinnverwandte Wörter je nach Gegend unterschiedlich gebraucht. Im Süden sagt man so, im Norden anders. Durch das Fernsehen, das Radio, die Zeitung, durch große Umsiedlungen (z. B. Flüchtlinge, Vertriebene) sind viele Ausdrücke im ganzen deutschen Sprachgebiet bekannt geworden, so daß man sie zumindest versteht.

Zu den folgenden Beispielen kannst du überlegen:

1. Welches der genannten sinnverwandten, bezeichnungsgleichen Wörter gebrauchst du oder gebraucht man in deiner Umgebung?
2. Welche Wörter kannst du zumindest verstehen?
3. Kannst du einige Wörter einer Sprachlandschaft zuordnen?

Samstag/Sonnabend
Semmel/Brötchen/Schrippe/Weck
Murmel/Klicker/Schusser
Tomate/Paradiesapfel
Fleischer/Schlachter/Metzger/Fleischhauer
Junge/Bub
Ohrfeige/Backpfeife/Backs
Harke/Rechen
Schornstein/Kamin/Esse/Rauchfang/Schlot
Dachboden/Boden/Speicher/Bühne
Klingel/Schelle/Glocke/Lüti
Bürgersteig/Fuß(gänger)weg/Trottoir
Kaffeetrinken/Vesper/Jause
dieses Jahr/heuer
Fasching/Karneval/Fas(t)nacht/Fasnet
Jahrmarkt/Kirmes/Messe/Kirchweih/Kerb/Dult
Weihnachtsbaum/Christbaum
tschüs/adieu/ade/servus/tschau
fegen/kehren/wischen
klingeln/schellen/läuten
rutschen/schlittern/schlickern/schlindern
kneifen/zwicken/klemmen

Fragen:

1. Ist dir auch schon einmal aufgefallen, daß man in anderen Gegenden manche Gegenstände und Sachverhalte anders benennt? Führe Beispiele an!
2. Ist es ein Nachteil oder ein Vorteil, daß es für manche Dinge und Sachverhalte verschiedene Bezeichnungen im deutschen Sprachraum gibt?
3. Warum verwenden manche Lokal-(Heimat-) Zeitungen gerne die Bezeichnungen der Umgebung und nicht die allgemein üblichen (z. B. im Süden: *Jänner, heuer, Fünfer, Zehner*)?

# III. Deutsche Wörter – Fremdwörter

Eine große Fülle sinnverwandter Wörter ergibt sich auch dadurch, daß oft neben dem deutschen Wort ein Fremdwort steht. Dabei ist das Fremdwort oft das gewähltere und meist auch das Fachwort für den entsprechenden Gegenstand oder Sachverhalt. (In manchen Fällen haben Sprachpfleger die Fremdwörter eingedeutscht, um die Zahl der Fremdwörter zu verringern, oft mit dem Erfolg, daß nun Fremdwort und deutsches Wort nebeneinander stehen.)

| | |
|---|---|
| Adresse/Anschrift | charmant/reizend, anmutig |
| Appartement/kleine Wohnung | diagonal/schräg, quer |
| Apartment/kleine Wohnung | elegant/vornehm |
| Baby/Kleinkind | enorm/gewaltig |
| Verb/Tätigkeitswort | exzellent/ausgezeichnet |
| Bandit/Räuber | grazil/zart |
| Bibliothek/Bücherei | konsterniert/bestürzt |
| Cousin/Vetter | naiv/einfältig, arglos |
| Demokratie/Volksherrschaft | nonstop/pausenlos |
| Dialekt/Mundart | progressiv/fortschrittlich |
| Hobby/Steckenpferd | bongen/eintippen |
| Inflation/Geldentwertung | flektieren/beugen |
| Inserat/Anzeige | jobben/arbeiten |
| Idee/Gedanke | killen/töten |
| Match/Spiel | nominieren/benennen |
| Moment/Augenblick | parieren/gehorchen |
| Orthographie/Rechtschreibung | passieren/sich ereignen |
| Reportage/Bericht | reduzieren/vermindern |
| Tendenz/Entwicklungsrichtung | reservieren/freihalten |
| Trikot/Sporthemd | salutieren/(militärisch) grüßen |
| Volumen/Rauminhalt | splitten/teilen |
| Zentrum/Mittelpunkt | traktieren/plagen, quälen |

Fragen:

1. Eine Wochenzeitung bezeichnete eine alternde Künstlerin als *Klavierspielerin*. Wie wirkt diese Bezeichnung im Vergleich zu der sonst üblichen *Pianistin?*

2. Vor einigen Jahren hat ein Verkehrsminister ein Preisausschreiben veranstaltet. Es ging darum, ein deutsches Wort für *Aquaplaning* zu finden. Als Lösungen gingen u. a. ein:
   *Wasserglätte, Wassergleiten, Schleuderwasser, Rutschwasser, Rutschnässe, Regenglätte, Gleitwasser, Wasserrutschgefahr.*
   Welche Verdeutschung sagt dir am ehesten zu?
   Hältst du es für richtig, das Wort einzudeutschen?

3. Wie lauten die deutschen Entsprechungen zu:
Laboratorium, Labyrinth, Lakai, Lametta, Lava, lavieren, Lazarett, Legende, legieren, legitim, Lektion, Lexikon, liberal, Literatur, Lithographie, Liturgie, Livree, Logik, lokal, luxuriös?
Alle diese Fremdwörter findest du in diesem Schülerduden.

4. Wie könnte man *Apotheke, Fotograf, Instrument* verdeutschen?

Werbung auf einem Antialkoholplakat

Alkohol macht
diszipliniert
dlizspiiniert
dzilisnipriet
szidinilritpe

Hinweis:

Wenn du mehr über die Fremdwörter, ihre Bedeutung und ihre Herkunft wissen möchtest, dann greife zum Schülerduden, Band 4, Fremdwörterbuch.

# IV. Allgemeine und fachsprachliche Wörter

Eine ganze Reihe sinnverwandter Wörter ergeben sich auch dadurch, daß manche Berufs- und Personengruppen eigene Bezeichnungen neben den umgangssprachlich üblichen haben. Es kann sich hier um Fachsprachen handeln, z. B. der Jagd oder der Medizin, oder um Gruppensprachen, z. B. der Schüler oder der Landstreicher. Da aber oft ein großes Interesse besteht, zumindest zu verstehen, was dieses oder jenes fachsprachliche Wort meint, z. B. beim Arzt, sind sehr viele fachsprachliche und gruppensprachliche Wörter auch in der Alltagssprache bekannt, so daß auch hier sinnverwandte Wörter nebeneinander stehen.

Hier nur einige Beispiele:

| | |
|---|---|
| Jägersprache: | Löffel/Ohr, Schweiß/Blut, Blume/Schwanz des Hasen, Lunte/Schwanz bei Fuchs und Marder, Äser/Maul, Lichter/Augen |
| Medizin: | Katarrh/Schnupfen, Karzinom/Krebs, Influenza/Grippe, Ischias/Hüftschmerz, Rheuma/Gelenkentzündung, Leukämie/Blutkrebs |
| Schülersprache: | Pauker/Lehrer, Ratzefummel/Radiergummi, ratzeln/ radieren, schwänzen/absichtlich versäumen, Penne/ Schule, Erdkäs/Erdkunde, eine Ehrenrunde drehen/ nicht versetzt werden, Giftblatt/Zeugnis |

Werden Ausdrücke und Wörter aus der Jägersprache oder Schülersprache in der normalen Sprache gebraucht, so verbindet sich damit meist auch ein Stilunterschied (vgl. I); in der medizinischen Terminologie (=ärztliche Fachausdrücke) stehen Fremdwort und deutsches Wort oft nebeneinander.

Fragen:

1. Kannst du andere fach- oder gruppensprachliche Wörter zusammenstellen, z. B. aus dem Bereich des Sports und der Teenagersprache?

2. Warum legen sich Schüler, Studenten und Teenager teilweise eigene Wörter zu?

# V. Wortfelder

Bisher ging es uns um verschiedene Wörter für den gleichen Gegenstand oder Sachverhalt. Man kann aber auch Wörter zusammenstellen, die nur etwas Ähnliches bezeichnen. Vgl. z. B.:

| Urlaub | – Ferien | – Feierabend: | arbeitsfreie Zeit |
| verhungern | – verdursten | – ersticken: | Todesursache |
| Student | – Schüler | – Lehrling: | Lehr-/Lernverhältnis |
| Arbeiter | – Angestellter | – Beamter: | Beschäftigungsverhältnis |

Alle diese Wörter meinen etwas Verschiedenes, und trotzdem hängen sie zusammen, weil man einen Oberbegriff angeben kann, dem sie sich unterordnen. Die so zusammengestellten Wörter ergeben ein Wortfeld. Man kann auch kleinere Gruppen wieder zu größeren zusammenfassen, z. B.:

Aufhören des Lebens

1. Tod verschiedener Lebewesen: sterben (Mensch), eingehen (Pflanze), verenden (Tier)

2. Todesursache: verhungern, verdursten, ersticken, ertrinken, erfrieren, verbrennen, verbluten, fallen (Soldat), erliegen (einer Krankheit)

Verhältnis von Rollen

1. Ausbildungsverhältnis: (Lehrer-)Schüler, (Professor-)Student, (Meister-)Lehrling

2. Beziehungsverhältnis bei Berufen: (Rechtsanwalt-)Klient/Mandant, (Kaufmann-)Kunde, (Arzt-)Patient, (Gastwirt-)Gast, (Ankläger-)Angeklagter, (Arbeitgeber-)Arbeitnehmer, (Herr-)Diener/Bediensteter

3. familiäres Verhältnis: (Eltern-)Kind, (Vormund-)Mündel, (Pate-)Patenkind

Eine Zusammenstellung sinnverwandter Wörter soll uns nun zeigen, daß es nicht immer leicht ist, die Unterschiede so systematisch zu ordnen wie in den obigen Beispielen. So findest du hier z. B. folgende Gruppe (S. 317): *fleißig, arbeitsam, strebsam, eifrig, emsig; rührig, tätig, geschäftig, betriebsam; rastlos, unermüdlich, nimmermüde.* Im Schülerduden „Die richtige Wort-

wahl. Ein vergleichendes Wörterbuch sinnverwandter Ausdrücke" findest
du unter dem Stichwort *fleißig* folgende Erklärungen zu den zuerst genannten
Wörtern:

| | |
|---|---|
| fleißig: | (Gegensatz: faul) mit Ausdauer und einem gewissen Eifer tätig |
| arbeitsam: | viel und gerne arbeitend, ohne eine Mühe zu scheuen |
| strebsam: | mit Energie und Ausdauer auf ein Berufsziel hinarbeitend |
| eifrig: | mit Lust, Interesse und Hingabe tätig |
| emsig: | mit großem Fleiß und Eifer, unermüdlich arbeitend; mit diesem Wort verbindet sich die Vorstellung, daß etwas schnell und in kleineren Arbeitsgängen getan wird. |

Ebenso kann man vielleicht einerseits *rührig, tätig, geschäftig, betriebsam*
und andererseits *rastlos, unermüdlich, nimmermüde* näher zusammenordnen.
Du kannst das durch Austauschproben ermitteln, z. B.

Die Bienen flogen .... von Blüte zu Blüte.
Die Maurer arbeiteten .... auf der Baustelle.
Die Kinder spielten .... mit den Puppen.
Der Lehrling rannte .... von Kunde zu Kunde.

Es gibt also deutliche Unterschiede, wie zwischen *Schüler* und *Student*,
aber auch ganz feine Unterschiede, wie zwischen *rastlos* und *unermüdlich*.
Die folgenden Wortfelder wurden aus dem oben erwähnten Schülerduden
‚Die richtige Wortwahl ....' zusammengestellt. Jeder Artikel ist so aufge-
baut, daß zunächst in jeder Untergruppe das normalsprachliche Wort auf-
geführt ist, dann folgen die sinnverwandten Ausdrücke, welche sich in der
Stilschicht und in der Bedeutung vom Normalwort unterscheiden.

Zu jedem (fettgedruckten) Stichwort findest du zunächst die Stilschicht an-
gegeben, soweit dies erforderlich ist, dann wird die Besonderheit der Be-
deutung im Vergleich zum Normalwort beschrieben. In den meisten Fällen
folgt dann noch ein Beispiel. Auf weitere Sinnbereiche, in denen das gleiche
Wort vorkommt, wird mit einem Pfeil (↑) verwiesen. Diese Verweise geben
dir einen Ausblick in die Vielfalt unseres Wortschatzes, wenn auch die
zugehörigen Artikel hier nicht mehr abgedruckt werden konnten.

Folgende Abkürzungen wurden verwendet:

| | |
|---|---|
| dichter. | dichterisch, z. B. *Lenz* für *Frühling* |
| fam. | familiär, z. B. *einnicken* für *einschlafen* |
| geh. | gehoben, z. B. *sich mühen* für *sich anstrengen* |
| Ggs. | Gegensatz, z. B. *laut : leise* |
| i. S. v. | im Sinne von |
| mdal. | mundartlich, z. B. *fisseln* für *leicht regnen* |
| scherzh. | scherzhaft, z. B. *Drahtesel* für *Fahrrad* |
| ugs. | umgangssprachlich, z. B. *motzen* für *nörgeln* |

## ARBEITEN

¹**arbeiten**: (in diesem Sinnbereich) Arbeit leisten, d. h., eine berufliche oder selbstgestellte Aufgabe unter Anspannung seiner Kräfte erfüllen: *fleißig a.;* vgl. Arbeit ↑Tätigkeit; ↑²arbeiten. **schaffen** (landsch.): i. S. v. arbeiten: *den ganzen Tag auf dem Felde s.;* vgl. schaffen ↑²arbeiten. **tätig sein** (geh.) (Ggs. untätig sein ↑¹untätig): (in diesem Sinnbereich) nicht ruhen, sondern sich irgendwelchen Aufgaben, Vorhaben, Arbeiten widmen; steht im allgemeinen mit einer näheren Bestimmung: *unermüdlich tätig sein;* vgl. tätig sein ↑²arbeiten. **schuften** (salopp): unter Druck sehr hart, schnell und angestrengt [für andere] unter Aufbietung körperlicher Kräfte arbeiten; ist stark emotional gefärbt: *den ganzen Tag s.* **malochen** (ugs.): schwer arbeiten.

**betätigen, sich**: (in diesem Sinnbereich) nicht müßig sein; etwas tun, um seine Kräfte zu betätigen: *er betätigt sich gern draußen im Garten;* vgl. betätigen ↑²arbeiten. **fleißig sein** (fam.): i. S. v. arbeiten; wird hauptsächlich bei Aufforderungen oder Anerkennung gebraucht: *Sie sind ja schon wieder fleißig!* **tun,** etwas (fam.): (in diesem Sinnbereich) ein gewisses Quantum seiner Arbeit hinter sich bringen; steht hier immer mit Objekten wie „etwas, nichts, viel, wenig": *ich habe heute nichts getan.* **regen,** sich (geh.); **rühren,** sich (fam.): (in diesem Sinnbereich) sich lebhaft um die Erledigung seiner Pflichten und Geschäfte bemühen: *wer hier vorankommen will, muß sich tüchtig regen, rühren.*

²**arbeiten**: (in diesem Sinnbereich) in einer bestimmten Firma, einem bestimmten Wirtschaftszweig oder in einer bestimmten Funktion berufstätig, als Arbeiter oder Angestellter beschäftigt sein: *in einem Warenhaus a.;* ↑¹arbeiten. **schaffen** (landsch.): i. S. v. arbeiten: *er schafft bei der Straßenbahn;* vgl. schaffen ↑¹arbeiten. **tätig sein** (geh.): (in diesem Sinnbereich) auf einem bestimmten Arbeitsgebiet oder in einer bestimmten Funktion beruflich arbeiten, wirken; wird hauptsächlich von besonders hingebender Tätigkeit gesagt: *im Kriege als Krankenschwester tätig sein;* vgl. tätig sein ↑¹arbeiten.

**betätigen, sich**: (in diesem Sinnbereich) auf einem bestimmten, selbstgewählten Wirkungsfeld arbeiten oder tätig sein; wird hauptsächlich von Liebhabereien oder Gelegenheitsbeschäftigungen gesagt: *sich nebenberuflich als Schriftsteller b.;* vgl. betätigen ↑¹arbeiten.

Fragen:

1. Arbeit ist oft mit Mühe und Plage verbunden. Es folgen einige Wörter, die dies ausdrücken: *sich abrackern, sich (ab)plagen, sich schinden, sich (ab)quälen, sich abmühen, sich abarbeiten.* Ordne die einzelnen Wörter den verschiedenen Erklärungen zu:
   - unter stetigen Anstrengungen versuchen, etwas zu erreichen
   - mühselige und nicht sehr lohnende Arbeiten verrichten
   - beim Arbeiten soviel Mühe haben, daß die Arbeit zur Qual wird
   - arbeiten, ohne die Gesundheit zu schonen
   - so hart arbeiten, daß die Gesundheit darunter leidet
   - ununterbrochen, aber meist erfolglos arbeiten
2. Kannst du in ähnlicher Weise Wörter und Ausdrücke für *sich ausruhen* zusammenstellen?

## DUMM

**dumm** (Ggs. intelligent ↑klug): (in diesem Sinnbereich) von schwacher, nicht zureichender Intelligenz; mangelnde Begabung auf intellektuellem Gebiet aufweisend; nicht fähig, schwierigen Gedankengängen zu folgen oder Zusammenhänge zu erfassen; wird von Personen, seltener von ihrem Verhalten oder ihren Äußerungen gesagt: *seine Antworten wirken erschrekkend d.;* vgl. dumm ↑dämlich; ↑gutgläubig. **strohdumm** (emotional verstärkend); **dumm wie Bohnenstroh** (emotional verstärkend): geringe Intelligenz, unzureichendes Wissen in seinem Tun, seinen Äußerungen an den Tag legend; spricht dem Betreffenden nicht eigentlich wirkliche Intelligenz ab, sondern drückt den Unmut, den Ärger des Sprechers darüber aus, daß es jmdm. an Kenntnissen oder an Begriffsvermögen mangelt; im allgemeinen auf Personen bezogen: *weil sie den Text nicht übersetzen konnte, sagte der Lehrer, sie sei dumm wie Bohnenstroh.* **unintelligent** (bildungsspr.): keine besonderen Geistesgaben aufweisend; nicht fähig, etwas, was über die einfachsten Lebensbedürfnisse hinausgeht, geistig zu erfassen: *er sieht nicht u. aus.* **dümmlich**: durch sein Aussehen, seine Miene einen wenig intelligenten Eindruck machend: *er grinste d.*

**dämlich** (Ggs. ↑schlau) (salopp; abwertend): beschränkt und begriffsstutzig; nicht gewandt im Denken oder im Erfassen von Zusammenhängen; drückt den Ärger oder den Spott des Sprechers über das Verhalten, die mangelnde Auffassungsgabe einer Person aus: *der ist ja viel zu d., um das zu kapieren.*

**dumm**: (in diesem Sinnbereich) in seinem Verhalten, seinem Tun wenig Intelligenz und Überlegung zeigend; unklug oder unverständig in dem, was man unternimmt oder äußert; wird von Personen, ihrem Verhalten oder ihren Äußerungen gesagt und drückt die Gereiztheit, abfällige Kritik des Sprechers aus: *wie kann man sich nur so d. anstellen;* ↑dumm; vgl. dumm ↑gutgläubig. **doof** (salopp; abwertend): einfältig und beschränkt, hauptsächlich hinsichtlich der Auffassungsgabe; sich in einer Sache, auf die es dem Sprecher ankommt, verständnislos, unwissend zeigend oder aus mangelndem Verständnis ungeschickt verhaltend; spiegelt die Verärgerung des Sprechers über jmds. Verhalten, Reaktion auf etwas wider: *der ist d., der merkt nichts!* **duss[e]lig** (salopp; landsch.; abwertend): einfältig und langweilig; keinen sehr aufgeweckten Eindruck machend oder sich nicht sehr gescheit bei etwas anstellend. **saudumm** (derb; abwertend; emotional verstärkend): ohne jegliche Fähigkeit, etwas zu begreifen; sich so anstellend, als ob es einem an jeglicher Intelligenz mangele; von einer solchen Unfähigkeit, Haltung zeugend: *saudumme Fragen.* **blödsinnig** (salopp; abwertend), **blöd[e]** (salopp; abwertend): außerordentlich dumm, ungeschickt oder unverständig; drücken Zorn oder Ärger aus: *wie kann man sich nur so blöd anstellen!* **saublöd** (derb; abwertend; emotional verstärkend): sehr blöd. **idiotisch** (abwertend): anscheinend gänzlich ohne Verstand; völlig unsinnig, widervernünftig; drückt die Verärgerung des Sprechers über jmds. Verhalten, Äußerung o. ä. aus, die ihm in hohem Maße ungereimt vorkommen: *eine idiotische Frage;* vgl. einfältig ↑naiv; ↑albern, ↑töricht.

**töricht**: einem Toren, Narren ähnlich, gemäß; in der Torheit, Einfalt begründet oder daraus entspringend: *es war t. von ihm, ihren Versprechungen zu glauben.* **unvernünftig**: nicht der Vernunft gemäß, der Vernunft zuwiderhandelnd oder widersprechend: *es war sehr u. von ihm, mit Fieber zum Dienst zu kommen;* ↑albern, ↑dämlich, ↑naiv; ↑spinnen.

**einfältig**: wenig scharfsinnig; nicht von rascher Auffassungsgabe oder durchdringendem Verstand; wird meist von Personen selbst gesagt: *er macht einen recht einfältigen Eindruck.*

**borniert** (abwertend): in seinem geistigen Horizont eingeengt und unbelehrbar auf seinen Vorstellungen beharrend; engstirnig und zugleich in dummer Weise eingebildet; von beschränktem Begriffsvermögen, beschränkter Einsicht in einen bestimmten Sachverhalt, dabei aber eingebildet, hartnäckig oder hochfahrend auf seiner Meinung bestehend, sich Vernunftgründen, Gegenbeweisen o. ä. unzugänglich zeigend; eine entsprechende Haltung oder Anschauungsweise erkennen lassend. **engstirnig** (abwertend): nicht fähig, über seinen beschränkten Gesichtskreis hinaus zu denken, andere Standpunkte als den eigenen zuzulassen oder neue Gedanken in sich aufzunehmen; von einer entsprechenden Geisteshaltung zeugend; ↑dünkelhaft.

**schwachsinnig**: nicht über ein normales, ausreichendes Maß an Intelligenz verfügend, selbst geringen geistigen Anforderungen nicht gewachsen. **debil** (Medizin): von Geburt an leicht schwachsinnig. **imbezil** (Medizin): i. S. v. debil; bezeichnet aber einen geringeren Grad der Geistesschwäche. **idiotisch** (Medizin): hochgradig schwachsinnig. **dement** (Medizin), **verblödet**: allmählich (z. B. als Folge einer Krankheit) schwachsinnig geworden. **blöd[e]**: i. S. v. schwachsinnig.

**geistesgestört**: krankhaft wirr im Denken und Handeln; [zeitweise] nicht über seine [volle] geistige Kraft verfügend und daher den einfachsten Lebensanforderungen nicht gewachsen: *er ist g. und muß in eine Anstalt gebracht werden.* **geisteskrank**: auf Grund einer Gehirnerkrankung oder bestimmter körperlicher Grundleiden nicht mehr imstande, normal, vernünftig zu denken, zu reagieren und zu handeln; an einer Psychose leidend.

**wahnsinnig**: (in diesem Sinnbereich) von zerrüttetem Verstand; im [dauernden] Zustand geistiger Verwirrung befindlich und unter bestimmten Zwangsvorstellungen leidend, häufig infolge schrecklicher Erlebnisse oder schwerer Schicksalsschläge; bezeichnet meist einen stärkeren Grad geistiger Zerrüttung als „geistesgestört" und „geisteskrank" und wird seltener gebraucht als diese. **umnachtet** (dichter.; verhüllend): im Zustande geistiger Verwirrung oder Zerrüttung lebend; geistesgestört; dem Wort wird oft „geistig" vorangestellt, oder es wird gebraucht, wenn stellvertretend vom „Geist" der betreffenden Person die Rede ist, wobei es sich meist um einen Menschen handelt, der auf Grund übergroßer Sensibilität oder übersteigerter Geistigkeit dem Wahnsinn verfallen ist: *sein umnachteter Geist gaukelt ihm die schrecklichsten Phantasiebilder vor.* **irrsinnig, irr[e]** (selten): (in diesem Sinnbereich) geistig gestört und dabei so wirr im Kopf, daß die Gedanken keinen inneren Zusammenhang untereinander und keine Übereinstimmung mit der Wirklichkeit haben. **verrückt** (salopp): (in diesem Sinnbereich) seines Verstandes beraubt, geistesgestört; das Wort läßt, da es sich auf einen wirklich Geisteskranken bezieht, eine lieblose Einstellung erkennen: *seit ihrem Unfall ist sie v.*

## REDEWENDUNGEN

Er hat Stroh im Kopf; er hat eine lange Leitung; er hat ein Brett vor dem Kopf; es geht über seinen Horizont; er hat einen beschränkten Horizont; er kann nicht bis 3 zählen; er hat das Pulver nicht erfunden; er

hat die Weisheit nicht mit Löffeln gegessen, gefressen; er ist kein Kirchen-
licht; er stinkt vor Dummheit; er hat nicht alle Tassen im Schrank; er
ist mit Dummheit geschlagen; dem ist nicht zu helfen; da helfen keine
Pillen; er ist dümmer als die Polizei erlaubt; er ist dumm wie Bohnenstroh;
er ist von der Natur stiefmütterlich behandelt worden; er ist schwer von
Begriff

Fragen:

1. Kennst du umgangssprachliche Wörter für jemanden, den man für dumm
oder doof hält, z. B. *Hohlkopf, Dummerjan?*
2. Welche Redewendungen sprechen jemandem Klugheit zu, z. B.: *Er hat Grütze
im Kopf?*

## SICH FORTBEWEGEN

[1]**gehen:** sich in aufrechter Haltung in normaler Gangart fortbewegen; ist
das allgemeinste Wort dieser Gruppe: *er ging eben über die Straße.* **laufen:**
(in diesem Sinnbereich) **a)** zu Fuß gehen; wird als Gegenwort zu Verben
einer anderen Art der Fortbewegung verwendet: *wir wollen l. und nicht
fahren; vier Stunden durch die Straßen l.;* **b)** (landsch.): in bestimmter Absicht,
ohne zu säumen, irgendwohin gehen; wird oft gesagt, wenn man mit dieser
Art des Gehens die schnelle Erledigung von etwas bezweckt; muß im
allgemeinen mit einer Richtungsangabe verbunden werden: *lauf doch zum
Bäcker und hol Kuchen!;* **c)** die Fähigkeit haben, sich deinend fortzubewegen:
*das Kind lief im Alter von anderthalb Jahren noch nicht;* ↑laufen. **springen**
(landsch.): [recht schnell] irgendwohin gehen; muß im allgemeinen mit
einer Richtungsangabe verwendet werden: *spring mal schnell an die Haustür
und sieh, ob Post im Briefkasten liegt!;* vgl. springen ↑laufen. **schreiten:**
würdevoll und feierlich mit sicheren, abgemessenen Schritten aufrecht ge-
hen; steht im allgemeinen mit einer Richtungsangabe: *sie schritten zum
Altar.* **wandeln** (geh.): gemächlich und mit einer gewissen Unbeschwertheit
und Leichtigkeit, im allgemeinen in einer kultivierten Landschaft oder
in großen Räumen hin und her gehen: *ich sah ihn schon im Schatten
der Lorbeerbäume w.* **wallen** (geh.): (in diesem Sinnbereich) zu mehreren
dahinziehen, so daß durch die Menge ein Eindruck wogender, wellenförmi-
ger Bewegung entsteht: *Gruppen von Tänzern und Tänzerinnen wallten in
buntdurchwirkten Gazeschleiern dichtgedrängt über das Feld der Arena.* **mar-
schieren:** (in diesem Sinnbereich) im Marschrhythmus gehen; wird im allge-
meinen auf eine Gruppe bezogen: *die Kolonne marschierte;* vgl. marschieren
↑wandern. **schleichen** (ugs.): (in diesem Sinnbereich) langsam und schleppend
gehen, weil man kraftlos und erschöpft ist: *sie konnte nach der Massage
nur noch nach Hause s.;* ↑herumtreiben, sich; ↑laufen, ↑reisen, ↑spazierenge-
hen, ↑trippeln, ↑trotten, ↑wandern.

**laufen:** (in diesem Sinnbereich) sich sehr schnell auf den Füßen fortbewegen,
und zwar so, daß nie beide Füße gleichzeitig den Boden berühren; die
Arme hängen dabei nicht wie beim Gehen herab, sondern sind angewinkelt:
*keuchend lief er über das Stoppelfeld.* **rennen:** i. S. v. laufen; drückt im allgemei-
nen eine größere Geschwindigkeit und einen intensiveren Kräfteeinsatz
aus: *er rannte mehr, als er ging.* **rasen** (ugs.): sehr schnell laufen, ohne
auf etwas zu achten, oft, wenn man sich in einer Gefahr befindet; drückt

eine emotionale Beteiligung des Sprechers aus: *sie raste in die Telefonzelle, um die Polizei zu alarmieren.* **pesen** (Schülerspr.): sehr schnell rennen; drückt eine emotionale Beteiligung des Sprechers aus: *da sind wir schön gepest!* **wetzen** (Schülerspr.): i. S. v. rennen; enthält eine emotionale Beteiligung des Sprechers; wird im allgemeinen ohne Raumangabe gebraucht: *als er den Polizisten sah, ist er ganz schön gewetzt.* **sausen** (ugs.), **fegen** (ugs.): sehr schnell – wie der Wind – laufen und dabei auf nichts achten; enthält eine emotionale Beteiligung des Sprechers: *er sauste über den Platz; ich sah sie um die Ecke fegen.* **stieben** (veraltend): sich stürmisch fortbewegen; wird meist auf mehrere Personen bezogen, die sich von einem gemeinsamen Ort schnell in alle Richtungen hin wie ein vom Wind aufgewirbelter Staub verteilen; wird mit einer Raumangabe gebraucht: *als es zur Pause klingelte, stoben die Schüler aus der Klasse.* **stürmen**: mit großer Geschwindigkeit laufen, den Blick nur auf sein Ziel gerichtet, ohne etwaige Hindernisse zu beachten; wird mit Raumangabe gebraucht; *sie stürmten zur Brandstelle.* **stürzen**: plötzlich und ungestüm eine kurze Strecke auf etwas zulaufen oder von etwas wegeilen; wird mit Raumangabe gebraucht: *er stürzt verzweifelt aus dem Saal.* **spritzen** (salopp): mit Leichtigkeit [eine kleine Strecke] schnell laufen; wird oft mit dem Ton der Anerkennung oder Bewunderung gesagt: *da hättest du sehen sollen, wie der gespritzt ist!* **flitzen** (ugs.): sich blitzschnell fortbewegen; enthält neben dem Bild des Pfeiles die Vorstellung der Leichtigkeit und kann daher nicht auf schwere Körper bezogen werden; drückt oft zugleich eine gewisse Anerkennung oder Bewunderung aus: *er flitzte aufs Kajütendach.* **huschen**: sich lautlos und flink, fast schwerelos fortbewegen, so daß man nur flüchtig gesehen wird; wird mit Raumangabe gebraucht: *sie huscht ins Schlafzimmer.* **hasten**: eilig gehen, wobei man eine innere Unruhe verrät; wird mit Raumangabe gebraucht: *er hastete zur Saaltür.* **jagen**: schnell und wie gehetzt laufen; drückt die emotionale Beteiligung des Sprechers aus; wird mit Raumangabe gebraucht: *sie jagte über die Straße, um einen Arzt anzurufen.* **eilen** (geh.): sich zur Erreichung einer Absicht oder weil es notwendig ist, schnell irgendwohin begeben; kann mit oder ohne Raumangabe gebraucht werden: *sie eilt fliegenden Fußes zu ihrer Freundin.* **springen** (ugs.): schnell, mit leichten Bewegungen zu einer nicht weit entfernten Stelle laufen: *sie sprang an den Zug, als sie von weitem ihre Tante an einem Fenster erkannte;* vgl. springen ↑¹gehen.

**die Beine in die Hand nehmen** (salopp; scherzh.): aus irgendeinem Grund sich beeilen müssen und sich daher sehr eilig fortbegeben; wird ohne Raumangabe gebraucht: *es blieb mir nichts anderes übrig, als die Beine in die Hand zu nehmen, wenn ich den Zug nicht verpassen wollte.* **spurten** (ugs.): (in diesem Sinnbereich) immer schneller werdend laufen, als ob man sich im Endspurt befände: *er spurtete zum Hafen.* **sprinten** (ugs.): (in diesem Sinnbereich) schnell, in scharfem Tempo wie ein Sprinter laufen; *als es zu regnen anfing, sprinteten wir nach Hause;* ↑¹gehen, ↑herumtreiben, sich; ↑reisen, ↑spazierengehen, ↑trippeln, ↑trotten, ↑wandern.

**spazierengehen, spazieren** (veraltet): sich im Freien zur Entspannung und zum Vergnügen gemächlich bewegen. **ergehen,** sich (geh.): zum Zwecke der Gesundheit, der Erholung oder aus dem Bedürfnis, sich Bewegung zu verschaffen, sich ruhig gehend im Freien aufhalten. **lustwandeln**: ohne Anstrengung, mit Behaglichkeit und zur Lust spazierengehen; wird mit scherzhaftem Unterton gebraucht: *sie lustwandelten in ihren langen Abendkleidern im Park.* **schlendern**: lässig, sorglos und gemächlich gehen, ohne ein festes Ziel zu haben. **bummeln** (ugs.): zum Vergnügen langsam durch die Stadt gehen: *wir wollen heute b. gehen; er bummelte ziellos durch die Straßen.* **flanieren**: müßig auf einer belebten Straße umherschlendern, um andere zu sehen und sich sehen zu lassen: *er flanierte über den Kurfürstendamm.* **promenieren**: langsam und in guter Kleidung [auf einer Promenade] auf und ab gehen und sich dabei bewußt der Öffentlichkeit zeigen: *sie promenierten in den Kuranlagen, auf dem Deck des Schiffes.* **die Beine**, (auch:) **Füße vertreten**, sich (Dativ) (ugs.): [nachdem man längere Zeit gesessen hat] ein wenig [in der frischen Luft] umhergehen, um sich Bewegung zu machen; ↑¹gehen, ↑herumtreiben, sich; ↑laufen, ↑reisen, ↑trippeln, ↑trotten, ↑wandern.

**trippeln**: mit kurzen, zierlichen und schnellen Schritten gehen: *sie trippelte munter vor uns her.* **stolzieren**: sich sehr wichtig nehmend einhergehen: *unterm Vivat der Gäste stolzierte das Paar mit königlicher Grazie in den Saal.* **stelzen**: steifbeinig, wie auf Stelzen gehen: *er stelzt auf und ab.* **stöckeln**: auf dünnen, hohen Absätzen gehen, und zwar unsicher und dabei bestrebt, das Gleichgewicht nicht zu verlieren: *sie stöckelte über die Straße.* **tänzeln**: mit zierlichen, beschwingten Schritten, wie sie eigentlich beim Tanzen üblich sind, gehen: *er tänzelte vor dem Spiegel;* ↑¹gehen, ↑herumtreiben, sich, ↑laufen, ↑spazierengehen, ↑trotten, ↑wandern.

**trotten**: langsam, lässig und gleichgültig oder auch schwerfällig gehen; steht, wie die anderen Wörter dieser Gruppe, häufig in Verbindung mit einer Raumangabe: *hinter ihnen trottet ein Esel.* **stak[s]en** (ugs.): mit etwas steifen, bedächtigen Schritten gehen und dabei die Beine anheben: *wie stakst du nur durch die Gegend!* **stapfen**: indem man die Beine anhebt, mit starken und festen Schritten gehen und dabei so kräftig auftreten, daß sich der Fuß in den Boden eindrückt: *durch den tiefen Schnee s.* **waten**: im oder durch Wasser, Morast u. ä. gehen, wobei man ein wenig in den Boden einsinkt und deshalb die Beine beim Weitergehen anheben muß: *durch Wasser w.* **stiefeln** (ugs.): mit großen Schritten unbekümmert und unverdrossen gehen: *wir stiefeln durch die Dünen.* **latschen**: mit großen, schweren Schritten [breitbeinig] gehen und dabei die Füße nicht richtig vom Boden abheben, sondern nachziehen: *latsche nicht so!* **schlurfen**: geräuschvoll gehen, indem man die Füße über den Boden schleifen läßt, statt sie hochzuheben: *der alte Mann schlurft durch alle Kirchen.* **watscheln**: schwerfällig gehen, so daß sich das Körpergewicht beim Vorsetzen der Füße von einem Bein auf das andere verlagert: *sie watschelt wie eine Ente:* ↑¹gehen, ↑herumtreiben, sich, ↑laufen, ↑spazierengehen, ↑trippeln, ↑wandern.

**wandern**: [aus Freude an der Natur] zu Fuß eine Gegend durchstreifen, meist dabei eine größere Strecke [zu einem bestimmten Ziel] zurücklegen. **eine Wanderung machen**: nach einem bestimmten Plan [der Ausgangspunkt und Ziel festlegt] eine Gegend durchwandern. **tippeln** (ugs.): zu Fuß gehen; hebt hervor, daß man eine Strecke, die man lieber fahren würde, gehend und daher nicht ganz mühelos zurücklegen muß. **pilgern** (ugs.; scherzh.): (in diesem Sinnbereich) i. S. v. tippeln: *damals bin ich von Hamburg nach Itzehoe gepilgert, weil keine Züge verkehrten.* **marschieren** (ugs.); (in diesem Sinnbereich) in zügigem Tempo [nach einem bestimmten Ort] wandern: *sie mußten noch ein schönes Stückchen m., ehe sie in der Jugendherberge anlangten;* vgl. marschieren ↑¹gehen; ↑herumtreiben, sich, ↑laufen, ↑reisen, ↑spazierengehen, ↑trippeln, ↑trotten.

Fragen:

1. Zu welchen Tieren passen folgende Bewegungswörter? *watscheln, huschen, fliegen, trampeln, segeln, trippeln, traben, galoppieren, schnüren, flattern, schleichen, kriechen, hoppeln*
2. Welche Wörter bezeichnen die Fortbewegung von Schiffen, (Segel)booten, Autos?

Auch dieser Witz hat etwas mit dem Wortfeld *sich fortbewegen* zu tun:

### INTERESSANT

**instruktiv** (bildungsspr.): unterrichtend und belehrend; bezieht sich auf mündliche oder schriftliche Ausführungen über einen Gegenstand, der jmdn. lebhaft interessiert; wird, wie die übrigen Wörter der Gruppe, im allgemeinen attributiv und subjektbezogen gebraucht: *sein Vortrag, seine Ausführungen waren sehr i. für uns: ein instruktiver Aufsatz.* **lehrreich**: [durch anschauliche, sinnfällige Darstellung] Belehrung über einen bestimmten Gegenstand vermittelnd; unter Umständen einen [mehr oder weniger beabsichtigten] didaktischen Zweck erfüllend: *eine lehrreiche Abhandlung über die einheimische Fauna.* **aufschlußreich**: Einblick gewährend im Hinblick auf bestimmte, jmdm. bis dahin gar nicht oder nur unzureichend bekannte Sachzusammenhänge: *ein aufschlußreiches Gespräch.* **interessant**: die Aufmerksamkeit, das Interesse auf sich ziehend.

Frage:

Kannst du in den folgenden Sätzen das Wort *interessant* ersetzen? Als Auswahlwörter stehen zur Verfügung: *aufschlußreich, außergewöhnlich, spannend, fesselnd, anregend, unterhaltend, eigenartig, beachtenswert, auffällig,*

Das Fernsehgespräch zwischen den Politikern war interessant (1). Es wurden interessante (2) Fakten aufgedeckt, die interessante (3) Entwicklungen vermuten lassen. Das interessante (4) Schauspiel war so interessant (5), daß jede andere interessante (6) Sendung daneben verblaßte. Die interessante (7) Zusammensetzung der Gesprächsrunde war so interessant (8), daß die Zuschauer sich ständig telefonisch einzuschalten versuchten. Es war interessant (9), daß insbesondere Jugendliche sehr starken Anteil daran nahmen.

Mögliche Lösung in der Reihenfolge der angegebenen Ziffern: (1) aufschlußreich, (2) beachtenswerte, (3) außergewöhnliche, (4) spannende, (5) fesselnd, (6) unterhaltende, (7) eigenartige, (8) anregend, (9) auffällig.

## KAMERAD

**Kamerad,** der: jmd., mit dem man durch die Gemeinsamkeit der Arbeit, des Schulbesuches, des Spieles verbunden ist, besonders auch jmd., mit dem man zusammen beim Militär dient; setzt nicht unbedingt ein Gefühl der Zuneigung oder der freundschaftlichen Verbundenheit voraus. **Freund,** der: jmd., der sich zu einem anderen auf Grund großer Gemeinsamkeiten, meist in Übereinstimmung der Gefühle und Gesinnungen hingezogen fühlt, ihm durch geistig-seelische Gemeinschaft und herzliche Zuneigung in Treue verbunden ist, so daß dieser auch in schwierigen Lebenslagen auf ihn zählen kann; vgl. Freund ↑ Liebhaber. **Gefährte,** der (geh.): jmd., mit dem man gemeinsam etwas unternimmt, der einen bei irgendwelchen Unternehmungen, meist von längerer Dauer, begleitet oder mit dem man sich gemeinsam auf einer [längeren] Reise befindet; kann eine gefühlsmäßige Bindung einschließen. **Genosse,** der (veraltend): (in diesem Sinnbereich) jmd., der mit einem oder mehreren anderen gemeinsam an irgendwelchen Taten und Unternehmungen teilnimmt: *er blieb im Leben sein treuer G.* **Kumpan,** der (salopp): jmd., der sich gemeinsam mit einem oder mehreren anderen an etwas – oft an Unternehmungen zweifelhafter Art – beteiligt. wodurch eine gewisse kameradschaftliche Verbundenheit entsteht; wird öfter scherzhaft gebraucht. **Kumpel,** der (salopp): jmd., mit dem man gemeinsam an der gleichen Arbeitsstelle beschäftigt ist oder mit dem man gemeinsam etwas unternimmt und mit dem man sich auf diese Weise irgendwie verbunden fühlt; wird häufig in Arbeiterkreisen oder unter Jugendlichen gesagt.

Fragen:

1. In der Sammlung fehlt das Wort *Kollege*. Wie könnte man seine Bedeutung von den genannten abgrenzen? Suche Beispiele!
2. Kannst du Wörter zusammenstellen, welche den Gegner/Feind bezeichnen?

## SPRECHEN

[1]**sprechen**: (in diesem Sinnbereich) durch das Mittel der Stimme zu Wörtern gebildete Laute hervorbringen; Wörter, Sätze klar artikulieren; sich durch die Sprache verständigen: *er spricht sehr stockend und leise.* **stottern**: mit Anstrengung, stockend, unter häufiger Wiederholung einzelner Silben sprechen; kann auf einer krankhaften Störung beruhen oder vorübergehend infolge eines Erregungszustandes, durch Unsicherheit oder Ängstlichkeit

zustande kommen. **lispeln**: (in diesem Sinnbereich) beim Sprechen der s-Laute mit der Zunge anstoßen; vgl. lispeln ↑flüstern. **stammeln**: bestimmte Laute oder Lautverbindungen nicht richtig hervorbringen und daher stokkend, stoßweise sprechen; kann auf einer krankhaften Störung beruhen oder vorübergehend durch Unsicherheit oder Erregung hervorgerufen werden. **lallen**: undeutlich artikulierend sprechen oder zu sprechen versuchen [ohne verständliche Worte hervorzubringen]; wird sowohl von Kindern gesagt, die die allerersten Sprechversuche machen, als von erwachsenen Menschen, denen beim Sprechen die Zunge versagt.

²**sprechen**: (in diesem Sinnbereich) sich als Redner in der Öffentlichkeit, vor einem Kreis von Zuhörern zu einem bestimmten Thema äußern, seine Gedanken, Erkenntnisse über eine bestimmte Sache vortragen; kann durch die Angabe des Themas, der Zuhörerschaft oder des Ortes, an dem der Vortrag stattfindet, ergänzt werden: *morgen spricht Professor X. über die Zukunft der Raumfahrt.* **eine Rede halten**: [aus einem bestimmten Anlaß] vor einem Publikum über eine bestimmte Sache im Zusammenhang sprechen; im allgemeinen geht es in der Rede um die Entwicklung und Darlegung eigener Gedanken, Überzeugungen, um Stellungnahme oder Bekenntnis in irgendeiner Sache; während „sprechen" den Vorgang ganz allgemein ausdrückt, tritt sowohl bei „eine Rede halten" als auch bei folgendem „einen Vortrag halten" die persönliche Aktivität der handelnden Person stärker in den Vordergrund: *er hielt eine kleine Rede;* ↑Rede; vgl. halten ↑veranstalten. **einen Vortrag halten**: vor einem interessierten Publikum zusammenhängend über ein bestimmtes Thema, ein Wissensgebiet sprechen: *er hielt einen Vortrag über ein sehr aktuelles Thema;* vgl. Vortrag ↑Rede.

**predigen**: im Verlauf des Gottesdienstes eine geistliche Ansprache halten, in deren Mittelpunkt im allgemeinen die Auslegung eines Bibeltextes steht. **die Predigt halten**: i. S. v. predigen; hebt mehr die Predigt in ihrer Bedeutsamkeit [innerhalb des Gottesdienstes] hervor. **eine Ansprache halten**: bei einer Veranstaltung, einem besonderen feierlichen Anlaß eine [kürzere] Rede halten, die im allgemeinen dem Zweck dient, die Zuhörer unmittelbar anzusprechen, sie zu begrüßen, einzuführen, sich ganz allgemein – nicht eingehend oder ausführlich – über einen bestimmten Gegenstand, den Anlaß des Zusammenkommens zu verbreiten; vgl. Ansprache ↑Rede. **ein Referat halten**: über ein bestimmtes Thema, ein bestimmtes Wissensgebiet vor einem Publikum, vor Fachleuten sprechen: *er wird heute ein Referat über die jüngsten Forschungen auf seinem Spezialgebiet halten;* vgl. Referat ↑Rede; vgl. halten ↑veranstalten.

**schwatzen**: a) über allerlei mehr oder weniger nichtssagende, müßige Dinge sprechen, ohne sich viel dabei zu überlegen; sich wortreich über Dinge auslassen, die es gar nicht wert sind; wird häufig dann gebraucht, wenn man zum Ausdruck bringen will, daß man von den Worten eines anderen nicht allzuviel hält oder darüber ungehalten ist; b) sich während des Unterrichts mit seinem Nachbarn möglichst heimlich und leise unterhalten: *wer schwatzt denn da fortwährend?;* vgl. schwatzen ↑ausplaudern, ↑unterhalten, sich. **schwätzen** (landsch.): a) i. S. v. schwatzen a); wird jedoch oft gebraucht, wenn man – meist in ärgerlich-tadelndem Ton – ausdrücken möchte, daß jmd. dummes, überflüssiges Zeug redet, mit dem er einem lästig fällt: *laß ihn doch s. und kümmere dich nicht darum!;* b) i. S. v. schwatzen b): *sie wurden auseinander gesetzt, weil sie immer so viel s.* **daherreden** (ugs.), **daherschwätzen** (ugs.; landsch.): unbedacht und ohne Überlegung sprechen; [nichtssagende Dinge] ausführlich erzählen. **drauflosreden** (ugs.): [unüberlegt] hastig und pausenlos schnell sprechen: *überlege dir doch besser, was du sagst und rede nicht so drauflos!* **schwadronieren**: wortreich und aufdringlich [laut und vernehmlich], meist sehr unbekümmert reden, wobei man oft bestrebt ist, mit seinen Worten anderen zu imponieren: *wir gerieten ins Schwadronieren.* **plappern**: viel und schnell hintereinander in naiver Weise [über unwichtige, harmlose Dinge], mehr um der Worte als um des Inhalts willen reden; wird oft von dem [unaufhörlichen] Reden kleiner Kinder gesagt: *den ganzen Weg plapperte die Kleine ohne Pause.* **schnattern** (ugs.): eifrig, hastig [und aufgeregt] über allerlei unwichtige, alberne Dinge schwatzen; wird häufig mit wohlwollend-spöttischem Unterton gesagt und im allgemeinen auf Frauen angewandt. **palavern** (ugs.; abwertend): lange und ausführlich, meist recht laut und vernehmlich über unwichtige Kleinigkeiten, die man aber sehr wichtig nimmt, reden. **schwafeln** (ugs.; abwertend): über eine Sache, die man im Grunde gar nicht sehr genau kennt, mit vielen Worten reden; ungenau über etwas sprechen; um etwas herumreden.

**faseln** (ugs.; abwertend): Sinnloses, Unsinniges reden. **quatschen** (ugs.; abwertend), **quasen** (landsch.; abwertend): unnützes, törichtes Zeug reden; wird oft mit gefühlsmäßiger Übertreibung, in tadelndem, ägerlichem Ton zu jmdm. gesagt, der einen mit seinen Worten aufgebracht hat: *wenn er nur einmal aufhören würde, so dumm zu quatschen;* vgl. quatschen ↑ unterhalten, sich. **quasseln** (ugs.; abwertend): immerfort, viel und schnell, meist Unwichtiges, erzählen [ohne viel dabei zu denken]; wird häufig mit emotionaler Beteiligung gesagt, wenn man jmdn. als [aufdringlichen] Schwätzer kennzeichnen will. **sabbern** (ugs.; abwertend), **sabbeln** (ugs.; abwertend): so viel [Häßliches, Überflüssiges] reden, daß es von anderen als lästig und unangenehm empfunden wird; wird meist voller Unwillen, in ärgerlichem Ton gesagt. **salbadern** (ugs.; abwertend): salbungsvoll [frömmelnd], langatmig, feierlich reden und dabei seinen Worten [in wichtigtuerischer Weise] mehr Gewicht beilegen, als es dem Inhalt nach angemessen ist; wird oft spöttisch gesagt.

**mitteilen,** jmdm. etwas: jmdm. von etwas Bestimmtem, von dem man möchte, daß der andere es erfährt, schriftlich und mündlich, meist sachlich [und unpersönlich] Kenntnis geben: *er teilte den Plan sofort seinem Vater mit.* **erzählen,** jmdm. etwas: (in diesem Sinnbereich) jmdn. in vertraulicher Unterhaltung, im Plauderton von etwas, einer Neuigkeit, einem Erlebnis, einer persönlichen Angelegenheit in Kenntnis setzen; setzt im allgemeinen gegenüber „mitteilen" mehr persönliche, innere Beteiligung des Erzählenden und ein gewisses Vertrauensverhältnis zu dem Gesprächspartner voraus: *er erzählte ihm, daß er sich entschlossen habe, das Elternhaus zu verlassen;* ↑ erzählen. **anvertrauen,** jmdm. etwas: jmdm. etwas Persönliches, ein Geheimnis, eine Neuigkeit im Vertrauen [auf dessen Verschwiegenheit] mitteilen oder erzählen: *jmdm. Geheimnisse a.* **sagen,** jmdm. etwas: (in diesem Sinnbereich) i. S. v. mitteilen; setzt im Unterschied zu den übrigen Wörtern dieser Gruppe keine bestimmte Haltung voraus, in der eine Mitteilung gemacht wird: *er hat mir gesagt, er fühle sich hier nicht wohl;* ↑ erzählen, ↑ verraten.

**erzählen** [von, über etwas]: (in diesem Sinnbereich) etwas wirklich Geschehenes (Vorgänge, Ereignisse, Begebenheiten) oder etwas, was man sich ausgedacht, erfunden hat, anschaulich, meist ausführlich und auf angenehme, unterhaltsame Art in Worten wiedergeben: *er erzählte uns einiges* *über seinen Aufenthalt in Paris;* vgl. erzählen ↑mitteilen. **schildern,** etwas: einen Vorgang, ein Ereignis, einen Tatbestand, einen Zustand ausführlich, meist sehr genau in Worten wiedergeben, darstellen und dadurch jmdm. ein anschauliches lebendiges Bild von etwas, was man selbst genau kennt, vermitteln: *er schilderte den Vorfall.* **darstellen,** etwas: (in diesem Sinnbereich) Tatsachen, Ereignisse, bestimmte Gegebenheiten mit Worten veranschaulichen in der Absicht, die Vorstellungen des Zuhörenden mit Hilfe des oft plastisch und ausführlich Dargebotenen in eine bestimmte Richtung zu lenken oder ihm ein deutliches Bild davon zu geben: *er stellte die ganze Sache reichlich verzerrt dar;* vgl. darstellen ↑abhandeln. **beschreiben,** etwas: (in diesem Sinnbereich) Ereignisse und Vorgänge, Sachverhalte oder Zustände, die man selbst genau kennt, im einzelnen durch anschauliches Erzählen deutlich machen, besonders indem man durch Aufzählen, Nennen von Kennzeichen und Besonderheiten jmdm. eine genaue, klare Vorstellung oder wenigstens einen Eindruck von etwas zu geben sucht: *er beschrieb uns den Hergang des Unfalls.* **eine Beschreibung geben** [von etwas] (nachdrücklich): (in diesem Sinnbereich) jmdm. in Worten eine ausführliche [sachlich] genaue Darstellung von etwas selbst Erlebtem geben. **berichten,** [von, über] etwas: jmdm. einen Sachverhalt, ein Geschehnis, von dem man selbst genaue Kenntnis hat, sachlich und nüchtern, meist ohne weitere Ausschmückung in den Hauptzügen mitteilen und dadurch jmdm. etwas [offiziell] zur Kenntnis bringen: *berichten Sie uns über Ihre Erfahrungen!*

**Bericht erstatten** [von, über etwas] (nachdrücklich): i. S. v. berichten; wird meist angewandt, wenn von jmdm. [amtlicherseits] erwartet wird, daß er über etwas berichtet, oder wenn man jmdn. dazu auffordert, wobei der Gegenstand des Berichtes meist sachlichen Charakter hat. **einen Bericht geben** [über, von etwas] (nachdrücklich): jmdn. über ein bestimmtes Geschehnis, einen bestimmten Sachverhalt, der einem selbst genau bekannt ist, in sachlich nüchternen Worten [die man sich vorher zurechtgelegt hat] unterrichten, wobei man auf Vollständigkeit und Übersichtlichkeit bedacht ist: *sie gab einen sehr ausführlichen Bericht von ihrer Reise.* **auspacken** [etwas] (salopp): etwas, nachdem man lange an sich gehalten oder darüber geschwiegen hat, schließlich doch erzählen, berichten: *er hat über die großen Gangster von St. Pauli ausgepackt.* **referieren** [über etwas]: einen Sachverhalt sachlich [begutachtend] nach bestimmten [vorher festgelegten] Gesichtspunkten vortragen; jmdm., oft einem bestimmten Zuhörerkreis, etwas in übersichtlichem Zusammenhang [zusammenfassend] berichten, um ihn über bestimmte Geschehnisse zu informieren: *er referierte über ein aktuelles Thema;* ↑ mitteilen, ↑ verraten.

**antworten** [etwas]: etwas als Gegenrede, Erwiderung auf die mündliche oder schriftliche Frage, Aufforderung oder Erklärung eines anderen hin sagen oder schreiben; steht, wie die übrigen Wörter dieser Gruppe, im allgemeinen mit Inhaltssatz der direkten oder indirekten Rede und wird oft durch eine prädikatbezogene Artangabe näher bestimmt; vgl. antworten auf ↑ beantworten, **die,** (auch:) **zur Antwort geben** (nachdrücklich): auf eine Frage mit einer [kurzen, prägnanten] Gegenrede antworten; vgl. [eine] Antwort geben ↑ beantworten. **entgegnen** [etwas] (geh.): im Gespräch auf eine vorgebrachte Meinung oder eine Frage seine [gegenteilige oder abweichende] Ansicht äußern. **erwidern** [etwas] (geh.): i. S. v. entgegnen; betont jedoch stärker die gefühlsmäßige Beteiligung des Sprechers und wird meist durch eine prädikatbezogene Artangabe näher bestimmt; *was hat er denn* *auf deine Frage erwidert?* **versetzen** (veraltend): in einer Wechselrede antworten, das Wort des anderen aufgreifen; kann im Unterschied zu den übrigen Wörtern nicht mit dem Dativ der Person stehen: *„Vorteile", versetzte er, „auf die du stolz zu sein scheinst".* **zurückgeben**: auf eine Behauptung oder Frage sofort [schlagfertig] eine Antwort geben: *„Liebst du mich?" Unwirsch gab sie zurück: „Bedaure, nicht die Spur!".* **replizieren** (bildungsspr.): im Gespräch auf etwas antworten, etwas einwenden: *er replizierte grundsätzlich, wir kamen vom Hundertsten ins Tausendste;* ↑ widersprechen.

Fragen:

1. Kannst du Wörter zusammenstellen, die das Schweigen oder Verschweigen bezeichnen?

2. Kannst du folgende Wörter nach dem Grad der Lautsärke ordnen? *wispern, flüstern, leise sprechen, rufen, schreien, brüllen, tuscheln*

### FLEISSIG

**fleißig** (Ggs. ↑faul): mit Ausdauer und einem gewissen Eifer tätig: *er ist ein zuverlässiger und fleißiger Mensch.* **arbeitsam**: viel und gern arbeitend, ohne eine Mühe zu scheuen. **strebsam**: mit Energie und Ausdauer auf ein [Berufs]ziel hinarbeitend: *ein strebsamer junger Mann.* **eifrig**: mit Lust, Interesse und Hingabe tätig. **emsig**: mit großem Fleiß und Eifer unermüdlich arbeitend; mit diesem Wort verbindet sich die Vorstellung, daß etwas schnell und in kleineren Arbeitsgängen getan wird.

**rastlos** (geh.): nicht zur Ruhe kommend, ohne Unterbrechung tätig und in Bewegung, immer weiterarbeitend; von großem Bewegungs- und Schaffensdrang zeugend; kennzeichnet vor allem die Art des Tuns und Handelns und wird, wie die anderen Wörter dieser Gruppe, im allgemeinen nicht subjektbezogen gebraucht. **unermüdlich**: unablässig, unentwegt, mit nicht erlahmender Willenskraft in seinen Bemühungen fortfahrend; von großer Ausdauer und Unbeirrbarkeit, oft auch Hingabe zeugend; betont weniger das Eilige, Hastige, das bei „rastlos" häufig mitschwingt; bezieht sich vor allem auf Tätigkeiten und Handlungen, oft auf solche, die sich aus stets sich wiederholenden Einzelakten zusammensetzen. **nimmermüde** (geh.): von bewunderungswürdiger Ausdauer; ohne Unterlaß [und voller Hingabe] tätig, sich keine Ruhe gönnend; bezieht sich meist auf einen Menschen, der erfüllt ist von einer Aufgabe, und kennzeichnet oft Handlungen und Tätigkeiten, die aus der Fürsorge für jmdn. erwachsen; drückt meist eine gewisse Anerkennung aus; wird im allgemeinen attributiv verwendet und dabei öfter auch auf etwas bezogen, was als Teil für den ganzen Menschen steht: *sein nimmermüdes Hirn.*

**geschäftig**: unentwegt tätig; sich umständlich und mit viel Aufwand an Bewegung unausgesetzt mehr oder weniger sinnvoll beschäftigend. **betriebsam**: durch auffallend hastiges, lautes oder geschäftiges Gebaren den Anschein von großer Arbeitsamkeit erweckend; enthält meist eine leichte Kritik des Sprechers: *ein betriebsamer junger Mann.*

Wenn es dir Spaß macht, Wortfelder zusammenzustellen, dann versuche das einmal bei den Begriffen ‚Lärm/Schall' oder auch bei solchen wie Wind/Sturm, regnen, Kälte. Diese und viele andere Wortfelder findest du im Schülerduden „Die richtige Wortwahl".

Übersicht
zum Aufbau des Wortschatzes

Kernwort:

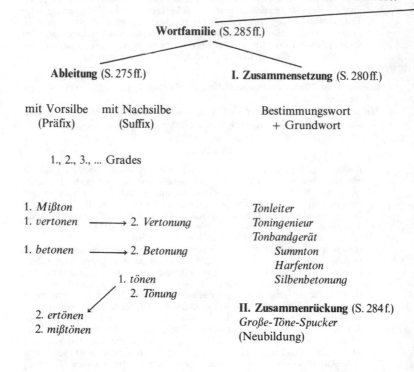

**Wortfamilie** (S. 285 ff.)

**Ableitung** (S. 275 ff.)　　　　　　**I. Zusammensetzung** (S. 280 ff.)

mit Vorsilbe　mit Nachsilbe　　　　　Bestimmungswort
　(Präfix)　　　(Suffix)　　　　　　　 + Grundwort

　　　1., 2., 3., ... Grades

1. *Mißton*　　　　　　　　　　　　*Tonleiter*
1. *vertonen* ⟶ 2. *Vertonung*　　　*Toningenieur*
　　　　　　　　　　　　　　　　　*Tonbandgerät*
1. *betonen* ⟶ 2. *Betonung*　　　　*Summton*
　　　　　　　　　　　　　　　　　*Harfenton*
　　　　　　1. *tönen*　　　　　　　*Silbenbetonung*
　　　　　　2. *Tönung*

2. *ertönen*　　　　　　　　　　　**II. Zusammenrückung** (S. 284 f.)
2. *mißtönen*　　　　　　　　　　　*Große-Töne-Spucker*
　　　　　　　　　　　　　　　　　(Neubildung)

　　　Ableitung　　　+　　　Zusammensetzung

　　　　　　**Zusammenbildung** (S. 284)

　　　　*mißtönig, eintönig*

dazu: *monoton, intonieren, Intonation*

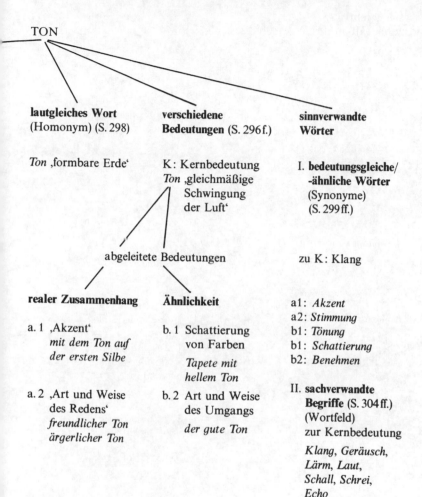

# TON

**lautgleiches Wort** (Homonym) (S. 298)

*Ton* ‚formbare Erde'

**verschiedene Bedeutungen** (S. 296f.)

K: Kernbedeutung *Ton* ‚gleichmäßige Schwingung der Luft'

abgeleitete Bedeutungen

**realer Zusammenhang**

a. 1 ‚Akzent' *mit dem Ton auf der ersten Silbe*

a. 2 ‚Art und Weise des Redens' *freundlicher Ton ärgerlicher Ton*

**Ähnlichkeit**

b. 1 Schattierung von Farben *Tapete mit hellem Ton*

b. 2 Art und Weise des Umgangs *der gute Ton*

Redewendung: *den Ton angeben* ‚sagen, was/wie es gemacht wird'

*„Hast du Töne!"* ‚Da bin ich aber erstaunt'

**sinnverwandte Wörter**

I. **bedeutungsgleiche/ -ähnliche Wörter** (Synonyme) (S. 299ff.)

zu K: Klang

a1: *Akzent*
a2: *Stimmung*
b1: *Tönung*
b1: *Schattierung*
b2: *Benehmen*

II. **sachverwandte Begriffe** (S. 304ff.) (Wortfeld) zur Kernbedeutung

*Klang, Geräusch, Lärm, Laut, Schall, Schrei, Echo*

# Zur Wortgeschichte

Am Beispiel einiger Wortfamilien und Wortfelder hast du einen Einblick in den Aufbau des deutschen Wortschatzes unserer Zeit bekommen. Aber dieser Wortschatz hat auch eine Geschichte. Er hat sich mit der deutschen Sprache in über 1200 Jahren zu seinem heutigen Bestand entwickelt.

Viele Wörter im Deutschen, Englischen und in den skandinavischen Sprachen stammen aus der gemeinsamen germanischen Urzeit, wir finden sie auch in der längst ausgestorbenen Sprache der Goten wieder, zum Beispiel deutsch *Winter*, englisch *winter*, schwedisch *vinter*, gotisch *wintrus*; deutsch *Schiff*, englisch *ship*, schwedisch *skepp*, gotisch *skip*; deutsch *Heu*, englisch *hay*, schwedisch *hö*, gotisch *hawi*; deutsch *neu*, englisch *new*, schwedisch *ny*, gotisch *niujis*.

Das Adjektiv *neu* haben auch andere europäische Sprachen: lateinisch *novus*, griechisch *néos*, russisch *novyj*. Sie gehören zusammen mit dem Altindischen zu der großen Familie der indogermanischen Sprachen.

Aus dem Duden, Band 7, Herkunftswörterbuch kannst du mehr über solche indogermanischen Erbwörter erfahren, z. B. über *Vater, Mutter, Bruder* und andere Verwandtschaftsnamen.

Es gibt aber in einer Sprache auch Wörter, die aus anderen Sprachen übernommen wurden. Wo Völker aufeinandertreffen, sei es durch Eroberung oder im friedlichen Handelsverkehr, da wandern auch Kulturgüter vom einen zum anderen und zugleich die zugehörigen Ausdrücke.

Sieh dir einmal diese deutschen Wörter an: *Mauer, Ziegel, Kalk, Mörtel, Keller, Pfeiler, Fenster*. Sie gehören ebenso zu unserer Sprache wie etwa *Wand, Balken, Brett, Zimmer, Tür*. Aber sie stammen aus dem Lateinischen. Sie haben alle mit dem Steinbau zu tun, und den haben unsere germanischen Vorfahren von den Römern gelernt. So kamen die lateinischen Wörter *mūrus, tēgula, calx, mortārium, cellārium, pilārium, fenestra* in unsere Sprache. Diese lateinischen Fachwörter sind **Lehnwörter** geworden. Lehnwörter sind aus einer fremden Sprache entlehnte Wörter, die sich in ihren Lauten und Formen wie einheimische Wörter weiterentwickelt haben.

Im altgermanischen Hausbau wurden Holz und Flechtwerk verwendet. Das Wort *Wand* ist mit *winden* verwandt, es bedeutet eigentlich „das Gewundene, Geflochtene". Und *Zimmer* bedeutete ursprünglich „Bauholz, Gebäude aus Holz". (Noch heute errichtet der *Zimmermann* Fachwerk und Dachgerüste aus Holz, er *zimmert* sie!)

Lehnwörter aus dem Lateinischen gibt es auch in anderen Bereichen. Zum Beispiel wurden viele Gemüse- und Obstarten durch die Klostergärten des Mittelalters bei uns heimisch: der *Kohl* (lateinisch *caulis*), der *Kürbis (cucurbita)*, die *Zwiebel (cēpula)*, die *Kirsche (ceresia)*, der *Pfirsich* (*malum persicum*, d. h. „persischer Apfel").

Gerade am „persischen Apfel" siehst du, daß auch die Römer oft nur Vermittler waren. Sie haben Kirschen, Pfirsiche, Pflaumen und andere Früchte selbst erst im Orient kennengelernt und die Bezeichnungen dafür meist aus dem Griechischen entlehnt. Überlege einmal, welche Obst- und Gemüsearten du kennst, und schlage ihre Bezeichnungen im Herkunftswörterbuch nach!

Sehr groß war der Einfluß des Lateinischen im Bereich von Christentum und Kirche, aber auch hier hat es oft nur griechische Wörter vermittelt: *Kloster* (lateinisch *claustrum* zu *claudere* „verschließen"), *Abt* (lateinisch-griechisch *abbās*, eigentlich „Vater"), *Mönch* (lateinisch *monachus*, griechisch *monachós*). Einige Wörter sind durch gotische Missionare direkt aus dem Griechischen ins Deutsche gelangt, z. B. *Engel* (griechisch *ángelos*, eigentlich „Bote") und *Teufel* (griechisch *diábolos*, eigentlich „Verleumder"), aber auch der Wochentagsname *Samstag* (griechisch *sámbaton*, *sábbaton* aus hebräisch *schabbāt* „Sabbat").

Neben den Lehnwörtern gibt es seit alter Zeit **Fremdwörter** im Deutschen. Wir erkennen sie meist daran, daß sie sich nicht völlig angepaßt haben, sondern in Schreibung, Betonung und Aussprache von deutschen Wörtern abweichen. Manche haben auch fremde Vor- und Nachsilben wie *ex-, kon-, pro-, -ion, -ismus, -ieren*. Solche Wörter können ihren fremden Charakter durch Jahrhunderte bewahren. Die Fremdwörter *Natur, Fundament, Apostel* sind z. B. schon im 9. Jahrhundert entlehnt worden, das Wort *Bibliothek* immerhin um 1500.

Wir haben bisher vor allem auf die ältere Zeit der deutschen Sprachgeschichte geschaut, auf das sogenannte Althochdeutsche. In dieser Zeit, die etwa von Kaiser Karl dem Großen bis zum Beginn der Kreuzzüge reicht (8.–11. Jahrhundert), wurde der Grund gelegt zur Entwicklung des Deutschen im Kreise der anderen Sprachen Europas. Ihr folgte die mittelhochdeutsche Periode (12.–15. Jahrhundert), die vor allem vom Rittertum und später von den Kaufleuten und Handwerkern in den aufstrebenden Städten bestimmt war, und schließlich begann um 1500 mit dem Humanismus und der Reformation (Luthers Übersetzung der Bibel) die neuhochdeutsche Zeit, in der wir heute noch leben.

Der deutsche Wortschatz hat sich natürlich nicht nur durch Lehn- und Fremdwörter erweitert, sondern vor allem durch die Bildung von Ableitungen und Zusammensetzungen. Die Regeln, nach denen das geschehen ist und immer noch geschieht, sind im Teil A, Die Wortbildung, behandelt worden (oben S. 273 ff.).

Manche Wörter sind auf diese Weise nach fremdsprachlichen Vorbildern geschaffen worden, so althochdeutsch *wolatāt (Wohltat)* nach lateinisch *beneficium* (zu *bene* „gut" und *facere* „machen, tun") oder althochdeutsch *gifatero* (*Gevatter*, Taufpate, eigentlich „Mitvater") nach lateinisch *compater* (zu *con-* „zusammen, mit" und *pater* „Vater"). Man nennt solche Wörter **Lehnübersetzungen,** weil sie die Bestandteile der fremden Wörter einzeln auf deutsch wiedergeben. Jüngere Bildungen dieser Art sind etwa *Großmutter* (um 1400 nach französisch *grand-mère*), *Blumenkohl* (16. Jahrhundert, nach italienisch *cavolfiore* „Kohlblume") und *Fußball* (18. Jahrhundert, nach englisch *football*).

In großer Zahl sind Ableitungen und Zusammensetzungen in den verschiedenen Fachsprachen entstanden. Manche von ihnen gehen in die älteste Zeit der deutschen Sprache zurück, so die Rechtssprache (*Richter, Gericht, Schöffe, Räuber, Diebstahl, Vormund*) und die Sprache des Schmiedes (*Amboß, Blasebalg, Esse, schweißen*), andere haben sich erst später entwickelt, so die Bergmannssprache (*Bergwerk, Bergbau, Steiger, Flöz, Fundgrube, Kobalt*) im 14. bis 16. Jahrhundert und die Seemannssprache (*Ballast, Bugspriet, Fallreep*) in der niederdeutschen Sprache des 14. bis 17. Jahrhunderts (älter sind z. B. *Backbord* und *Steuerbord*).

Auch Lehn- und Fremdwörter sind weiterhin fast immer über den Sprachgebrauch bestimmter Berufe oder Gesellschaftsschichten ins Deutsche gelangt. So hat das Rittertum der mittelhochdeutschen Zeit aus dem Französischen Wörter wie *Abenteuer, Turnier, Lanze, Visier* (am Helm) entlehnt, und später sind Wörter des Gesellschaftslebens wie *Dame, Kavalier, Perücke, Mode* oder des Kriegswesens wie *Armee, Artillerie, Offizier, Bataillon* hinzugekommen. Auch die feine Küche benutzt viele französische Fremdwörter: *Ragout, Sauce, Omelett, Biskuit, Champagner, Limonade.*

Das Italienische hat besonders im 17. und 18. Jahrhundert die Sprache der Musik befruchtet: *Kantate, Sonate, Sopran, Klarinette, Fagott, Violine, Adagio.* Schon im Mittelalter hat aber das italienische Bankwesen großen Einfluß gehabt: *Kasse, Konto, Bilanz, Kredit, Kapital, Firma, brutto* und *netto* gehören hierher. Auch *Bank* selbst, ein ursprünglich germanisches Wort für die Sitzbank, das ins Italienische entlehnt worden war, kam mit der Bedeutung „langer Tisch des Geldwechslers" und danach „Geldinstitut" ins Deutsche zurück.

Das Englische hat erst in neuerer Zeit auf das Deutsche eingewirkt, so im Seewesen *(Flagge, Paddel, Shanty)*, in der Küche *(Beefsteak, Pudding, Punsch, Drink)* und vor allem im Sport *(Tennis, Hockey, Derby, boxen, fair, knockout)*. In großer Zahl sind englische und amerikanische Wörter nach dem zweiten Weltkrieg bei uns üblich geworden: *Blue jeans, Boots, Job, Rockmusik, Jeep, Party, Teenager, T-Shirt* und viele andere.

In diesem kurzen Überblick konnten nur die wichtigsten Sprachen genannt werden, die auf den deutschen Wortschatz eingewirkt haben. Entlehnungen aus anderen Sprachen kommen nur vereinzelt vor, z. B. stammen *Peitsche, Tornister, Pistole* aus dem Polnischen oder Tschechischen, *Siesta, Silo, Zigarre* aus dem Spanischen, *Ski* aus dem Norwegischen und *Sauna* aus dem Finnischen. Eine große Rolle spielen nach wie vor das Lateinische und das Griechische, und zwar vor allem im Wortschatz der Wissenschaften und der Technik. Mit Wortelementen aus den beiden alten Sprachen können jederzeit Fachwörter neu gebildet werden, die dann oft internationale Geltung haben. Solche internationalen Wörter sind z. B. (aus griechischen Bestandteilen:) *Automat, Telefon, Biologie, Elektron, Thermostat*, (aus lateinischen Bestandteilen:) *Transformator, Kompressor, Aggregat, Koordinaten*. Eine griechisch-lateinische Mischbildung ist z. B. *Automobil*. Gerade diese modernen Wörter zeigen uns – neben vielen andern – die starke Verflechtung der deutschen Sprache mit den anderen Kultursprachen. Obwohl jede Sprache ihre Eigenart bewahrt und sich in der Lautung und Schreibung, in den grammatischen Formen und im Satzbau von den anderen unterscheidet, bestehen viele Übereinstimmungen, die auf der gemeinsamen Kultur und Zivilisation der Völker beruhen.